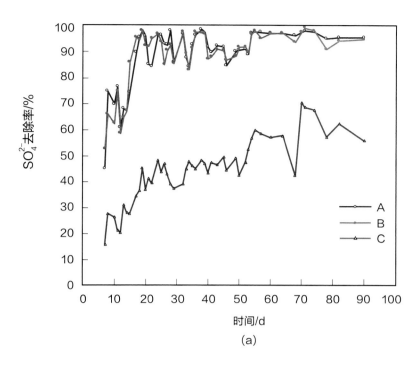

(a)

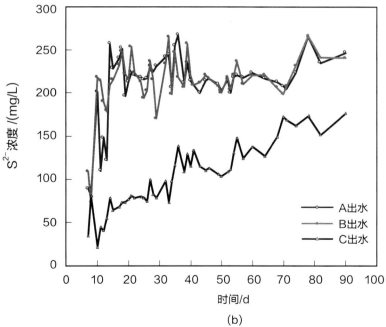

(b)

图7-4　A、B和C三个反应器中硫酸盐去除率(a)和出水
硫化物浓度(b)的变化情况

（见正文251页）

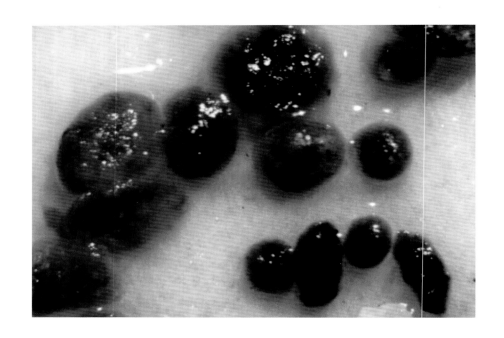

图7-5 硫酸盐还原反应器形成灰白色、外表有大量
黏膜的颗粒污泥

（见正文251页）

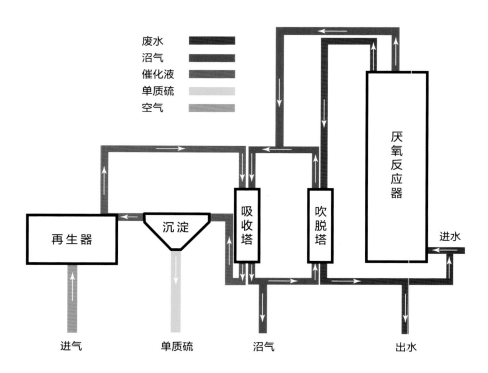

图8-25 Biothane公司开发的Sulfothane脱硫工艺系统

（见正文289页）

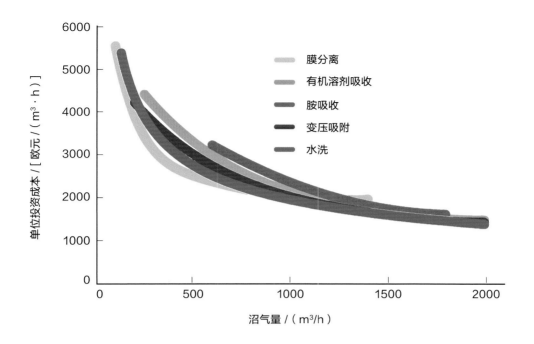

图例:
膜分离
有机溶剂吸收
胺吸收
变压吸附
水洗

纵轴: 单位投资成本 / [欧元 / (m³·h)]
横轴: 沼气量 / (m³/h)

图8-31 典型物化类沼气提纯技术单位投资成本对比

（见正文293页）

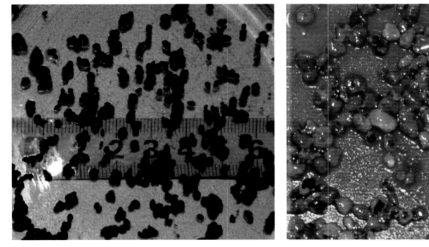
（a）接种的产甲烷颗粒污泥

（b）产甲烷/反硝化颗粒污泥

图9-6 厌氧产甲烷颗粒污泥与产甲烷/反硝化颗粒
污泥的外观形态

（见正文318页）

华 夏 英 才 基 金 学 术 文 库

厌氧生物技术（Ⅱ）
——工程与实践

王凯军　编著

化学工业出版社

·北京·

内 容 简 介

本书介绍厌氧生物技术的工程与实践，和《厌氧生物技术（Ⅰ）——理论与应用》构成一个完整的、有机的体系。

本书对厌氧生物技术在工业废水、城市污水和固体废物等行业中的应用进行了概括和总结，从中高浓度废水、低温和低浓度废水、难降解废水、复杂废水和高含硫废水等方面对三代厌氧反应器的发展和应用进行了详细介绍，分章循序渐进地介绍了厌氧生物处理领域的各种新技术、新工艺、新设备和新材料，并对厌氧反应器设计的一般要求进行了总结。

本书涉及有关厌氧生物技术的多个研究领域，介绍了众多新技术，对工业行业废水污染控制提出了解决方案，可作为有关企业、设计院所、环境工程设计公司、大专院校的师生、科研人员及相关工作者的参考资料。

图书在版编目（CIP）数据

厌氧生物技术 . 2，工程与实践/王凯军编著 . —北京：
化学工业出版社，2021.6
（华夏英才基金学术文库）
ISBN 978-7-122-12539-2

Ⅰ. ①厌…　Ⅱ. ①王…　Ⅲ. ①厌氧处理-生物技术
Ⅳ. ①X703.1②X705

中国版本图书馆 CIP 数据核字（2011）第 209098 号

责任编辑：郎红旗　李姿娇　　　　　　装帧设计：韩　飞
责任校对：张雨彤

出版发行：化学工业出版社（北京市东城区青年湖南街 13 号　邮政编码 100011）
印　　装：中煤（北京）印务有限公司
787mm×1092mm　1/16　印张 23¼　彩插 2　字数 576 千字　　2021 年 8 月北京第 1 版第 1 次印刷

购书咨询：010-64518888　　　　　　　　售后服务：010-64518899
网　　址：http://www.cip.com.cn
凡购买本书，如有缺损质量问题，本社销售中心负责调换。

定　　价：140.00 元　　　　　　　　　　　　　　　　版权所有　违者必究

前　言

　　《厌氧生物技术》分为"理论与应用"和"工程与实践"两卷。"理论与应用"卷重点介绍了厌氧微生物和生化反应的理论、反应器流态理论、反应器理论和厌氧反应动力学等基础理论问题，对这些理论的理解有助于加深对颗粒污泥现象、厌氧高效反应器的发展、厌氧分相分级反应器以及碳、氮、硫的（厌氧）生物循环过程的认识。"工程与实践"卷对厌氧技术在工业废水、城市污水和固体废物处理等各个行业的应用进行了概括和总结，从中高浓度废水、低温和低浓度废水、难降解废水、复杂废水和高含硫废水几个方面对各种厌氧反应器的发展和应用进行了详细介绍，通过各个章节穿插的案例逐步对各种新技术、新工艺、新设备和新材料展开介绍，并对厌氧反应器设计的一般要求进行了总结。笔者原本试图将国内外和本人近年来在农业废弃物、能源作物、生物质垃圾等领域的新的探索呈现给读者，但遗憾地发现这些重要的进展显然是这两本书承载不下的，所以只能概括性地总结厌氧技术在这些领域新的发展。但是，厌氧工艺作为环境保护和资源回收的核心技术的基本定位，对当前我国提倡走绿色发展之路、可持续发展之路仍然有十分重大的意义。

　　从本书的第Ⅰ卷出版，到第Ⅱ卷付梓又过去了六年，自觉十分有愧于读者。笔者主要担心资料是否陈旧和一些历史对读者是否缺乏吸引力，但是，近年来对于我们国家如何实现创新发展重要性的重新认识，对于技术如何实现产业化进程的深入讨论，也是本书的第一批读者们，包括我的合作者和学生们一致认为本书的价值所在，大家认为本书在这些方面的实践和做法有很强的现实指导意义。

　　我六年前在第Ⅰ卷前言中回顾 20 世纪 70 年代末到 80 年代初厌氧技术的成功发展历程，曾经提出一个问题：厌氧技术为什么是在欧洲（特别是在荷兰）而不是在最先开始其研究的美国获得了成功？

　　厌氧技术在全世界范围成功应用，得益于荷兰瓦赫宁根（Wageningen）农业大学 Lettinga 教授发明的 UASB 反应器，其中厌氧颗粒污泥现象的发现和应用，导致 UASB 和 EGSB 反应器在全世界范围持续二三十年的经久不衰；与厌氧技术发展紧密缠绕的含硫酸盐废水是厌氧领域的世界性工程难题，对于高含硫酸盐废水的深入研究推动瓦赫宁根厌氧团队关于硫的生物循环过程新的发现，其中非常重要的、在荷兰水行业承上启下的一个人物登上历史舞台——Cees Buisman 在瓦赫宁根攻读博士期间，推翻了当时对硫细菌的认知，成功展示了硫化氢 100% 地转化成单质硫的可能性，成为他在水技术领域一系列神奇表现的首秀。他的导师是 Lettinga 教授和代尔夫特（Delft）理工大学微生物系的 Kuenen 教授（后面要提到的厌氧氨氧化的重要人物）。在生物脱硫的探索之路上，两位大师级的导师功不可没，前者帮助解释在实验中发生的现象和应用前景，后者则提供了微生物生长理论方面的指导。其后，Buisman 进入了著名的 Paques 公司，在 Paques 工作期间，他领导开发了硫酸盐废水厌氧处理、生物脱硫、天然气生物脱硫和地下水重金属修复等一系列创新性应用，并在商业上获得了巨大成功，深刻地改变了厌氧行业的技术格局。生物脱硫的创新故事到现在仍未完结，让我们有理由期待伴随着水技术创新浪潮，生物脱硫技术在循环经济时代会发挥更大的作用。

　　本卷的内容除了延续第Ⅰ卷"理论与应用"的内容外，同时有可能让我们回顾本书开始写作的这二十年来一些新兴领域的发展，其中关于对氮素循环的研究是值得浓墨重彩书写的一笔。关于对氮素循环的研究导致一系列脱氮新工艺的产生，使污水脱氮成为环境工程界最活跃的研究领域之一，可以说这一过程是继厌氧 UASB 之后又一个群星灿烂、争芳斗艳的时代，不过主要舞台从荷兰中部的小城 Wageningen 转移到荷兰西部的小城 Delft。这一阶段脱氮技术不断取得创新发展，从短程硝化-反硝化、同步硝化-反硝化，最终产生了厌氧氨氧化（ANAMMOX）这一污水处理的颠覆性技术。在上世纪 90 年代，荷兰代尔夫特理工大学的科学家发明了短程反硝化的 SHARON 工艺。与传统的硝化-反硝化相比，SHARON 工艺省去了将 NO_2^- 氧化为 NO_3^- 的过程，因此耗氧量、能耗与碳源同步得到较大幅度的减少。继 SHARON 工艺后，荷兰代尔夫特理工大学的 Kuenen 教授指导其助手 Arnold Mulder 和 van de Graaf 开展大量的探索工作，van de Graaf 在 1992 年完全验证了 15 年前的科学家预言：他们发现厌氧氨氧化菌（Anammox）可以将 NO_2^- 作为电子受体，将 NH_3 作为电子供体，反应生成 N_2。这里值得一提的是，SHARON 和 ANAMMOX 都是由荷兰代尔夫特理工大学的科学家最先报道，之后由 Kuenen 教授的另一位主要助手 Mark van Loosdrecht 教授在产业界的协助下建立了全球首座 SHARON-ANAMMOX 示范工程，在荷兰鹿特丹的 Dokhaven 污水处理厂处理厌氧消化液。

在人们认为荷兰人已经停止了在水处理行业的创新步伐之时，本世纪初的荷兰代尔夫特 Mark 团队又给世人一个惊喜，送给水处理行业一个炫目的"大礼包"——好氧颗粒污泥。为什么好氧颗粒污泥在世界上这么受欢迎呢？实践证明，采用好氧颗粒污泥技术进行污水处理，可节省 70% 的土地，节省 30% 的能耗。2013 年，我到荷兰有幸首次参观了好氧颗粒污泥技术示范工程，其工艺不但具有省地、节能等优点，而且从在线仪表上看其出水水质也非常好，总磷可达到 0.09mg/L，总氮可达到 7.9mg/L。据管理人员介绍，这还是没有优化的结果，优化之后效果会更好。

事实上，好氧颗粒污泥并不是一个新的发现，从 20 世纪 70 年代发现厌氧颗粒污泥后，就不断有培养好氧颗粒污泥的尝试和报道。从 2000 年至 2019 年近 20 年时间，全世界范围内共发表与好氧颗粒污泥有关的文章 3000 多篇，其中中国就有 1000 多篇。假设平均一家研究机构可发表 10 篇论文，则表示有 300 多家机构在研究好氧颗粒污泥，其中中国至少 100 家。然而，目前国际上却只有荷兰代尔夫特的 Mark 团队取得了突破。这又回到了我的第一个问题：为什么颗粒污泥均是由荷兰人率先发现和应用的？

历史的经验值得注意，本书第 I 卷的相关章节总结了 30 年前厌氧颗粒污泥形成的经验：首先，当时人们就认识到污泥颗粒的形成不仅仅限于产甲烷微生物，与产甲烷菌相类似的一些其他缓慢生长微生物中也可发生颗粒化现象；其次，采用合适的反应器并以正确的方式运行，其他生物处理工艺也能形成颗粒污泥，其中升流式污泥床（USB）反应器结构则更有利于颗粒化过程；再次，就如何使得形成颗粒污泥的微生物在竞争中更具优势，形成了一些指导理论，如冲洗淘汰理论、"Spaghetti"理论以及动力学下的丝状菌微生物竞争理论等。

事实上，好氧颗粒污泥的"丰盛-饥饿"理论验证了上述推论。"丰盛-饥饿"理论具体内容为：首先，采用升流式序批式厌氧进水（反应器），发展厌氧的聚磷菌使缓慢成长的细菌形成一个核心（缓慢生长微生物），其中，厌氧是丰盛阶段，有很多食物，好氧是饥饿阶段；其次是快速沉淀的淘汰方式（微生物竞争理论），有利于好氧颗粒污泥的成长。

如果说荷兰人发明厌氧颗粒污泥是偶然（此前美国 McCarty 厌氧滤池也实现了颗粒污泥），厌氧氨氧化颗粒因其天生的荷兰色（橘红色）而眷顾荷兰是学者们的戏谑之说，那么，好氧颗粒污泥诞生在荷兰则是历史的必然——从 Lettinga 教授提出的厌氧颗粒污泥培养的指导原则到荷兰代尔夫特理工大学 Mark 教授提出的好氧颗粒污泥"丰盛-饥饿"理论，Lettinga、Kuenen、Arnold Mulder、van de Graaf 和 Mark 的"创新接力"，让我们不得不感叹：科学技术也是有基因和传承的。

上述一系列水处理领域的重大发现和发明，为什么在二十年间集中涌现在荷兰 Wageningen 和 Delft 两所大学，这一现象值得我们深思。认真研究一系列厌氧处理技术成功发展的过程，会让我们获得更宽广的视角——这些成功背后，政府、公司和学术界在促进新技术应用过程中如何发挥合力，则更具启发性。是否像 Lettinga 教授诠释的那样，这一系列成果完全得益于工程人员与微生物学家长期有效的合作？而从商业运作考虑，为什么众多从事 UASB 的公司在那个时期止步于 UASB 的发展而与 EGSB 的发现失之交臂，而独有 Paques 公司在第三代厌氧反应器开发上一骑绝尘？我相信，重新审视这一系列重要问题，对于今天仍然有十分重要的意义。

本书涉及有关厌氧生物技术的多个研究领域，介绍了众多新技术，同时也对工业行业废水污染控制提出了解决方案，可作为有关企业、环境工程设计单位、大专院校的研究人员、教师和学生的参考资料。不过，本书介绍的内容仅仅是笔者收集的一些国内外同行的工程实践和笔者个人在环境污染控制领域中的一些探索，很多内容还不成熟，国内同行在参考过程中还需结合实际情况进行分析。

厌氧生物技术涉及众多学科、行业、领域，本书的编写得益于这些学科、行业的国内外专家学者卓有成效的工作，在此谨向我所直接或间接引用过的相关资料的作者表示衷心的感谢。最后，笔者衷心感谢左剑恶、甘海南、贺延龄等众多合作者，正是和他们多年来卓有成效的合作，才促成了本书的成果；感谢我的学生阎中、江翰、胡超、徐恒等对本书做出直接和间接的贡献。

由于本书涉及内容庞杂，而笔者水平有限，书中难免存在不妥之处，敬请批评指正。

编著者

2021 年 2 月

目　　录

第 1 章　厌氧生物反应器技术的发展

1.1　厌氧处理工艺类型

1.1.1　厌氧工艺的发展

（1）厌氧处理工艺的分类

笔者在《UASB 工艺的理论与工程实践》一书和相关的文章中，根据国内外厌氧技术的发展，提出了"第三代厌氧反应器"的概念，这一划分标准是从厌氧技术的发展角度考虑的。目前，这一概念和对厌氧反应器类型的划分，已经得到国内同行的认同。根据这一标准，厌氧反应器的发展分为如下 3 个阶段。

第一代厌氧消化工艺：①厌氧氧化塘；②普通厌氧消化池；③厌氧接触反应器等。

第二代厌氧消化工艺：①厌氧滤池（AF）；②升流式厌氧污泥床（UASB）反应器；③厌氧流化床（FB）；④厌氧接触膜膨胀床（AAFEB）反应器；⑤厌氧生物转盘等。

第三代厌氧反应器和其他改进工艺：①厌氧内循环（IC）反应器；②厌氧颗粒污泥膨胀床（EGSB）反应器；③厌氧折流反应器（ABR）；④厌氧复合床反应器（UASB＋AF）等。

（2）厌氧反应器的类型简述

目前，最常用的厌氧工艺如图 1-1 所示。这些工艺按微生物生长方式划分，又可分为厌氧悬浮生长工艺和厌氧接触生长工艺。下面对上述各类厌氧反应器进行简单的描述。

早期的厌氧消化工艺可以称为第一代厌氧消化工艺，并以厌氧消化池为代表，属于低负荷系统。早期的低负荷厌氧系统使人们认为：厌氧系统的运行结果不理想是厌氧系统本质上不及好氧系统。遗憾的是，这种观点一直延续至今。

由于厌氧微生物生长缓慢，世代时间长，需要较长的停留时间，因此早期厌氧反应器负荷低、体积大。随着对厌氧发酵过程认识的不断提高，人们认识到反应器内保持大量的微生物和尽可能长的污泥龄是提高反应效率和反应器成败的关键。Mckinney 和 Eckenfelder 等在好氧及厌氧污水处理数学模型方面进行的研究，从理论上阐明了将污泥龄作为生物处理设计与运行参数的重要性。

Schroppter 仿照好氧活性污泥法，开发了厌氧接触反应器；通过增加微生物与废水的固液分离与回流，提高了消化池的污泥龄；与普通厌氧消化池相比，其水力停留时间可大大缩短。

高效厌氧处理系统与其他的高效反应器一样，必须满足如下条件：①能够保持大量的厌氧活性污泥和足够长的污泥龄；②保持废水与污泥之间的充分接触。

为满足第一个条件，可以采用固定化（生物膜）或培养沉淀性能良好的厌氧污泥（颗粒污泥）的方式来保持厌氧污泥，从而在采用高的有机负荷和水力负荷时不发生严重的厌氧活性污泥流失。依照第一个条件，在 20 世纪 70 年代末期人们成功地开发了各种新型的厌氧工艺，例如，厌氧滤池（AF）、升流式厌氧污泥床（UASB）反应器、厌氧接触膜膨胀床

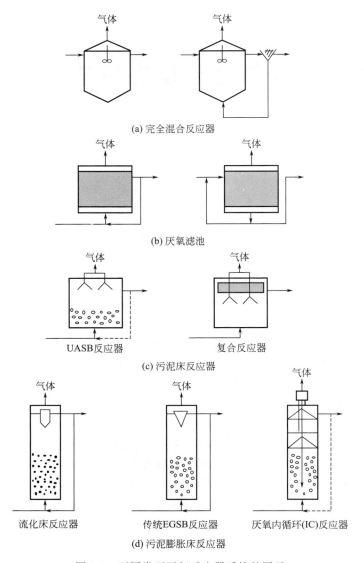

(a) 完全混合反应器

(b) 厌氧滤池

UASB反应器　　　　　复合反应器

(c) 污泥床反应器

流化床反应器　　　传统EGSB反应器　　厌氧内循环(IC)反应器

(d) 污泥膨胀床反应器

图 1-1　不同类型厌氧反应器系统的图示

（AAFEB）反应器和厌氧流化床（FB）等。这些反应器的一个共同特点是可以将固体停留时间与水力停留时间相分离，固体停留时间可以长达上百天。这使厌氧处理高浓度污水的停留时间从过去的几天或几十天缩短到几小时或几天。这一系列厌氧反应器被称为第二代厌氧反应器。

　　高效厌氧处理系统需要满足的第二个条件是获得进水和保持废水与污泥之间的良好接触。为了在厌氧反应器内满足这一条件，应该确保反应器布水的均匀性，这样才可最大程度地避免短流。这一问题无疑涉及布水系统的设计，在此不作赘述。从另一个角度讲，厌氧反应器的混合来源于进水的混合和产气的扰动。但是对于进水在无法采用高的水力负荷和有机负荷的情况下（例如，在低温条件下采用低负荷工艺时，由于在污泥床内的混合强度太低，以致无法抵消短流效应），UASB反应器的应用负荷和产气率受到限制。为获得高的搅拌强度，必须采用高的反应器或采用出水回流，获得高的上升流速。正是对于这一问题的研究，促成了第三代厌氧反应器的开发和应用。

1.1.2 第一代厌氧消化工艺

（1）厌氧氧化塘

厌氧氧化塘（简称厌氧塘）处理污水的原理，与污水的厌氧生物处理相同。有机物的厌氧降解分为水解、产酸和产甲烷等多个步骤。在厌氧状态下，进入厌氧塘的可生物降解的颗粒性有机物，先被胞外酶水解成为可溶性的有机物，溶解性有机物再通过产酸菌转化为乙酸，接着在产甲烷菌的作用下，将乙酸和氢转变为甲烷（CH_4）和二氧化碳（CO_2）。虽然厌氧降解机理是有顺序的，但是，在整个系统中，这些过程则是同时进行的（见图 1-2）。厌氧塘全塘大都处于厌氧状

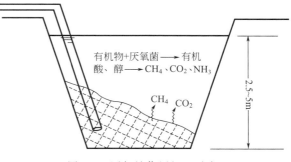

图 1-2 厌氧塘作用机理示意

态。厌氧塘除对污水进行厌氧处理以外，还能起到污水初次沉淀、污泥消化和污泥浓缩的作用。

厌氧塘可用于处理屠宰废水、禽蛋废水、制浆造纸废水、食品工业废水、制药废水、石油化工废水等，也可用于处理城市污水。这种系统在美国、印度和其他热带地区曾经非常流行，主要原因是土地价格低。在所有系统中，经常采用低负荷的厌氧塘，设计从非常简单的厌氧塘形式到非常考究的系统（见图 1-3 和图 1-4）。

图 1-3 美国食品/饮料废水采用厌氧塘处理

图 1-4 南澳大利亚 Greenock 厌氧塘（覆盖）

厌氧塘的最大问题是无法回收甲烷，产生臭味，环境效果较差。影响厌氧塘处理污水效率的因素有：气温、水温、进水水质、浮渣、营养比、污泥成分等。其中，气温和水温是影响厌氧塘处理效率的主要因素。另外，厌氧塘工艺不能将水力停留时间与固体停留时间相分离。因此，厌氧塘需要足够长的水力停留时间和固体停留时间，使生物得以生长，并进行有机物的降解。

（2）普通厌氧消化池

厌氧消化工艺是最古老的生物处理工艺之一，1911 年美国马里兰州的巴尔的摩建立了

第一座单独的污泥厌氧消化装置。在 1920～1935 年间，厌氧消化得到很大的发展，开发了加热形式的消化池。但是，20 世纪四五十年代之后，厌氧消化工艺从本质上讲没有取得很大的进展。并且，由于厌氧消化池较差的混合和反应特性，有机物在其中的降解效率较差，一般分解率很难达到 40%。

在厌氧消化工艺中，污水或污泥定期或连续加入消化池，经消化的污泥和污水分别由消化池底和上部排出，所产的沼气则从顶部排出。进行中温和高温发酵时，常需对发酵料液进行加热。一般用池外设热交换器的方法间接加热或采用蒸汽直接加热。为使进料和厌氧污泥密切接触，设有搅拌装置，一般情况下每隔 1～4h 搅拌一次。在排放消化液时，通常停止搅拌，待沉淀分离后从上部排出上清液。目前，厌氧消化工艺被广泛应用于城市污水污泥的处理（见图 1-5）。

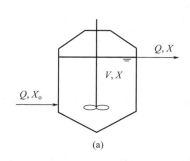

(a)

(b)

图 1-5 污泥传统厌氧消化池示意图（a）和在 Clonmel 污水处理厂的两级污水污泥中温消化池（b）

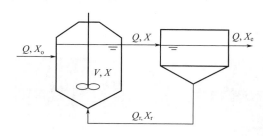

图 1-6 传统厌氧接触工艺示意

（3）厌氧接触反应器

厌氧接触工艺排出的混合液，首先在沉淀池中进行固液分离（也可采用气浮分离）。污水由沉淀池上部排出，所沉下的污泥回流至消化池。这样做不仅污泥不会流失，还可提高消化池内的污泥浓度，从而在一定程度上提高了设备的有机负荷率和处理效率。传统厌氧接触工艺如图 1-6 所示。与普通厌氧消化池相比，它的水力停留时间大大缩短。由于厌氧污泥在沉淀池内继续产气，因此其沉淀效果不佳。该工艺和普通厌氧消化工艺一样，属于中低负荷工艺，系统需要庞大的体积。一些具有高 BOD 的工业废水采用厌氧接触工艺处理，稳定性好。厌氧接触工艺在我国成功地应用于酒精糟液的处理。

1.1.3 第二代厌氧消化工艺

（1）厌氧滤池

厌氧滤池（AF）是在早期 Coulter 等工作的基础上，于 1969 年由 Young 和 McCarty 重新开发的。厌氧滤池内充填有各种类型的固体填料，如卵石、炉渣、瓷环、塑料等。废水向上流动通过反应器的厌氧滤池称为上流式厌氧滤池，另外，还有下流式厌氧滤池（见图 1-7）。

因为细菌生长在填料上，不随出水流失，污水在流动过程中与生长并保持有厌氧细菌的填料相接触，在短的水力停留时间下可取得长的污泥龄，细胞平均停留时间在 100d 以上。

厌氧滤池容积负荷可达 5～10kg COD/(m³·d)。厌氧滤池的缺点是载体相当昂贵，据估计，载体的价格与构筑物建筑价格相当；在采用填料不当、污水中悬浮物较多的情况下，容易发生短路和堵塞。这些原因使 AF 工艺不能迅速推广。

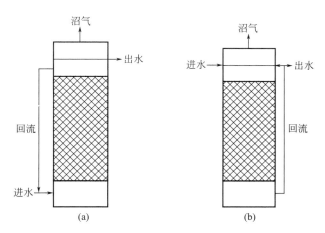
图 1-7　上流式（a）和下流式（b）厌氧滤池

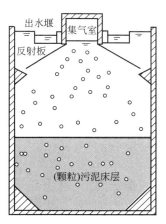
图 1-8　升流式厌氧污泥床
反应器工艺示意

（2）升流式厌氧污泥床反应器

升流式厌氧污泥床（UASB）反应器是 20 世纪 70 年代由 Lettinga 开发的。典型的 UASB 反应器沿高程从下至上可分为反应区、三相分离区和沉淀区，其中反应区又可分为（颗粒）污泥床层和悬浮污泥层（见图 1-8）。待处理的废水被引入 UASB 反应器的底部，经过与污泥充分接触和反应，废水中的有机物被降解并被转化为沼气（其主要成分是甲烷和二氧化碳），废水得到净化。有机物降解过程中产生的沼气带动污泥上浮，搅动污泥床，污泥在上升过程中脱离气泡后直接在反应区或沉淀区沉降，经三相分离器返回污泥反应器，气体则被分离器收集后排出。

UASB 反应器最大的特点是通常能形成沉降性能良好的颗粒污泥，从而在没有填料和载体的条件下完成生物相的固定化，节省了装载填料的空间和建设费用，同时使反应器内水力停留时间与污泥停留时间分离，从而可以在反应器内维持较高的污泥浓度。根据废水性质的不同，反应器内污泥浓度可达到 20～40g VSS/L，因此 UASB 反应器可以达到较高的处理能力和效率，容积负荷可达到 5～15kg COD/(m³·d)。

（3）厌氧流化床和厌氧膨胀床系统

流化床（FB）系统是由 Jeris（1982）开发的。厌氧流化床是一种含有比表面积很大的惰性载体颗粒的反应器，厌氧微生物在其上附着生长（见图 1-9）。它的一部分出水回流，使载体颗粒在整个反应器内处于流化状态。厌氧流化床最初采用的颗粒载体是沙子，但随后采用低密度载体（如无烟煤和塑料物质）以减小所需的液体上升流速，从而减少提升费用。流化床使用了比表面积很大的填料，使得厌氧微生物浓度增大。

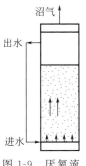
图 1-9　厌氧流
化床反应器

由于流化床载体质量较大，为使介质颗粒流化和膨胀需要大量的回流，这增加了运行过程的能耗；并且，其三相分离特别是固液分离

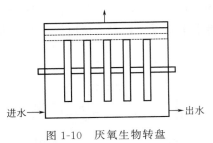

图 1-10 厌氧生物转盘

比较困难，要求较高的运行和设计水平，所以流化床实际应用较少。根据流速大小和颗粒膨胀程度，流化床一般完全流化。而膨胀床运行流速控制在略高于初始流化速度，相应的膨胀率为 5%～20%。厌氧接触膜膨胀床（AAFEB）反应器的床层仅膨胀 10%～20%（Jewell，1981）。

（4）厌氧生物转盘

厌氧生物转盘是与好氧生物转盘相类似的装置（见图 1-10）。在这种反应器中，微生物附着在惰性（塑料）介质上，介质可部分或全部浸没在废水中。介质在废水中转动时，可适当限制生物膜的厚度。剩余污泥和处理后的水从反应器排出。

1.1.4 第三代厌氧反应器

（1）厌氧内循环反应器和厌氧颗粒污泥膨胀床反应器

厌氧内循环（IC）反应器是基于 UASB 反应器颗粒化和三相分离器的概念而改进的新型反应器。IC 反应器由两个 UASB 反应器的单元相互重叠而成。它的特点是在一个高的反应器内将沼气的分离分为两个阶段：底部处于极端的高负荷，上部处于低负荷。IC 反应器由 4 个不同的功能部分组合而成，即混合部分、膨胀床部分、精细处理部分和回流部分（见图 1-11）。

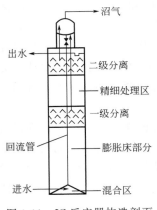

图 1-11 IC 反应器构造剖面

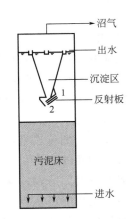

图 1-12 厌氧升流式流化床（UFB Biobed）
1—泥水混合物；2—沉降的污泥

荷兰 Wageningen 农业大学进行了关于厌氧颗粒污泥膨胀床（EGSB）反应器的研究。EGSB 反应器在高的上升流速下运行，使颗粒污泥处于悬浮状态，从而保持了进水与污泥颗粒的充分接触。EGSB 的概念特别适于低温和相对低浓度的污水，当沼气产率低、混合强度低时，较高的进水动能和颗粒污泥床的膨胀高度将获得比"通常"UASB 反应器更好的运行结果。EGSB 反应器由于采用高的上升流速，不适于去除颗粒有机物。进水悬浮固体"流过"颗粒污泥床并随出水离开反应器，胶体物质被污泥絮体吸附而被部分去除。

荷兰 Biothane(百欧仕)公司最早研究厌氧流化床工艺，在其设计的生产性流化床装置上，由于强烈的水力和气体剪切作用造成载体的生物膜脱落严重，因此无法保持生长的生物膜。相反地，在运行过程中形成了厌氧颗粒污泥，因此在实际运行中将厌氧流化床转变为

EGSB 运行形式，UFB 是其商品名称（见图 1-12），在文献和样本上有时该公司也称其为 EGSB 反应器。它在极高的水和气体上升流速（均可达到 5～7m/h）下产生和保持颗粒污泥，所以不用载体物质。由于高的液体和气体上升流速造成了进水和污泥之间的良好混合状态，因此系统可以采用 15～30kg COD/(m³·d) 的高负荷。

（2）厌氧折流反应器

厌氧折流反应器（ABR）是由美国斯坦福大学的 McCarty 等于 20 世纪 80 年代初提出的一种高效厌氧反应器（见图 1-13）。折流反应器由于折板的阻隔，使污水上下折流穿过污泥层，形成了反应器推流的性质。每一单元为相对独立的上流式污泥床。废水中的有机基质通过与微生物充分接触而得到去除。借助于废水流动和沼气上升的作用，反应室中的污泥上下运动。由于导流板的阻挡和污泥自身的沉降性能，污泥在水平方向没有混掺，从而使大量活性污泥被截留在每个反应室中。

ABR 独特的分格式结构及推流式流态，使每个反应室中可驯化培养出与流至该反应室中的污水水质、环境条件相适应的微生物群落，从而使厌氧反应产酸相和产甲烷相沿程得到分离，使 ABR 在整体性能上相当于分级多相厌氧处理系统。

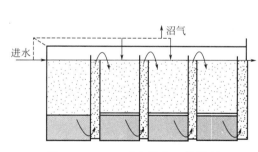

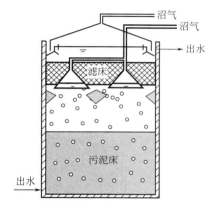

图 1-13　ABR 反应器的工艺原理　　　　图 1-14　厌氧复合床（UASB＋AF）反应器图示

（3）厌氧复合床反应器

许多研究者为了充分发挥升流式厌氧污泥床与厌氧滤池的优点，采用将两种工艺相混合的反应器结构，被称为厌氧复合床（UASB＋AF）反应器，也称为 UBF 反应器（见图 1-14）。复合床反应器的结构，一般是将厌氧滤池置于污泥床反应器上部，这种结构可发挥 AF 和 UASB 反应器的优点，改善运行效果。

1.1.5　厌氧处理工艺的对比

各种厌氧处理工艺的优点和缺点见表 1-1。

表 1-1　各种厌氧处理工艺的优点和缺点

工艺类型	优　点	缺　点
厌氧消化池	系统非常复杂，但可适应高 SS 浓度	低负荷，需要较大池容
厌氧接触工艺	适应中等浓度 SS	中等负荷，需要运行经验
厌氧滤池	运转简单，适应高或低浓度 COD	不适于废水 SS 含量高时，有堵塞危险
UASB 工艺	运转简单，适应高或低浓度 COD，可能有极高负荷	解决运转问题需要技巧，不适于废水具有高 SS 的情况
EGSB 工艺	运转简单，适应高或低浓度 COD，具有极高负荷	运行时需要商品化的颗粒污泥，设备结构复杂

1.2　厌氧消化池和厌氧接触工艺

厌氧消化池多应用于处理从污水中分离出来的有机污泥、含有机固体物较多和浓度很高的污水，例如城市污水污泥、畜禽粪便和酒槽废水等。厌氧接触工艺也被成功地应用于肉类食品工业废水和其他含有高浓度可溶性有机物废水的处理。本节重点介绍厌氧消化和接触工艺应用中的问题、在我国的应用情况和最新进展等，消化池和处理系统的设计不作全面介绍。关于消化池的设计方法和池型结构，有兴趣的读者可参阅 Metcalf 和 Eddy 编著的《Wastewater Engineering：Treatment，Disposal and Reuse》一书的有关章节。

1.2.1　普通厌氧消化池的工作原理及应用

（1）工作原理

传统的完全混合厌氧反应器（CSTR）即普通厌氧消化池（见图 1-15），污水或污泥定期或连续加入消化池，经与池中原有的厌氧活性污泥混合和接触后，通过厌氧微生物的吸附、吸收和生物降解作用，使污泥或废水中的有机污染物转化为沼气（以 CH_4 和 CO_2 为主要成分的气体）。经消化的污泥和污水分别由消化池底和上部排出，所产的沼气则从顶部排出。污泥在厌氧消化过程中能够产生能源并加以利用，所以，厌氧消化工艺仍然是污泥稳定化的主导工艺。

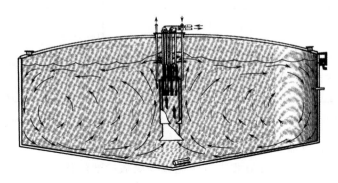

图 1-15　普通厌氧消化池

（2）厌氧消化池的应用

由于先进的高效厌氧反应器的出现，传统消化池的应用越来越少，但是在一些特殊领域，其在厌氧处理中仍然有一席之地，主要应用于如下领域：

① 城市废水处理厂污泥的稳定化处理；

② 高浓度有机工业废水的处理；

③ 高含量悬浮物的有机废水（如畜禽粪便）的处理。

普通厌氧消化池是应用最早的水处理构筑物之一。目前世界各国在污泥处理领域仍以污泥厌氧消化工艺为主。欧美各国多数污水处理厂都建有污泥消化池，并且一般都在运转。

在我国，普通厌氧消化池是推行较早的一种传统的处理工艺，因此我国在普通厌氧消化池的设计施工及运行管理方面都积累了较为丰富的经验。厌氧消化池早期多用于污泥的稳定化，后来在含有较高固体浓度的工业有机废水处理方面也取得了较为成功的应用。

（3）对厌氧消化池的基本分析

首先，早期人们没有认识到进水有机物和反应器中生物种群密切接触的重要性，标准消化池的容积利用率一般只有 40% 左右。同时，由于处理对象大都属于难降解或降解缓慢的固体物质，导致人们认为厌氧处理系统本质上劣于好氧系统。不幸的是，这种观点一直延续至今。其次，系统内没有保持足够的微生物，特别是甲烷微生物。保持系统内有尽可能高的微生物浓度始终是生物处理技术的核心。厌氧微生物生长缓慢，世代时间长，保持足够长的停留时间是厌氧消化工艺成功的关键。在消化池中有下列关系：

水力停留时间 $\qquad$ $HRT = V/Q$

污泥停留时间 $\qquad$ $SRT = VX/(QX) = V/Q = HRT$

式中，X 为污泥浓度；Q 为流量；V 为反应器体积。

由上式可见，对于厌氧消化池，污泥停留时间（SRT）等于水力停留时间（HRT），显然厌氧消化池无法分离水力停留时间和污泥停留时间。在厌氧工艺中，一般污泥龄应是甲烷菌世代的 2~3 倍，才足以保证厌氧微生物在反应器内生长。这也是一般消化工艺在中温（30~35℃）条件下停留时间为 20~30d 的原因之一。

1.2.2 厌氧接触工艺的原理和应用

（1）厌氧接触工艺的原理

1955 年，Schroppter 仿照好氧活性污泥法，开发了厌氧接触工艺（见图 1-6）。厌氧接触法（anaerobic contact process，ACP）在厌氧消化池之外加了一个沉淀池来收集污泥，且使其回流至消化池。反应器是完全混合的，排出的混合液首先在沉淀池中进行固液分离。污水由沉淀池上部排出，所沉下的污泥回流至消化池。这样做可提高消化池内污泥龄，与普通消化池相比，它的水力停留时间大大缩短。

厌氧接触工艺和消化工艺一样，属于中低负荷工艺。在很多情况下，厌氧消化池与厌氧接触消化池在应用中不加以区分。生产实践表明，在低负荷或中负荷条件下，厌氧接触工艺允许污水含有较多的悬浮固体，同传统厌氧消化工艺相比，具有较大的缓冲能力，有着负荷较高、耐冲击负荷、生产过程比较稳定、操作较为简单等优点。

（2）厌氧接触工艺的应用

在国外，厌氧接触工艺最初用于处理肉类加工厂废水，也用于食品工业和其他行业高浓度有机废水的处理，至今仍然应用于高浓度废水的处理。

表 1-2 为国外部分生产性厌氧接触工艺的运行数据。数据显示，在进水浓度很高的情况下，仍能取得很好的 BOD 去除效果。这说明由于采用了回流措施，在厌氧接触消化池内保持了大量厌氧活性污泥，从而提高了容积负荷，缩短了水力停留时间，使厌氧接触消化池在处理高浓度有机废水方面较普通消化池有着明显优点。

表 1-2 国外部分生产性厌氧接触工艺的运行参数

废水种类	运行温度 /℃	废水浓度 /(mg BOD$_5$/L)	有机负荷率 /[kg BOD$_5$/(m^3·d)]	水力停留时间 /d	BOD$_5$ 去除率 /%
玉米淀粉废水	23	6280	1.8	3.3	88
威士忌酒厂废水	33	25000	4.0	6.2	95

废水种类	运行温度/℃	废水浓度/(mg BOD₅/L)	有机负荷率/[kg BOD₅/(m³·d)]	水力停留时间/d	BOD₅去除率/%
啤酒厂废水	33	3900	2.0	2.3	96
葡萄酒厂废水	33	9000	5.8	2.0	96
糖果厂废水	33	7000	1.5	4.6	92
酵母废水	33	3040	2.1	2.0	81
柠檬酸废水	33	4600	3.4	1.3	87
屠宰厂废水	33	2100	1.4	1.3	96
肉类加工厂废水	33	1380	2.5	0.5	91
大米加工厂废水	30	1290	1.4	1.2	92
乳品加工厂废水	33	2950	1.5	2.0	93
棉籽精炼废水	30	1600	1.2	1.3	92

1.2.3 城市污水污泥两相消化的理论

（1）两相消化理论的提出

20 世纪 70 年代初，Pohland、Borchardt 和 Ghosh 等提出了厌氧发酵过程中相分离的概念，认为将污染物转化为有机酸和将有机酸转化为甲烷的微生物种群的生长动力学特征和对环境的需求相互差异很大。产酸菌和产甲烷菌分别富集在分离的环境中，以满足各自最适的 pH、氧化还原电位、稀释率（投配率）、碱度和温度条件，会增加各自的代谢和动力学能力。

因此，期望分离的产甲烷反应器会比单相消化表现出更高的最大比生长率（μ_{max}）和较低的半饱和速率常数（K_s）。通过产酸菌和产甲烷菌的分别培养，可使第一步的产酸消化器中污泥（VSS）的转化（水解作用）和挥发酸的形成（产酸作用）达到最大值。例如，Pohland 等和 Ghosh 等分别通过实验阐明产酸菌的最大比生长率较产甲烷菌高一个数量级（见图 1-16）。

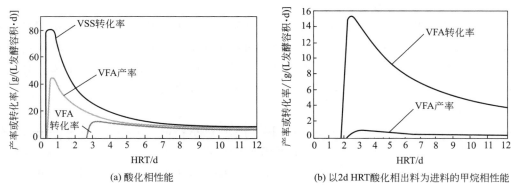

(a) 酸化相性能　　　　　　　　(b) 以2d HRT酸化相出料为进料的甲烷相性能

图 1-16　采用 70g/L VSS 浓度的污泥为进料的 CSTR 酸化消化池和甲烷消化池的运行特征
（动力学参数：产酸菌，$\mu_{max}=3.48d^{-1}$，$K_s=26g/L$；产甲烷菌，$\mu_{max}=0.43d^{-1}$，$K_s=4.2g/L$）

Ghosh 等对城市污水污泥的研究表明，酸化消化池在反应初期，不发生甲烷化过程［见图 1-16(a)］；在相分离的第二阶段，甲烷消化池中乙酸气化率最大［见图 1-16(b)］，并且比所有单相的不同 HRT 下的产气率都要高得多。分离的甲烷消化池的这些特征，使厌氧消化过程更为稳定和可靠，可以抵御常规单相消化池在高负荷运行条件下，时常会发生的产酸发酵与产甲烷发酵间的不平衡而导致的系统酸化现象的发生。

自从提出两相消化工艺以来，国内外在这一领域进行了不少研究，所涉及的废物包括人工配制的葡萄糖、有机废水及城市污水污泥。荷兰阿姆斯特丹大学的 Cohen 等在采用葡萄糖作基质的条件下对两相消化的机理进行了大量的研究。

（2）两相消化的实现方法

从《厌氧生物技术（Ⅰ）——理论与应用》所述内容可知，在厌氧降解过程中有 4 阶段或 6 阶段之说。其中，水解阶段是厌氧微生物的胞外酶对高分子和固相有机物的水解作用，无法与酸化过程相分离，因为这两个步骤是由同样的微生物种群完成的。同理，产乙酸和产甲烷过程也不可能分开进行，因为产乙酸过程需要嗜氢产甲烷菌的参与，消耗氢以保持种间低的氢分压。所以，准确地讲，酸化消化池主要进行水解和酸化的反应，而甲烷消化池主要进行产乙酸和产甲烷的反应。在工程上如何实现相分离是两相厌氧消化工艺中很重要的一步，由以下方法可以实现相分离。

① 化学法　投加选择性抑制物（如添加氯仿等抑制产甲烷菌生长），或用有节制供氧调整系统的氧化还原电位等措施促进发酵菌生长，抑制产甲烷菌的生长。

② 物理法　采用膜分离技术使有机酸有选择性地通过半透膜。

③ 动力学控制　利用发酵菌和产甲烷菌在生长速率上的差异，控制水力停留时间和细菌倍增时间，使得倍增时间短的产甲烷菌从停留时间较短的反应器中流失，实现相分离。

以上方法中，动力学控制的方法最为简单可行。

（3）城市污水污泥两相消化的实验

1）负荷的影响

Ghosh 等对单相和两相消化系统处理城市污水污泥进行了长期的研究。在同样的进料成分下，对稳定后的单相和两相两个系统进行对比（稳定条件是在运转达 3 个水力停留时间或更长的时间，并且在此期间，pH、产气量、气体成分以及进料的变化应不超过 20%），对比的指标是产气量和挥发酸含量以及挥发性固体、糖类和脂类物等的去除率。

表 1-3 是在有机负荷为 7kg VSS/(m³·d) 和 15kg VSS/(m³·d) 条件下单相消化系统与两相消化系统的运转结果。从产气率、产气负荷以及有机固体（VSS）的转化率来看，两相中温系统要优于单相中温系统，甚至高于单相高温系统，两相消化系统的优点在水力停留时间较短和有机负荷较高时更加明显。例如，两相消化系统在中温条件下水力停留时间为 7d 时，比单相系统中温消化的总产气率提高了 47%，而在水力停留时间为 3d 时，总产气率则提高了 94%。

表 1-3　单相和两相消化系统在稳定条件下的运行结果比较

参　数	中温 HRT 7d,有机固体负荷 7kg VSS/(m³·d)		高温 HRT 7d,有机固体负荷 7kg VSS/(m³·d)		中温 HRT 3d,有机固体负荷 15kg VSS/(m³·d)		中温 HRT 3d,有机固体负荷 15kg VSS/(m³·d)	
	两相[1]	单相	两相[1]	单相	两相[3]	单相	两相[3]	单相
总产气率/(m³/kg VSS)[2]	0.47	0.32	0.32	0.37	0.31	0.16	0.26	0.18
甲烷产率/(m³/kg VSS)	0.30	0.22	0.22	0.25	0.18	0.089	0.17	0.11
容积产甲烷率/[m³/(m³·d)]	2.17	1.61	1.36	1.80	2.76	1.37	2.51	1.77
pH	7.3	7.1	7.5	7.5	7.2	6.8	7.6	7.3
VSS 去除率/%	43.3	29.5	30.1	34.6	28.3	14.8	23.6	16.7
出水总 VFA/(mg/L)	109	248	1580	2105	1680	2017	1146	3205

① 酸化反应器停留时间为 2d。② 所有产气量都转化为标准状态（15℃，760mmHg❶）。③ 酸化反应器停留时间为 0.9d。

❶　1mmHg=133.322Pa。全书后同。

11

2) 两相消化与最大理论污泥降解的对比

Ghosh 结合批式最大降解能力测定，对污泥的理论产气量进行了推算，依据是假设细菌的产率系数是 0.30（即转化每单位的 VSS 产生微生物的量，kg/kg），则在标准状态下 1kg VSS 产生的 CO_2 和 CH_4 的量分别为 $0.28m^3$ 和 $0.51m^3$。在中温条件（35℃）下厌氧降解潜力试验的结果表明，原污泥的最大产气率和甲烷产率分别为 $0.45m^3/kg$ VSS 和 $0.32m^3/kg$ VSS。这些产气率对应的 VSS 降解率为 48%，但是如果考虑污泥产率并从实验和理论数值推算，污泥 VSS 的厌氧生物降解率为 58%，以此标准来衡量实验的结果（见表 1-4）。

表 1-4   HRT 约为 15d 条件下单相和两相消化系统运行数据的对比

参　数		单相厌氧消化		两相厌氧消化	
		中温	高温	中温-高温	中温-中温
有机固体负荷率/[kg VSS/(m^3·d)]		2.00	2.11	2.14	1.94
总产气率/(m^3/kg VSS)		0.320	0.425	0.453	0.592
CH_4 产量/(m^3/kg VSS)		0.225	0.280	0.302	0.410
CH_4 产量占理论产量百分比/%		45.0	56.0	60.4	82.0
CH_4 产量占实际最大产量百分比/%		70.8	88.1	95.0	128.9
出液总挥发酸含量（以乙酸计）/(mg/L)		1	1037	867	26
出液 pH		7.11	7.47	7.54	7.10
出液 NH_4^+-N 含量/(mg/L)		779	1132	1249	646
出液碱度/进液碱度		1.53	2.71	2.75	1.73
VSS 去除率/%	MOP-16[①]	38.2	36.8	28.0	37.2
	按气体质量计[②]	28.8	45.9	48.5	63.4
	按理论产气量计[③]	29.7	39.4	42.0	54.9
	达到最大去除潜力的百分数[④]	51.2	67.9	72.4	94.7
有机物去除率/%	粗蛋白	27.1	53.5	41.9	52.9
	碳水化合物	27.3	25.3	30.6	47.0
	脂类	25.1	68.2	66.8	75.0
	平均	26.5	49.0	46.4	58.3

① MOP-16 表示 VSS 去除率按水污染控制协会推荐的"厌氧污泥消化公式"计算：$VSS_{去} = \dfrac{VSS_{进} - VSS_{出}}{VSS_{进}} \times 100\%$。

② VSS 去除率按气体质量计算的公式：$VSS_{去} = \dfrac{气体产物质量}{VSS 进料的质量} \times 100\%$。

③ 用观察到的总产气量占 $1.078m^3$/kg VSS 的理论产气量的百分比计算。

④ 可生物降解的 VSS 去除率按 VSS 去除的理论产气量乘以可生物降解因子 0.58 计算。

其中 4 种 VSS 去除率计算测定的结果各不相同。按 MOP-16 计算的 VSS 去除率，似乎与产量数据不相符，这种差异是由于 VSS 测定方法和取样缺乏精确性所致。从本质上来说，该方法可以最为直接地测量到污泥量的变化。但以上方法需要将 VSS 测量和定义相结合（见污泥定义相关章节）。

表 1-4 列出的数据更进一步地说明了两相消化系统比单相消化系统有更高的 VSS 去除率，并且中温系统有最高的 VSS 去除率和有机物去除率。对于蛋白质、碳水化合物、脂类、NH_4^+-N 等指标的测试结果，都表明两相消化系统有更高的有机物降解率，并且碱度数据表明两相消化系统有更好的缓冲能力，因而系统更加稳定。

Ghosh 等虽然在两相消化的机理和动力学等方面进行了大量的研究，但采用的处理构筑物仍然为传统完全混合式的消化池，在停留时间、减少投资等方面没有取得突破性的进展。这也是自 Ghosh 在 20 世纪 70 年代提出两相消化工艺以来，两相消化工艺一直难以进入工程应用领域的原因。特别是对于固体物含量较高的废水，进展更是缓慢。目前世界各地仍在采用 20 世纪四五十年代开发的厌氧消化工艺。

（4）两相处理问题讨论

根据 Pohland 和 Ghosh、Cohen 等、Verstraete 等、Zoetemeyer 等以及 Kunst 的研究，用两个分离的反应器进行两步反应，将酸化与甲烷化分开是有益的，甚至对于易水解的溶解性基质，这样的分离将促使过程更稳定。根据这些研究者的观点，酸化阶段的出水组分恒定，将促使更好地形成甲烷化反应器中所期望的菌群，即更稳定的甲烷化处理阶段。所以，作为相分离的结果，可得到更高的甲烷化反应器容积负荷。

长期以来，采用废水预酸化使厌氧废水处理得到最优化是一个值得讨论的问题。两相处理的主要好处是甲烷化反应器可以采用高负荷且对废水毒性化合物敏感性较低。不过，预酸化废水在甲烷化反应器中形成的颗粒污泥差和两相系统的投资高被认为是两相系统的严重缺点。

近年来，为评价部分酸化对甲烷化反应器运行的影响，学者们进行了一些研究。Cohen 进行了进水为葡萄糖和 VFA 混合物的试验，发现仅用 VFA-COD 取代 13％葡萄糖 COD，就能显著增强污泥的比产甲烷活性。而且，以葡萄糖和 VFA 混合物为基质的甲烷化反应器中的污泥颗粒化，比用纯葡萄糖培养的污泥（一级处理）更容易保存。另外，他发现当污泥负荷高时，用部分酸化的葡萄糖溶液形成相当多的凝胶化污泥，导致在原来颗粒污泥周围形成一层松散的结构，在这种污泥退化的情况下，观察到污泥流失急剧增加。这些发现与 Lettinga 等在实验室的实验结果相当一致。

用稀释的蔗糖溶液（1000mg/L COD）和以淀粉废水培养的颗粒污泥为接种泥的颗粒污泥床反应器的试验中，观察到污泥负荷高时污泥流失急增，这可归因于附着在颗粒污泥新生成的菌胶团形成松散结构层。Anderson 等和 Hulshoff Pol 等报道处理非酸化蔗糖形成污泥膨胀和发生污泥上浮。由于这些原因，Lettinga 等不主张相分离。因此，两相工艺应注意以下几点：

① 建造分离（酸化）的反应器使投资费用显著增加。

② 一般来说，污水中存在的溶解性碳水化合物的酸化进行迅速，以致这部分物质很大一部分在管线中和/或调节池或中和池中已转化为 VFA-COD。

③ VFA 基质的污泥产率系数明显低于部分酸化的基质，所以，需更多的时间来增加颗粒污泥的量。当使用没有酸化或难酸化的基质时，用于增加颗粒污泥量的时间明显减少。

④ 酸化反应器出水在其进入甲烷化反应器之前，需从溶液中去除其中大部分的酸化污泥（尤其是在 VSS 浓度超过 1000mg/L 时）。

⑤ 实际条件下，污水组成和浓度波动通常较高，所以不可能保证酸化反应器出水组分"恒定"。

1.2.4　厌氧消化工艺的进展

（1）污泥消化工艺研究进展

在 20 世纪 70 年代末期，各种新型的厌氧工艺得到了发展，例如厌氧滤池（AF）、升流式厌氧污泥床（UASB）反应器和厌氧流化床（FB）等。这些反应器的一个共同特点是可以将固体停留时间与水力停留时间相分离，使固体停留时间可以长达上百天。由于这类系统中可以维持高浓度的微生物，厌氧处理高浓度污水的停留时间从过去的几天或几十天缩短到几小时或几天，并且不需对处理废水加温。但此类工艺仅适用于悬浮物含量低的废水；对于悬浮物较多的废水，如城市污水污泥的处理，仍缺少高效厌氧消化装置。与水处理领域的进展相比较，污泥领域的发展远远落后于厌氧工艺本身的发展进程。

城市污水污泥中温厌氧消化工艺的停留时间一般大于 20d，在 20～30d 的范围；悬浮物的负荷为 1.0～1.5kg SS/(m³·d)，相当于 COD 负荷最多 2.0kg COD/(m³·d)。而以工业酒精糟液为例，目前采用先进的厌氧反应器负荷可达到 5.0～8.0kg COD/(m³·d)［悬浮物负荷＞3.0kg SS/(m³·d)］。酒糟废液的处理能力和负荷，一般大大高于城市污水污泥厌氧消化工艺。从这个意义上讲，城市污水污泥的厌氧处理技术不但大大落后于厌氧污水处理技术的发展，而且落后于厌氧消化工业废水处理技术的发展。

事实上，有理由认为，20 世纪 70 年代后期研究者开发的各种新型的厌氧反应器，例如 UASB 反应器、厌氧滤池、厌氧流化床等存在着巨大的开发潜力，它们完全有可能成为处理高悬浮物含量有机废水的新型反应器或其组成单元之一。美国康奈尔大学的 Jewell 教授利用厌氧接触膜膨胀床（AAFEB）反应器处理含纤维素废水时发现，该反应器处理纤维素固体基质只需传统消化池 5％的池容即可达到相同的处理效果。王凯军在用改进的升流式污泥床（水解池）处理城市污水时，发现在水解池停留时间为 2～3h 条件下，在处理污水的同时，被截留的污泥 50％以上得到了消化。这些发现也许揭示了新的反应器在污泥处理上的巨大潜力，也可能是污泥处理工艺的发展方向。如何将厌氧处理技术发展的巨大成果应用到污泥处理领域，是当前的主要课题。

（2）新型污泥厌氧处理工艺的构思

采用高效厌氧反应器的一个共同特点是可以将固体停留时间与水力停留时间相分离，其固体停留时间可以长达上百天。因此高效厌氧处理工艺对于悬浮物的要求较高。因为进水悬浮物含量高会造成悬浮物在反应器内的截留，影响反应器的污泥实际停留时间。

王凯军等提出的高固体含量废物的新处理系统，其思想是将现有的成熟技术最大程度地整合，集中突破整合过程中的技术难点和关键。具体工艺的基本思想分为如下 3 个处理阶段。

1）第一级处理阶段

第一级反应器应该具有将固体和液体状态的废物部分液化（水解和酸化）的功能。废水中没有液化的固体部分在同一个或不同的反应器内完成固液分离（或机械分离）。可采用加温完全混合厌氧反应器（CSTR）作为酸化反应器。这主要是因为污泥中悬浮物和有机成分含量高，产酸菌可将复杂的有机高分子物质转化成低分子物质，并使分子结构发生改变，使难降解物质变得易于降解，去除大部分悬浮性、胶体性有机物质，为进一步的生物处理创造条件。

2）第二级处理阶段

第二级处理包括一个固液分离装置，没有液化的固体部分可采用机械或上流式中间分离装置。中间分离的主要功能是达到固液分离的目的，保证出水中悬浮物含量低、有机酸浓度高，为后续的 UASB 厌氧处理提供有利的条件。分离后的固体可被进一步干化或堆肥，并作为肥料或有机复合肥料的原料。

3）第三级处理阶段

第二阶段的固液分离装置应该去除大部分（80％～90％）的悬浮物，使污泥转变为简单污水。城市污泥经 CSTR 酸化后，出水中含有高浓度 VFA，需要有高负荷去除率的反应器作为产甲烷反应器。UASB 反应器在处理进水稳定且悬浮物含量低的废水时有一定的优势，而且 UASB 反应器在世界范围内的应用相当广泛，已有很多运行经验。

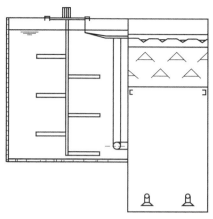

目前，工业废水和小型生活污水处理厂普遍采用对好氧剩余污泥直接脱水的方法处理污泥，剩余活性污泥存在着耗药量大、脱水比较困难的缺点。北京某医院污水处理厂日处理水量为 $2000m^3$，原污泥的处置方案为活性污泥经浓缩后，运至城市污水处理厂消纳，但在实际运行过程中经常出现由于污泥无稳定出路而影响污水处理厂运转的情况。王凯军等为了使活性污泥稳定，实际工程中采用如图 1-17 所示的一体化设备。

图 1-17　一体化污泥处理设备

在该设备中，二沉池排出的剩余污泥首先排入污泥酸化池进行水解酸化处理，然后进入中间分离池，该池排出的上清液进入 UASB 反应器，进行高浓度、低悬浮物有机废水的降解。从中间分离池排出的污泥经测定已基本稳定化，脱水性能大大改善。

1.2.5　污泥温度分级消化工艺

研究表明，剩余活性污泥（WAS）的降解率是初沉污泥的一半，大多数城市污水处理厂污泥消化存在混合污泥降解率低的问题；处理 WAS 引起的另一个问题是产生泡沫问题，在美国有 2/3 的污水处理厂污泥消化存在泡沫问题；除此之外的问题是传统厌氧消化工艺中大肠杆菌的降解率较低。

高温厌氧污泥消化系统病原菌的去除率高，WAS 中复杂生物质的水解程度得到加强，并且在高温消化池中泡沫问题也显著减少。但是，高温消化系统对某些参数如温度和 VSS 负荷的改变十分敏感，另外，出水中 VFA 的浓度较高，导致出水气味较大。

温度分级厌氧生物反应器（TPAB）是由美国爱荷华大学的 Dague 开发的一种非常有发展潜力的厌氧污泥消化系统。温度分级的方法是第一级运行在高温条件下（一般为 55℃），而第二级运行在中温条件下（一般为 35℃）。Dague 在完全可比的条件下，进行了实验室规模的温度分级系统与传统的单级厌氧消化系统的对比实验研究（见图 1-18）。在温度分级系统中，第一级的工作体积为 4L，第二级的工作体积为 10L，总的工作体积是 14L；而传统的中温系统工作体积为 14L。

实验的平均结果表明，两级系统达到与单级系统相同或更高的 VSS 去除率，HRT 仅为单级系统的一半。换言之，采用温度分级系统在不降低 VSS 降解率的条件下，处理能力提高 1 倍。两级系统处理能力的增强，是由于在第一级高温阶段具有较高的反应速率，能够促进剩余污泥的水解，使剩余污泥可以被酸化和被产甲烷菌利用。将高温单元作为第一级、中温单元作为第二级的串联系统可以完全发挥高温消化和中温消化的优点。厌氧高温系统的优点是 VSS 降解率高、大肠杆菌去除率高和泡沫减少，而中温系统的优点是出水 VFA 浓度低和消化污泥异味减少。

温度分级厌氧生物反应系统可能的缺点是第一级高温可能会消耗较多的能量。但是实验结果表明，对于相同的 VSS 降解率，与单级中温消化系统相比，温度分级系统的体积约为其 40%，且可以显著地增加甲烷产量，回收更多的能源，因而弥补了高温单元附加的能源需求。

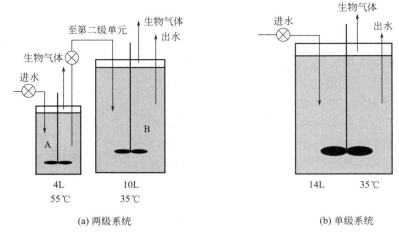

图 1-18 两级和单级系统的厌氧消化示意

另外，构成温度分级生物分相的耦合高效厌氧消化系统（见图1-19），由于产气率提高，消化时间缩短，新增加的沼气热能大大超过维持高温产酸阶段的能耗，并且在全系统充分合理地利用余热，因此该流程的能耗和物耗均大幅度降低，系统可降低剩余污泥量，提高污泥消化过程的稳定性，实现污泥资源的充分利用。

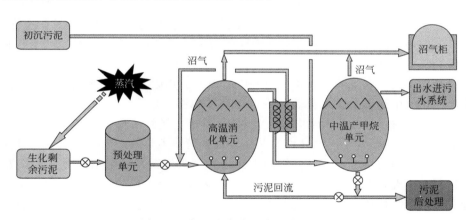

图 1-19 新型温度分级消化分相工艺

1.2.6 污泥两相消化稳定性问题研究

（1）单相消化系统产酸相和产甲烷相的平衡问题

与两相消化相比，由图1-20可见，单相消化适合的停留时间（HRT）应该是挥发酸产率和转化率相等时的值，如图所示为21.5d。在此值以下的HRT，挥发酸的产率均高于其转化率。这意味着选择低的停留时间会导致挥发酸积累。在非常低的HRT下，酸积累一旦达到抑制水平，就会发生"酸化"现象。一步厌氧消化反应的不平衡和酸的抑制，一直是困扰污泥消化池运转的大问题，也是人们不得不将消化池负荷放在较低水平、在较低的有机负荷率下运行的原因。

在长HRT和低有机负荷下厌氧消化池的运行，无异于迫使生长速率快的产酸菌保持稳定的或者低的内源生长期的生长率，使产酸菌处于一种不适应的生长条件下，抑制了生长繁殖，同时也抑制了对底物的转化率，从而使厌氧消化过程有机物的降解率处于较低水平。有报道称，厌氧消化池有机物的转化率最高为40%，除了由于反应器结构的特点使搅拌和混合程度较差外，以上关于两相之间的平衡问题也是主要原因之一。

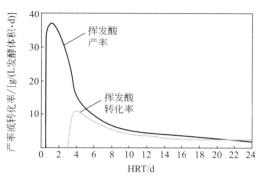

图 1-20　污水污泥进料浓度为 70g VSS/L 的单相完全混合消化池的运行特征

（2）厌氧消化池的稳定性的数学分析

厌氧消化池的物料平衡方程式为：

$$\frac{dX}{dt} = \frac{\mu XS}{K_s + S} - \frac{X}{\theta} - K_d X \tag{1-1}$$

$$\frac{dS}{dt} = \frac{S_o - S}{\theta} - \frac{\mu XS}{Y(K_s + S)} \tag{1-2}$$

在稳态下，方程（1-1）和方程（1-2）有两个稳态点，分别是：

$$\overline{X} = 0, \quad \overline{S} = S_o \tag{1-3}$$

$$\overline{S} = \frac{K_s(1 + K_d\theta)}{\mu\theta - (1 + K_d\theta)}, \qquad \overline{X} = \frac{S_o - \overline{S}}{Y(1 + K_d\theta)} \tag{1-4}$$

从数学分析可知，在一定条件下，上述方程描述的系统受到扰动后会产生一定振荡，最后到达稳态点。但该振荡为阻尼振荡，或称减幅振荡，振荡的结果是收敛到稳态。因此，简单的 Monod 方程描述的厌氧消化池具有自身调控性，不依靠反馈控制机理，只要假设流量一定，就可得到稳态。

不过，实际的厌氧消化池服从简单的 Monod 方程的情况是很少的。事实上，厌氧消化池处理的多数为高浓度有机废水或污泥，在高负荷或运行条件改变的情况下，容易产生高浓度的有机酸，其基质利用方程属于基质抑制方程。

（3）抑制动力学的厌氧消化池相平面分析

基质抑制动力学方程为：

$$\mu = \frac{\mu_{max} S}{K_s + S + \dfrac{S^2}{K_I}} \tag{1-5}$$

在稳定性分析中，当研究体系由两个变量（如基质浓度 S 和污泥浓度 X）组成时，采用相平面分析，可获得直观的结果，并且相平面分析所得到的图（称为操作图）是可以指导生产的。所谓相平面分析，是采用两个变量与时间变量所组成的平面（如 S-t 和 X-t），除去时间因素，其变化轨迹投影到这两个变量组成的平面上，该平面称为相平面，通过该图可以得到各个变量大范围的变化轨迹，从而了解其在整个变化范围内的稳定性。将基质抑制方程代入式（1-1）和式（1-2），在稳态条件下，当 $D = \mu$ 时：

$$\mu(S_1) = \mu(S_2) = D = 1/\theta \tag{1-6}$$

$$b = S = S_o - \frac{X}{Y} \tag{1-7}$$

17

$$c = D(S_o - S) = \frac{1}{Y} \times \frac{\mu_{max} S X}{K_s + S + \frac{S^2}{K_1}} \qquad (1\text{-}8)$$

根据方程（1-6）～方程（1-8）作图，得到曲线 b 和 c 以及 $a_1 = \mu(S_1)$，见图 1-21 (a)。该图由直线 a_1、a_2 和 b 把整个相平面分成 6 个区域，每个区域中 S 和 X 随时间 t 的变化率在图中用箭头表示其向量符号。直线 b 实际上是相线变化的渐近线，而稳定状态的点有三个（A、B 和 C，见图 1-21）。根据这些变化规律，可以初步勾画出整个相平面的相图，见图 1-21(b)。可知稳定的稳定状态出现稳定节点（图中的 C 点），而不稳定的稳定状态（图中 B 为鞍点）不出现。

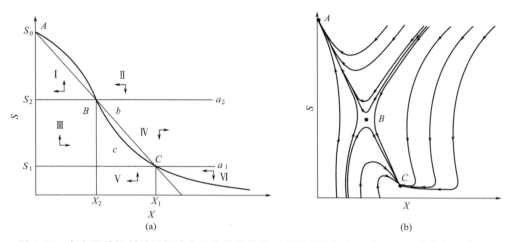

图 1-21　存在基质抑制时厌氧消化池稳定性分析（有两个稳态点 A 和 C，一个非稳态点 B）

相平面分析所得到的操作图的物理意义是十分清楚的。如果消化池运行在区域Ⅰ和Ⅲ中的任何状态，显然系统将是不稳定的，运行的最终结果是系统要崩溃（大量污泥流失）。这两个区域对应的运行条件是一个运行在低基质浓度，一个运行在高基质浓度的区域。虽然两者的结果都是污泥浓度较低，系统失效，但形式是不一样的。低基质浓度情况是污泥生长和流失不平衡，由于系统内没有足够的污泥而失效；高基质浓度情况是污泥量不足，污泥负荷较高，从而导致厌氧系统不可逆地失效。

Ⅱ和Ⅴ两个区域的情况比较复杂，两者都存在稳定和不稳定的区域，其中一个位于高基质浓度区，另一个位于低基质浓度。从总体上讲，只要污泥浓度相对较高，则通过长期的运行都会稳定到稳定点（C）的状态。Ⅳ和Ⅵ的情况相对简单，都是稳定的区域，从而可看出消化池的操作要尽可能地运行在这两个区域，才能保证系统的稳定运行。

这可以阐明大多数厌氧消化池容易发生酸化现象的原因。从相图可以看出，不稳定状态发生在高基质浓度和低污泥浓度下；正常的稳定状态发生在低基质浓度和长停留时间条件下。这对指导厌氧消化池的运行也有实际的作用。

1.3　厌氧滤池

1.3.1　厌氧滤池的原理与特点

（1）厌氧滤池的发展历史

一般公认厌氧滤池（AF）是 20 世纪 60 年代末由美国的 McCarty 等在 Coulter 等的研究基础上发展起来的第一个高速率厌氧反应器。事实上，南非的 Pretorius 在 60 年代初，就在实验室和 2m³ 的中试厂对 Coulter 的接触-过滤结合系统进行了改进，除厌氧滤池所采用的填料外，当时的反应器与现代的厌氧滤池已没有太大差别。

另外，Taylor 和 Burm 报道了美国工业上使用的第一个厌氧滤池（AF）——上向流厌氧滤池，他们用该装置处理了 500m³/d 淀粉废水。该处理装置在 1971 年完成，采用两个直径为 9.2m、高为 6.1m 的木制厌氧滤池，每个滤池的体积是 380m³，有效体积是 150m³；在底部充填粒径为 5～7cm 的石块到一半高度，然后用粒径为 2～5cm 的石块填充上半部的一半；滤池顶部是气体收集室。

厌氧消化和接触工艺的一般容积负荷为 2～3kg COD/(m³·d)。厌氧滤池在处理溶解性废水时负荷可高达 5～15kg COD/(m³·d)，是公认的早期高效厌氧生物反应器。厌氧滤池的发展大大提高了厌氧反应器的处理速率，使反应器容积大大减小。厌氧滤池作为高速厌氧反应器地位的确立，在于它采用了生物固定化的技术，使污泥在反应器内的停留时间（SRT）极大地延长。

厌氧滤池早期应用的一个特点是大量应用于低浓度生活污水的处理。虽然目前厌氧处理城市污水的主流是采用 UASB 工艺，但是小规模家庭废水的处理有的仍采用厌氧滤池工艺。美国橡树岭国家实验室开发了一种使用厌氧上流式生物滤池（anaerobic upflow filter）处理城市污水的工艺，该工艺的开发经历了实验室研究以及处理能力从 19m³/d 到 190m³/d 的中试放大过程，是一个非常有借鉴意义的示范工程。

20 世纪 80 年代以来，厌氧滤池在美国、加拿大等国家已被广泛应用于处理各种不同类型的废水，包括生活污水及 COD 浓度为 300～24000mg/L 的工业废水，处理厂规模也不同，最大的厌氧滤池容积达 12500m³。我国河北轻化工学院（现名河北科技大学）在石家庄第一制药厂成功地应用了升流式混合型厌氧生物反应器处理维生素 C 废水。

（2）厌氧滤池的原理和特点

1）厌氧滤池的类型和构成

厌氧生物滤池按其水流方向分为两种主要的形式，即下流式厌氧固定膜反应器（DSFF）和上流式厌氧滤池（AF），二者统称厌氧滤池。两种厌氧滤池均可用于处理低浓度或高浓度废水，二者主要的不同点是其内部液体的流动方向，在 AF 中水从反应器底部进入，而在 DSFF 中水自反应器顶部进入。

在厌氧滤池内，填料是固定的，滤池中除填料外，还有布水系统和沼气收集系统。布水系统的作用是将进水均匀地分布于全池，同时还应避免布水系统和填料的堵塞问题。AF 的布水系统设于池底，废水由布水系统引入滤池后均匀地向上流动，通过填料层与其上的生物膜接触，净化后的出水从池顶部引出池外；池顶部还设有沼气收集管。DSFF 系统的水流方向正好相反，其布水系统设于填料层上部，出水排放系统则设于滤池底部。在 AF 和 DSFF 系统中，沼气收集系统相同。

厌氧滤池多为封闭型，其中废水水位高于填料层，使填料处于淹没状态；上部封闭体积用于收集沼气，沼气收集系统包括水封、气体流量计等。

2）厌氧滤池的特点

固体停留时间（SRT）和水力停留时间（HRT）分别对待的思想推动了新一代高速厌氧反应器的发展。厌氧滤池实质上是通过生物固定化来延长 SRT。在厌氧滤池内，厌氧污泥的保留由两种方式完成：其一是细菌在固定的填料表面形成生物膜；其二是细菌在反应器的空间内形成细菌聚集体。在厌氧滤池内，厌氧污泥的浓度可以达到 $10 \sim 20g \ VSS/m^3$，高浓度的厌氧污泥是厌氧滤池具有高速反应性能的生物学基础。

微生物分布是厌氧滤池的另一特征，表现为废水从上（或下）进入反应器内，逐渐被细菌水解、酸化转化为乙酸和甲烷。废水组分在反应器的不同高度逐渐变化，因此微生物种群的分布也呈现规律性。在底部（或上部），发酵菌和产酸菌占有最大的比重。随水流的方向，产乙酸菌和产甲烷菌逐渐增多并占主导地位。在反应器进水处（例如上流式 AF 反应器的底部），细菌由于得到的营养最多因而污泥浓度最高。据报道，上流式 AF 反应器底部污泥浓度可高达 60g/L，污泥浓度随高度增加而迅速减小。

污泥的这种分布特征赋予 AF 反应器一些工艺上的特点。首先，AF 反应器内废水中有机物的去除主要在反应器底部进行。据 Young 和 Dahab 报道，AF 反应器在高度为 1m 以上时 COD 去除率几乎不再增加，大部分 COD 是在 0.3m 高度以内去除的。因此研究者认为在一定的容积负荷下，浅的 AF 反应器比深的反应器能有更好的处理效率。其次，由于反应器底部污泥浓度特别大，容易引起反应器的堵塞。堵塞问题是影响 AF 反应器应用的最主要问题之一。再次，厌氧污泥在 AF 反应器内的有规律分布还使反应器对有毒物质的适应能力较强，可生物降解的毒性物质在反应器内的浓度也呈现出规律性的变化。

与传统的厌氧生物处理构筑物及其他新型厌氧生物反应器相比，厌氧滤池有如下优点：

① 生物固体浓度高，因此可获得较高的有机负荷；

② 微生物固体停留时间长，因此可缩短水力停留时间，耐冲击负荷能力也较强；

③ 启动时间短，停止运行后再启动也较容易；

④ 不需回流污泥，运行管理方便；

⑤ 在处理水量和负荷有较大变化的情况下，其运行能保持较大的稳定性。

虽然厌氧滤池的主要缺点是有被堵塞的可能，但通过改变填料和改变运行方式，这个缺点不难克服。除了堵塞和由局部堵塞引起的沟流以外，厌氧滤池在应用上的另一个问题是它需要大量的填料，填料的使用使其成本上升。

（3）AF 和 DSFF 系统的对比

在 DSFF 反应器中，菌胶团以生物膜的形式附着在填料上。而在上流式 AF 反应器中，最重要的特点是反应器在设计上使得可以积累较高的污泥量，菌胶团膨胀截留在填料上；在填料表面有以生物膜形态生长的微生物群体，在填料的孔隙中则截留了大量悬浮生长的微生物，废水通过填料层时，有机物被截留、吸附及代谢分解，最后得到稳定化。上流式 AF 反应器由于总污泥量较多，因此启动较快，运行稳定性较高。

因为 DSFF 反应器仅仅保持了附着生长的生物，所以与 AF 反应器相比，需要更长的时间积累到设计的生物量，达到稳定状态。同时，DSFF 的运行方式导致反应器内生物量较低，并需定期排放污泥。但是，DSFF 反应器的生物活性高于 AF 滤池，这是对 DSFF 反应器的一个补偿。DSFF 反应器由于使用了竖直排放的填料，其间距宽，因此能处理相当高的悬浮性固体，而 AF 反应器则不能。选择 DSFF 的运行方式是为了消除非附着生长的生物积累所伴随产生的堵塞和水力短流问题。

1.3.2 厌氧滤池的填料

以下对厌氧滤池若没有特别说明，均以 AF 称之。

（1）填料性质研究

早期 AF 反应器所采用的填料以硬性填料为主，如砾石、陶粒、鲍尔环、玻璃珠、塑料球、塑料波纹板等。对于块状的填料，选择适当的填料粒径是很重要的，据报道，填料粒径一般为 0.2mm～6.0cm，但粒径较小的填料易于堵塞，特别是对浓度较高的废水，因此实践中多选用粒径为 2cm 以上的填料。Muller 和 Marcini 认为采用轻质、大孔隙率的填料比实心的砂石更有利于生物固体的积累。

Song 和 Young 报道了填料放置方式对 AF 反应器性能的影响。例如，组件式塑料波纹板填料，填料与水平面所成的角度越小，再分配水流的能力越强，微生物和有机物之间的接触越充分，溶解性 COD 去除效果越好。

在 AF 和 DSFF 系统中，填料是反应器的主体，填料的选择对运行有重要影响。具体的影响因素可能包括填料的材质、粒度、表面状况、比表面积和孔隙率等。学者们采用不同的填料进行了大量的试验，试验表明填料的材料与细菌是否易于滞留或附着有直接关系，填料的影响有 3 个主要因素：表面粗糙度、孔隙率及捕捉营养物的能力。

Anderson 研究了多孔和无孔填料与有机负荷、生物量之间的关系，结果发现填料表面越粗糙，填料上生物膜附着速率和生物量累积速率越快，且多孔填料上由于剪切力而造成的生物量损失比无孔填料少，因而多孔填料的 AF 反应器在有机负荷较高时能保持较好的性能，且运行较稳定。

填料表面的粗糙度和表面孔隙率会影响细菌增殖的速率。粗糙多孔的表面有助于生物膜的形成。van den Berg 等用多种材料作填料，发现排水瓦管黏土作为填料时反应器启动最快，运行也更稳定。一般认为最重要的填料特性是其表面的粗糙度、总的孔隙度和孔隙大小。

虽然不少人认为应当选用比表面积相对大的填料，但是与人们最初的估计相反，填料的比表面积对 AF 反应器的行为并无太大影响。Young 和 Dahab 采用比表面积分别为 $98m^2/m^3$ 和 $138m^2/m^3$ 的标准塑料填料，结果前者获得更好的 COD 去除率。有学者认为，厌氧滤池中截留的悬浮生长的生物体比填料表面的生物膜起的作用更大。因此，填料的比表面积不如填料的孔隙率重要，而且填料应具有截留生物体并防止其流失的特性。例如，Tay 等认为由于相当部分 COD 是由填料孔隙中被阻留的悬浮固体去除的，故填料的孔隙率和孔的尺寸较比表面积对上流式 AF 反应器性能的影响更大。

（2）反应器的填料高度

如前所述，在研究中发现 AF 反应器在 0.3m 高度内已去除废水中的绝大部分有机物，在 1m 以上高度 COD 去除率几乎不再增加。因此过多增加填料高度只是增大了反应器体积，在一定的流量和浓度下，反应器的容积增加了，但 COD 去除率没有明显变化。因此一些研究者认为在一定的容积负荷下，浅的填料高度可提供更有效的处理。但是反应器填料高度小于 2m 时，污泥有被冲出反应器的危险，由于出水悬浮物的增多使出水水质下降。厌氧滤池中生物膜的厚度为 1～4mm，生物固体浓度沿填料层高度而变化。

1.3.3 厌氧滤池的运行

（1）反应器的堵塞问题

浓度高的废水在反应器内沿高度有较大的浓度梯度，从而使污泥的增殖更加不均衡。在上流式 AF 反应器底部最容易形成堵塞，有时截留的气泡也会造成局部堵塞。此外，在一定的容积负荷下，浓度高的进液有较小的上流速度，在此情况下，废水的上升呈塞流或推流状态，这种流动状态易于形成堵塞。

悬浮物的存在易于引起堵塞，由于堵塞问题难以解决，一般进水悬浮物应控制在大约200mg/L以下。所以，AF反应器处理可溶性的有机废水占主导地位。填料的正确选择对含悬浮物废水的处理也是重要的。对含悬浮物的废水，应选择粒径较大或孔隙度大的填料。为防止堵塞及上述不利情况的发生，可考虑采用出水循环的办法，出水循环可以稀释进水浓度。由于出水大量循环，进水与出水有机物浓度差别减小，AF反应器内各部分污泥浓度的差别也大大减小。这就基本消除了滤池底部的堵塞问题。另外，出水回流还可以对进水起到中和作用，减少中和剂的用量。

采用DSFF反应器有助于克服堵塞，在含悬浮物较多和高浓度废水的处理中已有DSFF反应器的使用。在DSFF反应器中，微生物几乎全部附着在填料和反应器壁面，以生物膜的形式存在，这是DSFF反应器不易堵塞的原因。DSFF反应器的另一个优点是在处理含硫废水时，由于所产有毒的H_2S大部分在上层向上逸出，因此在整个反应器内，H_2S的浓度较低，有利于克服其毒性的影响。

（2）水力特性

为获得稳定的性能和较好的COD去除率，必须使生物与基质接触良好。对AF反应器的试验表明，填料的大小、类型、数量和位置都对水力特性有很大影响。Young等（1988年）研究了不同的填料表面积对混合性能的影响，他们观察到表面积大的小填料能使反应器具有推流式特点。产气率高也会产生完全混合效果。Young认为小试AF反应器的上升流速应介于1～8m/d，生产性AF反应器中的上升流速可达50m/d。一般来说，上流式AF反应器内混合程度随液体上升流速的增大而增强。Smith提出最大上升流速为25m/d。这些结论差别较大，与所采用的填料、有机负荷等具体条件有关。但可以肯定，为使反应器处于较好的性能状态，存在一个最佳范围的液体上升流速。

Hall对上流式厌氧污泥床与装有塑料环和陶粒的DSFF反应器（直径0.76m，高2.5m）的试验表明，厌氧滤池随着生物固体的累积，有效体积减小，短流增加。Sanso等对空滤池的试验表明，死角最多为总体积的10%，采用回流可以改变混合性能。DSFF反应器有无回流运行对混合性能有很大影响，回流比达1：4时连续运行的DSFF反应器的混合效果会有所改善。

厌氧滤池设计的一个关键是必须可以定期排出积累的剩余污泥，以防止短流和破坏出水COD。因此，填料反应器必须定期排水，通过无水的反应器增加生物质的质量，促进其从填料上脱落。注意当反应器排水时，要避免生物膜积累的质量压碎填料。可以通过选择填料的表面积和几何形状使生物膜从填料上有效地脱落。

（3）厌氧滤池的启动

Bonastre和Paris提出控制厌氧滤池启动的有效参数，根据其经验，应该仔细注意下列问题：①接种物的数量和质量；②基质的组成；③基质的营养和缓冲能力；④初始HRT；⑤水流方向；⑥回流率。

AF和DSFF反应器的生物膜在初期生长都较缓慢，因此启动时间长。选择合适的接种物，对于反应器的快速启动和缩短生物膜培养时间非常重要。如果可能，反应器可应用几种混合接种物，以获得活性好的生物菌群。接种的体积及数量一般来说至少为反应器体积的10%。如果接种物不含有毒抑制物，可采用大量接种物（30%～50%）以利于启动，即使是这样，启动时间至少也得几个月。

在启动期间，生物絮体浓度应保持在 20kg VSS/m³ 以上，以保证菌种附着生长和防止接种物流失。接种物可采用城市污水处理厂的消化污泥，污泥与待处理废水混合，加入反应器中停留 3～5d，接种后至反应器进水前，系统应内部循环几小时到几天。启动初期，有机负荷应保持在容积负荷低于 1.0kg COD/(m³·d) [或小于 0.1kg COD/(kg VSS·d)]。负荷应当逐渐增加，一般当废水中可生物降解的 COD 去除率约达到 80％时，即可适当提高负荷。如此重复进行，直至达到反应器的设计能力。

厌氧滤池启动完成的标志是通过增殖与驯化，使生物膜和细胞聚集体达到预定的污泥浓度和活性，从而使反应器可在设计负荷下正常运行。对于高浓度与有毒的废水要进行适当稀释，并在启动过程中使稀释倍数逐渐减小。

启动期间还需有营养物及微量元素，特别是对于微量矿物元素缺乏或 C∶N∶P 不平衡的污水，所以开始时加一些多余的碳、氮源，以刺激甲烷生物的生长，但费用也是可观的。微量元素如镍、钴、铁和钼的投加均可增强生物活性，使生物浓度增大。

1.3.4 厌氧滤池的应用

有关厌氧滤池应用的一些数据列于表 1-5。从表 1-5 中可以看出，厌氧滤池已成功地用于多种有机废水的处理。运行结果表明，该系统具有显著的优点，其中一些优点是高速厌氧反应器所共有的。

表 1-5 中试和生产规模的 AF 反应器运行情况

废水类型	浓度 /(g COD/L)	有机负荷 /[kg COD/(m³·d)]	HRT /d	温度 /℃	COD 去除率 /%	反应器体积 /m³	备　注
化工废水	16.0	16.0	1.0	35	65	1300	完全混合
	9.14	7.52		37	60.3	1300	
小麦淀粉废水	5.9～13.1	3.8	1.2	中温	65	380	
淀粉生产废水	16.0～20.0	6～10	0.9	36	80	1000	
土豆加工废水	7.6	11.6	—	36	60	205	
土豆漂烫水	2.0～10.0	7.7	0.68	>30	80	1700	
酒糟废水	42.0～47.0	5.4	0.7	55	70～80	150 和 185	
	16.5	6.1	8.0	40	60	27.0	
豆制品废水	24.0	3.3	13.0	中温	72	1.0	
	22.0	9.0	7.3	中温	68	1.0	
	20.3	11.1	2.4	30～32	78.4	2.5	
制糖废水	20.0	5.0～17.0	1.8	35	55	1500×2	
甜菜制糖废水	9.0～40.0	—	0.5～1.5	35	70	50 和 100	
糖果厂废水	14.8	—	<1.0	中温	97	6.0	
食品加工废水	2.6	6.0	—	中温	81	6.0	
牛奶厂废水	2.5	4.9	1.3	28	82	9.0	
	4.0	5.8～11.6	0.5	30	73～93	500	
屠宰废水	16.5	6.1	1～2.2	40	60	27.0	
猪场废水	24.4	12.4	13.0	33～37	68	22.0	
黑液碱回收冷凝水	7.0～8.0	7.0～10.0	2.0 1.0	中温	65～80	5.0	

除表 1-5 所列废水种类外，目前厌氧滤池系统还可处理生活污水，制药、蔬菜加工及溶剂生产的废水。其中 DSFF 反应器曾处理浓度高达 130g COD/L 的废水。以 DSFF 反应器处

理高蛋白含量的鱼类加工废水，COD去除率可达90%，负荷最高可达10kg COD/(m³·d)。出水的回流已证明可使系统耐受pH变化和有毒物的冲击，并减少中和所需费用。虽然AF反应器有较好的抗pH变化的潜力，但废水仍需要足够的缓冲能力，以免pH急剧下降使系统失效。低温下，AF反应器内pH波动较小。

1.4 升流式厌氧污泥床反应器和厌氧复合床反应器

1.4.1 UASB反应器的开发

（1）UASB反应器的早期开发

Lettinga的研究小组最初受到McCarty教授发明的厌氧滤池概念的启发，首先采用厌氧滤池进行了实验研究。他们观察到除了附着在填料上的生物质之外，还存在大量自由颗粒聚集体形式的物质。他们认识到在反应器内保持高水平的活性污泥并不一定需要填料物质，因而产生了进行UASB反应器实验的想法。

20世纪70年代，Lettinga在对南非的访问中参观了当地处理葡萄酒酿造厂的污水处理装置，该装置采用的逆向流澄清消化池（dorr oliver clarigester）系统被认为是后来开发的污泥床反应器即升流式厌氧污泥床（UASB）反应器的雏形。但其在设计和运行的许多主要方面，与UASB系统有本质区别。"澄清消化池"上部设计为澄清池，没有集气罩（见图1-22）。Lettinga观察了反应器中存在的污泥形态，注意到反应器中存在的污泥完全为颗粒状外形。而当时在南非，没有人意识到微生物固定化在厌氧污水处理中的重要性，甚至管理该系统的工程师也从未意识到系统所形成的污泥的独特特征。

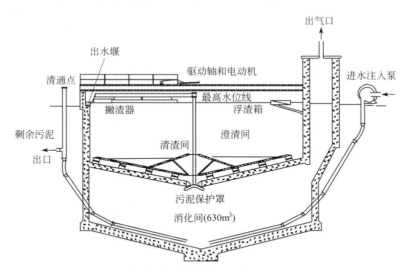

图1-22 南非采用的逆向流澄清消化池系统图示

第一个实验室规模的UASB反应器在荷兰Wageningen农业大学建立并运行。该反应器采用具有良好沉淀性能的絮状污泥（大约15kg VSS/m³）接种，处理甜菜制糖废水的容积负荷达到10kg COD/(m³·d)。初期的UASB反应器是通过反应器内部特殊的三相分离器装置来保证气、液、固三相的有效分离，从而维持反应器内的生物量；而后来发展的UASB反应器则依赖形成的颗粒污泥来保持高水平的生物停留。Lettinga等于20世纪70年代后期在一种荷兰文的技术期刊上发表了第一篇 UASB 概念的文章，相关的第一篇国际性文章在 1980 年发表（Lettinga 等，1980）。

（2）早期中试规模和生产规模的 UASB 反应器

UASB 反应器的概念迅速发展，第一个中试规模的 UASB 反应器为 $6m^3$，设置在荷兰的甜菜糖精炼厂（CSM 糖业公司），并在中试厂第一次发现了污泥颗粒化的现象。1974～1976 年，在 CSM 糖厂的中试中，最初接种消化污水污泥的反应器形成了颗粒污泥。颗粒污泥具有优良的沉淀性能，可达到很高的污泥浓度，反应器的容积负荷达到 32kg COD/(m^3·d) 时的 COD 去除率为 80%～90%。中试规模反应器高负荷良好运行的一个重要原因是絮状接种污泥逐渐转化为沉降性能良好、高活性的颗粒污泥。与此同期，在处理土豆加工废水的 $6m^3$ 中试反应器中也发现几乎同样的颗粒化现象，容积负荷可高达 45kg COD/(m^3·d)，处理效率超过 90%。另外，在处理其他不同类型的废水时也观察到从消化污水污泥中培养出颗粒污泥的现象。

1977 年，荷兰建立了第一个示范规模的 UASB 反应器（$200m^3$）和第一个生产规模的 UASB 反应器（$800m^3$），用于处理糖蜜废水。在温度为 30℃、采用颗粒污泥接种和 COD 负荷高达 16kg/(m^3·d) 的条件下，COD 去除率为 90% 以上。其后，荷兰在糖精炼厂、土豆淀粉生产厂和其他食品工业以及再生纸厂建立了一批 UASB 处理装置，见表 1-6。

表 1-6 采用颗粒污泥 UASB 反应器的早期研究

废水类型	最大负荷/[kg COD/(m^3·d)]	COD 去除率/%	研究者
甜菜糖厂废水	30～32	75	Lettinga
土豆加工厂废水	40	84(75)[②]	Versprille
土豆淀粉生产厂废水	30	60～80	van Bellegem
乳制品厂废水	14	80	Nieuwenhof
屠宰厂废水	15(10)[①]	55	Sayed
脂肪提取和加工厂废水	60	63	de Zeeuw

①30℃时的最大负荷为 15kg COD/(m^3·d)，20℃时的最大负荷为 10kg COD/(m^3·d)。②中试规模反应器的 COD 去除率为 84%，生产规模反应器的 COD 去除率为 75%。

除表 1-6 之外，诸多大学、研究机构、咨询公司和工业部门的研究开发小组也采用 UASB 系统对各种不同工业废水的处理进行了大量的实验工作。对不同废水建立了生产规模的 UASB 反应器，由此了解到对于不同废水（包括玉米淀粉、土豆淀粉、甜菜糖、纸浆造纸、乳精、啤酒、柠檬酸、屠宰等的废水）甚至生活废水都产生了厌氧污泥颗粒化现象。另外，颗粒化现象也在多种合成反应（如乙醇和丙酸、乙酸、混合挥发有机酸、蔗糖/葡萄糖和明胶等）废水的处理实验中发现。

1.4.2 UASB 反应器的原理

（1）UASB 反应器的组成和原理

从硬件方面看，UASB 反应器的外形与一个空池一样（因此非常简单并且不贵）。UASB 反应器包括进水和配水系统、反应器的池体和三相分离器（GLS）等部分，见图 1-23。如果考虑整个厌氧系统，

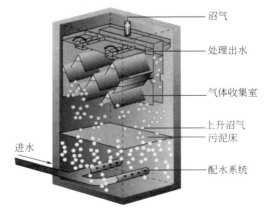

沼气

处理出水

气体收集室

上升沼气
污泥床

进水

配水系统

图 1-23 厌氧 UASB 反应器示意

还应包括出水、沼气收集和利用系统，不过本章不包括这部分内容。

在 UASB 反应器中，废水被均匀地引入反应器的底部，向上通过包含颗粒污泥或絮状污泥的污泥床。厌氧反应发生在废水与污泥颗粒的接触过程中，在厌氧状态下产生的沼气（主要是甲烷和二氧化碳）引起了内部混合（对颗粒污泥形成和维持有利）。污泥层产生的一些气体附着在污泥颗粒上，附着和未附着的气体向反应器顶部上升。上升到表面的颗粒碰击气体发射板的底部，引起附着气泡的污泥絮体脱气。气泡释放后，污泥颗粒沉淀回污泥床的表面。气体被收集到反应器顶部的集气室，置于集气室单元缝隙之下的挡板作为气体反射器防止沼气气泡进入沉淀区（否则将引起沉淀区的紊动，阻碍颗粒沉淀）。包含一些剩余固体和污泥颗粒的液体经过分离器缝隙进入沉淀区。

由于分离器的斜壁沉淀区的过流面积在接近水面时增加，因此上升流速在接近排放点时降低。由于流速降低，污泥絮体在沉淀区可以絮凝和沉淀，累积在相分离器上的污泥絮体因自身重力在一定程度上超过将其保持在斜壁上的摩擦力，滑回到消化区。这部分污泥又可与进水有机物发生反应。

简言之，UASB 系统的原理是：在形成沉降性能良好的污泥絮凝体的基础上，结合反应器内设置的污泥沉淀系统使气、液、固三相得到分离。形成和保持沉淀性能良好的污泥（可以是絮状污泥或颗粒污泥）是 UASB 系统良好运行的根本。

（2）配水系统的要求

配水系统兼有配水和水力搅拌的功能。为保证这两个功能的实现，配水系统需满足如下要求：

① 使分配到各点的流量相同，确保单位面积的进水量基本相同，防止发生短路等现象；

② 应容易观察到进水管的堵塞，当发现堵塞后，必须易于清除；

③ 应尽可能地（虽然不是必须）满足污泥床水力搅拌的需要，保证进水有机物与污泥迅速混合，防止局部酸化现象。

为确保进水等量地分布在池底，最理想的状态是每个进水管仅与一个进水点相连接，只要保证每根进水管流量相等，即可取得均匀布水的效果。因此，有必要采用特殊的布水分配装置，以保证一根进水管只服务一个进水点。为保证每个进水点达到应得的进水流量，建议采用高于反应器的水箱式（或渠道式）进水分配系统。布水器敞开的一个好处是容易用肉眼观察堵塞情况。高浓度废水由于水力负荷较低，采用脉冲式进水分配装置是一种较好的选择。

（3）三相分离器的要求

三相分离器（GLS）是 UASB 反应器最有特点和最重要的装置，这一设备安装在反应器的顶部，将反应器分为下部的消化区和上部的沉淀区。为了在沉淀器中对上升流中的污泥絮体或颗粒取得满意的沉淀效果，GLS 应同时具有以下两个功能：

① 能收集由分离器之下的反应室产生的沼气；

② 能使在分离器之上的悬浮物沉淀下来。

第一个功能的主要目的是尽可能有效地分离从污泥床/层中产生的沼气，特别是在高负荷的情况下。对上述两种功能，均要求 GLS 的设计应避免沼气气泡上升到沉淀区，如其上升到表面，将引起出水浑浊，降低沉淀效率，且损失所产生的沼气。

GLS 的设计还要求只要污泥层没有膨胀到沉淀器，污泥颗粒或絮状污泥就能滑回到消化室。对于低浓度污水的处理，当水力负荷是限制性设计参数时，在 GLS 缝隙处保持大的过流面积，使最大上升流速在这一过水断面上尽可能低是十分重要的。水力负荷率和有机负荷率（产气率）都会影响到污泥层以及污泥床的膨胀。原则上只有出水截面的面积（而不是缝隙面积）才是决定保持在反应器中最小沉速絮体的关键。

1.4.3 国内外三相分离器的开发情况

（1）三相分离器的设计

三相分离器设计的关键是如图 1-24（b）椭圆圈中所示的平行四边形中的流速关系。要求选择合理的分离器缝隙宽度 b 和斜面长度（或遮盖宽度），以防止 UASB 消化区中产生的气泡被上升的液流夹带入沉淀区，造成污泥流失。由图 1-24（b）可见，当气泡随液流以速度 v 沿分离器缝隙上升时，它同时具有垂直向上的速度 v_p。气泡由 A 点移至 B 点时，在垂直方向上向上移动距离 AD。因此满足以下关系式：

$$\frac{AD}{AB} = \frac{v_p}{v}$$

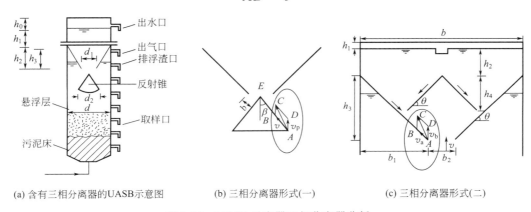

(a) 含有三相分离器的UASB示意图　　(b) 三相分离器形式(一)　　(c) 三相分离器形式(二)

图 1-24　UASB 反应器三相分离器分析

若已知气泡的直径和水温，则 v_p 可由斯托克斯公式等求出。问题是 v 如何求。为了简化问题，同时也为了方便、安全，可按下式求 v：

$$v = \frac{Q}{bBn} \tag{1-9}$$

式中，Q 为 UASB 装置的设计流量；B 为装置宽度；n 为缝隙条数。

以上计算方法也可类推于其他形式三相分离器的设计。

水封高度是控制污泥床反应器中气室的高度。图 1-24 反应器中气室的高度 h_4 由水封的有效高度 H 来加以控制。H 的计算值应为：

$$H = h_2 + h_4 - H_2$$

式中，H_2 为水封后可能产生的阻力。

分离器锥体的高度 h_2 一般与分离器锥体所采用的直径有关。h_2 值的选择应保证气室出气管畅通无阻，防止浮渣堵塞出气管。从实践来看，气室水面上总是有一层浮渣，浮渣的厚度与水质有关，例如含难消化短纤维较多的污水，浮渣就较多。因此在选择 h_2 时，应当留有浮渣层的高度。此外，还需有排放浮渣的出口。当 h_2 选定后，再根据流程的实际情况确定 H_2，此时水封的有效高度 H 就能确定了。

（2）三相分离器的形状

图 1-25 是不同池型的 UASB 反应器及与之配套的三相分离器的几何形状，图中所示的

三相分离器均为与设备一起建造的形式。图 1-25(a) 的三相分离器为圆形 UASB 反应器中最为常用的一个池内一个三相分离器的形式。由于三相分离器的倾角固定（一般为 55°），随着圆形 UASB 反应器直径的增大，三相分离器的高度也成比例地增大，放大时存在一定的难度。图 1-25(c) 是考虑将圆形 UASB 反应器的三相分离器的高度降低，采用多个挡板的三相分离器。图 1-25(b) 是矩形 UASB 反应器及其矩形三相分离器的示意图。

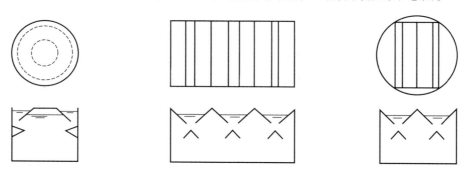

(a) 圆形 UASB 反应器和圆形分离器　　(b) 矩形 UASB 反应器和矩形分离器　　(c) 圆形 UASB 反应器和矩形分离器

图 1-25　UASB 反应器及与之配套的三相分离器的几何形状

（3）三相分离器的放大问题

如上所述，在圆形和矩形 UASB 反应器中均存在三相分离器的放大问题。事实上，三相分离器的放大问题不仅涉及其本身的放大，而且与 UASB 反应器的放大密切相关。举例如下。

某设计部门采用圆形 UASB 反应器处理淀粉废水，中试（反应器直径为 3m，体积为 100m³）时获得 10kg/(m³ · d) 左右的负荷，而生产规模的反应器（直径为 6.6m，高度为 12m，体积约为 400m³）在设备投入运行后的相当长的时间内，反应器负荷仅能达到 4kg/(m³ · d)。认真分析其原因，发现是没有解决好圆形 UASB 反应器的三相分离器的放大问题，以致 UASB 反应器放大过程中负荷降低一半，从而造成放大过程的失败。

图 1-26 分析了 UASB 反应器和三相分离器的放大问题。由前面三相分离器的计算原则可知，若三相分离器的高度约为 1.5m，则 UASB 反应器的高度可安排在 5～6m 的合理范围内，见图 1-26（a）。如果 UASB 反应器的体积扩大到 400m³ 时，直径增大到 6.6m，则整个 UASB 反应器的总高度为 12m，通过计算，采用单个的三相分离器，其高度约为 4.4m，见图 1-26（b）。

放大后 UASB 反应器高度增大很多，造成两个问题：一是三相分离器和沉淀区的比例增大，使反应区的比例降低，造成有效的反应体积降低，从而使反应负荷降低；二是 UASB 反应器高度增大到一定程度后，其污泥层高度并不增大（一般 UASB 反应器的污泥层高度为 3～4m），污泥总量也不增加，在这种情况下反应器采取高的容积负荷，会造成污泥负荷的增加，从而导致超负荷。

（4）国际上三相分离器的发展

国际上一些主要的厌氧公司所采用的三相分离器形式大不相同，但在实际生产中都很成功。例如图 1-27 是国际上著名的三家公司早期的 UASB 反应器和三相分离器的形式。值得一提的是，与大部分厂家的三相分离器相比，Biotim 公司早期在工程上采用的三相分离器〔见图 1-27（c）〕有较大差别，具有两个显著特点：一是与斜板沉淀器相结合；二是充分利

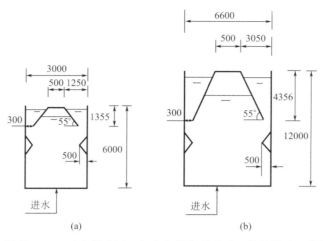

图 1-26 圆形 UASB 反应器采用三相分离器的形式对工艺的影响（单位：mm）

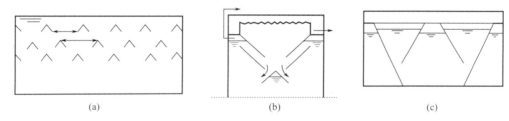

图 1-27 Paques 公司(a)、Biothane 公司(b)、Biotim 公司(c)早期的三相分离器

用反应器池体结构作为储气室，节省了三相分离器材料，从而可降低三相分离器的造价。

图 1-28 为上述公司在早期工程应用的三相分离器的基本原理基础上，对三相分离器的进一步改进和发展。从图 1-28 可以看出，近些年来，从事 UASB 工艺开发和设备生产的厂家所生产的三相分离器都逐步走向设备化，并以箱式的三相分离器为主。

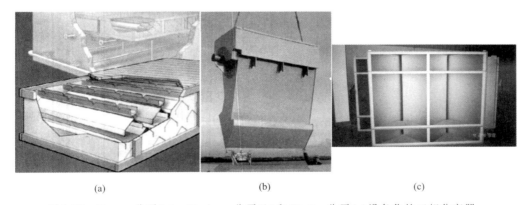

图 1-28 Paques 公司(a)、Biothane 公司(b)和 Biotim 公司(c)设备化的三相分离器

1.4.4 厌氧反应器的配水系统

合理设计的厌氧进水分配系统，对于厌氧处理系统的良好运转是至关重要的。迄今为

止，在生产规模的厌氧反应器中已成功地采用了各式各样的进水形式，但厌氧布水系统多属专利，具体设计数据未公开。目前，在生产运行装置中所采用的进水方式从原理上大致可分为间歇式（脉冲式）、连续流、连续与间歇回流相结合等几种。布水管的形式有一管多孔、一管一孔和分支状等多种形式。另外，一般配水系统兼有配水和水力搅拌的功能，布水器为保证这两个功能的实现，需要从布水原理和布水形式等方面进行分析。

（1）连续进水布水方式

为确保进水以等量分布在反应器中，每个进水管仅与一个进水点相连接是最为理想的情况。这种配水系统的特点是一根进水管只服务一个进水点，只要保证每根进水管流量相等，即可满足等流量的要求。

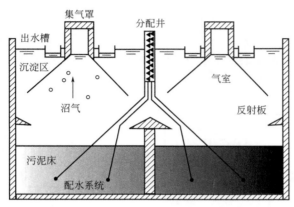

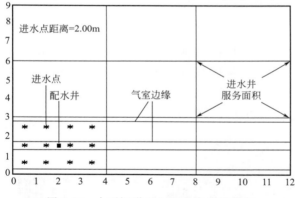

图 1-29　大型矩形 UASB 反应器的布水分配系统示意（单位：m）

在通过长的进水分布渠道分配到很多堰的情况下，由于水位差问题，沿池长可能会出现分配不均匀。这在废水处理厂的设计中是一般性的问题，可通过适当地配置进水分布渠道的尺寸来避免。采用一管一孔的配水方式，其好处之一是肉眼容易观察到堵塞情况。这类配水方式很容易通过在进水管或渠道与分配箱之间的三角堰来保证等量的进水。

图 1-29 是大型矩形 UASB 反应器采用布水装置的一个实例。该反应器的平面尺寸是 9m×12m，总平面分成 3m×4m 的 9 块。配水总管分别进入 9 个配水井，从每个配水井分出 9 个配水支管，到达池底平面。这样每个配水支管可以负担 1.3m² 的面积。从平面关系上实现均匀进水的布置是大型处理厂配水设计的第一步。由图 1-29 可见，实现均匀配水要处理好配水总管与配水井分布结构的关系、配水支管与三相分离器的交叉问题以及三相分离器的支撑等关系。

如采用在反应器池底配水横管上开孔的方式布水，其中几个进水孔由一个进水管负担，则为保证配水均匀，要求采用大阻力配水的原则。因为一般污水中的颗粒物浓度较高、杂物较多，容易堵塞管道，所以不能完全按照大阻力配水系统要求来设计。一般要求出水流速不小于 2.0m/s，使出水孔阻力损失远大于穿孔管的沿程阻力损失。配水总管的直径最好不小于 100mm，配水管中心距池底一般为 20～25cm。这种配水方式也可用于脉冲进水系统，可以相对增大此类系统出水孔的流速。

在一根管上均匀布水虽然在理论上可行，但实际上是不可实现的。因为这种系统的有些孔口随着时间不可避免地会发生堵塞，而进水将从没有堵塞的其他孔口重新分配，从而导致在反应器池底的进水不均匀分布。因此，应尽可能避免在一个管上有过多的孔口。

（2）间歇（脉冲）布水方式

有些研究者认为采用间歇（脉冲）方式进水，使底层污泥交替进行收缩和膨胀，有助于底层污泥的混合；同时，也有利于底层颗粒污泥上黏附的微气泡脱离，防止其浮升于悬浮层，减小污泥流失量。

在 UASB 反应器开发的早期，我国实验室的 UASB 反应器与国外 UASB 反应器相比，其最为显著的一个特点是采用脉冲进水方式。此后一些研究和开发人员在中试和生产性装置中大量采用了这种布水方式，并应用于工程实践中，图 1-30 就是类似装置的应用情况。

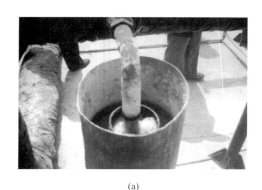 

(a)　　　　　　　　　　　　　　　　　　(b)

图 1-30　大型 UASB 反应器脉冲布水系统的应用（徐州房亭酒厂）

脉冲进水的缺点是采用电动机，对小型污水处理厂的启动电流较大；同时，如果布水强度过大，会造成短路，一部分进水会迅速穿过污泥床层，直接进入悬浮层，造成严重的短流现象，恶化出水水质。

（3）布水器的工程应用

与三相分离器一样，各种形式的布水装置很难比较孰优孰劣。事实上，各种类型的布水器都有非常成功的经验和业绩。比如，目前国外仍有很多公司采用大阻力配水系统，而我国由于工业废水预处理设备不过关，在实际应用中可能发生堵塞问题，所以不建议采用大阻力配水系统。

在比较厌氧反应器配水系统各种技术的优缺点之后，王凯军在上述研究的基础上采用了一管一孔的布水方式开发了专利技术并取得国家专利——厌氧布水分配器（专利号：CN 307286）。该专利解决了大型厌氧反应器的布水问题，同时成功地应用于新疆 6 万吨和北京密云 3 万吨城市污水处理厂的厌氧水解反应器。

圆形或方形厌氧反应器采用布水器的形式没有一定之规。圆形反应器可以采用圆形布水器，也可以采用矩形布水器（见图 1-31）；同样，矩形反应器也可使用圆形布水器或矩形布水器。

（4）厌氧滤池和 UASB 反应器对比的典型案例

北京市环境保护科学研究院和抚顺石油化工研究院环保所协作，曾在北京燕山聚酯厂进行了对 PTA（对苯二甲酸）生产废水采用厌氧滤池和 UASB 反应器两种不同反应器形式的对比实验。厌氧反应器体积均为 $20m^3$，且都采用了与图 1-32 相类似的完整的工艺流程。接种污泥取自天津纪庄子污水处理厂脱水后的消化污泥，启动时，首先使反应器升温至 $35℃$，然后开始进稀释的 PTA 废水，并用 NaOH 调节进水的 pH 为 $6.7\sim7.3$，连续进水并逐步降低稀释比，提高进水浓度。按 COD：N：P＝200：5：1 的比例投加尿素和磷酸盐。

图 1-31 处理某淀粉废水的圆形反应器采用矩形布水器

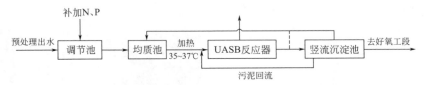

图 1-32 UASB 反应器实验工艺流程（AF 反应器将其中的 UASB 部分换成 AF 即可）

1) 厌氧滤池实验

厌氧滤池为带有密封锥顶的钢制反应器，其长×宽×高为 2.5m×2.0m×4.3m，总有效容积为 20m³。离反应器底 1.8m 处装有高度约为 1m 的鲍尔环填料（φ70mm×50mm），反应器上部设出水集水槽、回流集水管和 U 形水封管。实验根据 PTA 生产装置开、停工情况分为 3 个阶段。

第一阶段（第 1~31 天）：直接处理 PTA 废水，进水 COD 为 3000~6000mg/L，COD 去除率一般为 70%~80%。处理量从 5.76m³/d 逐步提高到设计负荷 20m³/d，COD 床层容积负荷达 4.0kg/(m³·d)。出水 pH 较进水提高 0.5~0.8 个 pH 单位，一般约为 7.4。

第二阶段（第 77~127 天）：直接处理 PTA 废水，流量从 20m³/d 开始逐步提高到 31.2m³/d。COD 和挥发酸的去除效果良好，PTA 去除率由 20% 逐步提高到 80% 左右。COD 容积负荷达 7.3kg/(m³·d)。

第三阶段（第 156~252 天）：水量为 33.8m³/d，负荷为 9kg COD/(m³·d)。COD 去除率与 VFA 和 PTA 含量有关，VFA 去除率为 97%~98%，PTA 去除率为 50%~75%。

2) UASB 反应器实验

厌氧 UASB 系统实验流程见图 1-32，实验根据 PTA 生产装置开、停工情况将 UASB 反应器的运行分为以下 3 个阶段。

① 启动阶段（第 1~26 天）：以原水 4m³/d 间歇投配，装置逐渐升温至 38℃。进水 pH 为 4.95~8.5（混合池），COD 为 995~3609mg/L。COD 去除率为 62.2%~83.6%，平均去除率为 78.5%。

② 提高负荷阶段（第 112~178 天）：逐步提高处理水量，2 个月后达到 17.3m³/d，HRT 相应为 1.2d。进水 pH 为 4.4~5.1，COD 为 1200~6725mg/L，PTA 为 310~1350mg/L。出水 pH 为 6.9~8.3，COD 去除率为 63.5%~69.1%，装置有机负荷达 5.8kg COD/(m³·d)。

③ 高负荷阶段（第 179~395 天）：平均 HRT 为 0.57d，处理水量为 35.1m³/d，回流比为 1:1.25。在进水 pH 为 6.9，COD 为 4340mg/L，VFA 为 840mg/L 和 PTA 为 1500mg/L 的条件下，出水 pH 为 7.2，比进水 pH 提高了 0.3。COD、VFA、PTA 的去除

率分别为 67.6%、97.7%、38.8%，有机负荷为 7.5kg COD/($m^3 \cdot d$)。

实验数据表明，升流式厌氧污泥床在处理 PTA 废水上优于厌氧滤池，但启动周期要比回流式厌氧滤床长一些。通过对比实验，在生产性装置中采用了 UASB 反应器。

1.4.5 厌氧复合床反应器

近年来出现了一种厌氧复合床反应器，实际上是升流式厌氧污泥床（UASB）反应器和厌氧生物滤池的一种复合形式，被称为复合床反应器（UASB＋AF），也称为 UBF 反应器。厌氧复合床反应器的结构，一般是将厌氧滤池置于污泥床反应器的上部。其特点是减小了填料层的高度，在池底布水系统与填料层之间留出了一定的空间，以便悬浮状态的絮状污泥和颗粒污泥能在其中生长、累积；当进水依次通过悬浮的污泥层及填料层时，其中有机物将与污泥及生物膜上的微生物接触并得到稳定。一般认为这种结构可发挥 AF 和 UASB 反应器的优点，具体如下：

① 与厌氧滤池相比，减小了填料层的高度；

② 与 UASB 反应器相比，可不设三相分离器，因此可节省基建费用；

③ 可增加反应器中总的生物固体量；

④ 可减少滤池被堵塞的可能性。

Speece 报道在 20 世纪 80 年代早期，加拿大多伦多附近城市污水处理厂选择厌氧工艺处理剩余活性污泥热处理液，将已有的厌氧反应器改建为复合床反应器。原有的厌氧反应器运行方案如下：通过在一个大的尼龙袋内添加可漂浮的塑料填料，在表面形成厚的填料层；出水槽置于填料层之上，这样在填料层形成的静止条件有利于截留生物；填料层位于浮渣形成区域，其最终可能造成堵塞和短流。该厂的长期运行经验（超过 15 年）确实表明，处理效率的逐渐降低与漂浮填料层的堵塞和短流有关。

其后设计的 3400m^3 复合床反应器，采用波纹板塑料填料（比表面积为 125m^2/m^3），波纹板的间隙是 1.3cm。反应器底部的 1/3 没有装填料，而上部 2/3 装有填料。设备从 1984 年开始运行处理丁二酸废水，进水浓度为 18000mg COD/L，停留时间为 50h，有机负荷为 6kg/($m^3 \cdot d$)，COD 去除率一直为 80%，没有发现堵塞和短流的迹象，底部的污泥浓度是 50～100g VSS/L。

1.5 厌氧流化床反应器

1.5.1 厌氧流化床工艺的原理和应用

厌氧流化床（FB）反应器是由 Jeris（1982）开发的，厌氧流化床是一种含有比表面积很大的惰性载体颗粒的反应器，厌氧微生物在载体上附着生长。在厌氧流化床系统中，依靠惰性载体微粒表面形成的生物膜来保留厌氧污泥；液体与污泥的混合、物质的传递通过使这些带有生物膜的微粒流态化来实现；流态化由一部分出水回流和具有较大高径比的反应器结构来实现，载体颗粒在整个反应器内处于流化状态。由于流化床使用了比表面积很大的载体，使厌氧微生物浓度增大。流化床一般按 100% 的膨胀率运行。

（1）流化床反应器的基本特点

流化床反应器的基本特点可归纳如下：

① 流态化能保证厌氧微生物与被处理的介质充分接触；

② 由于形成的生物量大，且生物膜较薄、传质好，因此反应过程快，反应器水力停留时间短；

③ 克服了厌氧滤池的堵塞和沟流问题；

④ 由于反应器负荷高，高径比大，因此可以减小占地面积。

但是，厌氧流化床反应器存在几个技术上的难点。首先，为实现良好的流态化并使污泥和载体不致从反应器流失，必须使生物膜颗粒保持均匀的形状、大小和密度，但这几乎是难以做到的。其次，为取得高上流速度以保证流态化，流化床反应器需要大量的回流水；同时，由于载体质量较大，载体颗粒流化和膨胀需要大量的回流，因而增加了运行过程的能耗，导致成本上升。另外，流化床三相分离特别是固液分离比较困难，要求较高的运行和设计水平。

（2）Anaflux 流化床反应器的构造和原理

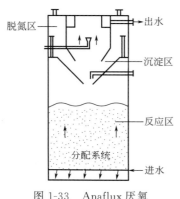

图 1-33　Anaflux 厌氧流化床工艺示意

早在 20 世纪 80 年代，法国 Degremont 公司就开发出了称为 Anaflux 工艺的流化床反应器，并成功应用。Anaflux 工艺通过液体的上升流速和回流使无机生物载体流化，三相分离器位于反应器的顶部，实现气、固、液分离（见图 1-33）。

生物膜在载体颗粒上不断生长，使载体密度降低，从而使颗粒有机会通过高的液体和气体升流速度进入分离区。颗粒可定期从分离器中排出，在体外通过离心泵产生的强大剪切强度进行脱膜。脱膜后的载体和生物膜打回到反应器中，脱落的生物将随反应器的出水流出反应器。反应器内的载体密度因而得到控制，保持了反应器床体的载体均匀性。

Anaflux 工艺的高效性是通过高生物保持量（30～90kg VSS/m^3）、高上升流速（10～15m/h）促成的基质与生物之间的充分接触来保证的。

1）进水分配系统

正确设计进水系统是流化床反应器成功的关键因素之一。这一系统包括开孔向下的分支配水系统，要求开口大小应保证配水的均匀性，同时还要防止堵塞。1986～1987 年，Degremont 公司采用的第一个 Anaflux 流化床反应器的布水系统是没有经过优化的，配水支管太接近反应器底，在 1988 年对其进行改造时发现产生了磨损问题。

研究发现，从技术和经济方面考虑，最好的解决方法是采用铁算子作配水支管材料。对配水系统的改进，需要强调铁算子在结构上应注意保证其对称性，由此限制因布水头的水力损失而增加的铁算子的总水头损失。

另外，对于工业废水，需要采取安全保证措施。例如，对于啤酒废水，要采用格栅去除渣子和硅藻土；对于造纸废水，要去除纤维，以防止预处理系统的恶化。同时，要采用止回阀或快闭阀，防止流化床进水泵因事故关闭时载体从进水孔进入布水管中。

2）三相分离器

Degremont 公司的三相分离器申请了法国和欧洲专利。它包括一个内部的圆锥体，在沉淀区上部产生静止区，起到虹吸作用，使反应区和沉淀区之间通过转移管过渡。在管道中流速加快，促进沼气气泡的合并以及载体颗粒和悬浮颗粒的合并。沼气在反应器顶部收集，液相和固相通过虹吸，可沉物质收集在锥体内，可以被泵回到反应区。

如果锥体底部开孔，可以使可沉物质自然回流到反应区，由转移管和锥体内的密度差造成循环，而不需泵送。另外，非常重要的一点是，载体颗粒过量的生物膜在转移管中被高效地冲刷自净，在这种情况下可以取消外部回流泵。

3）预处理系统

预处理必须去除悬浮固体、粗大油脂，以保证工艺的稳定性。进入流化床的悬浮固体（SS）浓度应小于 500mg/L，因为高浓度的 SS 会破坏系统的水力特性，如堵塞布水系统或热交换系统。Degremont 公司根据进水类型，一般采取格栅、气浮、沉淀或转筒过滤等方法去除悬浮物。例如，通过回收废纸制造瓦楞纸的废水 SS 浓度高，因此采用了圆形沉淀池使得 SS 浓度小于 200mg/L，并通过旋转过滤器避免短纤维可能造成的超负荷。

4）预酸化反应器

Degremont 公司的流化床研究经验证实了两相系统的重要性。例如，在处理食品工业和造纸工业废水时，在 Anaflux 反应器前设置了一个简单、低投资的酸化混合反应器，产生部分相分离，可增强整个工艺的稳定性。这个反应器同时也可作为缓冲池，防止原废水水质的波动。在厌氧处理工业废水的过程中，对限速阶段（水解和甲烷化）的最优化可改善反应动力学和稳定性。酸化池需调节 pH（进水 pH 为 5.5～6.8），以保持水解和酸化的最优条件。另外，在酸化池中有脱毒（如脂类）的可能。

（3）Anaflux 流化床反应器的中试研究和应用

Anaflux 流化床反应器的第一个工业性应用是在 1986 年处理啤酒废水。下面介绍其中试处理装置（反应器直径为 0.8m，废水温度为 35℃）处理葡萄酒蒸馏废水的研究。Anaflux 反应器最初接种 2kg VSS/m³ 的城市消化污泥，表 1-7 给出了废水和反应器运行结果。试验结果表明，负荷可达到 70kg COD/（m³·d），COD 去除率约为 80%。这说明 Anaflux 反应器可达到较高的有机负荷。

表 1-7　Narbonne 酿酒厂的 Anaflux 反应器中试结果

参　　数	酿酒废水	预酸化后	Anaflux 反应器出水
COD/（mg/L）	5000	3900	700
VFA/（mg COD/L）	2000	2800	210
T-Alk/（mg CaCO₃/L）	520	1480	1710
pH		6.1～6.5	6.9～7.3
COD 去除率/%		22	82(86)①
酸化率/%		27	
沼气/（m³/kg COD去除）			0.41
CH₄ 体积分数/%			82
CO₂ 体积分数/%			17
H₂ 浓度/（μL/L）			40～200

① 两级处理效率。

根据中试结果，Degremont 公司 1996 年在美国建立了生产规模的 Anaflux 流化床反应器，用于处理淀粉废水，设计负荷为 65kg COD/（m³·d）。1986～1996 年，Degremont 公司在全世界范围建造了 26 个处理不同工业废水的 Anaflux 流化床反应器，见表 1-8。

表 1-8　Anaflux 流化床反应器在工业废水处理中的应用实例

工业类型	启动时间	单元数目	直径/m	污染负荷/(kg COD/d)
啤酒	1986	1	2.4	670
啤酒	1987	5	5.0	50000
制浆和造纸	1988	1	4.0	6000
精馏葡萄汁	1988	1	5.0	4600
淀粉	1989	2	5.0	13000
饮料	1990	1	4.5	6000
奶制品乳清	1992	2	5.0	13000
啤酒	1993	2	4.5	7500
淀粉	1993	1	6.0	12000
制浆和造纸	1994	1	4.5	3600
巧克力	1995	1	4.5	4300
柠檬酸	1995	2	4.0	7200
制浆和造纸	1995	2	4.5	6600
香水/食品/香料	1996	1	3.2	2600
果酱/口香糖/保洁剂	1996	1	4.5	4800
食品罐头/城市污水	1996	1	4.5	7000
淀粉	1996	1	6.1	22000

1.5.2　厌氧流化床的载体

（1）载体的选择

1）载体的理化特性

厌氧流化床应用的载体物质很多，例如砂子、煤、颗粒活性炭、网状聚丙烯泡沫、陶粒、多孔玻璃、离子交换树脂和硅藻土。砂子和煤的表面光滑，需要的流化能量高。一般载体颗粒为球形或半球形，因为这样的形状易于流态化。

选择流化床的载体，需要载体尽可能地满足以下理化特性：①可以承受物理摩擦；②提供最大的微孔表面和体积，用于细菌群体附着生长；③需要最小的流化速度；④增加扩散/物质转移；⑤提供不规则的表面积，以保护微生物免于摩擦。

流化床反应器载体的粒径多为 0.2～0.7mm。一般每立方米反应器约 3000m^2 的表面积，微生物浓度可达 40g VSS/L。使用较小的载体，可在启动后较短时间内获得相对高的负荷，使反应器体积减小，所需处理时间缩短。Switzenbaum 等指出，用 0.2mm 载体代替 0.5mm 载体时，反应器效率有所改进。这是因为，小载体有较大的比表面积和较大的流态化程度，使生物膜更易生长。

2）载体的生物附着特性

Verrier 等（1988）研究了 4 种纯产甲烷菌群在不同憎水性表面最初附着的问题，发现马氏产甲烷球菌不在任何物质（甚至黏土）的表面附着生长，鬃毛产甲烷菌趋向于附着在憎水性的多聚体表面，而其他产甲烷菌趋向在亲水表面聚集生长。生物在聚丙烯表面生长比在聚氯乙烯表面更快，而在聚酰胺表面生长非常稀薄，这表明憎水性表面的生物附着是有优势的。采用复杂基质的连续培养进一步证实，细菌种群在聚丙烯和聚乙烯憎水性表面比在聚氯乙烯和聚乙醛亲水性表面生长更快。

曾有报道指出，海泡石对微生物附着生长是一种良好的载体；但是 Site 曾观察到海泡石对硫酸盐还原菌的生长有副作用。Reynolds 和 Colleran 注意到 Ca^{2+} 在生物固定生长方面起到非常重要的作用，实验证实 $100\sim200mg/L$ 的 Ca^{2+} 浓度对生物的附着生长有利。

（2）载体的比较

一般认为，载体存在自然或加工后形成的孔隙，对加强生物的附着是有利的。与砂子载体相比，采用颗粒粒径为 $425\sim610\mu m$ 的烧结硅藻土载体生物量要多 $4\sim8$ 倍。Kindzierski 等研究 $420\sim850\mu m$ 的颗粒活性炭（GAC）、$300\sim850\mu m$ 的阴离子交换树脂和 $300\sim850\mu m$ 的阳离子交换树脂，发现阳离子交换树脂具有 $1.4mL/g$ 体积，大于 $4\mu m$ 直径的孔是 GAC 的 7 倍。

Fox 等在膨胀床反应器中进行了表面粗糙度对生物膜脱落的影响的对比实验。他采用 3 种直径几乎相同的载体——砂子、颗粒活性炭和无烟煤，发现颗粒活性炭保持的生物量比砂子的多 $3\sim10$ 倍，而且颗粒活性炭在启动阶段积累生物速度快；由于剪切造成的生物流失，砂子和无烟煤载体比具有最不规则表面的颗粒活性炭载体大 $6\sim20$ 倍。

Suidan 等在流化床反应器中用无烟煤和 GAC 作载体进行了对比实验，发现与 GAC 相比，无烟煤的吸附能力很小。由于 GAC 的吸附能力对苯酚的超负荷冲击，苯酚出水浓度不增大。在最初 100d，进水浓度为 $200mg/L$ 的苯酚被吸附到出水浓度可被忽略；在 100d 之后，流化床的吸附能力几乎耗尽，苯酚开始从 GAC 床泄漏到出水中。

流化床反应器中形成的生物膜比厌氧滤池中的要薄，薄的生物膜有利于基质的传递，同时能够保持微生物的高活性，因此流化床中的污泥活性高于厌氧滤池。由于流化床中的颗粒不断运动，其微生物种群的分布趋于均一化，所以与厌氧滤池有很大不同。

（3）颗粒活性炭载体

颗粒活性炭具有外部粗糙的表面，为微生物附着生长提供了优于其他大多数载体的庇护。GAC 的湿密度较低，大约为 $1.35g/cm^3$，并且相对较硬，可抵抗摩擦阻力。GAC 的总比表面积是 $570m^2/g$，平均孔径小于 $10^{-3}\mu m$。测量表明，GAC 可被细菌种群利用的表面积仅占其总表面积的很小一部分，有 99.9% 的表面积不能被细菌种群所利用。虽然细菌无法利用微孔体积和相应的表面积（细胞平均尺寸是 $0.3\sim2.0\mu m$），但微孔提供了吸附有机基质的位置，使 GAC 载体具有储存基质的能力，直到生物生长到具有足够能力来代谢这些基质。

颗粒活性炭的吸附特性增大了溶解性有机物在载体内的浓度，因此刺激生物生长和合成。对有毒废水的厌氧处理，颗粒活性炭具有较好的去除效果，其机理如下：

① GAC 的吸附特性使其可以缓冲高浓度的毒性基质；

② GAC 由于存在裂缝、孔隙和其他不规则的表面，为微生物提供了附着生长的位置和避免水力等剪切力的保护，从而促进了微生物的生长；

③ GAC 的吸附特性增加了基质在固液界面的浓度，促进了微生物的生长。

1.5.3 流化床工艺的控制研究

像其他厌氧反应器一样，流化床反应器也可以采用自控系统。这一系统包括在线的传感器和算法（类似专家系统）监测反应器的稳定性，并调节进水流量。通过对反应器超负荷和其他反常信号的监测，可以缩短启动时间，增强工艺运行的稳定性。

在反应器的控制系统中，包括对温度、pH、沼气产量和气相 H_2 浓度的在线监测，通过可编程逻辑控制器（PLC）在规定的时间间隔中对监测器的测量值进行计算，然后在算法中计算平均值，最终形成稳定的命令。一般有以下三种可能的命令。

①＋：反应器是稳定的，可以接受较高的进水流量。

②＝：反应器是稳定的，但是不能接受较高的进水流量。

③－：反应器是不稳定的，必须减少进水流量。

通常有以下两种运行模式来执行两种不同方式的命令。

①手动控制模式：显示命令，提醒运行人员手动调节进水流量，满足功能的要求。

②自动控制模式：显示命令，PLC自动调节进水量。

一个工业废水处理厂的中控室里的计算机可以显示下列信息：①酸化池和流化床反应器中的pH和温度；②H_2浓度；③沼气流量（Q_g）；④进水流量（Q_1）；⑤稳定状态（＋、＝或－）。

图1-34显示了在计算机控制下，生产性厌氧流化床反应器装置的启动过程。在监测状态下，系统可立即显示出超负荷或其他不正常状态，对运转人员起到警示和建议作用，从而可有效控制反应器，避免超负荷，保障系统的正常运行。在前200h的启动期间，进水流量从10m³/h逐渐增加到75m³/h，并稳定在75m³/h。在运行10d后，反应器迅速达到设计负荷35kg COD/(m³·d)，22d后COD去除率约为75%。

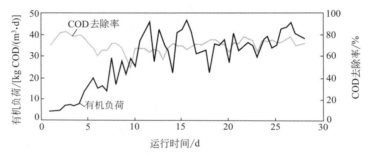

图1-34 生产性厌氧流化床反应器装置的启动过程

图1-35和图1-36显示了在控制策略下，测量参数（pH、H_2浓度、产气量和进水流量）在前300h的变化。图中表示出自控系统如何在启动阶段，通过调节进水流量以适应反应器生物能力，以至达到最优的反应器启动过程。

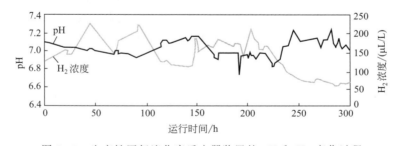

图1-35 生产性厌氧流化床反应器装置的pH和H_2变化过程

在前100h，H_2浓度在100~250μL/L范围内波动，表明短期内系统不稳定。同时，pH连续降低，这是由剩余基质特别是挥发性脂肪酸积累所造成的。生物逐渐适应后，活性增强，pH趋于稳定。在150h之后，虽然有机负荷增加，但是H_2浓度稳定并降低，表明生物适应了基质和反应器的条件。显然，计算机控制条件下，反应器较快地完成了装置的启动过程。

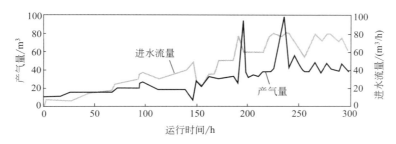

图 1-36 生产性厌氧流化床反应器装置在启动阶段的进水流量和产气量变化

1.6 厌氧膨胀床工艺

无论是对好氧生物膜系统还是厌氧生物膜系统的研究，均表明生物膜法可使设备内单位体积保持较高的生物量，高生物浓度形成高效率。但是，高生物浓度容易引起固定膜系统的堵塞，同时会在生物膜表面产生传质条件差的问题。解决后者的办法是采用流化床或膨胀床的概念，即在反应器中利用小颗粒的惰性载体，采用上升流形式。流化床和膨胀床工艺的差别在于膨胀率的不同，一般流化床的膨胀率在 100% 以上，而膨胀床的膨胀率只有 10%～20%。

1.6.1 厌氧接触膜膨胀床反应器的开发

20 世纪 70 年代末，美国康奈尔大学的 Jewell 开发了一种非常引人注目的生物固定化工艺——厌氧接触膜膨胀床（AAFEB），在当时引起了相当大的震动。但在当时和之后的几十年里，从应用角度讲，该工艺并没有形成任何有实用意义的成果。因此，这种在当时甚至目前都是高效的工艺，并没有引起人们的足够重视。目前，审视 EGSB 工艺的成功应用，重新回顾 Jewell 等的研究过程和成果，对于开发膨胀床工艺具有实际意义，因此 AAFEB 工艺重新引起了人们的强烈兴趣。

（1）处理人工合成污水的研究

Jewell 采用厌氧接触膜膨胀床（AAFEB）反应器处理低浓度有机污水试验所用的工艺流程如图 1-37 所示。AAFEB 反应器由有机玻璃制成，外径 6.5cm，内径 5.1cm，高 49.4cm，模拟反应器部分的净体积为 1L。反应器内添加了 160g 离子交换树脂颗粒，颗粒粒径为 $500\mu m$，颗粒密度为 $2.79g/cm^3$，体积密度为 $0.6g/cm^3$。试验期间，随着载体颗粒上生物膜的生长，调节循环水量，使床体膨胀率恒定。

Jewell 等首先进行了人工合成污水的研究，用厌氧污泥和牛瘤胃液接种，然后逐渐连续加入合成污水，在 30℃ 下启动。经过 9 个月运行，积累了足够的生物量，试验初步表明

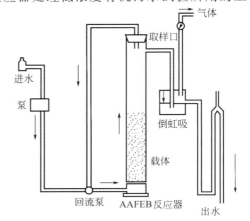

图 1-37 厌氧接触膜膨胀床试验流程

AAFEB 工艺是一种可在低温（10℃和 20℃）下处理低浓度溶解性污水（COD＝600mg/L）的高效工艺。在较短水力停留时间（几小时）和较高有机负荷 [高达 8kg COD/(m³·d)] 下，能够达到很高的有机物去除率（＞80％）。有机物去除率是污水停留时间和有机负荷的函数，不受进水浓度和温度的影响。这是因为在低温下，系统内载体的大比表面积形成高的污泥浓度，在反应器中污泥浓度高达 30g/L。通过增大污泥浓度，使系统的处理能力得到补偿，从而使整个处理效果无显著下降。

由于 Jewell 等的研究成果显示了厌氧处理的巨大潜力，大量研究者试图重复 Jewell 所采用膨胀床的试验结果，但没有人能重现其结果。Jewell 认为这是由于所有研究的时间持续较短，并且采用的是流化床而非膨胀床，载体粒径的大小也不适于接触膜膨胀床工艺。

（2）验证性试验

Jewell 为了验证自己在 1976 年的发现，在 1985 年春季又重复了这一试验，并进行了系统的研究。将已在室温下存放了 6 年的接触膜载体重新投入运行系统，水力停留时间为 2h，所采用的试验装置与上述试验相同。在 24h 内处理效率等于或超过了早期的试验，在最初 5d 的运行中，出水平均 BOD 为 10mg/L，这表明厌氧接触膜载体生物活性的稳定性和耐久性。

（3）冲击负荷的影响

AAFEB 工艺在 20℃时，反应器的固体负荷上升到 4kg COD（颗粒性)/(m³·d)，仍能有效地完成甲烷化过程。在这一负荷条件下，水解作用不是限制转化的因素。可是当颗粒负荷量在 6kg/(m³·d) 以上时，固体将积累，这也是水解阶段开始成为限制负荷提高的标志。

Jewell 等的进一步研究结果表明，高温条件（55℃）下，厌氧接触膜膨胀床工艺所需反应器的体积只有传统消化工艺体积的 5％或还要小，因此具有取代传统污泥消化工艺的可能。这表明高效厌氧工艺对固体去除和降解的巨大潜力。当 AAFEB 反应器污水中挥发性悬浮固体为 200mg/L 时，被截留的固体平均停留时间一般为 17～34d。毫不奇怪，在这样长的固体停留时间内，可生物降解颗粒将会被有效降解。事实上，王凯军等对于城市污水水解处理工艺也有类似结论，在水解池停留时间为 2.5h 时，截留的悬浮固体有 55％发生了水解。

研究表明，水解和酸化菌群仅与被截留的悬浮固体有关，而产甲烷菌位于生物膜上。这一关系能使产甲烷菌的数量积累到一个较高的水平，赶上或超过颗粒的水解速率。这样，具有很大生物膜面积的接触膜工艺可改变产甲烷阶段为速率限制阶段的情况，提高颗粒的转化和甲烷化作用。

1.6.2　AAFEB 工艺的数学模型研究

AAFEB 工艺在短的水力停留时间内具有极高的有机物去除率。即使在 10℃的温度下，采用碳水化合物的人工基质，AAFEB 工艺也能达到较高的效率。这就带来了一个问题：是什么因素限制了其他厌氧发酵系统的效率？对此，Switzenbaum 和 Jewell 等对系统中生物膜或生物絮体的特性以及由此所能达到的固体停留时间（SRT）长短等问题进行了数学模型研究。

（1）高效处理工艺所需要的 SRT

Switzenbaum 通过数学模型来计算处理低浓度废水的厌氧系统所需的 SRT。如图 1-38 所示，以溶解性蔗糖为基质，COD 浓度为 200～600mg/L，最大去除率接近 80％时，在 30℃要达到稳定的工艺去除率（此处为 80％）所需的最小固体停留时间大约为 130d，而 10℃所需最小固体停留时间为 320d。这从理论上说明，高效工艺需要严格高效地控制悬浮固体和高活性生物体的流失。

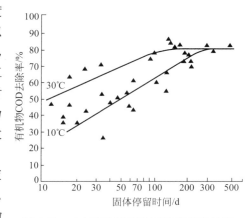

图 1-38　AAFEB 工艺在不同温度下处理低浓度 COD 时稳定运行状态所需的 SRT

AAFEB 工艺出水悬浮固体、生物絮体、反应器污泥浓度和固体停留时间的数学关系见图 1-39。比较图中的两种情况，反应器出水悬浮固体分别为 10mg/L[见图 1-39(a)]和 50mg/L[见图 1-39(b)]。从结果可得出结论：一个高效的反应系统（短的 HRT），必须保持极高的反应器内生物浓度，并且出水悬浮固体尽可能在一个较低的值（较长的 SRT）。这也是传统的低负荷厌氧系统不能在较短的水力停留时间内高效运行的原因。

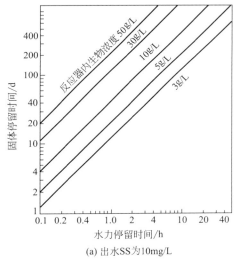

(a) 出水SS为10mg/L

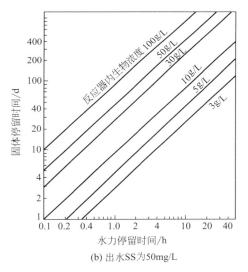

(b) 出水SS为50mg/L

图 1-39　污泥浓度、水力停留时间与固体停留时间的关系

（2）污泥浓度和生物膜的厚度

设备内的生物量可用污泥浓度来表示。反应器内生物浓度受很多因素的影响。污泥由两部分组成，即由附着于膜上和截留在颗粒之间的厌氧活性污泥组成。不同条件下的试验结果表明，在较低温度和较高有机负荷下，95％的污泥附着在载体上，并且具有较高的污泥浓度（＞30g/L）。

在接触膜膨胀床中观测到的膜薄而密实，膜的最大厚度为 15～20μm。膜厚会限制传质，使部分膜不能充分发挥代谢作用。Switzenbaum 提出膜的有效厚度估计为 0.7～120μm，并给出了在 AAFEB 工艺中生物膜密度与厚度的关系，见图 1-40。膨胀床处理低浓度有机污水的特点是载体比表面积极大，膜薄且面积大，这就使设备具有高的处理能力。

在颗粒粒径固定的情况下，可通过理论计算得出反应器内保持的生物浓度。

Switzenbaum 给出了假设均匀的生物膜厚度为 $20\mu m$ 条件下，反应器内生物浓度与粒径的关系，见图 1-41。理论上，反应器内生物浓度可达到 300g VSS/L（没有膨胀状态下），对应的 VSS 浓度为 100g/L。但是，当反应器中颗粒粒径较大，而生物浓度较低时，生物膜密度大大降低。

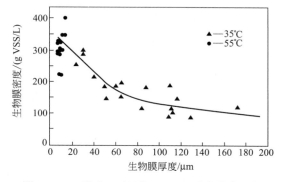

图 1-40　30℃ 和 55℃ 下 AAFEB 反应器中生物膜密度与厚度的关系

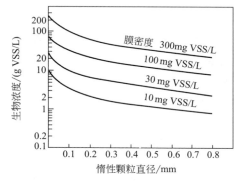

图 1-41　固定膜反应器中颗粒粒径与接触膜密度的理论关系（假设生物膜厚度为 $20\mu m$）

1.7　生物膜理论的研究进展

（1）生物膜的脱落

生物膜脱落是生物从附着微生物的膜转移到主体中溶解的过程，一般可能涉及 4 种不同的过程，包括：捕食（由生物膜外部原生动物捕食细菌）、脱落（周期性的大块生物膜的脱落）、侵蚀（主要由水力剪切力从生物膜表面连续地去除小的颗粒）和磨损（与侵蚀类似，但是由颗粒间碰撞所造成）。在控制生物膜反应器运行的机理方面，生物膜的脱落是人们研究和了解最少的。生物膜的脱落速率是许多变量的复杂函数，包括液体的水力学条件、生物膜形态和载体性质。

Chang 等直接测量了实验室规模的生物流化床在不同流速和载体浓度条件下，生物膜比损失速率系数和总的生物膜的积累。多元回归分析的结果表明，颗粒之间摩擦和扰动程度的增大使生物膜更密实并变薄。生物膜脱落速率常数随惰性颗粒浓度和颗粒雷诺数（即扰动）的增大而增大，床体的扰动和摩擦流化是脱膜的主导机制。生物膜的脱落速率由裸载体和生物膜颗粒间的碰撞主导，而水力学条件和基质负荷是次要作用。生物膜颗粒和裸载体之间碰撞引起生物膜的磨损，从而减小了生物颗粒的体积，而生物膜的破坏可忽略不计。这些被 Kwok 在悬浮生物膜生长中证实。

Nicolella 等报道在生物流化床反应器内比脱膜速率系数随液体流速的增大而显著增大，其他参数如颗粒物浓度和水力剪切力的影响很小。Nicolella 等发现在他们的实验流量条件下生物膜的脱落速率非常低，与许多采用流化床技术处理工业废水的实际应用是可比的（如流速 $1\sim10mm/s$）。

在一些气提反应器的运行中，高的脱膜速率由裸载体所引起，裸载体在生物膜的形成中是必需的，特别是在启动阶段，它们同时阻碍或延缓生物膜的形成。另外，裸颗粒可防止导致反应器运行性能降低的过量生物膜的形成。与气提反应器相反，在生物流化床反应器中，完全混合的裸颗粒将在流化床底部积累，而厚的、松散的生物膜将积累在流化床体的顶部。在生物流化床反应器中，利用颗粒剪切对生物膜的形成进行控制不如在气提反应器中那么容易。

（2）颗粒型生物膜的形态和结构

目前，已经很好地掌握了颗粒型生物膜反应器的流体力学、混合、传质和化学动力学特性的大部分机理，一些经验关系和数学模型可用于生产性反应器的设计和运行，有些学者还提出了用于设计颗粒型生物膜反应器的设计参数。

在工程应用上，颗粒型生物膜反应器有待继续攻克的难点之一是关于生物膜厚度和结构的控制。尽管目前还没有关于生物膜脱落速率的设计规则，但是在过去的20年里有关生物膜的形成和脱落的研究已经取得了相当大的进展。生物膜的结构（密度、多孔性、粗糙度、形状）和厚度在生物膜工艺的设计中是很重要的，因为在生物膜反应器中流体力学性能、传质和降解都要依靠这些变量。

在稳定状态，生物膜的生长和脱落之间的平衡决定着生物膜的物理结构，因此也决定了生物膜反应器的流体力学和传质的特性。尽管影响颗粒型生物膜稳定的因素（剪切力和生长速率）变化很大，但在不同工艺（厌氧或好氧）中，不同类型生物膜（颗粒型生物膜或没有载体的颗粒污泥）的形成机理基本上是相同的。当稀释速率比生物的最大增长速率大时，就形成了生物膜。生物膜的形成条件对于形成小载体上的生物膜和厌氧或好氧颗粒污泥都适用。有些时候，生物膜的形成过程可以在稀释速率小于最大增长速率的条件下观察到。

实验表明，生物膜的形状在很大程度上由表面基质负荷和采用的脱膜力所决定。适中的表面基质负荷和高的脱膜力产生平滑、结实的生物膜，而高的表面基质负荷和低的脱膜力会形成粗糙的生物膜，见图1-42(a)。生物膜的强度也与在生物膜形成期间采用的脱膜力和基质负荷有关。

可采用玻尔兹曼算法解动量和物质平衡方程，利用细胞的自调节规则来描述生物群体的空间分布。在图1-42(b)中给出Nicolella等的模拟结果，表明生物膜的结构是流量和负荷的函数。生物膜结构随时间的演化，可采用流量和负荷变量进行描述。表面基质负荷和剪切速率之间的比例决定生物膜结构。这些与生物膜形态有关的因素在图1-42中给出。当剪切

(a) 表面基质负荷(从左到右增大)和脱膜力(从左到右减小)对生物膜结构的影响

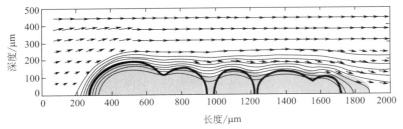

(b) 模拟生物膜结构(箭头表示有向速度；粗实线表示生物膜结构；细实线表示等浓度线)

图 1-42　生物膜结构

力相当高时，就会形成比较平滑的生物膜；而在低剪切力情况下，形成的生物膜具有异质性、多孔和多凸出的特点。

由此可得出结论：生物膜的结构主要受生物膜上剪切力作用的影响，而这种剪切力主要取决于反应器的类型；大的剪切力可平衡生物的快速增长。因此，在好氧系统中形成密实的生物膜比在厌氧系统中更难（除非是增长速率慢的好氧微生物，如硝化菌或快速厌氧发酵菌）。在气提反应器和流化床系统中，高的剪切力由颗粒碰撞产生，其支配生物膜脱落速率，特别是裸载体会阻止过量生物膜的形成，导致颗粒流失和反应器性能降低。在一个混合良好的反应器中，生物颗粒是均匀分布的；在相同的时间经历了相同的基质负荷和脱膜力，形成均匀而且形态相似的生物膜。与气提反应器中相反，在流化床系统中固体不能在反应器里更完全地混合，裸载体将在反应器底部积累，厚而松的生物膜在反应床的顶部积累。因此，在生物流化床反应器中由颗粒剪切来对生物膜生长进行控制就不如在气提反应器中那么容易。

由于生长速率较低，厌氧生物膜的稳定要求较低的剪切力。因此，在厌氧系统中，裸载体的出现对于形成密实的生物膜就不那么重要了。对产甲烷系统的全面研究表明，污泥的颗粒化不一定仅限制于像在 UASB、EGSB 和 IC 反应器中那样低速增长的厌氧微生物（如产甲烷菌），而是一个较为普遍的现象。Beun 等对 SBR 反应器中好氧污泥的颗粒化机理进行了很好的描述。基质负荷和剪切力是控制稳定的颗粒型生物膜的主要因素，对于好氧颗粒污泥同样重要。高 COD 负荷会导致丝状菌的过度增长，继而会阻碍沉淀并引起反应器操作的不稳定；密实的颗粒污泥可以在高负荷和高剪切力的条件下形成。

参 考 文 献

[1] 何晓娟. 1997. IC-CIRCOX 工艺及其在啤酒废水处理中的应用 [J]. 给水排水，23 (5)：26-28.

[2] 贺延龄. 1998. 废水的厌氧生物处理 [M]. 北京：中国轻工业出版社.

[3] 申立贤. 1992. 高浓度有机废水厌氧处理技术 [M]. 北京：中国环境科学出版社.

[4] 王凯军. 1996. 厌氧内循环（IC）反应器的应用 [J]. 给水排水，22 (11)：54-56.

[5] 王凯军. 1998a. 厌氧（水解）-好氧处理工艺的理论与实践 [J]. 中国环境科学，18 (4)：337.

[6] 王凯军. 1998b. 厌氧工艺的发展和新型厌氧反应器 [J]. 环境科学，19 (1)：94-96.

[7] 王凯军，等. 1998c. 广义升流式污泥床反应器与相分离反应器的开发与应用 [J]. 中国给水排水，14 (6)：5-7.

[8] 王凯军，左剑恶，等. 2000. UASB 工艺的理论与工程实践 [M]. 北京：中国环境科学出版社.

[9] 王凯军，等. 2001. 多级污泥厌氧消化工艺的开发 [J]. 给水排水，27 (10)：34-38.

[10] 王凯军，等. 2002a. 城市污水污泥稳定性问题和试验方法探讨 [J]. 给水排水，28 (5)：5-8.

[11] 王凯军. 2002b. UASB 工艺系统设计方法探讨 [J]. 中国沼气，20 (2)：18-23.

[12] 王凯军，等. 2006. 新型高效生物反应器类型和应用 [J]. 环境污染治理技术与设备，7 (3)：120-123.

[13] 张希衡，等. 1996. 废水厌氧生物处理工程 [M]. 北京：中国环境科学出版社.

[14] 郑元景，等. 1988. 污水厌氧生物处理 [M]. 北京：中国建筑工业出版社.

[15] Arceivala S J. 1984. Wastewater Treatment and Disposal：Engineering and Ecology in Pollution Control [M]. New York：Marcel Dekker, Inc.

[16] Beun J J, et al. 1999. Aerobic Granulation in a Sequencing Batch Reactor [J]. Water Res, 33：2283-2290.

[17] Bolle W L, van Breugel J, van Eybergen G C, et al. 1986. Modeling the Liquid Flow in Up-flow Anaerobic Sludge Blanket Reactors [J]. Biotechnol Bioeng, 28：1615-1620.

[18] Frankin R, et al. 1992. Application of the Biobed Upflow Fluidizedbed Process for Anaerobic Wastewater Treatment [J]. Water Sci Technol, 25：373-382.

[19] Frijters C T M J, et al. 1997. Treatment of Municipal Wastewater in a Circox Airlift Reactor with Integrated Denitri-

fication [J]. Water Sci Technol, 36: 173-181.

[20] Frijters C T M J, et al. 1999. Extensive Nitrogen Removal in a New Type of Airlift Reactor [C] //IAWQ/IWQ Conference on Biofilm Systems, D59. New York.

[21] Ghosh S, Henry M P, Sajjad A, et al. 1999. Pilot-Scale Gasification of MSW by High-Rate and Two-Phase Anaerobic Digestion [C] //J Mata-Alvarez, A Tilche, FCecchi, Eds. II Int Symp Anaerobic Dig Solid Waste. Barcelona: June 15-17, 1999. Vol. 1, 83-90.

[22] Heijnen J J, et al. 1989. Review on the Application of Anaerobic Fluidized Bed Reactors in Wastewater Treatment [J] . Chem Eng J, 41: B37-B50.

[23] Heijnen J J, et al. 1990. Large-Scale Anaerobic/Aerobic Treatment of Complex Industrial Wastewater Using Immobilized Biomass in Fluidized Bed and Airlift Suspension Reactors [J]. Chem Eng Technol, 13: 202-208.

[24] Heijnen J J, et al. 1993. Development and Scale up of an Aerobic Biofilm Airlift Suspension Reactor [J]. Water Sci Technol, 27: 253-261.

[25] Hickey R F, Owens R W. 1981. Methane Generation from High-Strength Industrial Wastes with the Anaerobic Biological Fluidized Bed [J]. Biotechnol Bioeng Symp, 11: 399-413.

[26] Jeris J S, Owens R W, Hickey R F. 1977. Biological Fluidized Bed Treatment for BOD and Nitrogen Removal[J] . J Water Pollut Cont Fed, 49: 816-831.

[27] Jewell W J, Switzenbaum M S, Morris J W. 1981. Municipal Wastewater Treatment with the Anaerobic Attached Microbial Film Expanded Bed Process [J] . J Water Pollut Cont Fed, 53: 482-491.

[28] Lettinga A W. 1978. Feasibility of Anaerobic Digestion for Purification of Industrial Wastewater [C] //Proceedings of the 4th European Sewage and Refuge Symposium. EAS Munich.

[29] Lettinga G. 1996. Sustainable Integrated Biological Wastewater Treatment [J]. Water Sci Technol, 33: 85-98.

[30] Lettinga G, van Velson A F M, Hobma S W, et al. 1980. Use of the Upflow Sludge Blanket (USB) Reactor Concept for Biological Wastewater Treatment, Especially for Anaerobic Treatment [J] . Biotechnol Bioeng, 22: 699-734.

[31] Liu T, Ghosh S. 1997. Phase Separation during Anaerobic Fermentation of Solid Substrates in an Innovative Plug-Flow Reactor [C] //Proc 8th Int Conf on Anaerobic Dig. Sendai: May 25-29, 1997. Vol. 2, 17-24.

[32] Metcalf, Eddy. 1991. Wastewater Engineering: Treatment, Disposal and Reuse [M]. 3rd ed. New York: McGraw-Hill, Inc.

[33] Mulder R, Bruijn P M J. 1993. Treatment of Brewery Wastewater in a (denitrifying) Circox Airlift Reactor [C] // Proceedings of the 2nd IWA International Specialized Conference on Biofilm Reactors. Paris, France.

[34] Pereboom J H F, Vereijken T L F M. 1994. Methanogenic Granule Development in Full-Scale Internal Circulation Reactors [J]. Water Sci Technol, 30: 9-21.

[35] Picioreanu C, van Loosdrecht M C M, Heijnen J J. 2000. Effect of Diffusive and Convective Substrate Transport on Biofilm Structure Formation: a Two-Dimensional Modeling Study [J]. Biotechnol Bioeng, 69: 504-515.

[36] Schmidt J E, Ahring B K. 1996. Granular Sludge Formation in Upflow Anaerobic Sludge Blanket (UASB) Reactors [J]. Biotechnol Bioeng, 49: 229-246.

[37] Seghezzo L, et al. 1998. A Review: the Anaerobic Treatment of Sewage in UASB and EGSB Reactors [J]. Biores Technol, 65: 175-190.

[38] Switzenbaum M S. 1978. The Anaerobic Attached-Film Expanded Bed Reactor for the Treatment of Dilute Organic Wastes [D] . Ithaca, New York, US: Cornell University.

[39] Tijhuis L, et al. 1994. Formation and Growth of Heterotrophic Aerobic Biofilms on Small Suspended Particles in Airlift Reactors [J]. Biotechnol Bioeng, 44: 595-608.

[40] van Benthum W A J, et al. 2000. The Biofilm Airlift Suspension Reactor. Part II : Three-Phase Hydrodynamics [J]. Chem Eng Sci, 55: 699-711.

[41] van Houten R T, et al. 1997. Thermophilic Sulphate and Sulphite Reduction in Lab-Scale Gaslift Reactors Using H_2 and CO_2 as an Energy and Carbon Source [J]. Biotechnol Bioeng, 55: 807-814.

[42] van Lier J B, Rebac S, Lettinga G. 1997. High-Rate Anaerobic Wastewater Treatment under Psychrophilic and

Thermophilic Conditions [J] . Water Sci Technol, 35 (10): 199-206.

[43] Vereijken T F L M, Swinkels K T M, Hack P J F M. 1986. Experience with The UASB-System on Brewery Wastewater [C] //Proceedings of the NVA-EWPCA Water Treatment Conference as Part of the Aquatec' 86. Amsterdam: September, 15-19. 283-296.

[44] Young H W, Young J C. 1988. Hydraulic Characteristics of Upflow Anaerobic Filters [J] . J Environ Eng Div ASCE, 114 (3): 621.

[45] Yspeert P, Vereijken T, Vellinga S, et al. 1993. The IC Reactor for Anaerobic Treatment of Industrial Wastewater [C] //Proceedings of the Food Industry Environmental Conference. Atlanta, USA: November 14-16.

[46] Zoutberg G R, de Been P. 1997. The Biobed EGSB (Expanded Granular Sludge Bed) System Covers Shortcomings of the Upflow Anaerobic Sludge Blanket Reactor in the Chemical Industry [J]. Water Sci Technol, 35: 183-188.

[47] Zoutberg G R, Frankin R. 1996. Anaerobic Treatment of Chemical and Brewery Wastewater with a New Type of Anaerobic Reactor: The Biobed EGSB Reactor [J] . Water Sci Technol, 34: 375-381.

第 2 章　厌氧处理实验研究方法及其应用

2.1　废水厌氧实验方法

2.1.1　概述

评价废水生化指标的实验方法大部分是好氧实验方法，如 BOD 试验、瓦勃式呼吸仪技术和好氧间歇试验等。生化需氧量（BOD）是用来测量废水中污染物浓度的一种指标，同时还可用来评价好氧处理效率。从本质上来讲，BOD 表征的是废水中污染物的好氧生物降解性能，而不是厌氧降解能力的直接表示。目前，废水厌氧可生物降解性的实验方法还很少见，原因在于厌氧反应所需的反应时间长，反应控制条件严格。本章介绍一些废水厌氧实验方法及其在某些废水中的应用。

（1）产甲烷能力实验

McCarty 首先提出厌氧可生化能力的测试方法，即所谓产甲烷能力（biological methane potential，BMP）实验。正如 BOD 的测定可表示在好氧工艺条件下有多少可生物降解的有机物那样，BMP 是对应的厌氧工艺条件下的测定方法。二者的区别在于，BMP 测定的是产生的还原产物（甲烷），而 BOD 测定的是消耗的氧化物（溶解氧）。对厌氧处理，虽然仍要求测定废水的 BOD，但是除 BOD 之外，还应该测定 BMP。

厌氧 BMP 测试方法（见图 2-1）为：取定量的废水放入有厌氧生物接种物的血清瓶中，血清瓶上部空间应该充以 $30\% \sim 50\%$ CO_2 和 N_2，以控制 pH；然后将血清瓶放入 $35^{\circ}\mathrm{C}$ 恒温箱中培养，在预定的时间内（一般为 30d）记录甲烷产率；通过转化为甲烷的数量来评价废水中的有机污染物。因为在厌氧条件下产生 CO_2 不代表 COD 的去除，所以要去除产生的 CO_2（见图 2-2）。常压下，$35^{\circ}\mathrm{C}$ 时产生 395mL 的甲烷等价于从污水中去除 1.0g COD，根据这一化学计量关系，可计算液相 COD 的减少。

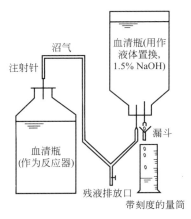

图 2-1　简单的 BMP 实验（血清瓶）系统

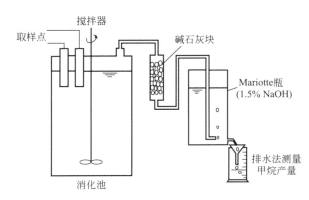

图 2-2　测量甲烷活性的实验装置（除 CO_2）

用于测量间歇实验产气量

（2）厌氧毒性测定方法

厌氧反应比好氧反应对环境条件和一些有机物（如硫化氢、氨氮和 VFA 等）敏感得多，因此，对于厌氧处理，存在毒性的评价问题。由于毒性的影响，在 BMP 实验中最初短期内没有反应或反应很慢。厌氧微生物的低增长速率使 BMP 实验的时间可能需要延长到30d、60d 甚至 90d（在一些情况下），以完成对毒性物质的适应；而 20d 的 BOD 好氧实验被认为驯化时间是充足的。

McCarty 在斯坦福的研究小组（Owen 等，1979）提出了厌氧毒性测定方法（ATA）：将厌氧生物放入充满 50% CO_2 和 CH_4 的血清瓶，添加过量的基质到血清瓶中以免发生基质限制，然后在剩余的体积内注入污水样品。如果污水样品存在毒性，则最初产气速率的减小与添加废水的体积成比例。

ATA 和 BMP 实验的不同之处在于，ATA 测定思路的出发点关注的是初始产气速率，而 BMP 测试关注的是总产气量；另外，ATA 实验中添加了过量的乙酸（或其他简单基质），废水样品也与 BMP 测试不同。因为生物有能力适应毒性，所以这两种测试方法中都观察到生物适应的现象。

2.1.2　污泥产甲烷活性的测定方法

（1）测定方法的标准化

在厌氧反应中，污泥产甲烷活性（以下有时简称污泥活性）这个指标非常重要。首先，它是确定厌氧反应器处理能力的重要设计参数，与反应器的污泥总量指标相结合，可以确定需要的厌氧反应器的容积。其次，污泥中产甲烷菌比较敏感，所以污泥产甲烷活性也是重要的运行和管理指标。例如，对于某种有毒废水的可生化性评价，也可以采用对污泥产甲烷活性的影响程度进行表示。

污泥的产甲烷活性与许多因素有关，为了解污泥产甲烷活性的大小，实验必须在理想标准条件下进行。目前，国内外厌氧实验所采用的产甲烷活性测定方法，均在所谓的标准条件下进行。

1）温度

从指导生产的实际运行角度来看，温度应该与反应器的实际运行温度相同。但是，由于实际生产中废水因工业生产、季节等情况而很不相同，因此从可比和标准的角度考虑，通常人们采用最佳的中温发酵温度（35℃）作为实验温度。

2）基质和污泥的浓度

产甲烷菌所处环境中基质的浓度是影响污泥活性测定的重要因素。虽然细菌有很高的底物亲和力（即低的 K_s 值），但在污泥床内部或颗粒污泥内部，由于基质扩散速率的限制，基质浓度可能非常低，会引起污泥活性测定偏差。为使基质扩散的影响降至最小限度，应采用较低的污泥浓度。

另外，测试中应采用略高的基质浓度，并缓慢搅拌或不时摇晃，改善传质扩散作用。表2-1 列出带搅拌器的反应器（一般容积大于 2L）和不带搅拌器的反应器（一般容积为 0.5～1L）中推荐使用的污泥和基质浓度。不带搅拌器的反应器一般适用于活性大于 0.1g COD/（g VSS·d）的污泥；带搅拌器的反应器可更精确地测定甲烷产量，因此也适用于活性小于0.1g COD/（g VSS·d）的污泥。

表 2-1　在产甲烷活性测定中推荐使用的污泥和底物 VFA 浓度

测定装置	污泥浓度/(g VSS/L)	VFA 浓度/(g COD/L)
带搅拌器的反应器	2.0～5.0	2.0～4.0
不带搅拌器的反应器	1.0～1.5	3.5～4.5

絮状污泥和颗粒污泥存在活性物质数量的差别。当采用絮状污泥（如消化污泥）时，通常推荐 5.0g VSS/L 的接种量；当采用颗粒污泥时，推荐 1.5～2.0g VSS/L 的接种量。

3）基质（VFA）的组成

测定污泥活性可用 VFA 作为底物，VFA 的组成也会对测定结果有影响。可以配制 VFA 储备液，例如，可选取乙酸、丙酸、丁酸浓度比（以 COD 计）为 73：23：4，总 COD 浓度为 20g/L，测定时再根据需要进行稀释。根据研究的需要，也可采用其他比例，表 2-2 可作为配制其他比例 VFA 储备液的参考。

表 2-2　VFA 储备液的配比

挥发性脂肪酸（VFA）	COD/VFA/(g/g)	密度/(g/L)	体积/mL
乙酸	1.067	1.05	13.04
丙酸	1.514	0.993	3.06
丁酸	1.818	0.957	0.46

4）pH

一般测定前先将底物 VFA 配成浓度较大的母液，然后以 NaOH 中和至 pH＝7。VFA 必须被中和，否则非离子化的 VFA 会产生严重抑制作用。

5）营养物和微量元素

测定污泥活性所配制的水样中还应当添加营养物和微量元素，其标准应参照表 2-3 配制。

表 2-3　厌氧活性测定中标准无机营养液的组成

成　　　分	在反应器内的浓度/(mg/L)	成　　　分	在反应器内的浓度/(mg/L)
NH_4Cl	400	NH_4VO_3	0.5
$MgSO_4 \cdot 7H_2O$	400	$CuCl_2 \cdot 2H_2O$	0.5
KCl	400	$ZnCl_2$	0.5
$Na_2S \cdot 9H_2O$	300	$AlCl_3 \cdot 6H_2O$	0.5
$CaCl_2 \cdot 2H_2O$	50	$NaMoO_4 \cdot 2H_2O$	0.5
$(NH_4)_2HPO_4$	80	H_3BO_3	0.5
$FeCl_2 \cdot 4H_2O$	40	$NiCl_2 \cdot 6H_2O$	0.5
$CoCl_2 \cdot 6H_2O$	10	$Na_2WO_4 \cdot 2H_2O$	0.5
KI	10	$Na_2SeO_3 \cdot 5H_2O$	0.5
$(NaPO_3)_6$	10	酪氨酸	10
$MnCl_2 \cdot 4H_2O$	4.5	$NaHCO_3$	6000

同时，为简化起见，可配制宏量营养物和微量元素的母液以及硫化钠母液。宏量营养物母液每升含 NH_4Cl 170g、$(NH_4)_2HPO_4$ 37g、$CaCl_2 \cdot 2H_2O$ 0.8g、$MgSO_4 \cdot 4H_2O$ 9g。微量元素母液每升含 $FeCl_2 \cdot 4H_2O$ 2000mg、$CoCl_2 \cdot 6H_2O$ 2000mg、$MnCl_2 \cdot 4H_2O$ 500mg、$CuCl_2 \cdot 2H_2O$ 30mg、$ZnCl_2$ 50mg、H_3BO_3 50mg、$(NH_4)_6Mo_7O_{24} \cdot 4H_2O$ 90mg、$Na_2SeO_3 \cdot 5H_2O$ 100mg、$NiCl_2 \cdot 6H_2O$ 50mg、EDTA 1000mg、36% HCl 1mL、刃天青（$C_{12}H_7NO_4$）500mg。硫化钠母液每升含 $Na_2S \cdot 9H_2O$ 100g，使用时临时配制。

配制水样时每升加入以上母液各1mL。此外，还要加入酵母提取物（酵母膏）0.2g。

（2）实验装置和步骤

测定污泥产甲烷活性的实验装置可采用如图2-1、图2-2和图2-3所示的任一种。其原理都是通过测量产生甲烷的液体置换系统来测量甲烷产量。根据产气量的多少，可以使用较小的不带搅拌器的血清瓶作为反应器［见图2-1和图2-3（a）］，也可采用容积为2～10L的带搅拌器的反应槽及其相连接的Mariotte瓶，甲烷通过置换Mariotte瓶中的碱液量加以测定（见图2-2）。另外，对于产气量较大的实验，还可采用气体流量计计量产气量［见图2-3（b）］。消化器一般可以配有搅拌器，每隔3～15min搅拌几秒。

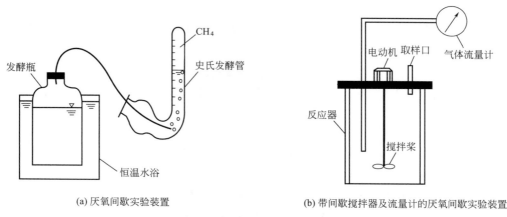

(a) 厌氧间歇实验装置　　　　　　　(b) 带间歇搅拌器及流量计的厌氧间歇实验装置

图2-3　厌氧间歇实验装置和间歇搅拌实验装置

在反应器内加入适量VFA基质后，根据上述原则加入有宏量营养物和微量元素的母液、硫化钠母液和酵母提取物等，并补加水到预定体积。向上述混合物中通入氮气3min以除去部分溶解氧，然后按图2-3的方式将反应器与液体置换系统相连接。逐日记录产气量（以量筒中的碱液体积代表所产甲烷体积），直到底物VFA的80％已被利用。然后开始第二次投加水样，逐日记录每日产气量直到80％的底物已被利用。

第一次投加水样的目的在于使污泥适应这种底物，因此第一次投加水样时污泥的活性总是较低。一般第二次投加水样后的结果可作为正式测定的结果。

一般在实验开始后立即会有一些气体产生（见图2-4曲线上1点），这是反应器加热的结果。也可能会有一个滞后阶段（见图2-4曲线上2点），这一阶段可能没有沼气产生。滞

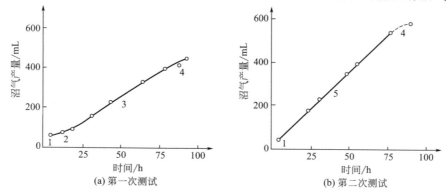

(a) 第一次测试　　　　　　　　　(b) 第二次测试

图2-4　在间歇实验中获得的沼气或甲烷产量曲线

后阶段可能会持续几天。最大的甲烷或沼气产生速率可以通过计算曲线部分（见图 2-4 曲线上 3 点所在区间）的斜率而获得。当基质即将消耗完毕时，甲烷产生速率开始降低（见图 2-4 曲线上 4 点）。再采用相同污泥进行第二次测试，甲烷产生速率会增加 30% 以上（见图 2-4 曲线上 5 点）。一般采用第二次结果作为污泥活性数据。

（3）实验结果分析

产甲烷活性应根据第二次投加水样后所得到的曲线进行计算。在曲线中有一个最大活性区间，污泥的产甲烷活性是这一区间的平均斜率 R（见图 2-5），其单位为 mL CH$_4$/h。另外，最大活性区间应当至少覆盖已利用底物 VFA 的 50%。

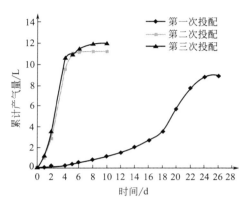

图 2-5　污泥活性实验测定结果

根据最大活性区间的平均斜率 R 即可计算出污泥的比产甲烷活性（ACT），其结果以单位 g CH$_4$-COD/(g VSS·d) 计。计算如下：

$$\text{ACT} = \frac{24R}{FV \cdot [\text{VSS}]}$$

式中，F 为含饱和水蒸气的甲烷每毫升转换为以 g 为单位的 COD 的转换系数；V 为反应器中液体的体积，L；$[\text{VSS}]$ 为反应器中污泥的浓度，g/L。

（4）污泥活性实验的应用

间歇活性实验可用来评价厌氧活性污泥中产甲烷菌对乙酸的亲和力和最大比生长速率。采用不同的基质，还可以同时测定硫酸盐还原菌（SRB）对硫酸盐的亲和力。细菌生长速率和基质降解速率按下式计算：

$$\frac{\text{d}X}{\text{d}t} = \mu X - K_d X \tag{2-1}$$

$$\frac{\text{d}S}{\text{d}t} = -\frac{1}{Y}\mu X \tag{2-2}$$

式中，X 为生物质浓度，g VSS/L；μ 为比生长速率，d^{-1}；K_d 为分解速率常数，d^{-1}；S 为基质浓度，g/L；Y 为产量系数，g VSS/g 基质。

同时含有产甲烷菌和硫酸盐还原菌时，Monod 方程成立：

$$\mu = \mu_{\max}\frac{S}{K_s + S} \times \frac{[\text{SO}_4^{2-}]}{[\text{SO}_4^{2-}] + K_{\text{SO}_4^{2-}}} \tag{2-3}$$

式中，$\mu_{\max}$ 为最大比生长速率，d^{-1}；K_s 为基质亲和力，g/L；$K_{\text{SO}_4^{2-}}$ 为硫酸盐亲和力，g/L；$[\text{SO}_4^{2-}]$ 为硫酸盐浓度，g/L。

对嗜乙酸 SRB，在高乙酸（$S \gg K_s$）和高硫酸盐（$[\text{SO}_4^{2-}] \gg K_{\text{SO}_4^{2-}}$）情况下，式（2-1）和式（2-2）可写成

$$\frac{\text{d}X}{\text{d}t} = \mu_n X \tag{2-4}$$

$$\frac{\text{d}S}{\text{d}t} = -\frac{1}{Y}\mu_{\max} X \tag{2-5}$$

式中，$\mu_n = \mu_{\max} - K_d$，为净生长速率，d^{-1}。

由式（2-4）和式（2-5）得

$$S = S_o + \frac{v_a}{\mu_n}(1 - e^{\mu_n t}) \tag{2-6}$$

式中，$v_a = \mu_{\max} X_o / Y$，为间歇实验中起始基质降解速率，$g/(L \cdot d)$；S_o 为 $t = 0$ 时的基质浓度。

在式（2-6）中，μ_n 和 v_a 是仅有的未知参数，二者可从间歇实验中发生的乙酸降解过程来计算。可采用回归方法确定这些值。定义函数 Z 为：

$$Z = \sum_{i=1}^{n} \left[\frac{u(t_i) - f(t_i, y_i)}{f(t_i, y_i)} \right]^2 \tag{2-7}$$

式中，$u(t_i)$ 为测得的基质浓度；$f(t_i, y_i)$ 为按式（2-6）计算的基质浓度；t_i 为时间；y_i 为最小二乘回归的变量。

式（2-7）中的参数可采用估值方法确定。在相对低的基质浓度和相对高的生物质浓度条件下，确定基质亲和力参数。

对于 SRB 也采用较高的 SO_4^{2-} 浓度（$[SO_4^{2-}] \gg K_{SO_4^{2-}}$）。由于生物质浓度较高，实验进行 6～8h，生物增长可忽略，即 $dX/dt = 0$，由式（2-1）和式（2-3）得

$$K_s \ln\left(\frac{S}{S_o}\right) + S - S_o = -v_a t \tag{2-8}$$

对于硫酸盐亲和力的计算，采用低硫酸盐浓度和高乙酸盐浓度（$S \gg K_s$）条件来进行实验。实验过程中硫酸盐浓度的变化情况类似于式（2-8）。

$$K_{SO_4^{2-}} \ln\left(\frac{[SO_4^{2-}]}{[SO_4^{2-}]_o}\right) + [SO_4^{2-}] - [SO_4^{2-}]_o = -v_a t \tag{2-9}$$

式中，$[SO_4^{2-}]_o$ 为 $t = 0$ 时的硫酸盐浓度，g/L。

测定生长速率的估算方法也可用于估算亲和力，在此采用式（2-8）和式（2-9）。

2.1.3 厌氧生物可降解性的测定

（1）厌氧生物可降解性的定义

废水的厌氧生物可降解性是指废水 COD 中可被厌氧微生物降解的部分，记作 COD_B。COD_B 的意义类似于好氧的 BOD 测试。在 COD_B 的测定中，通过测定甲烷的产量和 VFA 的量（分别记作 COD_{CH_4} 和 COD_{VFA}），实验可以同时计算出可酸化的 COD 量（记作 COD_{acid}，$COD_{acid} = COD_{CH_4} + COD_{VFA}$），进一步，可计算出甲烷转化率（$M\%$）、酸化率（$A\%$）等各种废水特性参数。其中：

$$COD_{CH_4} = \frac{[CH_4] \times 1000}{FV}$$

$$M\% = \frac{COD_{CH_4}}{COD_t} \times 100\%$$

$$A\% = \frac{COD_{acid}}{COD_t} \times 100\% \quad （当原进水中 VFA 足够低时采用）$$

式中，$[CH_4]$ 为在测定终点得到的累积甲烷产量，mL；F 为甲烷体积（mL）转换为以 g COD 计时的换算系数；V 为反应器中液体的有效体积，L。

废水的厌氧生物可降解性 COD_B 计算如下：

$$COD_B = R\% + \frac{COD_{VFA}}{COD_t} \times 100\% \tag{2-10}$$

式中，COD_t 为初始总 COD；$R\%$ 为 COD 去除率。

（2）厌氧静态实验

厌氧静态实验可采用间歇实验装置或间歇搅拌实验装置（见图 2-3）进行。采用密闭容器，配有集气装置和取样孔。实验开始后，定期人工搅拌或间歇启动搅拌电动机，使泥、水充分混合，有机物发生降解反应。定期沉淀，取样，测定其中的 VFA、COD_t、pH。

下面介绍对化工 PTA 废水采用间歇实验进行可生物降解性研究的实例。实验采用广口瓶（500mL）作为发酵瓶；气体采用史氏发酵管排水集气法收集，并用 6mol/L NaOH 碱液进行预吸收以除去 CO_2 和 H_2S 等 [见图 2-3（a）]。反应温度为中温 35℃ 左右；污泥浓度为 15g VSS/L；pH 维持在 7.0 左右。

血清瓶（或反应器）置于恒温柜中恒温 5min 后，温度基本达到规定值。摇动血清瓶（或反应器）进行放气，以释放出因温度上升而膨胀了的多余气体。之后，立即开始记录时间，每隔一定时间记录一次产气量，并进行累计。以累计产气量-时间作出曲线。

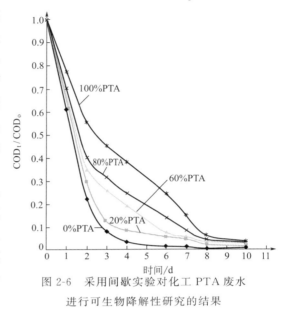

图 2-6　采用间歇实验对化工 PTA 废水
进行可生物降解性研究的结果

不同含量的 PTA（以 PTA 组分 COD 占 PTA 废水总 COD 的比值计，范围为 0～100%）对厌氧生物可降解性的影响见图 2-6。从图 2-6 可以看出，随着废水中 PTA 组分含量的增大，COD 的降解逐渐变得缓慢。在 PTA 含量为 60%～100% 范围内，COD 降解速率趋于一致，说明这一浓度范围的 PTA 对厌氧微生物的抑制强度大体相同。

2.2　厌氧回流实验方法

2.2.1　回流实验方法

（1）实验装置

厌氧连续回流实验系统（回流实验）由荷兰 Wageningen 农业大学环境技术系开发，主要用来解决传统的间歇搅拌消化实验系统无法模拟颗粒污泥反应器实际运行情况的问题。Sayed、Man 等和 van der Last 等分别从实验中发现传统的间歇厌氧消化实验的搅拌可能造成颗粒污泥被破坏，而回流实验可模拟 UASB 和 EGSB 反应器的实际运行状态。最初的回流实验装置采用如图 2-7 所示的厌氧反应系统，包括一个 1.2L 的反应器和一个 6.0L 的密闭容器（工作容积为 5.0L）。

反应器内装有取自实际 UASB 反应器的颗粒污泥，按升流式污泥床反应器运行，启动循环泵，将密闭容器中的原污水连续地、以一定上升流速泵入反应柱，出水回流进入密闭容器内。实验期间可根据不同的实验目的定时取样，以监测污水中不同有机物组分的变化和产

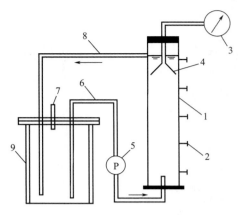

图 2-7　厌氧连续回流实验装置

1—反应器；2，7—取样口；3—气体流量计；

4—三相分离器；5—蠕动泵；6—回流管；

8—反应器出水；9—密闭容器

气量，从而获得不同组分有机物的降解速率和最大可能去除潜力的评价。在每次实验完成后，将反应柱内污泥装回实际的 UASB 反应器以重新适应污水。

由于回流实验在反应器中没有设置机械搅拌装置，因此，与传统的间歇搅拌消化实验相比，采用这种回流实验具有以下优点：

① 可以模拟实际生产状态下 UASB 和 EGSB 反应器的运行状态；

② 实验条件与实际生产条件很接近，对污泥的搅动小，没有颗粒污泥的破损；

③ 废水与污泥的接触良好，可以直接分析反应液中有机污染物的变化规律；

④ 可获得对废水中各种组分去除程度和速率的信息；

⑤ 可以给出基质降解的最大程度和降解速率以及所涉及的基质去除机理等信息。

（2）回流实验的接触时间及其相关定义

在回流实验中，对废水与污泥的接触时间（CT）定义如下：

$$接触时间 = \frac{消化柱反应体积}{实验废水的总体积} \times 回流实验时间$$

实验中需要了解溶解性组分、胶体、超胶体和可沉的 COD 的去除率规律，根据工程上可以采用的简单分离方法，化学家和工程师对于 COD 组分的定义是不完全相同的。

① 溶解性组分（通过 $0.45\mu m$ 滤膜）；

② 胶体（通过 $0.45 \sim 4.4\mu m$ 滤纸）；

③ 超胶体（$4.4 \sim 100\mu m$）；

④ 可沉的 COD（$>100\mu m$ 沉淀 4h）。

应该认识到，在工程的定义中，滤纸过滤的组分包括了部分不可沉淀的超胶体组分。根据上述定义，定义了一系列以 COD 计算的效率。

① 以甲烷化组分计算的效率 $F_M = \dfrac{M}{T_0} \times 100\%$；

② 以酸化组分计算的效率 $F_A = \dfrac{M + f_A}{T_0} \times 100\%$；

③ 以液化组分计算的效率 $F_{NAS} = \dfrac{M + f_A + f_{NAS}}{T_0} \times 100\%$；

④ 以胶体组分计算的效率 $F_C = \dfrac{C}{T_0} \times 100\%$；

⑤ 以保留组分计算的效率 $F_R = 1 - \dfrac{M + T_t}{T_0} \times 100\%$

式中，M 为以甲烷形式去除的 COD，g/L，1L 甲烷在 30℃ 和 720mmHg 条件下等于 2.485g CH_4-COD（在 20℃ 和 720mmHg 条件下为 2.620g CH_4-COD）；f_A 为液相中 VFA 对应的 COD 值，g/L；f_{NAS} 为液相中非酸化的溶解性组分的 COD 值，g/L；C 为液相中胶

体组分的 COD 值，g/L；T_0 和 T_t 为废水在时间 $t=0$ 和 $t=t$ 时的总 COD 值，g/L。

2.2.2 回流实验的影响因素

到目前为止，不同研究者仅根据各自的研究目的采用了回流实验的方法，而没有对回流实验条件进行过系统的研究。笔者曾对回流装置容积以及搅拌实验与回流实验进行了对比研究，对回流实验中的上升流速、容器大小、实验时间等主要运行条件进行了实验分析。

（1）厌氧间歇搅拌实验与厌氧回流实验的对比

为初步评价厌氧回流实验与传统厌氧间歇搅拌实验的差别，笔者选用土霉素废水进行了对比实验，进水浓度为 3000mg/L，降解过程中 COD 的变化曲线见图 2-8。

通过实验结果对比可以看出，两种废水在较短时间内去除曲线相差不大，甚至趋于重合，24h 均能达到 40% 的去除率。但从整个过程来看，尤其是进行 1d 以后，二者存在着较大的差异：回流实验的 COD 去除率超过 70%，而搅拌实验只是在 55% 左右。分析原因，可能是在搅拌实验中，搅拌破坏了污泥絮体结构，从而使测得的 COD 较高。同时，实验结果也说明回流实验的条件创造了接近于厌氧反应器的状态，具有降解、吸附、截留的协同作用，有利于厌氧污泥菌降解有机物。

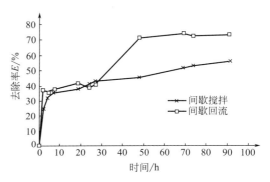

图 2-8　对土霉素废水采用间歇
搅拌和回流实验的对比

（2）上升流速的影响

笔者对城市污水采用 UASB（$v=1.0$m/h）和 EGSB（$v=6.0$m/h）两种不同运行状态进行了回流实验，回流反应时间均为 6d（144h）。实验结果表明，对总 COD（COD_t）和溶解性 COD（COD_d）的去除，两种运行状态的最终结果没有显著的差别，只是 EGSB 系统对 COD_d 的去除率（61%）稍高于 UASB 系统（57%）；但对悬浮性 COD（COD_s）和胶体性 COD（COD_c）组分来说，UASB 系统具有较高的去除率（见表 2-4）。分析认为，在 EGSB 反应器中，COD_s 和 COD_c 去除率低是因上升流速较高造成流失所致。以 UASB 运行方式为例，不同成分 COD 的降解曲线见图 2-9。

表 2-4　经水解、酸化等处理城市污水的回流实验结果（$T=20℃$）

运行方式	时间/h	COD($t=0$)/(mg/L)	E_t/%	E_c/%	E_s/%	E_d/%
UASB（$v=1.0$m/h）	144	502	74.1	80.2	96.1	56.8
EGSB（$v=6.0$m/h）	144	502	71.1	63.1	92.3	61.0

注：E_t 表示 COD_t 的去除率；E_c 表示 COD_c 的去除率；E_s 表示 COD_s 的去除率；E_d 表示 COD_d 的去除率。

在前几小时内，除 COD_c 外，其他所有组分 COD 的降解均十分迅速。例如，COD_t 和 COD_d 在 2.5h 内的去除率分别为 50% 和 44%，占总去除率（144h 内）的 70% 以上。这一方面说明经过厌氧水解预处理的城市污水易于生物降解，另一方面也表明回流实验的反应时

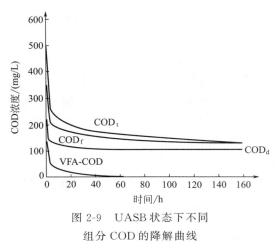

图 2-9 UASB 状态下不同
组分 COD 的降解曲线

间可大大缩短。

（3）短期回流实验设置（容器大小和实验时间的影响）

采用 6～7d 的间歇回流实验，时间仍然偏长。从前面的讨论可知，污水在最初几小时后降解非常迅速。从接触时间（CT）的定义可知，将回流实验时间从 7d 缩短为 1d，接触时间可从 29h 缩短为 4h，时间改变较大。事实上，如采用容积为 1L 的反应器代替容积为 5L 的反应器作为反应液容器，同样缩短回流时间为 1d，根据回流实验接触时间的定义，可计算出接触时间为 24h，接触时间变化并

不大。

从图 2-10 可以得出，回流实验采用 1d 回流时间，在最初的 2～3h 内，UASB 反应器（$v=1.0$m/h）对 COD$_t$ 和 COD$_d$ 的去除率分别占整个实验总去除率的 98% 和 90%，而 EGSB 反应器（$v=6.0$m/h）对 COD$_t$ 和 COD$_d$ 的去除率分别占整个实验总去除率的 94% 和 80%。与回流时间为 6d 的回流实验相比，24h 实验的 COD$_t$ 和 COD$_d$ 的去除率分别为 6d 实验的 70%～80% 和 70%～90%。这表明回流实验采用 1d 的回流时间是可行的。

（4）温度的影响

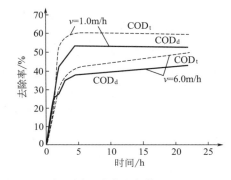

图 2-10　在不同上升流速条件下，经 24h 回流
实验，不同组分 COD 的去除率变化曲线

Man 等用稀释的酒糟溶液开展厌氧回流实验，结果见表 2-5。从表 2-5 可以看出，虽然低温（8℃）条件的污泥活性较低，但只要回流实验时间控制适当，最终的 COD 去除率差异较小。

表 2-5　酒糟废水的回流实验结果

可溶性基质浓度($t=0$) /(mg COD/L)	温度/℃	出水浓度($t=100$h) /(mg COD/L)	去除率 /%	计算的污泥活性[①] /[g COD/(g VSS·d)]
2069	8	515	75	0.050
1861	20	390	84	0.090

① 在 $t=0$～20h 间测定所得的最高污泥活性。

2.3　屠宰废水的回流实验

Sayed 等曾采用絮状污泥和颗粒污泥 UASB 反应器对屠宰废水进行了大量实验，发现在高负荷下，过滤可去除的有机物转化为甲烷的效率遭到显著破坏，所以在开始阶段采用厌氧手段处理屠宰废水并没有取得成功。这使他们对屠宰废水中各种组分在厌氧条件下的去除规律进行了详细研究，实验采用的间歇回流装置见图 2-11。

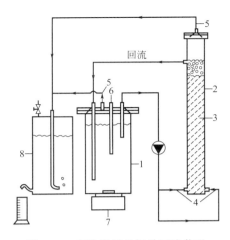

图 2-11　实验采用的间歇回流装置

1—储水罐；2—反应器；3—颗粒污泥；4—进水；5—出气；6—取样；7—磁力搅拌器；8—排水取气

　　Sayed 等将屠宰废水按表 2-6 所示的步骤分离为粗大悬浮固体、胶体和溶解性组分三类，以进行有针对性的研究。

表 2-6　分离废水不同组分的简要步骤

废水组分特性	分离步骤	去除废水粗径
原污水 ↓	筛子筛除	
原污水＝粗大悬浮固体＋胶体＋溶解性组分 ↓	滤纸过滤	1mm～7.4μm （粗大悬浮固体）
纸滤废水＝胶体＋溶解性组分 ↓	膜过滤	7.4～0.45μm （胶体）
膜滤废水＝溶解性组分		

注：纸滤废水为采用滤纸过滤后得到的废水；膜滤废水为采用 $0.45\mu m$ 膜过滤后得到的废水。

（1）采用膜滤废水进行回流实验

　　采用膜滤废水（即废水中的溶解性组分）经过 20h 接触时间后，两个平行回流实验（B和 C）的结果列于表 2-7。其中实验 C 的详细结果如图 2-12 所示。

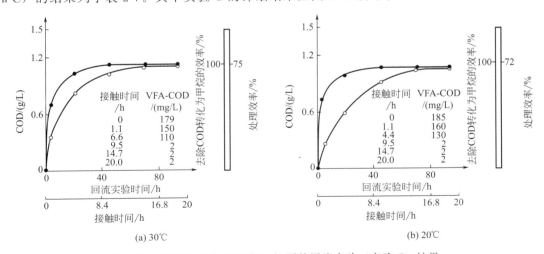

(a) 30℃　　　　　　　　　　(b) 20℃

图 2-12　膜滤废水在 30℃ 和 20℃ 下的回流实验（实验 C）结果

● 去除 COD；○ 转化为甲烷的 COD（$COD_{t=0}=1.50g/L$）

表 2-7　经过 20h 接触时间回流实验 B 和 C 的结果

序号		实验号	接触时间/h	初始 COD 浓度/(g/L)	COD 去除率/%	COD 转化为甲烷的比例/%
30℃	B	1	20.2	1.42	74	74
	C	2	20.2	1.50	75	75
20℃	B	1	20.2	1.42	70	70
	C	2	20.2	1.50	72	72

图 2-12 左边数轴代表废水中溶解性 COD 的浓度，右边条形的百分数代表去除的 COD 转化为甲烷 COD 的效率和 COD 去除率。在 30℃ 条件下，采用回流实验步骤测定污泥活性（实验 A 和 D），实验前后污泥的比产甲烷活性数据见表 2-8。主要为溶解性组分废水没有发现甲烷活性的损失，而且对甲烷活性有促进效应。

采用膜滤废水的回流实验结果表明，经过 20h 的接触时间，在 30℃ 条件下 COD 去除率（74%～75%）稍高于 20℃（70%～72%）。在两个温度下经过 20h 的接触时间，去除的 COD 完全转化为甲烷 COD。去除的 COD 和转化成的甲烷 COD 在两种条件下几乎相等。

表 2-8　采用混合 VFA 在回流实验装置下测定的比产甲烷活性（实验 A 和 D）

温度/℃	比产甲烷活性/[kg CH₄-COD/(kg VSS·d)]	
	实验前	实验后
30	0.30	0.60
20	0.20	0.38

（2）采用纸滤废水进行回流实验

图 2-13 总结了采用纸滤废水（即废水中的溶解性组分＋胶体）进行回流实验的结果。接触时间为 20h，实验终止时，有部分 COD 没有转化成甲烷。在 30℃ 下，COD 去除率达 86%，进水 COD 只有 61% 转化成甲烷，其对应的 COD 去除率为 71%，其余 29% 的 COD 以不同方式被去除；在 20℃ 下，39% 的去除 COD 不能转化为甲烷 COD。

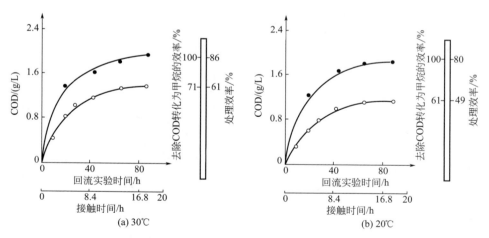

图 2-13　纸滤废水在 30℃ 和 20℃ 下的回流实验（实验 G）结果
● 去除 COD；○ 转化为甲烷的 COD（COD$_{t=0}$=2.23g/L）

关于废水中各种组分的降解过程的信息在图 2-14 中给出。

采用纸滤废水的回流实验结果表明，COD$_f$、COD$_m$ 去除率和计算 COD$_f$ 转化百分数以及去除 COD 转化为甲烷 COD 均在相当窄的范围内。污水中 COD 经 20h 接触时间，在 30℃

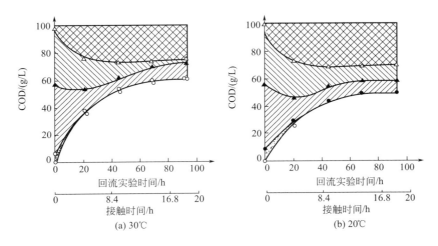

(a) 30℃   (b) 20℃

图 2-14   30℃和 20℃下实验 G 中各种组分与接触时间的变化

$\square$ F_M；▦ F_A；▨ F_{NAS}；▧ F_C；▩ F_R

下 54%～61%（平均为 58%）的去除 COD 转化为甲烷 COD；而在 20℃下相应的数值为56%。很明显，相当数量的去除 COD 是以吸附、沉淀和/或絮凝机理等形式被去除的。由于去除的溶解性 COD 在 14h 接触时间后完全转化成甲烷 COD，因此采用纸滤废水 COD 转化的差别，明显是因废水中胶体组分的转化差所造成的。

（3）采用原污水进行回流实验

图 2-15 是采用原污水在 30℃和 20℃条件下进行回流实验的结果。图示结果表明，原污水在 30℃下的去除率（92%）大大高于其在 20℃下的去除率（73%）；在 30℃和 20℃下，被去除的基质仅有 73%和 70%被分别转化为甲烷。

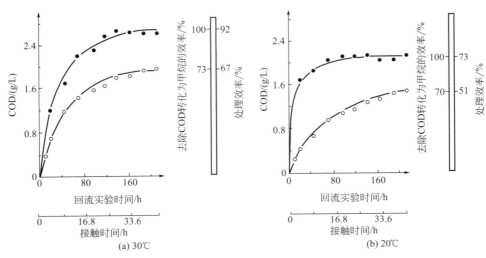

(a) 30℃   (b) 20℃

图 2-15   原污水在 30℃和 20℃下的回流实验（实验 M）结果

● 去除 COD；○ 转化为甲烷的 COD（$COD_{t=0}=2.87g/L$）

表 2-9 汇总了采用传统的间歇降解实验对废水中粗大悬浮固体组分经过 260h 消化的实验结果。在所有这些实验中对 COD_m 和 COD_c 未作区分，由于仅分析了滤纸过滤 COD，因此仅能够区分 4 种 COD 组分。

表 2-9　采用颗粒污泥和污水消化污泥对屠宰废水中粗大悬浮
固体组分（基质）进行传统间歇降解实验的结果

污泥类型	实验号	实验温度 /℃	消化时间 /h	污泥负荷 /(g COD$_{SS}$/g VSS)	转换为甲烷的效率 /%
颗粒污泥	P	30	260	0.5	43
	Q	30	260	0.5	40
	R	30	260	0.5	50
颗粒污泥	U	20	260	0.5	45
	V	20	260	1.0	40
污水消化污泥	Q2	30	260	0.3	50
	Q3	30	260	0.5	47
	Q4	30	260	1.0	41

另外，表 2-10 的数据给出了各种实验中粗大不溶性物质组分的降解信息。在屠宰废水中，粗大悬浮固体（COD$_s$）和胶体（COD$_c$）的液化遵循同一方式。表 2-10 的结果表明，蛋白质组分的降解十分有效，且显著高于油脂组分。Breure 等（1986）用颗粒污泥接种的 UASB 反应器处理蛋白质溶液的结果表明，在 30℃下蛋白质与易水解的碳水化合物一样容易降解。

表 2-10　在 30℃下进行粗大悬浮性固体组分降解实验（实验 P、Q 和 R）的结果

参　　数	原 SS	原 SS 以%COD 计	消化 SS	消化 SS 以%COD 计	降解百分数/%
灰分/%	18.3	—	—	—	—
COD$_t$/(g/g VSS)	1.63	100	0.81	100	50.0
油脂/(g 油脂-COD/g VSS)	1.10	67.5	0.60	74.1	45.5
蛋白质/(g 蛋白质-COD/g VSS)	0.30	18.4	0.04	4.9	86.7
其他/(g COD/g VSS)	0.23	14.1	0.17	21.0	26.1

注：1g 油脂等于 2.91g COD（Krol 等，1977）；1g 蛋白质等于 1.15g COD（Burgard 等，1980）。

表 2-10 所示的 30℃时油脂的最大降解百分数与 Heukelekian 和 Mueller 报道的在 30～35℃下城市污水污泥中油脂的降解速率相类似。据 Neave 和 Buswell 报道，污水中的油脂在 25～30℃下最大的厌氧降解程度为 40%～49%。O'Rourke 也报道在 15～25℃下城市污水污泥中油脂组分的厌氧降解程度较低。

由上述回流实验可知，在 30℃下，废水中溶解性组分（膜滤废水）对甲烷化的贡献率为 0.25×75%＝18.75%，而胶体和溶解性组分总和（纸滤废水）的贡献率为 0.50×58%＝29%。因此，胶体组分单独的贡献率为 29%－18.75%＝10.25%。悬浮性 COD 吸附实验结果表明，在 30℃下，颗粒污泥粗大悬浮固体大约有 50%转化为甲烷 COD，因此在废水中粗大悬浮固体组分转化为甲烷 COD 的量是 22.5%。由此估计，废水总 COD 转化为甲烷 COD 的平均百分数为 18.75%＋10.25%＋22.5%＝51.5%。

采用原污水（与分离的废水组分一样）进行回流实验，经 20h 接触时间后，在 30℃下的转化百分数为 57%。对 20℃下的实验采用同样的计算方法，基于不同废水组分贡献的平均转化率为 44.3%，而采用原污水实验在 20h 接触时间后发生的转化率为 40%。

在各种组分废水的实验中，液相中残存的非酸化溶解性 COD 几乎相等。因此可得出结论：剩余的溶解性 COD 是厌氧不可降解的 COD，在 30℃下是 29%，在 20℃下是 39%。

表 2-11 显示处理纸滤废水的污泥比产甲烷活性有所损失，这主要归因于吸附于污泥表面的胶体物质浓度高，且这种废水的油脂组分含量高。这些物质的吸附导致包围颗粒污泥的

一层膜变厚且可能变得密实，因而增大了向处于核心的细菌供给基质的阻力，最终导致颗粒污泥中产甲烷菌被彻底破坏。

表 2-11　纸滤废水回流实验的污泥比产甲烷活性

温度/℃	污泥比产甲烷活性/[kg CH₄-COD/(kg VSS·d)]		
	实验前	实验中	实验后
30	0.30	0.26	0.25
20	0.20	0.17	0.15

2.4　城市污水的回流实验

2.4.1　厌氧系统的最大去除能力和特定污染物去除能力

厌氧回流这一实验方法为评价厌氧处理系统的最高去除率提供了机会（见图 2-16）。在回流实验持续 6d 后，溶液中的 COD 仍保持在一定水平。这表明污水中的这部分 COD 在厌氧状态下是无法去除的，这就体现了厌氧可生物降解性和应用厌氧反应器处理城市污水的最大去除能力。在反应 6d 后，出水 COD 距排放标准仍然有一定的差距，体现了好氧后处理的必要性。

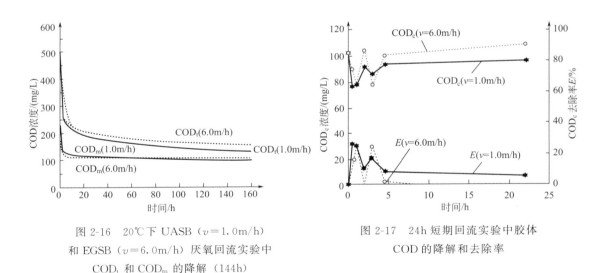

图 2-16　20℃下 UASB（$v=1.0$m/h）
和 EGSB（$v=6.0$m/h）厌氧回流实验中
COD_t 和 COD_m 的降解（144h）

图 2-17　24h 短期回流实验中胶体
COD 的降解和去除率

虽然在 UASB 和 EGSB 运行条件下胶体（COD_c）最终可以得到降解，去除率分别为 63% 和 80%（见图 2-16 和图 2-17），但 COD_c 不像其他 COD 组分，其在 UASB 或 EGSB 反应器中 24h 内的降解较差，去除率仅为 32% 和 23%。

从短期回流实验（见图 2-17）中发现，COD_c 的去除规律与长时间（6d）实验的规律截然相反，即在 24h 内 COD_c 没有去除。COD_c 去除率差的原因很容易理解。事实上，由于产甲烷菌只能利用简单的有机物，胶体物只有经过水解菌和产酸菌作用后的产物——有机酸才能被产甲烷菌所利用，而颗粒污泥主要由产甲烷菌组成，缺乏水解菌和产酸菌（或缺乏必要的接触时间），因此，颗粒污泥对颗粒性 COD 及 COD_c 的降解能力很差。这也可能是 UASB 反应器或 EGSB 反应器的一个缺点。

Yodo 等曾报道进水中的胶体物质有 60%～70% 经处理后仍保留在厌氧流化床出水中。

Bruce 等报道在厌氧反应器中胶体物质很难被完全水解；在回流实验中发现溶解性 COD 的去除完全归因于 VFA 的去除，而非 VFA 溶解性组分在 EGSB 反应器中保持一定水平值；胶体物质（而不是悬浮性固体）是 EGSB 反应器的限速物质。因此，通过回流实验得出结论：对城市污水的厌氧处理，应该开发针对胶体物质去除的后处理工艺。

2.4.2 EGSB 和 UASB 运行模式的对比

一般而言，实际的 UASB（或 EGSB）反应器在较高的上升流速（6～12m/h）下运行时溶解性 COD 去除率和产气率较高，这主要归功于污水与污泥充分接触。但是，高的上升流速会引起悬浮性和胶体性 COD 的增加，从而导致总 COD 去除率的降低。当上升流速降低后，处理效果明显改善（见表 2-12）。显然，出水悬浮性和胶体性 COD 的增加是由颗粒污泥磨损所造成的。

表 2-13 给出了不同循环回流时间和上升流速的回流实验与实际 120L UASB 或 EGSB 反应器结果的对比值。可以看出，24h 回流实验的去除率显著低于 6d 回流实验的去除率，但与实际的 UASB 或 EGSB 反应器的效率相接近。这表明回流实验如采用不同的反应时间，可以达到不同的实验目的。具体来讲，24h 回流实验适宜用来评价实际生产性装置的效果，而 6d 回流实验可以用来评价污水厌氧可降解潜力。

表 2-12 UASB 或 EGSB 反应器在不同上升流速、水力停留时间（负荷）和温度下的实验结果

v/(m/h)	HRT /h	T /℃	OLR /[kg/(m³·d)]	不同组分 COD 的去除率				
				E_t/%	E_f/%	E_m/%	E_c/%	E_s/%
12	4.0	20	2.4	37.3	54.5	59.8	12.4	9.0
6	2.0	20	5.0	45.1	58.9	50.2	19.2	59.4
12	2.0	20	5.0	49.2	59.3	59.7	19.8	57.1
6	2.0	12	3.7	30.7	39.8	35.4	4.7	25.4

注：OLR 为 COD 容积负荷。

表 2-13 回流实验与实际 UASB 或 EGSB 反应器的结果对比（$T=20℃$）

上升流速/(m/h)	COD/(mg/L)	E_t/%	E_c/%	E_s/%	E_m/%	备注
1.0	502($t=144$h)	74.1	80.2	96.1	56.8	原污水
1.0	450($t=24$h)	53.0	5.9	91.9	59.2	水解出水
1.0	410	49.2	19.8	57.1	59.7	120L UASB
6.0	502($t=144$h)	71.1	63.1	92.3	61.0	原污水
6.0	450($t=24$h)	42.0	−5.8	83.8	49.6	水解出水
6.0	402	45.0	4.7	59.4	50.2	120L EGSB

2.5 抗生素类制药废水的厌氧生物可降解性实验

2.5.1 毒性对产甲烷活性的抑制程度

（1）毒性抑制实验的原理

对产甲烷活性毒性抑制程度的测定（以下简称"产甲烷毒性的测定"或"毒性测定"），是通过确定毒性物质或有毒废水在一定浓度下，使产甲烷菌的产甲烷活性下降的程度来确定的。产甲烷毒性的测定可为含有毒物质废水的厌氧可处理性以及厌氧处理工艺的选择提供重

要依据。产甲烷毒性的测定实验方法采用与产甲烷活性测定完全相同的反应器和液体置换系统，对比实验测定方法和试样溶液中 VFA 浓度、营养物、微量元素、接种量及其他测定条件也与产甲烷活性的测定完全相同。毒性测定根据毒性物质或有毒废水的性质分为以下两种情况。

① 毒性物质不能作为基质被微生物所利用。

② 毒性物质本身或被测的有毒废水可以被微生物作为基质利用。

通过毒性抑制实验，可以了解某种毒性物质可能对厌氧微生物产生的抑制程度或毒害作用。另外，还可根据对受抑制污泥的进一步实验，判断污泥产甲烷活性恢复的程度，从而可以确定有毒物质产生抑制作用的机理，判断毒性物质是代谢毒素、生物毒素还是杀菌性毒素。同时，连续向污泥投加含有毒物的培养液，观察污泥产甲烷活力的变化，可以判断出污泥能否被有毒物质（或废水）驯化，并判断这种驯化是属于代谢驯化、生理驯化还是种群驯化。

应当注意的是，带有有毒物质的试样中，污泥活性往往有一个停滞期，因此其最大活性可能滞后于对比实验。根据最大活性区间曲线的平均斜率求出对比试验和试样的产甲烷活性，依此求出各种毒物浓度下污泥的产甲烷活性与对比实验中污泥活性的比值，即

$$ACT = \frac{ACT_T}{ACT_C} \times 100\%$$

式中，ACT 为试样中污泥的产甲烷活性占对比试验中污泥产甲烷活性的百分数，%；ACT_T 为试验中污泥的产甲烷活性；ACT_C 为对比实验（空白实验）中污泥的产甲烷活性。

毒性可用某种浓度下使污泥产甲烷活性下降的百分率（即 INHIB）来表示：

$$INHIB = 100\% - ACT$$

一般以使污泥产甲烷活性下降 50% 时的有毒物（或有毒废水）的浓度作为毒性水平的表示指标，称为 50% 抑制浓度（50%IC）。为求得某毒性物质或有毒废水的 50% 抑制浓度，需要绘制出 ACT-毒性物浓度曲线。50% 抑制浓度即是直线 ACT=50% 与此曲线交点处的浓度。

（2）活性恢复实验

在毒性实验中，污泥充分"暴露"于有毒环境，实验结束后，将试样和对比反应器静置，去除上清液，以少许清水置换掉残余的发酵液，然后加入与第一次投加底物时的对比试验完全相同的无毒物质的 VFA 培养液，测量产甲烷活性，确定污泥活性恢复的程度。在恢复实验中，产甲烷活性的"活性区间"根据相应的空白试验的最大活性区间来确定。换言之，试样中污泥的活性区间与空白实验的最大活性区间必须一致。试样中污泥在恢复实验中的活性即是其活性曲线的平均斜率。

根据活性恢复实验中污泥的残余活性，可以分析出该毒性物质对产甲烷菌抑制作用的机理，即该有毒物是属于代谢毒素、生物毒素还是杀菌性毒素。

代谢毒素通过干涉代谢过程产生抑制作用，但它们并不引起细菌细胞的任何损害。因此，一旦毒素被除去后，细菌的活性即得到恢复。生物毒素具有引起细胞参与代谢的组织损伤或改变酶的性质（例如，引起细胞膜损伤或使胞内酶失活），从而对细胞的活性产生抑制，但它们不直接杀死细胞，在恢复实验继续测试中，细胞活性会有明显的恢复。杀菌性毒素则引起细胞的死亡。在这种情况下，毒性引起的活性下降在整个恢复实验中可能不会恢复，除非恢复实验时间很长从而有新的细胞增殖发生。

（3）毒性物质的驯化

为了解毒性物质能否对污泥产生驯化作用，可以在第一次投加毒性底物实验结束后继续投加同样的含有毒物质的培养液或有毒废水。如果试样中污泥的活性增强，说明污泥对该有毒物已产生了适应性，即污泥得到了驯化。

代谢驯化指微生物能够降解有毒的化合物，即其自身具有脱毒的能力。在这种情况下，

63

抑制只发生在有毒物质被降解或改性以前，一旦有毒物被降解或改性，抑制作用就会消失。生理驯化即指在有毒物存在的条件下，污泥中微生物种群的组成发生了改变，即对毒物没有抗性的细菌死亡或处于休眠状态，而有抗性的细菌逐渐形成优势的生长。这实质上是一个选择的过程。由于新种群的生长和大量增殖往往是缓慢的，因此这种驯化通常需要很长时间。

2.5.2 抗生素类制药废水的厌氧降解实验

（1）实验材料

抗生素类制药废水中由于含有大量难生物降解物质和有抑菌作用的抗生素，因此其生物可降解性差，污泥培养和驯化困难，需要时间长。王凯军等采用厌氧间歇实验、厌氧连续回流实验和厌氧毒性实验的方法，对抗生素类制药废水的生物可降解性和处理潜力进行了定性和定量分析。

厌氧污泥取自北京啤酒厂，每次实验完毕后将污泥放回 UASB 反应器中，以保证其活性。实验在中温（35℃）条件下进行，测定项目包括挥发酸（VFA）、总 COD（COD_t）、TSS、VSS、pH、产气量。

① 土霉素储备液的配制　准确称取土霉素标准粉样（含水率 2%，5800U/mg）若干克，作为实验用抑制物。在小烧杯中用稀盐酸溶解后转入 1L 容量瓶中，加入稀氢氧化钠调 pH 至中性后，加水定容为 1L。该溶液用作储备液，浓度为 10g/L。实验时根据要求量取一定体积的储备液进行稀释。

② 庆大霉素及强力霉素毒性废水的配制　由于实验中庆大霉素和强力霉素没有标准样，因此，庆大霉素和强力霉素两种药品的毒性实验使用实验所用的生产废水，以所取废水浓度作为其抑制浓度，配水采用原水稀释的方式进行。

（2）厌氧间歇实验

厌氧间歇实验使用 500mL 血清瓶（或反应器）作为发酵瓶，气体采用史氏发酵管排水集气法收集，并用 6mol/L NaOH 碱液吸收沼气中的 CO_2 和 H_2S 等。反应温度为中温 35℃ 左右；污泥浓度为 15g VSS/L；pH 维持在 7.0 左右。

庆大霉素废水、土霉素废水、强力霉素废水和葡萄糖溶液（扣除污泥空白样品量）的实验结果见图 2-18。由图 2-18 可见，三种废水在相同时间内累积产气量依次为：庆大霉素废水＞土霉素废水＞强力霉素废水。另外，从曲线中还可以看出，强力霉素废水的厌氧生物可降解性极差；单从产气方面来考虑，庆大霉素与土霉素废水的生物可降解性较为接近。

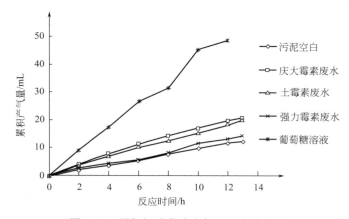

图 2-18　厌氧间歇实验产气对比实验结果

（3）厌氧连续回流实验

1）土霉素废水和庆大霉素废水

由图 2-19（a）可看出，当进水浓度为 1500～3500mg/L 时，土霉素废水在 10～20h 内，COD 就基本达到最大去除率；到 24h（接触时间为 12h）后，去除率最高达 82%；在随后的时间，去除率增加不明显。另外，进水浓度对去除效果有一定的影响。

如图 2-19（b）所示，在相同的时间范围内，对于庆大霉素废水而言，其 COD 去除的趋势与土霉素较为相似，只是庆大霉素废水在不同进水浓度条件下表现出的去除率没有太大的差异，说明厌氧污泥对该种废水的适应能力比较强。从图 2-19（b）可看出，庆大霉素废水在 24h 后的曲线趋势开始渐近水平，通过 24h 的实验结果表明，COD 的去除率最大达到75% 以上；以后随着反应时间的增加，COD 去除率的变化很小，增加 5%～10%。

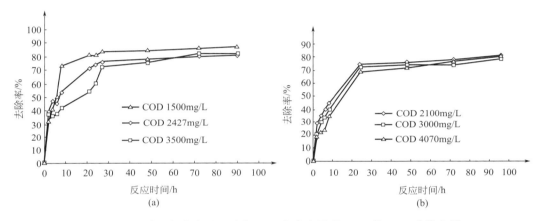

图 2-19 不同进水浓度下土霉素（a）和庆大霉素（b）的 COD 去除曲线

2）强力霉素废水

由图 2-20 可见，强力霉素废水的生物可降解性很差。在反应初期，去除率在10% 以下；反应进行 1d，COD 降解只达到30%。同时，强力毒素废水在两种进水浓度相差不大的情况下，去除率却有较大的差异：进水浓度在 1000mg/L 时 1d 去除率为 30% 左右；进水浓度在 1500mg/L 时 1d去除率为 12% 左右；两种浓度下 4d 后去除率的平均值约为 40%。实验表明，强力霉素废水在进水 COD 为 1000mg/L 时，就产生了强烈的抑制。

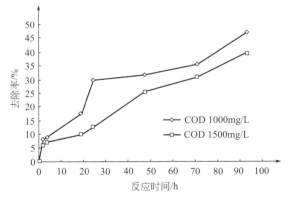

图 2-20 不同进水浓度下
强力霉素的 COD 去除曲线

（4）土霉素、庆大霉素和强力霉素废水的降解比较

三种抗生素废水的降解存在着一定的差异，图 2-21 是在回流实验中进水 COD 浓度均为3500mg/L 的庆大霉素、土霉素和强力霉素废水的 COD 降解去除曲线。由图 2-21 可见，三种废水在 24h 内 COD 去除率分别为 75%、61% 和 10%；实验后期，庆大霉素和土霉素的

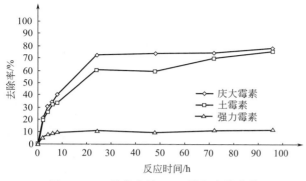

图 2-21 三种废水的 COD 降解去除曲线

COD 去除效果比较稳定，去除率均能达到 75% 左右，而强力霉素的 COD 去除率则一直在 10% 左右波动。可见，土霉素和庆大霉素废水的生物可降解性较为接近，远远高于强力霉素废水的生物可降解性。

从上面的实验结果可以得出结论：在相同的降解条件下，同种废水在不同进水浓度下表现出的去除效果存在着一定的差异。其原因在于水中存在的毒性物质的抑制影响。对于毒性的影响问题，需采用毒性实验进行研究。

2.5.3 抗生素类制药废水的厌氧毒性实验

（1）污泥活性及抑制浓度的测定

向三个 500mL 血清瓶中加去离子水至有效体积的 50% 左右，每个瓶中加入 0.2mL 营养液和微量元素的储备液，再加入一定量的 VFA 基质储备液，然后加入约 3.0g VSS/L 的厌氧污泥。实验开始前用 CO_2 和 N_2 混合气体吹脱瓶中空气后，置于 35℃ 恒温水浴。空白样品是以去离子水代替基质，其他操作与活性测定实验相同。血清瓶置于恒温水浴中温度基本达到规定值，释放出因温度上升而膨胀了的气体。每隔一定时间记录一次产气量，以累计产气量-时间作图，计算出比污泥活性，然后求出污泥活性及土霉素、庆大霉素和强力霉素对厌氧污泥的活性抑制率，进而确定出对上述废水的抑制浓度。

（2）实验结果

从实验结果（见图 2-22）可以看出，当土霉素进水 COD 浓度达到 800mg/L 时，土霉素的毒性抑制作用抑制率为 50%；当浓度为 2000mg/L 时，几乎没有产气，污泥活性受到完全抑制。

对庆大霉素废水而言，当进水 COD 浓度为 3500mg/L 时，抑制率为 32.9%；当进水 COD 浓度高达 5000mg/L 时，废水中毒抑制率为 50%；当进水 COD 浓度达到 6000mg/L 时，厌氧污泥的活性几乎全部被抑制，抑制率为 95.1%。

强力霉素废水对厌氧污泥的活性具有极强的抑制作用。当进水 COD 浓度为 300mg/L 时，就略呈现出抑制作用，活性抑制率为 30.8%；当进水 COD 浓度为 500mg/L 时，抑制率超过 50%；当进水 COD 浓度在 1000mg/L 左右时，几乎没有产气，表明厌氧污泥的活性已受到强力霉素废水的强烈抑制。

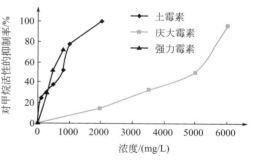

图 2-22 土霉素、庆大霉素和强力霉素浓度对甲烷活性的抑制作用

2.6 厌氧污泥性质的测定

2.6.1 反应器内的污泥量和污泥分布曲线

反应器内的污泥量可通过污泥的垂直分布来计算，污泥的垂直分布是指反应器内不同高

度的污泥浓度。当已知污泥的产甲烷活性后，知道了反应器内的污泥量，即可预测反应器的最大负荷。污泥的垂直分布也直接反映出反应器内污泥床的膨胀程度。

在反应器运行过程中，污泥量和污泥活性一样，会受到许多因素的影响。在反应器运行达到稳定状态后，污泥的活性即会保持恒定，但反应器内的污泥量则会稳定增长。

反应器内污泥量的计算：从反应器底部向上依次自不同的取样口取泥，并测定泥样的悬浮固体（SS）浓度及挥发性悬浮固体（VSS）浓度，然后按下式计算反应器中的悬浮固体总量（TSS）和挥发性悬浮固体总量（TVSS）。

$$X_s = \left[x_1 h_1 + \sum_{i=1}^{n} \frac{1}{2}(x_i + x_{i+1})(h_{i+1} - h_i) \right] \times \frac{\pi}{4} d^2 \times 1000 \tag{2-11}$$

式中，X_s 为反应器内的 TSS 或 TVSS，g；x_i 为第 i 个取样口样品测得的 SS 或 VSS 浓度，g/L；h_i 为第 i 个取样口的高度，m；d 为反应器内径，m。

根据在不同反应器高度上所测的污泥浓度，绘制出污泥浓度-反应器高度曲线（即污泥分布曲线）。反应器内的污泥量除以反应器总容积，即得到反应器内污泥的平均浓度（以 g VSS/L 计）。

2.6.2 颗粒污泥物理性质的测定方法

（1）颗粒污泥粒径和沉降速率的测定方法

1）颗粒污泥的沉降速率和粒径的理论关系

计算颗粒污泥的理论沉速，需要考虑污泥在沉淀过程中处于什么流体状态。颗粒污泥沉淀的流动模式介于层流和紊流之间（$1 < Re < 1000$）。在这样的条件下，对于球体颗粒的沉淀，不能用 Stokes 定律［其方程仅在层流（$Re < 1$）条件下成立］来计算，推荐用伽利略数（Ga）来计算。

$$Ga = \frac{g d_p^3 \rho_w (\rho_s - \rho_w)}{\mu^2} \tag{2-12}$$

式中，d_p 为颗粒直径，m；ρ_w 为水的密度，kg/m³；ρ_s 为颗粒密度，kg/m³；μ 为动力学黏性系数，Pa·s；g 为重力加速度，m/s²。

对于层流和紊流之间的中间范围，Re 和 Ga 存在如下关系：

$$Re = 0.153 Ga^{0.71} \tag{2-13}$$

假定颗粒能被看作球体，颗粒直径和沉降速率存在如下关系：

$$d_p = 5.26 \times \frac{\mu^{0.372} \rho_w^{0.257} v^{0.885}}{g^{0.628} (\rho_s - \rho_w)^{0.628}} \tag{2-14}$$

式中，v 为沉降速率（或称沉淀速率，简称沉速），m/s。

实际 UASB 反应器中颗粒污泥的粒径可能不均匀，式（2-14）可用来计算不同沉降速率下的平均当量直径，从而可以得出粒径分布：

$$\frac{1}{d_p} = \sum \frac{w_i}{d_{pi}} \tag{2-15}$$

式中，w_i 为当量直径为 d_{pi} 的颗粒所占的质量分率。

2）分别测定单个颗粒粒径和沉速的传统方法

传统中测量污泥的粒径分布，采用标准筛分法。取一定量的污泥，用孔径为 2.0mm、1.45mm、0.96mm、0.45mm、0.30mm 的筛网筛分，用洗瓶或自来水均匀冲洗，促使颗粒分离，将各个筛网上的污泥收集，烘干后分别称重，然后计算不同粒径范围内的污泥量占总污泥量的百分比。

颗粒污泥沉降速率则采用间接的测定方法。取一个高 1m、直径为 9cm 的有机玻璃柱，在其中注满清水。将淘洗过的颗粒污泥分别加入有机玻璃柱内，用秒表计量颗粒污泥从柱顶部到底部所需的时间，计算出颗粒污泥的沉速。一般对每个粒径范围的颗粒污泥取 10～20 个测定其沉速，取这些沉速的平均值作为该粒径范围内颗粒污泥的沉速。

3）同时测定单个颗粒的沉速和直径的方法

取颗粒污泥被测样品，每个样品中适合的污泥颗粒数目在 200～1400 个之间。将样品置于一个矩形沉淀柱（0.07m×0.07m×2m；见图 2-23）的顶部。所有待测污泥样品开始进行自由沉淀时打开计时器。将一个焦距为 400mm 的 35mm 照相机放在距有机玻璃沉淀柱 2m 处。在柱的侧面距上部 1.5m 处设一个 0.07m×0.10m 的截面（包括计时器），通过相机视野的沉淀颗粒污泥由一系列 24mm×36mm 的底片记录（线性放大倍数为 0.35，用 2 个闪光灯）。通过时间和距离可计算得出在每个底片上的颗粒污泥的最终沉速（v，m/s）。每个底片代表一个平均的速度水平的估计值（v_i）。底片被投影在一个屏幕上（最终线性放大倍数大约为 3.5），通过计算机的计数器，每个颗粒的最大和最小直径（分别为长度 l 和宽度 w）被标识在屏幕上并记录。通常这些值分别代表水平和垂直的直径。单个颗粒的直径 d_i（m）被定义为 $d_i=(l+w)/2$。根据 Shieh 等（1981）的研究，颗粒污泥的粒径分布可以 Sauter 平均直径 d（mm）表征：

$$d = \sum_i n_i d_i^3 \Big/ \sum_i n_i d_i^2 \qquad (2\text{-}16)$$

式中，i 为直径水平符号；n_i 为水平 i 中颗粒的数量；d_i 为水平 i 的直径，mm。

通过上述方法可知，一定密度颗粒污泥的沉降速率与颗粒污泥的粒径相关。当沉降速率为 20m/h 时，可以认为相应的颗粒直径是颗粒污泥所必须具有的最小当量直径。利用式（2-16）可以确定 UASB 反应器中是否形成了颗粒污泥。

需要说明的是，这里所讲的是 UASB 反应器中的宏观结果，而不是个别现象。在任何反应器的不同运行阶段，污泥中都会有不同粒径大小的颗粒污泥，但是，如果颗粒污泥的比例不足以改变 UASB 反应器内污泥整体的平均沉速，则污泥将不能影响 UASB 反应器的运行性能。这是一般升流式污泥床反应器和升流式颗粒污泥床反应器的主要区别。

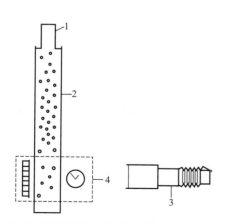

图 2-23 颗粒污泥直径和沉速测定装置示意图

1—样品瓶；2—有机玻璃沉淀柱；3—35mm 照相机；
4—有计时器和比例尺的相机视野区

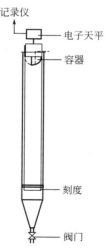

图 2-24 改进的沉降天平示意图

圆柱上部容器充满颗粒污泥，在启动容器后
反映重量增加的圆柱底部的刻度线（连接着电子
天平）随着记录仪变化。圆柱的高度为 2.5m

（2）同时测定颗粒污泥粒径和密度的方法

由荷兰 Paques 公司开发的改进沉降天平（见图 2-24）除可测定沉淀特性外，也可测定颗粒尺寸分布和颗粒密度。沉淀特性是通过测定沉淀部分污泥的质量 m_t 占沉淀污泥总重 $m_{总}$ 的质量分数与沉淀时间作图来获得的。由于非常细小颗粒的质量分数很小，因此其贡献可被忽略不计。所得的 S 曲线（w 对 t 作图）可用以下方程线性化：

$$\lg(-\lg w)=n\lg(t_m/t)+\lg(\lg e)$$

式中，w 为沉淀污泥的质量分数（即 $m_t/m_{总}$）；n 为斜率；t 为时间，s；t_m 为平均沉淀时间，s。

w 和沉速 v 之间的关系可从 S 曲线或其线性化形式中得出。曲线上的每一点均代表某个特定的 v 是在沉降平衡条件下确定的。这样，可得出一个 w 和 v 的关系式。通过代入 v 的各种值，能获得 w 和 d_p 的直接关系，该关系代表了颗粒粒径分布，且能转变为柱状图。

颗粒污泥密度可通过测量颗粒干重（m_d）和水下同一数量颗粒污泥的质量来确定。在所有污泥沉淀以后测量其质量（m_w）。用 Kleenex 棉纸干燥颗粒污泥是去除颗粒外部水分的一种恰当方法。颗粒污泥密度可用以下方程计算出：

$$\rho_S=\frac{m_d\rho_w}{m_d-m_w}$$

根据 Mahline 所提出的方法，颗粒污泥的密度也能使用比重计进行测定。测定是在 30℃下于 25mL 带有玻璃塞和毛细管的细颈瓶中进行的，依据下列方程计算密度：

$$\rho_s=(\rho_w-\rho_1)\frac{m_3-m_1}{(m_4-m_1)-(m_2-m_1)}+\rho_1$$

式中，ρ_1 为空气密度，kg/m^3，在 30℃和 760Pa 时等于 $1.165kg/m^3$；ρ_w 为水的密度，kg/m^3，30℃时为 $995.65kg/m^3$；m_1 为比重计本身的质量，kg；m_2 为装满水时比重计的质量，kg；m_3 为装满污泥时比重计的质量，kg；m_4 为装满水和污泥时比重计的质量，kg。

（3）颗粒污泥强度的测定方法

强度也是颗粒污泥的重要性质之一。颗粒强度降低会增加颗粒的破裂或剥落，使污泥流失。Hulshoff Pol 开发了一种测定颗粒污泥强度的方法，其测量装置见图 2-25（a）。活塞向下运动时受到的力可由加载负荷测出，并由记录仪打印。首先观察到活塞和瓶之间的生物质在临界压力点以上时，其抗压力逐渐提高。在达到临界点前的瞬时，颗粒破碎［见图 2-25（b）中的 X 点］。由于该点重现性好，因此在这一点的载荷（以 N/m 表示）代表颗粒强度的特征。

2.6.3　污泥稳定性的厌氧测试方法

（1）传统的污泥稳定性实验

传统的污泥稳定性实验是将污泥放入 30℃的培养瓶内，在 100d 的实验期间测量甲烷产量，用单位质量挥发性悬浮固体所产生的甲烷量来评价污泥的稳定性。下面是采用传统厌氧稳定化实验，对不同厌氧稳定工艺的污泥进行评价的一个实例。

样品为水解池处理后污泥，VSS 含量仍达 70%，具有进一步降解的可能性。取不同阶段水解排泥进行厌氧稳定性测定，同时，采用消化污泥进行对比实验，并对不同来源污泥的特性和稳定性进行测量。从实验结果（见表 2-14）可知，稳定运行的水解池的污泥稳定性不低于消化污泥的稳定性。

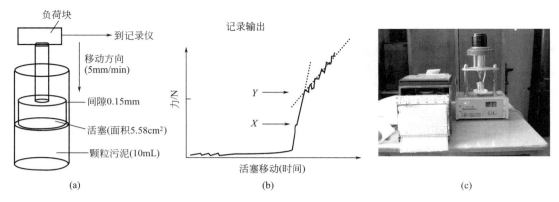

图 2-25 颗粒污泥强度的测量装置图示（a）和测量记录仪输出结果（b）及清华大学开发的样机（c）

表 2-14 不同污泥样品的传统稳定性实验结果

污泥参数	VSS/%		VSS 去除率/%	单位质量 VSS 所产生的甲烷量 /(g CH$_4$-COD/g VSS)
	$t=0$	$t=100d$		
消化污泥（A）	69.2	62	10.4	0.19
水解污泥（B）	72.0	62	13.9	0.25
水解污泥（C）	70.3	63	10.4	0.17

注：A 表示接种污泥；B 表示水解池运行两周的污泥；C 表示水解池运行 2 个月的污泥。

（2）污泥液化实验

由于传统的污泥稳定性实验相当耗时（需 100d），因此需要开发一种较快的评价污泥稳定性的方法。王凯军等为此开发了一种污泥液化性测试方法。该法用一个与温度控制装置相接的 5L 双壁反应器，温度控制在 20℃和 30℃（因为在此条件下产生的甲烷可以忽略），反应器敞开并带有搅拌装置。通过测定液化 COD 的变化，来评价污泥的液化程度。

虽然"液化"和"水解"两词在描述固体物质在最终液化之前产生中间产物时可以互用，但事实上二者并不是严格的同义词。"水解"是一个有明确定义的化学名词，用于定义复杂化合物加水分解为小分子的过程，即可以用于胶体颗粒、超胶体尺寸物质和溶解性物质；而"液化"仅涉及将污泥中的物质转移到液相，且对液化的定义相当随意，因此，液化仅涉及污泥颗粒。在该法对污泥的定义下，二者可以互换。实验采用孔径为 $4.4\mu m$ 的滤纸过滤测定悬浮固体（SS）和总悬浮物（TSS）浓度，因此，污泥颗粒包含大于 $4.4\mu m$ 的颗粒。因而在该法中，"液化"一词是指将大于 $4.4\mu m$ 的污泥颗粒转化为小于 $4.4\mu m$ 尺寸的颗粒。

王凯军等也进行了污泥组分化学水解的实验。这一实验是在 20℃时将污泥采用氢氧化钠试剂（700mg/L）在厌氧条件下搅拌反应 24h 进行的，用于评价污泥可达到的最大液化程度。

王凯军等在 20℃和 30℃下对不同的污泥样品进行了液化实验。图 2-26 给出了污泥 VFA 和离心 COD（或称溶解性 COD，用 COD$_d$ 表示）的变化过程曲线。在所有进行的实验中，前 6~8d 均没有观察到明显的甲烷产生，只是从第 6 天 VFA 和 COD$_d$ 浓度开始减小来看有一定量的 CH$_4$-COD 产生，但与前几天水解污泥液化 COD 相比，甲烷产量很小。这是由污泥本身的甲烷活性很低和实验条件所造成的。液化的产物是乙酸、丙酸、丁酸和戊酸，可知液化阶段主要发生的是水解和酸化反应。

从 20℃和 30℃水解污泥液化实验［见图 2-26（a）］来看，反应产物的产生不仅依赖于反应时间，而且依赖于温度。在 30℃ 时，液化的 COD_d 明显高于 20℃ 时液化的 COD_d。水解污泥在 20℃ 和 30℃ 条件下，经过 10d 的反应时间，产生的溶解性 COD 分别为 0.162kg COD/kg VSS 和 0.287kg COD/kg VSS，或分别相当于污泥 COD 的 13.5% 和 24%；而 VFA-COD 数量（经过 8~10d 的反应）在不同温度条件下几乎一样，这表明在这一实验的温度范围内温度对酸化反应的影响不大。从 30℃ 的实验结果来看，很明显，在第 6 天后甲烷化反应导致了 VFA 的减少。

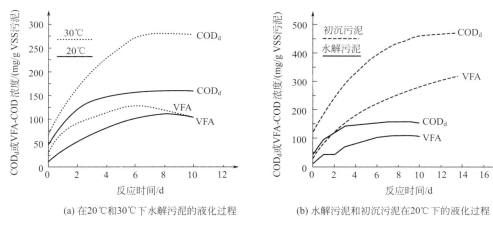

(a) 在 20℃ 和 30℃ 下水解污泥的液化过程　　　(b) 水解污泥和初沉污泥在 20℃ 下的液化过程

图 2-26　水解污泥在不同温度下的污泥液化实验和不同污泥在同一温度下的污泥液化实验

不同污泥样品在同一温度下的液化实验结果列于表 2-15。比较水解污泥和初沉污泥的实验结果，初沉污泥被液化的 COD_d 和 VFA-COD 浓度均高于水解污泥 [见图 2-26（b）]，事实上，就连初沉污泥产生的 VFA-COD 值都高于水解污泥的 COD 值。这就证实了稳定运行的水解池排出的污泥已得到相当程度的稳定化。

表 2-15　污泥液化和酸化实验结果

污泥参数	COD_d/（g/g VSS）		VFA-COD/（g/g VSS）		COD_d/（g/g S-COD）		VFA-COD/（g/g S-COD）	
	20℃	30℃	20℃	30℃	20℃	30℃	20℃	30℃
水解污泥 C	0.162	0.287	0.113	0.124	13.5%	24.0%	9.4%	10.3%
水解污泥 S	—	0.196	—	0.107	—	10.9%	—	5.9%
初沉污泥 P	0.470	—	0.322	—	28.0%	—	19.1%	—

注：1. 水解污泥的反应时间为 10d，初沉污泥的反应时间为 14d。

2. C 表示稳定运行的水解池污泥；S 表示第二阶段实验的水解池污泥；P 表示初沉池的污泥；S-COD 为污泥 COD。

有一个问题是实验条件，如反应器敞开和搅拌，是否也抑制了液化和酸化反应。水解污泥的化学液化实验表明，32% 的污泥 COD 发生了液化（基于 COD_d/污泥 COD）。在污泥液化实验中，30℃ 时 24% 的污泥 COD 转化为溶解性的 COD_d（见表 2-15），是化学液化测试结果的 75%。可以认为，王凯军等提出的液化实验已将绝大多数的污泥液化，因此可作为评价污泥稳定性的方法。污泥液化实验方法中，由于不同污泥的性质不同，有些情况下会产生一定程度的甲烷化，因此，在测试中收集和测量产生的甲烷是必要的，累积的甲烷可转化为 VFA 和 COD 计算。

参 考 文 献

[1] 贺延龄．1998．废水的厌氧生物处理 [M]．北京：中国轻工业出版社．

［2］王凯军．1993. 厌氧间歇回流法评价城市污水可生化性 ［J］. 中国给水排水，9（1）：24-26.

［3］王凯军，左剑恶，等．2000. UASB 工艺的理论与工程实践 ［M］. 北京：中国环境科学出版社.

［4］王凯军，等．2002. 城市污水污泥稳定性问题和试验方法探讨 ［J］. 给水排水，28（5）：5-8.

［5］Hulshoff Pol. 1989. The Phenomena of Granulation of Anaerobic Sludge ［D］. The Netherlands：Wageningen University.

［6］Sayed S，van der Zanden J，Wijffels R，et al. 1988. Anaerobic Degradation of the Various Fractions of Slaughterhouse Wastewater ［J］. Biological Wastes，23（2）：117-142.

［7］Speece R E. 1996. Anaerobic Biotechnology for Industrial Wastewater ［D］. USA：Vanderbilt University.

［8］Wang K J. 1994. Integrated Anaerobic and Aerobic Treatment of Sewage ［D］. The Netherlands：Wageningen University.

［9］Wang K J，et al. 1997. Anaerobic（Hydrolysis）-Aerobic Biological Process for Municipal Wastewater Treatment in China ［C］//Proceedings of the 8th International Conference on Anaerobic Digestion. Sendai，Japan：272-275.

［10］Wang K J，Lettinga G. 1997. The Hydrolysis Upflow Sludge Bed（HUSB）and the Expanded Granular Sludge Blanket（EGSB）Reactors Process for Sewage Treatment ［C］//Proceedings of the 8th International Conference on Anaerobic Digestion. Sendai，Japan：301-304.

［11］Zeeman G，Sanders Wendy T M，Wang K J，et al. 1996. Anaerobic Treatment of Complex Wastewater and Waste Activated Sludge-Application of an Upflow Anaerobic Solid Removal（UASR）Reactor for the Removal and Pre-hydrolysis of Suspended COD ［C］//IAWQ. NUR Conf Advanced Wastewater Treatment，Sept：225-232.

第3章 第三代厌氧反应器的
研究开发与生产应用

3.1 UASB 反应器的局限性

自 20 世纪 70 年代，荷兰 Wageningen 农业大学由 Lettinga 教授领导的研究小组便开始研究和开发 UASB 反应器技术。UASB 反应器在处理容易降解的溶解性有机物中、高浓度废水领域取得了很大的进展，是目前应用最为广泛的厌氧技术。UASB 反应器作为一种成熟技术，其应用在多方面进行了扩展，如处理部分溶解性废水的很多领域（如制糖、造纸等的废水），中、低浓度和较低温度的废水。

但是，对于复杂废水和低温条件下，在一些应用领域（如屠宰废水和生活污水的处理），高负荷的 UASB 系统遇到了一些困难。20 世纪 90 年代初，笔者在荷兰师从 Lettinga 教授就读博士期间，曾就 UASB 反应器的应用领域进行了探讨，当时 Lettinga 介绍在 80 年代早期应用 UASB 技术处理屠宰废水是他所领导的研究小组没有获得成功的为数不多的几个领域之一。另外，Lettinga 领导的实验小组从 20 世纪 70 年代末就开始了厌氧处理生活污水的研究，其中遇到的一个问题是：在温带地区，用 UASB 反应器于常温下（例如，夏季 15～20℃，冬季 6～9℃）处理生活污水，COD 的去除率并不高。

含有脂肪和脂类等更为复杂的废水的降解一直是厌氧研究的难点之一。UASB 反应器很难处理含脂类废水，主要是因为 UASB 反应器处理含脂类废水时，存在污泥上浮问题；另外，受到脂类废水降解过程中产生长链脂肪酸（LCFA）的抑制作用。

对于这些情况，传统高效 UASB 系统的设计无疑需要很大的改进。正是对于这些疑难问题的研究，促使产生了第三代高效厌氧反应器——颗粒污泥膨胀床（EGSB）反应器。EGSB 的概念是通过污泥的稍微膨胀，以取得污水和污泥之间良好的接触。1986 年由荷兰 Paques 公司开发的内循环（IC）反应器可以认为是最早的一种特殊改进形式的 EGSB 反应器，但在当时并没有引起人们的充分重视。

3.1.1 处理屠宰废水遇到的技术问题

（1）低负荷的絮状污泥 UASB 系统

Sayed 等曾报道过采用一级絮状污泥 UASB 反应器在中试规模（25.3m³ 的 UASB 反应器）处理屠宰废水的情况。虽然从处理效率上讲，一级絮状污泥 UASB 反应器也可成功地处理屠宰废水，但其所采用的负荷属于中、低负荷，在温度为 30℃ 的条件下负荷最高为 3.5kg COD/(m³·d)。鉴于在溶解性废水中培养的颗粒污泥其比产甲烷活性显著高于采用消化污水污泥接种培养的絮状污泥，人们预计采用颗粒污泥 UASB 反应器处理屠宰废水可以取得较高的负荷。

（2）高负荷的颗粒污泥 UASB 系统

Sayed 等采用以甜菜糖加工废水培养的标准比产甲烷活性为 0.56kg CH₄-COD/

（kg VSS・d）（30℃）的颗粒污泥，对不同温度和负荷条件下处理屠宰废水的潜力和影响因素进行了研究。实验采用两个完全相同的 UASB 反应器，一个在 30℃ 运行，另一个在 20℃ 运行，两个反应器均采用半连续运行，即与屠宰场的工作周期相同，在工作日每天 24h 进水，而在周末停止进水。在整个实验期间，两个反应器对溶解性 COD 组分的去除结果令人相当满意：溶解性 COD 的平均去除率为 85%，30℃ 的 UASB 反应器对总 COD 的去除率稍好于 20℃ 的 UASB 反应器。但两个系统的总 COD 去除率显著低于溶解性 COD 的去除率，这是由对粗大悬浮性 COD 的去除率较差所造成的。

（3）高负荷系统的问题

上述系统在 30℃ 和 20℃ 运行条件下，当负荷分别超过 11kg COD/（m³・d）和 7kg COD/（m³・d）时，进水转化为甲烷的量下降；当负荷分别超过 15～16kg COD/（m³・d）和 8～9kg COD/（m³・d）时，甲烷产量甚至减少。在高负荷条件下，颗粒污泥床 UASB 系统将污染物转化为甲烷的能力被显著破坏。这一现象值得深思。其原因可能是，系统长时间暴露在高负荷下，缓慢生物可降解不溶性基质在污泥床内的积累是不可逆的过程，这一结果可能会完全破坏系统的产甲烷活性。

3.1.2　处理含脂类（或长链脂肪酸）废水遇到的技术问题

脂类是难生物降解物质，一般来说，厌氧降解脂类可分为三个阶段：①脂类水解为长链脂肪酸（LCFA）和乙醇；②LCFA 和乙醇降解为乙酸、H_2 和 CO_2；③乙酸、H_2 和 CO_2 转化为 CH_4 等。其中第二步是限速步骤。

如前所述，高效厌氧 UASB 反应器应用于脂类废水的处理方面还存在一定的困难，主要原因为：①UASB 反应器在高负荷下存在污泥上浮，从而引起颗粒污泥的流失；②脂类废水降解过程的中间产物长链脂肪酸（LCFA）具有抑制作用。

（1）UASB 反应器处理月桂酸钠废水

Rinzema 等在研究颗粒污泥 UASB 反应器处理含长链脂肪酸〔月桂酸钠（$C_{12:0}$❶）〕的废水时遇到了以下严重问题：在不存在钙离子的不同浓度月桂酸钠溶液中，月桂酸钠的抑制阈值是 100mg/L；而在存在等物质的量浓度钙离子的情况下，进水抑制的阈值上升到 1500mg/L；但是，无论是否存在钙离子，当月桂酸钠浓度超过 100mg/L 时，均发现非常严重的污泥上浮现象。

研究表明，长链脂肪酸（此处为月桂酸钠）和冲击负荷会引起传统 UASB 反应器的运行问题，在冲击负荷几小时后可能会发生污泥流失；投加钙盐仅可稍微延缓污泥上浮的时间，在用生产性 UASB 装置处理奶酪废水时曾有过类似失败的报道。Rinzema 也采用 UASB 反应器对月桂酸和乙酸混合基质的废水进行了实验，发现在较低负荷下，反应器底部产生沉淀，并且不时产生污泥上浮，导致污泥大量流失（70%）。

（2）UASB 反应器处理癸酸钠废水

Rinzema 等对另一类长链脂肪酸癸酸钠（$C_{10:0}$）的研究，采用了两种不同类型的 UASB 反应器。其中一种采用了特制的能够截留上浮颗粒污泥的三相分离器，并且进水方面安装了 4 个进水孔。开始时运行效果良好。在运行到 80d 时，4 个进水口堵塞了 3 个，导致污泥床中形成了白色

---

❶　$C_{12:0}$ 中 12 表示碳的个数，0 表示没有双键。$C_{10:0}$ 同理。全书余同。

的癸酸盐沉淀。虽然在出水中没有检出挥发性脂肪酸（VFA），但在 24h 内产气完全停止。这时停止进水，采用手工搅拌后沉淀消失；但当重新进水后，又立即出现沉淀。对这一问题的解释是，可能由于堵塞了的孔口导致污泥床的搅拌不充分，又因为气体和液体的上升流速都很低（大约分别为 0.01m/h 和 0.03m/h），结果只有在进水口处的污泥参与了癸酸钠的降解反应，导致局部生物的超负荷，从而在污泥床内产生了累积，引起传质问题。

对 LCFA 降解的研究表明，在高负荷完全混合厌氧反应器内，基质与生物之间有效接触是降解 LCFA 必须具备的前提条件。如果这一条件没有得到满足，即使是中、低负荷系统，也会造成局部的超负荷，并引起局部 LCFA 的累积。由于长链脂肪酸盐在中性 pH 条件下溶解度很低，累积会导致发生不可逆的沉淀反应。物理限制导致 LCFA 的降解速率迅速下降，产生污泥上浮，最终导致污泥流失。

传统的 UASB 反应器在 500～1500mg/L 的浓度条件下处理癸酸和月桂酸，尽管采用了高质量的颗粒污泥，但由于无法满足上述前提条件，所以仅可采用 4～5kg COD/(m³·d) 的负荷；并且系统的可靠性低，经常有污泥上浮。在实验中发现的问题是：在颗粒污泥之间，LCFA 的沉淀使颗粒污泥聚集成团，这些沉淀降低了溶解性生物质的传质效率，从而使这些物质的转化率下降。

3.1.3 处理城市生活污水遇到的技术问题

事实上，Lettinga 教授领导的研究小组从 UASB 反应器开发伊始，就开始着手生活污水厌氧处理研究，针对生活污水进行了大量的研究。1976 年，荷兰 Wageningen 农业大学采用 60～120L 的絮状污泥 UASB 反应器进行了实验室研究；1979 年，采用 3m 高的 6m³ UASB 中试装置进行了研究；1985 年，采用 6m 高的 20m³ UASB 中试装置进行了研究。最初的实验采用絮状污泥和原污水；1979 年，de Man 等开始采用颗粒污泥进行实验；1986 年，Last 等开始采用 EGSB 反应器和流化床进行初沉后生活污水的处理研究。

（1）絮状污泥 UASB 反应器

自 1976 年，Lettinga 等在实验室规模的 UASB 反应器（120L）中开始处理生活污水的研究。其最初阶段的主要目的是评价采用絮状污泥 UASB 工艺处理温度高于 20℃（热带气候）生活污水的可行性。实验结果为：在 8～48h 的水力停留时间（HRT）条件下，COD 的去除率为 55%～75%；保持 HRT 恒定为 8h 的条件下，COD 处理效率在 60% 左右变化。

1978 年，Lettinga 等开始温带气候条件常温（8～20℃）下的研究。运行结果表明，在温度为 15～19℃、保持 HRT 恒定为 8h 的条件下，COD 处理效率在 40%～55% 之间变化；在 11～12℃ 时，COD 处理效率为 30%～50%；但当温度在 10℃ 以下时，COD 的去除率仅为 30%，系统开始超负荷，出水 VFA 浓度增加，去除率下降，因此 HRT 不得不延长到 9～14h。由于所截留的固体水解反应很慢，因此低温下悬浮固体的累积增加得非常明显。

通过长时间的研究，Lettinga 等认识到生活污水的一些特性。生活污水作为复杂废水，具有以下特点：

① 浓度低。生活污水的 COD 浓度一般远远低于 1000mg/L。污水中一般包括 1/3 的可沉 COD、1/3 的溶解性 COD 以及 1/3 的胶体和分散的固体 COD。

② 温度低。对于温带气候，污水温度一般为夏季 15～20℃，冬季 6～9℃，均低于中温消化产甲烷菌的温度范围。众所周知，20℃时产甲烷菌的比活性是中温产甲烷菌最大比活性

的 35％，而 10℃时这一数据仅为 10％。

③ 污染物浓度和成分变化大。以荷兰生活污水为例，COD 浓度变化范围为 150～550mg/L。

在处理复杂废水如生活污水和屠宰废水时，由于悬浮性化合物的生物降解速率显著慢于可溶性化合物，一般应当使用较低的负荷率。尤其是悬浮性固体的水解速率明显取决于温度条件，在温度低于 15℃的复杂废水的处理中，悬浮性固体的水解成为限速步骤。

（2）颗粒污泥 UASB 反应器

de Man 等采用在较高温度下处理工业废水所培养的、具有较高比产甲烷活性的颗粒污泥处理生活污水，在 120L 实验室规模的 UASB 反应器中进行实验，在水力停留时间为 7～12h 和温度超过 12℃时，总 COD 去除率为 40％～60％，BOD 去除率为 50％～70％。而当采用按比例放大的 6m³ UASB 反应器，并且用颗粒污泥接种，在水力停留时间为 6～9h 和同样温度条件下运行时，结果清楚地表明，在污泥与废水接触不好的情况下，悬浮固体的去除量下降，反应器的效率也降低，其 COD 处理效率下降到 10％～15％。

de Man 等在对从 120L 到 6m³ 的反应器放大过程中去除效率的下降经过分析后认为，去除效率的下降是由于污水与污泥未得到足够的混合，相互间不能充分接触，因而影响了反应速率，最终导致反应器的处理效率很低。究其原因是生活污水在低温和低浓度条件下，产气量非常低，造成 UASB 反应器内的混合不够，在较大的反应器中布水发生了严重的短路。1986 年，de Man 等利用示踪剂进行了试验，其结果也证实了这一点。de Man 等对 20m³ 的颗粒污泥 UASB 反应器的研究清楚地表明，系统需要更均匀的进水分配系统。

（3）EGSB 反应器的产生

对 UASB 反应器，特别是颗粒污泥 UASB 反应器处理生活污水的研究表明，系统效率的进一步提高，依赖于反应器内的有效混合。为改善污泥与废水的接触状况，Lettinga 等认为有以下改进办法：

① 采用更为有效的布水系统，例如，增加每平方米的布水点数；
② 提高液体的上升流速（v_{up}）。

为此，他们对上述设想进行了多方面的尝试，但是当处理低温、低浓度的生活污水时，改进布水系统和增加布水点的方法其结果仍不理想，并且在工程实施上也存在一定的技术困难。因此，Lettinga 等通过设计较大高径比的反应器，同时采用出水循环，来提高反应器内的液体上升流速，使颗粒污泥床层充分膨胀，这样就可以保证污泥与污水充分混合，减少反应器内的死角。流化床和膨胀床反应器也是采用这一方法。

UASB 和 EGSB 反应器之间主要的差异是：在 EGSB 反应器中，采用出水回流和大的高径比，形成了相当高的上升流速；较高的上升流速改善了反应器中污泥与废水的接触，出水回流有利于污泥与废水的良好接触，并引起了颗粒污泥床的膨胀。

de Man 等用 LiCl 作示踪剂，采用脉冲试验，对 120L EGSB 反应器进行了示踪试验，并根据出水示踪物浓度与时间的关系确定了水力停留时间分布模型。结果表明，出水回流不仅提高了膨胀度，而且还使反应器中的流态从部分推流式变成了完全混合式。

对于复杂废水的处理，可视为两个作用的结合，即污水中可溶物的降解与难溶物的截留和降解。UASB 系统由于采用较低的上升流速，废水中存在的生物降解缓慢的固体就会在污泥床中累积，并逐渐取代活性生物质，使反应器的总去除能力下降。将采用上升流速为 6m/h的 EGSB 系统与采用上升流速为 0.5～1m/h 的 UASB 反应器的实验结果进行比较，发现 EGSB 反应器去除悬浮固体的效果劣于 UASB 反应器，而对溶解性有机物的去除率高于 UASB 系统。根据这一原理，可以用上升流速来控制出水悬浮物，因为较高的上升流速可以把截留的悬浮物质带出反应器。

3.1.4 小结

UASB 工艺从开发到应用取得了很大的成功，但是在一些应用领域，对某些复杂废水和特定的温度条件，高负荷的 UASB 系统遇到一些困难。本节介绍了采用 UASB 工艺处理屠宰废水、长链脂肪酸废水和生活污水所遇到的问题。其中，处理屠宰废水遇到的问题是采用高负荷的颗粒污泥 UASB 反应器，降解缓慢，物质累积，最终造成产甲烷活性的降低。对这一问题的全面系统的分析需求，促使开发了回流实验这一工具。利用回流实验这一具有 EGSB 反应器雏形的工具，对这一问题进行详细、系统的分析，为工艺开发提供了理论基础。UASB 工艺处理长链脂肪酸废水遇到污泥沉淀和上浮的问题，而 EGSB 反应器是解决此问题的方案之一。UASB 反应器对生活污水这种特定的低温和低浓度废水的处理，遇到了传质和反应的双重困难。至于 EGSB 反应器可否在解决这一双重困难上显示出作用，仍然需要进行深入的研究。

总之，正是由于对上述废水问题进行高效处理结果的追求，促进了对 UASB 反应器的不断研究和变革，结果均引发了对传统 UASB 系统在设计上的改进，从而才有了产生第三代高效厌氧反应器——颗粒污泥膨胀床反应器的可能。

3.2 EGSB 反应器的基本形式

3.2.1 EGSB 反应器概述

对于 EGSB 反应器的定义，还需回顾一下荷兰 Wageningen 农业大学最早提出并进行的关于厌氧颗粒污泥膨胀床（EGSB）反应器的研究。EGSB 反应器实际上是改进的 UASB 反应器，它运行在高的上升流速下，使颗粒污泥处于悬浮状态，从而使进水与污泥颗粒之间保持着充分的接触。EGSB 反应器的特点是颗粒污泥床通过采用高的上升流速（与上升流速小于 $1 \sim 2 m/h$ 的 UASB 反应器相比），即 $6 \sim 12 m/h$，运行在膨胀状态。EGSB 反应器特别适用于低温和低浓度污水。当沼气产率低、混合强度低时，在此条件下较高的进水动能和颗粒污泥床的膨胀高度将获得比"通常的"UASB 反应器更好的运行结果。EGSB 反应器由于采用高的上升流速，因而不适于颗粒有机物的去除。进水悬浮固体"流过"颗粒污泥床并随出水离开反应器，胶体物质被污泥絮体吸附而部分去除。

3.2.2 实验室规模 UASB 反应器和 EGSB 反应器的对比

事实上，实验室规模的 UASB 反应器和 EGSB 反应器在系统构成上的差别很小。对比图 3-1 中的 UASB 反应器和 EGSB 反应器，差别远远没有想象的那么大。二者的不同点仅在于：①出水回流（泵）。事实上，有的 UASB 反应器也可能存在出水回流系统。②不同的高径比。从另一个角度理解，可以认为 EGSB 反应器的设计与 UASB 反应器的设计仍然存在很多共同之处，EGSB 反应器同样包括进水系统、反应器的池体、三相分离器、回流系统。

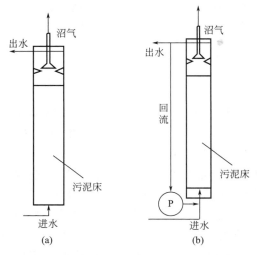

图 3-1　实验室规模 UASB 反应器（a）和 EGSB
反应器（b）的结构对比

3.2.3　实验室规模的 EGSB 反应器

事实上，根据 EGSB 反应器的原理，进行实验室规模 EGSB 反应器的设计并不难，不过，正如人们根据 UASB 反应器的原理开发了各种类型的 UASB 反应器一样，人们设计了各种形式的实验室规模 EGSB 反应器。图 3-2 是世界各国不同实验室的小试实验中采用的各种类型的 EGSB 反应器形式。从图中可以看出，只要保证满足基本原理，可以用非常简单和巧妙的方法构造出各种类型的实验室规模的 EGSB 反应器。

在厌氧应用领域，虽然 EGSB 反应器的概念是目前非常热门的研究内容，但从一定意义上讲，EGSB 反应器仅仅是学术上的用词，它本身仅仅是实验室研究的一个很好的工具。目前应用

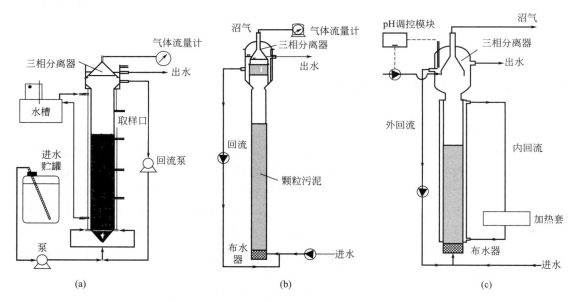

图 3-2　世界各地不同实验室采用的 EGSB 反应器

广泛的 IC 反应器是 EGSB 反应器的变形工艺，而 Biobed 反应器可以认为是真正意义上的 EGSB 反应器。

3.2.4　EGSB 反应器相对于 UASB 反应器的优点

与 UASB 反应器相比，EGSB 反应器具有以下 5 个显著特点。

（1）EGSB 反应器可在高负荷条件下取得高处理效率

EGSB 反应器在处理 COD 低于 1000mg/L 的废水时仍能达到很高的负荷和去除率。尤其是在低温条件下，对低浓度有机废水的处理可以获得很好的去除效果。

例如以下关于负荷数据的对比：在 10℃ 低温条件下，UASB 反应器负荷为 1～2kg COD/(m³·d)，EGSB 反应器为 4～8kg COD/(m³·d)；在 15℃，UASB 反应器为 2～4kg COD/(m³·d)，EGSB 反应器为 6～10kg COD/(m³·d)。

处理未酸化的废水时，在 10℃，UASB 反应器负荷为 0.5～1.5kg COD/(m³·d)，EGSB 反应器为 2～5kg COD/(m³·d)；在 15℃，UASB 反应器负荷为 2～4kg COD/(m³·d)，EGSB 反应器为 6～10kg COD/(m³·d)。

（2）EGSB 反应器内可维持高的上升流速

在 UASB 反应器中，液流的最大上升流速仅为 1m/h，而 EGSB 反应器中可高达 3～10m/h（最高 15m/h）。所以 EGSB 反应器可采用较大高径比（15～40）的细高型反应器结构，有效地减少了占地面积。

（3）EGSB 反应器的颗粒污泥床呈膨胀状态，颗粒污泥性能良好

在高水力负荷条件下，EGSB 反应器中颗粒污泥的粒径为 3～4mm，凝聚和沉降性能好（颗粒沉速可达 60～80m/h），机械强度也较高（3.2×10⁴N/m²）。

（4）EGSB 反应器对布水系统要求较宽，但对三相分离器要求更严格

高水力负荷和气体搅拌作用容易导致污泥流失，因此，三相分离器的设计成为 EGSB 反应器高效稳定运行的关键。

（5）EGSB 反应器采用处理出水回流

对于低温和低负荷有机废水，回流可增加反应器的搅拌强度，保证良好的传质过程，从而保证处理效果。对于高浓度或含有毒物质的有机废水，回流可稀释进入反应器内的基质浓度和有毒物质浓度，降低其对微生物的抑制和毒害，这是 EGSB 工艺最为突出的特点之一。

以 EGSB 反应器为代表的第三代厌氧生物反应器，已成为目前厌氧生物处理的主流工艺。EGSB 反应器已应用于以下特殊场合和领域，并将在这些领域发挥更大作用。

① EGSB 反应器适用于各种浓度（低、中、高）废水的处理：在处理低浓度有机废水时，处理出水回流可促进良好的水力混合；在处理高浓度有机废水时，回流则起到稀释作用。

② EGSB 反应器适用于处理含有毒性物质的废水：EGSB 反应器由于采用处理出水回流，有效地降低了进水中有毒物质的浓度和毒性。

③ EGSB 反应器特别适用于低温条件下：其最低允许进水浓度和处理效果都明显优于其他厌氧处理工艺。

④ EGSB 反应器适用于处理高悬浮物含量的废水：由于具有高的上升流速，可将悬浮物带出反应器。

EGSB 反应器还可应用于生活污水、垃圾填埋厂的渗滤液以及农业废物废水处理领域。表 3-1 列出了国外文献报道的有关研究和应用实例。

表 3-1 EGSB 反应器的研究和应用

处理废水	温度/℃	反应器容积/L	进水 COD 浓度/(mg/L)	水力停留时间/h	COD 容积负荷率/[kg/(m³·d)]	COD 去除率/%
长链脂肪酸废水	30±1	3.95	600～2700	2	30	83～91
甲醛和甲醇废水①	30	275000	40000	1.6	6～12	＞98
低浓度酒精废水	30±2	2.5	100～200	0.09～2.1	4.7～39.2	83～98
酒精废水	30	2.18～13.8	500～700	0.5～2.1	5.4～32.4	56～94
啤酒废水	15～20	225.5	666～886	1.6～2.4	9～10.1	70～94
低湿麦芽糖废水	13～20	225.5	282～1436	1.5～2.1	4.4～14.6	56～72
蔗糖和 VFA 废水	8	8.6	550～1100	4	5.1～6.7	90～97

① 甲醛和甲醇废水的处理水回流比为 30。

3.3 EGSB 反应器的应用研究

3.3.1 低温和低浓度条件下 EGSB 反应器的处理能力

EGSB 反应器开发的动力来源于低温、低浓度污水的厌氧处理问题。一般认为，在利用厌氧技术处理低浓度污水时，通常会遇到 3 个问题，即溶解氧的影响、低的基质浓度和低的水温。由于产甲烷菌通常被认为是严格厌氧菌，因此溶解氧的存在会抑制产甲烷菌的活性；低的基质浓度和低的反应温度则会导致微生物活性的降低。

（1）溶解氧和低基质浓度的影响

Kato 等曾采用两个 225.5L 的 EGSB 反应器，在 30℃时处理以乙醇为基质的模拟低浓度污水。其中 R1 反应器在无氧的环境下运行，R2 反应器则在氧浓度相对较高（最高达 3.8mg O_2/L）的环境下运行。R1 和 R2 在不同的 HRT（0.5～2.1h）、有机负荷（OLR）[3.9～3.24g COD/(L·d)] 下，处理进水浓度仅为 127～196mg COD/L 的污水。实验结果显示，二者在相近的运行条件下所获得的处理效果相差无几，另外，当控制液体上升流速（v_{up}）在 2.5～5.5m/h 范围内时，只要选择适当的 OLR，即使进水浓度仅为 100～200mg COD/L，反应器的去除率也能达到 90% 以上。

表 3-2 是上述 EGSB 反应器两个平行试验的结果，数据表明，二者的 COD 去除率以及出水水质相近。由此证明，溶解氧的存在对 EGSB 反应器的运行没有明显影响。一般情况下，厌氧处理对溶解氧极为敏感，但厌氧颗粒污泥对溶解氧的承受能力却很高。这主要是由于颗粒污泥中存在某些兼性菌的有氧呼吸。在正常条件下，与兼性菌消耗的生化需氧量（BOD）相比，进入反应器的溶解氧非常低，会很快被消耗掉。

表 3-2 EGSB 反应器在 30℃ 下处理酒精废水的性能

反 应 器	R1	R2	R1	R2	R1	R2
进水 COD/(mg/L)	196	163	154	127	146	148
有机负荷/[g COD/(L·d)]	4.7	3.9	7.4	6.1	17.5	17.8
污泥负荷率/[g COD/(g VSS·d)]	0.47	0.39	0.74	0.61	1.75	1.78
HRT/h	1.0	1.0	0.5	0.5	0.2	0.2
去除率/%	97	97	89	92	67	69

性能良好的颗粒污泥是保证 EGSB 工艺高效稳定运行的关键。通常条件下，颗粒污泥由多种专性厌氧菌种组成，其中的索氏甲烷丝菌很容易吸附，而甲烷八叠球菌形成的颗粒污泥紧密，具有密度大和沉降性能好等特点，它们在颗粒污泥形成中发挥了巨大作用。但是在低温、低浓度特殊条件下，颗粒污泥的成分有所变化，其优势产甲烷菌属为甲烷毛状菌属和甲烷短杆菌属。EGSB 反应器内的上升流速促进了颗粒污泥粒径的增大和沉降性能的增强，使颗粒污泥在重力作用下沿水流方向分层分布。

特别是在二级串联 EGSB 系统中，反应器顶部的颗粒污泥粒径较小，但其活性却分别比底部的颗粒污泥高 24% 和 48%（见表 3-3），且顶部污泥的表观扩散系数也大。EGSB 反应器底部的环境条件和压力导致颗粒污泥密度和粒径增加，这与颗粒污泥的低活性和基质传质限制有关。

表 3-3　二级串联 EGSB 系统在 10℃ 处理乙酸盐废水的颗粒污泥性能

检测项目	第一级顶部	第一级底部	第二级顶部	第二级底部
乙酸降解活性/[g COD/(g VSS · d)]	0.221	0.178	0.304	0.205
表观扩散系数/(10^{-9} m^3/h)	1.42	1.11	1.25	1.12
机械强度/(kN/m^2)	94.3	76.1	90.6	116.0
平均粒径/mm	1.25	1.95	1.30	1.85

（2）低温条件下 EGSB 反应器的应用

厌氧处理中，低温通常意味着低的反应器性能，但利用 EGSB 工艺在 15～20℃ 下处理进水 COD 浓度范围为 666～886mg/L 的低浓度啤酒废水的效果为：水力停留时间（HRT）小于 24h，负荷为 10kg COD/(m^3 · d)，COD 去除率为 70%～91%。这一事实表明，EGSB 厌氧工艺在低温下具有较高的处理能力。另据报道，低温条件（8℃）下处理低浓度麦芽糖和酸性废水的二级串联 EGSB 系统，在 10℃ 下处理乙酸废水获得较好的处理效果（见表 3-3）。

Rebac 等对低温（13～20℃）条件下 EGSB 反应器处理麦芽发酵废水进行了中试研究，所用的 EGSB 反应器内径为 0.2m，高为 7.5m，总容积为 225.5L，接种污泥为 760m^3 UASB 反应器（20～24℃）内的颗粒污泥。麦芽污水的 COD 为 282～1436mg/L，其中厌氧可生物降解部分占 73%。当反应器在 16℃ 运行时，采用 2.4h 的 HRT 和 4.4～8.8kg COD/(m^3 · d) 的 OLR，COD 平均去除率约为 56%；当反应器在 20℃ 运行时，获得的 COD 去除率为 66% 和 72%，相应的 HRT 分别为 2.4h 和 1.5h，OLR 分别为 8.8kg COD/(m^3 · d) 和 14.6 kg COD/(m^3 · d)。

3.3.2　EGSB 反应器处理中、高浓度污水

EGSB 反应器在处理低温、低浓度污水方面有着 UASB 反应器不可比拟的优越性，但这并不意味着其优越性只局限于此。由于 EGSB 反应器能承受的负荷［最高可达 30kg COD/(m^3 · d)］比 UASB 反应器［一般为 10kg COD/(m^3 · d)］高得多，因此它无疑具有强大的优势。实践证明，对于中、高浓度污水，EGSB 反应器同样能获得良好的处理效果。

德国建的第一座 EGSB 反应器就是用来处理土豆废水的（土豆加工过程中产生的污水含有高浓度的可生物降解物质，如淀粉和蛋白质），该反应器高度为 14m，体积为 750m^3，反应器进水 COD 浓度为 3500mg/L，处理效率可达到 70%～85%，沼气中甲烷的含量达到 80%。在荷兰，采用 EGSB 反应器处理高浓度污水也是一种趋势，例如 Peka Kroef 污水处理厂采用 EGSB 工艺处理土豆和蔬菜加工过程中产生的污水。

Núñez 等研究了中温（35℃）条件下 EGSB 反应器处理屠宰废水的情况。屠宰废水含有大量可生物降解的有机物，其总 COD 浓度为 1440～4200mg/L，其中可溶解部分占 40%～60%，不可溶解物质包括悬浮物和胶体，例如脂肪、蛋白质和纤维素，它们在厌氧反应器中降解很慢，悬浮固体的累积会影响污泥的比产甲烷活性，在高有机负荷下反应器的运行将受到限制。Núñez 等试验所用的 EGSB 反应器内径为 0.044m，高为 1.4m，总容积为 2.7L（包含内部沉淀单元）。在有机负荷为 15kg COD/(m^3 · d)、HRT 为 5h 的运行条件下，COD 去除率达 67%，总悬浮固体去除率为 90%，脂类去除率为 85%，在颗粒污泥上没有脂类物质的累积。他们将试验结果与其他研究人员的成果相比较，发现当获得相似的 COD 去除率（70%）时，EGSB 反应器的容积负荷［15kg COD/(m^3 · d)］比 UASB 反应器［3.5～11kg COD/(m^3 · d)］高，且 HRT（0.2h）也比 UASB 反应器（0.3～1.2h）短。

笔者对山东某玉米淀粉生产厂的生产性 EGSB 反应器的运行进行了研究。反应器直径 5m，高 15m，有效容积 274m³，接种污泥取自现场 UASB 反应器底部的颗粒污泥，接种污泥量为 20.8kg VSS/m³，污泥活性为 0.732kg CH₄-COD/(kg VSS·d)，启动负荷为 2.5kg COD/(m³·d)，负荷提高方式采用水力负荷与有机负荷交替进行。试验采取先低浓度进水，从 1.0m/h、1.5m/h、2.0m/h 到 3.0m/h 逐步提高流速的办法。试验过程中只出现短时间出泥现象，且为絮状污泥，对应负荷为 3kg COD/(m³·d)、4.8kg COD/(m³·d)、5.3kg COD/(m³·d)、5.1kg COD/(m³·d)、8kg COD/(m³·d)，处理效果并没有随着有机负荷和水力负荷的增大而降低。

在此试验中，颗粒污泥从试验初期以 0.96~1.98mm 粒径为主的颗粒污泥，转变为以 0.45~0.96mm 粒径为主的颗粒污泥，其他粒级颗粒大幅度减少。原因是来自 UASB 反应器的颗粒污泥不适应 EGSB 反应器的运行条件，大颗粒污泥易在增大的水力剪切力作用下破碎为絮状体和中等颗粒。试验后期的颗粒沉降速率都有提高，这正是高水力负荷选择的结果，在此条件下生长的污泥颗粒才能实现反应器的高效运行。

3.3.3 EGSB 反应器处理含硫酸盐废水

含硫酸盐废水的处理是近些年来厌氧生物技术领域的一个重要课题。味精、糖蜜、酒精、青霉素等的制药废水中都含有大量的有机物和高浓度的硫酸盐。一般来说，通过生物法从废水中去除硫酸盐可分为两步：首先，将硫酸盐在厌氧条件下还原为硫化物；其次，将硫化物氧化为单质硫并加以去除。在第一步硫酸盐还原过程中，厌氧条件下硫酸盐还原菌（SRB）的生长和活动会对正常的厌氧消化过程产生很大影响：一方面，SRB 与产甲烷菌（MPB）具有类似的生长环境要求和基质利用特性，因此 SRB 可能导致对 MPB 的基质竞争性抑制；另一方面，硫酸盐还原菌的代谢终产物——硫化氢（H₂S）对厌氧细菌特别是产甲烷菌具有很强的毒害作用，会导致它们活性降低，甚至死亡。废水中 COD 与硫的比率（COD/S）以及反应器中的 pH 值是控制这两方面影响的重要参数，硫酸盐通过 SRB 对 MPB 的抑制主要取决于前者而非进水硫酸盐浓度，而后者影响着溶液中硫化物所起抑制作用的程度。

Dries 等通过试验，在以乙酸为基质的情况下采用 EGSB 反应器对含硫酸盐废水进行处理，通过控制上述两个参数，获得了较高的处理效果。试验启动后，将 COD/S 控制在 2.2，pH 值控制为 7.9±0.1。从试验开始起，逐渐改变进水流量、SO_4^{2-}-S 浓度以及硫酸盐负荷，硫酸盐转化率和 COD 去除率分别在 70% 和 90% 左右；尤其是当进水硫酸盐浓度为 800mg SO_4^{2-}-S/L，负荷为 10.4g SO_4^{2-}-S/(L·d) 时，硫酸盐转化率和 COD 去除率分别高达 94% 和 96%，此时，反应器内进水流量为（29.8±1.8）L/d，循环流量为 236L/d，液体上升流速为 5m/h，而水力停留时间为（1.9±0.1）h。由此可见，EGSB 反应器在处理含硫酸盐废水方面具有极大的发展潜力，而对 EGSB 反应器处理含硫酸盐工业废水的研究也将是进一步发展的重点。

3.3.4 EGSB 反应器处理有毒性、难降解废水

（1）处理化工废水

当废水中含有对微生物有毒害作用的物质或是难生物降解的物质时，采用传统的厌氧反应器或 UASB 反应器都很难获得较好的效果。由于 EGSB 反应器具有很高的出水循环比，可将原水中

毒性物质的浓度稀释到微生物可以承受的程度，从而保证反应器中的微生物能良好生长；同时，由于 EGSB 反应器中液体上升流速大，废水与微生物之间能够充分接触，可以促进微生物降解基质。因此，采用 EGSB 反应器处理有毒性或难降解的废水可以获得较好的效果。

Calidic Europoort 是荷兰的一座化工厂，该厂以甲醇为原材料生产甲醛。由于缺少地皮，厂里最终采用了以 Biobed EGSB 作为主要处理单元的废水处理工艺。该反应器采用外置循环水流，循环出水先进调节池，与原水稀释后被泵入反应器。该厂废水 COD 为 40000mg/L，其中甲醛 10000mg/L，甲醇为 20000mg/L。甲醛和甲醇在高浓度下对微生物具有很强的毒性。反应器的进水流量为 5m³/h，循环流量为 145m³/h，原水被稀释了 30 倍，这时甲醇和甲醛的浓度不再对产甲烷菌具有毒性（甲醛<500mg/L，甲醇<800mg/L），Biobed EGSB 反应器可以正常运行，且其处理效果极好。反应器在 HRT 为 1.8h、上升流速为 9.4m/h、容积负荷为 17kg COD/(m³·d) 的运行条件下，出水中 COD 浓度从未超过 800mg/L，COD 的去除率高于 98%，出水中甲醇和甲醛的浓度平均为 20mg/L，去除率高达 99.8%。

（2）处理长链脂肪酸（LCFA）废水

脂类是一种难生物降解的物质，Rinzema 采用 EGSB 反应器处理月桂酸钠（$C_{12:0}$）和癸酸钠（$C_{10:0}$）废水，均取得了很好的效果。当处理癸酸钠废水时，采用 14～96 倍的循环比，反应器内液体上升流速可达 7.2～7.7m/h，运行 35d 后，容积负荷即可增至 31.5kg COD/(m³·d)，平均 COD 去除率可达 91%；当处理月桂酸钠废水时，采用 5～11 倍的循环比，液体循环流速达到 10m/h，容积负荷可达到 31.4kg COD/(m³·d)，平均 83% 的 COD 可被去除。

在实际 LCFA 废水中，月桂酸及癸酸的含量很小，油酸（$C_{18:1}$）[1] 所占的比重很大（80%），有研究结果表明，EGSB 反应器并不适合处理这类废水。Hwu 等在高温（55℃）和中温（30℃）条件下研究了水力学、温度和共存基质对 EGSB 反应器处理这类废水的影响。当仅以 LCFA 为基质时，采用较高的温度，COD 去除率也较高，但同时随着 v_{up} 的增大，COD 去除率减小，特别是当 v_{up} 升至 4m/h 时，大量颗粒污泥被冲出反应器，因此几乎对 COD 没有去除率。加入乙酸、蔗糖等易生物降解的共存基质后，COD 去除率（82%～89%）增加了，但是随着 v_{up} 值由 1.0m/h 变化至 7.2m/h，中温情况下，转化为甲烷的比率由 70% 降为 53%，高温情况下，其比率由 70% 降为 39%。由此可见，EGSB 反应器的高 v_{up} 值的特征对处理这类废水并无益处。

3.3.5 Biobed 反应器的中试研究

（1）处理啤酒废水的工艺

废水取自啤酒废水处理厂的现有缓冲池。中试流程见图 3-3。实验装置主要包括带有搅拌设备及 pH 控制和温度控制的酸化池（0.9m³）、Biobed 反应器。Biobed 反应器直径为 0.4m，高为 11m（包括 2m 的沉淀部分）。进水 COD 和悬浮物浓度分别在 1780～3150mg/L 和 125～1150mg/L 范围内波动。系统需投加氮、磷和微量元素。反应器内上升流速为 6～7m/h，这样沉淀池的上升流速是 5～6m/h，根据负荷的变化，为保持上升流速恒定，一部分回流到酸化池。

（2）负荷与回流的影响

---

❶ $C_{18:1}$ 中 18 表示碳的个数，1 表示有 1 个双键。

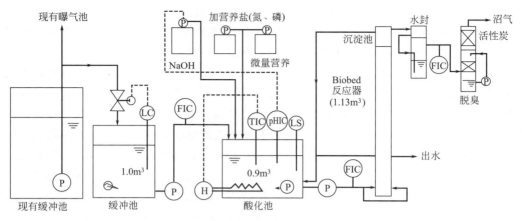

图 3-3　啤酒厂废水处理工艺流程

P—泵；LC—液位控制；FIC—流量显示与控制；TIC—温度显示与控制；

pHIC—pH 显示与控制；LS—液体采样

为获得最高负荷的实验结果，进行了 9 组实验，容积负荷逐级提高。在此实验期间，酸化池的 pH 和温度分别设定为 6.9 和 38℃。实验结果如图 3-4 所示。

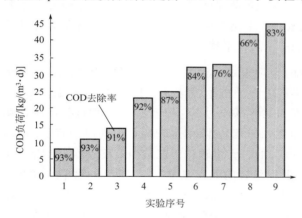

图 3-4　COD 负荷和去除率的关系

在低负荷期间（实验 1～5），需要保持 20％的出水回流到酸化池。当负荷增加后，实验 6 的回流为 10％，而实验 8 就没有回流了。实验 9 负荷与实验 8 一样，但保持了 20％的回流，这时上升流速为 7m/h，没有明显的颗粒污泥流失。

直到实验 6，COD 负荷达到 32kg COD/(m³·d)，出水 VFA 的浓度低于 109mg/L，COD 去除率大于 84％。而当 COD 负荷进一步增加时，实验 7 的 VFA 增加到 253mg/L，实验 8 增加到 586mg/L，这时 COD 去除率分别为 76％ 和 66％。但是在实验 9 负荷高达 43kg

COD/(m³·d) 时，VFA 减少到 123mg/L，取得 83％的 COD 去除率。这表明对于高达 40kg COD/(m³·d) 以上的负荷，要达到 80％以上的去除率，回流是非常关键和必需的。

（3）温度和 pH 的影响

在 25℃、31℃ 和 38℃ 三个温度条件下研究了温度的影响。酸化池的 pH 设定为 6.9，COD 负荷大约为 30kg COD/(m³·d)。当温度从 38℃ 下降到 25℃ 时，COD 去除率从 84.2％ 下降到 67.5％。实验中的平均颗粒污泥浓度为 34.4～38.4kg/m³，而在生产性装置中的颗粒污泥浓度可达到 50kg/m³，从而可以推测 COD 去除负荷可达到 40kg/(m³·d)。

碱的消耗是厌氧装置运行费用的一个主要内容。在酸化池内温度（38℃）和负荷 [30kg/(m³·d)] 不变的情况下，对 pH 的影响进行了研究。当 pH 从 6.9 降至 5.5 时，虽然进水浓度降低负荷仅为 23.2kg COD/(m³·d)，但出水 VFA 和过滤 COD 浓度增加，在 pH＝5.5 时，VFA 浓度增加到 292mg/L。因此，稳定运行的 pH 应该在 6.0 以上，而这时 NaOH 的投加量只是 pH＝6.9 时的 1/4，可节约大量运行费用。

3.4 国内 EGSB 反应器的实验研究和应用

3.4.1 EGSB 反应器的启动运行研究

（1）启动方式实验

在国外的文献报道中，EGSB 反应器的接种污泥大多是采用 UASB 反应器中培养的颗粒污泥，但是对于 EGSB 反应器启动方式的报道很少。左剑恶等采用总体积为 12.8L 小试规模的 EGSB 反应器，研究了絮状污泥接种的 EGSB 反应器在处理高浓度葡萄糖模拟废水时的启动运行规律。

左剑恶等的实验从第 22 天开始启动出水回流，回流比为 2.4∶1。结果发现回流 6h 后污泥床层膨胀到接近三相分离器的底部，大量污泥从反应区进入沉淀区。为了减少絮状污泥的流失，不得不停止回流。当将回流比降低到 1.7∶1 时，污泥床层没有得到有效膨胀。由于絮状污泥的沉淀效果差，用回流的方式难以有效控制其膨胀程度，因此停止回流，先使反应器按 UASB 反应器的运行方式培养出颗粒污泥。

从第 66 天开始，重新启动出水回流，回流比控制在 8.3∶1 左右，上升流速达到 1.3m/h，同时进一步提高进水 COD 负荷为 4.12kg COD/(m³·d)。至第 78 天，反应器内的污泥大部分已转变为颗粒污泥。从严格意义上讲，左剑恶等的研究仍然采用 UASB 的运行方式来培养颗粒污泥，但这也提供了一个启示：EGSB 反应器的结构设计，在实验初期按 UASB 方式运行有可能培养出颗粒污泥。

张振家等也采用首先培养颗粒污泥的方法来运行 EGSB 反应器处理酒糟废水。EGSB 反应器以酒精厂厌氧发酵罐中原有的絮状污泥接种，运行初期将原水用出水稀释 [COD<5000mg/L，负荷小于 2kg COD/(m³·d)]，运行一段时间后，COD 去除率逐渐升高至 70%。此后再逐步提高负荷和进水量，同时，稀释比（稀释水∶原水）也逐渐由最初的 3∶1 下降到 1∶3。2 个月后，从反应器底部取出的泥样中发现已经形成了灰白色、表面光润、粒径为 0.5～1.5mm 的颗粒污泥。此后，原水不经稀释直接进入反应器。反应器自启动完成后，颗粒污泥量不断增多，污泥面也逐渐抬高。运行至第 90 天，底部 MLSS（混合液悬浮固体颗粒）为 65.7g/L，MLVSS（混合液挥发性悬浮固体）为 43.0g/L。反应器运行至第 180 天时，从距底 5m 的取样管中取到的颗粒污泥 MLSS 达 92g/L，距底 9m 的取样管也能得到 MLSS 为 70g/L 的污泥。反应器运行至第 231 天时，距底部 9m 处泥样的 MLSS 为 72.5g/L，MLVSS 为 46.4g/L，MLVSS/MLSS 为 64.0%。运行过程中，COD 容积负荷不断提高，升至 29kg/(m³·d)。

（2）EGSB 反应器连续实验

江翰等以中、高浓度葡萄糖为基质，对 EGSB 反应器的运行进行了研究，实验流程见图 3-5。其中，18.8L 的反应器由有机玻璃制成，温度控制在 30℃ 左右。整个试验分 6 个阶段，见表 3-4。反应器连续运行状况见图 3-6。

表 3-4 反应器运行状况

参　　数	控　　制　　指　　标					
试验阶段	I	II	III	IV	V	VI
时间/d	1～24	25～45	46～81	82～117	118～162	163～178
进水 COD 浓度/(mg/L)	2000	2000～3300	3300	3300～6600	6600	6600～8300
容积负荷/[kg COD/(m³·d)]	4～12	12～20	20	20～40	40	40～50
流速/(m/h)	0.17～0.5	2	2,3,4,5	6	6,5,4,3,2	6
循环比	0	3∶1	(3,5,7,9)∶1	11∶1	(11,9,7,5,3)∶1	11∶1
特征期	污泥稳定期	中负荷运行期	变流速期	高负荷运行期	变流速期	冲击负荷期

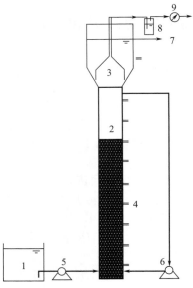

图 3-5 连续实验 EGSB 反应器流程
1—进水槽；2—颗粒污泥床；
3—三相分离器；4—取样口；
5—进水泵；6—回流泵；7—出水；
8—缓冲罐；9—气体流量计

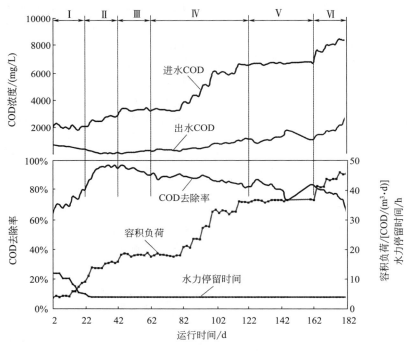

图 3-6 反应器连续运行状况

第 I 阶段——污泥稳定期：反应器投加接种污泥后，以 COD 浓度为 1000mg/L 间歇回流驯化 3d。随后以 COD 浓度为 2000mg/L，负荷为 3.6kg COD/($m^3 \cdot d$)，水力停留时间（HRT）为 12h 开始运行。第 7 天缩短 HRT 至 10h，负荷至 4.2kg COD/($m^3 \cdot d$)，污泥床

不规则膨胀，时有柱塞现象发生，采取回流措施提高流速至 1.5m/h，柱塞膨胀现象消失，去除率增至 76%。至第 24 天，负荷为 11.1kg COD/(m³·d)，去除率稳定 82%。颗粒污泥粒径均匀，略微增大，床层膨胀率稳定，界面清晰，污泥稳定驯化期结束。

第 II 阶段——中负荷运行期：第 25 天至运行结束，HRT 恒定在 4h 不变，靠改变进水基质浓度来改变有机负荷，此阶段上升流速恒定在 2m/h，循环比相应为 3:1。至第 46 天有机负荷达 18.6kg COD/(m³·d)，COD 去除率一直稳定在较高的范围（94.3%~96.5%）。

第 III 阶段——中负荷变流速考察期：此阶段进水 COD 浓度、HRT 和 OLR 均保持不变，分别恒定在 3300mg/L、4h 和 20kg COD/(m³·d)。每运行 6d 依次以 3m/h、4m/h、5m/h 顺序提升水力负荷，膨胀率相应增大，基质去除率有所下降，但整个运行过程中反应器状态稳定，出水 pH 值稳定在 6.6~6.8。运行至第 66 天，将水力负荷提高至 6m/h 时，半天之后发现污泥床层界面不清，悬浮区有大量悬浮细小污泥且出现跑泥现象，马上降低水力负荷，之后 20d 的时间里由 4m/h 逐步提升至 6m/h，颗粒及污泥床状况稳定，未发生颗粒破碎现象。

第 IV 阶段——高负荷运行期：HRT 仍恒定在 4h 不变，水力负荷保持在 6m/h，OLR 提升至 20.8kg COD/(m³·d)，运行过程中 COD 去除率一直稳定在 89% 左右。逐步提高进水 COD 浓度，至第 98 天，OLR 相应为 27.8kg COD/(m³·d)，COD 去除率稳定在 86.6%~89.7%。进一步提高进水 COD 浓度，OLR 相应提高至 36kg COD/(m³·d)，此过程中 COD 去除率则相应降低，由 88% 降至 84%。

第 V 阶段——高负荷变流速考察期：第 118~160 天，HRT 仍恒定在 4h 不变，在进水 COD 浓度保持 6600mg/L 左右、OLR 保持在 40kg COD/(m³·d) 左右条件下，靠改变循环比使上升流速依次达到 6m/h、5m/h、4m/h、3m/h、2m/h 时，COD 去除率相应为 80.5%、83.5%、86.5%、83.9% 和 82.2%，即 5m/h 条件下 COD 去除率最高。第 148 天水力负荷降为 2m/h，2d 后发现反应器呈明显酸化状态，产气量急剧下降。马上停止进料，恢复较高水力负荷（6m/h）并调 pH 值至 7.0，12d 里 OLR 恢复至 40kg COD/(m³·d)，且 COD 去除率稳定在 84% 左右，从酸化状态完全恢复至正常状态。

第 VI 阶段——冲击负荷期：第 162 天 COD 为 6700mg/L，OLR 相应为 36.8kg COD/(m³·d) 时，COD 去除率为 83.5%。第 164 天提高 OLR 为 41.2kg COD/(m³·d)，连续运行，COD 去除率都在 80% 左右，反应器运行正常。第 170 天进水 OLR 增加为 43.6kg COD/(m³·d) 时，COD 去除率为 78%，但 pH 值降至 6.5。随后调整进水 pH 值，反应器 pH 值维持在 6.8 左右连续运行 8d，COD 去除率仍稳定在 78% 左右。第 180 天的 COD 提高至 8300mg/L，OLR 相应为 45.3kg COD/(m³·d)，COD 去除率急剧下降，降至 65%，pH 值则降至 5.6。至此，反应器已达到相应状态下的最大负荷。

3.4.2 UASB 和 EGSB 反应器中厌氧颗粒污泥生物学特性的比较

厌氧颗粒污泥是高效 UASB 和 EGSB 反应器的基础，同时也是 EGSB 反应器获得高处理效果的原因所在。但两种反应器在结构、性能和运行参数上的不同，必然会导致其中的厌氧颗粒污泥性能上的差异。

周洪波和陈坚等对 UASB 和 EGSB 两种反应器中厌氧颗粒污泥的厌氧微生物活性进行了比较研究。实验分别采用葡萄糖、甲酸、乙酸、丙酸、丁酸、戊酸、乳酸等为基质测定了不同颗粒污泥的比产甲烷活性，结果见表 3-5。

表 3-5　不同颗粒污泥在不同基质上的最大比产甲烷活性

单位：kg CH$_4$/（kg·d）

污泥来源	葡萄糖	甲酸	乙酸	丙酸	丁酸	戊酸	乳酸
UASB 反应器	200.3	344.4	59.0	66.6	35.8	22.6	79.1
EGSB 反应器	315.6	191.1	65.5	106.7	55.5	23.5	168.1

从表 3-5 可以看出，除甲酸外，其他不同基质中颗粒污泥的比产甲烷活性均以 EGSB 反应器为高，这解释了 EGSB 反应器可以承受较高 COD 负荷的原因。但是，UASB 反应器中利用甲酸盐的颗粒污泥的活性明显高于 EGSB 反应器颗粒污泥。这间接说明 UASB 反应器颗粒污泥中的嗜氢产甲烷菌数量较 EGSB 反应器颗粒污泥中多，因为约 50% 的嗜氢产甲烷菌能够利用甲酸。

EGSB 反应器颗粒污泥中的嗜氢产甲烷菌数量相对较少，种间氢传递作用减弱会直接造成氢分压的升高。按照热力学原理，在较高氢分压下，葡萄糖发酵生成丙酸和丁酸降解为乙酸的反应产生的能量较少或自由能变化为正值，因而会导致反应速率下降或不能进行。丙酸、丁酸和乳酸积累，使利用丙酸、丁酸和乳酸的产氢产乙酸菌富集，因此，EGSB 反应器颗粒污泥以丙酸、丁酸和乳酸为基质的比产甲烷活性明显高。

Rebac 等在利用 EGSB 反应器处理低温、低浓度麦芽污水时发现，反应器中的产甲烷菌主要是乙酸营养型甲烷毛状菌属（Methanosaeta）的菌种和氢营养型甲烷短杆菌属（Methanobrevibacter）的菌种。由于反应器内乙酸浓度很低，因此反应器内甲烷八叠球菌属的菌种很少，所占比例不到 1%。一般在 UASB 反应器中，索氏甲烷丝菌为优势菌种，索氏甲烷丝菌与甲烷毛状菌的共同特点是对乙酸的 K_s 值较低，其中甲烷毛状菌属对乙酸的 K_s 值比甲烷八叠球菌属的 K_s 值低 5～10 倍。

对 EGSB 反应器颗粒污泥的测定结果是，其胞外多聚物的质量分数明显高于 UASB 反应器颗粒污泥，二者分别为 94.1mg/g 和 67.1mg/g。在胞外多聚物中，UASB 反应器颗粒污泥中多糖的含量较高，而 EGSB 反应器颗粒污泥中蛋白质和核酸的含量较高。实验中采用的 UASB 反应器颗粒污泥和 EGSB 反应器颗粒污泥的平均粒径分别为 0.85mm 和 1.78mm，周洪波和陈坚等推测胞外多聚物含量高有利于形成较大粒径的颗粒污泥。

3.4.3　EGSB 反应器中颗粒污泥床工作状况及污泥性质的研究

（1）气、液上升流速对膨胀率的影响

空隙率（ε）是指污泥床区非固相体积占总体积的比值。污泥床静止状态下的空隙率称为初始空隙率，记为 ε_0。试验中取反应器中已颗粒化程度很高的污泥，根据上述定义测定得 ε_0 值为 0.42，其他参数见表 3-6。理想球形颗粒的 ε_0 值为 0.40（对于近似球形颗粒，ε_0 一般取为 0.40～0.45，此处取 0.40）。试验测得的颗粒污泥的空隙率与之相近，其间的微小差别可能是由于颗粒污泥并不是理想的球形形状而造成的。

表 3-6　试验所测颗粒污泥的相应指标数据

分析指标	ε_0	d_S/m	ρ_S/(kg/m³)	ρ_L/(kg/m³)	μ_L/(Pa·s)
数值	0.42	0.0018	1040	1003	0.042

床层膨胀率是指污泥床膨胀变化的高度相对于静止污泥床的体积的比值。空隙率（ε）和床层膨胀率（η）之间的关系如下：

$$\varepsilon = \frac{\varepsilon_o + \eta}{1 + \eta} \qquad (\varepsilon_o \leqslant \varepsilon < 1) \tag{3-1}$$

根据式（3-1），由床层膨胀率可以计算空隙率，由空隙率亦可计算相应膨胀率。

颗粒污泥床反应器的膨胀率 η 按下式计算：

$$\eta = \frac{H - H_o}{H_o} \times 100\% \tag{3-2}$$

式中，H 为膨胀后颗粒污泥床的高度，m；H_o 为静止状态下颗粒污泥床的高度，又称沉降高度，m。

试验过程中反应器在不同运行条件下所测的膨胀率见表 3-7 [空隙率 ε 系根据膨胀率 η 由式（3-1）相应求得]。废水流速（u）和床层空隙率的关系可运用描述液-固流化床的 Richardson-Zaki 方程来确定，见式（3-3）。

表 3-7　试验过程中所测膨胀率及相应空隙率

数据点		1	2	3	4	5	6	7	8	9	10
$v/(\text{m/h})$	v_L	2	3	4	4.5	4.5	4.5	4.5	4.5	5	4.5
	v_G	0.04	0.06	0.07	0.07	0.17	0.28	0.31	0.38	0.19	0.20
$\eta/\%$		10.1	22.4	30.5	31.2	31.5	31.8	32.2	35	46.9	53.9
$\varepsilon/\%$		47.3	53.4	54.6	54.8	56.2	56.8	57.4	57.7	60.5	62.3

$$u = u_t \varepsilon^n \tag{3-3}$$

式中，u_t 为单个颗粒的沉降速率，m/h；ε 为床层空隙率；n 为膨胀指数；u 为颗粒相对于液体的运动速度（即液体表面上升流速 v_{up}）。其中，膨胀指数 n 只与单个颗粒污泥的雷诺数 Re_t 有关（$Re_t = \rho d_s u_t / \mu$），两者之间存在以下关系：

$$\begin{cases} n = 4.65 & (Re_t \leqslant 0.2) \\ n = 4.4 Re_t^{-0.03} & (0.2 < Re_t \leqslant 1) \\ n = 4.4 Re_t^{-0.1} & (1 < Re_t \leqslant 500) \\ n = 2.4 & (500 < Re_t) \end{cases} \tag{3-4}$$

对颗粒污泥的沉降过程进行分析研究可知，颗粒污泥的沉降过程属于过渡区（$1 < Re < 100$）而非传统认为的层流区，故将式（3-4）中的 $n = 4.4 Re_t^{-0.1}$ 代入式（3-3）可得

$$\varepsilon = \exp\left[\frac{\ln(u/u_t)}{4.4 Re_t^{-0.1}}\right] \tag{3-5}$$

由式（3-1），膨胀率与空隙率之间的关系还可表达如下：

$$\eta = \frac{\varepsilon - \varepsilon_o}{1 - \varepsilon} \times 100\% \qquad (\varepsilon_o \leqslant \varepsilon < 1) \tag{3-6}$$

将式（3-5）代入式（3-6）得颗粒污泥床膨胀率的计算公式如下：

$$\eta = \frac{\exp\left[\dfrac{\ln(u/u_t)}{4.4 Re_t^{-0.1}}\right] - 0.40}{1 - \exp\left[\dfrac{\ln(u/u_t)}{4.4 Re_t^{-0.1}}\right]} \times 100\% \tag{3-7}$$

贺延龄等在 35℃ 条件下使用有效容积 60L（高 2.4m，直径 0.2m）的复合循环悬浮颗粒床反应器处理合成废水。反应器初始污泥床高度为 0.37m，分别在上升流速为 1.0m/h、

2.0m/h、3.0m/h、4.0m/h、5.0m/h 和 6.0m/h 时观测反应器的膨胀行为。实验所用颗粒污泥取自山东沂水大地淀粉加工厂的复合悬浮颗粒床反应器，经测定，其平均直径为 1.23mm，密度为 1040kg/m³。模型值与实验值的对比见图 3-7。图中膨胀率与 v_{up} 之间的模型值与实验值基本吻合，说明所建模型是可靠的。

计算值（即模型值）偏低是由于对反应器内的膨胀过程没有考虑气体上升流速的影响（见图 3-8），在进水流量和反应器的结构形式确定的情况下，气体负荷（U_G）数值和原水基质浓度（S_0）、去除率（E）及基质产气系数（ξ）有关。有下列关系存在：

$$\frac{U_G}{U_L} = \frac{S_0 E \xi}{1 + R} \tag{3-8}$$

式中，R 为回流比。

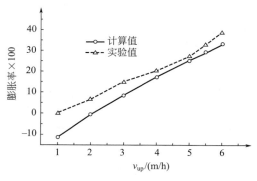

图 3-7　计算值与实验值的对比

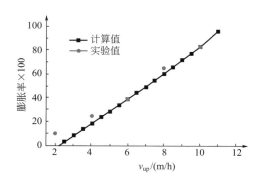

图 3-8　气体上升流速与膨胀率的关系

气体上升流速的影响可通过式（3-8）换算考虑。水力负荷 U_L 和气体负荷 U_G 是在反应器稳态运行条件下影响污泥床膨胀的最直接因素，但其影响作用及机理有所不同。

膨胀率随着 v_{up} 的增大而增大。当 v_{up} 在 2.0m/h 以下时，膨胀率为零，说明在此条件下床层没有膨胀（即为静止床或固定床），大部分 UASB 反应器运行的上升流速在 1.0m/h 以下，所以从这个意义上讲颗粒污泥 UASB 反应器大部分是固定床反应器；当 $v_{up}<$ 4.0m/h 时，膨胀率$<30\%$，此时反应器处于膨胀状态，为膨胀床反应器；而当 v_{up} 为 4.0～ 8.0m/h 时，膨胀率达到了 30%～80%，此时反应器为悬浮床反应器；当 $v_{up}>10.0$m/h 时，体积膨胀率$>100\%$，如 IC 反应器和 EGSB 反应器。从表 3-8 可见，大部分 EGSB 反应器的综合上升流速高于 8.0～10.0m/h。从这个角度讲，一些实际运行的 IC 反应器和 EGSB 反应器属于流化床反应器，而不是膨胀床。

表 3-8　Biobed EGSB 工艺的应用

应用领域（国家）	有效体积 /m³	负荷 /[kg COD/(m³·d)]	水力负荷 /[m³/(m²·h)]	气体负荷 /[m³/(m²·h)]	总(溶解性)COD 去除率 /%
制药（荷兰）	4×290	30	7.5	4.5	55(60)
面包酵母（法国）	2×95	44/28	10.5	8.4	60(65)
面包酵母（德国）	95	40	8.0	4.0	90(98)
啤酒（荷兰）	780	19.2	5.5	2.7	60(80)
化工（荷兰）	275	10	6.3	3.1	90(95)
玉米淀粉（美国）	1314	20.8	2.8	3.4	87(90)

任洪强等采用 EGSB 反应器处理实际低浓度有机废水过程中颗粒污泥床膨胀率的变化情况见表 3-9。当反应器 COD 负荷和 v_{up} 分别为 5.1～6.5kg/(m³·d) 和 1.6～2.0m/h 时，污泥膨胀率为 17.2%～20.9%；当 COD 负荷和 v_{up} 分别增加到 24.5～25.7kg/(m³·d) 和 4.3～4.5m/h 时，反应器出现污泥流失现象，反应器 COD 去除率迅速降低。这表明适宜的 v_{up} 有利于反应器在高负荷条件下达到较高的 COD 去除率。

表 3-9　EGSB 反应器处理低浓度有机废水时颗粒污泥床膨胀率的变化情况

试验项目	试 验 编 号					
	1	2	3	4	5	6
v_{up}/(m/h)	1.6～2.0	3.6～4.2	4.3～4.5	4.3～4.5	4.3～4.5	4.5～5.5
COD 负荷/[kg/(m³·d)]	5.1～6.5	8.3～9.4	14.0～15.2	21.4～23.1	24.5～25.7	16.8～18.2
COD 去除率/%	88.2	87.3	87.1	86.5	85.2	83.4
膨胀率 ε/%	17.2～20.9	26.5～27.6	29.3～31.0	32.8～37.2	37.5～39.7	45.2～51.3

（2）颗粒污泥粒径、密度和沉降速率的变化

Rebac 等在利用 EGSB 反应器处理低温、低浓度麦芽污水时发现，随着反应器的运行，颗粒污泥的粒径发生了一个转型过程。在反应初期，颗粒粒径主要集中在 1.1～2.1mm 范围内；随着反应的进行，颗粒粒径分布范围更宽；在反应后期，颗粒粒径明显增大，主要集中在 1.3～2.7mm 范围内。反应器不同高度处颗粒污泥的粒径也有明显不同，反应器上部主要为 1.7～1.9mm 的小粒径污泥，而下部则为 2.3～2.9mm 的大粒径污泥。就降解乙酸和 VFA 混合物的情况来看，上部颗粒污泥的比基质降解率和比产甲烷活性比下部污泥分别高 11%～40% 和 20%～45%。底部污泥的密度增大，孔隙度减小，基质扩散阻力加大，使得底部污泥活性降低。

图 3-9 是反应器运行过程中颗粒污泥的粒径分布情况。可以看出，接种污泥中颗粒污泥的直径主要以 0.96～1.45mm 的为主，经过一段时间运行后粒径逐渐增大，在运行 18d 时，主要以 1.45～2.0mm 的为主。随后反应器运行过程中出现了流化状态，大部分污泥在流化过程中解体。

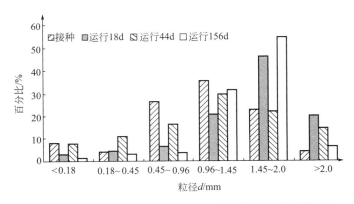

图 3-9　厌氧颗粒污泥反应器运行过程中颗粒污泥的粒径分布

在运行 44d 时结束流化后进行粒径分析，发现颗粒污泥的粒径有了较大的改变，0.96～1.45mm 的颗粒开始占多数，并且 0.45mm 以下的污泥占到总污泥量的 18.4%。在反应器运行后期，颗粒污泥的粒径又开始逐渐增大，以 1.45～2.0mm 的粒径为主。图 3-10 是颗粒污泥的沉速变化情况，可以看出，相同粒径段的颗粒污泥其沉速基本一致。

迟文涛等对同时反硝化/产甲烷颗粒污泥的粒径分布和沉速进行了测定，见图 3-11。在

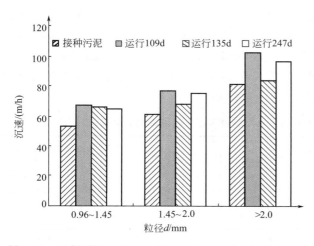

图 3-10　厌氧颗粒污泥反应器运行过程中颗粒污泥的沉速

颗粒粒径小于 2.0mm 的范围内，反硝化/产甲烷颗粒污泥（72d）沉速均比厌氧颗粒污泥（17d）大。对反硝化/产甲烷颗粒污泥进行能谱分析，发现反硝化/产甲烷颗粒污泥表面的钙含量很高，由于反硝化要产生碱度，在颗粒表面会形成 $CaCO_3$ 沉淀，使颗粒无机成分含量增大，故沉速变大。在颗粒粒径大于 2.0mm 的范围内，反硝化/产甲烷颗粒污泥（72d）的沉速均比厌氧颗粒污泥（17d）小，推测由于随着颗粒污泥粒径的增大，颗粒污泥核心传质受到限制，细菌自溶，逐渐形成大的、中空的颗粒

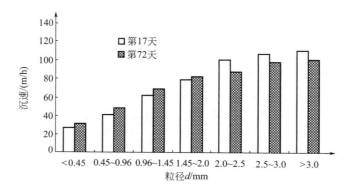

图 3-11　颗粒污泥在清水中的静沉速

污泥，故沉速下降。

多数学者在研究厌氧颗粒污泥的沉降速率时应用经典的 Stokes 公式，这是因为他们认为颗粒污泥的流动状态属于层流区。少数学者采用 Allen 公式对厌氧颗粒污泥的沉降速率进行计算。在对颗粒污泥的流动状态的研究中，这些学者均未对颗粒污泥的雷诺数予以验证。那么，厌氧颗粒污泥沉降过程到底是属于层流区（Stokes 区）还是过渡区（Allen 区）或其他情况？贺延龄通过建立高负荷反应器中颗粒污泥沉降速率模型对这一问题进行了深入的研究。

在实际厌氧反应器中，颗粒污泥的运动状态较为复杂，其沉降性能受到颗粒污泥球形度、产气、壁面效应等多种因素的影响。假设颗粒的沉降过程基本符合以下条件：

① 颗粒污泥为球形，直径（或当量球径）为 d_p，密度为 ρ_p；
② 颗粒分散状态良好，颗粒之间互不干扰，为自由沉降过程；
③ 反应器内只有固相（颗粒污泥）和液相（废水）。

沉降速率的基本计算公式为：

$$u_t = \sqrt{\frac{4gd_p(\rho_p - \rho)}{3\xi\rho}} \tag{3-9}$$

由式（3-9）可知，颗粒沉降速率反比于颗粒污泥与流体的相对运动阻力系数 ξ，ξ 的大

小直接影响颗粒污泥的沉降性能。阻力系数 ξ 是流体相对于颗粒运动时的雷诺数的函数，即

$$\xi = \phi(Re_t) = \phi(\rho d_p u_t / \mu) \qquad (3\text{-}10)$$

假定流体的流型处于过渡流状态（$1 < Re < 500$），这时其阻力系数 ξ 可按下式计算：

$$\xi = 18.5 Re_t^{-0.6} \qquad (3\text{-}11)$$

将式（3-11）代入式（3-10），可得过渡区颗粒污泥沉降速率的计算式：

$$u_t = 0.781 \left[\frac{d_p^{1.6}(\rho_p - \rho)}{\rho^{0.4} \mu^{0.6}} \right]^{0.714} \qquad (3\text{-}12)$$

以上各式中，μ 为废水的黏度，Pa·s；ρ 为废水的密度，kg/m³；ρ_p 为颗粒污泥的密度，kg/m³；d_p 为颗粒污泥的直径，m。

一般情况下，UASB 反应器内的上升流速控制在 0.5～2m/h，复合循环悬浮颗粒（污泥）床反应器与 EGSB 反应器控制在 2～6m/h，IC 反应器控制在 2～10m/h 的范围内。颗粒污泥为密度在 1030～1080kg/m³ 之间、直径变化范围 0.14～5mm 的黑色或灰色球形或椭球形微生物聚合体。利用上述模型对不同粒径颗粒污泥的沉降速率计算如下。

在颗粒污泥的密度范围内，分别取 1030kg/m³、1040kg/m³、1050kg/m³、1060kg/m³、1070kg/m³、1080kg/m³ 进行模拟计算。由于实际过程中较大的颗粒污泥不多，颗粒污泥直径范围取 0.3～2.5mm。模拟计算过程中废水黏度取 10^{-3} Pa·s，密度取 1000kg/m³。计算结果分别见图 3-12 和图 3-13。

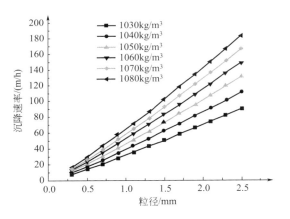

图 3-12　不同颗粒的沉降速率

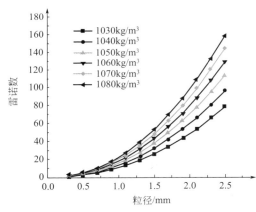

图 3-13　不同密度颗粒污泥的雷诺数

从图 3-12 可以看出，密度为 1030～1080kg/m³、直径在 0.3mm 以上的颗粒污泥的沉降速率均在 10m/h 以上，远高于上流式厌氧反应器内废水的最大上升流速。所以颗粒污泥可有效地保留在反应器内，大大地延长了颗粒污泥的停留时间，从而为提高液体上升流速、促进反应器性能创造了条件。同时可以看出，直径小的颗粒污泥的沉降速率较小，故在厌氧反应器启动时（这时直径小的颗粒污泥较多）应维持较低的水力负荷。

从图 3-12 中可以看到，虽然颗粒污泥的沉降速率随颗粒直径的增大而增大，沉降性能越来越好，即 SRT 随之增大，但是直径增大的同时反应器内颗粒污泥整体的比表面积会越来越小，从而降低了反应器的性能。所以，颗粒污泥直径应控制在一个合理的范围内，兼顾

颗粒污泥的沉降性能与反应器的性能。

从图 3-13 可以看出，常见的直径在 0.3～2mm 的颗粒污泥其沉降过程的雷诺数落在 1～100 的范围内；直径在 2mm 以上的颗粒污泥其沉降过程的雷诺数在 160 以下。整个计算结果表明，颗粒污泥的沉降过程处于过渡区。为检验所建模型的合理性与适用性，在此将根据重量沉降法对源自几个生产实例的颗粒污泥的沉降速率进行测定，并将模型的计算结果和实际情况下的实测值与文献值共 8 组数据作一对比分析，见表 3-10。

表 3-10　颗粒污泥平均沉降速率测定结果与沉降速率模型计算结果的对比

样品编号	污泥来源	反应器类型	处理废水类型	有机负荷/[kg/(m³·d)]	上升流速/(m/h)	污泥平均粒径/mm	污泥密度/(kg/m³)	沉速实验值/(m/h)	沉速计算值/(m/h)	雷诺数
1*	山东诸城玉米淀粉加工厂	EGSB	淀粉废水	10.5	1.85	0.74	1030	25.33	24.27	5.8
2*	山东诸城玉米淀粉加工厂	UASB	淀粉废水	5.0～5.5	1.85	1.40	1040	60.50	61.50	27.8
3*	山东沂水某淀粉加工厂	UASB	淀粉废水	4.0	0.6	1.30	1040	55.24	56.50	23.7
4*	山东沂水某淀粉加工厂	悬浮床	淀粉废水	24.5	4.0	1.19	1050	54.60	60.00	23.0
5#	Nedalco，Bergen op Zoom，The Netherlands	—	酒精废水	—	—	1.50	1039	52.90	61.30	26.5
6#	Central Suiker Maatschappij，Breda，The Netherlands	—	甜菜制糖废水	—	—	1.89	1038	83.30	78.30	42.7
7#	Aviko，Steenderen，The Netherlands	—	土豆加工废水	—	—	1.76	1057	97.8	96.50	49.8
8#	Papierfabriek Roermond，The Netherlands	—	废纸造纸废水	—	—	2.20	1042	98.9	100.0	63.7

注：＊样品是本课题试验测得的结果；＃样品是文献调查中的数据。

3.5　厌氧 Biobed EGSB 反应器

3.5.1　厌氧 UFB Biobed 反应器的发展历程

厌氧 Biobed EGSB 反应器是由 Biothane（荷兰百欧仕）公司所开发的一种新型反应器，其工艺技术起源于 Biothane 公司的厌氧流化床。Biothane 公司自 20 世纪 80 年代就开始了厌氧流化床的应用研究，为此进行了广泛的实验室、中试和生产性规模的试验。在世界范围内，高效的流化床技术成功实例很少，这主要是由于在极高的上升流速下，生物膜在载体上附着困难。在生产性流化床的设计装置上也遇到了同样的问题，即由于强烈的水力和气体剪切作用，形成载体的生物膜脱落十分严重，无法保持生物膜的生长。

流化床在经过生产性应用的挫折之后，反而在其运行过程中形成了厌氧颗粒污泥，在实际运行中将厌氧流化床转变为膨胀床的运行形式。因此，Biothane 公司转而开发 EGSB 反应器，其 EGSB 反应器的特点是将流化床的特点与 UASB 反应器的特点相结合，提出了 Biobed EGSB 工艺。

其早期商品名称为 UFB Biobed 反应器，即升流式流化床生物反应器；近年来的文献中，该公司称其为 Biobed EGSB 反应器。这从另一方面给出厌氧流化床不成功的例子（详细讨论见后）。Biobed EGSB 反应器是 EGSB 反应器的一种形式，它可以在极高的水、气上升流速（两者均可达到 $5 \sim 7 m/h$）下产生和保持颗粒污泥，而不需载体物质。由于液体和气体上升流速高，进水和污泥之间的混合状态良好，因此系统可以采用 $15 \sim 30 kg\ COD/(m^3 \cdot d)$ 的高负荷。下面结合该工艺的发展过程对其主要技术特性进行描述。

（1）生产规模厌氧流化床的运行经验

早在 20 世纪 80 年代初，荷兰 Gist-brocades 公司就和 Biothane 公司一起采用厌氧流化床与好氧流化床进行了处理该公司酵母和制药生产废水的研究工作。1984 年，建成了当时世界上处理酵母和制药产品废水的最大规模的生产规模厌氧流化床装置 [见图 3-14（b）]。该废水处理厂包括预酸化池和 4 个直径为 4.7m 的厌氧流化床，同时还有相同直径的两个好氧气提反应器。图 3-14（a）是 Delft 的 Gist-brocades 废水处理厂工艺流程图，废水处理厂的设计参数和废水特性见表 3-11，其中流化床运行数据见表 3-12。

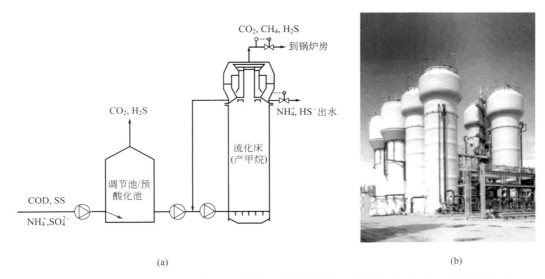

图 3-14　Delft 的 Gist-brocades 酵母和制药废水处理厂工艺（不包括好氧）（a）和装置图（b）

表 3-11　荷兰 Delft 的 Gist-brocades 公司的设计参数和废水特性

流量/(m³/d)	6000～6500	每个反应器的总体积/m³	400
COD/(mg/L)	3800～5000	反应器高度/m	21
COD 负荷/(t/d)	22～29	反应器的直径/m	4.7

表 3-12　Delft 的流化床运行数据（1990 年）

COD 负荷($V_{总}$)[①]/[kg COD/(m³·d)]	16～21	出水挥发酸/(mg/L)	20～450
产气量/(m³/d)	5000～7000	液体上升流速/(m/h)	15
COD 去除率/%	50～60	气体上升流速/(m/h)	4

① $V_{总}$ 表示总体积，不包括反应器头部气室。

运行中从反应器的不同高度取样观察，结果发现反应器底部的载体没有生物膜，仅在反应器中、上部的载体上可以观察到生物膜的存在。这一现象也在其他流化床系统中出现过。这是由于进水口的配水系统存在极强的剪切条件，而这一极端条件对于保持玄武岩载体处于流化状态是必需的。

由于反应器上部的剪切条件较为温和，生物颗粒有生长和变大的趋势，因而使颗粒的总密度减小。理论推算和从生产获得的结果表明，厌氧流化床底部的载体没有生物膜的生长，而反应器上部的较大污泥颗粒则会流失。理论计算表明，该系统中直径大于 2mm 的颗粒（载体颗粒直径为 0.3mm）其沉降速率与 UASB 系统中相同直径的颗粒污泥大体相同。由于在流化床系统中水力流速高达 15m/h（流化载体所必需），因此这些颗粒将被冲出系统。

对 4 个流化床反应器中 2 个反应器内的有机物进行测量，发现最大的生物保有量为接近 5t 的挥发性悬浮固体（VSS）。在处理厂运行期间，没有任何剩余污泥的排放。4 个流化床反应器处理的 COD 负荷为 20t COD/d（平均每个反应器 5t COD/d），计算表明，污泥负荷接近 1.0kg COD/(kg VSS·d)。考虑到制药废水难降解的性质，这一污泥负荷对稳定运行来讲太高了。

在 400m³ 反应器内生物量最大为 5t VSS，这一数值对于运行在 COD 容积负荷为 16～21kg/(m³·d) 的流化床来讲又太低。这导致厌氧出水中 VFA 浓度过高。对生产规模厌氧流化床反应器的出水 VFA 浓度进行观察，发现这一数据在超过一年的运行中大多数时间达不到较低的水平，出水浓度低于 50mg/L 水平的时间很少（第 20～32 周；见图 3-15），从而可以得出结论：厌氧流化床反应器处于超负荷状态。考虑到流化床反应器中污泥取样和测定过程的难度及复杂性，以上仅是半定量的结果。

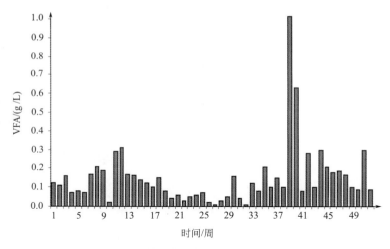

图 3-15　运行时间和冲击负荷对厌氧流化床出水 VFA 的影响

由于反应器内仅能保持有限的生物量，系统对 COD 和毒性冲击负荷事实上没有缓冲能力，因此，工艺总的稳定性受到限制。从图 3-15 可见，系统从不稳定状态恢复（例如第 10 周、第 38 周）需要相当长的时间，生物流失后需要 2 个月才能达到最高浓度。

超过 5 年的运行证明，Gist-brocades 的厌氧流化床反应器是不成功的。该系统的主要缺点是不能保持充足的生物量，以保证系统可靠和稳定地运行。

（2）厌氧流化床的相关研究

Last 等对厌氧颗粒污泥膨胀床（EGSB）进行了研究。EGSB 和厌氧流化床（FB）的不同点在于：①EGSB 反应器采用的是颗粒污泥，而流化床系统中采用的则是惰性颗粒载体形成的生物膜颗粒；②流化床系统中是完全的流化状态，而 EGSB 反应器则是一种改进的

UASB 反应器，反应器内实现不完全的流化。

EGSB 反应器与 UASB 反应器的主要差异，在于 EGSB 系统中采用了相当高的上升流速，从而使污泥床产生显著膨胀，促进了污泥与废水的混合接触，达到充分利用生物量的目的。

这 3 种反应器的具体参数对比见表 3-13。

表 3-13　UASB、EGSB 和 FB 反应器的参数对比

反应系统	污泥类型	载体	上升流速 v_{up}/(m/h)
UASB	絮状污泥	—	0.5~1.5
	颗粒污泥	—	0.5~1.5
EGSB	颗粒污泥	—	4~8
FB	污泥在载体上	+	9~24

Last 等采用厌氧流化床处理预沉生活污水，采用没有接种物的 205L 流化床反应器，停留时间为 0.67~2.6h。为了将投入的 196kg 银砂完全流化（100%），最初采用的上升流速是 24m/h。当生物膜附着在载体上之后，载体的相对密度降低。为继续在反应器内保持载体，将上升流速降到 10~12m/h。在 10~13℃ 的条件下，反应器总 COD 去除率仅有 7%，有时甚至是负值。不过，可达到 46%~59% 的酸化效果，在 1 年半的运行时间内，流化床反应器仅作为预酸化器，没有甲烷活性（见图 3-16 和图 3-17 中阶段 b）。

运行 1 年半以后，将水力停留时间（HRT）延长到 6h 左右，上升流速减小到 EGSB 反应器的范围，即 3~8m/h。反应器内的比产甲烷活性突然增加到（或超过）EGSB 反应器的水平（见图 3-16 和图 3-17 中阶段 c）。比产甲烷活性从 0.023g CH₄-COD/(g VSS·d) 增加到 0.16g CH₄-COD/(g VSS·d)，并且基本保持在这一水平。同时，反应器 COD 的去除率也达到了 EGSB 反应器的水平，在 HRT 为 2h 时，总 COD 去除率为 44%。这是一个非常有意思也有意义的现象，从另一方面表明流化床应用的局限性。

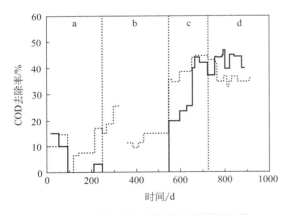

图 3-16　在实验各个阶段处理预沉生活
污水的平均 COD 去除率
——溶解性 COD 去除率　……总 COD 去除率

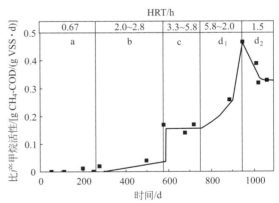

图 3-17　处理预沉生活污水在 30℃ 条件下颗粒污
泥比产甲烷活性在实验过程中的演变

当 HRT 又减小为 2.0h 时，比产甲烷活性迅速增强，最终达到 0.48g CH₄-COD/(g VSS·d) 的水平，污泥完全达到颗粒化；继续将 HRT 减小到 1.5h，比产甲烷活性下降并稳定在 0.32g CH₄-COD/(g VSS·d) 的水平，溶解性 COD 的去除率下降到 40%，总 COD 去除率下降到 33%（见图 3-16 和图 3-17 中阶段 d 及表 3-14）。

表 3-14　在旱季条件下一级 EGSB 反应器处理生活污水获得的平均溶解性 COD 和总 COD 去除率

反应器	温度 /℃	HRT /h	COD 负荷 /[kg/(m³·d)]	去除率/%	
				溶解性 COD	总 COD
流化床	19	2.0	4.7	45	44
	16	1.5	5.5	40	33

对颗粒污泥的观察发现，颗粒污泥的 VSS 含量达到 70%～80%，与颗粒污泥反应器的观察结果是一致的。在颗粒污泥中沙子的成分很低，沙子仅起到颗粒污泥核心的作用。

（3）UFB Biobed 反应器的开发

基于流化床不成功的结果和同一时期膨胀床的进展，Biothane 公司决定与生产规模的废水处理厂平行进行 UFB Biobed 工艺中试，评价这种模式处理酵母和制药产品废水的可行性。在中试初期，系统中仍然采用了载体颗粒，仅仅改变了上升流速。这一时期 Biothane 公司对这一系统的准确描述是不清晰的，这一新型流化床系统包含了 UASB（没有载体的颗粒污泥）和有生物载体流化床系统的特点，称其为 UFB Biobed 系统（见图 3-18）。事实上，对比图 3-18 与图 3-14，也看不出两个系统的根本差别。与 Delft 生产规模流化床反应器相比，改进后反应器底部进水系统的剪切条件保持中等水平，反应器顶部的沉淀器改善可以满足极端的水力负荷，以保持没有载体的颗粒污泥。

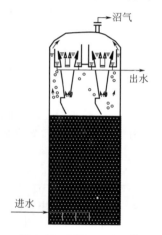

图 3-18　UFB Biobed®
反应器的图示

从图 3-19 清楚地看出，中试厂去除同样 COD 产生更多的沼气。虽然这两个不同反应器的进水不完全相同，但处理效果的差别非常显著。在此基础上将 Gist-brocades 4 个流化床中的 2 个进行了改造，结果进一步证实 UFB Biobed 工艺的高效率和稳定性。

3.5.2　生产规模 UFB Biobed 系统的验证

基于中试结果，Biothane 公司提出将具有载体的厌氧生物流化床改造为升流式流化床系统，以增加系统的运行可靠性。这一想法在 Uniferm Monheim 建设的生产规模 UFB Biobed 系统中进行实施。Uniferm Monheim 废水是生产面包酵母而产生的，其中包含浓缩冷凝液（蒸发浓母液废水）和反渗透膜废液（浓缩低浓度废水），主要含有挥发酸和乙醇（见表 3-15）。图 3-20 给出了整个工艺流程的图示，表 3-16 是

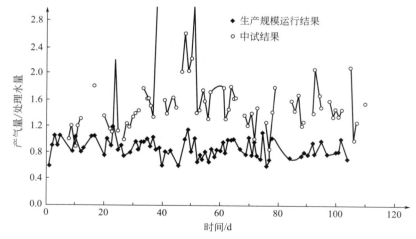

图 3-19　中试厂和生产规模实验对比

其 1989 年的运行数据。

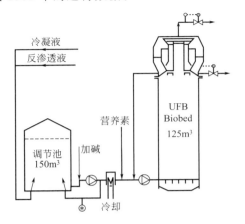

图 3-20 Uniferm Monheim UFB Biobed 流程

表 3-15 Uniferm Monheim 废水特性

参　　数	范　　围
总 COD/(mg/L)	2500～3500
溶解性 COD/(mg/L)	2500～3500
挥发性有机酸/(mg/L)	930
pH	4

表 3-16 Uniferm Monheim UFB Biobed 厂的运行总结

参　　数	平均值	范围	参　　数	平均值	范围
流量/(m³/a)	587	300～900	产气量/(m³/d)	663	300～1100
COD 浓度/(mg/L)	2580	1900～4000	VFA 出水/(mg/L)	<25	<25
COD 负荷/(kg/d)	1514	1000～2400	液体上升流速/(m/h)	4	2～6.5
负荷率/[kg/(m³·d)]	16.8	8～30	气体上升流速/(m/h)	13	13
去除率/%	96.5	95～98			

　　从运行结果来看，尽管进水波动大且有些时间超负荷，但总的来讲，出水的稳定性很好，可取得稳定的出水。关键是改进的沉淀池具有良好的沉淀功能，在液体和气体上升流速分别为 6.5m/h 和 13m/h 时，颗粒污泥仍然可以保持在反应器内。事实上，可以观察到污泥的生长，不时有剩余污泥从反应器内排出。

　　新的 UFB Biobed 系统具有以下显著特点：

① 负荷能力高，达 15～30kg COD/(m³·d)；

② 反应器占地面积小；

③ 采用颗粒污泥，快速（再）启动；

④ 借助改进沉淀器取得极好的生物停留；

⑤ 由于液体流速高，没有惰性固体的累积；

⑥ 高回流可对内部有毒但生物可降解化合物的浓度进行稀释。

3.5.3　Biobed EGSB 反应器的构造和原理

　　（1）Biobed EGSB 反应器的基本构造和原理

　　后来，Biothane 公司在其样本和宣传材料中，将厌氧升流式流化床（UFB Biobed）都称为 Biobed EGSB 反应器。这时，Biobed 工艺已与前期的 UFB Biobed 工艺有了很大的差别。Biobed EGSB 反应器的横截面及工作原理如图 3-21 所示。

　　进水通过特殊的进水分配系统进入反应器的底部，然后，污水通过包含颗粒污泥的膨胀污泥床。颗粒污泥的沉淀性能非常好，沉速为 60～80m/h。在污泥床中，COD 转化为沼气。污泥床的高度取决于反应器的高度，在 7～14m 之间变化。污泥、沼气和水混合体在反应器顶部的三相分离器中被分离。净化后的水通过出水流槽流出反应器；沼气通过出气管排出；污泥沉淀回到反应器的有效空间。

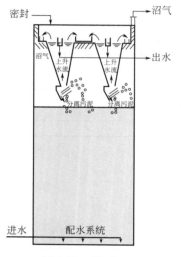

图 3-21 Biothane 公司开发的 Biobed EGSB 反应器示意图

三相分离器或沉淀器是 Biothane 公司与 Delft 水力公司合作开发的专利产品，与传统的 UASB 三相分离器相比，最重要的一个差异是其水力负荷要高得多。UASB 三相分离器的表面负荷为 $1.0m^3/(m^2 \cdot h)$，而 Biobed EGSB 分离器的表面负荷为 $15m^3/(m^2 \cdot h)$，超过此值之后，污泥才会流失。正是由于这种特殊的水力特性，才有可能建造高径比大的反应器。同时，Biobed EGSB 系统对悬浮物也不太敏感，只要这些固体物的沉速低于反应器的上升流速，就将被冲出反应器。而 UASB 反应器的液体上升流速为 $0.3\sim1.0m/h$，因而使反应器对悬浮固体的累积非常敏感。

（2）Biothane 公司的 UASB 反应器与 Biobed EGSB 反应器的对比

UASB 和 Biobed EGSB 技术的相同点是两种工艺均采用颗粒污泥，运行原理相同：两种工艺中，废水均进入反应器的底部，通过特别设计的进水分布系统，污泥、沼气和水通过反应器顶部的特殊设计的三相分离器（或沉淀器）而被分离成三相；处理出水通过出水槽排放，沼气被收集在顶部，污泥沉淀后回到反应器的有效体积部分。但是，两种反应器的几何尺寸、工艺参数和结构材料有所不同，主要不同点列于表 3-17。

① 两种类型反应器最为重要的一个设计参数——沉淀器允许的最大表面流速不同。Biobed EGSB 反应器中沉淀器的液体上升流速（10m/h）显著高于 Biothane 的 UASB 沉淀器（1.0m/h）。

② 最高的允许负荷不同。Biobed EGSB 显然可在较高 COD 负荷 [$30kg\ COD/(m^3 \cdot d)$] 下运行，而 Biothane UASB 工艺的最高运行负荷仅为 $10kg\ COD/(m^3 \cdot d)$。结果是 Biobed EGSB 反应器的体积小于 Biothane 的 UASB 反应器。

③ Biobed EGSB 工艺采用的高径比大，高度一般为 12~18m；而 UASB 反应器一般是矩形（方形），平均高度为 6m。所以 Biobed EGSB 反应器占地面积小。

④ Biobed EGSB 反应器一般建成密闭的完全没有臭味的排出系统；可以在压力下运行，这样不必采用沼气柜或压缩机。

表 3-17　Biothane 的 UASB 和 Biobed EGSB 反应器的主要特性参数比较

参　　数	Biothane UASB	Biobed EGSB	参　　数	Biothane UASB	Biobed EGSB
负荷/[kg COD/($m^3 \cdot d$)]	10	30	沉淀器的 $v_{液}$/(m/h)	1.0	10
高度/m	5.5~6.5	12~18	反应器的 $v_{液}$/(m/h)	<1.0	<6.0
对进水有毒物质的耐受性	较弱	较强	反应器的 $v_{气}$/(m/h)	<1.0	<7.0

Biobed EGSB 反应器和其他得到广泛应用的高效反应器一样，具有工艺和结构的简单性。Biobed EGSB 工艺虽然效率极高，但其反应器相当简单，仅包括两个主要部分——反应器顶部的沉淀器和反应器底部的布水装置，因此便于其推广应用。同时，在反应器底部的进水分配系统有多个进水点，以保证废水和污泥最大程度地接触，使之在应用和设计中有一定

的灵活性。综上所述，将 Biobed EGSB 反应器的优点汇总如下：

    ① 具有极高的有机负荷能力 [15～35kg COD/(m³·d)]；

    ② 占地面积非常小；

    ③ 具有三层挡板的特殊内部沉淀器（获得专利）；

    ④ 颗粒污泥可沉淀性能极佳；

    ⑤ 运行经济，可靠性好。

3.5.4 Biobed EGSB 反应器的生产性应用

（1）全世界范围内 Biobed EGSB 反应器的应用

到目前为止，在全世界范围有超过 50 个 Biobed EGSB 反应器投入运行，其应用领域包括啤酒废水、化工废水、发酵废水和制药废水等的处理，见表 3-18。

表 3-18 全世界范围内 Biothane 公司厌氧 Biobed EGSB 反应器的应用

序号	废水种类	COD 负荷 /(kg COD/d)	COD /(mg/L)	流量 /(m³/h)	体积 /m³	容积负荷 /[kg/(m³·d)]	容积负荷范围 /[kg/(m³·d)]
1	啤酒，1995[①]	45400	4500	420	2300	19.7	
2	啤酒，1995	12500	2500	208	940	13.3	
3	啤酒，1994	3200	3250	41	170	18.8	
4	啤酒，1997	25000	3900	267	1048	23.9	
5	啤酒，1996	22800	3800	250	912	25.0	
6	啤酒，1996	5000	2500	83	250	20.0	平均 21.0 最高 29.5，最低 13.3
7	啤酒，1992	23000	2100	300	780	29.5	
8	啤酒，1999	8500	2780	127	327	26.0	
9	啤酒，1996	3271	8995	15	125	26.0	
10	啤酒，1994	137000	7450	767	7800	17.6	
11	啤酒，1994	84000	6336	552	5200	16.2	
12	啤酒，1994	84000	6336	552	5200	16.2	
1	酵母，1997	20000	20000	1000	1100	18.2	
2	酵母，1995	15000	10400	60	865	17.3	
3	酵母，1999	28000	6375	183	1100	25.5	
4	酵母，1984	7000	11700	25	250	28.0	平均 21.0 最高 28.0，最低 14.6
5	酵母，1985	3500	2100	1	125	28.0	
6	玉米加工，1999	32953	3107	442	1550	21.3	
7	玉米加工，1996	26900	2733	410	1840	14.6	
8	玉米加工，1996	5490	2900	79	366	15.0	
1	化工，1996	2160	6000	15	216	10.0	
2	化工，1996	15252	3100	205	1692	9.0	
3	化工，1995	2480	6200	17	130	19.1	
4	化工，1995	5400	7500	30	550	9.8	平均 13.6 最高 20.0，最低 9.0
5	化工，1992	2750	20000	6	275	10.0	
6	化工，1996	4500	25000	7.5	250	18.0	
7	DMT，1997	7300	33800	9	550	13.3	
8	DMT/PTA[②]，1997	26000	6500	167	2×1000	13.0	
9	化工，1997	12500	10400	50	625	20.0	
1	青霉素，1997						平均 20.4 最高 22.5，最低 19.6
2	制药，1994	31320	7400	18	1600	19.6	
3	制药，1994	1800	17900	4.2	80	22.5	

序号	废水种类	COD 负荷 /(kg COD/d)	COD /(mg/L)	流量 /(m³/h)	体积 /m³	容积负荷 /[kg/(m³·d)]	容积负荷范围 /[kg/(m³·d)]
4	酵母/抗生素,1985	15000	5000	125	760	19.7	
5	酵母/抗生素,1984	15000	5000	125	760	19.7	
1	甜菜糖,1997	10800	4500	100	474	22.8	平均20.9 最高22.8,最低18.8
2	甜菜糖,1996	16360	4950	165	767	21.3	
3	糖果废水,1996	2250	15000	6	120	18.8	
1	土豆加工,1996	1166	5070	49	125	9.3	平均13.7 最高17.1,最低9.3
2	土豆加工,1997	11000	3500	131	750	14.7	
3	土豆加工,1997	12000	7500	67	2×350	17.1	
1	食品废水,1995	3600	15000	8	200	18.0	平均18.1 最高19.0,最低17.3
2	食品加工,1995	1900	8150	10	110	17.3	
3	食品废水,1996	2540	2540	42	134	19.0	
1	淀粉和乙醇,1993	19091	4032	197	1200	15.9	平均12.9 最高15.9,最低9.0
2	淀粉和乙醇,1993	27275	4200	272	1750	15.6	
3	酒精废水,1994	2500	5000	21	220	11.2	
4	调味品,1997	2800	2150	54	310	9.0	
1	柠檬酸,1997	18000	15000	50	900	20.0	平均18.5 最高25.1,最低12.4
2	乳酸,1999	12000	11210	45	590	20.3	
3	水果浓缩液,1998	620	3840	6.7	50	12.4	
4	蔬菜/水果,1997	5025	8800	24	200	25.1	
5	饮料废水,1996	1500	5100	12	100	15.0	

① 投产年份。余同。

② DMT 为对苯二甲酸二甲酯;PTA 为对苯二甲酸。

(2) 处理啤酒废水的实例

在 1994 年前,荷兰某啤酒厂的啤酒废水一直采用卡鲁塞尔氧化沟处理,好氧处理的缺点是污泥产量大和能耗高。这些缺点可以采用厌氧处理来克服,因为厌氧处理作为预处理一般可以去除 COD 的 70%～90%,剩余 10%～30% 的 COD 可以在低负荷的好氧系统中处理。基于这种考虑,该啤酒厂采用了新型的 Biobed EGSB 反应器,特性参数见表 3-19。

表 3-19　啤酒废水 Biobed EGSB 反应器的特性参数

参数	数值	参数	数值
流量/(m³/d)	7200	总 COD 去除能力/(kg/d)	10404[相当于 14.45kg COD/(m³·d)]
总 COD/(mg/L)	2100	pH	4～13
溶解性 COD/(mg/L)	1700	温度/℃	25～30

其工艺流程图如图 3-22 所示。在粗格栅(间隙 10cm)之后,废水泵过一个细格栅(间隙 3mm)。之后,废水通过一个高负荷的预沉池去除粗大酵母、硅藻土等物质,然后提升进入缓冲罐,此后泵入调节池调控 pH 并添加营养物质。经调节池后,废水进入 Biobed EGSB 反应器。

其中,预沉池的设计预留至今后发展到 900m³/h 的处理能力,这时将上第二台 Biobed EGSB 反应器。预沉淀的负荷为 4.5m³/(m²·h),这意味着沉降速率大于 4.5m/h 的悬浮固体都将进入 Biobed EGSB 反应器。而在 Biobed EGSB 反应器内上升流速为 7.3m/h,这表明所有的悬浮物将冲出 Biobed EGSB 反应器。因此,在反应器内没有惰性物质累积,即使在低温条件下,也可保证去除能力达到 10404kg/d。厌氧出水流入原有的卡鲁塞尔氧化沟。

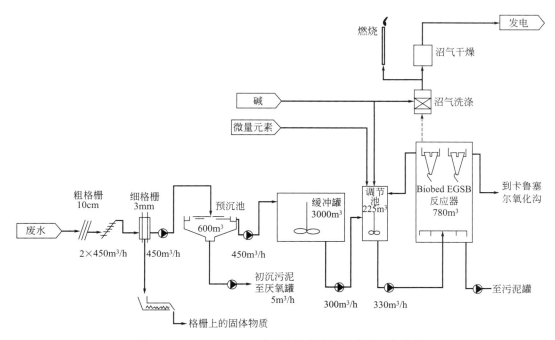

图 3-22　Biobed EGSB 反应器处理啤酒废水的工艺流程

（3）处理食品加工废水的实例

1）食品加工废水的特性

Smith 食品厂生产炸薯片，选择 Biothane 的 EGSB 工艺去除大部分的 COD，采用卡鲁塞尔氧化沟去除剩余 COD。在厌氧阶段，80%COD 转化为甲烷，污泥产量为去除 COD 的 1%～2%。

Peka Kroef 食品厂以土豆和蔬菜为原料提供沙拉生产的半成品。土豆和蔬菜的比值随季节而变，结果导致 COD 负荷的波动较大。其中，在夏季 3 个月加工的蔬菜是洋葱、黄瓜和小黄瓜，在其他月份大部分是胡萝卜和芹菜。

土豆加工废水包含高浓度的淀粉和蛋白质组分，水质特点是温度相当低，废水一般含有大量悬浮固体，并且 COD 的组分波动很大。一般首先是去除悬浮物，然后采用生物处理，如厌氧和好氧工艺。全部好氧处理的缺点是运行费用高（如电费、污泥处理费），特别是近年来污泥脱水和污泥处置费用显著增加。因此，大部分荷兰土豆加工厂转向采用厌氧 UASB 反应器去除 COD。

经过格栅和预处理后 Smith 食品厂和 Peka Kroef 食品厂的废水水质见表 3-20。

表 3-20　经过格栅和预处理后 Smith 食品厂和 Peka Kroef 食品厂的废水水质

参　　数	Smith 食品厂	Peka Kroef 食品厂
流量（平均）/(m³/d)	912	1600
流量（经过缓冲后平均）/(m³/h)	38	67(最大 90)
总 COD/(mg/L)	5000	7500(变化)
溶解性 COD/(mg/L)	4000	6000
COD 负荷/(kg/d)	4560	12000
pH	4.5～7.5	4.5(经过缓冲)
工艺温度/℃	平均高于 30℃	平均高于 20℃
TKN/(mg/L)	286(最大 400)	50～200
PO_4^{3-}-P/(mg/L)	—	10～50

2）Smith 食品厂的废水处理

103

Smith 食品厂的废水处理工艺流程见图 3-23。废水首先经细格栅（间隙 1.0mm）去除粗大悬浮物后，进入沉淀负荷为 $1.0m^3/(m^2 \cdot h)$ 的预沉池去除悬浮物和脂肪、油类及油渣。沉淀固体脱水处理，废水因重力流入 $400m^3$ 的缓冲池。之后，废水从缓冲池泵入调节池，进行 pH 和温度调节。污染物 COD 在 UASB 反应器中去除率为 80%，好氧处理后出水 COD 和总凯氏氮（TKN）分别达到 100mg/L 和 10mg/L 的排放标准。

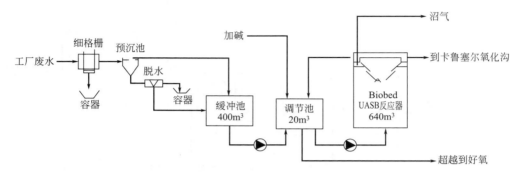

图 3-23　Smith 食品厂废水处理的预处理阶段和厌氧处理阶段图示

3）Peka Kroef 食品厂的废水处理

Peka Kroef 食品厂在厌氧处理工程开始之前，采用传统好氧工艺处理废水（用两个 $4000m^3$ 的方形池子）。若扩建现有的好氧污水处理厂，能源费用和污泥产量都比较高。考虑到其废水低温、COD 负荷波动、COD 组分波动、高悬浮物浓度的特性，Peka Kroef 食品厂对替代传统 UASB 反应器的 EGSB 技术进行了试验，实验室研究在 20～25℃获得了良好的效果。

由于 EGSB 技术的创新性，荷兰政府对这一项目资助了 45 万荷兰盾。厌氧处理作用像一个削峰器（大约 70% COD 被去除，且 COD 降值被拉平），好氧负荷更平缓。图 3-24 为 Peka Kroef 食品厂处理废水的工艺流程。从土豆和蔬菜加工生产线排出的废水，经过相似的固液分离处理装置，粗大固体被水力筛所去除，而大部分悬浮性固体通过预沉池去除。沉淀的固体采用离心脱水，上清液进入 $1000m^3$ 的缓冲池。之后，废水从缓冲池泵入调节池进行 pH 控制，然后被打入 Biobed EGSB 反应器进行 COD 降解。调节池和厌氧反应器均采用

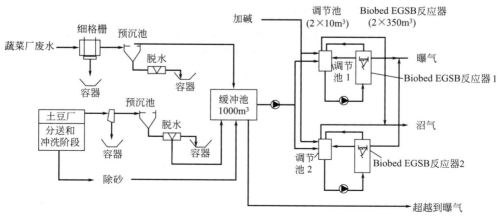

图 3-24　Peka Kroef 食品厂废水处理的预处理阶段和厌氧处理阶段图示

玻璃钢制成，并在 100mbar[●] 的压力下运行，所以不需沼气柜和沼气压缩机。

Peka Kroef 的废水处理厂位于郊区，当地严格限制建筑物的高度（最高 12m），Biobed EGSB 反应器在构造方面具有很大的灵活性，因而可以满足当地的要求。另外，当地严格限制气味和噪声，而 Biobed EGSB 反应器可以做到臭气的零排放。

4）食品加工废水处理的一般流程

首先采用厌氧消化技术对废水进行预处理，降低后续好氧处理单元负荷，同时减轻食品加工厂废水水质波动对后续好氧处理单元的干扰。产生的沼气可用来加热进水，剩余沼气可以考虑将来用蒸汽剥皮代替碱液剥皮。经过好氧处理后的出水，采用过滤获得高质量的最终出水，用于代替食品加工过程中使用的低质水（机器清洗或冷却）。而经过两级反渗透和紫外消毒的水，与地下水混合可以用作工艺用水。整个处理工艺各个阶段的处理效果见表 3-21。

表 3-21　废水处理厂的运行数据

参数	进水（经过预沉池后的数据）				厌氧处理出水				好氧处理最终出水				
	流量 /(m³/d)	总 COD /(mg/L)	溶解性 COD /(mg/L)	SS /(mg/L)	总 COD /(mg/L)	溶解性 COD /(mg/L)	SS /(mg/L)	TKN /(mg/L)	总 COD /(mg/L)	溶解性 COD /(mg/L)	BOD /(mg/L)	SS /(mg/L)	TKN /(mg/L)
数值 效率	517	4566	2770	890	926 80%	266 90%	600	196	165 96%	60 98%	17	80	4

3.5.5　Biobed EGSB 反应器处理难生物降解的化工废水

在 Biobed EGSB 反应器的应用（见表 3-18）中，有 18 个处理厂处理有毒性的化工废水。在希腊、荷兰、新加坡和土耳其，Biobed EGSB 反应器用来处理聚对苯二甲酸乙二醇酯（PET）产品生产中的二甲苯-对苯二甲酸二甲酯（DMT）-对苯二甲酸（PTA）废水。由于 Biobed EGSB 反应器回流比高，出水可以稀释进水成分，因此可以处理包含高浓度毒性组分的废水（低浓度下是生物可降解的，如甲醛）。这一特性被用于多个化工厂。

荷兰 Wageningen 农业大学的 Gonzalez-Gil 等对甲醛的降解过程进行了详细的研究，通过回流实验研究表明，在高的生物量条件下，甲醛的毒性部分是可逆的，在甲醛被消耗后甲烷产量回升。因此，他们建议结合生物量的停留和废水稀释，仍然可以采用厌氧处理含有甲醛的工业废水。

Calidic Europoort 是荷兰鹿特丹附近的一个化工厂，主要产品是甲醛，采用的原材料是甲醇。该化工厂的废水直接排入地表水，所以当地执行非常严格的标准（COD<200mg/L）。显然，其废水中主要污染物是甲醛和甲醇。该厂废水处理的生产规模装置系在 Delft 的 Biothane 公司所进行的实验室实验基础上放大，其工艺流程见图 3-25。

厌氧出水进入低负荷的卡鲁塞尔氧化沟进行后处理。Biobed EGSB 反应器的容积负荷变化范围为 6～12kg COD/(m³·d)，完全由甲醇和甲醛所构成；1995 年底，负荷最终达到 17kg COD/(m³·d)，但 COD 去除率仍然保持不变。图 3-26 是 Biobed EGSB 反应器出水中总 COD 浓度的变化曲线。

其中，Biobed EGSB 反应器最初用 UASB 反应器中的颗粒污泥接种，开始时 UASB 接种污泥中包含很多细小的固体，不过最终 Biobed EGSB 反应器中的颗粒污泥完全没有细小的固体颗粒。

[●]　1mbar=100Pa。

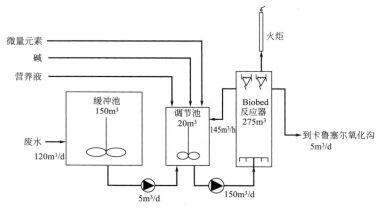

图 3-25 Calidic Europoort 厂废水处理生产规模装置的工艺流程

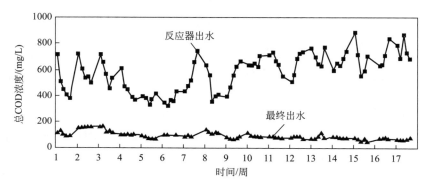

图 3-26 Calidic Europoort 化工厂的 Biobed EGSB 反应器出水和最终出水中总 COD 浓度的变化曲线

与此相同，Biothane 公司自 1996 年在荷兰 Dordrecht 的杜邦公司采用 Biobed EGSB 反应器（见图 3-27）成功地处理了乙二醇聚合物生产排出的高毒性的复杂化工废水。在此废水

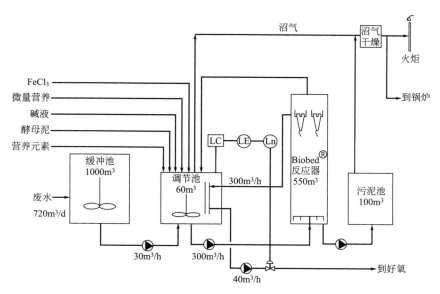

图 3-27 荷兰 Dordrecht 的杜邦公司采用 Biobed EGSB 反应器处理化工废水的工艺流程

中包含高浓度的甲醛（2.7g/L），处理 30m³/h 废水量的 COD 去除率达到 85%。为了将废水污染物的浓度降到不对厌氧微生物产生毒性的水平，进水采用厌氧出水回流稀释，体积为原来的 10 倍。

3.6 国内生产规模 EGSB 反应器的应用

3.6.1 EGSB 反应器在我国的应用挑战及应用领域的扩大

如前所述，厌氧生物技术是可持续发展的环境生物处理的核心技术，该技术不仅适用于处理易生物降解的工业废水，而且可用来降解难生物降解甚至有毒的工业废水。当前，所有工业企业对应用厌氧工艺的兴趣都在急剧增长。

1975 年以来，在世界范围内，UASB 技术在许多农产品加工业的废水处理方面取得了非常显著的进展。例如，UASB 工艺在处理林产品加工业废水和造纸工业废水（Lettinga 等，1991；Sierra-Alvarez 等，1990）、海产品加工业的高盐废水（Omil 等，1996）方面具有很大的潜力，在处理化学工业和石化工业的废水方面也有相当好的潜力，尽管这些废水的成分实际上相当复杂，有时还含有有毒化合物。这些进展可以归结于人们对微生物学、生物化学的技术及工艺的迅速了解和改进。

在国外，由于其他领域很难形成有规模性的颗粒污泥培养和生产条件，因此厌氧颗粒污泥床反应器应用和产生颗粒污泥的两个主要领域是啤酒废水和再生纸废水处理。其中，啤酒废水虽然量较大，但浓度较低且水量一般较少，所以颗粒污泥的产量有限。（同时，啤酒废水处理领域虽然有一些厌氧处理的应用，但采用的主导工艺仍是好氧工艺和水解-好氧工艺。）因此，国外颗粒污泥的来源主要是浓度虽然较低但处理水量较大的再生纸废水，即便在再生纸废水处理领域，厌氧处理的应用仍然很不成功。

在我国，由于早期很难在生产性规模的 UASB 反应器内形成颗粒污泥，因此限制了厌氧处理技术在我国的推广使用。可见，无论是在国内还是国外，要推广使用颗粒污泥床反应器，前提仍然是首先解决颗粒污泥的培养和生产问题。

为此，笔者在国家攻关项目的支持下，"九五"期间在淀粉废水 UASB 反应器方面进行了大量的建设工作，奠定了国内建设颗粒污泥生产基地的基础。虽然那一时期建立的 UASB 反应器都是中低负荷 [5kg COD/(m³·d)] 的，但由于淀粉废水可生化性好，污水有机物浓度高，对于颗粒污泥的培养十分有利。另外，从建设项目的条件来讲，也具备了培养颗粒污泥的物质基础——由于处理的水量大，一般为 4000～10000m³/d，因此项目都建立了 2～4 个厌氧 UASB 反应器。这样交替运行其中一对 UASB 反应器中的一个，培养大量颗粒污泥，便达到生产颗粒污泥的目的。

由于淀粉废水的进水浓度较高，一般进入厌氧装置的 COD 浓度为 10000mg/L，厌氧处理效率为 80%，剩余污泥产率按 0.05kg VSS/kg COD$_{去除量}$计，假设日处理水量为 6000m³，则日产厌氧颗粒污泥量约为 2400kg；如果按流失 30% 计，则实际日产颗粒污泥（湿污泥，含水率 70%）约 6m³，全年污泥产量为 2000m³。据此在山东省以诸城、滨州、沂水和成武为基地形成了产量为 10000m³/a 的颗粒污泥生产基地，这样可以覆盖山东的废水处理。另外，在北方以廊坊、秦皇岛、沈阳和吉林等地的项目为另一个 10000m³/a 的颗粒污泥生产基地，在南方则以海南、广东和广西等地形成当地 6000m³/a 的颗粒污泥供应能力。表 3-22 是笔者与山东十方公司等合作单位在上述三个区域建设大型 UASB 反应器的大致情况。

表 3-22　山东十方公司在国内三个区域采用 UASB 反应器处理淀粉废水的情况统计

序号	工程名称	水量/(m³/d)	罐体尺寸		数量/座	总容积/m³	建设时间
			直径/m	高/m			
1	山东滕州市计生协会宏大淀粉厂废水治理工程	3000	16	8.5	1	1700	1997 年 6 月
2	山东诸城市兴贸玉米开发有限公司淀粉厂废水治理工程	4000	18	6.8	2	3300	1998 年 8 月
3	山东诸城市兴贸玉米开发有限公司酵母厂废水治理工程	2040	14	6.8	1	1080	1998 年 6 月
4	山东滨州金汇玉米开发有限公司废水治理工程	2000	5	20	4	1570	2001 年 4 月
5	山东三九味精集团茌平光明淀粉厂废水治理工程	2000	16	7.2	1	1414	2003 年 8 月
6	山东聊城鲁西化工集团莘县精细化工厂废水治理工程	2400	16	6.8	2	2800	1999 年 8 月
7	山东博兴兴粮玉米加工有限公司废水治理工程	600	14	6.5	1	1000	1999 年 3 月
8	山东诸城外贸成武淀粉厂废水治理工程	3600	24	6.8	4	12300	1999 年 4 月
9	山东诸城市淀粉股份有限公司废水治理工程	2000	21	6.8	1	2300	1999 年 9 月
10	山东德州福源生物淀粉有限公司废水治理工程	1000	18.3	7	1	1846	2003 年 10 月
11	山东柠檬生化有限公司(三期)废水治理工程	2500	11	10.5	6	5984	2002 年 9 月
12	山东德州华茂生物科技开发有限公司废水治理工程	3600	16	6.8	1	1366	2006 年 4 月
	小计	28740				36660	
1	石家庄中营淀粉有限公司污水处理改扩建工程	360	14	6.8	1	1050	2008 年 3 月
2	河北秦皇岛金柠檬生物化学有限公司废水治理工程	1400	14	6.8	1	1025	2003 年 7 月
3	河北唐山展华玉米开发有限公司废水处理工程	1500	16	6.8	2	2800	2007 年 3 月
4	河北霸州兴禹玉米有限公司废水治理工程	800	15.4	6.5	1	1270	1999 年 11 月
5	内蒙古鄂伦春嵩天薯业公司马铃薯淀粉废水治理工程	1680	26.5	6.8	2	7500	2007 年 4 月
6	吉林省公主岭市第一淀粉厂废水治理工程	1000	20	6.8	2	4270	2001 年 2 月
7	吉林梨树县飞跃淀粉厂废水治理工程	1000	21	6.8	1	2355	2000 年 4 月
8	辽宁天明(沈阳)酒精有限公司废水治理工程	2500	17	6.8	1	1550	2005 年 2 月
9	辽宁锦州元成生化科技有限公司废水治理工程	5660	19	6.8	3	5780	2001 年 3 月
10	辽宁省沈阳万顺达淀粉有限公司废水治理工程	2400	17.5	6.8	1	1635	1998 年 10 月
11	黑龙江大庆碧港淀粉有限公司废水治理工程	1680	26.5	6.8	2	7500	2007 年 4 月
12	黑龙江沃华马铃薯制品有限公司废水治理工程	2400	23	6.8	2	5648	2008 年 3 月
13	黑龙江北大荒马铃薯产业有限公司废水治理工程	3100	26	6.8	4	14434	2008 年 5 月
	小计	25480				56817	
1	云南元阳县红泰糖业有限责任公司废水治理工程	2000	22	6.8	4	10336	2006 年 8 月
2	云南润凯(宣威)淀粉有限公司马铃薯淀粉废水治理工程	2376	22	6.8	2	5167	2007 年 5 月
3	云南润凯兴和淀粉有限公司废水治理工程	4600	23	6.8	4	11295	2008 年 2 月
4	广西椰岛淀粉工业有限公司废水治理工程	4000	24	6.8	2	6150	2008 年 7 月
5	广东省鹤山淀粉厂有限公司废水治理工程	1500	11	7.5	1	710	2002 年 9 月
6	广东开平市淀粉有限公司废水治理工程	2400	15.7	6.8	2	2660	2000 年 3 月
7	海南省琼中县淀粉厂废水治理工程	2400	18.4	6.8	2	3600	2000 年 8 月
	小计	19276				39918	

　　我国在 UASB 反应器普遍形成颗粒污泥之后,在反应器的研究上存在一个停滞,在一

个时期内并没有解决如何更好地了解和利用 UASB 反应器产生颗粒污泥这一巨大的科学进展。EGSB 反应器具有充分利用颗粒污泥沉降速率高、污泥浓度高和比产甲烷活性高的特点。这一新型反应器技术通过反应器在空间的分级，形成了底部高的 COD 容积负荷，结果得到高的产气率，利用沼气混合在无需外加能源的条件下形成内循环，同时通过外回流实现了反应器的最佳反应条件，创造了大幅度提高反应器 COD 容积负荷的条件。

目前，颗粒污泥膨胀床（EGSB）反应器在我国已实现了研究成果产业化，使我国在新型厌氧生物反应器领域内实现了跨越式发展，达到国际先进水平，基本满足大量中、高浓度有机废水和生物难降解废水处理的迫切需要。表 3-23 是在国家"863"攻关项目支持下部分 EGSB 反应器的应用情况。

表 3-23　国家"863"计划支持下 EGSB 反应器在大型和有代表性行业的推广应用（部分业绩）

序号	工程名称	水量 /（m³/d）	数量 /座	总容积 /m³	产气量 /m³	建设时间
1	山东滕州市辛绪淀粉厂废水治理工程	1790	1	1272	1000	2000 年 8 月
2	山东滨州金汇玉米开发有限公司废水治理工程	2000	4	1720	4000	2001 年 4 月
3	吉林省长春大成生化工程开发有限公司废水治理工程	5660	4	2290	12490	2001 年 11 月
4	广东东美食品有限公司废水治理工程	3340	2	1908	11820	2001 年 8 月
5	山东诸城市兴贸玉米开发有限公司（二期）废水治理工程	5000	1	11350	18700	2001 年 12 月
6	黑龙江龙凤玉米开发有限公司废水治理工程	3200	2	2200	10000	2004 年 9 月
7	陕西西安国维淀粉有限责任公司（二期）废水治理工程	3000	1	1200	9450	2005 年 4 月
8	河北秦皇岛骊骅淀粉股份有限公司（二期）污水治理工程	8000	2	2300	1600	2005 年 6 月
9	吉林天成玉米开发有限公司废水治理工程	1500	1	1080	7500	2005 年 8 月
10	辽宁省铁岭万顺达淀粉有限公司废水治理工程	3000	2	1708	12450	2005 年 9 月
11	黑龙江昊天玉米开发有限公司污水治理工程	2050	2	1815	4360	2005 年 8 月
12	陕西西安下店玉米开发实业有限公司（二期）废水治理工程	2000	1	1080	7380	2006 年 1 月
13	山东临清电业局玉米淀粉污水处理工程	2400	2	1500	8640	2006 年 4 月
14	山东诸城市兴贸玉米开发有限公司（三期）废水治理工程	3000	3	2860	7000	2006 年 4 月
15	辽宁昌图万顺达淀粉有限公司（二期）废水治理工程	2000	1	1100	7200	2005 年 11 月
16	吉林天成玉米开发有限公司（二期）废水治理工程	3500	2	1700	8680	2007 年 2 月
17	河南巨龙淀粉实业有限公司（4000m³/d）废水处理工程	4000	2	2000	11200	2007 年 5 月
18	辽宁省铁岭万顺达淀粉有限公司废水处理工程	3000	2	1690	8000	2007 年 6 月
19	吉林扶余松源玉米生化有限公司废水处理工程	4000	3	4272	13600	2007 年 7 月
20	内蒙古宁城京都淀粉有限公司废水治理工程	4000	2	2140	10000	2008 年 5 月
21	河南淇雪淀粉有限公司废水治理工程	3000	2	2140	9600	2008 年 6 月
22	辽宁省抚顺市鲁洲淀粉糖制品有限公司废水治理工程	2100	2	3250	9450	2003 年 5 月
23	河北广玉淀粉糖业有限公司废水治理工程	3000	2	1688	7440	2007 年 10 月
24	山东鲁洲食品集团（河南西平）废水治理工程	3500	2	1708	12600	2005 年 6 月
25	山东鲁洲食品集团（沂水）废水治理工程	3000	2	1815	10800	2004 年 8 月
26	黑龙江省牡丹江高科生化制药有限公司废水治理工程	2520	2	1708	1200	2006 年 8 月
27	内蒙古顺通生物技术有限责任公司废水治理工程	4000	2	2200	10880	2007 年 6 月
28	新疆天玉生物科技有限责任公司废水治理工程	4000	2	1910	10000	2008 年 3 月
29	辽宁博大民兴（集团）生物科技有限公司废水治理工程	2400	2	1300	7000	2008 年 1 月
30	黑龙江省大庆展华生化科技有限公司废水治理工程	8000	5	5340	23760	2007 年 12 月
31	鲁洲生物科技（辽宁）有限公司二期废水治理工程	3000	2	2200	12000	2008 年 3 月
32	山东保龄宝生物科技有限公司废水治理工程	5000	3	3204	18000	2007 年 5 月
33	山东枣庄万源生化有限公司废水治理工程	1200	1	1200	6700	2002 年 6 月
34	中国华源（泰国）生化有限公司废水治理工程	3325	3	3820	21700	2002 年 11 月
35	云南燃二化工有限公司柠檬酸废水治理改造工程	1400	1	1272	6500	2006 年 10 月
36	山东天力药业有限公司废水治理工程	3000	1	1070	5700	2006 年 3 月
37	华润雪花啤酒（浙江）股份有限公司废水治理工程	7000	2	2140	7000	2007 年 12 月
38	华润雪花啤酒（宁波）股份有限公司废水治理工程	7000	2	2140	7000	2008 年 6 月

十多年来，我国在造纸行业大量进口国外废纸，以废纸为原料制浆已超过其他任何一种单一浆种。因此，解决我国再生纸废水的厌氧处理问题具有很强的现实意义。图 3-28（b）为国内某造纸厂以进口废纸为原料生产牛皮卡纸线的厌氧 EGSB 反应器的安装情况。

(a) 食品厂   (b) 造纸厂

图 3-28　国内某食品厂和某造纸厂处理废水的大型 EGSB 反应器
（反应器直径为 9m，高为 20m）

3.6.2　EGSB 反应器处理淀粉废水的应用举例

除造纸废水外，厌氧技术目前也已成为淀粉废水处理的主流技术之一，在国内外有很多成功应用案例。下面以山东沂水玉米制品有限公司淀粉厂为例，简述国内采用 EGSB 反应器处理淀粉废水的大致情况。

该淀粉厂扩产前采用 UASB 反应器，因不断增加产量，工厂扩产后设计总水量为 3900m³/d，设计水质如下：COD_{Cr} 为 6800mg/L，BOD_5 为 3000mg/L，SS 为 400mg/L，pH 为 5。其中淀粉废水（包括菲汀水浓缩后的冷凝水）的 COD_{Cr} 为 8000mg/L，水量为 2000m³/d；淀粉糖废水的 COD_{Cr} 为 5000mg/L，水量为 1000m³/d。扩产两万吨淀粉废水（包括菲汀水浓缩后的冷凝水）的 COD_{Cr} 为 8000mg/L，水量为 400m³/d；口服葡萄糖废水 COD_{Cr} 为 1000mg/L，水量为 200m³/d；工艺水的 COD_{Cr} 为 500mg/L，水量为 300m³/d。扩产后确定采用 EGSB 为主的工艺流程，见图 3-29。

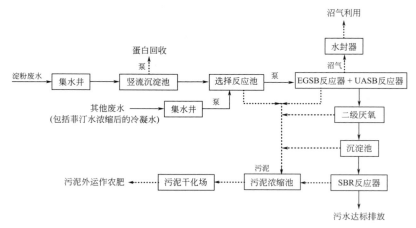

图 3-29　淀粉废水处理（UASB 反应器＋EGSB 反应器）工艺流程

图 3-30 EGSB 反应器
工程照片

在原有设施（原有两座直径为 16m 的 SBR 反应器）的基础上，新增一个 EGSB 反应器，容积负荷为 15kg COD/(m³·d)，有效容积为 390m³（见图 3-30）；新增两座直径为 16m 的 SBR 反应器。

新增 EGSB 和 SBR 装置的工程投资为 183 万元。整个污水处理工程的厌氧沼气实际产量为 10740m³/d，沼气中含 60%～70%甲烷。所产沼气用于发电，1m³ 沼气可发电 1.5～1.6 度；若每度电按 0.55 元（扣除发电运行费用）计，折合效益 8860 元/d，年收益 292.40 万元（以年生产 330d 计），吨水效益为 2.27 元/m³。要求达到的处理效果见表 3-24。

表 3-24 要求达到的处理效果

工艺段	项目	COD$_{Cr}$/(mg/L)	BOD$_5$/(mg/L)	SS/(mg/L)
EGSB 反应器＋UASB 反应器	进水	6120	2850	
	出水	<612	<228	
	去除率	>90%	>92%	
SBR 反应器	进水	612	228	
	出水	<100	<20	<70
	去除率	>84%	>91%	>83%

（1）反应器的初始启动阶段

反应器以 8kg COD/(m³·d) 负荷启动，初始进水流量为 15～20m³/h，回流量为 10～15m³/h，上升流速为 1.5m/h。COD 的去除率从 48%逐步提高到 91%。在反应器的初始调试启动基本完成后，因为反应器运行过程中有大量的厌氧颗粒污泥流失，所以在反应器的出水和回流线路之间安装了一个重力曲筛，通过回流的方式对反应器流失的颗粒污泥进行回收。

（2）负荷连续提高阶段

逐步提高悬浮床反应器负荷，分别经历了 9kg COD/(m³·d)、10kg COD/(m³·d)、13kg COD/(m³·d)、15kg COD/(m³·d)、19kg COD/(m³·d) 和 25kg COD/(m³·d) 等 6 个负荷阶段。处理能力也从开始的 20m³/h 提高到 82m³/h，上升流速从初始的 1.5m/h 提高到 4.0m/h。COD 去除率一直稳定在 80%～90%之间。反应器在 25kg COD/(m³·d) 的高负荷条件下，出水 COD、VFA 和 ALK 等几项关键的指标均稳定地处于正常值范围之内。

在 54d 内，反应器负荷从 8kg COD/(m³·d) 逐步提高至 25kg COD/(m³·d)，对其中的颗粒污泥浓度进行了多次测定，发现反应器中的污泥浓度不断增大（见表 3-25）。经过水力负荷的选择，颗粒污泥的沉降性能得到改善，反应器的处理能力和处理效率得到大幅度的提高，因此可以初步确定反应器的高负荷启动基本完成。

表 3-25　各个负荷阶段 EGSB 反应器不同高度取样口的污泥浓度　　　　单位：g/L

不同负荷阶段	取样口高度/m					
	1.8	3.6	5.4	7.2	11.8	13.6
2004 年 6 月 25 日接种	59.2	2.4	1.8	0.9		
2004 年 7 月 14 日[8.0kg COD/(m³·d)末期]	31.6	2.4	2.2			
2004 年 7 月 20 日[9.0kg COD/(m³·d)末期]	38.2	37.4	39.1	1.9		
2004 年 8 月 1 日[15.0kg COD/(m³·d)末期]	42.4	46.4	48.1	45.1		
2004 年 8 月 13 日[19.0kg COD/(m³·d)末期]	45.2	49.5	48.2	46.3		
2004 年 8 月 18 日[25.0kg COD/(m³·d)末期]	48.0	—	59.6	55.5		
2004 年 9 月 2 日	59.0	61.6	62.9	59.6		
2004 年 10 月 13 日	68.5	72.2	74.6	75.5		
2004 年 12 月 21 日	74.7	79.8	71.9	74.2		
2005 年 1 月 16 日		88.1	71.2		84.7	0.25

（3）高负荷稳定运行阶段

在本阶段，反应器的进水流量维持在 80m³/h，由于进水浓度的变化，有机负荷在 25～50kg COD/(m³·d) 之间变化，其平均运行负荷大约为 32kg COD/(m³·d)，COD 去除率在 85％以上（见图 3-31）。随着反应器的运行，反应器中的污泥浓度不断增大，2004 年 10 月 13 日和 12 月 21 日两次对反应器中 7.2m 以下的取样口污泥浓度进行测定，结果见表 3-25。

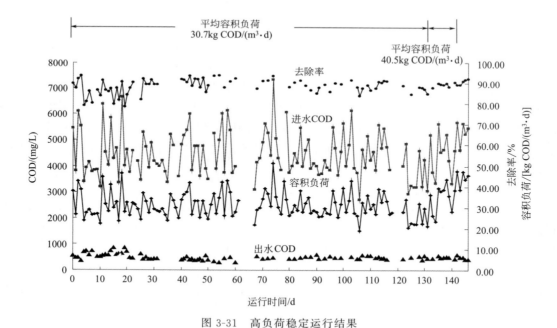

图 3-31　高负荷稳定运行结果

反应器通过较长时间在高负荷条件下的运行，使其中的污泥浓度达到很大，污泥几乎充满了整个反应柱，污泥床层高达 12.5m 左右（见表 3-25）。测定液面下 1.6m 处的污泥浓度为 73.47g/L，根据以上数据计算反应器中总的污泥量大约为 19t。根据测定的产甲烷活性 1.0kg COD/(m³·d)，计算得反应器所能承受的最大容积负荷为 70kg COD/(m³·d)。

根据计算所得的最大容积负荷，可以探知反应器还具有较大的负荷提升空间。2005 年 1 月 9 日，将废水的进水流量调整到 96m³/h，上升流速高达 4.8m/h。其运行的平均负荷为 40kg COD/(m³ · d)，最高负荷高达 47.6kg COD/(m³ · d)，COD 平均去除率大约为 89.1%（见图 3-31）。通过连续观察发现，在此超高负荷条件下，运行的处理效率比较稳定。在负荷刚刚提高的前几天，反应器液面出现了少量的气泡和泡沫，但是随后就趋于稳定了。

3.7 厌氧 IC 反应器

3.7.1 厌氧 IC 反应器的早期发展

1985 年初，荷兰 Paques 公司建造了世界上第一个厌氧内循环（IC）中试反应器。这一反应器采用 UASB 反应器的颗粒污泥接种，用来处理土豆加工生产工艺废水，其目的在于证明此类反应器利用气提造成内部循环在实际应用中是可行的，且可采用高的有机负荷，并获得高的 COD 去除效率。1988 年，Paques 公司建造了世界上第一个生产性规模的 IC 反应器；此后，由于工厂生产的发展和废水排放的增加，在 1992 年生产了第二个 IC 反应器。表 3-26 列出了以上几个早期 IC 反应器的运行结果。

表 3-26　早期 IC 反应器处理各类工业废水的结果

废水种类		容积负荷 /[kg COD/(m³ · d)]	水力停留 时间/h	沼气产量 /(m³/kg COD)	总 COD 去除率	溶解性 COD 去除率
高浓度土豆加工废水		30～40	4～6	0.52	80%～85%	90%～95%
低浓度啤酒废水	中试	18	2.5	0.31	61%	77%
	生产性规模	26	2.2	0.43	80%	87%

事实上，从第一个 IC 反应器在 1985 年建造，到 Lettinga 教授 1990 年左右访问中国时对之进行介绍，直到 20 世纪末，这十余年的时间里，IC 反应器并没有引起我国厌氧处理领域的足够重视。这一方面是因为 Paques 公司对该工艺本身尚缺乏系统的研究，导致国内外同行对 IC 工艺的潜力也没有足够的了解，甚至 Lettinga 教授也曾经认为，IC 反应器的发明者并不了解其发明的反应器的目的性；另一方面，当时，在厌氧领域，UASB 反应器的潜力和缺陷并没有充分显露，因此整个厌氧领域对于更高效的反应器缺乏进一步开发的动力，因而在相当长的时间内，国内外，特别是我国厌氧领域的同行，几乎都忽略了这一高效反应器的发展，直到 20 世纪末，才对其发展予以重视。

3.7.2 IC 反应器的基本构造与工作原理

（1）IC 反应器的基本构造

IC 反应器的基本构造如图 3-32 所示。IC 反应器的构造特点是具有很大的高径比，一般可达 4～8，反应器的高度可达 16～25m。在外观上，IC 反应器由第一厌氧反应室和第二厌氧反应室叠加而成，每个厌氧反应室的顶部各设一个气-固-液三相分离器，如同两个 UASB 反应器的上下重叠串联。IC 反应器由 4 个不同的功能部分组合而成，即混合区、膨胀区、精处理区和回流系统（见图 3-32）。

① 混合区：在这一区域内，从反应器底部进入的污水与颗粒污泥和内部气体循环所带回的出水有效地混合。

② 膨胀区：这一区域由包含高浓度颗粒污泥的膨胀床所构成。床体的膨胀或流化是由较高的水流上升流速和沼气的提升作用共同造成的。

③ 精处理区：在这一区域内，由于低的污泥负荷率和推流的流态特性，进行了有效的后处理，使生物可降解 COD 几乎全部被去除；另外，沼气产生的扰动在精处理区较低。与 UASB 反应器条件相比，虽然 IC 反应器总负荷率较高（见表 3-27），但因为内部循环不经过精处理区，因此在这一区域的上升流速也较低。这两点提供了最佳的固体停留。

④ 回流系统：反应器回流利用的是气提原理，回流的比例由产气量所确定（归根结底，由进水 COD 浓度所确定），因此是自调节的。IC 反应器也可配置附加的回流系统，产生的沼气可由空压机在反应器的底部注入系统内。

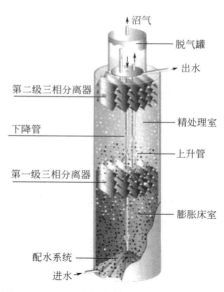

图 3-32　IC 反应器的构造剖面和工作原理

（2）IC 反应器的工作原理

由图 3-32 可知，进水由反应器底部的配水系统分配进入膨胀床室，与厌氧颗粒污泥均匀混合；大部分有机物在这里被转化成沼气，所产生的沼气被第一级三相分离器收集。沼气将沿着上升管上升，沼气上升的同时把颗粒污泥膨胀床反应室的混合液提升至反应器顶部的气液分离器。被分离出的沼气从气液分离器顶部的导管排走，分离出的泥水混合液将沿着下降管返回到膨胀床室的底部，并与底部的颗粒污泥和进水充分混合，实现了混合液的内部循环。IC 反应器的名称即由此得来。内循环的结果使膨胀床室不仅有很高的生物量、很长的污泥龄，而且具有很大的升流速度，使该室内的颗粒污泥达到完全流化状态，有很高的传质速率，使生化反应速率提高，从而大大提高了去除有机物的能力。IC 反应器实质上是气提反应器，具有完全流化的流态。

经膨胀床室处理过的废水，进入第二厌氧反应室（精处理区）被继续进行处理。废水中的剩余有机物可被第二厌氧反应室内的厌氧颗粒污泥进一步降解，使废水得到更好的净化，提高了出水水质。产生的沼气由第二级三相分离器收集，通过集气管也进入气液分离器。第二厌氧反应室的泥水在第二级三相分离器及其上部的混合液沉淀区进行固液分离，处理过的上清液由出水管排走，沉淀的颗粒污泥可自动返回第二厌氧反应室。这样，废水就完成了处理的全过程。

3.7.3　IC 反应器和 UASB 反应器的对比

（1）两种工艺的技术原理

在 1995 年以前的厌氧废水处理实践中，Paques 公司主要采用 UASB（升流式厌氧污泥床）反应器，而近年来已逐步采用 IC（厌氧内循环）反应器取代了 UASB 工艺。为比较两种工艺之间的差别，现列出 UASB 反应器和 IC 反应器的工作原理图（见图 3-33）。

1）UASB 反应器的工作原理

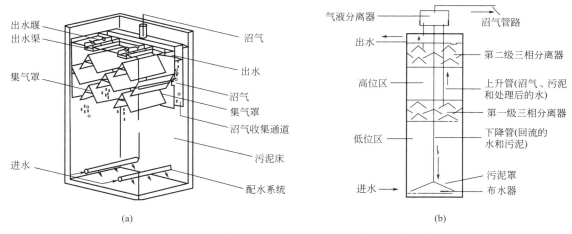

图 3-33　UASB 反应器（a）和 Biopaq IC 反应器（b）的工作原理

废水经进水管、支管和布水器进入反应器后，上流经过厌氧污泥床，有机物被转化成沼气。沼气的搅动作用驱使污泥、废水、沼气在反应器内部运动。在反应器的顶部，三相分离器将具有良好沉降性能的固态颗粒污泥保留在反应器内，沼气被集气罩收集，处理过的出水溢流。

2）IC 反应器的工作原理

IC 反应器的工作原理已在前面详细描述，这里仅强调其不同于 UASB 反应器的特点。

IC 反应器是基于 UASB 反应器内污泥已颗粒化而构造的新型厌氧反应器，这是 IC 反应器的特点之一。

IC 反应器的特点之二是在一个高的反应器内将反应器分为两个阶段：底部的一个阶段处于极端高负荷，上部的一个阶段处于低负荷。因此，IC 反应器的高度较大，一般在 20m 以上。而且，因为可采用的负荷较高，所以实际水流的上升流速很高，一般高于 10m/h。

IC 反应器的特点之三是在一个高的反应器内将沼气的分离分为两个阶段，其工作原理如下：在第一级高负荷的反应区内包含一个污泥膨胀床。在这里，COD 的大部分被转化为沼气，沼气被第一级三相分离器所收集。由于采用的负荷高，产生的沼气量很大，沼气在上升的过程中会产生很强的提升能力，迫使污水和部分污泥通过上升管上升到反应器顶部的气液分离器中。在这个分离器中，产生的气体离开反应器，而污泥与水的混合液则通过下降管回到反应器的底部，从而完成了内循环的过程。底部第一个反应室内的出水进到上部的第二个反应室内进行后处理，在此产生的沼气被第二级三相分离器所收集。因为第二个反应室内的 COD 浓度已经降低很多，所以产生的沼气量降低，其扰动和提升作用不大，因而出水可以保持较少的悬浮物。

3）两种工艺的异同点

这两种工艺在发展上有一定的联系，但也存在着显著的差别。从表观上简单地来讲，两者之间的共同点在于：①都以厌氧颗粒污泥为基本特征；②都具有三相分离器。

从 IC 反应器的工作原理可见，虽然该反应器在形式上由两个 UASB 反应器串联组成，但是从构成该工艺本质特点的内循环技术来讲，IC 反应器和 UASB 反应器存在着根本的不同，或者说 IC 反应器巨大的技术创新在于：①IC 反应器具有内循环机理；②IC 反应器内泥水的充分混合要远远优于 UASB 反应器。

如何从技术创新方面理解以 IC 反应器为代表的第三代厌氧反应器的工艺思想，有助于今后进一步地开发和利用这一类型的新型反应器，其意义远远超出了对 IC 反应器本身的了解。

（2）两种工艺的应用效果对比

表 3-27 列出了采用 IC 反应器与 UASB 反应器处理同类废水的运行参数比较结果。

表 3-27 IC 反应器与 UASB 反应器处理同类废水的运行参数比较结果

反应器类型	IC		UASB	
废水类型	啤酒废水	土豆加工废水	啤酒废水	土豆加工废水
反应器体积/m³	6×162	100	1400	2×1700
反应器高度/m	20	15	6.4	5.5
HRT/h	2.1	4.0	6	30
体积负荷率/[kg/(m³·d)]	24	48	6.8	10
产气量/[m³/(m³·d)]	—	—	2	3
进水 COD/(mg/L)	2000	6000~8000	1700	12000
COD 去除率/%	80	85	80	95

3.7.4　IC 反应器的技术创新特点分析

UASB 反应器通过污泥颗粒化，实现了在反应器内保持高浓度活性污泥，并实现了水力停留时间与污泥停留时间的分离。在相当长的时间内，由于人们满足于 UASB 相对高的负荷率和处理效率（这一点从文献中将 UASB 反应器称为"高效厌氧反应器"可略见一斑），因此进一步开发新型的高效厌氧反应器并没有提到议事日程上来。另外，虽然 Paques 公司在 1985 年就成功地开发了 IC 反应器，Jewell 等也在 20 世纪 80 年代初就成功地开发出了高效的厌氧接触膜膨胀床（AAFFB）反应器，而 Lettinga 教授 1991 年就在中国对 IC 反应器进行过介绍，但是，直到 90 年代末期，人们才开始对 EGSB 反应器和 IC 反应器产生出非常高的热情。IC 反应器是世界水处理领域的重大创新，具有提高厌氧反应器的处理效能、缩小反应器的容积、降低工程投资、节省占地面积等特点，而这些始终是水处理工程技术人员所追求的目标。

（1）充分利用现有技术成果

充分利用微生物细胞自固定化（污泥颗粒化）这一厌氧领域已取得的巨大技术成果。在 UASB 反应器普遍形成颗粒污泥之后，厌氧反应器在反应器形式的研究上存在一个停滞，在一个时期内并没有解决如何更好地了解和利用 UASB 反应器产生颗粒污泥这一巨大的科学进展。但是，IC 反应器为如何充分利用颗粒污泥沉降速率高、污泥浓度高和比产甲烷活性高的特点提供了可能性。

① IC 反应器充分利用颗粒污泥沉降速率高的特点：通过采用高径比大的反应器，在反应器的结构形式上加以创新。

② 在反应器的构造上采用了两级三相分离器：通过结构形式划分了底部的高负荷区和上部的低负荷区。两个区域内的有机负荷和水力负荷都不相同，保证了颗粒污泥的有效滞留。

③ 高的上升流速和回流促使污水和污泥充分接触，为保持污泥活性创造了条件。

（2）形成内循环的关键技术，完成了新型反应器技术的创新

通过反应器在空间的分级，形成了底部高的 COD 容积负荷，结果得到高的产气率，

为根据气体提升原理，利用沼气膨胀做功在无需外加能源的条件下实现内循环创造了条件。

① 内循环促成了污泥和部分处理废水的回流，实现了进水与颗粒污泥和部分处理废水间的良好接触，充分利用了颗粒污泥高的比产甲烷活性，创造了大幅度提高 IC 反应器 COD 容积负荷的条件。

② 由于可以采用高的 COD 负荷，因此沼气产量高，加上内循环液体的作用，使颗粒污泥处于充分膨胀或流化状态，强化了传质效果，反过来又促进了泥、水充分接触。

（3）反应器结构形式的创新

引入分级的概念，两级的三相分离器为内循环和反应器的分区创造了物质条件。

① IC 反应器在高负荷区去除进水中的大部分 COD，而通过低负荷区降解剩余 COD 及一些难降解物质，保证了出水水质。

② 由于实行两级分离、污泥和液体内循环，上部处理区液体和沼气的上升速度大大降低，创造了污泥颗粒沉降的良好环境，为最终解决高 COD 容积负荷下污泥流失这一限制高效厌氧反应器发展的关键技术问题奠定了基础。这也是 IC 反应器开发成功的保障。

3.7.5　IC 反应器的优点

IC 反应器具有很多特点，这些特点的综合就形成了 IC 反应器的优点。归纳如下。

（1）容积负荷率高，水力停留时间短

IC 反应器生物量大，污泥龄长。处理高浓度有机废水，进水容积负荷可达 $30\sim40kg$ COD/（$m^3 \cdot d$）；处理低浓度有机废水，进水容积负荷可达 $20\sim25kg$ COD/（$m^3 \cdot d$）；两种浓度的有机废水，HRT 均仅为 $2\sim3h$。

（2）抗冲击负荷强

当 COD 负荷增大时，沼气产量随之增大，由此内循环的气提作用增大。处理高浓度废水时，循环流量可达进水流量的 $10\sim20$ 倍，废水中高浓度和有害的物质得到充分稀释，大大降低了有害程度，提高了反应器的耐冲击负荷能力。当 COD 负荷较低时，沼气产量也低，从而形成较低的内循环流。因此，内循环实际上对 IC 反应器起到了自动平衡 COD 冲击负荷的作用。

（3）避免了固形物沉积

某些废水中含有大量的悬浮物质，在 UASB 等流速较慢的反应器内容易发生累积；而在 IC 反应器中，高的液体和气体上升流速可将悬浮物冲出反应器。

（4）基建投资省，占地面积少

IC 反应器的容积负荷比普通 UASB 反应器要高 $3\sim4$ 倍，因此 IC 反应器的体积为普通 UASB 反应器的 $1/4\sim1/3$。而且，IC 反应器高径比大，占地面积省，可降低反应器的基建投资。

（5）依靠沼气提升实现内循环，减少能耗

厌氧颗粒污泥膨胀床或流化床载体的膨胀或流化，通过出水回流由水泵加压实现，因此必须消耗一部分动力。而 IC 反应器是以自身产生的沼气作为提升的动力，来实现混合液的内循环，不必另设水泵实现强制循环，从而可节省能耗。

（6）节省药剂投量，降低运行费用

内循环的液体量相当于第一级厌氧出水的回流，可利用 COD 转化的碱度，对 pH 起缓冲作用，使反应器内的 pH 保持稳定。因此，可减少进水的投碱量，从而节约药剂用量，减少运行费用。

（7）可以在一定程度上减少结垢问题

柠檬酸和淀粉等废水中含有超量的钙盐，同时还含有铵氮和磷酸盐，所以在厌氧出水管路中容易形成钙盐沉积和磷酸铵镁（鸟粪石）沉淀，严重的还会堵塞管路。IC 反应器采用内循环，沼气中的 CO_2 不像外循环那样从水中逸出，所以，可保持较高的碱度，从而可以在一定程度上避免结垢问题。

（8）出水的稳定性好

IC 反应器相当于有上、下两个 UASB 反应器串联运行，下面一个 UASB 反应器具有很高的负荷，起"粗"处理作用，上面一个 UASB 反应器负荷较低，起"精"处理作用。一般来说，多级处理工艺比单级处理工艺的稳定性好，出水水质稳定。

综上所述，IC 反应器是一种高技术水平的新型超高效厌氧反应器，具有很大的发展前景和应用潜力。

客观地认识一个新的工艺是进一步开发研究的基础。COD 容积负荷大幅度地提高使 IC 反应器具备很高的处理容量，同时也引入了新的问题：

① 由于 IC 反应器水力停留时间相对较短，高径比较大，因此与 UASB 反应器相比，IC 反应器出水中含有更多的细微固体和胶体颗粒，这不仅使后续沉淀处理设备成为必要，还加重了后续设备的负担；

② 由于采用内循环技术和分级处理，因此 IC 反应器高度一般较高，而且内部结构相对复杂，增加了施工安装和日常维护的困难，对水泵动力消耗也存在负面影响；

③ 为适应较高的生化降解速率，许多 IC 反应器的进水需调节 pH 和温度，为微生物的厌氧降解创造了条件，这无疑增加了 IC 反应器以外的附属处理设施。

3.8 国外 IC 反应器的应用情况

3.8.1 IC 反应器在食品加工业废水处理中的应用

本节介绍采用 IC 反应器作为核心工艺，处理奶制品加工和蔬菜加工两种食品加工业废水的实践情况，两种废水的水质特性列于表 3-28。

表 3-28　奶制品加工和蔬菜加工废水的水质特性[1]

参　　数	奶制品废水	蔬菜加工废水	参　　数	奶制品废水	蔬菜加工废水
流量/(m^3/d)	3000～4000	2000～2500	SS/(kg/d)	150～500[2]	350[2]
COD 平均值/(mg/L)	1550	4500	温度/℃	37	27
COD 范围/(mg/L)	820～2950	1000～7500	pH	11.5[3]	6.4

① 周平均值。

② 根据 mg COD/mg SS 估计。

③ 中和之前。

表 3-29 汇总了采用 IC 反应器处理两种废水的反应器参数。由表 3-29 可见，IC 反应器可以处理 1000～23000mg/L 的废水；处理中、高浓度废水的有机负荷可以达到 40kg COD/(m^3·d)，而处理低浓度废水的水力停留时间最低仅为 2.4h；不同 IC 反应器的 COD 去除率似乎与所采用的有机负荷和水力停留时间无关。

表 3-29　处理奶制品和蔬菜加工废水的 IC 反应器参数

参　　数	奶制品废水	蔬菜加工废水
IC 反应器体积/m³	400	400
上升流速/(m/h)	8.4	—
HRT/h	2.4	4
COD 负荷/[kg/(m³·d)]	15.5	42
总 COD 去除率	51%	80%

（1）奶制品加工废水的处理

某奶制品厂的主要产品是婴儿奶粉和浓缩牛奶，在建立厌氧处理工艺之前，该奶制品厂有两个平行的曝气池。改建后的处理厂将这两个池子改为预酸化池（即缓冲池）和好氧后处理池（即曝气池），改建后的工艺流程（见图 3-34）包括 2000m³ 的均质池（即缓冲池）、400m³ 的事故池、400m³ 的厌氧 IC 反应器、2400m³ 的曝气池各一个。由于污水处理厂远离奶制品厂，产生的少量沼气被放空烧掉。在奶制品厂内部的碱洗工艺，原废水 pH 相对较高，为 11.5，在均质池中投加盐酸调节 pH 为 7～7.5。设置事故池的目的是临时储存极高 pH 的废水。为增强预酸化工艺，厌氧出水作为外回流进入均质池，结果原污水加上回流使得 IC 反应器顶部总的上升流速达到 8.4m/h。

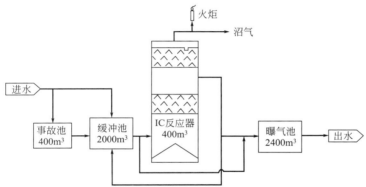

图 3-34　某奶制品厂改建后的废水处理工艺示意

图 3-35(a) 是在不同 COD 负荷下厌氧处理厂的总 COD 去除率，平均 COD 去除率为 51%，COD 去除率似乎与进水负荷无关。原污水的平均 COD 为 1550mg/L（变化范围为 380～5120mg/L），厌氧出水总 COD 和溶解性 COD 平均浓度分别为 890mg/L 和 465mg/L。因为厌氧出水挥发酸浓度小于 1.5mg/L，所以对于可生物降解 COD 的去除率几乎达到 100%。COD 去除率相对较低，这是由进水浓度低（1000mg/L）和废水中存在不溶性 COD 所造成的。

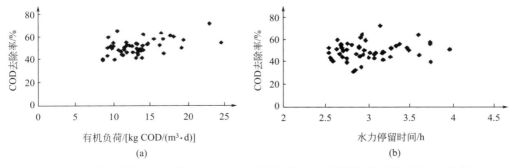

图 3-35　在不同 COD 负荷（a）和水力停留时间（b）下厌氧处理的 COD 去除率

图 3-35（b）为水力停留时间与 COD 去除率之间的关系。因为 COD 浓度较低，受 IC 反应器水力条件的限制，所以外回流只有 10％～15％。IC 反应器的运行似乎不受水力负荷的影响。

（2）蔬菜加工废水的处理

此处举例的食品加工厂是以土豆和各种蔬菜为原料的沙拉加工厂，其污水处理厂的工艺流程图见图 3-36。废水首先通过缓冲池（500m³）和气浮，然后采用初沉池去除过量的悬浮固体。初沉池出水流入 2000m³ 的均质池，以保持 IC 反应器的流量相对恒定。在均质池中，用石灰和 NaOH 调 pH 到 6.5；由于废水中缺乏 N 和 P，故投加 N 和 P 补充营养。IC 反应器厌氧处理出水进入活性污泥厂，最终采用稳定塘处理。原处理厂仅包括固体去除和好氧系统，改建后的 IC 反应器（400m³）显著地降低了运行费用，产生的沼气用来发电。

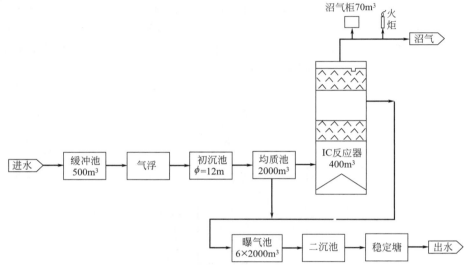

图 3-36　某食品加工厂废水处理工艺流程示意

该处理厂的 IC 反应器总 COD 去除率平均为 80％，且与进水负荷无关。原污水总 COD 浓度为 4550mg/L（变化范围为 995～7450mg/L），而厌氧出水总 COD 和溶解性 COD 平均浓度分别为 909mg/L 和 606mg/L。IC 反应器保持稳定的工艺运行条件，容积负荷高达 42kg COD/(m³·d)，厌氧出水 VFA 浓度非常低，为 2.2mg/L（出水 COD 浓度大约 150mg/L）。

3.8.2　IC 反应器在造纸工业废水处理中的应用

在国外，造纸工业废水是厌氧处理技术的主要应用领域，应用范围包括：废纸制浆造纸废水、机械浆和化学机械浆［如 TMP（热磨机械浆）、CTMP（化学热磨机械浆）和 APMP（碱性过氧化氢机械浆）］废水、半化学浆［如 NSSC（中性硫酸盐半化学浆）］废水以及碱法黑液蒸发冷凝液。另外，国外的厌氧颗粒污泥主要来自处理造纸废水的 UASB 装置。而在我国，造纸工业废水却较少应用厌氧技术进行处理，厌氧技术在我国造纸废水污染控制领域仍存在较大差距和很大发展空间。

IC 反应器自 1996 年用于处理造纸废水以来，发展极快，荷兰 Paques 公司在 1996 年以来的工程项目中，IC 反应器的工程比例大大超过 UASB 反应器，造纸工业成为 IC 反应器应用最多的领域之一。

当前，在造纸行业应用 IC 反应器较多的是用废纸作原料的造纸厂，即二次纤维制浆造纸工厂，其中包括脱墨和不脱墨的废纸制浆工艺废水处理；处理的目的包括实现达标排放和通过治理后的废水回用，即不同程度地封闭循环，或者完全没有废水排放的零排放，达到节水和治污的双重目的。

（1）造纸厂情况

表 3-30 列出了国外 3 家造纸厂的产品及其废水处理厂的 IC 反应器的主要特征尺寸。法国的 Sical 纸厂（工厂 1）以废纸为原料生产瓦楞原纸和箱板纸，1996 年该厂建立了厌氧-好氧废水处理系统，设计废水处理能力为 1000m³/d。德国的 Wepa 纸厂（工厂 2）使用废纸脱墨制浆和部分商品浆生产卫生纸。该厂原废水处理系统采用好氧的生物滴滤池和活性污泥工艺，在废水排放前还要经过一个氧化塘进一步净化。由于滴滤池的效果差、易堵塞以及处理能力不足，该厂决定采用 IC 反应器取代滴滤池，设计废水处理能力为 4000m³/d。德国的 Europa Carton Ⅲ 造纸厂（工厂 3）使用二次纤维为原料生产瓦楞纸和箱板纸。直到 1998年，该厂还使用 UASB 反应器作为其厌氧-好氧工艺的关键设备，UASB 反应器之后是活性污泥工艺。由于生产能力增加，工厂需要新增 12500kg COD/d 的处理能力。

表 3-30　国外 3 家造纸厂的产品及其废水处理厂的 IC 反应器的主要特征尺寸

工厂	生产产品	产量/（万吨/年）	污水厂	反应器直径/m	反应器高度/m	设计能力/[kg COD/(m³·d)]
1	瓦楞原纸和箱板纸	5	新建	2.85	16	2000
2	卫 生 纸	7	改造	5	20	9520
3	瓦楞纸和箱板纸	30	改造	5	24	12000

（2）运行情况

表 3-31 是这 3 家造纸厂 IC 反应器的运行情况。从运行结果来看，3 个 IC 反应器共同的规律是随着废水 COD 浓度的增高，COD 去除率上升。这是因为废水 COD 的峰值主要由更容易生物降解的物质引起。3 个反应器的运行证明，COD 去除率是反应器容积负荷的函数，较高的负荷下 COD 去除率也较高。

表 3-31　3 家造纸厂的废水处理厂 IC 反应器的运行情况平均数据

工厂	设计最大负荷/[kg COD/(m³·d)]	实际运行负荷/[kg COD/(m³·d)]	进水 COD 浓度/(mg/L)	COD 去除率/%
1	20	5~26	650~2650	60~75
2	24	9~20	1510~2920	58~74
3	27	9~24	1250~3515	61~86

这 3 个厂的 IC 反应器在运行中，COD 浓度和反应器容积负荷波动非常大，但 IC 反应器的运行始终非常稳定（出水 VFA 浓度也始终很低）。此运行情况表明，IC 反应器在浓度和负荷大幅度波动的情况下，具有非常好的自我调节能力，反应器的运行始终稳定。

3.9　国内 IC 反应器的应用情况

3.9.1　IC 反应器在国内的实验研究

（1）基本概念

对内循环（IC）反应器在国内的研究进行阐述之前，仍然需要重申一下 IC 反应器的基本原理中最为重要的要素为内循环、反应器分区和颗粒污泥。既然谈到内循环反应器，所以将内循环特性作为第一要素。内循环由反应器内产生的沼气所驱动，内循环依赖于进水COD 产生的沼气而形成，因而是自调节。

IC 反应器的两级设计概念是另一个重要的要素。事实上，IC 反应器的概念是通过两级三相分离器将反应器分为两个反应区而保证的。第一级高负荷的反应区产生大部分的沼气，由底部的第一三相分离器去除；而顶部的第二三相分离器则主要分离生物固体和水，在上部扰动较小时，可以有效地从出水中分离出生物固体而不受高产气上升流速的干扰。

高质量的厌氧颗粒污泥是 IC 反应器的基础要素。与一级分离器（如 UASB 反应器和 EGSB 反应器）的概念相比，IC 反应器可以采用高的有机和水力负荷，需要颗粒污泥的强度较高。事实上，对从 IC 反应器中取出的厌氧颗粒污泥进行乙酸甲烷活性的测定表明，其颗粒污泥的活性确实高于 UASB 反应器。

（2）IC 反应器的研究

吴静等采用葡萄糖配水进行了 IC 反应器的实验，反应器由主体部分和气液分离器组成（见图 3-37）。反应器由有机玻璃制成，有效容积为 43.2L，其中沉淀区为 5.4L。反应器水温为 30～35℃，接种颗粒污泥取自河北某酒厂处理酒精废水的 UASB 反应器［容积负荷为 30kg COD/（m³·d）］。

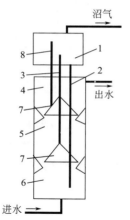

图 3-37　实验内循环厌氧反应器结构示意
1—气液分离器；
2—回流管；
3—升流管；
4—沉淀区；
5—顶部反应区；
6—底部反应区；
7—三相分离器；
8—沼气管

实验历时 170d，按照产生内循环的情况分为以下几个阶段。

① 启动初期（1～33d）：进水溶解性 COD 为 1500～3000mg/L，表面水力负荷为 0.25～0.5m³/（m²·h），水力停留时间为 10.8～21.6h。溶解性 COD 去除率维持在 53%～60%。此阶段未观察到明显的循环现象。

② 不连续循环期（34～84d）：将负荷直接提升到 6kg COD/（m³·d）左右，进水溶解性 COD 为 2400～3200mg/L，水力停留时间约 10.8h。几乎是在提高负荷的同时观察到不连续的内循环现象，循环时间不固定，但下午观察到的次数多。将负荷提升到 15kg COD/（m³·d）后，不连续的内循环已经十分明显，循环之间的间隔越来越短，直至无间隔。

③ 连续循环期（85～170d）：不断提高负荷，每次提高 20%～30%，容积负荷分别经过 25.9kg COD/（m³·d）、31.2kg COD/（m³·d）提升到 39.9kg COD/（m³·d）。内循环厌氧反应器的启动完成。

从连续循环实验中的观察发现，内循环量一般随容积负荷的升高而增大。当容积负荷为 21.8～27.8kg COD/（m³·d）时，内循环量为 14.1～35.9L/h；容积负荷为 31.2～38.8kg COD/（m³·d）时，内循环量为 19.9～55.0L/h。进入连续循环期后出水中的 SS 增加较多，主要原因是容积负荷增加，产气率加大，反应器内紊动加剧，使反应器内特别是底部反应区的颗粒污泥被打碎，碎片被出水带走而引起。

（3）颗粒污泥的重要性

国内某研究机构曾报道采用 IC 反应器处理猪粪废水的研究，其 IC 反应器呈柱形，有效容积为 120L，并且内部设有两层三相分离器。实验所用废水取自猪场废水，没有采用颗粒污泥接种，而是采用养猪场废水处理工程的厌氧污泥接种，接种量为反应器有效容积的 20%。经过 20 周的时间，将负荷提高至 6.0～7.0kg COD/(m³·d)，水力停留时间缩短至 0.8d，但随着容积产气率提高，反应器出现严重污泥流失，COD 去除率下降。

可以认为，此实验并没有预期的目标，造成这一问题的原因是实验人没有真正认识到 IC 反应器的实质。前面已经提到，IC 反应器的基本要素是颗粒污泥。该实验没有采用颗粒污泥，而猪场废水很难形成颗粒污泥。当负荷提高到 7.0kg COD/(m³·d) 时，污泥流失相当严重，所以也导致了实验的失败。

国内目前运行的 IC 反应器一般均采用进口的 UASB 反应器产生的颗粒污泥，在 IC 反应器内能否形成颗粒污泥尚无明确的结论。所以，可以认为，颗粒污泥是采用 IC 反应器的前提和基础条件。如果基础不牢或没有基础，就想实现跨越式的发展，一般会事倍功半。

3.9.2　引进的 IC 反应器在国内的应用

（1）应用的废水类型和 IC 反应器的特性

目前，IC 反应器由于其效率高、占地面积小，已被广泛地接受。我国自沈阳华润雪花啤酒有限公司第一个引进 IC 反应器以来，上海和沈阳（二期）及广州等地也开始应用这一技术处理啤酒废水；福建南平造纸厂采用 IC 反应器处理造纸废水；无锡罗氏中亚柠檬酸有限公司采用 IC 反应器处理柠檬酸废水；另外，还有将 IC 反应器应用于淀粉废水和酵母废水等的工程。表 3-32 为国内以上几个行业采用 IC 反应器处理废水的特性。

表 3-33 是国内引进 Paques 公司的 IC 反应器处理啤酒、柠檬酸和造纸废水的 IC 反应器的特性和最初一年左右的运行结果。

表 3-32　国内采用 IC 反应器处理的啤酒、柠檬酸和造纸废水的特性

参　　数	流量/(m³/d)	平均 COD /(mg/L)	COD 范围 /(mg/L)	SS/(mg/L)	pH
沈阳华润雪花啤酒有限公司	400		2000～6000		4.5～6.5
上海富仕达酿酒公司	4800	2000	1000～3000	500	4～10
无锡罗氏中亚柠檬酸有限公司	3500	8200	6000～9000		5.4
福建南平造纸厂	30000	4000			

表 3-33　国内处理啤酒、柠檬酸和造纸废水的 IC 反应器的特性

参　　数	沈阳华润雪花啤酒有限公司	上海富仕达酿酒公司	无锡罗氏中亚柠檬酸有限公司	福建南平造纸厂
体积/m³	70	400	1560	—
直径/m	2.25	5	9.5	—
高度/m	16	20.5	22	—
温度/℃	37	37	27	—
负荷/[kg COD/(m³·d)]	25～30	15		
水力停留时间/h	—	2		
COD 去除率	80%	—	80%	60%
BOD 去除率	90%	—	—	80%

（2）啤酒废水的处理

1）沈阳华润雪花啤酒有限公司

沈阳华润雪花啤酒有限公司经几次改扩建，厂区用地十分困难，已不可能再建占地面积大的污水处理设施。该公司在 1996 年从荷兰 Paques 公司引进了我国第一套 IC 反应器。

图 3-38 沈阳华润雪花啤酒有限公司采用的 IC 反应器

其 IC 反应器高 16m，有效反应容积 70m³。反应器（与图 3-38 类似）由上下两部分组成，下部为直径 2.25m、高 8m 的圆柱体；上部为边长 2.25m、高 8m 的立方体。反应器外壁以岩棉保温。接种污泥采用进口荷兰处理啤酒废水的颗粒污泥。IC 反应器的运行分为 3 个时期。

① 适应期（1～28d）：启动的前 10d 中，进水量以污泥不流失为限。由于 COD 去除率低（20% 左右）、反应器内 VFA 浓度积累，所以进水 pH 控制在较高水平。

② 提高负荷期（29～64d）：逐步提高反应器的 COD 负荷。当出水 VFA＜5mmol/L、出水 pH＞6.8、污泥流失＜10mL/L 时，提高 COD 负荷 10%～25%。COD 去除率稳定两周左右，继续提高 COD 负荷。相反，出现下列情况之一则需降低进料负荷：a. 出水 VFA＞10mmol/L；b. 出水 pH＜6.3；c. 污泥流失＞10mL/L。

③ 满负荷运行期（自第 65 天始）：从第 65 天开始 IC 反应器进入满负荷运行，设计处理废水量 400m³/d，污染负荷 2000kg COD/d，COD 负荷稳定在 25～30kg COD/(m³·d)，COD 去除率和 BOD 去除率分别稳定在 80% 和 90%，达到设计要求。

在第 38 天、第 51 天加大 COD 负荷，观察到 COD 去除率快速下降（低于 10%）、出水 VFA 高于 15mmol/L（最高达 31mmol/L），说明反应器开始酸化。但未观察到反应器中及出水的 pH 大幅度变化，出水 pH 一直稳定在正常范围。这是由于 IC 反应器的 pH 降低时，自控装置加碱，另外，废水具有一定的缓冲容量，因而抵消了一部分 VFA 的影响。适当降低 COD 负荷后，反应器的去除率很快恢复。

该项目总投资 507.6 万元。每年的运行费用包括人工费 16.0 万元、耗电费 6.0 万元、用煤费 10 万元、设备维修折旧费 30 万元，合计年运行费 62 万元。项目的收益为每年减少 COD 排放 570t，减少排污费 75 万元；每年回收沼气 22.5 万立方米，价值 45 万元。以上两项年收益 120 万元。

2）上海富仕达酿酒公司

上海富仕达酿酒公司的啤酒生产废水，采用 Paques 公司的 IC 反应器与 CIRCOX 反应器技术进行处理，处理能力为 4800m³/d，处理流程见图 3-39。其中 IC 反应器和 CIRCOX 反应器的关键部件从荷兰引进，污水处理站采用全自动控制。

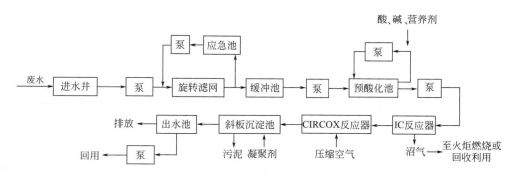

图 3-39　上海富仕达酿酒公司啤酒废水处理工艺流程简图

啤酒生产废水汇集至进水井，由泵提升至旋转滤网。其出水管上设温度和 pH 在线测定仪，当温度和 pH 的测定值满足控制要求时，废水就进入缓冲池，否则排至应急池。缓冲池内设有淹没式搅拌机，使废水均质并防止污泥沉淀。废水再由泵提升至预酸化池，在其中使有机物部分降解为挥发性脂肪酸，并可调节营养比例和 pH。然后，废水进入 IC 反应器和 CIRCOX 反应器处理，出水流至斜板沉淀池（见图 3-40）。出水部分回用，其余排放。各个反应器的废气由离心风机送至涤气塔，用处理后的废水或稀碱液吸收。废水进水、出水数据见表 3-34，出水的各项指标均达到排放标准。

表 3-34　上海富仕达酿酒公司啤酒废水处理站处理效果

项　　目	进水水质		出水水质	
	平均	范围	平均	范围
COD/(mg/L)	2000	1000～3000	75	50～100
BOD_5/(mg/L)	1250	600～1875	≤30	
SS/(mg/L)	500	100～600	50	10～100
NH_4^+-N/(mg/L)	30	12～45	10	5～15
磷酸盐/(mg/L)		10～30		
pH	7.5	4～10	7.5	6～9
温度/℃	37	30～50	<40	

（3）柠檬酸废水的处理

无锡罗氏中亚柠檬酸有限公司污水处理设计能力为日处理工业废水 $3500m^3$。采用的 IC 反应器是直径为 9.5m 的单体 IC 反应器（见图 3-41）。接种污泥采用进口的 $740m^3$ 颗粒厌氧污泥。不到 20d，所有柠檬酸废水全部进入 IC 厌氧反应器进行处理，完成整个启动过程。

图 3-40　上海富仕达酿酒公司 IC 反应器
和好氧后处理装置图

图 3-41　处理柠檬酸废水的 $1560m^3$ IC 反应器
（水量 $3500m^3$/d，COD 负荷 37000kg/d；1998 年建成）

王江全对无锡罗氏中亚柠檬酸有限公司 IC 反应器启动后运行一年的情况进行了总结。图 3-42 是在一年的运行时间内 IC 反应器的运行情况。

从运行情况分析，COD 年平均去除率为 80%，IC 反应器出水 COD 接近 1500mg/L。沼气产率为 $0.42m^3$/kg COD。设计容积负荷为 25kg COD/$(m^3 \cdot d)$，但运行过程中由于进水 COD 浓度偏低，实际的负荷为 14～20kg/$(m^3 \cdot d)$。运行一年来生产混合废水虽 pH 低至 5.4 左右，但无需调节 pH。柠檬酸废水的特点是含有大量钙盐，但是，IC 反应器亦未产生结垢现象。综上所述，采用 IC 反应器处理柠檬酸废水是比较成功的。

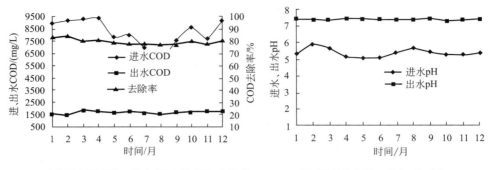

(a) IC 反应器进、出水 COD 和 COD 去除率　　　(b) IC 反应器进、出水 pH 变化

图 3-42　IC 反应器的运行情况

（4）造纸制浆污水的处理

福建南平造纸厂对生产 DIP（脱墨浆）、TMP（热磨机械浆）、BKP（漂白硫酸盐浆）和 GP（磨石磨木浆）4 种制浆过程中产生的污水采用 IC 厌氧反应器技术进行处理。其中，COD 浓度在 4000mg/L 以上的 DIP 和 TMP 高浓度污水，经 IC 厌氧反应器预处理后，与 COD 在 1000mg/L 以下的 BKP 和 GP 低浓度污水混合后进入好氧曝气系统。图 3-43 为该厂污水处理工艺流程图。这是国内造纸行业第一家采用厌氧-好氧工艺处理制浆污水的企业。

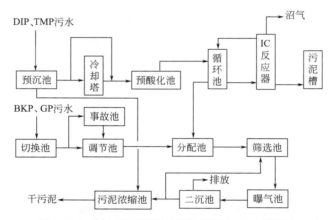

图 3-43　厌氧-好氧串联处理制浆污水的工艺流程

低浓度污水的 SS 低于 100mg/L，可以不设沉淀池。在低浓度处理流程中考虑了设置切换池，在正常情况（pH<9）下，污水直接进入调节池，经中和后进入好氧曝气系统。切换池的出水阀门与设在切换池的 pH 在线监测仪联锁，若切换池的 pH 大于 9，说明黑液泄漏，为避免 pH 和高浓度负荷冲击，自动关闭切换池的出水阀门，在切换池满后废水溢流到事故池。

污水进入厌氧 IC 反应器前，工艺中还设置了循环池。对厌氧处理来讲，控制污水的 pH 非常重要。在控制上，首先考虑 NaOH 或 HCl 储槽的正常液位，保证使用（否则要报警并采取措施）；其次是保证循环池 pH 的准确性，即测量的 pH 是循环泵的运行状态。只有循环池内污水的 pH 数值准确且满足工艺要求，高浓度废水才被允许进入 IC 反应器。以循环池的 pH 联锁控制 NaOH 或 HCl 出口计量泵的启停，从而可完全保证循环池内污水的 pH 符合工艺要求。

有机污染物在 IC 反应器内被转化为沼气而得以去除，IC 反应器进水量与产生的沼气量成正比关系。如果污水 COD 含量较高或较低，原给定进料流量所产生的沼气量就可能有较大变化。为保证整个厌氧处理系统的 COD 负荷较稳定（或控制运行成本处于合理状况），IC 反应器进水量以平均沼气产量为基准，进行自动地减少或增大 IC 反应器进水量（包括循环池进水量）的反馈控制。厌氧系统一启动，就产生了沼气。经过一段时间的连续运行，沼气产生量稳定，产气量为 $2500\sim3000m^3/d$，沼气通过火炬燃烧。COD 的去除率由刚开始的 40% 逐步上升到 60% 左右，BOD 的去除率为 80%，达到设计要求。处理后的水质全部达到国家规定的排放标准。

经过一年多的运行，单位成本消耗如下：碱 0.032 元/吨水、尿素 0.016 元/吨水、磷酸 0.011 元/吨水、自来水 0.066 元/吨水、电耗 0.115 元/吨水、人员工资 0.05 元/吨水、折旧 0.3 元/吨水、维修 0.01 元/吨水，合计 0.60 元/吨水。沼气利用后污水处理成本还可进一步降低。

3.9.3 国内自主开发的 IC 反应器的生产应用

（1）MIC 反应器

马三剑等开发了生产规模的 MIC（多级内循环）厌氧反应器，该反应器实际上是由两个反应室垂直串联组成，所以仍然属于 IC 反应器。MIC 反应器直径为 8m，高为 23m，总容积为 $1100m^3$，有效反应体积 $800m^3$。宜兴协联生化有限公司生产能力为年产 1 万～1.2 万吨柠檬酸盐，日排放高浓度有机污水 $1500m^3$。该厂污水处理工艺采用两座 MIC 反应器，接种污泥为处理柠檬酸形成的颗粒污泥，接种污泥量为 $200m^3$。在系统正常运行后，两个反应器的进水量均为 $30m^3/h$，MIC 反应器有机负荷达到 6kg COD/($m^3 \cdot d$)，有效水力停留时间约为 24h，COD_{Cr} 去除率达到 90% 以上，反应器运行稳定，稳定运行结果见表 3-35。

表 3-35　MIC 污水处理系统运行结果

指　标	初沉池	调节池	MIC 出水	总效率
COD/(mg/L)	10000	10000	250～500	>99%
pH	5.0	5.0	6.9	—
SS/(mg/L)	1000	300	200	<93%
色度/倍	200	150	20	>87%
温度/℃	70	37	32	

从调试结果来看，由于水量的限制，MIC 反应器的负荷仅达到 6kg COD/($m^3 \cdot d$)，仍然属于中、低负荷的范围，后来调整为对一座 MIC 进行实验性研究，另一座 MIC 备用。

（2）自循环厌氧反应器

清华永新双益环保有限公司在小试研究的基础上，提出了自循环厌氧反应器（或者沼气自动提升厌氧反应塔），其工作原理与 IC 反应器一致，见图 3-44。该反应器目前已在国内申请了专利。图 3-44(b) 是该公司发布在其网站上的工程照片。

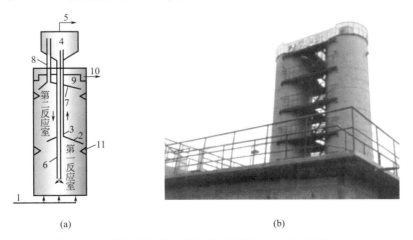

(a)　　　　　　　　　　　(b)

图 3-44　自循环厌氧反应器的构造原理（a）和工程照片（b）

1—进水；2—第一厌氧反应室集气罩；3—沼气提升管；4—气液分离器；5—沼气导管；
6—回流管；7—第二厌氧反应室集气罩；8—集气管；9—沉淀区；10—出水管；11—气封

参 考 文 献

[1] 陈坚.1990.厌氧污泥颗粒化和 UASB 反应器放大的研究［D］.无锡：无锡轻工业大学.

[2] 迟文涛，江瀚，王凯军.2007.厌氧悬浮颗粒污泥床同时反硝化产甲烷研究［J］.中国沼气，25（3）：10-13.

[3] 江瀚，王凯军，倪文，等.2005.有机负荷及水力条件对 EGSB 运行效果影响的研究［J］.环境工程学报，6（1）：40-43.

[4] 刘永红，贺延龄，李耀中，等.2005.UASB 反应器中颗粒污泥的沉降性能与终端沉降速度［J］.环境科学学报，25（2）：176-179.

[5] 马三剑，吴建华，刘锋，等.2002.多级内循环（MIC）厌氧反应器的开发应用［J］.中国沼气，20（4）：24-27.

[6] 任洪强，丁丽丽，陈坚，等.2001.EGSB 反应器中颗粒污泥床工作状况及污泥性质研究［J］.环境科学研究，14（3）：33-36，41.

[7] 王爱杰，任南琪，黄志，等.2002.产酸脱硫反应器中 COD/SO_4^{2-} 比制约的群落生态演替规律［J］.环境科学，23（2）：34-38.

[8] 王江全.2000.柠檬酸废水处理工艺：IC 厌氧反应器和好氧生化技术［J］.江苏环境科技，13（3）：21-23.

[9] 吴静，陆正禹，胡纪萃，等.2000.内循环厌氧反应器处理葡萄糖配水的启动研究［J］.中国沼气，18（4）：16-19.

[10] 张振家.1999.酒精废水处理新技术［C］//中国环境保护产业协会污染防治委员会.《中国水污染防治技术装备论文集》第 5 期.

[11] 周洪波，陈坚，任洪强，等.2001.长链脂肪酸对厌氧颗粒污泥产甲烷活性的影响及其相互作用研究［J］.中国沼气，19（1）：3-5.

[12] 左剑恶.2001.EGSB 启动运行研究［J］.给水排水，27（3）：26-30.

[13] Beun J J, et al. 1999. Aerobic Granulation in a Sequencing Batch Reactor［J］. Wat Res，33（10）：2283-2290.

[14] Beun J J, et al. 2002. Aerobic Granulation in a Sequencing Batch Airlift Reactor［J］. Wat Res，36（3）：702-712.

[15] Cristiano Nicolella, et al. 2000. Particle-Based Biofilm Reactor Technology［J］. TIBTECH，18：312-320.

[16] de Beer D, et al. 1993. Microelectrode Measurements in Nitrifying Aggregates［J］. Appl Env Microbiol，59：573-579.

[17] de Man A W A, Grin P, Roersma R, et al. 1986. Anaerobic Treatment of Sewage at Low Temperatures［C］//Proceedings of the Anaerobic Treatment：a Grown-up Technology. Amsterdam，The Netherlands：451-466.

[18] Dries J.1998. High Rate Biological Treatment of Sulfate-Rich Wastewater in an Aceteate-Fed EGSB Reactor［J］. Biodegradation，（1）：3-5；（9）：103-111.

[19] Etterer T，Wilderer P A. 2001. Generation and Properties of Aerobic Granular Sludge［J］. Wat Sci Tech，43（3）：19-26.

[20] Franklin R J. 2001. Full Scale Experience with Anaerobic Treatment of Industrial Wastewater［J］. Wat Sci Tech，44（8）：1-6.

[21] Hwu C S, van Lier J B, Lettinga G. 1998. Physicochemical and biological performance of expanded granular sludge bed reactors treating long-chain fatty acids［J］. Process Biochem，33（1）：75-81.

[22] Jewell W J, Switzenbaum M S, Morris J W. 1981. Municipal Wastewater Treatment with the Anaerobic Attached Microbial Film Expanded Bed Process［J］. Water Pollution Control Federation，53（4）：482-490.

[23] Kato M, Field J A, Versteeg P, et al. 1994. Feasibility of the Expanded Granular Sludge Bed（EGSB）Reactors for the Anaerobic Treatment of Low Strength Soluble Wastewaters［J］. Biotechnol Bioengi，44：469-479.

[24] Klapwijk A, et al. 1981. Biological Denitrification in Upflow Sludge Blanket Reactor［J］. Wat Res，15：1-6.

[25] Lettinga G, van Velsen A F M, Hobma S W, et al. 1980. Use of Upflow Sludge Blanket Reactor Concept for Biological Wastewater Treatment，especially for Anaerobic Treatment［J］. Biotechnol Bioeng，22：699-734.

[26] Lettinga G, Roersma R, Grin P. 1983. Anaerobic Treatment of Raw Domestic Sewage at Ambient Temperatures Using Granular Bed UASB Reactor［J］. Biotechnol Bioeng，25：1701-1723.

[27] Lettinga G, Field J A, Sierra-Alvarez R, et al. 1991. Future Perspectives for the Anaerobic Treatment of Forest Industry Wastewaters［J］. Wat Sci Tech，24（3-4）：91-102.

[28] Mishima K, Nakamura M. 1991. Self-Immobilization of Aerobic Activated Sludge Blanket Process—a Pilot Study of

the Aerobic Upflow Sludge Blanket Process in Municipal Sewage Treatment [J]. Wat Sci Tech, 23: 981-990.

[29] Morgenroth, et al. 1997. Aerobic Granular Sludge in a Sequencing Batch Reactor [J]. Wat Res, 31 (12): 3191-3194.

[30] Núñez L A, Martinez B. 1998. Anaerobic Treatment of Slaughterhouse Wastewater in an Expended Granular Sludge Bed (EGSB) Reactor [J]. Wat Sci Tech, 40 (8): 99-106.

[31] Peng Dangcong, et al. 1999. Aerobic Granular Sludge—a Case Report [J]. Wat Res, 33 (3): 890-893.

[32] Rebac S. 1998. Psychrophilic Anaerobic Treatment of Low Strength Wastewaters [D]. Wageningen, The Netherlands: Wageningen University.

[33] Reis M A M, Goncalves L M D, Carrondo M J T. 1988. Sulphate Removal in Acidogenic Phase Anaerobic Digestion [J]. Environ Tech Letters, 9: 775-784.

[34] Rinzema A. 1988, Anaerobic Treatment of Wastewater with High Concentrations of Lipid or Sulfate [D]. Wageningen, The Netherlands: Wageningen Agricultural University.

[35] Sayed S K I. 1987. Anaerobic Treatment of Slaughterhouse Wastewater Using the UASB Process [D]. Wageningen, The Netherlands: Wageningen University.

[36] Shin H S, et al. 1992. Effect of Shear Stress on Granulation in Oxygen Aerobic Upflow Sludge Bed Reactors [J]. Wat Sci Tech, 26 (3-4): 601-605.

[37] Sierra-Alvarez R Harbrecht J, Kortekaas S, et al. 1990. The Continuous Anaerobic Treatment of Pulping Wastewaters [J]. Journal of Fermentation and Bioengineering, 70 (2): 119-127.

[38] Tay J H, Liu Q S, Liu Y. 2000. The Effect of Shear Force on the Formation, Structure and Metabolism of Aerobic Granules [J]. Appl Microbiol Biotechnol, 57: 227-233.

[39] Tijhuis L, et al. 1994. Formation and Growth of Heterotrophic Aerobic Biofilms on Small Suspended Particles in Air-lift Reactors [J]. Biotechnol Bioeng, 44 (5): 595-608.

[40] van der Hoek J P. 1987. Granulation of Denitrifying Sludge [C] // Lettinga G, Zehnder A J B, Grotenhuis J T C, et al. Proc of the GASMAT Workshop: Granular Anaerobic Sludge: Microbiology and Technology. Pudoc, Wageningen, The Netherlands: 203-210.

[41] van der Last A R M, Letttinga G. 1991. Anaerobic Treatment of Domestic Sewage under Moderate Climatic (Dutch) Conditions Using Upflow Sludge Blanket Process in Municipal Superficial Velocities [C] // Proceedings Congress IAWPRC Anaerobic Digestion'91, Sao Paul, Brazil.

[42] Weijma J, et al. 2002. Optimisation of Sulphate Reduction in a Methanol-Fed Thermophilic Bioreactor [J]. Wat Res, 36, 1825-1833.

第4章 厌氧处理技术在中、高浓度工业废水中的应用

厌氧处理技术已被证明可应用于中、高浓度主要含溶解性COD的废水，其中典型的应用行业是啤酒、饮料等的含糖废水。在国内，对于中、高浓度溶解性废水，厌氧处理技术同样取得了很大成功，其中包括大部分食品发酵行业废水的处理。本章不对这些行业一一进行介绍和总结，有兴趣的读者可参考笔者的拙作《发酵工业废水处理》和《UASB反应器的理论和实践》。

本章仅对有代表性的啤酒和酒精废水（中、高浓度废水）厌氧处理应用的适用性进行探讨，同时对较高浓度的淀粉废水这一特殊行业废水的厌氧处理进行介绍。淀粉废水的特殊性并不在于其厌氧处理的技术特点和难度，而是由于国内大型淀粉企业广泛采用厌氧处理技术以及国内最大的厌氧技术公司之——十方环保公司——的努力，使其在我国厌氧处理的发展（UASB和EGSB）和推广（颗粒污泥的形成）上有其特殊的地位，值得着重笔墨予以介绍。

4.1 啤酒工业废水的厌氧处理

4.1.1 概述

啤酒中乙醇含量为3%～6%，是世界产量最大的酒种，我国是世界五大啤酒生产国之一。啤酒生产的废水主要来自两个方面：一是大量的冷却水（糖化、麦汁冷却、发酵等）；二是大量的洗涤水、冲洗水（各种罐洗涤水、瓶洗涤水等）。啤酒废水水质在不同季节有一定的差别，处于高峰流量时的啤酒废水，其有机物含量也处于高值。表4-1列出了某啤酒厂废水的水质指标。

表4-1 某啤酒厂啤酒废水的水质指标

pH	水温 /℃	COD /(mg/L)	BOD₅ /(mg/L)	碱度 /(mg CaCO₃/L)	SS /(mg/L)	TN /(mg/L)	TP /(mg/L)
5～6	16～30	1000～2500	700～1500	400～450	300～600	25～85	5～7

虽然本章重点讨论的是厌氧处理工艺，但是由于国内啤酒行业的废水处理目前大多数仍采用好氧处理技术，为了对厌氧和好氧处理技术进行对比，有必要对好氧处理技术作一简单介绍。各种好氧生物反应器系统图示见图4-1。

（1）活性污泥工艺

啤酒废水高有机碳、低氮量的环境，会使球衣菌、酵母菌等的生长超过菌胶团，形成污泥膨胀。有些啤酒厂的废水处理在采用活性污泥法时，如不补充氮源，处理效果很差，甚至无法进行。SBR工艺近年来得到很大的发展。与普通活性污泥法相比，SBR工艺原则上不需要二沉池、回流污泥及其设备，一般情况下不必设调节池，多数情况下可以省去初沉池。

（2）接触氧化工艺

早期啤酒废水通常采用生物膜法进行处理，20世纪80年代初，我国啤酒废水处理工艺

主要采用好氧接触氧化法等。一般生物接触氧化法利用池内填料，使微生物（包括球衣菌等丝状微生物）附着生长，使处理取得理想的效果，同时可以避免污泥膨胀发生。

（3）好氧气提反应器

Paques 公司购买了好氧气提反应器的专利，冠之以商品名 CIRCOX［见图 4-1（c）］。反应器运行在高浓度的好氧污泥颗粒（20～40g TSS/L）下，气提反应器可以在容积负荷率为 5～10kg/（m^3·d）范围内运行［而一般传统活性污泥系统负荷为 1～2kg/（m^3·d）］。结合脱氮单元的气提反应器已应用于啤酒和洗麦废水的处理，获得氮转化率为 1～2kg NH_4^+-N/（m^3·d）的结果。

（4）水解-好氧处理工艺

水解反应器对有机物的去除率，特别是对悬浮物的去除率显著高于具有相同停留时间的初沉池。啤酒废水中大量的污染物是溶解性的糖类，乙醇等容易生物降解，一般并不需要水

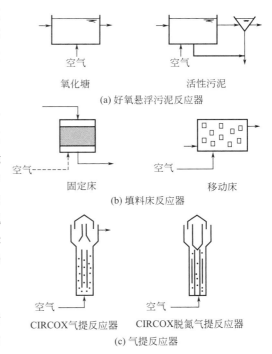

图 4-1　好氧生物反应器系统图示

解酸化。但生产结果显示，水解池 COD 去除率达到 50%，这是因为啤酒废水的悬浮性有机物成分较高，水解池可以截留去除悬浮性颗粒物质。水解和好氧处理相结合用于处理啤酒废水，确实比完全好氧处理要经济。

4.1.2　啤酒废水厌氧处理工艺的发展

1984 年在荷兰的 Bavaria 啤酒和洗麦厂首次进行了厌氧可生物降解性中试研究后，建立了第一个 UASB 处理厂。从图 4-2 可以看出，UASB 反应器在啤酒废水厌氧处理中得到广泛应用。

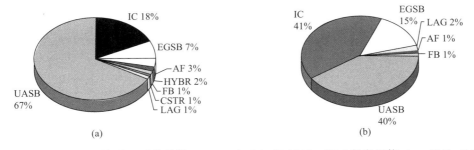

图 4-2　啤酒行业厌氧处理系统总数（$n=401$）（a）和 1998～2002 年应用数（$n=106$）（b）

HYBR—复合式生物反应器（hybrid biological reactor）；LAG—氧化塘（Lagoon）

20 世纪 90 年代末新一代厌氧反应器在啤酒行业开始普及，即所谓的颗粒污泥膨胀床反应器，如 EGSB 反应器和 IC 反应器。1990 年荷兰的 Heineken 啤酒厂首次采用了 IC 反应器，1998～2002 年 IC 反应器获得了 41% 的市场份额［见图 4-2（b）］。EGSB 的概念特别适用

于低温和浓度相对低的啤酒废水，在低温条件下采用低负荷时，沼气产率低、混合强度低。EGSB 反应器的上升流速较高，进水动能和污泥床膨胀保证了进水与污泥的充分接触，可获得比"通常"UASB 反应器好的运行结果。表 4-2 是 EGSB 处理啤酒废水可达到的负荷及去除率。

表 4-2　各种类型的 EGSB 反应器处理啤酒废水的结果

反应器类型	废水种类		容积负荷 /[kg COD/(m³·d)]	水力停留 时间/h	沼气产量 /(m³/kg COD)	总 COD 去除率	溶解性 COD 去除率
厌氧升流式流化 床工艺(UFB Biobed)	啤酒(荷兰)		19.2	—	—	60%	80%
厌氧内循环 (IC)反应器	低浓度啤 酒废水	中试	18	2.5	0.31	61%	77%
		生产性 装置	26	2.2	0.43	80%	87%

在我国，啤酒废水的处理从好氧处理发展到水解-好氧联合处理，然后进一步发展为厌氧（UASB)-好氧处理和 EGSB 处理技术。

4.1.3　啤酒废水不同生物处理工艺的技术经济分析实例研究

本节对厌氧和好氧不同工艺的应用进行定性定量分析和技术经济对比分析，探讨厌氧处理技术的应用条件和范围。需要指出的是，对比是在简化的条件下进行的，实际的啤酒厂需要考虑更多的因素。

（1）好氧与厌氧处理系统的基本条件

计算基础废水量为 $10000m^3/d$，COD 为 $3000mg/L$，惰性固体为 $250mg/L$。废水和啤酒的产出比为 $0.51m^3/t$(啤酒)，而 COD 产生系数为 $1.53kg COD/t$(啤酒)。考虑选择完全好氧活性污泥处理工艺、采用 IC 反应器和活性污泥的厌氧-好氧联合处理工艺、采用 IC 反应器和 CIRCOX 气提反应器及气浮单元（DAF）的厌氧-好氧处理工艺等三种不同的生物处理工艺，工艺计算的基础是所有工艺均需达到严格的废水排放标准。

完全好氧活性污泥处理工艺和厌氧-好氧联合处理工艺包含格栅（去除固体）、缓冲池、调节池、厌氧 IC 反应器、曝气池、沉淀池、污泥浓缩池和污泥脱水单元。IC/CIRCOX/DAF 工艺的范围与厌氧-好氧联合处理工艺相同，只是采用 CIRCOX 气提反应器代替了曝气池，采用 DAF 单元代替了沉淀池；因为从气浮池产生的污泥已经过浓缩（大约 10% 固含量），不需要污泥浓缩池。

（2）好氧与厌氧处理系统的定性与定量分析

1）能量需求和产生

好氧处理用于曝气的能耗估计为 $0.7kW·h/kg COD$（即 $2.52MJ/kg COD$）❶，完全好氧处理厂曝气能耗为 $1.53kg COD/t$(啤酒)$×0.7kW·h/kg COD≈1.07kW·h/t$(啤酒)$≈3.9MJ/t$(啤酒)。如果整个处理厂其他部分能源消耗（提升、混合等）大约为 $0.7MJ/t$(啤酒)，则总的能源需求估计为 $4.6MJ/t$(啤酒)。

假设厌氧反应器的 COD 去除率为 80%，厌氧-好氧联合处理工艺的曝气能耗仅为完全好氧处理能耗的 20%，为 $0.78MJ/t$(啤酒)。考虑到处理厂其他能耗，则总的能耗大约为

---

❶　$1kW·h=3.6MJ$。全书后同。

1.5MJ/t（啤酒）。

甲烷产量为 1.53kg COD/t（啤酒）$\times 80\% \times 0.35m^3$ CH_4/kg COD$\approx 0.43m^3$ CH_4/t（啤酒）。甲烷的热值为 $32MJ/m^3$，所以通过沼气产生的能量为 $0.43m^3$/t（啤酒）$\times 32MJ/m^3 \approx$ 13.8MJ/t（啤酒）。沼气可用于锅炉，也可发电。如果沼气被用来代替化石燃料，可省啤酒厂能源需求（大约 170MJ/t）的 8%。表 4-3 列出了采用厌氧处理工艺节省的能耗。显然，采用厌氧处理可获得净能量，有利于啤酒厂的持续发展。

表 4-3 不同生物处理工艺系统的能源平衡　　　　　　　　单位：MJ/t

项目	完全好氧处理工艺	厌氧-好氧联合处理工艺	节约能量
能源产生	0.0	＋13.8	＋13.8
能源消耗	−4.6	−1.5	＋3.1
总平衡	−4.6	＋12.3	＋16.9

2）剩余污泥的产生

活性污泥（延时曝气）剩余污泥产量为 0.1～0.2kg TSS/kg COD（去除）。厌氧处理颗粒污泥产生量为 0.01～0.03kg TSS/kg COD（去除）。对 COD 去除率为 80% 的厌氧系统，好氧后处理产泥量不到完全好氧处理工艺的 1/5。所以，厌氧-好氧联合系统啤酒废水中污泥产生大约减少 50%（见表 4-4）。

表 4-4 不同生物处理工艺系统的污泥产量　　　　　　　　单位：kg TSS/t

产生固体	完全好氧处理工艺	厌氧-好氧联合处理工艺	少产生污泥
生物固体（好氧）	0.25	0.05	0.20（80%）
惰性固体	0.15	0.15	0（0%）
总固体	0.40	0.20	0.20（50%）

厌氧-好氧联合处理工艺除了污泥量减少外，污泥质量也得到改善。好氧污泥的可沉降性能得到改善，好氧处理更加稳定和安全。另外，由于在厌氧预处理后的好氧污泥的矿化程度一般较高，因此污泥脱水性能较好。

厌氧颗粒污泥量估计为 1.53kg COD/t（啤酒）$\times 80\% \times 0.02$kg TSS/kg COD≈ 0.02kg TSS/t（啤酒）。好氧剩余污泥需要脱水，因此需要考虑处理和处置的费用，而厌氧颗粒污泥的剩余污泥不需进一步处置。厌氧污泥可以长时间储存而不降低污泥活性，因此厌氧颗粒污泥可长期储存以备不时之需，并且多余的颗粒污泥还可以销售而获取利润。

3）土地需求

采用厌氧-好氧联合处理工艺(IC＋活性污泥) 代替完全好氧处理工艺，由于厌氧处理后负荷大幅度降低，因此可显著减小曝气池的体积。曝气池和 UASB 反应器一般采用钢筋混凝土结构的矩形池，池壁高度分别为 4～5m 和 5～6.5m。厌氧 IC 反应器和好氧气提反应器(CIRCOX) 是细高的钢制反应器，高度分别为 16～24m 和 10～18m。如果采用钢制的高缓冲和调节池与厌氧反应器的设计，会使污水处理厂的占地非常紧凑，这对于厂区内没有多余空间的老啤酒厂是非常适用的。表 4-5 是对不同处理工艺要实现污水完全达标排放，处理厂所需占地面积的估计。

表 4-5 对不同生物处理工艺系统实现完全达标排放所需占地面积的估计（＋20%）

单位：m^2/t

项　　目	完全好氧活性污泥处理工艺	厌氧-好氧联合处理工艺	
		IC＋活性污泥	IC＋气提＋溶气气浮
土地需求	1000	800	150

（3）不同处理系统的技术经济分析

对于啤酒废水厌氧处理工艺的选择，目前还存在一定的盲目性。为此，需要对不同工艺进行全面分析和对比。此处对啤酒废水可采用的各种好氧处理工艺（如氧化沟、SBR 等工艺）、水解-好氧处理工艺、厌氧（UASB）反应器-好氧联合处理工艺进行分析对比。

处理工艺包括如下技术环节：粗和细格栅、泵房、调节（酸化）池、UASB 反应器（或为水解池或初沉池）、好氧曝气池、二沉池和污泥处理系统等。其中预处理部分［粗和细格栅、泵房、调节（酸化）池］、好氧处理部分（好氧曝气池、二沉池和供气系统）和污泥处理部分（集泥池、浓缩池和污泥脱水机房）各种工艺单元相差不大，仅在体积和设备的数量上有所差别，真正的差别在预处理（UASB、水解池和初沉池）工艺。能耗和污泥处置的计算原则如下。

① 工艺计算 三种不同工艺的主要设计参数列于表 4-6，根据工艺参数计算主要处理构筑物的投资和运转费用。

表 4-6 好氧、水解-好氧和 UASB-好氧工艺的技术经济综合对比

项目			好氧处理工艺	厌氧（水解）-好氧处理工艺	UASB-好氧处理工艺
预处理	调节池	调节池池容/m³	2000	2000	2000
		COD 去除率/%	10	10	10
		出水 COD/(mg/L)	2250	2250	2250
	沉淀池/水解池/UASB	类型	沉淀池	水解池	UASB 反应器
		HRT/h	3	3	8
		池容/m³	1250	1250	3300
		池容相对比例①/%	100	100	264
		COD 去除率/%	20	40	90
		出水 COD/(mg/L)	1800	1350	225
后处理	曝气池	负荷/[kg COD/(kg VSS·d)]	0.5	0.5	0.5
		HRT/h	34.6	25.9	4.3
		池容/m³	14400	10800	1800
		池容相对比例①/%	100	75	12.5
		二沉池池容/m³	1250（或无）	1250（或无）	1250
		COD 去除率/%	93.3	88.9	33.3
		进水 COD/(mg/L)	1800	1350	225
		出水 COD/(mg/L)	<150	<150	<150
	供气系统	需氧量/(kg/d)	16500	12000	1000
		鼓风量/(m³/min)	290.9	213.75	37.8
		风机②	6×(D120-1.5)	4×(D120-1.5)	2×(D40-1.5)
		运转功率/kW	4×185	3×185	55
		相对比例/%	133	100	10
运转费用③		动力费/万元	245	184	18
		药剂和人工费/万元	63	49	39
		吨水直接处理成本/元	1.03	0.78	0.19
		吨水电耗/(度/m³)	1.60	1.20	0.20

① 100%为参照，其他与之比较。

② D120-1.5、D40-1.5 是风机的型号；乘号前面的数字是风机台数。

③ 投资估算时混凝土以 400 元/米³ 计，电费以 0.46 元/度计，其他电耗和费用按 UASB-好氧工艺计算。

注：$Q=10000$m³/d，进水 COD=2500mg/L，BOD=1400mg/L。

② 不同工艺曝气系统（能耗）对比 按照动力学方程，生物需氧量按下式计算：

$$m(O_2) = a'QS_r + b'VX_v$$

鼓风曝气在污水中的风量由下式计算：

$$N = \alpha N_0 (\beta C_{sm} - C_0) \times 1.024^{T-20} / C_s$$

式中，$m(O_2)$ 为混合液需氧量，kg O_2/d；a' 为活性污泥微生物氧化分解有机物过程的需氧率，即活性污泥微生物每代谢 1kg BOD_5 所需要的氧量，kg O_2/kg BOD_5；Q 为处理污水流量，m^3/d；S_r 为经活性污泥代谢活动被降解的有机污染物（BOD_5）量，$S_r = S_0 - S_e$，kg BOD_5/m^3，S_0 和 S_e 分别为进水、出水中 BOD_5 的浓度；b' 为活性污泥微生物内源代谢的自身氧化过程的需氧率，即 1kg 活性污泥每天自身氧化所需要的氧量，kg O_2/(kg·d)；V 为曝气池的容积，m^3；X_v 为曝气池内挥发性悬浮固体（MLVSS）的浓度，kg/m^3；N 为实际氧转移速率（AOR）；N_0 为标准氧转移速率（SOR）；α 为污水中 K_{LA} 值与清水中 K_{LA} 值之比，一般为 0.80～0.85；β 为污水中的饱和溶解氧（DO）值与清水中的饱和 DO 值之比，一般为 0.90～0.97；C_{sm} 为曝气装置在水下深度处至地面的清水平均 DO 值（在环境温度为 T℃时实际计算得到的压力条件下的值），mg/L；C_0 为污水中剩余 DO 值，一般为 2.0mg/L；C_s 为标准条件下清水中的饱和 DO 值，为 9.17mg/L；T 为污水温度，℃，一般工作温度为 5～30℃。

对啤酒废水，通常设 $a' = 0.5$，$b' = 0.15$，$\alpha = 0.8$，$\beta = 0.9$，$C_{sm} = 8.4$mg/L，$C_0 = 2.0$mg/L，$C_s = 9.0$mg/L，$T = 25$℃。

③ 污泥处理系统　好氧处理工艺和厌氧-好氧联合处理工艺的污泥产量和污泥产率按本节（2）中"2）剩余污泥的产生"部分所述的原则计算，但按实际情况需取较高数值（中等负荷）。水解-好氧处理系统污泥产量的计算：取水解率 $Y = 50\%$，水解池对悬浮物的去除率为 85%；污泥储存池按照规范的停留时间为 24h，污泥储存池内设潜污泵，用于将原污泥打入污泥浓缩池；浓缩池采用重力式，一般污泥浓缩池的停留时间为 12～24h。

污泥脱水采用带式脱水机，脱水机脱水能力按 200kg/(m·h) 选取，拟采用工作时间为 8～12h/d。脱水后污泥含水率为 70%～80%，考虑外运。脱水需投加絮凝剂，如采用阳离子聚丙烯酰胺（5 万元/吨），投加量为干污泥量的 0.3%。表 4-7 为不同生物处理系统污泥处理投资和费用对比。

表 4-7　不同生物处理系统污泥处理投资和费用对比

序号	项　目	好氧处理工艺	水解-好氧处理工艺	UASB-好氧处理工艺
1	污泥量/(kg/d)	12300	3630	2190
2	污泥体积/(m³/d)	1200	180	180
3	污泥储存池池容/m³	600(HRT=12h)	200	200
4	污泥浓缩池池容/m³	600	100	100
5	带式脱水机用量/台	2(带宽=3000mm)	1(带宽=2000mm)	1(带宽=1000mm)
6	药剂费/(万元/年)	50	16	10

（4）厌氧工艺优势分析

在过去的二十几年，厌氧生物技术在低浓度废水处理上的巨大进展使得在大多数情况下厌氧-好氧联合工艺的缺点已不复存在，且在啤酒废水处理方面具有较大的优势。总结起来，其优势见表 4-8。

表 4-8 厌氧生物技术的优势

厌氧-好氧工艺	与好氧工艺相比	厌氧-好氧工艺	与好氧工艺相比
提供了工艺稳定性	没有污泥膨胀问题	减少了处理装置总体积	是好氧（或水解）工艺的45%（或55%）
减少了剩余污泥的处理、处置费用	是好氧（或水解）工艺的20%（或35%）	节省能源，确保生态和经济利益（不考虑产生沼气效应）	是好氧（或水解）工艺的10%（或15%）
减少了氮和磷的补充费用	对啤酒废水而言，二者相同	减少污泥脱水的药剂费用	是好氧（或水解）工艺的20%（或60%）

注：括号内的数据为水解工艺的结果。

厌氧生物技术处理啤酒废水可能存在的缺点如下：

① 需要较长的启动时间以培养生物量；

② 可能存在碱度不足的情况；

③ 处理低浓度废水产生的甲烷不足以将废水加热到 20℃ 的最佳温度。

考虑上述各种情况和厌氧生物处理可能的缺点，可以清楚地看出，对于啤酒废水，厌氧处理技术是较好的选择。

4.1.4 不同厌氧生物处理系统的技术经济分析

通过分析 UASB 反应器处理啤酒废水的业绩数据，可知世界上排名前三的企业为 Biotim、Paques 和 Biothane。其中，Biotim 公司主要采用基于絮状污泥的中等负荷[5～7kg COD/($m^3 \cdot$ d)]的 UASB 系统，Paques 公司和 Biothane 公司采用基于颗粒污泥的高负荷[10～15kg COD/($m^3 \cdot$ d)]的 UASB 系统和超高负荷[>20kg COD/($m^3 \cdot$ d)]的 EGSB 系统。这三类系统虽然在预处理部分和好氧后处理部分也有差别，但差别不大（这些差别将在文字中加以说明），其主要差别在于厌氧系统。由此说明，同样是厌氧或 UASB 技术，所采用的参数和技术不同，系统的经济性和处理效果也会有一些差别。

（1）设计参数和预计去除率

技术经济分析比较需建立在尽量相同可比的条件下。此处作如下条件设定：

① 处理的水量（$Q=10000m^3$/d）和水质采用同样的设计标准（见表 4-9，碱度 = 450mg/L）；

② 采用同样的处理工艺——厌氧-好氧联合处理工艺；

③ 对工艺中相同部分的设备和处理费用不进行比较，如 pH 调节、沼气利用和通用设备等；

④ 不同系统之间主要的不同点是采用的负荷和去除率、加药量（碱度）不同。

表 4-9 不同系统的设计负荷和预计去除率

指　　标	中等负荷系统 [5.0kg COD/($m^3 \cdot$ d)]	高负荷系统 [10kg COD/($m^3 \cdot$ d)]	EGSB 系统 [20kg COD/($m^3 \cdot$ d)]
进水 COD/(mg/L)	2500	2500	2500
出水 COD/(mg/L)	250	500	500
COD 去除率	90%	80%	80%
进水 BOD/(mg/L)	1400	1400	1400
出水 BOD/(mg/L)	140	210	280
BOD 去除率	90%	85%	80%

注：好氧活性污泥反应器的容积负荷统一取 0.3kg BOD/(kg MLSS · d)。

（2）厌氧-好氧处理工艺的详细设计计算

1) 预处理系统

预处理部分包括粗（细）格栅、泵房、调节（酸化）池、营养盐和 pH 调控系统等，不同处理系统仅存在细微差别。对于高负荷系统，根据颗粒化和 pH 调节的要求，由于污水碱度不够，需要补充碱度，达到 800mg/L CaCO$_3$ 的水平，因此 Na$_2$CO$_3$ 投加量为 350mg/L，相当于 3.3 吨/年的 Na$_2$CO$_3$ 添加量，这将是运行费用的主要部分。

2) 生物处理系统

生物处理部分包括如下技术环节：厌氧和好氧处理、二沉池、供气系统。

① 升流式厌氧污泥床反应器　经过不同的 UASB 系统处理后，啤酒废水的 COD 可降至 250～500mg/L，而 BOD 可降至 140～280mg/L。事实上，运行良好的低负荷 UASB 系统出水 COD 可以小于 200mg/L。啤酒厂废水处理系统主要工艺环节参见图 4-3。

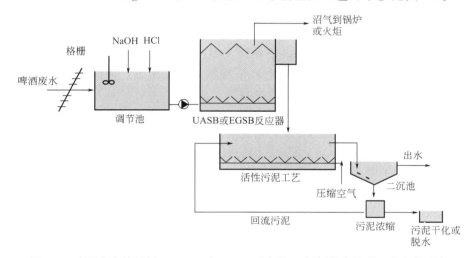

图 4-3　啤酒废水的厌氧（UASB 或 EGSB 反应器）-好氧联合处理工艺流程示意

不同 UASB 系统的计算结果见表 4-10。不同系统估算沼气产量差别不大，约 7000m^3/d（内含 75%甲烷），收集后的沼气可作为燃料。由于 3 个系统在这方面的优点相当，因此不作进一步的比较。

② 好氧处理系统　好氧系统的设计计算与 UASB 反应器的设计相类似，但是一般采用污泥负荷法计算。曝气池池容计算结果见表 4-10，需氧量和二沉池池容的计算采用相关教科书或手册上的计算方法。

3) 污泥处理工艺

① 中低负荷系统污泥产量　采用中低负荷[5kg COD/(m^3·d)]系统，好氧剩余污泥排放到 UASB 反应器中消化。总产泥量为 880kg/d（干重），折合含水率 $P=96\%$ 的厌氧污泥为 20m^3。例如，Biotim 公司在中国的几十个 UASB 反应器消化池污泥接种反应器内为絮状厌氧污泥，项目获得很大成功，其剩余污泥在运行初期只需每年排放一次。这是因为启动初期一般接种污泥量不够，UASB 反应器存在较大的容积容纳产生的污泥，所以初期较长时间不用排泥。另一个原因是在启动初期一般流量不能达到设计负荷，所以初次排泥的时间可能更长，甚至半年到一年。即使在正常运行期间一个星期排泥一次，系统也有足够的容积容纳产生的剩余污泥，且不会对系统有较大的影响。

② 高负荷系统污泥产量　高负荷[>10kg COD/(m^3·d)]的颗粒污泥 UASB 系统，总产泥量为 1195kg/d（干重），好氧剩余污泥不能排放到 UASB 反应器中，否则将影响到颗粒

137

污泥的性质，所以需要每天处理好氧剩余污泥。对于超高负荷系统的计算与此类似，只是好氧剩余污泥的产量更大（900kg/d）。与中等负荷系统相比，高负荷系统增加了污泥处理的费用，因而污泥脱水的药剂费用三者略有差别。

（3）不同系统优缺点的综合分析

简单地从厌氧负荷角度讲，不同类型系统的优劣很好比较——显然，负荷越低，反应器的池容越大，就越不经济。比如，仅从 UASB 反应器的经济性对比来看，它显然是没有竞争力的。但是，低负荷系统的 COD 去除率较高，在温度大于20℃时，可高达95％～97％，因此可以选取90％这样较高的设计去除率。而高负荷 UASB 系统虽然所采用的颗粒污泥具有较高的活性，但是由于产气量大，对沉淀的扰动较大，因此即使可以达到90％～95％的 COD 去除率，设计去除率一般也不高于85％。这必将导致后处理曝气池在池容上的差别，显然，低负荷系统具有较小的曝气池。

同时，由于低负荷的 UASB 系统具有一定的裕量，可以将后处理的剩余活性污泥排入 UASB 反应器中消化处理，因此污泥产量和污泥处理设备费用较低。而高负荷的 UASB 反应器采用颗粒污泥反应器，这类反应器对高浓度悬浮物较敏感，因此好氧污泥需要单独处理，这便增加了污泥处理的浓缩、脱水费用和处置费用。

另外，中低负荷的 UASB 系统具有鲁棒性，对于药剂如碱度要求较低，而高负荷和超高负荷系统对于碱度均有较严格的要求，因此可能会导致运行费用上的差别。

对于中低负荷、高负荷和超高负荷系统的投资及运行费用的详细计算见表4-10。非常有趣的是，所谓的中低负荷系统在总投资、能耗和运行费用等方面的经济性最好。虽然在总的池容上中低负荷系统比高负荷和超高负荷系统要高15％左右，但是其污泥处理系统的投资较低，且反应器（包括三相分离器）的市场价格要低得多。

表 4-10 不同厌氧处理系统的比较

项　　目		中低负荷 UASB 系统	高负荷 UASB 系统	超高负荷 EGSB 系统
COD 负荷/[kg/(m³·d)]		5	10	20
预处理	调节池池容/m³	2000	2000	2000
	UASB 池容/m³	2880	1440	720
	水力停留时间（HRT）/h	7	3.5	1.75
	UASB 池容的相对比例	100％	50％	25％
后处理	负荷/[kg BOD/(kg MLSS·d)]	0.3	0.3	0.3
	进水 BOD/(mg/L)	140	210	280
	曝气池池容/m³	1000	1500	2000
	曝气池池容的相对比例	100％	150％	200％
	二沉池池容/m³	1250	1250	1250
总池容	总池容/m³	7130	6190	5970
	相对比例	100％	86.8％	83.7％
能耗	需氧量/(kg/d)	913	1449	1985
	鼓风量/(m³/min)	30	48	65
	风机	3×(D15-1.5)	4×(D15-1.5)	3×(D30-1.5)
	运转功率/kW	2×37	3×37	2×45
	运转功率的相对比例	100％	150％	122％
直接运转费用	动力费/万元	24.5	36.8	29.8
	人工费/万元	20	20	20
	厌氧药剂费/万元	19	100	100
	吨水直接处理成本/元	0.192	0.475	0.454
	吨水电耗/(度/m³)	0.178	0.266	0.216

由表 4-10 可见,在能耗和运转费用等方面,中低负荷系统具有更高的竞争力。不过,对于低温和低浓度废水,EGSB 反应器在技术上具有更大优势,本节对此不作深入讨论,后面的章节中再进行详细讨论。

4.2 IC 反应器在啤酒废水处理中的应用

4.2.1 IC 反应器应用实例

(1) 高浓度啤酒废水处理实例

本例的啤酒厂比较特殊,厌氧内循环(IC)反应器仅用来处理非常高浓度的啤酒废水。这部分废水体积非常小,但占 COD 总负荷量比例较大,COD 浓度为 40000~90000mg/L,pH=4.0。而大量的低浓度啤酒废水排入下水道,在城市污水处理厂中处理。高浓度啤酒废水排入 200m³ 的缓冲池,由于这股废水的 COD 浓度太高,不能直接处理,因此在其后的混合池中加入部分 COD 浓度为 3000mg/L 的低浓度啤酒废水进行稀释。

混合后的进水进入 IC 反应器,总的平均 COD 浓度为 13000mg/L,最高为 23000mg/L。厌氧出水部分回到混合池进行外回流。在混合池中投加营养盐,当 pH 低于 6.0 时加碱调 pH。因为进水的悬浮物浓度较高(500~1500mg SS/L),采用 UASB 反应器会在污泥床上产生累积,所以,采用 UASB 反应器在技术上是不可行的。而 IC 反应器由于上升流速高,悬浮物将流过系统。图 4-4(a)所示为 COD 在不同有机负荷下的去除率,在很大的有机负荷范围内,COD 去除率为 70%~90%,出水平均总 COD 和溶解性 COD 分别为 2300mg/L 和 650mg/L。总 COD 去除率受废水中流过的悬浮物浓度的影响,而溶解性 COD 去除率达到 80%~98%,在负荷高达 36kg COD/(m³·d)时去除率也可保持稳定。

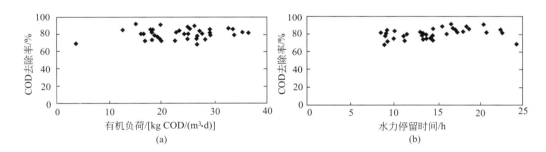

图 4-4 IC 反应器处理啤酒废水在不同负荷(a)和水力停留时间(b)下的 COD 去除率

图 4-4(b)是在不同水力停留时间下的 COD 去除率。由于进水浓度高,水力停留时间也相当高(8~24h)。由图 4-4(b)可见,短停留时间下的 COD 去除率要比长停留时间下的 COD 去除率稍低。这可能与进水 COD 波动较大有关,因为当高浓度的啤酒废水量不足时,为了充分利用 IC 反应器的处理能力,将增加低浓度的啤酒废水量。

(2) 大型 IC 反应器的应用

图 4-5 是 IC 反应器在美国 Anheuser-Busch 啤酒厂的应用示意图。Anheuser-Busch 是世界上最大的啤酒公司之一,1998 年在美国休斯敦啤酒厂建造了 3 个 IC 反应器。这些 IC 反应器采用颗粒污泥接种后,在大约一周内污水厂处理能力即达到 12000m³/d。此后,该啤酒厂又进行扩建,增加了第 4 个 IC 反应器。整个污水处理系统包括以下主要设备:①2 个

转筒细格栅；②2个3000m³的预酸化池；③4个1190m³的IC反应器。

4.2.2 全新的处理工艺组合——IC反应器与CIRCOX反应器的联用

Paques公司利用IC反应器适用于高浓度有机废水，而CIRCOX反应器适用于中、低浓度的易降解和难降解废水的特点，优化工艺组合，充分发挥两种反应器高效、占地面积小的特点，开发出一套特别紧凑、密闭的废水处理系统。图4-5（a）是这一系统的示意图，IC反应器和CIRCOX反应器可以形成紧凑型的全密闭废水处理系统，将污水处理与工厂的生产过程紧密地结合为一体，从外面看人们甚至无法知道这是污水处理厂［见图4-5(b)］。本节将对这一工艺进行详细介绍。

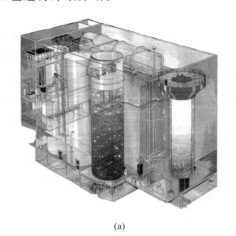

污水处理系统

(a)   (b)

图4-5　IC-CIRCOX紧凑型处理工艺布置示意图(a) 和荷兰 Grolsch 啤酒公司位于 Enschede 啤酒厂正门的污水处理系统 (b)

（1）基本要求和工艺选择

Grolsch 公司是荷兰最主要的啤酒生产厂商，因为在 Enschede 厂区的面积十分有限，并且啤酒厂处于居住区内，所以 Grolsch 公司对位于 Enschede 的啤酒厂寻求更加高效和占地面积更小的污水处理技术，该技术必须满足以下几个标准：

① 装置非常紧凑，占地面积小；

② 运行过程中绝对不能有气味；

③ 不能看见污水处理设施；

④ 污水处理设施污泥产量最少。

Grolsch 公司决定厌氧处理采用 IC 反应器，好氧处理采用气提反应器（CIRCOX 工艺），这两种反应器都是非常高效的处理工艺。这里介绍 IC 反应器和 CIRCOX 反应器以及与该工艺有关的设计参数和 2.5 年长期运转的结果。表 4-11 是 Grolsch 啤酒公司在 Enschede 废水处理厂的设计参数，图 4-6 是整个工艺流程图。

表 4-11　Grolsch 啤酒公司在 Enschede 废水处理厂的设计参数

项目	设计参数	项目	设计参数
COD 负荷/(kg/d)	10500	pH	5～8
流量/(m³/d)	4200	容积负荷(VLR)/[kg/(m³·d)]	27
总 COD/(mg/L)	2500	HRT (IC)/h	2.2
TSS/(mg/L)	750	HRT(CIRCOX®)/h	1.3
温度/℃	30		

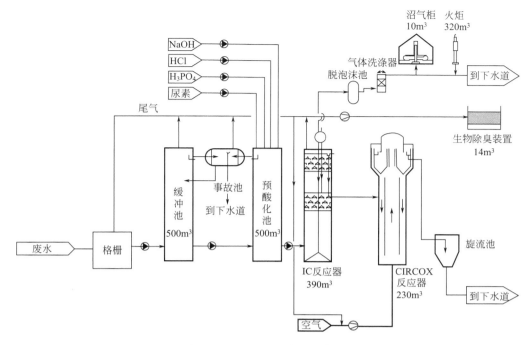

图 4-6　IC 反应器和 CIRCOX 反应器联合处理工艺流程图

废水通过 0.5mm 格栅去除麦皮、塑料和部分麦粒等大块物质。在工艺流程中设置了一个 500m³ 的缓冲池，以减少废水水量和水质的波动影响。另外，设置了一个 150m³ 的事故池，储存临时性的因事故排放的极端条件的废水。pH 变化范围为 4.9～13.3，极端 pH 废水被临时储存在事故池。当废水中 pH 恢复正常后，事故池中的废水被缓慢加入进水中。采用一个 500m³ 的预酸化池，使废水中的 COD 在进入厌氧池之前得到一定程度的酸化。如果需要，可在预酸化池中投加中和剂（NaOH、HCl）。废水中 N 和 P 含量符合要求，所以一般不投加 N 和 P。调节 pH 后的废水打入 390m³ 的 IC 反应器，产生的沼气在蒸汽锅炉利用之前用碱液进行洗涤脱硫。

厌氧出水进入 230m³ 的 CIRCOX 反应器去除剩余的 COD。所有的反应器都是封闭的，因为整个处理厂都在一个建筑物中。排气被送入 CIRCOX 反应器氧化，H_2S 被氧化为硫酸盐，这对于防止臭气非常重要。设立了一个备份的生物过滤装置，以防止 CIRCOX 不能正常工作时进行除臭。整个处理厂因为在啤酒厂房旁边的一个建筑物内，所以外面看不到［见图 4-5(b)］。缓冲池、预酸化池、IC 反应器和 CIRCOX 反应器都是细高的池型，高度分别为 25m、25m、20m 和 19m，因而整个污水处理厂的占地不到 200m²。

（2）运行结果

废水处理厂 2.5 年的运行数据，以周平均的方式列出。废水处理厂每周运行 5～6d，周末关闭，到星期一重新启动，每周废水平均流量为 2315m³/d，最大为 3400m³/d。废水的温度在 20～40℃间变化，并且也是在周一为 20℃，而在其他的工作时间平均为 32℃。

每周进水平均总 COD 和溶解性 COD 的数值变化范围分别为 500～6500mg/L 和 400～6200mg/L。运行一年后（1995 年），周平均总 COD 和溶解性 COD 分别从 2500mg/L 和

2000mg/L 增加到 5000mg/L 和 4000mg/L。进水 COD 波动很大，表明两个反应器能够处理变化很大的负荷。

IC 反应器和 CIRCOX 反应器容积负荷的变化示于图 4-7，在 2.5 年运行期间，超过了废水处理厂的设计负荷 [10500kg/d；该负荷相当于 27kg COD/(m³ · d)]。IC 反应器的容积负荷为 9~37kg COD$_t$/(m³ · d)，而 CIRCOX 反应器的容积负荷在 4~17kg COD$_t$/(m³ · d) 之间变化，在这两个反应器中，容积负荷的峰值分别高达 55kg COD$_t$/(m³ · d) 和 29kg COD$_t$/(m³ · d)。出水 VFA 参数很好地指示了厌氧反应器的运行状态。尽管容积负荷波动很大，IC 反应器仍保持稳定运行。

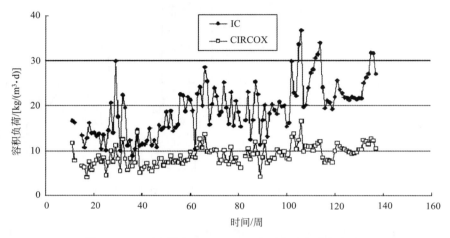

图 4-7　IC 反应器和 CIRCOX 反应器容积负荷的变化

图 4-8 表明了厌氧预处理以及好氧后处理的总 COD 去除率。试验中，IC 反应器对总 COD 的去除率为 68%，整个系统对总 COD 的去除率为 80%；IC 反应器对溶解性 COD 的去除率为 81%，整个系统对溶解性 COD 的去除率为 94%。而且，不论 COD 负荷变化多大，总 COD 去除率都可以保持在很好的水平。总 COD 去除率的波动通常由 SS 浓度的变化引起，主要是由生产工艺中硅藻土过滤器泄漏所造成的。

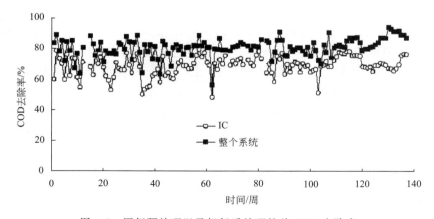

图 4-8　厌氧预处理以及好氧后处理的总 COD 去除率

在 2.5 年的运行时间内，COD 负荷逐渐增加，这主要是由于进水 COD 增加所致。图 4-9表明了 COD 去除率与所采用的容积负荷之间的关系。可见，COD 去除率与容积负荷之间并没有内在关系，不过，在高负荷下 COD 去除率较高。在运行期间，每周平均沼气产量为 $1100 \sim 4600 m^3/d$，产气量为 $0.47 m^3/kg\ COD_{去除}$ 或 $0.32 m^3/kg\ COD_{t进水}$。产生的沼气包含大约 $7600 \mu L/L\ H_2S$，在利用之前采用碱液洗涤可使 H_2S 浓度降低到 $45 \mu L/L$。沼气一般作为蒸汽锅炉燃料，可以满足啤酒厂 $8\% \sim 10\%$ 的天然气需求量，当锅炉停用时沼气放空燃烧。

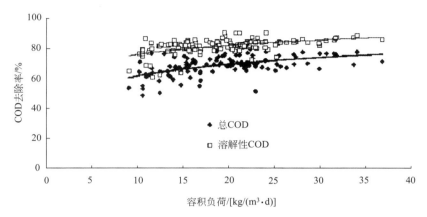

图 4-9　总 COD 和溶解性 COD 的去除率与容积负荷之间的关系

从实际的运行结果来看，IC-CIRCOX 工艺运行良好，且满足占地的严格要求。长期运行结果表明，在负荷变化条件下，该工艺表现出较强的稳定性，总 COD 和溶解性 COD 去除率分别为 80% 和 94%。在整个 2.5 年时间的运行过程中，IC 反应器和 CIRCOX 反应器的产泥量估计小于 $0.01 kg\ TSS/kg\ COD_{去除}$。

（3）IC-CIRCOX 组合工艺在我国的应用实例

上海富仕达酿酒公司的啤酒生产废水量为 $4800 m^3/d$，采用 IC 反应器与 CIRCOX 反应器串联工艺技术。啤酒生产废水汇集至进水井，由泵提升至旋转滤网。缓冲池内设有淹没式搅拌机，使废水均质并防止污泥沉淀，废水再由泵提升至预酸化池。然后，废水由泵送入 IC-CIRCOX 系统，出水流至斜板沉淀池。加入高分子絮凝剂以提高沉淀效果，污泥用泵送至污泥脱水系统。出水部分回用，其余排放。废水进水、出水数据见表 4-12。出水的各项指标均达到排放标准。

表 4-12　上海富仕达酿酒公司啤酒废水处理站处理效果

参　　数	进水水质		出水水质	
	平均	范围	平均	范围
COD/(mg/L)	2000	$1000 \sim 3000$	75	$50 \sim 100$
BOD_5/(mg/L)	1250	$600 \sim 1875$	$\leqslant 30$	
SS/(mg/L)	500	$100 \sim 600$	50	$10 \sim 100$
NH_4^+-N/(mg/L)	30	$12 \sim 45$	10	$5 \sim 15$
磷酸盐/(mg/L)		$10 \sim 30$		
pH	7.5	$4 \sim 10$	7.5	$6 \sim 9$

主要处理构筑物的设计参数如下。

① 预酸化池：直径 6m，高度 21m，水力停留时间 3h。

② IC 反应器：直径 5m，高度 20.5m，水力停留时间 2h，有机负荷 $15 kg\ COD/(m^3 \cdot d)$。

③ CIRCOX反应器：直径下部为5m，上部为8m；高度18.5m；水力停留时间1.5h；有机负荷6kg COD/(m^3·d)；微生物浓度15~25gVSS/L。

4.3 UASB和EGSB反应器在淀粉废水处理中的应用

4.3.1 UASB反应器处理淀粉废水

（1）淀粉废水处理工艺简述

目前我国淀粉生产的综合利用率较低，因此排放的废水中含有大量的有机成分，废水的有机负荷极高。淀粉废水的这种高浓度性质就决定了目前淀粉生产废水的处理方法以厌氧-好氧工艺为主。淀粉生产废水的典型处理工艺流程如图4-10所示。

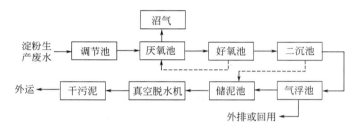

图4-10　淀粉生产废水的典型处理工艺流程

（2）淀粉废水厌氧-好氧处理工艺的工程实例

山东滨州金汇玉米开发有限公司主要生产玉米淀粉，年产量约30万吨，是目前全国规模最大的玉米淀粉生产加工企业之一。其一期污水处理水量为6000m^3/d。原水水质：COD为11000mg/L，BOD_5为7700mg/L，SS为3000mg/L，pH为5。

排放标准为《中华人民共和国污水综合排放标准》（GB 8978—1996）二级新扩改标准：COD_{Cr} 150mg/L，BOD_5 30mg/L，SS 150mg/L，pH 6~9。

淀粉废水属可生化性较好的高浓度有机废水，因而采用厌氧生化处理和好氧生化处理串联的主体工艺。淀粉废水呈酸性，会使后续厌氧处理过程受到抑制，产甲烷菌不能承受低pH的环境，因此，生化处理前需调整废水pH至中性（其最适宜范围是6.8~7.2）。

处理的废水中菲汀水约占总排水量的1/3（1600m^3/d），菲汀水来源于玉米浸泡工艺，含有一定浓度的SO_3^{2-}、SO_4^{2-}，以及一定量的可溶性蛋白质和钙镁复合磷酸盐等。菲汀生产是用石灰中和浸泡液，析出钙镁复合磷酸盐。

根据菲汀废水的特点，首先必须采取脱硫措施，降低水中硫酸盐和亚硫酸盐的浓度，保障生化处理的正常运行；同时，需要对高分子蛋白质和钙镁复合磷酸盐进行预处理，增强其可生化性，减轻生化处理的负担。

（3）处理工艺和效果

考虑到该厂废水中菲汀水的比例较大，硫的氧化物含量高，因而采取以化学沉淀和生物脱硫相结合的技术措施，消除抑制厌氧消化的条件，使后续工艺运行稳定可靠（见表4-13）；另外，废水中含一定量的高分子蛋白质和钙镁复合磷酸盐，因此采用选择反应技术对废水进行预处理，提高废水的可生化性，使生化时间缩短，降低造价和运行费用（见表4-14）。此外，采用具有先进三相分离器和布水系统的UASB反应器，处理效率高，效果稳定。

144

厂方利用原有沉淀池回收蛋白质饲料，可获得一定的经济效益。厌氧沼气产量约为14360m³/d，沼气中含60%~70%甲烷，含热值23000~27000kJ/m³，1m³沼气相当于1kg燃煤的热值，每吨煤按250元计，则全年沼气所产生的效益为250元/t×14360m³/d×360d/年×$10^{-3}×10^{-4}$＝129.24万元/年。折去厌氧冬季加热费用，沼气效益约为107.324万元/年。

表4-13 各个构筑物的进出水水质

工　艺		COD/(mg/L)	BOD₅/(mg/L)	SS/(mg/L)
水解反应池	进　水	11000	7700	3000
	出　水	8250	5800	
	去除率	25%	25%	
UASB反应器	进　水	8250	5800	
	出　水	1240	460	
	去除率	85%	92%	
SBR反应器	进　水	1240	460	
	出　水	<150	<30	<150
	去除率	>88%	>93%	>95%

表4-14 主要经济技术指标

序号	名　称	单　位	数　量	序号	名　称	单　位	数　量
1	规　模	m³/d	6000	6	直接运行费用	元/米³	0.48
2	投　资	万元	826.80	7	总运行费用	元/米³	1.26
3	占地面积	亩①	9	8	沼气效益	元/米³	0.67
4	定　员	人	9	9	实际运行费用（费用－效益）	元/米³	0.59
5	电　耗	kW·h/m³	0.73				

① 1亩＝666.67m²。全书后同。

4.3.2 淀粉废水颗粒污泥的培养

在借鉴国内外厌氧颗粒污泥培养经验的基础上，对处理淀粉废水的UASB反应器中培养颗粒污泥的策略进行了调整，调整的核心在于采用快速提高水力负荷的方式，在UASB反应器达到2kg COD/(m³·d)后提高负荷的幅度较大。具体方案如下：

① 采用低浓度、高水力负荷方式启动；

② 采用出水回流方式，可以降低碱度的需求，必要时投加石灰提高碱度。

以国内某淀粉厂为例，该厂年产玉米淀粉8万吨，污水处理采用一个直径为21m的UASB反应器，高度为7m，有效高度为6.7m，反应器有效容积为2300m³。采用如上启动方式培养颗粒污泥。整个过程的负荷变化和进出水COD浓度、去除率及pH等参数的变化情况见图4-11。

（1）接种污泥和启动

采用城市污水处理厂的厌氧消化污泥作为接种污泥，投加138t脱水后含水率为75%的污泥。采用淀粉废水稀释投加，折合污泥浓度为15g/L。投加后污泥采用回流的方式开始驯化，3d后COD浓度由4000mg/L下降到1500mg/L。开始采用0.5kg COD/(m³·d)的负荷启动，负荷提高的幅度为0.5kg COD/(m³·d)。由于该厂淀粉废水的浓度较高（为20000mg/L），为达到培养颗粒污泥的条件，采用出水回流的方式将进水稀释到3000~

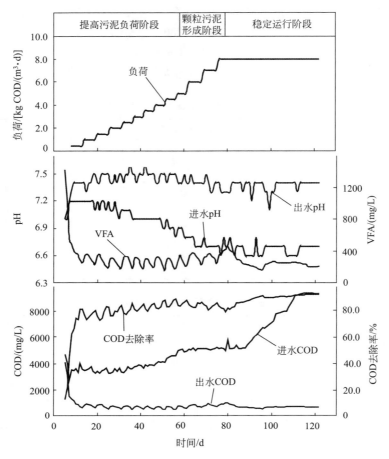

图 4-11 颗粒污泥形成过程中各参数的变化情况

4000mg/L。进水的 pH 为 6.0～6.5，开始运行时投加少量的石灰水调节 pH 值，回流水也可以起到部分调节 pH 的作用。

（2）提高负荷阶段

经过 60d 左右的运行，负荷上升到 5kg COD/(m³·d)。反应器的产气量开始增大，COD 去除率提高，有少量颗粒状污泥出现，但粒径小于 0.2mm。在此阶段负荷稳定增加，由于出水 pH 开始升高和回流量较大，开始减少石灰水的投加量，在这一阶段后期完全停止石灰水的投加。由于负荷提高，大量絮状污泥被洗出，颗粒污泥开始形成并成长增多，直径为 1～2mm 的较多，3mm 以上较少。污泥床开始形成并增厚，厚度为 1.0m 左右。

（3）颗粒污泥形成期

在 5kg COD/(m³·d) 以后开始大幅度提高负荷，每次以 1.0kg COD/(m³·d) 的幅度提高。这一阶段由于负荷和产气量的迅速提高，絮状污泥逐步减少，而颗粒污泥加速形成，颗粒污泥直径增大到 3mm 左右，颗粒污泥床厚度达到 2～2.5m。当负荷最终达到 8kg COD/(m³·d) 并稳定运行后，反应器内绝大部分为颗粒污泥，标志着颗粒污泥培养成熟。所以，从这一时期逐步减少回流量，增大进水 COD 浓度。至此，完成了整个调试和颗粒污泥培养过程，大约耗时 3 个月。

4.3.3　厌氧处理淀粉废水的意义

（1）我国采用颗粒污泥床反应器面临的挑战

如前所述，国外应用厌氧颗粒污泥床反应器和产生颗粒污泥的两个主要领域是啤酒废水和再生纸废水的处理。啤酒废水虽然量较大，但浓度较低且水量一般较少，所以颗粒污泥的产量有限。因此，国外颗粒污泥主要来源于浓度虽然较低但处理水量较大的再生纸废水。

与国外不同的是，我国到目前为止，在再生纸废水处理领域应用厌氧技术仍然很不成功。同时，在啤酒废水处理领域虽然有一些工艺应用厌氧技术，但是采用的主导工艺仍是好氧工艺和水解-好氧工艺。在我国，厌氧工艺最大的应用领域是酿酒，但是在酿酒领域大部分采用的是厌氧接触工艺（接近60%），个别酿酒厂虽然采用了UASB工艺，但是由于我国在酿酒废水处理中固液分离不完善，很难在生产规模的UASB反应器内形成颗粒污泥；而其他领域很难形成有规模性的颗粒污泥培养和生产条件。因此，要在我国推广使用颗粒污泥床反应器，前提是首先要解决颗粒污泥的培养和生产问题。

UASB反应器在淀粉废水厌氧处理领域应用的意义不在于其应用本身，更为重要的是通过UASB反应器的应用，可为今后颗粒污泥床UASB反应器和EGSB反应器技术的进一步发展提供基础。具体来讲，与国外相比，我国在UASB领域除了在设备化方面的差距以外，最为重要的差距是国外普遍采用了颗粒污泥类型的UASB反应器，从而在20世纪90年代进一步发展为EGSB反应器［其负荷可达20kg COD/（m³·d）以上］，而我国在大规模的生产装置上还没有普遍实现颗粒污泥。因此，淀粉废水UASB反应器在我国的成功应用，就为建立国内颗粒污泥生产基地奠定了基础。

根据国外的经验，结合国内的实际情况，颗粒污泥床反应器的污泥接种量为20～30g/L，可见，UASB的接种需要大量污泥。由于无商品化的菌种，污水处理厂在运行初期都要花一定的时间和精力去采购和培养厌氧接种污泥。另外，国外的厌氧公司在我国的UASB反应器均采用进口的颗粒污泥，颗粒污泥的价格平均为200美元/米³（含水率为70%）。

国内在淀粉废水UASB反应器方面已进行了大量的建设工作，为颗粒污泥的培养奠定了一定物质基础。虽然早期建立的UASB反应器都是中低负荷［5kg COD/（m³·d）］的，但由于淀粉废水可生化性好，污水有机物浓度高，对于颗粒污泥的培养十分有利。另外，在建设项目的条件上，也具备了培养颗粒污泥的物质基础——淀粉废水处理的水量大，一般为4000～10000m³/d，一般一个中型项目都会建立2～4个厌氧UASB反应器。这样，便可以提高一组UASB反应器中一个反应器的负荷，来逐步达到10kg COD/（m³·d）的负荷；在一个提高了负荷的反应器内形成大量颗粒污泥后，再启动另一个反应器，如此交替运行，从而达到生产颗粒污泥的目的。

例如，对某一淀粉废水处理项目而言，如果日处理水量为6000m³，由于其进水浓度较高，一般进入厌氧装置的COD浓度为10000mg/L，厌氧处理效率为80%。若剩余污泥产率按0.05kg VSS/kg COD$_{去除}$来计，则产生厌氧颗粒污泥量约为2400kg。如果按流失30%计，则实际日产颗粒污泥湿污泥约6m³（含水率为70%），全年污泥产量为2000m³。按1000元/米³价值计算，可以形成200万元/年的效益。

根据国内淀粉厂的分布和UASB反应器的建设情况，建议以山东的诸城、滨州、沂水等地为基地形成产量为5000m³/a的颗粒污泥生产基地，受益范围可覆盖山东和河北。另外，在北方以廊坊、秦皇岛、沈阳和吉林等地的项目为基础，而在南方以海南和广州等地的UASB工程为基础，分别建立一个5000m³/a的颗粒污泥生产基地，从而初步解决下一步我国颗粒污泥床反应器的发展基础问题。

（2）颗粒污泥床反应器在我国的应用

颗粒污泥生产基地建设是突破困扰我国的大规模厌氧反应器应用，解决污泥接种问题的一项重大举措。它的实施完成可以为我国的厌氧处理应用实现跨越式发展奠定基础，具有以下意义。

1）缩短启动时间

可以使厌氧反应器的启动更加迅速，并为缩短启动时间创造条件。例如，山东滨州金汇玉米开发有限公司的大型 EGSB 反应器（见图 4-12）的启动采用一期工程 UASB 反应器形成的颗粒污泥，仅花费了一个月的时间。二期工程上马后，整个污水处理工程厌氧沼气产量为 18500m³/d，沼气中含 60%～70% 甲烷，含热值 23000～27000kJ/m³。当利用沼气发电时，1.0m³ 沼气可发电 1.5～1.6 度，每天的总发电量最低为 27750 度。若每度电按 0.41 元计，折合效益 11378 元/天，吨水效益 2.00 元/米³，年收益 375.5 万元。

图 4-12　山东滨州金汇玉米开发
有限公司的大型 EGSB 反应器
（4 个，直径均为 5m，高度均为 20m）

建设颗粒污泥生产基地可以满足国内市场基本需求，带动厌氧反应器在污水处理领域的进一步推广；不仅解决现有厌氧反应器的稳定运行，而且使污水处理产生效益；通过建立颗粒污泥生产基地，为充分发挥厌氧颗粒污泥的优点，对于颗粒污泥在运输、投入和驯化等过程都有一定的要求，建立厌氧颗粒污泥销售和辅助工程网络，可以解决用户初期对 UASB 反应器不太了解而造成的运行困难，指导用户加快 UASB 的启动进程，促进高效 UASB 工艺在环保行业的应用。

2）可采用较高容积负荷

EGSB 反应器实际上是（改进的）UASB 反应器，在高的上升流速下运行，使颗粒污泥处于悬浮状态，从而保持进水与污泥颗粒的充分接触。国外 UASB 反应器大多已实现污泥颗粒化，且 EGSB 反应器发展十分迅速。在良好的混合条件下 EGSB 反应器可达到极高的负荷，目前，我国由国外公司建立的 EGSB 工程已经建成了 3～4 个工程，处理的废水主要是啤酒废水和柠檬酸废水，反应器的负荷可达到 20～30kg COD/(m³·d)。

国内十方公司在山东滨州的项目中采用 EGSB 反应器（钢结构）4 座（见图 4-13），采用

图 4-13　山东滨州淀粉废水处理厂的 UASB 和 EGSB 反应器
均处理同样和等量的废水（6000m³/d）
（从图可见 UASB 反应器的占地面积大大高于 EGSB 反应器）

负荷 15kg COD/（m³·d），是一期 UASB 反应器负荷的 3 倍，因此大大节省了占地和投资。

我国必须在 UASB 反应器设备化的基础上，建立厌氧颗粒污泥生产基地，才可以在国内建立示范工程，推广 EGSB 反应器的技术。

4.4 厌氧处理酒糟废液技术的应用

4.4.1 厌氧处理酒糟废液技术概述

我国生产酒精是以玉米、薯干、木薯等含有淀粉的农产品为主要原料，经蒸煮、糖化工艺将淀粉转化成糖，并进一步发酵生产酒精。生产过程的废水主要来自蒸馏发酵成熟醪后排出的酒精糟，以及生产设备的洗涤、冲洗及蒸煮、糖化、发酵、蒸馏工艺的冷却水等（见图 4-14）。每生产 1t 酒精约排放 13～16t 糟液。糟液呈酸性，其 COD 高达 50000～70000mg/L，是酒精行业最主要的污染源。

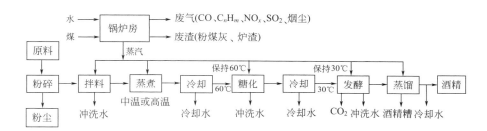

图 4-14　酒精生产污染物的来源与排放

用于处理酒糟废液的厌氧技术主要包括以下几种。

（1）隧道式（推流式）发酵池

这是 20 世纪 50 年代～80 年代初期使用的厌氧发酵装置。其容积较大，COD 负荷较低 [3kg COD/（m³·d）]，停留时间较长（＞10d），BOD 去除率在 80% 左右，产气率一般为 2m³/（m³·d），现已很少采用。

（2）厌氧接触工艺

自 20 世纪 80 年代中期开始使用至今，其优点是对酒精废液进水悬浮物没有严格要求。COD 负荷在 4～5kg COD/（m³·d），COD 去除率为 75%～80%，BOD 去除率为 85%～90%，产气率为 5m³/（m³·d）。反应器的体积负荷提高到 5.0kg COD/（m³·d）以上时，易产生酸化现象，去除率下降。

（3）升流式厌氧污泥床（UASB）

升流式厌氧污泥床具有很高的 COD 体积负荷，一般负荷为 5～10kg COD/（m³·d），COD 去除率在 85% 以上，产气率在 10m³/（m³·d）以上；停留时间短，一般为 2～5d；处理酒精糟液时对悬浮物浓度比较敏感，一般要求处理悬浮物（SS）低于 5000mg/L 的酒精酒糟滤液，这就使其使用范围受到限制。

采用絮状污泥的 UASB，其 COD 负荷略高于厌氧接触工艺。目前，设计或投入运行的 UASB 反应器实质上都是絮状污泥反应器，进水悬浮物浓度达 10000mg/L，甚至高达 18000mg/L 也能正常运行。

（4）两相或两级厌氧发酵反应器

对于悬浮物（特别是含纤维物质）含量较高的酒精废液的处理，两相发酵由于把产酸段和产甲烷段分开进行，分别在各自的适宜条件下运转，与一级 UASB 工艺相比，虽然其设备投资和运转费用提高，但仍然是现阶段厌氧处理酒糟废水的可行工艺之一。

另外，两级厌氧工艺是与两相工艺不同的厌氧处理工艺，对于处理酒精酒糟废液的两级厌氧工艺，其基本思想是采用第一段的厌氧反应器去除悬浮物，使得酒精酒糟废液在其中发生部分水解和酸化，主要作用是固体分离而不是酸化。相关内容将在后续章节详细叙述。

4.4.2　厌氧接触工艺处理酒糟废液的应用案例——南阳酒精厂

（1）处理工艺及运行效果介绍

南阳酒精厂自 20 世纪 60 年代就开始采用厌氧消化池处理酒精糟液。1987 年进行扩建，日处理糟液量由原来的 400～500m³ 提高到最高 1500m³，日产沼气由 10000m³ 提高到 40000m³。

南阳酒精厂处理废糟液的整个工艺流程见图 4-15。酒精厂排放酒糟废液，经过固液分离，分离出的干粗酒糟（DDG）作为饲料出售。经过固液分离后的废液量为 1000～1100t/d，进入厌氧消化池。值得说明的是，如果饲料销售价格低或销售不出去，或者当城市需要更多的沼气时，糟液将不进行固液分离而全部进入厌氧消化池以多产沼气。这是南阳酒精厂厌氧工艺的一个优点。其在产生沼气和饲料销售两个渠道可以进行调节，增加了系统的灵活性。

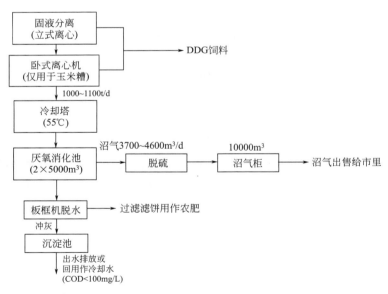

图 4-15　南阳酒精厂废糟液处理工艺流程

原料 COD 浓度为 25000～30000mg/L，悬浮物浓度为 35000mg/L，pH 为 4.5～5.0。在消化池中采用了该厂自行研制的生物能搅拌装置（见图 4-16），利用产生的沼气进行搅拌，相当于一个内循环装置，两个 5000m³ 的消化池并联运行，停留时间大约为 10d。沼气产量为 40000m³/d，运行负荷相当于 3.0kg COD/(m³·d)，沼气产量为 4m³/(m³ 池容)。

经沼气发酵后的消化液，COD 由发酵前的 50000mg/L 降至 8000mg/L，去除率为 84%；BOD 由 25000mg/L 降至 2300mg/L，去除率为 90.8%；pH 由 4.2 升至 7.2～7.5；悬浮物由 20000mg/L 降至 700mg/L，去除率为 96.5%。南阳酒精厂对接触工艺出水采用絮凝沉淀后进行脱水，并且由于建有 6MW 热电联产电站，脱水后的滤液用于电厂冲灰冲渣，可进一步将水中的 COD 降低到 100mg/L 之下。

南阳酒精厂年转化为沼气的 COD 总量达到 33000t 以上。市区 40% 的居民用上了沼气，可少向大气排放二氧

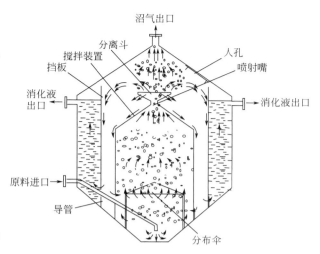

图 4-16 生物能搅拌装置（专利）

化硫、氮氧化物、烟尘，因此带来了巨大的经济效益、社会效益和环保效益。

（2）厌氧接触工艺处理酒精废水存在的问题

采用厌氧接触消化工艺处理薯干酒精废水，一般在进水 COD 浓度为 50000mg/L 时，去除率可达到 75%～80%。从厌氧接触消化工艺的处理效果分析，虽然对于 COD 有较大的去除率，但是出水中仍然含有大量的生物可降解物质，特别是厌氧可降解的物质，一般一级厌氧接触工艺的处理出水 COD 为 8000～12000mg/L。北京工业大学和北京轻工业环境保护研究所等单位，均采用各种好氧工艺对这种废水进行过好氧处理的研究和工程实践，好氧处理效率一般不高，要达到排放标准存在一定的难度。

如果采用一级高效厌氧反应器（如 UASB）或二级厌氧反应充分，这时厌氧出水的 COD 可达到 2000mg/L 以下，或在 2000mg/L 左右。因此对排放标准要求低于 500mg/L 时，好氧后处理后仍需采用物化混凝沉淀等方法。另外，在厌氧技术迅速发展的今天，厌氧接触工艺已不是先进的工艺。厌氧接触工艺的处理出水仍需进行必要的后处理，而后处理最为主要的问题之一，是厌氧接触工艺的出水 COD、悬浮物较高，且波动较大，对后续的处理代价较大。

4.4.3 UASB 工艺处理酒糟废液的应用举例——徐州房亭酒厂

（1）水量和水质

徐州房亭酒厂主要采用薯干作为原料形成了年产酒精 5 万吨、白酒 2.5 万吨的生产能力。郑元景等 1997 年采用传统的 UASB 技术对该厂的废水进行治理，污水处理设计按年产酒精 4.5 万吨即日约 125t 计算，生产酒精用水量为 12～15m³/t，产生酒精糟液 1500～1900m³/d，考虑工厂的发展按最高 2400m³/d 设计。

进、出水水质如下：污水经治理后，各项排放指标均达到 GB 8978—88❶ 国家行业综合 Ⅱ级排放标准（现有），见表 4-15。

---

❶ 已被 GB 8978—2002 取代。

表 4-15 污水进出水指标

指　标	进水水质	出水水质	指　标	进水水质	出水水质
COD/(mg/L)	30000～50000	≤450	SS/(mg/L)	30000～40000	≤300
BOD₅/(mg/L)	15000～30000	≤300	pH	3～5	6～9

（2）固液分离

为了提高经济效益，并采用高效厌氧工艺处理高浓度酒精糟液，徐州房亭酒厂首先采用7台卧式离心机将酒精糟液进行固液分离。因薯干酒糟含砂量较多，设备磨损严重，后改为采用20台立式离心机（其中12台运行，8台备用），立式离心机的悬浮物去除量较低，产生 400m³/d 的浓缩物作为饲料出售。经离心机固液分离后，污水中尚含有大量悬浮物，为了确保 UASB 的运行条件，废水经化学絮凝沉淀池再次固液分离后，通过管道送至厌氧-好氧处理工艺的格栅入口。徐州房亭酒厂污水处理工艺流程见图 4-17。

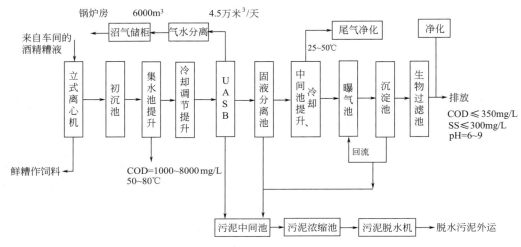

图 4-17　徐州房亭酒厂污水处理工艺流程

（3）预处理工艺

经过离心分离后，COD 降低到 30000mg/L 左右。2000m³/d 的滤液进入 1939m³ 的平流式沉淀池沉淀 1d 左右，经立式水泵提升送至冷却塔。提升前先经格栅去除大块杂物进入集水池，为了排除可能沉积在集水池中的泥沙，集水池上设有回流搅拌管及泥沙排除管（从溢流槽排除）。

降温后的污水进入调节池，调节池内水温的控制由厌氧池内水温决定，严格控制厌氧池内的水温在 50～55℃ 之间。厌氧池中 pH 低于 6.5 将抑制甲烷菌的生命活动，所以在冷却塔采用石灰调节 pH。调节池内的污水用水泵提升送入厌氧池。

（4）厌氧处理工艺

采用两个平行的 UASB 反应器，每个有效池容为 3000m³。水力停留时间（HRT）为 3d。沼气产量为 45000m³/d，产气量为 7.5m³/(m³·d)。沼气储存在 6000m³ 的浮罩式沼气柜内，用于锅炉助燃。厌氧池出水自流到沉淀池后，再进入中间池（4×600m³），因废水的温度仍高达 50～55℃，故不能直接进入曝气池，需经冷却至 35℃ 以下。

（5）好氧处理工艺

废水经冷却后流入曝气池，经曝气池净化之后，曝气池混合液进入沉淀池进行固液分离，沉淀池为 4×600m³。澄清水从上方溢流进入生物过滤池进一步处理。生物过滤池中装有填料，

152

反应器停留时间为 1.0h。经生物过滤池处理后水得到进一步净化，在净化过程中生物膜新陈代谢，其残余碎片进入水中。来自生物过滤池的水过滤后进入回用水池，过滤池需定期反冲洗。

（6）运行结果

酒精糟液的处理结果见表 4-16。

表 4-16　酒精糟液的处理结果

参数	进水水质			出水水质			排放标准
	最大值	最小值	平均值	最大值	最小值	平均值	
COD/(mg/L)	60000	30000	45000	441	260	330	≤450
BOD_5/(mg/L)	30000	15000	20000	170	80	123	≤300
SS/(mg/L)	41000	30000	34000	243	180	210	≤300
pH	5	3	3~4.5	7.0	6.8	6.8	6~9

徐州房亭酒厂的污水处理工程采用固液分离-厌氧（UASB）-好氧工艺处理薯干酒精糟液，实现了达标排放。该工程通过固液分离将分离出的滤渣作饲料，20000m³/d 沼气用于锅炉助燃，抵消直接运行费用后仍有可观的赢利。该工程是目前国内厌氧 UASB 处理酒精酒糟的大型装置之一，对于酒精糟液废水的厌氧处理有很大的示范指导作用。该工程所暴露的问题对指导其他厂的设计和运行也有一定借鉴作用。该工程主要存在以下问题：

① 卧式螺旋卸料沉降离心机的磨损较大，无法维持污水处理厂连续稳定地运行。

② 改用立式离心机后，运行稳定性提高，但悬浮物的去除效率下降，造成进入 UASB 的悬浮物过高，从而降低了 UASB 中污泥的浓度，影响了 UASB 的处理效果。

③ 采用 UASB 处理薯干酒精糟液，由于高悬浮物问题，影响到 UASB 效率的有效发挥。因此，研究解决 UASB 反应器在处理含高悬浮物酒精酒糟的有效的预处理工艺和在酒精酒糟处理中颗粒污泥形成的条件问题，可以克服含悬浮物过多引起 UASB 效率下降的问题。

4.4.4　酒糟废液厌氧处理工艺的技术经济分析

（1）基础资料

南阳酒精厂和徐州房亭酒厂都属于国内大型酒精厂，其酒糟废液处理技术均采用 DDG＋厌氧处理工艺，都能够做到达标排放，只是二者在厌氧处理上采用的工艺不同（分别为厌氧接触工艺和 UASB 工艺），见表 4-17。

表 4-17　两大酒精厂酒糟废液处理工程概况

厂　　名				徐州房亭酒厂	南阳酒精厂		
沼气	产量		/(m³/a)	6000000	12000000		
			/(m³/d)①	20000	40000		
	用途	民用	/(m³/d)	20000	32000		
		酒精厂	/(m³/d)	—	8000		
	年收入/万元			144	244.8	900	1800
DDGS	年回收量/t				80000		
	年收入/万元			350	460		
	年节省排污费/万元			216	280		
	投产时间			1996 年	1985 年		

153

厂　　名		徐州房亭酒厂	南阳酒精厂
污水水质水量	固液分离前水量/(m³/d)	2400	1300~1500
	固液分离后水量/(m³/d)	2000	1000~1100
	BOD/(mg/L)	25000	
	COD/(mg/L)	50000	30000
	SS/(mg/L)	35000	35000
	pH	5	5
年运行天数/d		300	300
年运行费/万元	电费	158	99.23
	化学药剂费	60	72.00
	人员工资	40	112.45
	折旧维护费	202	85.51
	水费		8.63
	管理费		53.32
	合　计	460	431.14

① 以一年运行300d计。

（2）技术经济指标

南阳酒精厂建于1985年，当时投资672.8万元，根据1986~1998年间不同的通货膨胀利率将1985年的投资672.8万元折算成1998年的2173.7万元（见表4-18）。

表4-18　南阳酒精厂投资估算通货膨胀率和折算值

年　份	1986	1988	1989	1990	1991	1994	1995	1996	1997
通货膨胀率	6%	19%	19%	2%	3%	22%	14.00%	10.50%	5%
折算值/万元	713.2	906.8	1077.3	1099.9	1131.8	1643.4	1873.5	2070.2	2173.7

投资固液分离装置1250万元，征地费320万元，总投资3743.7万元（详见表4-19）。按照沼气的产量和用途对沼气的产值进行计算和估算，其中民用沼气的价格为0.20元/米³，工业用沼气的价格分别以0.75元/米³和1.50元/米³估算，相当于产值244.8万元、900万元和1800万元；采用干全酒糟（DDGS）回收8万吨/年，产值460万元，由于将污水进行了处理，可以为单位节约排污费和罚款280万元。

表4-19　两酒厂污水回收处理系统投资估算　　　　　　单位：万元

项目		南阳酒精厂		项目	徐州房亭酒厂
建成/追加投资年份		1985年	1999年	建成年份	1996年
固定资产投资	消化器	260	840	土建工程	795
	脱硫系统	110	355.39	标准设备、工艺装置及配电仪表	785
	储气罐	210	678.47	运输费用	22
	管线和仪表等	70	226.16	安装、调试费(含药剂费、防腐费)	168
	控制室	18	58.15	设计费	75
	设计费	4.8	15.5	施工管理费	52
	小　计	672.8	2173.7	税金及城建等地方管理费用	103
固液分离装置			1250	合　计	2000
征地费			320	流动资金	25.8
合　计			3743.7	总计	2025.8
流动资金			43.2		
总　计			3786.9		

徐州房亭酒厂于1996年建成，投资2700万元，约600万元用于CO_2的回收处理系统。系统总投资2100万元，总的投资构成见表4-19。建成后又投资300万元用于预处理部分离

心机更换和初沉池等改造。

污水处理厂的装机容量为573kW，其中使用负荷348kW。电费为158万元/年〔0.67元/(kW·h)〕。混凝剂、药品和人工等费用见表4-19。折旧费按10年计算，贷款900万元，利息为14%（后降为9%），分3年付清，1998年利息总额为252万元。

目前厌氧系统产生沼气20000m³/d，相当于200吨标准煤/天，价值4000元/天。每年经济效益为144万元（由于徐州附近有大量的煤矿，所以煤价格较低）。另外，由于酒精行业1998年产量较低，沼气的产量也相应低。DDG饲料的销售总收入为350万元/年，排污收费为216万元/年。

为了进行经济分析，对流动资金、建设周期、运行年限和银行的贷款额及贷款利率、所得税和通货膨胀率等进行了下列假设。

项目计算期：按26年计算，其中建设期1年，运营期25年。

贷款利息：银行贷款利率统一按7.0%计取利息。

日常检修维护费：固定资产原值×1.0%。

固定资产折旧：取残值率为4%，折旧期统一按排水管道工程取20年，即年综合折旧率为4.8%。折旧费＝固定资产原值×4.8%。

无形及递延资产摊销：无形及递延资产×8%。

大修理基金：固定资产原值×2.2%。

其他费用：（能耗费＋药剂费＋工资及福利费＋日常检修维护费＋大修基金）×15%。

流动资金贷款利息：按规定新建、扩建企业必须有30%的铺底流动资金，才能给予流动资金贷款。据此，流动资金分为铺底流动资金和流动借款两部分，铺底流动资金占30%，流动资金贷款占70%，年利率为7.0%。

销售税金及附加：按污水收入的6.6%计算。

所得税：按利润总额的33%计算，还款期间不缴纳所得税。

年运营成本分别为481万元和371万元。

（3）财务评价分析

通过计算可以得出，南阳酒精厂投资的净现值为1941万元，投资内部收益率为9.5%。对于不同的沼气用途和投资，出现了明显不同的投资效益，若产生的沼气全部民用，沼气的价格分别按1998年0.75元/米³和1.5元/米³计算，全部（自有）投资的净现值分别为9630万元和20192万元，内部收益率为21.7%和49.4%。

敏感性分析涉及沼气价格、环保排污费和工程投资等3个要素，变化幅度为＋15%～－15%，内部收益率（FIRR）结果见表4-20。可以看出，徐州房亭酒厂的抗风险能力要比南阳酒精厂的强，两者对沼气价格和环保排污费的变化不太敏感，徐州房亭酒厂对所有风险指标的抗风险能力均比较强，而南阳酒精厂对于工程投资的变化就比较敏感。

表4-20 徐州房亭酒厂和南阳酒精厂FIRR敏感性分析 单位：%

徐州房亭酒厂				南阳酒精厂			
变化幅度	沼气价格	环保排污费	工程投资	变化幅度	沼气价格	环保排污费	工程投资
15.0	13.1	13.6	－22.1	15.0	11.66	13.31	－26.83
10.0	8.8	9.1	－15.3	10.0	7.81	8.92	－18.46
5.0	4.4	4.6	－7.9	5.0	3.92	4.48	－9.55
0.0	0.0	0.0	0.0	0.0	0.00	0.00	0.00

徐州房亭酒厂				南阳酒精厂			
变化幅度	沼气价格	环保排污费	工程投资	变化幅度	沼气价格	环保排污费	工程投资
−5.0	−4.5	−4.6	8.5	−5.0	−3.96	−4.53	10.28
−10.0	−9.0	−9.3	17.8	−10.0	−7.96	−9.12	21.40
−15.0	−13.6	−14.1	28.0	−15.0	−12.01	−13.76	33.52

4.4.5 UASB 反应器处理含高悬浮物废水的技术分析

（1）悬浮物的影响

采用 UASB 处理薯干酒精糟液，高悬浮物问题会影响 UASB 效率的有效发挥。由于废水中 SS 含量高，可采用的容积负荷显著低于 SS 含量低的废水。厌氧反应器对于悬浮物的截留率越高，可以采用的负荷率越低。但是，对于悬浮物含量相同的废水，温度越高，可以采用的负荷越高。这也是高温厌氧处理酒精糟液容许较高 SS 的原因。

当进水中有 30%～40% 可沉性 SS-COD 时，厌氧接触工艺允许负荷一般只有絮状污泥床反应器的 50%，是颗粒污泥床反应器的 30% 左右。研究解决 UASB 反应器在处理含高悬浮物酒精糟液的有效预处理工艺和在酒精糟液处理中颗粒污泥形成条件的问题，可以克服悬浮物含量过高引起的 UASB 效率下降的问题。北京市环境保护科学研究院的申立贤等 1985 年在山东酒精厂进行了采用 UASB 工艺处理酒精糟液的中试研究。采用 UASB 反应器处理酒糟废液，在形成颗粒污泥后，38～41℃下反应器容积负荷可达 21.6 kg COD/(m^3·d)，沼气中含甲烷 58%～64%，沼气产量约 0.57 m^3/kg COD$_{去除}$。

（2）采取有效的固液分离

薯干糟液由于蛋白质含量较低并且脱水困难，因此处理难度较大。高效 UASB 处理系统必须满足的条件之一是能够保持大量的厌氧活性污泥，但高悬浮性 COD 的存在使得 UASB 中活性污泥浓度较低，从而导致污泥龄降低，限制了厌氧 UASB 反应器效率的发挥。王凯军等采用有效的带式压滤机进行固液分离，脱水后的滤液固含量小于 0.3%（3000 mg/L），适合 UASB 技术处理，并且可以在 UASB 反应器中采用较高的容积负荷。将该处理装置和手段应用于安徽泗县酒厂治理项目，建成 250 m^3/d 的酒精糟液污水处理厂，并回收滤液中的饲料和生产沼气。

（3）采用多级厌氧工艺

另一类方法是采用带有固液分离装置的两级厌氧系统，糟液首先经厌氧酸化池水解酸化，去除大部分悬浮物和部分有机物质，然后进入固液分离池（分离机械）去除固体物质，以利于后续 UASB 的正常运行。经固液分离后的液体进入 UASB 反应器，经厌氧处理后再进入好氧生化池。两阶段厌氧反应器，第一级采用水解反应器去除大部分的悬浮性物质，经分离后的液体再进入 UASB 反应器，以利于后续 UASB 的正常运行。这一处理过程可以采用如下措施。

第一级反应器具有将固体和液体状态的废弃物液化（水解和酸化）的功能。废水中没有液化的固体部分在同一个或不同的反应器内完成固液分离。其中液化的废弃物去 UASB 反应器（为二级处理的一部分），固体部分根据需要进行进一步消化或直接脱水处理。第二级是高效的 UASB 反应器，去除悬浮物后的污水进入 UASB 反应器处理。表 4-21 为王凯军等采用不同的预处理工艺在这一领域的应用实例。

表 4-21　高含悬浮物废水的应用实例

地　点	糟液/(m³/d)	分离方式	UASB 反应器负荷/[kg COD/(m³·d)]	后处理	温度/℃
唐山冀东制药厂	2000	水解池＋浓缩池	7.0	活性污泥	35
山东扳倒井酒厂	450	带式机械脱水机	7.0	SBR	50～55
山东景芝酒厂	850	卧式离心机	8.0	接触氧化	55
安徽泗县酒厂	250	带式脱水机	7.0	SBR	35

4.4.6　高温颗粒污泥 UASB 工艺处理酒糟废水

（1）水量和水质

从前面章节的讨论可知，高温厌氧 UASB 系统可以提高对进水 SS 的耐受和分解能力，对于处理高含悬浮物废水具有一定优势。杜兵等采用高温升流式厌氧污泥床工艺（UASB）处理了山东景芝酒厂的酒精糟液。山东景芝酒厂（山东景芝酒业股份有限公司的前身）同时以薯干生产酒精（3 万吨/年）和以玉米生产淀粉，该厂在建设淀粉废水处理工程的同时，对酒精糟液进行了综合处理。表 4-22 列出了该厂各个车间废水的水量和水质情况。

表 4-22　山东景芝酒厂高浓度废水的水量和水质

参数	流量/(m³/d)	水温/℃	pH	BOD_5/(mg/L)	COD/(mg/L)	SS/(mg/L)
酒精糟液	400	常温	4～4.5	15000	38000	18000
池底水	40	常温	4～4.5	60000	80000	7000
淀粉水	750	常温	6～7	8000	15000	6000
综合废水	1190	常温	6	12100	24900	10000

山东景芝酒厂的废水处理分成两个部分：高浓度有机废水的厌氧处理和低浓度废水的好氧、物化处理。车间排放的高浓度糟液首先进入沉砂池除砂，然后进行固液分离，滤液流入调节池，用泵提升至 UASB 进行发酵。UASB 共分 10 个单元，其总容积为 3950m³，有效容积为 2700m³。为提高 SS 的消化效率，采用高温发酵，发酵温度为 52～55℃。设计负荷为 8.0kg COD/(m³·d)，进水 COD 浓度为 14600mg/L，COD 去除率为 80％。UASB 出水进入预曝气池和酸化池，然后进入好氧处理单元。UASB 产生的沼气含硫量低，无需脱硫，送入锅炉房作燃料使用。

（2）UASB 反应器的运转情况

从 1996 年 8 月开始厌氧部分的调试，至 1997 年 1 月负荷达 8.0kg COD/(m³·d)，COD 去除率稳定在 90％以上，出水 COD 为 3800mg/L 左右，SS 为 2500mg/L 左右。

第一阶段：首先启动 10 个厌氧池中的两个反应器（4# 及 5#），分次采用山东昌乐酒厂厌氧处理装置中的高温厌氧活性污泥接种，接种后反应器污泥浓度为 17.0g/L。升温采用蒸汽直接加热法，每日升温 1.5℃，在升温到 40℃以后，以 0.1～0.3kg COD/(m³·d) 的容积负荷投加废水，当温度升高到 52℃，负荷达 2kg COD/(m³·d) 时，即进入正常提高负荷阶段。

第二阶段：利用 4# 和 5# 池的厌氧污泥，并补加了一些山东昌乐酒厂的厌氧污泥启动其余 8 个反应器。各厌氧池的污泥浓度为 10～21.0g/L，多数为 20g/L 左右。负荷从 2kg COD/(m³·d) 提高到设计负荷 7～12kg COD/(m³·d)。

整个启动过程共花费了 7～8 个月（第一阶段约 4 个月，第二阶段约 3 个月），各阶段的运行情况见表 4-23。

表 4-23 UASB 反应器提高负荷阶段的运行结果 （平均值）

日 期	有机负荷 /[kg COD/(m³·d)]	HRT /d	进水 COD /(mg/L)	出水 COD /(mg/L)	COD 去除率/%	进水 SS /(mg/L)	出水 SS /(mg/L)	SS 去除率/%	出水 VFA /(mg/L)
第一阶段	（4# 和 5# 池）								
9.30～10.10	2.0	22.5	45000	—	—	22200	1025	95	—
10.11～10.20	3.5	13.9	45610	3730	92	21200	2150	90	64
10.21～10.28	4.7	10.0	46624	3688	92	25020	—	—	46
10.30～11.3	5.5	10.0	58191	3841	93	—	—	—	46
11.20～11.25	6.1	7.0	42958	3608	92	25574	2260	91	76
11.27～12.15	7.0	8.6	55583	3936	93	27455	2257	92	45
1.2～1.7	8.1	7.3	58366	—	—	30222	2690	91	93
1.8～1.20	8.2	7.0	56425	4673	92	31804	2994	91	92
第二阶段	（全部池子）								
2.25～3.7	0.7	63.9	44422	2382	95	2451	1544	37	175
3.8～3.13	1.1	38.7	43264	1570	96	17596	1146	93	54
3.14～3.19	2.3	25	55390	1353	98	22140	802	96	37
3.20～3.26	3.0	17.5	48262	2290	95	17005	861	95	17
3.27～4.10	4.5	11.4	49549	2121	96	17772	2027	89	44
4.11～5.1	7.0	5.3	39096	3402	91	11461	2358	79	75
5.2～6.7	7.1	5.5	38877	3821	90	12582	2121	83	78

UASB 达到设计负荷后，COD 去除率一直维持在 90% 以上。虽然水质有波动，但容积负荷总是稳定在 8.0kg COD/(m³·d) 以上，产气量达 7000～10000m³/d，产气率为 2.6～3.7m³/(m³·d)。

（3）高温 UASB 的启动问题讨论

山东景芝酒厂高温 UASB 的启动从 1997 年 8 月开始到次年 5 月底结束，整个启动共花费了 10 个月的时间。整个启动可以分成如下阶段：升温过程（1～2 个月）、部分接种池的启动（4 个月）、扩大启动阶段（3 个月）。

从这一过程来看，在有充足质量和数量（本例是 17.0～21.0g/L）接种物保证的情况下，高温处理酒精酒糟废液启动的全过程可以在 4～5 个月内（最多半年）完成。规模比较大的厂由于接种物的来源和质量不足，这一过程可能需要 10～12 个月的时间。高温厌氧 UASB 的应用，特别是对于没有大量厌氧污泥种源的情况，受到启动时间的严重限制。高温厌氧 UASB 启动过程包含两个阶段，即升温和提高负荷阶段。根据现有条件和技术，只有在这两个阶段考虑快速启动的方法。

1）高温直接启动的可行性

由厌氧微生物遗传学研究可知，不同温度类型的产甲烷菌的生长温度由菌种本身固有的特性所决定，即由其细胞物质结构所确定。这是一个长期进化的结果，不能通过驯化而改变。嗜温菌不能经驯化而在高温范围生长，这是遗传学角度的一条重要结论。采用中温下运行的反应器中的污泥接种高温反应器并取得成功，不能简单地认为是中温菌种适应了高温条件，而是在中温污泥中本身就存在一定量的嗜热产甲烷菌，在中温条件下，它们处于不活跃或休眠状态，而在适宜于其增长的高温条件下，它们迅速得到增殖。

这样就带来一个问题：如何启动高温厌氧反应器。众所周知，对高温厌氧反应器有两种启动方法。其中一种是逐渐升高温度，每次提高温度范围很小，为 1～2℃。例如，Rudd 等通过每天提高 1℃ 的办法，将中温反应器成功地提高到高温范围(57℃)。目前，大部分人启动高温厌氧反应器一般都采用这种方法，他们认为温度逐渐升高对获得高的处理效率是有利的。

Kugelman Guida 建议启动过程应该由中温范围直接升温到高温范围。Schmidt 和 Ahring1995 年的研究也表明，在将 UASB 反应器逐渐升高温度与突然启动到所希望的温度相比，前者并没有好处。van Lier 用中温颗粒污泥接种直接运行在高温 UASB 条件，在 1～2 周内，在 10kg COD/（m³·d）负荷条件下取得高的 VFA 去除率，而丙酸较难除去。

事实上，问题的焦点不是直接或分阶段升温到高温条件，而是接种污泥中高温菌种的数量。如前所述，由于中温菌种中高温菌种的数量有限，升温的过程和方式必将受到菌种数量或实际负荷的限制。如果直接升温到高温范围，且同时运行在较高负荷，由于高温菌种数量较少，因此高温菌种实际承受的负荷过高，这将引起超负荷，产酸速率将超过甲烷化的速率。对于直接在高温条件下启动，同样应该逐渐缓慢地增加反应的负荷，使高温菌种有机会不断繁殖，数量不断增加，以适应高温条件下升高的负荷。

王凯军等认为这两种启动方法本质上没有差别。根据高温菌种的生理特点，应该采用直接升温的方法启动。这样，对于高温厌氧 UASB 的启动，可以减少 1～2 个月逐步升温的时间。

2）加强颗粒污泥接种

杜兵等通过连续运行，逐步提高负荷，控制运行条件和挥发酸含量，经过半年左右的运行，在池底出现大量颗粒污泥，直径 1～5mm，外形光滑，强度较高。随后污泥颗粒化的速度越来越快，很快积累了大量颗粒污泥，污泥的沉淀性和稳定性得到改善，颗粒污泥并没有随运行而流失，出水悬浮物浓度保持稳定。在高悬浮物条件下，设计合理的 UASB 装置，控制好运行条件，连续运行一段时间，同样可以培养出颗粒污泥。

酒精糟液厌氧处理颗粒化的意义有两点：其一，它表明 UASB 耐受悬浮物（有机物）的极限浓度可以大大超过一般认为的 2～4g/L。研究实践表明，在高温下处理酒精糟液悬浮物的浓度可以超过 10g/L。其二，在高悬浮物浓度下，颗粒污泥可以保持和发展的事实表明，酒精糟液可以采用颗粒污泥接种，这可以大大缩短厌氧 UASB 反应器的启动周期。

参 考 文 献

[1] 北京市环境保护科学研究院编 . 1986. 水污染防治手册 [M] . 上海：上海科学技术出版社 .

[2] 杜兵，齐文钰，申立贤，等 . 1999. UASB 处理酒精废水生产运行研究 [J] . 中国沼气，17（2）：14.

[3] [日] 二国二郎主编 . 1990. 淀粉科学手册 [M] . 王微青，高寿青，任可达译 . 北京：轻工业出版社 .

[4] 高景炎，王贵荣 . 1999. 积极推进酒糟加工饲料的进程 [J] . 酿酒，（4）：26-29.

[5] 管教仪 . 1998. 啤酒工业手册 [M] . 北京：中国轻工业出版社 .

[6] 国家环境保护局编 . 1993. 水污染防治及城市污水资源化技术 [M] . 北京：科学出版社 .

[7] 何晓娟 . 1997. IC-CIRCOX 工艺及其在啤酒废水处理中的应用 [J] . 给水排水，23（5）：26-28.

[8] 贺延龄编著 . 1998. 废水的厌氧生物处理 [M] . 北京：中国轻工业出版社 .

[9] 季斌，姜家展 . 1998. 三孔啤酒有限公司废水处理工程设计 [J] . 给水排水，24（1）：31-33.

[10] 李锡英，杨沂凤，吴晓，等 . 1999. 复合厌氧反应器在酒精废醪治理工程中的应用 [J] . 中国沼气，17（1）：37-39.

[11] 申立贤编著 . 1992. 高浓度有机废水厌氧处理技术 [M] . 北京：中国环境科学出版社 .

[12] 沈志勇 . 1999. 酒精糟液的综合治理 [C] //中国环境保护产业协会水污染治理委员会 . 中国水污染防治技术装备论文集 . 第 5 期：13-17.

[13] 陶有胜 . 1998. 水解酸化-生物接触氧化工艺处理啤酒废水工程实例 [J] . 环境工程，16（4）：20-22，2-3.

[14] 王凯军，许晓鸣，郑元景 . 1991. 水解-好氧生物处理工艺应用实例 [J] . 环境工程，9（4）：3-6.

[15] 王凯军编著 . 1992. 低浓度污水厌氧-水解处理工艺 [M] . 北京：中国环境科学出版社 .

[16] 王凯军 . 1996. 厌氧内循环（IC）反应器的应用 [J] . 给水排水，22（11）：54-56.

[17] 王凯军.1998a. 厌氧工艺的发展和新型厌氧反应器［J］. 环境科学，19（1）：94-96.

[18] 王凯军.1998b. 厌氧（水解）-好氧处理工艺的理论与实践［J］. 中国环境科学，18（4）：337-340.

[19] 张振家.1999. 酒精废水处理新技术［C］//中国环境保护产业协会水污染治理委员会. 中国水污染防治技术装备论文集. 第5期：8-12.

[20] 张自杰，钱易，章非娟主编.1993. 环境工程手册：水污染防治卷［M］. 北京：高等教育出版社.

[21] 章克易，吴佩棕主编.1989. 酒精工业手册［M］. 北京：中国轻工业出版社.

[22] 郑元景等编著.1988. 污水厌氧生物处理［M］. 北京：中国建筑工业出版社.

[23] 中国淀粉工业协会. 淀粉与淀粉糖工业（1994～1999年）.

[24] 中国酿酒工业协会. 啤酒工业快报（1990～1999年）.

[25] 中国酿酒工业协会酒精分会. 酒精工业（1990～1999年）.

[26] 中国食品工业协会啤酒工业专业协会. 中国啤酒（1990～1999年）.

[27] 朱月海.1999. 啤酒废水处理工艺及浅析［J］. 给水排水，25（1）.

[28] de Vuyst R. 1993. Wastewater Treatment at Palm Brewery［C］//BRF International - Water and Effluent Treatment for the Brewing and Malting Industries：Legislation, Economics and Practice. 29 November：14.

[29] Driessen W. 1999. Chapter Ⅲ.2.11 Anaërobe Bioreactoren［M］//Water in de Industrie - Handboek voor Industrieel Waterverbruik. Ten Hagen&Stam Publishers，The Netherlands：3-58.

[30] Driessen W，Habets L，Vereijken T. 1997. Novel Anaerobic-Aerobic Process to Meet Strict Effluent Plant Design Requirements［J］. Ferment, 10（4）：243-250.

[31] Frijters C，Vellinga S，Jorna T，et al. 2000. Extensive Nitrogen Removal in a New Type of Airlift Reactor［J］. Wat Sci Tech，41（5）：469-476.

[32] Mulder R，Bruijn P M J. 1993. Treatment of Brewery Waste Water in a（Denitrifying）CIRCOX Airlift Reactor［C］//Proceedings of the 2nd IWA International Specialized Conference on Biofilm Reactors. Paris，France.

[33] Rudd，T，Hicks S J，Lestet J N. 1985. Comparison of the Treatment of a Synthetic Meat Waste by Mesophilic and Thermophilic Anaerobic Fluidized Bed Reactors［J］. Environmental Technology，6（1-11）：209-224.

[34] Schmidt J E，Birgitte K A. 1995. Granulation in Thermophilic Upflow Anaerobic Sludge Blanket（UASB）Reactors［J］. Antonie van Leeuwenhoek，68（4）：339-344.

[35] Vereijken T，Driessen W，Yspeert Y. 1999. Determinants on Composition and Quantity of Brewery Wastewater and Their Effect on Biological Treatability［C］//Proceedings of the 7th IOB Convention. Nairobi，Kenya.

[36] Vereijken T F L M，Swinkels K T M，Hack P J F M. 1986. Experience with the UASB-System on Brewery Wastewater［C］//Proceedings of the NVA-EWPCA Water Treatment Conference as Part of the Aquatec '86. 15 - 19 September，Amsterdam：283-296.

[37] Yspeert P，Vereijken T，Vellinga S，et al. 1993. The IC Reactor for Anaerobic Treatment of Industrial Wastewater.［C］//Proceedings of the Food Industry Environmental Conference. 14-16 November，Atlanta，U S A：15.

第 5 章　复杂与难降解工业废水的厌氧处理

厌氧处理在 20 世纪 70 年代后重新得到认识，得益于以 UASB 反应器为主流的第二代厌氧反应器的成功应用。事实上，厌氧反应器的成功应用，主要限于易降解、溶解性的中高浓度废水。随着厌氧技术的深入发展，其应用范围逐步扩大到复杂废水（如屠宰废水）和某些较难生物降解的工业废水，以及废水中（或降解产物）可能会包含对厌氧微生物有抑制，甚至可能有毒性物质的化工废水。在厌氧处理中，所谓的复杂废水是针对中高浓度溶解性易降解废水而言的，那些包含大量悬浮性缓慢降解的固体物质以及对厌氧生物过程有一定不利影响物质的废水。原则上，复杂废水不是特指难降解废水。

本章力图通过对几种典型复杂和难降解的废水的处理研究及工艺开发过程进行介绍，加强人们对厌氧处理技术的发展和应用领域的了解，同时，也对厌氧处理可能的局限性有所了解。例如，EGSB 反应器的开发就是一个很好的例子——在研究含脂（长链脂肪酸）废水的厌氧处理过程中，科研人员通过对 UASB 反应器的应用受到限制这一问题的研究和解决，促进了厌氧反应器技术本身的发展。当然，在这一研究中出现的 EGSB 反应器仅仅是萌芽状态的技术或概念，还需要有科学上的敏感性抓住这一发现，而 Lettinga 教授正是抓住了这一发现，才使 EGSB 技术的发展和第三代厌氧反应器的开发及应用成为可能。

5.1　屠宰废水的厌氧处理

早在 20 世纪 50 年代，Coulter 等就开始了采用厌氧接触工艺处理屠宰废水的研究，北京市环境保护科学研究所（现称研究院）的郑元景等在 1982 年开始 UASB 反应器处理屠宰废水实验研究，其后根据这一实验结果，在成都第二肉联厂和北京等地建立了第一批生产性的 UASB 反应器。但是近年来，由于 UASB 本身技术经济的局限性和其他生物处理技术的发展，在国内屠宰废水这一 UASB 反应器最先成功的领域，新的应用反而屈指可数。

笔者在 20 世纪 90 年代初在荷兰留学期间，与导师 Lettinga 教授就 UASB 反应器应用领域进行交流，他介绍在屠宰废水处理领域虽然他们近年来获得了很大成功，但是在 20 世纪 80 年代早期，屠宰废水处理是他所领导的研究小组没有获得成功的为数不多的几个领域之一。令人惊讶的是，屠宰废水处理，这一 UASB 反应器十分适宜并且也取得成功的领域，为什么使得世界级厌氧大师最初没有成功？我国 UASB 反应器在这一领域由盛而衰，就其中内在原因进行探讨是十分有意义的。通过总结 Lettinga 等关于屠宰废水和乳制品废水处理的大量研究结果，发现有许多值得思索和借鉴的问题，了解这些问题的解决过程从而吸取教训，是十分有益的。

5.1.1　UASB 反应器处理屠宰加工废水

Sayed 等曾报道过采用一级絮状污泥 UASB 反应器，在中试规模（25.3m³ UASB 反应器）下处理屠宰废水的情况。在温度为 20℃和 30℃，负荷为 2.5～3.5kg COD/(m³·d) 条件下，总 COD 的去除率为 65%～75%，这一负荷属于中、低负荷。在处理溶解性废水中培养的颗粒污泥，其比产甲烷活性显著高于用消化污泥培养的絮状污泥，为此，Sayed 等采用颗粒污泥 UASB 反应器，对不同温度和负荷条件下的处理潜力和影响因素进行了研究。

在 Sayed 等的研究中，接种颗粒污泥的反应器都是从 3.0kg COD/(m³·d) 负荷开始启动，对应的污泥负荷为 0.08kg COD/(kg VSS·d)，HRT 为 10h；在运行达到稳定后，逐步增加负荷。在整个实验期间，对滤后 COD 的平均去除率为 85%，而对总 COD 的去除率，30℃ 的 UASB 反应器稍好于 20℃ 的 UASB 反应器。由于对粗大悬浮性 COD 去除率较差，两个系统的总 COD 去除率显著低于滤后 COD 去除率。

通过对实验期间的产气量进行监测和计算，对产气量与采用的有机负荷作图，见图 5-1。由图可见，在较低负荷阶段，产气量与负荷成线性关系。在 30℃ 的工艺条件下，当负荷低于 12kg COD/(m³·d) 时，平均去除率为 87%，而在工艺温度为 20℃、负荷低于 8kg COD/(m³·d) 时，平均去除率为 82%。在 30℃ 比 20℃ 工艺条件下的产气量高。但是，当负荷分别超过 11kg COD/(m³·d)（$T=30℃$）和 7kg COD/(m³·d)（$T=20℃$）时，进水转化为甲烷的量下降；负荷超过 15～16kg COD/(m³·d)（$T=30℃$）和 8～9kg COD/(m³·d)（$T=20℃$）时，甲烷产量甚至减少。颗粒污泥床反应器对总 COD 的去除率效果较差，在可比的条件下总 COD 去除率仅为 55%。

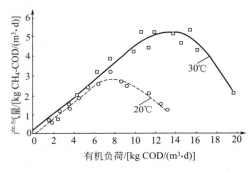

图 5-1 不同工艺温度下采用的
有机负荷与产气量之间的关系

图 5-1 所示的结果表明，在高负荷下，颗粒污泥床 UASB 系统转化去除污染物为甲烷的效率被显著破坏。系统长时间暴露在高负荷下，由于缓慢生物可降解不溶性基质在污泥床内的积累，可能完全破坏了系统的产甲烷活性。

因此，Lettinga 教授等提出，采用颗粒污泥 UASB 反应器处理屠宰废水，会带来一些新的问题：

① Lettinga 等首次提出一般溶解性的易降解中、高浓度废水为简单废水的概念，而屠宰废水属于高含悬浮物的复杂废水；

② 运转中发现污泥或颗粒污泥饱和与稳定的问题；

③ 污泥或颗粒污泥上浮及浮渣问题。

5.1.2 屠宰废水间歇式回流实验

颗粒污泥 UASB 反应器对粗大的悬浮固体组分去除效果差，同时，在高负荷系统中，对截留去除的胶体有机物转化为甲烷的效率明显降低。因此，确定屠宰废水中溶解性、胶体和悬浮性固体组分最大可厌氧降解的程度，评价废水中各组分降解的速率限制阶段以及各种组分对污泥活性的影响，是十分重要的。

（1）间歇式回流实验方法

Sayed 等根据工程上可以采用的简单分离方法，定义溶解性的 COD 为通过 $0.45\mu m$ 滤膜，胶体的 COD 为通过滤纸（$0.45～4.4\mu m$）扣除溶解性部分，粗大悬浮性固体 COD 为 $4.4～100\mu m$，可沉的 COD 为 $100\mu m$ 以上沉淀 4h，见图 5-2。针对屠宰废水 3 种不同组分在高负荷系统累积的问题，采用回流实验装置进行试验。

根据上述分离方法定义各种组分，虽然这种定义不是严格科学上的定义，但是有助于了解和分析实验结果。根据上述定义可以计算一系列 COD 的组分关系，例如，甲烷化组分（F_M）、酸化组分（F_A）、液化组分（F_L）、胶体组分（F_C）、粗大悬浮组分（F_{SS}）和剩余组分（F_R）；另外 f_A 为在液相中 VFA 对应的 COD 值，f_{NAS} 为在液相中非 VFA 的溶解性 COD 值。

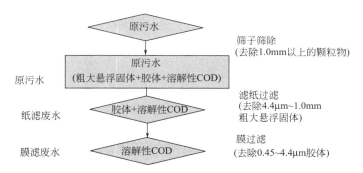

图 5-2　制备不同组分废水的简单步骤

（2）屠宰废水的间歇式回流实验

图 5-3 是采用原污水在 30℃和 20℃下进行回流实验的结果（其他组分实验结果已在第 2 章详细分析）。结果表明，原污水在 30℃的去除率（92%）大大高于在 20℃的去除率（73%），在 30℃和 20℃下分别仅有 73%和 70%被去除的基质转变为甲烷。

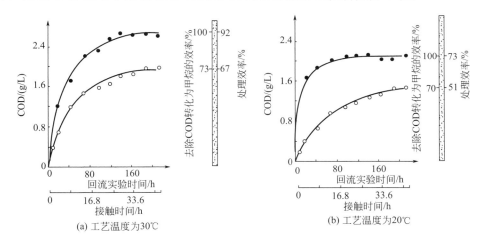

图 5-3　采用原污水在 30℃和 20℃下回流实验的结果

•去除 COD；○转化为甲烷的效率（$COD_{t=0}=2.87g/L$）

Sayed 等曾进行过屠宰废水溶解性组分和胶体组分的吸附实验，污泥负荷为 0.17g COD/g VSS，采用纸滤废水，其中 10%的溶解性 COD 和 50%的总 COD 不足 10min 便被吸附。纸滤废水大约有 50%的 COD 是溶解性的，对总 COD 而言，吸附的溶解性组分仅有 0.1×50%（5%）。因此，对于纸滤废水胶体组分 COD，总 COD 吸附的贡献是 45%。

采用原污水的结果与采用纸滤废水的胶体物质的去除结果非常相似。由图 5-4 可见，在 20℃下，在最初接触时间内截留的 COD 的量（F_{SS}）增加非常迅速，经过 42h 的接触时间，剩余胶体物的浓度 F_C 降为初始浓度的 23%；而在 30℃条件下，整个实验期间截留的 COD 增加很缓慢，经过大约 34h 的接触时间胶体物质完全被去除。很明显，在 20℃下胶体物质的液化过程速率低，并且不彻底。众所周知，不溶性基质成分的液化强烈依赖于温度，胶体

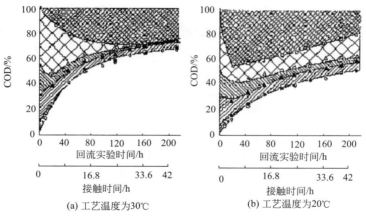

图 5-4 在 30℃ 和 20℃ 下不同废水组分相对于接触时间的变化规律

☐F_M; ▨F_A; ▧F_{NAS}; ◇F_C; ⬚F_{SS}; ▦F_R

物质的液化存在很强的温度依赖性。

除了温度外，液化速率与基质的化学组成密切相关。废水中粗大悬浮物（COD_s）和胶体物（COD_c）组分构成类似，液化也遵循同一方式。Nagase 和 Matsuo 也报道在间歇厌氧培养中各种蛋白质成分高速降解。存在于屠宰废水中的蛋白质相当容易降解，这也可从实验结束时 NH_4^+-N 浓度在 30℃ 和 20℃ 分别占总凯氏氮的 85% 和 76% 得到证实。

将污泥暴露在溶解性组分中对于产甲烷活性有促进效应。通过与其他组分屠宰废水的接触，污泥的产甲烷活性存在损失，主要归因于吸附于污泥表面的胶体物质浓度高且废水中油脂组分含量高的特点。这些物质的吸附将导致包围颗粒污泥的一层膜变厚并且也可能变得密实，而这将增加向处于核心的细菌供给基质的阻力，最终将导致颗粒污泥中产甲烷菌被彻底损害。

回流实验提供了一种了解屠宰废水中不同组分降解规律的实验方法，同时，其发展为初步形成 EGSB 反应器的概念起到了促进作用。事实上，间歇式回流实验中已采用了 3.5m/h 的上升流速，大大高于 UASB 反应器 0.5m/h 的上升流速，已经等于或接近于后来开发的 EGSB 反应器的上升流速，其后 de Man 等明确提出采用上升流速为 6.0m/h 来模拟 EGSB 反应器模式的回流实验。

5.1.3 两级高效 UASB 工艺完全处理屠宰废水并结合污泥稳定化

（1）系统描述

采用一级絮状污泥 UASB 反应器，能够从废水中有效地去除粗悬浮物及胶体组分，实验表明，以 COD 计，这两种组分的处理效率为 70%。与此相反，一级颗粒污泥 UASB 反应器去除以上两种组分的效果较差，处理效率大约是 55%。而颗粒污泥 UASB 反应器对废水中溶解性组分的去除相当有效，去除率约为 80%。一级颗粒污泥 UASB 反应器的处理能力随着负荷的增加而逐渐饱和，最终导致处理能力减小。这就清楚地表明，一级絮状污泥或颗粒污泥系统仅能够提供部分处理，且对屠宰废水的污泥稳定化程度非常低。

根据对屠宰废水的理论分析，Sayed 等提出采用一级絮状污泥和颗粒污泥 UASB 反应器联合处理屠宰加工废水的新工艺构思，希望该系统能够完全处理包含大约 65% 不溶性粗悬浮性 COD 的屠宰废水。

采用两级高速率厌氧污泥 UASB 反应器系统，运行温度选择在 18℃（因为废水排放温度大约是 18℃）。第一级系统包括两个相同的 UASB 反应器，第二级系统包括一个颗粒污泥 UASB 反应器。工艺流程如图 5-5 所示。

系统的运行模式是：第一级系统轮换运行，即一个反应器在连续条件下连续常负荷 24h 一天，一星期 7d；第一个反应器进水 3 个星期后停止运行，另一个反应器开始运行；第二级系统在整个实验期间连续运行。

（2）运行结果

在系统中采用了两种不同类型的厌氧污泥：第一级反应器接种污泥为浓度 20g TSS/L 的絮状污泥；第二级反应器接种污泥为浓度 45g TSS/L 的颗粒污泥。屠宰废水首先在第一级反应器中去除处理，其中粗悬浮固体和胶体组分被絮状污泥床去除。从废水中去除悬浮固体和胶体组分是利用非生物去除机理，通过网捕和机械吸附。

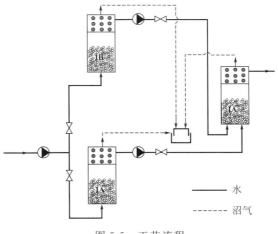

图 5-5　工艺流程

第一级反应器出水主要包含溶解性组分废水，在第二级反应器中被进一步厌氧处理。轮换式的运行方式使第一级系统为积累在反应器中的粗悬浮固体和胶体组分提供了液化和消化的机会，从而使污泥在不进水期间完全稳定（即完全发酵）。研究结果表明，以 COD 计的各种不同组分的处理效率如下。

第一级：粗悬浮固体的去除率为 70%，胶体组分的去除率为 70%，溶解性组分的去除率为 55%。

第二级：粗悬浮固体的去除率为 80%，胶体组分的去除率为 80%，溶解性组分的去除率为 90%。

整个系统：以总 COD 计的总的废水处理率为 90%，见图 5-6。

因此，对于屠宰废水，该两级系统可以提供完全的处理；结合最大的污泥稳定化，该系统可提供高度的稳定性及适应性。

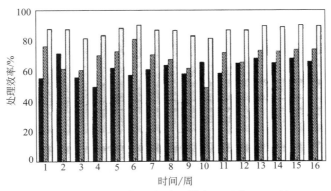

图 5-6　整个实验期间的处理效率（以总 COD 计）

■ 第一级；▨ 第二级；□ 整个系统

165

5.1.4 EGSB 反应器处理屠宰废水

厌氧处理部分溶解的复杂废水（如屠宰废水）时，在厌氧反应器内 SS 的积累将导致污泥比产甲烷活性的破坏，限制系统在高负荷条件下的运行。悬浮性脂肪的存在会造成污泥上浮，导致活性生物的流失和产生的污泥稳定性差。因此，对于单级 UASB 系统，可采用中等有机负荷，并保持污泥和水之间良好地接触。在进水 COD 浓度为 2g/L、不溶解性组分为 30%～60% 时，UASB 系统适合采用 4～6kg COD/(m³·d) 的中等有机负荷。

（1）EGSB 反应器的运行结果与分析

鉴于以上情况，Núñez 等考虑采用 EGSB 反应器处理屠宰废水，因为采用 EGSB 反应器系统不受高悬浮物水平的影响。Núñez 等启动 EGSB 反应器的运行情况列于表 5-1，反应器在负荷 15kg COD/(m³·d) 左右时依然表现出良好性能，总 COD 去除率约为 65%，约 50% 的进水 COD 发生了甲烷化。

表 5-1　EGSB 反应器运行情况汇总（括号内给出的是平均值）

运行期间/d	HRT/h	负荷/[kg COD/(m³·d)]	总 COD 去除率/%	溶解性 COD 去除率/%	甲烷化 COD 比率/%
Ⅰ 28～40	19	3.6～2.4 (2.8)	80.9～71.9 (76.6)	78.8～71.5 (75.1)	50.8～18.3 (35.9)
Ⅱ 40～95	15	6.1～2.7 (4)	80.6～73.6 (78.2)	92～80.3 (86.3)	73.5～50.4 (60.5)
Ⅲ 95～152	11.6	6.3～2.9 (4)	91.1～69 (79.9)	88～59.2 (78.9)	74.3～18.4 (48.9)
Ⅳ 152～278	7	12.7～2.1 (6.1)	90.6～47.2 (72.8)	93.4～33.8 (76.2)	80.9～17.5 (51)
Ⅴ 278～331	5.2	15.8～5.3 (10.2)	73.9～54.9 (64.9)	80.4～54.1 (68.2)	82.7～13.1 (51.6)

不同（COD 和 BOD）容积负荷下，高负荷系统可以去除更多的基质。在实验期间，每天的甲烷产量随着负荷的增加而线性增加。在运行期间，pH 保持 7.7，且平均总碱度为 0.96g CaCO₃/L。VFA 碱度与总碱度比值在 0.27～0.17 间变化，表明反应器内没有挥发酸的积累。很明显，由于适当的缓冲能力，产甲烷菌的活性在高负荷下没有出现不平衡现象。

将 EGSB 反应器的运行结果与以前采用不同厌氧反应器的其他研究者的结果相比，比较结果列于表 5-2 中。运行在较高有机负荷下的 EGSB 反应器与 UASB 反应器和厌氧滤池相比，具有相似的去除率，但 EGSB 反应器运行的 HRT 明显较低。

表 5-2　屠宰废水厌氧处理结果对比

反应器类型	负荷/[kg COD/(m³·d)]	HRT/d	SS-COD/%	COD 去除率%	研究者
絮状 UASB	3.5	0.3	40～50	90	Sayed 等（1984）
颗粒污泥 UASB	11	0.5～0.6	40～50	55～85	Sayed 等（1987）
絮状 UASB	6.5	1.2	12～33	60～90	Ruiz 等（1997）
厌氧滤池（AF）	1.4	0.5	—	80	Campos（1986）
厌氧滤池（AF）	2～18.5	0.5～5	45	30～85	Tritt（1992）
厌氧滤池（AF）	5	1.5	12～33	63～85	Ruiz 等（1997）
两级 UASB	15	0.2	55	70	Sayed 等（1993）
UASB-AF 复合	5～32	0.1～0.5	10	45～98	Borja 等（1995a）
厌氧流化床（AFB）	35	0.1～0.3	4	85	Borja 等（1995b）

运行在相同负荷和 HRT 下的两级 UASB 反应器，其去除率高于 EGSB 反应器。采用 UASB-AF 复合反应器和厌氧流化床（AFB）反应器在较高的负荷和较短的 HRT 下运行，但是无法将 EGSB 和 UASB-AF 以及 AFB 反应器的运行结果进行直接对比。

（2）对脂肪的去除

采用生物降解、吸附和网捕等方式去除脂肪，在不同脂肪负荷下，脂肪的转化速率为 0.85kg 脂肪$_{去除}$/kg 脂肪$_{进水}$，脂肪流失率为 0.09kg 脂肪/($m^3 \cdot d$)。为了确定被吸附或网捕的组分，随时间在不同高度（0.3m 和 0.6m）测量污泥中的脂肪含量，将这些数值列于表 5-3，并和用于接种反应器污泥中的脂肪含量（1.25mg 脂肪/g 湿污泥）进行了比较。由此可以得出结论：初始污泥中的脂肪含量与不同高度处的脂肪含量平均值没有显著差别。这表明脂肪主要是生物去除的，而不是通过吸附和网捕去除的。

表 5-3 不同时间污泥中的脂肪含量   单位：mg 脂肪/g 湿污泥

高度	取样时间/d				
	134	125	210	240	272
30cm	2.5	1.95	1.1	2.95	0.61
60cm	3.3	5.1	1.1	1.6	1.2

通过以上细致的研究和分析并结合以前的实验室工作，Sayed 等得出了以下几条可指导 UASB 系统处理屠宰废水的指导性意见：

① 应该设置处理效果良好的油脂分离器，以防止反应器中形成过多的浮渣层。

② 当采用高负荷率［30℃时为 11kg COD/($m^3 \cdot d$)］的颗粒污泥 UASB 反应器时，50％的悬浮性固体构成的 COD 将不能在 UASB 反应器内去除。应该采用预气浮/预沉或后置沉淀。

③ 为了防止污泥的抑制，污泥负荷率应该保持在大约 0.34kg COD/(kg VSS·d)。

④ 最好采用絮状污泥 UASB 反应器以半连续的方式运行。如白天和夜间变化负荷［7.5～3.5kg COD/($m^3 \cdot d$)］，周末间断运行，提供一个低负荷进水的或不进水缓冲期，使积累在污泥中的复杂有机物进行完全的液化；在周末间断期，运行温度从低温提高到 30～35℃，加速积累的有机物转化为甲烷。

⑤ 当发现过量有机污染物积累时，建议排除部分污泥。排除的污泥可以在一个单独的消化池中消化，稳定后的污泥作为活性污泥可以送回 UASB 反应器。

5.2 脂类废水的厌氧处理

20 世纪 50 年代，科研人员便了解到在传统的完全混合污水污泥消化池中，脂类可以完全地转化为甲烷和二氧化碳，但所需要的水力停留时间为 10～40d。脂类及长链脂肪酸（LCFA）在屠宰、肉类加工、乳制品和食用油加工等工业废水以及洗羊毛废水中含量很高，迄今为止，应用现代高效厌氧反应器处理油脂废水的报道仍很少。高效厌氧反应器之所以在脂类废水处理方面的应用还存在一定的困难，主要原因如下：

① UASB 反应器在高负荷下存在污泥上浮，从而引起颗粒污泥的流失；

② 脂类废水降解过程的中间产物长链脂肪酸（LCFA）存在负荷抑制作用。

5.2.1 长链脂肪酸对厌氧颗粒污泥的产甲烷毒性研究

（1）长链脂肪酸对厌氧颗粒污泥产甲烷活性的抑制

周洪波等采用分别在 UASB 和 EGSB 反应器中培养的厌氧颗粒污泥，选择偶数碳链和奇数碳链的 LCFA 对厌氧颗粒污泥产甲烷活性的毒性影响进行了研究，测定了 LCFA 对 UASB 和 EGSB 厌氧颗粒污泥比产甲烷活性的影响。其中，偶数碳链中饱和 LCFA 有辛酸（$C_{8:0}$）、癸酸（$C_{10:0}$）、月桂酸（$C_{12:0}$）、十四烷酸（$C_{14:0}$），不饱和 LCFA 有油酸

（$C_{18:1}$）；奇数碳链 LCFA 有庚酸（$C_{7:0}$）、壬酸（$C_{9:0}$）。不同 LCFA 对两种厌氧颗粒污泥的最大比产甲烷活性产生 50% 抑制的浓度（IC_{50}）列于表 5-4。其中，厌氧颗粒污泥的最大比产甲烷活性（以下简称为比产甲烷活性）抑制百分比计算公式如下：

$$颗粒污泥活性抑制率 = \frac{对照实验比产甲烷活性 - 处理实验比产甲烷活性}{对照实验比产甲烷活性} \times 100\%$$

表 5-4　不同 LCFA 对 UASB 和 EGSB 反应器厌氧颗粒污泥的 IC_{50} 值及文献数据比较

LCFA	$IC_{50}/(mmol/L)$		
	UASB 颗粒污泥	EGSB 颗粒污泥	文献数据
$C_{7:0}$	3.9	7.1	—
$C_{9:0}$	5.8	10.5	—
$C_{8:0}$	5.6	9.3	10
$C_{10:0}$	1.9	7.2	5.9
$C_{12:0}$	4.6	6.7	4.3
$C_{14:0}$	8.8	11.8	4.8
$C_{18:1}$	3.85	6.5	4.35, 0.26~3.34

由表 5-4 可知，在所选 LCFA 中，庚酸、癸酸和油酸的 IC_{50} 值较小，表明 3 种 LCFA 毒性较大。对 UASB 反应器厌氧颗粒污泥而言，癸酸毒性最大，其 IC_{50} 为 1.9mmol/L。而油酸对 EGSB 反应器厌氧颗粒污泥表现出最大毒性，其 IC_{50} 为 6.5mmol/L。各种 LCFA 对 EGSB 反应器厌氧颗粒污泥的 IC_{50} 值显著高于 UASB 反应器厌氧颗粒污泥，而且也高于其他文献报道的值（辛酸除外）。很明显，EGSB 反应器中的厌氧颗粒污泥对 LCFA 的抑制表现出更大的耐受性。

周洪波等采用 EGSB 反应器培养的颗粒污泥粒径比采用 UASB 反应器培养的厌氧颗粒污泥大，而且前者的胞外多聚物含量明显高于后者。这意味着粒径大的 EGSB 反应器颗粒污泥的比表面积小，同样重量的颗粒污泥对 LCFA 的吸附量可能显著小于 UASB 反应器颗粒污泥。此外，EGSB 反应器颗粒污泥胞外多聚物含量高，使其结构致密，LCFA 不容易渗透到颗粒内部。因此，同样浓度 LCFA 对实验采用的 EGSB 反应器颗粒污泥比产甲烷活性的毒性将可能小于 UASB 反应器颗粒污泥。

（2）短期驯化前后厌氧颗粒污泥比产甲烷活性的变化

陈坚等发现经过癸酸、月桂酸和十四烷酸短期驯化的颗粒污泥比产甲烷活性低，说明受癸酸、月桂酸和十四烷酸抑制的颗粒污泥中微生物大量死亡，因驯化过程太短不足以使颗粒污泥中被杀死的微生物繁殖增生以恢复活性，而再次加入癸酸、月桂酸和十四烷酸等 LCFA 导致更多的微生物死亡。综合产甲烷毒性和短期驯化实验结果，LCFA 对厌氧颗粒污泥微生物确实有剧烈的毒害作用，短期内厌氧颗粒污泥的比产甲烷活性不能恢复，而且不能对 LCFA 产生适应性。

考察毒性较大的癸酸（4mmol/L）对 UASB 反应器和 EGSB 反应器内颗粒污泥中不同厌氧微生物类群的影响发现，无论厌氧颗粒污泥来自 UASB 反应器还是 EGSB 反应器，产甲烷菌中利用甲酸和利用氢的产甲烷菌的活性所受到的抑制显著小于利用乙酸的产甲烷菌所受到的抑制。在产氢产乙酸菌中，利用乳酸的厌氧菌被 LCFA 抑制的程度明显低于利用丙酸和利用丁酸的厌氧菌。同时，LCFA 抑制利用乙酸的产甲烷菌必将影响 LCFA 本身的氧化；LCFA 对利用丙酸的产氢产乙酸菌的抑制还将因降解产物丙酸的积累而影响奇数碳链 LCFA 的氧化。

168

5.2.2 含脂类（或长链脂肪酸）废水处理的技术问题

（1）UASB 反应器处理月桂酸钠（$C_{12:0}$）废水

Rinzema 等采用的反应器如图 5-7 所示，其体积约为 200mL（内径 39mm，高 170mm）。所有的实验接种物都是土豆加工废水和制糖废水培养的颗粒污泥。

图 5-8 给出了不同月桂酸钠（$C_{12:0}$）浓度下，不存在钙离子（Ca^{2+}）的溶液中，嗜乙酸产甲烷菌暴露在月桂酸钠（$C_{12:0}$）后 5h 和 30h 的活性数据。很显然，100mg/L 是月桂酸钠（$C_{12:0}$）抑制的阈值。而在存在等物质的量浓度 Ca^{2+} 的情况下，进水抑制的阈值上升到 1500mg/L（见图 5-9）。但是，无论是否存在 Ca^{2+}，当月

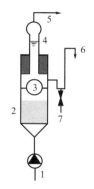

图 5-7　UASB 反应器实验装置
1—进水；2—污泥床；3—污泥分离器；
4—气体分离器；5—排水集气装置；
6—出水；7—取样点

桂酸钠（$C_{12:0}$）浓度超过 100mg/L 时，均发现非常严重的污泥上浮现象。表 5-5 给出了从开始添加月桂酸钠（$C_{12:0}$）到出现上浮之间的时间。

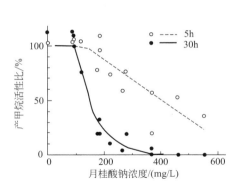

图 5-8　不同月桂酸钠浓度下
产甲烷活性的变化（不存在 Ca^{2+}）

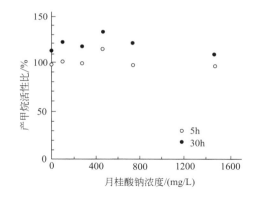

图 5-9　不同月桂酸钠浓度下产
甲烷活性的变化（存在等物质的量浓度的 Ca^{2+}）

表 5-5　在投加月桂酸钠（$C_{12:0}$）之后污泥完全上浮的时间

进水浓度（$C_{12:0}$）/(mg/L)	不存在 Ca^{2+} 时所需时间/d	存在 2.0mmol/L Ca^{2+} 时所需时间/d
0.460	没有上浮	没有上浮
0.925	＞6.4	n.d.
1.385	4.0	8.0
1.845	3.0	n.d.
2.305	3.0	5.0
3.690	n.d.	1.9

注：n.d. 表示没有观察到。

可见，长链脂肪酸（月桂酸钠）的冲击负荷将引起传统 UASB 反应器运行上的问题，在冲击负荷几小时后可能会发生污泥流失。投加 Ca^{2+} 可以防止长链脂肪酸的抑制作用，稍微延缓污泥上浮的时间（见表 5-5），但也可能发生 UASB 系统的完全失败（见图 5-10）。生

169

产性 UASB 装置处理含脂类奶酪废水就曾有过类似失败的报道。

(a)　　　　(b)　　　　(c)

图 5-10　月桂酸钠冲击作用下颗粒污泥结团
快速形成（无钙离子）(a)；数小时月桂酸钠
暴露下颗粒污泥完全上浮（无钙离子）
(b)；月桂酸钠冲击作用下颗粒污泥
上浮和脂肪酸沉淀（有钙离子）(c)

（2）UASB 和 EGSB 反应器处理癸酸钠（$C_{10:0}$）废水的对比

对另一类长链脂肪酸癸酸钠（$C_{10:0}$）的研究，Rinzema 等采用了两种不同类型的反应器。其中一种是特制的能够截留上浮颗粒污泥的三相分离器（见图 5-11），且安装了 4 个进水孔。启动过程中停留时间为 40h，癸酸钠（$C_{10:0}$）浓度为 384mg/L，容积负荷为 0.6kg COD/($m^3\cdot$d)，在 70h 内逐渐增加到 4.2kg COD/($m^3\cdot$d)，进水浓度为 570mg/L。

开始时运行效果良好，但在运行 80d 后，4 个进水口堵塞了 3 个，导致污泥床中形成了白色的癸酸盐沉淀。虽然在出水中没有检出 VFA，但在 24h 内产气完全停止。这时停止进水，手工搅拌后沉淀消失。但重新进水后，又立即出现了沉淀。对这一问题可能的解释是由于孔口被堵塞导致污泥床的搅拌不充分，而气体和液体的上升流速都很低（大约分别为 0.01m/h 和 0.03m/h），结果只有进水口处的污泥参与了癸酸钠（$C_{10:0}$）的降解反应，导致局部生物超负荷，以致在污泥床内产生了累积，引起传质问题。

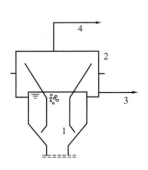

图 5-11　三相分离器

1—三相分离器主体；

2—可移动的封闭罩；

3—出水管；4—气管

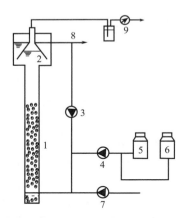

图 5-12　颗粒污泥膨胀床（EGSB）反应器的实验装置

1—颗粒污泥膨胀床；2—液气固分离器；3—出水回流泵；

4—进水泵；5—LCFA 储存液；6—营养/微量元素溶液；

7—自来水泵；8—排水管；9—湿式气体流量计

在实验室的传统 UASB 反应器中采用了较多的进水口，但这在实际的 UASB 反应器中是不现实的。因此，Rinzema 等考虑采用具有较高高径比且使大量出水回流的一种改进的 UASB 反应器。其上升流速为 7.2～7.7m/h，污泥床形成了完全的膨胀或流化，从而消除了死区。由于回流比高（14～96），因此可被认为是一个完全混合式反应器。这一反应器被首次命名为颗粒污泥膨胀床（EGSB）反应器（见图 5-12）。

图 5-13 是采用 EGSB 反应器处理癸酸钠（$C_{10:0}$）的实验结果。最初，反应器进水为乙

酸（$C_{2:0}$）和癸酸钠（$C_{10:0}$）混合液（COD 为 1:1），以保证厌氧反应器逐渐适应癸酸钠（$C_{10:0}$）。7d 以后，出水中已测不出癸酸钠（$C_{10:0}$），而甲烷产量表明癸酸钠（$C_{10:0}$）已被完全降解。

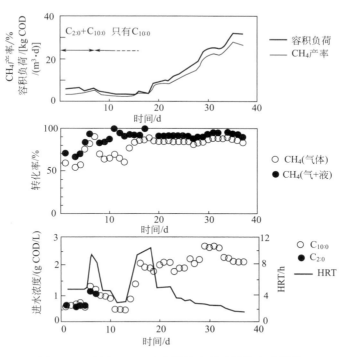

图 5-13　采用 EGSB 反应器处理癸酸钠的实验结果

由图 5-13 可见，采用 EGSB 反应器在 35d 内 COD 负荷即上升到 31.5kg COD/（$m^3 \cdot d$）[污泥负荷大约为 1.0kg COD/（g VSS·d）]。在 7~35d 内，出水 COD 低于 50mg/L，除乙酸外，C_{10} 以下的挥发酸均无法检出。通过沼气中甲烷和出水中硫化氢的平衡计算表明，进水中 91% 的 COD 被降解。而在整个实验期间，没有产生泡沫、上浮和浮渣层。

采用 EGSB 反应器处理以月桂酸钠为基质的废水，获得了与癸酸钠相类似的结果。经过 105d 的运行，容积负荷达到 31.4kg COD/（$m^3 \cdot d$），按第 25~102 天生成的甲烷和硫化氢之间的平衡计算，取得平均 83% 的 COD 去除率。

对 LCFA 降解的研究表明，在高负荷、完全混合状态的厌氧反应器内，基质与生物之间的有效接触是降解 LCFA 必须具备的前提条件。如果此条件没有得到满足，即使是中、低负荷系统，也会造成局部超负荷，引起局部 LCFA 的累积。由于长链脂肪酸盐在中性 pH 下溶解度很低，LCFA 累积将导致发生不可逆的沉淀。传质限制将导致 LCFA 降解速率迅速下降，产生污泥上浮，最终导致污泥流失。

传统的 UASB 反应器在 500~1500mg/L 的浓度条件下处理癸酸钠和月桂酸钠，尽管采用了高质量的颗粒污泥，但由于无法满足上述条件，所以仅采用 4~5kg COD/（$m^3 \cdot d$）的负荷；并且，系统的可靠性低，经常有污泥上浮。实验中发现的颗粒污泥聚集成团的问题是由颗粒污泥之间 LCFA 的沉淀所造成的。这些沉淀导致溶解性物质的传质困难，从而降低了这些物质的转化率。这与 Sayed 在屠宰废水处理中发现当 UASB 反应器的负荷增加到一定程度，细微悬浮物的累积造成甲烷产率和活性下降的现象类似。

而在 EGSB 反应器中，由于出水回流比很大，因而完全满足基质和生物之间混合和接触的要求。以癸酸钠（$C_{10:0}$）和月桂酸钠（$C_{12:0}$）为基质，在 30kg COD/（$m^3 \cdot d$）的负荷下，EGSB 反应器在停留时间短至 2h 的情况下取得了超过 91% 和 83% 的去除率，而且不存在运行问题。诚然，实验是在非常低的 LCFA 浓度（<3g/L）下进行的，但考虑到高回流比所产生的良好的混合特性，因此有理由相信 EGSB 反应器在相同负荷下也可成功处理高浓度废水。

5.3 制浆和造纸工业废水的厌氧处理

5.3.1 概述

我国纸及纸板产量于 21 世纪初已居世界首位，但是，无论单位产品废水排放量，还是污染物含量，均远高于工业化国家。制浆和造纸工业废水中化合物来源于制浆原材料（木材等）和加工过程中添加的化学品。木材的主要成分是纤维素（40%～45%）、半纤维素（20%～30%）、木质素（20%～30%）和水提取物（2%～5%）。废水的化学成分在很大程度上也受到制浆工艺和漂白工艺所用化学药剂的影响。

表 5-6 汇总了制浆和造纸工业废水中的主要有机物及其厌氧可降解性（COD 去除率），并列出了可能抑制厌氧降解的化合物。其中，厌氧可降解性数据来自实际的制浆和造纸工业废水。

表 5-6　制浆和造纸工业废水中的主要有机物及其厌氧处理特性

废水类型	COD /（g/L）	有机组分（以 COD 计的百分比/%）	可降解性	厌氧抑制物
湿法剥皮	1.3～4.1	单宁（30～55）、简单碳水化合物（30～40）、酚（10～20）、树脂酸（5）	44%～78%	单宁、树脂酸
热磨机械浆	1.0～5.6	碳水化合物（25～40）、木质素（16～49）、提取物（20）、酸（<10）	60%～87%	树脂酸
化学热磨机械浆	2.5～13	多糖（10～15）、木质素（30～40）、有机酸（35～40）	40%～60%	树脂酸、脂肪酸、硫化物、DTPA①
亚硫酸盐半化学浆红液	40	—	—	单宁
亚硫酸盐半化学浆冷凝液	7.0	乙酸（70）	—	硫化物、氨氮
碱法蒸发冷凝液	1.0～33.6	甲醇（60～90）	83%～92%	硫化物、树脂酸、脂肪酸、挥发烃
亚硫酸盐蒸发冷凝液	7.5～50	乙酸（33～60）、甲醇（10～25）、糠醛	50%～90%	硫化物、有机硫
氯漂白废水	0.9～2.0	氯化木质素聚合物（65～75）、甲醇（1～27）、碳水化合物（1～5）、VFA（3）	30%～50%	氯酚、树脂酸
亚硫酸盐红液	120～220	木质素（50～60）、碳水化合物（15～25）	—	—
造纸厂废水	1.6～2.1	—	60%～70%	硫化物、过氧化氢

① DTPA 为二乙基三胺五乙酸。

厌氧工艺适合处理多种类型的制浆和造纸工业废水，图 5-14 表明，截止到 2001 年，所统计的 139 个制浆和造纸厂的废水采用了厌氧处理工艺。近年来的研究表明，厌氧处理工艺在高温下（50～80℃）具有可行性，这对制浆和造纸废水这种高温废水有益；另外，厌氧处理工艺在解决制浆和造纸工业中循环水的污染问题、减少水的消耗并达到闭路循环方面可起到重要作用。

5.3.2 造纸废水厌氧处理技术

（1）造纸废水厌氧处理工艺的应用

造纸废水采用厌氧处理技术落后于
其他工业（如食品工业），20世纪80
年代CSTR才被首次应用于造纸废水。
北欧采用CSTR的技术处理制浆厂废
水，处理负荷较低 [2～5kg COD/
($m^3 \cdot$d)]，反应器的体积较大。1983
年，首次将UASB反应器用于造纸工
业废水的处理，负荷可达到5～15kg

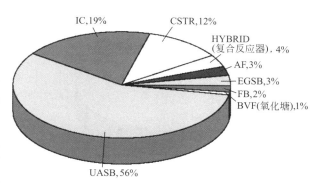

图5-14 厌氧处理系统在制浆和造
纸工业废水中的应用（$n=139$）

COD/($m^3 \cdot$d)。此后，厌氧处理技术在世界造纸工业普遍应用（见图5-15），所处理废水涉
及热磨机械浆（TMP）、化学热磨机械浆（CTMP）、半化学浆、机械浆、废纸脱墨、蒸发
冷凝水、各类纸及纸板厂综合废水等。

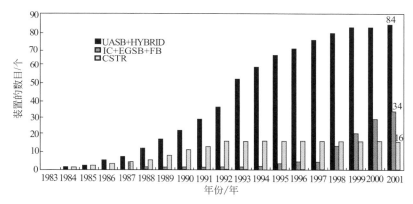

图5-15 应用于制浆和造纸工业废水处理方面的厌氧系统累计数据（1983～2001年）

尽管UASB反应器已可很好地完成处理造纸和制浆废水的任务，不过，自20世纪90
年代以来，在UASB的基础上发展的新一代的高塔形反应器——颗粒污泥膨胀床（EGSB）
反应器和内循环（IC）反应器在造纸废水处理领域仍然得到了迅速的推广，这类反应器在
处理溶解性废水、低温废水中显示出很多优点。

从图5-14和图5-15可看出，UASB、IC、CSTR和EGSB反应器是主要的反应器应用
类型。截至2001年，应用EGSB反应器的数目已经是CSTR的两倍以上，而其负荷为15～
25kg COD/($m^3 \cdot$d)，是UASB反应器负荷的两倍。特别是IC反应器获得了20%以上的市
场份额，由此也可以看出新技术普及速度之快。

在全世界范围内的制浆和造纸工业所有厌氧处理工艺应用中，有78%是在欧洲（见图
5-16），其中德国占所有项目的25%，其次是法国、荷兰、意大利和西班牙。值得注意的
是，德国的工业要求满足非常严格的环境标准。厌氧技术作为其首选技术之一，代表了这一
技术的地位。北美地区制浆和造纸产量分别占全世界产量的44%和33%，但其厌氧工艺应
用数目只占11%的低比例。这是由于当地的土地丰富、能源价格低、在过去30年里制浆和
造纸行业增长速度低，有利于采用其他处理技术甚至不用处理。

（2）再生纸废水厌氧处理的能耗和经济技术分析

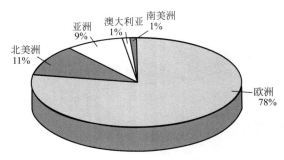

图 5-16 不同地区制浆和造纸
工业中厌氧处理系统的分布（$n=139$）

厌氧处理造纸废水最为成功的领域是再生纸废水处理，因此对这一类造纸厂的能耗分析可以代表造纸废水处理的能耗问题：

① 废箱纸板（OCC）和其他废纸混合造纸水中污染物平均为 15kg BOD/t 纸（或 30kg COD/t 纸）；

② 为满足排放标准采用完全好氧活性污泥工艺处理，曝气的能耗是 25kW/t 纸或 90MJ/t 纸；

③ 处理每千克 BOD 的曝气池池容约为 0.5m³，生产每吨纸需曝气池池容为 7.5m³，产生污泥干重为 9kg。

大多数情况下，厌氧处理对 BOD 的去除率可以达到 80%～85%。如果按 80%计算，采用活性污泥后处理曝气去除剩余的 BOD：

① 能量的消耗将从 90MJ/t 纸减少到 18MJ/t 纸；

② 污泥产量将从 9kg/t 纸减少到 1.8kg/t 纸；

③ 厌氧阶段产生 0.7m³/kg BOD$_{去除}$ 的甲烷，具有正的能源效应。即每吨废纸可产生 8m³ 的甲烷气体，相当于 280MJ/t 的能量。扣除 5MJ/t 用于提升能耗，则剩余的能量为 275MJ/t。产生的甲烷一般用于现有的锅炉助燃。

表 5-7 汇总了上述参数在不同情况下的能量需求。

表 5-7　好氧工艺和厌氧-好氧工艺能量平衡关系　　　　　　　　单位：MJ/t 纸

项　　目	好氧处理	厌氧/好氧	差别
消耗能量	−90	−18	+72
产生能量	—	+275	+275
总计	−90	+257	+347

一般造纸厂的总能耗为 7500MJ/t 纸，产生沼气的能耗仅占总能耗的 4.6%，但是考虑到这一领域的利润率已经很低，这一部分仍然相当可观。并且事实上，可以回收和节约的能源并不限于上面的数据，如果新鲜水的温度是 10℃，排放水温度为 35℃，则损失的能量为 104.5MJ/m³，约占全部能源需求的 1.5%。在先进的造纸厂，工艺水的温度为 50～55℃，因为升温可降低水的黏度，使造纸工艺压缩部分可获得较高产量。工艺水温每增加 10℃，造纸产量增加 4%。

好氧处理工艺在污水温度超过 30～35℃时不能很好地运行，一般要求运行温度低于 30℃。这就要求大多数活性污泥厂在排放之前先要进行冷却，因而会损失部分能量。而厌氧处理不像好氧处理，它可以在高温条件下运行。

另外，许多再生纸厂的活性污泥处理工艺的剩余污泥是被回流到制浆工艺，通过产品被带出系统。在完全好氧处理工艺中，剩余污泥的量占产品量的 1%。如果采用厌氧预处理，剩余污泥的量仅占产品量的 0.2%。在这一水平上，污泥的存在对产品的质量绝对没有影响。

采用好氧处理，需要的污泥脱水和污泥填埋投资费用为 200～400 欧元/t 湿污泥（或 5～10 欧元/t 纸），而采用厌氧预处理则为 1～2 欧元/t 纸。上述是投资费用，不包括带式脱水机或离心脱水机投加混凝剂的费用和运行费用。厌氧颗粒污泥的产量大约为 0.5kg/t 纸，污泥销售价值为 0.2 欧元/t 纸。

某制浆造纸厂好氧日处理 COD 8.25t，后因需要处理废水量扩大了 1 倍。Habets 等在可行性研究中比较了两种方案：一种是原有好氧工艺扩大 1 倍（系统 B），另一种方案是在原有好氧系统（A）前加上厌氧处理。三种方案的比较结果列于表 5-8，从中可以看到，无论投资费用还是运行费用，厌氧处理均明显降低。与好氧系统（A）比较，厌氧＋好氧系统（C）在年实际运行费用降低约 23％ 的情况下，还使废水处理量翻了一番。

表 5-8 好氧活性污泥工艺和厌氧＋好氧工艺年操作费用的比较 单位：万美元

	项　　目	好氧系统 A	好氧系统 B	厌氧＋好氧系统(C)
计算依据	处理能力/(t COD/d)	8.25	16.5	16.5
	投资费用/万美元	106.0	159.0	141.0
年各项费用/万美元	贷款利息(10％)	10.6	15.9	14.1
	折旧费(15 年)	7.1	10.6	9.4
	电力	5.9	11.8	2.9
	化学药品	3.7	4.4	3.7
	维修	1.8	2.6	2.6
	操作人员	2.1	2.1	2.1
	排污系统	1.0	1.0	1.0
	总费用/万美元	32.2	48.4	35.8
年高压蒸汽生产费用/万美元		—	—	−10.9
年实际费用/万美元		32.2	48.4	24.9

制浆和造纸工业废水采用厌氧工艺时，必须从全局考虑，即厌氧工艺仅仅是预处理工艺，它的成功受到前处理的影响（例如，固体去除、中和、脱毒、分离有问题的废水），同时要将整个厂子统一考虑。当采用厌氧技术处理制浆和造纸工业废水时，除了投资以外，工艺选择方面还应遵循以下准则：

① 结构简单，技术上易于维护；
② 在变化的负荷、组分和进水间断的情况下可靠；
③ 重新启动（制造工艺中断时）方便；
④ 可以获得便宜的各种资源（能源、生物质、化学药品）；
⑤ 尽可能使负荷达到最大，转化效率较高。

UASB 工艺运行和维护技术相对简单；EGSB、IC 和流化床反应器是高负荷工艺，在技术上稍微复杂一些。

（3）制浆废水厌氧处理的应用

在好多情况下，很难区分制浆和造纸生产废水之间的差别，可以 COD 的来源比例为标准区分，则制浆废水厌氧应用占整个厌氧应用项目的 32％，而造纸废水厌氧应用占 68％。将制浆废水进一步细分见图 5-17，其主要有亚硫酸盐法制浆，其次是热磨机械浆/化学热磨机械浆，然后是禾草浆和硫酸盐法制浆。亚硫酸盐法冷凝水和硫酸盐法冷凝水很容易厌氧生物降解，前者 COD 主要包含乙酸，后者主要包含甲醇。

我国的浆种比例和国外大不相同。在各种制浆方法中，硫酸盐法/碱法浆是主要浆种，在硫酸盐法/碱法"禾草浆"中，绝大多数为麦草浆。

5.3.3　厌氧技术用于处理制浆造纸废水的实例

厌氧工艺主要应用于机械浆、再生纸废水以及化学浆和半化学浆的冷凝液，一般对产甲烷菌没有毒性并包含易生物降解有机物。相反，剥皮废水以及化学机械浆废水可能抑制产甲

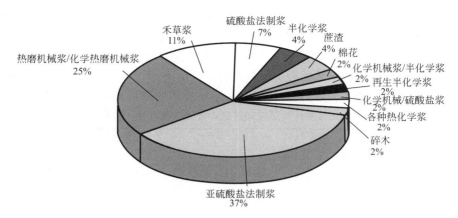

图 5-17 在制浆和造纸工业中厌氧系统的比例（$n=139$）

烷菌降解，其可生物降解性相对较低。另外，处理漂白废水时甲烷化过程也会受到严重抑制，原因可能是在漂白废水中存在可吸附有机卤化物（AOX）。采用其他废水稀释或用各种预处理脱毒可以促进厌氧处理这些抑制性废水。

对于小型造纸厂，黑液的厌氧处理是人们非常关注的话题，但是厌氧处理黑液的实践非常有限。碱法黑液的 COD 值高，并且 BOD/COD 值一般低于 0.3，其 50% 以上的 COD 是木质素。草浆厂废水的特性类似于黑液，只是其浓度稍低。黑液的厌氧降解性能较差，厌氧降解黑液时会遇到抑制性和毒性的问题。厌氧处理黑液在中国、加拿大和印度等国有一些生产规模的应用（见表 5-9），其中，印度的制浆和造纸厂生产性规模厌氧处理黑液的报道中 COD 去除率为 45%～55%。

表 5-9 加拿大 Utopia 造纸厂废水处理系统的废水特征、设计参数和处理效果

废水特征	流量	3700m³/d(1900～4900m³/d)
	COD	60000kg/d(12170～19350mg/L，平均 16370mg/L)
	BOD	22500kg/d(3660～8300mg/L，平均 5726mg/L)
	TSS	平均 370kg/d，最大 1850kg/d
	温度	30～44℃(平均 37℃)
	pH	5.1～7.0(平均 5.4)
预酸化器	容积	1000m³
	补加氮、磷	857kg/d(以 NH₃ 计为 1041kg/d)，171kg/d(以 H₃PO₄ 计为 446kg/d)
	冷却水	夏季峰值 1850m³/d
回流水		回流比 2∶1，其中 75% 回流至 UASB 反应器，25% 回流至预酸化器
UASB 反应器		两台，容积各为 1500m³，预计污泥产量 17m³/d(含固率 8%)
沼气	产量	17000m³/d
去好氧活性污泥系统的 UASB 出水	COD	27000kg/d
	BOD	5635kg/d
	TSS	370～1850kg/d
	温度	30～37℃
	pH	6.7～7.0
最终排放水标准	BOD	<1380kg/d
	TSS	<1900kg/d

（1）半化学浆和废纸浆混合废水的厌氧处理

加拿大 Utopia 造纸厂以硬木为原料生产半化学浆为主，添加 15% 废纸浆，日产 300t 瓦楞原纸。废水原使用好氧活性污泥法处理，由于处理负荷过高，导致水质不能达标。在扩大废水处理能力时，选用了厌氧工艺。这是世界上以高负荷厌氧反应器处理含硫半化学浆蒸煮废液的首次尝试，为了取得准确可靠的设计参数，以 21.8m³ 的 UASB 反应器进行了为期 6

个月的中试研究，取得了满意结果，在此基础上建立了两个 1500m³ 的 UASB 反应器。表 5-9 为设计所依据的废水特征和设计参数。

该系统于 1988 年建成并投入运行，当地环保部门规定该厂每日排放 BOD 应不大于 1380kg，实际出水水质符合这一规定。

（2）半化学浆和机械浆废水的厌氧处理

加拿大 MacMillan Bloedel 公司造纸厂的产品为 200t/d 瓦楞原纸和 100t/d 硬质纤维板。生产瓦楞原纸使用自产的中性亚硫酸盐半化学浆（NSSC），采用的原料为 70％杨木和 30％桦木。NSSC 制浆废液除部分回用外，其余进入废水系统。硬质纤维板的生产采用 65％的槭木和 35％的红松或白松，采用机械法制浆，制浆得率为 90％。造纸车间的白水和硬质纤维板加工车间的废水由于含有较多悬浮物，首先去除悬浮物，然后进入废水系统。废液特征列于表 5-10。

表 5-10 MacMillan Bloedel 公司 NSSC 制浆废水、瓦楞纸与硬质纤维板生产废水的特征

废水来源	流量 /(m³/d)	温度/℃		TSS		BOD		单宁
		夏	冬	/(mg/L)	/(t/d)	/(mg/L)	/(t/d)	/(mg COD/L)
NSSC 废水	2140(1±23％)	68	65	250	0.5	14900	32	2730
其余废水	3670(1±22％)	35	32	430	1.6	2180	8	340
混合废水	5810(1±17％)	50	48	370	2.1	7000	40	1220

该厂于 1987 年采用总容积为 8000m³ 的 UASB 反应器系统，容积负荷为 15kg COD/(m³·d)。处理系统首先采用容积为 3000m³、水力停留时间不低于 10h 的预酸化-调节池，用于废水的预酸化，也起到调节流量、温度、pH 和 BOD 浓度波动的作用。在调节池内设有 pH 控制，启动阶段以 50％ NaOH 溶液调节 pH，日最大用量为 15m³，正常运转后不必调节 pH。预酸化-调节池采用连续搅拌装置。

在其后采用 4 个 UASB 反应器，每个池容为 2000m³。UASB 工艺产生的沼气中含有 1.5％的 H_2S，根据加拿大 Ontario 环保局所做的实验室研究，H_2S 含量为 2.0％时，沼气可不必净化，可直接送入工厂内的专用锅炉燃烧。

厌氧系统按 1987 年价格计算的预算投资为 580 万加元，相当于每天除去 1.0kg BOD 的建设投资为 140 加元。全年运行费用估计为 50 万加元，其中不含折旧费和贷款利息。投入运行后可以取得 BOD 去除率 80％、COD 去除率 45％和沼气产量 1100m³/h 的效果。每年产生沼气的价值为 90 万加元。沼气可以代替原来使用的天然气，抵消运行费用后超出的 40 万加元可以抵消投资总额中的折旧和利息。

（3）热磨机械浆（TMP）和化学热磨机械浆（CTMP）废水的厌氧处理

CTMP 废水具有较强的毒性，是厌氧处理必须解决的问题。通过研究发现废水中的毒性物主要是木材提取物（主要为树脂酸和长链脂肪酸）、过氧化氢、二亚乙基三胺五乙酸盐（DTPA）和亚硫酸盐或硫酸盐，是较为复杂、处理难度相当大的废水。

加拿大 Quesnel River 制浆厂（QRP）是设备先进的现代化工厂，生产 TMP 浆和 CTMP 浆，这两种浆的生产每两周轮换一次。该厂生产产生高浓度有毒废水，且废水浓度波动很大，浓度的上下限之间可相差 3 倍。TMP 浆的漂白采用联二硫酸盐，CTMP 浆的漂白采用 H_2O_2，典型废水特征见表 5-11。该厂原采用一个初次澄清池和带有深层曝气的好氧稳定塘，该系统处理 TMP 废水时达不到预期效果，处理 CTMP 废水

时，处理效果更差。

表 5-11　QRP 浆厂的典型废水特征

废水来源	吨浆废水量/(m³/t 浆)	COD/(mg/L)	BOD/(mg/L)	TSS/(mg/L)	VFA/(mg/L)
生产 TMP 浆	16	4000	1800	300	4
生产 CTMP 浆	20	7200	3100	400	20
废水来源	H₂O₂/(mg/L)	S 含量/(mg/L)	树脂酸/(mg/L)	温度/℃	pH
生产 TMP 浆	0	200	50～200	35～40	5～6
生产 CTMP 浆	50～100	300	50～550	35～40	7～8

上述废水中的树脂酸是有毒物质，对水域中的鱼类有严重影响，且能在鱼的体内累积。当地标准将对鱼类 4 天 50% 致死毒性作为标准值列入排放标准，而对有机物控制采用总量排放控制。中试结果表明，厌氧-好氧系统完全可以消除废水对鱼的毒性，BOD 去除率超过了标准的要求；即使在水质变化较大的情况下，处理效率也没有降低。

QRP 厂建立总容积为 7000m³ 的两个 UASB 反应器处理系统，增设的 TMP 和 CTMP 生产线投产后，工厂的设计浆产量由 500t/d 增加到 950t/d。该系统于 1988 年 10 月投入运行，废水处理系统的设计参数列于表 5-12。对于 UASB 反应器，在处理 TMP 和 CTMP 废水时负荷分别为 9kg COD/(m³·d) 和 18.5kg COD/(m³·d)。

在长期运行中，负荷在 8～15kg COD/(m³·d) 之间，日平均高峰负荷达 18kg COD/(m³·d)。绝大部分 BOD 在厌氧系统中被除去，好氧部分仅占全部负荷的 10%～20%。每日排放 BOD 总量为 2000～5000kg（相当于每生产 1t 浆仅排放 2.00～5.26kg BOD），明显低于当地 7125kg BOD/d 的标准，其他指标均达标。

表 5-12　废水处理系统的设计参数

参数	生产 TMP 浆产生的废水	生产 CTMP 浆产生的废水	参数	生产 TMP 浆产生的废水	生产 CTMP 浆产生的废水
浆产量/(t/d)	950	950	总 COD/(kg/d)	63000	141500
废水流量/(m³/d)	15000	18250	总 BOD/(kg/d)	25500	58400

（4）废纸脱墨制浆废水的厌氧处理

废纸经化学药液在高温下脱除油墨后可以回收纤维再用于造纸，这也称作二次纤维制浆。脱墨废水除含悬浮物外，通常还有相对高的有机污染物，有机污染物的量随废纸种类和脱墨工艺而变化。贺延龄报道荷兰 Roermond 造纸厂是年产 16.5 万吨挂面箱板纸和瓦楞原纸的工厂，该厂以废纸为原料，因此废水来源包括二次纤维制浆废水。表 5-13 是厌氧处理的有关数据。

表 5-13　荷兰 Roermond 废纸制浆和造纸废水的厌氧处理有关数据

废水特征	COD 3g/L，BOD 1.5g/L 流量 2400～3000m³/d 温度 30～40℃
反应器	UASB 反应器，容积 1000m³
处理效果	COD 去除率 75% 负荷 10.5kg COD/(m³·d) 使用厌氧处理后，好氧处理稳定性及其处理效果得到改善
经济性	总投资 40 万美元 年节约费用 33 万美元

5.3.4　IC 反应器在造纸工业上的应用

IC 反应器自 1996 年用于造纸废水处理以来，发展极快，荷兰 Paques 环境公司在 1996

年以来的工程项目中，IC 反应器工程比例大大超过了 UASB 反应器，造纸工业成为 IC 反应器应用最多的领域之一。IC 反应器在造纸行业上应用较多的是用各类废纸作原料的造纸厂，其中包括脱墨和非脱墨的各类废纸制浆工艺的废水处理。IC 反应器用于处理含纤维的造纸废水的实践证明，轻质的悬浮物不影响反应器的运行效果。IC 反应器在造纸厂有取代 UASB 反应器的趋势（见图 5-18）。

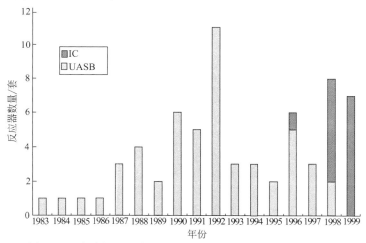

图 5-18　在造纸工业应用 Biopaq UASB 和 IC 反应器的数量

图 5-19 中 3 个工厂的运行都证明，COD 去除效率是反应器容积负荷的函数，即使在较高的负荷下 COD 去除率也较高。除了与进液浓度有关外，较高的去除率是由于高负荷下产气增加，流体内循环比例随之增大，使生物污泥和废水之间产生更充分的接触。

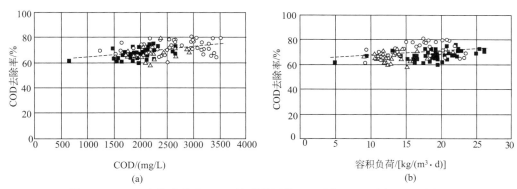

图 5-19　COD 去除率作为 COD 浓度的函数（■工厂 A；△工厂 B；○工厂 C）

5.4　厌氧处理在造纸废水闭路循环和零排放中的应用

制浆和造纸生产工艺中使用大量能源和水资源，因此在造纸工业实行封闭的水循环具有节能减排的巨大潜力。2009 年中国纸与纸板产量已经超过美国，并取代美国成为世界最大产纸国。目前，全球纸与纸板产量已超过 4 亿吨，中国占比 26％左右。通过实行闭路循环，发达国家纸厂吨纸耗水已经低于 20m³，制浆造纸联合企业吨纸耗水仅为 35～50m³。据统计，2000 年我国造纸工业吨浆纸平均综合取水定额高达 197.5m³；同样，在推广应用闭路循环技术后，吨浆纸平均取用水量持续降低，目前已经降至 60m³ 左右，但与国外先进水平相比，仍然存在一定的减排潜力。

5.4.1 造纸废水的处理和回用

（1）造纸废水的循环利用

一般将冲洗毛布的水统称为白水，网下白水为浓白水，冲洗毛布水为稀白水。冲洗毛布用水对水质的要求比较严格，很多造纸厂冲洗毛布水全部使用清水。一般浓白水的处理采用简单的沉淀（可混凝沉淀）后，进入回用水储存池，可直接作为打浆和分离筛选的用水。稀白水如回用，需要进行处理，然后再与用于补充水蒸发损失的新鲜清水混合，用于冲洗毛布。稀白水一般需要采用高效能的斜板沉淀池和过滤两级处理。

在不同的造纸厂，水循环的具体做法因制造产品的不同而有所不同。在碎浆机用水上，一般对外观性能要求不高的产品（如瓦楞纸、油毡原纸），直接用纸板机的排水，不增加任何设备即可实现循环回用，且无需设厂外废水处理设施。

非脱墨再生纸和纸板厂的废水治理比较容易，大部分废纸制浆造纸厂的排水经过适当处理，即可回用于生产。因此，国外对这类废水排入水体的污染负荷要求也较严格。美国国家环境保护局（EPA）要求，新建非脱墨再生纸和纸板厂废水不能排入任何水体，即必须做到零排放。美国和加拿大在 1995 年对两国 25 家非脱墨再生纸和纸板厂进行调查，调查结果表明，这些工厂基本上都已实现了废水的循环回用，有 10 家工厂已达到零排放要求。

例如 1998 年扩建的 Mickinley 纸板厂，以 100% 瓦楞板废纸为原料，年产 19 万吨挂面纸板，每吨成品用水量仅 1.5m³，主要是补充在生产纸板时蒸发掉的水分，是北美第 1 家（全世界第 3 家）实现完全零排放的非脱墨再生纸板厂。

脱墨再生纸厂的废水处理和零排放要复杂和困难一些。在脱墨过程中，需要加入大量各种化学品，以确保在洗涤阶段和浮选阶段能有效地脱墨。此外，还需加入漂白化学品对再生纤维进行漂白。美国的城市森林制浆厂的第一城市纤维公司（位于马里兰州 Hagerstown 市），用办公室废纸为原料，日产 500t 高质量商品浆，废水排放量仅 7m³/t 浆。其废水经两级处理（沉淀与生化处理）后再经超滤，才排入水体；而且在排入水体前，还要通过热交换器与冷却器将水温降到接近水体的温度，以尽量减少对水体的影响。

（2）造纸厂造纸废水实现零排放举例分析

1）比利时 Oudegem 纸厂的零排放系统

比利时 Oudegem 纸厂原有生产能力为 1000t/d 瓦楞纸，已有的厌氧-好氧处理系统设计处理能力为 150m³/h。由于处理能力不足，运行中有严重的钙积累和工艺循环水浓度高引起的各种问题。该厂产量扩大到 1500t/d 时，投资 300 万美元扩大其循环水处理系统。扩大后全厂废水量为 500m³/h，其中 350m³/h 循环水不经过冷却直接进入 IC 反应器和曝气池处理，处理后全部回用于浆料的稀释及低压喷淋（见图 5-20 中回用水 A）；另一部分（150m³/h）进入原有的厌氧（采用 UASB 反应器）-好氧活性污泥系统，出水经过过滤成为高质量的回用水 B，用于真空泵的水封或者洗毛布及铜网。

2）荷兰某纸板厂的零排放系统

荷兰某纸板厂以废纸板为原料，生产 400t/d 箱板纸。生产过程中的废水经过厌氧-好氧处理后全部回用，实现了废水零排放。图 5-21 是该厂废水处理流程框图，厌

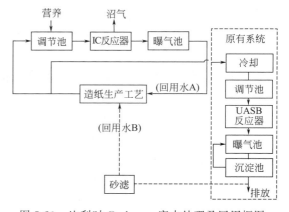

图 5-20 比利时 Oudegem 废水处理及回用框图

180

氧工艺采用 IC 反应器。

目前，该厂的废水处理工艺以高温的 IC 反应器代替了原有的中温 UASB 反应器；循环水不经过降温直接处理，实际的运行温度为 55℃；后处理采用高 10m 的气提反应器（airlift reactor）。整个工艺效率高、占地少，并且非常好地适应高温条件。该厂废水设计处理量为 90m³/h，系统的处理效率为 COD 去除率 90％以上、BOD 去除率 99％。该工艺于 1996 年 10 月启动运行，投资 250 万美元。

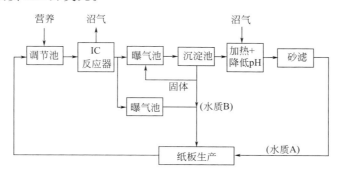

图 5-21　荷兰某纸板厂的废水处理流程框图

（3）德国 Zulpich 造纸厂的废水处理零排放系统

1995 年投入运行的 Zulpich 造纸厂是总部设在荷兰的 KNP-BT 集团所属的 12 个造纸厂之一，位于德国的 Zulpich。该厂采用废纸生产瓦楞纸和纸板，废水处理采用厌氧-好氧处理工艺，其封闭循环系统示意见图 5-22。图中的虚线部分是废水循环处理的厌氧-好氧处理系统。

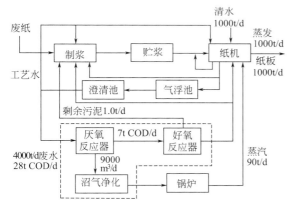

图 5-22　Zulpich 造纸厂闭路循环系统
和循环水生物处理系统

由图 5-22 可以看到，Zulpich 造纸厂将气浮和澄清作为造纸工艺内部处理手段，从澄清池出来的废水绝大部分直接回用，因此这些"废水"被称为工艺水。进入厌氧-好氧外部处理系统的工艺水每日每吨产品仅有 4m³，生产中每吨产品补充清水 1m³，完全没有废水排放。

采用厌氧-好氧处理系统，废水中有机物的去除率稳定在 90％以上，其中 75％的 COD 在厌氧段除去，其余的 15％在好氧段除去。污泥量与同期的纸产量相比，仅为其 0.1％。因此，把这些剩余污泥直接混入芯浆中用于造纸，既节约了污泥处置的费用，又降低了纸浆的消耗量。

厌氧-好氧生物处理系统对污染物的去除效率见表 5-14。工艺水在 COD、BOD 浓度大幅度下降的同时，pH 值由 6.25 上升到 7.25，因此极大地减少了 $CaCO_3$ 的溶解量，设备结垢现象大为减轻，水的硬度大大减小，剩余污泥灰分增加。

工艺水中的 VFA 基本得到去除，环境和产品的臭味完全消失。系统运行后，纸的产量增加了 3％，这归因于水的有机物浓度下降而使黏度降低、腐浆减少：黏度降低使纸机脱水速率增大，腐浆减少大大减少了纸机的断头。同时，工厂的杀菌剂用量减少了 30％。

尽管使用好氧剩余污泥作为芯浆，但由于水的质量提高，纸张的强度并未受到影响。经测定，瓦楞纸和纸板最重要的几个指标〔平压强度（CMT）、环压强度（RCT）和耐破度〕

均不受影响。

表 5-14　循环水生物处理系统的平均处理效果

参　数	COD	BOD	VFA	$w(SO_4^{2-})$	$w(Ca^{2+})$
进水/(mg/L)	8000	4000	3040	550	680
厌氧出水/(mg/L)	1950	400	75	<5	580
好氧出水/(mg/L)	780	30	<20	280	405
总去除率/%	90	99	>99	49	40

5.4.2　废水闭路循环产生的问题及其厌氧处理技术方案

水的封闭循环系统并非新鲜事物，早在 1967 年，完全"零排放"的概念就已经提出了。在 20 世纪 70 年代，第一个封闭循环的漂白硫酸盐浆厂曾在著名的大湖产品公司（Great Lakes Product Ltd.）实现（见下文），不过在运行了数年之后，由于种种原因没有持续下去。第一个真正意义上的封闭工艺是 1995 年投入运行的德国 Zulpich 造纸厂。废水采用厌氧-好氧工艺处理后全部回用，清水用量仅 $1m^3/t$ 纸，仅补充蒸发和浆渣中带走的水分，该废水处理系统可看作是水的闭路循环的一个组成部分。

（1）废水闭路循环产生的问题

目前，欧洲与北美洲以废纸为原料的制浆造纸厂，不少已实现了"零排放"。对于脱墨或非脱墨的废纸工艺，在技术上均可达到零排放。但是，在封闭循环或零排放的工厂中，随着循环率的提高，有害物质会逐渐积累达到很高的浓度（见表 5-15），引起以下问题。

表 5-15　纸机系统（100％使用 OCC 废纸）封闭前后白水成分的变化

成　分	开放系统	封闭系统	浓缩因子
$w(Cl^-)/(mg/kg)$	84	245	2.9
$w(SO_4^{2-})/(mg/kg)$	777	1782	2.3
$w(Al)/(mg/kg)$	2.03	33.40	16.5
硬度/(mmol/L)	10.71	16.71	1.6
$w(Na^+)/(mg/kg)$	381	3643	9.6
$w(Ca^{2+})/(mg/kg)$	335	487	1.5
$w(Mg^{2+})/(mg/kg)$	56	109	1.9
$w(Mn^{2+})/(mg/kg)$	0.99	2.11	2.1
电导率/(μS/cm)	2400	11790	4.9
pH	5.77	6.20	—
$w(木素)/(mg/kg)$	295	1019	3.5
TDS/(mg/kg)	3620	9620	2.7
TSS/(mg/kg)	542	4084	7.5
TOC/(mg/kg)	1058	9284	8.8

1）微生物生长

水循环后水温升高，有机物积累，为微生物生长创造了条件。在封闭系统中，厌氧菌大大增加。这将引起发臭，产生有毒气体（H_2S）或易爆气体（H_2、CH_4），并使纤维降解形成黏液，黏液与纤维一起形成所谓的腐浆，腐浆造成纸面空洞、透明点等纸病，甚至引起抄造断头。

2）沉积和结垢问题

大量的钙和钡元素随木材原料进入制浆系统，在制浆和漂白过程中生成碳酸盐和草酸盐，且在酸化过程中产生 SO_4^{2-}。第一个全封闭浆厂（大湖产品公司）出现了这些沉积问题，树脂、腐浆以及消泡剂沉积在洗浆机网、冲洗喷嘴和过滤线上，同样的问题在瑞典的 Modo 造纸厂也有出现。由于无机物和有机物沉积在生产线的设备上，Modo 造纸厂不得不采用机械清除的临时处理方法。

废水中的 $CaCO_3$（来自废纸的填料与涂布层）和微生物产生的挥发性脂肪酸（VFA）缓慢发生以下反应：

$$2CH_3COOH + CaCO_3 \longrightarrow 2CH_3COO^- + Ca^{2+} + H_2O + CO_2 \uparrow$$

CO_2 的产生引起气泡和泡沫，影响纸机操作，产生纸病和断头。Ca^{2+} 还会和树脂酸、SO_4^{2-} 在纸机的表面特别是网部形成树脂酸钙和石膏（$CaSO_4$）垢层，造成糊网等操作故障。形成石膏的 SO_4^{2-} 来源于废纸，因为在施胶中采用矾土〔主要成分为 $Al_2(SO_4)_3$〕作为沉淀剂或采用硫酸盐法制浆。在以旧纸箱生产瓦楞纸的零排放工厂中，发现在废水处理前，Ca^{2+} 和 SO_4^{2-} 的累积分别达到 2600mg/L 和 1400mg/L，而 VFA 的浓度高达 10000～13000mg/L。

3）腐蚀和臭气问题

封闭循环会造成盐的累积，产生与之相关的一个问题——盐引起化学腐蚀和电化学腐蚀。SO_4^{2-} 在腐蚀中扮演着重要的角色，厌氧微生物的生长将含硫化合物还原成 H_2S，H_2S 有很强的腐蚀性。高浓度的挥发性有机酸同时也引起腐蚀，细菌的生长同样引起腐蚀问题，而温度的升高增大了腐蚀速度。

硫化氢产生臭气问题，同时有机物降解产生 VFA。这些化合物散发出臭气，恶化操作环境，并残留在产品中。

4）二次胶黏物和阴离子垃圾

二次胶黏物是指工艺过程中形成的具有胶黏性的憎水性物质和部分憎水性物质，来自印刷油墨、胶黏剂、涂布组分、各类添加剂等。二次胶黏物会引起树脂障碍和涂布损纸问题。

阴离子垃圾是指溶解的或胶体状的对造纸过程有害的阴离子，它们是亲水的、带较高电荷的、有较高分子量的阴离子物质。阴离子垃圾的含量与原料的来源有关：

① 原浆中，主要的阴离子垃圾是半纤维素的降解组分（如葡萄糖醛酸）、果胶酸和木素衍生物（如木素磺酸）。

② 涂布损纸作为原料时，涂料组分（如羧甲基纤维素）会进入废水中。此外，增白剂也会成为阴离子垃圾的成员。废纸回用时不可避免地含有以上物质。

③ 回收的废纸含有油墨成分、表面处理的添加剂（如淀粉或合成施胶剂）及其他添加剂等。

阴离子垃圾会导致造纸湿部添加剂的用量增加或车速降低。

（2）造纸工艺解决方案

1）改变施胶工艺

废纸的涂布层中含有大量 $CaCO_3$ 填料，$CaCO_3$ 在酸性条件下溶解（pH＝4.5 时全部溶解），导致矾土用量加大、pH 波动和填料损失，而且流失的 $CaCO_3$ 形成大量 CO_2 气泡和泡沫，造成纸病和断头，使水的硬度提高，引起水处理设备结垢。在闭路循环工厂的纸机上，$CaCO_3$ 沉淀会比较严重。因此，酸性施胶逐渐被中性施胶或表面施胶所取代。

2）分质使用循环水

在零排放的造纸厂，处理过的循环水主要用于网布和毛布的喷淋以及面浆的水力碎浆，或用作真空泵的密封水。多数情况下，循环水用于芯浆或单层纸板的水力碎浆机，多层纸板的面层和衬层制浆可以直接使用面层和衬层网笼排出的白水。这一类循环水的水质要求较低，较易实现。

喷淋水回用的要求比较高，在美国、加拿大联合调查的零排放工厂中，大多用循环水喷淋网和毛布；大多数（9个工厂中的7个）高度闭路循环的工厂，使用循环水作真空泵密封水。

3）采用恰当的封闭程度

水的循环系统分为开放系统和封闭系统两类，理论上将100%水回用的系统称为全封闭系统。Barnett和Grier将造纸厂吨纸耗用新鲜水的多少，作为划分系统开放与封闭的界限，将吨纸用水量超过2.85m³的系统视为开放系统，低于2.85m³的系统则视为封闭系统。造纸废水零排放的概念是指，进入系统中的清水量和原料中的水分之和应等于蒸发汽化水、成品中水分和筛渣（及污泥）中水分的总和。零排放是清洁生产的最高指标，即指在工业生产中无过程污染物产生和排放。

Alexander和Dobbins提出了一个描述造纸工艺水循环系统封闭后，某组分浓度变化的参数，称为富集因子（enrichment factor）。其意义是将系统封闭前或达某一个封闭程度时，水中积留物的浓度作为1，系统封闭后或提高封闭程度后的浓度与前者的比值。富集因子可采用下式表示：

$$Y = f Y_0。$$

式中，Y_0为水封闭前（即回用率为0时）废水中组分Y的浓度；Y为水封闭后（即回用率为r时，$r \neq 0$）废水中组分Y的浓度；f为富集因子，为水封闭前后系统中某组分浓度的变化率。特殊地，当系统未封闭即回用率为0时，富集因子为1；当回用率为50%时，富集因子为2。

（3）厌氧技术解决闭路循环问题的技术概念

1）VFA和其他有机物的迅速降解

淀粉在造纸生产工艺中被用作添加剂，淀粉等有机物溶解在工艺水中，导致大约75%COD来自淀粉。在造纸生产环境条件下，厌氧菌将淀粉酸化为挥发性有机酸（问题一），从而导致在造纸厂内外产生臭味（问题二），并将影响最终产品的质量。同时，VFA会使作为填充剂和涂布材料的$CaCO_3$溶解，产生CO_2和Ca^{2+}，其中CO_2可能导致纸浆准备过程中形成气泡（问题三），而Ca^{2+}则增加了水的硬度（问题四）。

好氧处理虽然也可降解有机物，但是相当多的有机物转化为细胞物质，即成为剩余污泥。这些剩余污泥需要专门的设施处理，因而会增加投资和运行费用。而厌氧处理能够迅速地将VFA和其他有机物转化为甲烷，VFA去除率可高达99.9%。因此，厌氧生物处理方法显著节能，占地面积小，剩余污泥量少，还有其他一些技术上的优势。

2）通过硫酸盐还原去除盐类和臭气

厌氧还原阶段对硫酸盐的去除非常有效，使之大部分转化为H_2S而随沼气逸出。虽然这将显著增加臭味和腐蚀问题（问题五和六），但是在封闭处理系统中产生的H_2S被吹脱到沼气中，沼气利用前可通过脱硫系统净化。另一小部分H_2S在好氧段再转变为SO_4^{2-}，其浓度非常小，能够满足工艺要求。

3）厌氧反应的生物除钙软化作用

在造纸废水处理中，厌氧处理方法最重要的技术优势之一是除钙软化作用。厌氧处理产生大量的 CO_2，使水中 CO_2 处于过饱和状态，从而与水中的 Ca^{2+} 作用产生 $CaCO_3$ 沉淀，使水的硬度大大下降，因此解决了循环水的 Ca^{2+} 累积问题（问题七）。

而在好氧反应器中，曝气作用使 CO_2 气提去除，导致 pH 值上升，使 $CaCO_3$ 沉淀实际发生在厌氧后的好氧处理中，导致 $CaCO_3$ 沉淀可能会在生产线中某个不希望的环节产生沉积和结垢。

除了 Ca^{2+} 之外，其他盐类也有可能在封闭水循环中发生累积（问题八），导致工艺水的电导率增加。电导率增加会引起较高的阳离子需求，从而导致药剂（聚合物）费用的增加。厌氧处理通过去除 Ca^{2+} 和硫酸盐可显著地降低电导率，但是不能去除一价阳离子和 Cl^- 等阴离子。

4）高温厌氧处理

封闭循环后工艺水温度通常在 $50℃$ 以上，如采用中温工艺则需要降低水温，这意味着能耗增加和成本提高（问题九）。而采用高温厌氧处理系统，可实现上述预期目的。

另外，二次胶黏物和阴离子垃圾在生物处理中大部分可以降解，一些不可降解的组分也可转移至剩余污泥中。在生物处理后，如果再经过过滤，二次胶黏物和阴离子垃圾的处理效果（问题十）将会更好。

综上所述，将厌氧技术引入造纸厂的闭路循环和零排放系统后，可去除循环水中的大量有机物和各类阴离子、二次胶黏物、Ca^{2+} 和 SO_4^{2-} 等有害离子，从而可以解决包括闭路循环和零排放后，有机酸和盐累积引起的腐蚀、腐浆、产品臭味、操作条件恶化、二次胶黏物引起的树脂障碍、阴离子垃圾引起的湿部添加剂用量增加、钙累积引起的水硬度上升、设备结垢、纸机断纸次数增加等问题。当然，其中一些问题是其他生物处理方法也可以解决的，但很多是单纯的好氧处理方法所不能解决的。

5.4.3 闭路循环系统的关键技术

去除水中有机和无机污染物的厌氧处理工艺是造纸废水厌氧-好氧处理系统的核心工艺。因为最优的闭路循环系统在高温条件下运行，可使能量需求显著减少，所以在零排放工艺中，厌氧处理应当是首选的方法（见图 5-23）。

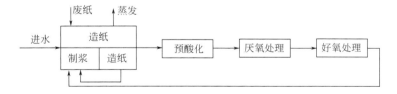

图 5-23　采用厌氧-好氧处理工艺的零排放造纸厂废水处理工艺流程

好氧处理后的出水，可根据产品的质量要求决定其能否循环使用。例如，对于箱板纸和包装纸的生产，采用好氧处理和砂滤处理厌氧出水，可以满足出水循环使用的要求。在闭路循环中，$CaCO_3$ 等化合物将发生累积，直到与最终产品中的相应量达到平衡，因此在闭路循环中，若对 $CaCO_3$ 的沉淀不加控制，将会影响造纸生产工艺以及循环水处理系统的运行和效率。

（1）高温厌氧处理

造纸生产工艺最为显著的特点是高温运行。因为水温每升高10℃，由于液体黏滞度降低，可使纸机车速提高4%，从而提高4%的生产率，经济效益明显。并且，温度提高到45℃以上，可以抑制丝状菌的生长，避免腐浆的形成。整个生产线（包括处理系统）在高温下运行，能量需求可显著下降。表5-16是在工艺闭路循环中的能量需求。

表5-16 工艺闭路循环中的能量需求

（产量为1000t/d瓦楞箱板纸）

项目	所需能量/(MJ/t 再生纸)
热电联厂（65%效率）	2215
锥形干燥器	3050
其他蒸发需求	650
共计	5915

在闭路循环中，厌氧处理阶段能最大程度地去除可生物降解COD，产生甲烷，用来生产蒸汽。运行在高温条件下的厌氧处理工艺（见图5-21），可获得附加能量。例如，假设污染负荷为25kg/t再生纸，产生的能量（MJ/t再生纸）如下：

沼气能源产生	228
用于沼气的提升	－33
总计	195

中温厌氧处理工艺由于降低了排放水的温度（假设降低水温10℃，出水温度为35℃），在部分闭路循环造纸废水处理工艺中能量的损失大约是1045MJ/t再生纸。通过在干燥系统采用高效热交换器，可显著减少能耗，热交换回收950～1400MJ/t再生纸的热能。因此，在封闭的工艺水循环线上采用高温厌氧-好氧处理和高效热交换，可回收的潜在能量（MJ/t再生纸）如下：

防止排放(10→0m³/t再生纸)	1045
生物处理	195
热交换热回收	950～1400
共计	2190～2640

这与采用开放系统相比，可减少35%～40%的总能耗。如果采用循环水系统的用水量为6m³/t再生纸，据此设置的热交换器冷却和重新加热的能耗将高达500MJ/t再生纸，对于1000t/d箱板纸和包装纸的生产厂而言，这部分能源费用相当于50万欧元/年。因此，采用高温厌氧处理＋适当后处理的废水处理工艺是经济有效和保持水温的最佳方案。

2000年国际水协会（IWA）报道了由欧盟委托进行的旨在发展零排放和高度封闭的造纸厂废水高温厌氧处理及其后处理工艺的研究，这一研究由荷兰和德国两国的三家水处理公司与两家造纸厂共同完成。

（2）去除硫酸盐

厌氧降解70%～80%可利用COD，SO_4^{2-}去除效率可高达80%。硫酸盐在厌氧反应器中被还原为H_2S。在厌氧反应器pH＝6.0条件下，75%的H_2S以非离子态的H_2S形式存在，很容易被吹脱。吹脱效率取决于水力学和气体负荷特性，其中EGSB反应器的吹脱效率约为有N_2喷射的UASB反应器的近4倍（见表5-17）。

表 5-17　高温酸化硫酸盐还原反应器对 S 吹脱的影响

描述单元	上升流速 /[m³/(m²·h)]	有机负荷 / [kg COD/(m³·d)]	气量 / [m³/(m²·h)]	酸化效率 /%	硫酸盐还原效率/%	H₂S 吹脱效率/%
UASB 反应器控制 $v_{上升}$（1）	1	35	<2	85	85	<20
EGSB 反应器	6.8	35	<18	100	95	25
UASB 反应器控制 $v_{上升}$（2）	1	25	<2	85	60	<20
有 N₂ 喷射的 UASB 反应器	1	25	10～30	100	85	7

（3）闭路循环系统中钙的去除

造纸工业废水含有高浓度的钙，采用厌氧系统处理这类废水将导致产生大量的 $CaCO_3$ 沉淀，从而引起严重的运行问题。如在污泥床反应器中，$CaCO_3$ 沉淀可能会引起短流或甲烷活性的严重损失，同时，反应器池壁和出水（或回流）管会发生结垢现象。在传统的工艺中，可采用混凝沉淀法去除进水中的钙，但需要投加的药剂费用非常昂贵。

van Lier 等开发了将系统中所有可能化合物考虑在内的循环水系统模型，包括简化的生物反应、各个单元过程中的吹脱、温度和离子强度等的化学平衡关系。该模型的建立具有适应性，允许在系统中添加单元和将回用水增加到任意一个或两个单元中，可用来预测在不同处理环节中 Ca^{2+} 的沉淀和去除。

该模型采用实际零排放造纸厂的数据进行校正，可以获得回流比、改变反应器顺序、添加新反应器、pH 和温度等条件变化产生的影响，从而帮助控制闭路循环沉积和使结垢最小化。

在 UASB 反应器中，若对 $CaCO_3$ 的沉积不加控制，可能导致反应器部件和厌氧颗粒污泥结垢，最终导致污泥床短流和处理性能破坏。在闭路循环工艺中，最适合去除钙的地方是好氧后处理工序。因为在好氧系统中，CO_2 分压从 30％ 迅速下降至 0，引起很明显的过饱和，在主体溶液中将促进 $CaCO_3$ 沉淀的形成。由图 5-24 可知，测量值与模拟值之间可很好地符合。

与其他许多化合物不同，$CaCO_3$ 的溶解度随温度的升高而减小。因此，当采用高温时，$CaCO_3$ 经常就会发生无法控制的沉积。

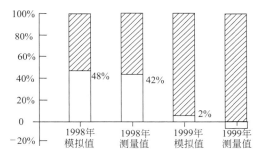

图 5-24　在好氧池和 UASB 厌氧池中模拟和测量 $CaCO_3$ 沉积的对比
▨ 好氧池　☐ UASB 厌氧池

另外，带有冷却功能的闭路系统，特定化合物的浓度总是接近饱和，因此，改变温度很易引起沉淀量的改变。所以，van Lier 等对闭路循环系统中不同反应器的运行温度和沉淀程度进行了模拟计算：首先，考虑了整个工艺过程在高温（50～60℃）下运行和在中温下运行的差别；其次，研究了 $CaCO_3$ 沉积量和沉淀位置的变化。

表 5-18　预酸化池（PT）、UASB 反应器和好氧池（AT）在不同温度下运行对 $CaCO_3$ 沉淀位置的影响

序号	单元温度/℃			$CaCO_3$ 沉淀（在整个密闭循环）的比例/%		
	PT	UASB	AT	PT	UASB	AT
1	55	37	37	0	28	72
2	55	37	55	0	20	80
3	55	55	37	0	47	53
4	55	55	45	0	45	55
5	55	55	55	0	44	56

由模拟结果（见表 5-18）发现，温度组合对 $CaCO_3$ 沉淀的位置存在很大影响。最好的模拟结果并不是整个系统都在高温下运行，而是 UASB 反应器在中温下运行，好氧反应器则在高温下运行。但这在技术上是不可行的，因为上述模拟结果会造成处理的高效性和沉淀（结垢）的最小化之间的矛盾。为解决这一问题并保持厌氧反应的高效性，van Lier 建议沉淀应该集中在一个附加的单元上。van Langerak 等对此建议进行了研究，将 UASB 出水部分回流到沉淀池，在沉淀池中利用 UASB 形成的碱度，通过沉淀（结晶）而去除钙（见图 5-25）。通过这种方式，可增加 $CaCO_3$ 在高温下的去除率。

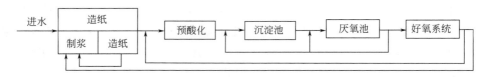

图 5-25　通过在图 5-23 中添加沉淀池而改进的工艺流程

5.5　化工废水的厌氧处理

5.5.1　厌氧反应器处理难生物降解的化工废水实例

（1）Caldic 化工废水的实验室研究

Caldic Earopoort 是荷兰鹿特丹附近的一个化工厂，主要产品是甲醛，采用的原材料是甲醇。其废水直接排入地表水体，可见当地执行非常严格的标准（COD＜200mg/L）。该厂的生产性装置在 Delft 的 Biothane 公司的实验室实验基础上进行放大。由于在小试阶段该化工厂还没有建成，因此采用人工配水。显然，其废水中的主要污染物是甲醛和甲醇。

采用甲醛和甲醇废水培养的 EGSB 反应器颗粒污泥，荷兰 Wageningen 农业大学的 Gonzalez-Gil 等对甲醛的降解过程进行了详细的研究，实验主要用间歇回流模拟 EGSB 反应器状态进行。研究甲醛在厌氧生物反应器内的降解途径主要考虑如下三方面的问题：

① 甲醛或其降解产物是否是甲烷化过程的基质；

② 甲醛的毒性是可逆的还是不可逆的；

③ 甲醛的毒性与负荷或浓度之间的关系。

回流实验研究表明，甲醛的转化是通过在气相和液相产生甲醇和 H_2，在低生物量的条件下，大剂量的甲醛毒性能够完全地抑制颗粒污泥的产甲烷活性，但是在液相和气相中仍然可以立即检测到 H_2 和甲醇。

在低生物量的条件下，当甲醛投加量高达 600mg/L 时，产甲烷活性仍然可以恢复。产甲烷能力的恢复是在甲醛被消耗之后，由生物的增长所造成的。

在高生物量的条件下，甲醛的毒性部分是可逆的，在甲醛被消耗后，甲烷产量回升。因为此回升不能全部恢复到原水平，所以一部分甲醛的毒性是不可逆的。这一部分产甲烷能力的损失通过电子显微镜观察发现，是由微生物的死亡所造成的。因此，甲醛废水的处理需要在微生物损失速率（由于甲醛造成的死亡）和细菌生长速率之间取得平衡。建议结合生物量的停留对废水进行稀释，这样仍然可以采用厌氧处理含有甲醛的工业废水。

（2）Caldic 化工废水处理的实验室实验与生产性实验的对比

表 5-19 是实验室实验与生产性规模设计和实际运行结果的对比。生产性规模装置的工

艺原污水首先进入水力停留时间大约为 30h 的缓冲池；缓冲池废水再以恒定流量打入调节池；在调节池内投加营养盐（N＋P）和微量营养物（包括铁盐），以保证产甲烷良好的微环境。在调节池内，pH 被控制在 7.0。

之后，废水从调节池（以 150m³/h 的流量）被送入厌氧反应器，在厌氧反应器内的上升流速极高，为 9.4m/h（见表 5-19）。对于传统的 UASB 反应器来说，这样的流速是不可能达到的，UASB 反应器最大的上升流速是 1.0m/h。

厌氧反应器出水回流到调节池的流量为 145m³/h，相当于 5m³/h 的原污水被厌氧出水稀释了 29 倍。Caldic 化工厂的厌氧处理工艺利用了这一特殊的性质，使甲醛和甲醇的浓度均处于促进产甲烷菌生长的水平，而不是对其有毒害的水平。传统的 UASB 反应器由于上升流速非常有限，回流率不能太高，因此无法处理如此高浓度的甲醇-甲醛混合废水。

表 5-19　实验室实验与生产性规模设计和实际运行结果的对比

项　　目		1992 年实验室实验	1993 年设计参数	1996 年实测结果
Biobed EGSB 反应器的特性	总体积,有效体积	8L,6L	275m³,220m³	275m³,220m³
	水位高度/m	3.4	17.3	17.3
	$v_{l反应器}$/(m/h)	1.25	6.3	9.4
	$v_{l沉淀器}$/(m/h)	1.25	10.0	15.0
	$v_{g反应器}$/(m/h)	0.65	3.0	5.6
	HRT/h	2.7	2.8	1.8
废水的特性	进水流量,回流流量	0.18L/h,3L/h	6m³/h,100m³/h	5m³/h,150m³/h
	总 COD/(mg/L)	20000	20000	40000
	w(甲醛)/(mg/L)	5000	5000	10000
	w(甲醇)/(mg/L)	10000	10000	20000

注：$v_{l反应器}$指反应器内液体上升流速；$v_{l沉淀器}$指沉淀器内液体上升流速；$v_{g反应器}$指反应器内气体上升流速。

EGSB 反应器的容积负荷变化范围为 6～12mg COD/(m³·d)，完全由甲醇和甲醛所构成。在 1995 年年底，负荷最终达到 17kg COD/(m³·d)，COD 的去除率仍然保持不变。图 5-26 和图 5-27 分别为 Biobed EGSB 反应器进、出水中甲醇和甲醛的浓度变化曲线。

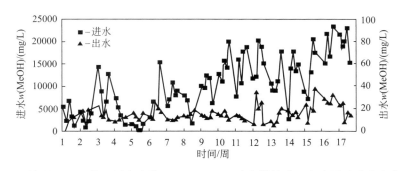

图 5-26　处理 Caldic 化工厂废水的 Biobed EGSB 反应器的进、出水甲醇浓度变化曲线

EGSB 反应器最初用 UASB 反应器中的颗粒污泥接种，UASB 接种污泥中开始时包含很多细小的固体，而 Biobed EGSB 反应器中的最终颗粒污泥则完全没有细小的固体颗粒。

（3）化工含毒性废水的解毒和处理

Paques 公司曾就某生产尼龙的化工厂废水进行过小试和生产性研究的对比实验，该化

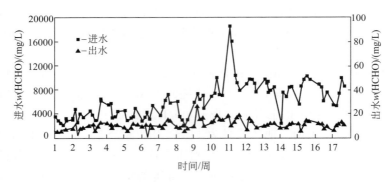

图 5-27 处理 Caldic 化工厂废水的 Biobed EGSB 反应器的进、出水甲醛浓度变化曲线

工废水中包含一般低浓度单碳酸和高浓度多碳酸（浓度高达 100g/L），同时还包含一定浓度的过氧化氢，H_2O_2 对厌氧菌有毒性。因此，首先需要采用热处理和催化处理脱 H_2O_2，剩余的 H_2O_2 在预酸化池中去除。废水中添加氮（NH_4OH）和磷（H_3PO_4）营养物，同时添加 Fe、Co、Mn 和 Ni 等微量元素。温度保持在 35℃，采用厌氧出水回流。由于小试与生产性 UASB 反应器的高度不同，因此在实验中考虑了不同水力负荷的影响。

表 5-20 是废水的特性和不同实验阶段的结果。从实验结果来看，上升流速、停留时间、回流比等对实验的去除率影响很少，H_2O_2 浓度为 761mg/L 时，预酸化也可有效地去除，进入厌氧池的浓度低于 2.0mg/L。在负荷率为 7~16kg COD/($m^3 \cdot d$) 的条件下，COD 去除率为 83%~93%，BOD 去除率为 83%~93%，并没有毒性的问题。

表 5-20 实验运行结果

参　数	中试阶段			
	Ⅰ	Ⅱ	Ⅲ	Ⅳ
稀释率(F/D)	4	0	0	0
回流比(F/R)	16~30	28	6~7	6
上升流速/(m/h)	1	1	0.21~0.26	0.21
总 COD/(g/L)	9~13	10~11	11~12	9
过滤 COD/(g/L)	9~13	10~11	11~12	9
BOD/COD	0.4	0.4~0.6	0.4~0.6	0.55
TSS/(mg/L)	约为 0	约为 0	约为 0	约为 0
pH	2~3	2~3	2~3	2~3
$w(H_2O_2)$/(mg/L)	204~408	205~278	208~761	140
基质浓度/微生物浓度(F/M)/[kg/(kg·d)]	0.2~0.4	0.22~0.34	0.3~0.35	0.3
有机负荷/[kg/($m^3 \cdot d$)]	7~15	7~8	7~8	7~8
COD_f 去除率/%	83~88	89~90	89~90	90
BOD_5 去除率/%	88~99	92~96	—①	95
H_2O_2 去除率/%	>99	>99	>99	>99
比气体产量/[m^3/kg（去除）]	0.37~0.44	0.45	0.38	0.39

① 表示没有数据。

生产性装置废水处理厂建有 800m^3 的调节池，在调节池中采用高温和催化剂脱除 H_2O_2，在调节池中剩余的 H_2O_2 预计在酸化池中被生物转化。废水温度为 40~100℃，采用热交换器冷却到平均温度为 35℃。在预酸化池中投加营养物（N、P）和微量元素。UASB 反应器体积为 990m^3，剩余的颗粒污泥储存在 200m^3 的污泥储存池内，储泥池紧靠 UASB 反应器建立，为避免臭气问题，将预酸化池、UASB 反应器和储泥池的尾气在 10m^3

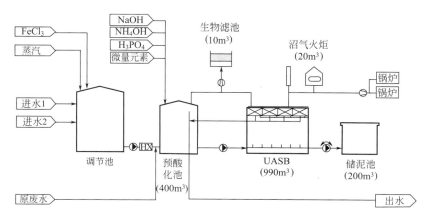

图 5-28　含毒性化合物的化工废水的处理系统

的生物脱臭反应器中进行处理。厌氧反应器的 COD 处理能力为 11000kg/d（见图 5-28）。

图 5-29 是在大约 1.5 年的运行期间 COD 的去除率变化情况。在此期间，该化工厂多次停产检修，厌氧反应器也随之停产。在停工之后，厌氧反应器立即启动，一般 COD 去除率平均为 80%（31%～91%），仅 1 次（322d）COD 去除率下降而在 3d 之后恢复到正常运行。这可能是由于刚开始时废水组成不同所致。不同负荷下 COD 去除率的趋势表明，提高 COD 负荷，COD 去除率也稍有提高。

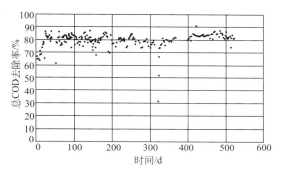

图 5-29　运行期间 COD 的去除率变化

表 5-21 是生产厂运行结果的汇总，生产规模的去除率与实验获得的结果相似，COD 去除率的差别可能是由于废水特性不同，生产规模废水的 COD 浓度（16g/L）比实验废水的 COD 浓度（9～13g/L）较高。在经过 2 年的运行之后，没有颗粒污泥磨损的迹象，反应器中的剩余污泥产量大约为 0.01kg TSS/kg COD$_{去除}$，产甲烷活性为 0.5kg CH$_4$-COD/(kg VSS·d)。

表 5-21　生产厂运行结果汇总

参　　　数	平　均　值	参　　　数	平　均　值
稀释比（F/D）	1:5	F/M/[kg/(kg·d)]	0.2～0.4
回流比	1:1	VLR/[kg COD/(m³·d)]	7～11
上升流速/(m/h)	约为 0.8	总 COD 去除率	80%
COD/(g/L)	16	BOD$_5$ 去除率	87%
BOD/COD	约为 0.55	pH	约为 2.5
TSS/(mg/L)	约为 0	$w(H_2O_2)$/(mg/L)	约为 2

（4）生产性化工废水处理装置

在世界各地，UASB 反应器、厌氧滤池和 EGSB 反应器被广泛用来处理有毒性的废水。例如，由于 EGSB 反应器具有良好的水力学特性，使采用厌氧出水稀释进水成为可能。这样可以处理其中包含低浓度毒性组分的废水（如低浓度生物可降解的甲醛）。这一特性被用于化工废水厌氧处理（见图 5-30）。

(a) 土耳其的模块化EGSB反应器

(b) 处理乳酸化工废水的EGSB装置

(c) 杜邦公司的化工废水处理厂

(d) 化工废水处理的生产性EGSB装置

图 5-30　处理各种废水的 EGSB 反应器生产性装置

5.5.2 精对苯二甲酸工业废水的厌氧处理问题

精对苯二甲酸（PTA）是一种重要的化工原料，它广泛地应用于各种合成树脂、涤纶纤维、塑料薄膜、增塑剂和涂料等的生产。在 PTA 生产过程中排出的废水，其中含有对苯二甲酸、甲基苯甲酸、醋酸甲酯、醋酸、乙醛等多种有机物质。此类废水具有温度高、COD 浓度大、可生化性极低等特点，是一种较难处理的有机污水。

20 世纪 80 年代末，国外才有了采用厌氧工艺处理 PTA 废水的生产性实用装置，且数量很少。我国南京扬子石油化工公司芳烃厂采用厌氧 UASB 反应器处理 PTA 废水的装置通过长期连续运行，说明采用预处理-厌氧-好氧技术工艺处理 PTA 废水是可行的，且在降低运行费用和节约占地面积方面具有更大的优势。该 PTA 废水处理实验室研究部分的内容已在 2.1.3 节进行过介绍，所以下面着重对在这一工程研究开发和生产过程中所遇到的一系列问题进行讨论。

（1）PTA 废水处理工艺

南京扬子石油化工公司（以下简称扬子石化公司）从美国阿莫科（AMOCO）公司引进两条 PTA 生产线，年生产能力为 45 万吨，废水处理设计水质、水量如下。

设计水量：$Q=350\mathrm{m}^3/\mathrm{h}=8400\mathrm{m}^3/\mathrm{d}$。

设计水质：进水 COD＝9000mg/L，pH 为 3.5～4.5。

处理后出水水质：COD＜400mg/L，pH 为 7～8。

小试和中试验证表明，处理流程能达到预期的处理效果。该工程采用预处理、调节-提升、厌氧处理、好氧处理和污泥处理等 5 个主要工段，处理流程见图 5-31。

1）预处理

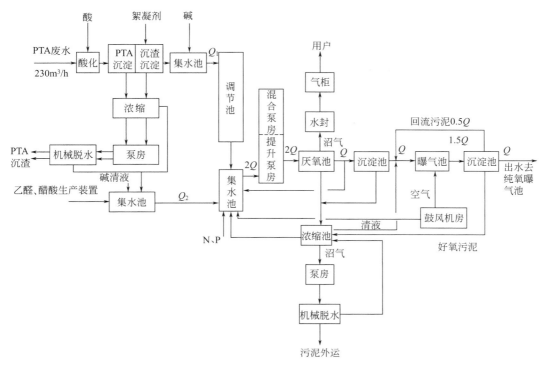

图 5-31　PTA 废水处理系统工艺

在通常情况下，PTA 废水 pH 值小于 4.0，直接通过酸化混合池进入沉淀池。废水中大部分 PTA 在低 pH 值的情况下从沉淀池中结晶沉淀。经沉淀处理后的废水自流进入调节池。

2）调节-提升

废水在调节池中停留 5d 以调节水质和水量，自流进入集水池。进入集水池的还有由乙醛、醋酸生产装置来的未经处理的废水，以及 PTA 污泥脱水清液和厌氧池出水的回流。在集水池中通过厌氧池回流水来中和 PTA 和乙醛、醋酸装置废水的酸度。当这种中和方法还不能将混合废水的 pH 值提高到 6 时，通过 pH 控制系统，投配适量 NaOH。为了生化处理的需要，集水池中还定量加入（NH_4）$_2SO_4$ 和 Na_2HPO_4。

3）厌氧处理

集水池废水分别进入 4 组并联的厌氧池（每组内又有 5 个厌氧池并联）。如图 5-32 所示，厌氧池的出水自流进入厌氧沉淀池；厌氧沉淀池的出水自流进入曝气池；厌氧池和厌氧沉淀池排出的剩余污泥汇集在一起，进行浓缩脱水处理。

该污水处理厂在设计上还有好氧处理和污泥处理两个工段，这里不作详细介绍。

（2）厌氧 UASB 反应器单元化设计思想

UASB 反应器总池容为 12000m^3，其放大设计过程中的一些做法至今仍然具有借鉴意义。有的设计单位对于厌氧 UASB 反应器的放大没有经验，只有对较小单池的设计经验，如果直接扩大至较大规模，在工程上是有一定风险的。这时，如能在设计中采用分系列和分格的设计思想，则可解决放大问题。在本例中，整个厌氧处理系统共有 4 个系列，每个系列的几何尺寸为长×宽＝50m×12m，每 2 个系列为一组，共用一个池壁。每个系列采用分格的方式，每个系列为 5 个 600m^3 的反应单元（见图 5-33）。这种单元化的设计思想在当时减少了放大过程中的风险。

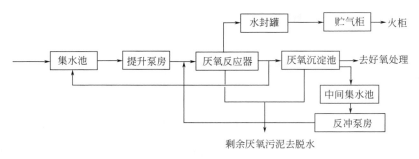

图 5-32　PTA 废水厌氧处理工段工艺流程

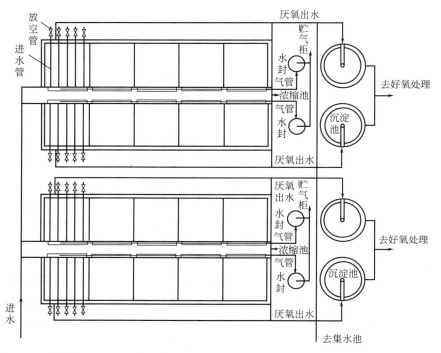

图 5-33　处理 PTA 废水的 UASB 反应器布置图（总计 4 个系列，每个系列包含 5 个 600m³ 的反应单元）

　　另外，对于大型 UASB 反应器，建造多个池子的系统是有益的。这样不仅是出于减少建造费用的考虑，同时也将增加处理系统的适应能力——如果系统有多个反应池，就可能关闭一个进行维护和修理，而其他单元的反应器则继续运行；另外，当接种污泥不够时，可以先启动几个系列中的一个，再逐步启动其他的 UASB 反应器。

　　事实上，在上述 PTA 废水处理系统中，就是首先启动了 I 系列，经过半年后才开始启动 III 系列；而 II 系列和 IV 系列厌氧反应器则是在 I 系列首次启动一年零 10 个月左右后才开始第一次启动，在此期间，I 系列和 III 系列由于运转的问题又进行过二次投加接种污泥的过程。整个启动历时两年零 4 个月，实际运行 20 个月左右。

　　（3）大型 UASB 反应器的启动

　　UASB 反应器启动的关键问题之一是污泥的驯化，对大型 UASB 反应器而言，还涉及接种污泥的来源和质量。扬子石化公司处理 PTA 废水的 UASB 反应器按平均浓度 20g/L 计算，接种量需含水率 80% 的脱水污泥 200t。其中一个系列采用当时国内唯一的城市污水处理厂——天津纪庄子污水处理厂的消化污泥接种，共耗时几个月花费 100 余万元才将污泥装

194

入反应器。处理 PTA 污水的 UASB 反应器的启动，前后历时近两年半的时间，其装置才逐步稳定，并达到设计负荷。由此可见，大型 UASB 反应器的启动是较为复杂的，启动期间的工作量较大。接种污泥的数量和质量能否满足要求，是保障 UASB 反应器成功启动的关键。

1）接种污泥的重要性

① 接种污泥质量的影响：第一次启动Ⅰ系列从开始投泥到全部结束共耗时近 20d。所投入的污泥是来自上海石化污水处理厂的好氧消化污泥，含有较多杂物、杂质，污泥含水率为 60％～70％。1～5 格所投入的污泥量分别为 60t、45t、40t、25t 和 25t，折合反应器内平均污泥浓度数据分别为 36g/L、27g/L、24g/L、15g/L 和 15g/L。很明显，4～5 格的污泥浓度小于所要求的平均污泥浓度。厌氧池首先进行升温和间歇进水，开始一个半月一直为间歇性的运行，之后开始连续进水并一直运行两个月，由于接种污泥质量较差，污泥流失比较严重，一星期后整个系统完全失效，启动失败。

② 不充分接种的影响：第二次向Ⅲ系列厌氧装置投入了接种污泥（来自扬子石化公司水厂净水一车间消化池），由于污泥量较少，实测的平均污泥浓度仅为 6.6g/L。虽然中途补加了近 2000m³ 15g/L 的净水一车间污泥，但经计算平均浓度也不超过 15g/L，启动历时几个月。

在前 5 个月的驯化过程中，厌氧的容积负荷均在 0.2kg COD/(m³·d) 以下，出水挥发酸达到 500～700mg/L。Ⅲ系列厌氧启动驯化如此困难，主要是由于系统所接种的污泥在质量和数量上都不十分理想：消化污泥含油量为 1500～2000mg/L，其活性很差。

通过这一阶段（历时 1 年半）的运行，人们充分认识到接种污泥的重要性，由于前期投加的污泥质量较差，所以Ⅱ系列和Ⅳ系列的启动采用了质量较好的污泥——天津纪庄子污水处理厂的消化污泥接种。下面重点介绍Ⅱ系列和Ⅳ系列厌氧启动运行情况。

2）厌氧反应器的启动运行

Ⅱ系列所投入的污泥全部为天津纪庄子污水处理厂的消化脱水污泥，总计约 230t（含水率为 85％）。据此估算池内的平均污泥浓度为 14.3g/L 左右。由于Ⅱ系列所投入的污泥活性较好，污泥浓度较高，因此该系列的启动运行较为理想。

Ⅳ系列所投入的污泥几乎全部是天津纪庄子污水处理厂的厌氧消化脱水污泥，共投入 253t，另外还装了 45t 扬子石化水厂净水一车间的消化池脱水污泥，总计 298t，据此估算平均污泥浓度为 18.6g/L。该系列厌氧系统的启动运行也较顺利，其运行大致可分为三个阶段，即 5～7 月的启动阶段、8～11 月的提高负荷阶段、12 月至次年 3 月的恢复阶段。下面主要介绍前两个阶段。

① 第一阶段（启动阶段）：Ⅱ系列和Ⅳ系列启动负荷为 0.35～0.55kg COD/(m³·d)[最高为 0.97kg COD/(m³·d)]，其中 COD 的去除率在 75.6％ 以上。出水 VFA 仅为 48.3～175mg/L。由于处于低负荷的启动阶段，因此各项出水指标均较为理想。

② 第二阶段（提高负荷阶段）：厌氧系统继续提高负荷，达到 1.0kg COD/(m³·d) 的平均负荷时，其出水 VFA 仅为 68～298mg/L，COD 的去除率为 60.1％～83.2％。从 8 月初开始负荷逐步提高，到 9 月底已普遍接近 2.0kg COD/(m³·d)，虽然 COD 的去除率较 8 月份有所下降，但仍然在 60％ 以上。其他指标均较为稳定。

10～11 月继续提高负荷，其中Ⅳ系列最高达 3.20～3.34kg COD/(m³·d)，Ⅱ系列也曾超过 2.5kg COD/(m³·d)。此时 COD 的去除率为 43.9％～76.1％，平均为 60％ 左右，较

8～9月份有所下降。而其他的出水指标较为正常，即 VFA 为 71～312mg/L。这期间两个系列的平均负荷均为 2.0kg COD/(m³·d) 左右，基本完成厌氧系统的启动过程。

整个厌氧系统从第一次启动到正式完成厌氧启动过程，历时两年零 4 个月，实际运行 20 个月左右，累计投加各种接种污泥近 1290t，耗资耗时巨大。

3）投加微量元素的影响

扬子石化公司韩正昌等探讨微量元素对厌氧微生物生长的促进作用，对初始运行状态相近的Ⅲ系列、Ⅳ系列厌氧复合床反应器进行了投加微量元素 S、Fe、Ni 的对比试验。

在 PTA 的生产过程中，由于使用了乙酸钴、乙酸锰催化剂，污水中含有部分钴离子、锰离子，因此在投加微量元素的对比试验中，主要考虑在Ⅳ系列反应器的回流水中加入人工配制的 3 种微量元素 S、Fe、Ni，与 PTA 污水混合后一起进入厌氧反应器，以Ⅲ系列反应器作对照。微量元素投加标准及投加量见表 5-22。

表 5-22　微量元素投加标准及投加量

微量元素	投加标准/(mg/L)	投加化合物	化合物纯度/%	每日投加量/kg
S	10.0	Na_2S	80	$0.731q$ [①]
Fe	2.0	$FeSO_4 \cdot 7H_2O$	90	$0.264q$
Ni	0.4	$NiSO_4 \cdot 7H_2O$	90	$0.051q$

① q 为每小时进水量（m³）。

对比试验中的Ⅲ系列、Ⅳ系列反应器，在进行对比试验前一个月的平均负荷分别为 1.42kg COD/(m³·d)、1.05kg COD/(m³·d)。根据进水量、进水 COD 浓度，按投加标准每日在Ⅳ系列中投加 Na_2S、$FeSO_4 \cdot 7H_2O$、$NiSO_4 \cdot 7H_2O$ 三种药品。另外，严格按相同的工艺指标对这两个系列反应器进行工艺控制与管理。

在厌氧反应器的日常运行过程中，根据进水 COD 浓度和出水 VFA、COD 浓度，逐步提升反应器的容积负荷。每次提升负荷的幅度为 0.1～0.3kg COD/(m³·d)，且每次提升负荷后需稳定运行 15d，再根据出水水质确定是否进一步提升负荷，以避免因负荷提升过快而导致反应器的酸败。经过 6 个月精心管理与控制，1～6 月份Ⅲ系列、Ⅳ系列反应器的容积负荷及 COD 去除率见表 5-23。

表 5-23　1～6 月份两个系列反应器的容积负荷及 COD 去除率

月份		1 月	2 月	3 月	4 月	5 月	6 月	平均
容积负荷	Ⅲ系列	1.58	1.72	2.06	2.24	2.57	3.28	2.24
/[kg COD/(m³·d)]	Ⅳ系列	1.30	1.77	2.14	2.41	2.74	3.48	2.31
COD 去除率/%	Ⅲ系列	66	70	63	64	64	64	65.2
	Ⅳ系列	75	77	72	67	66	65	70.3

两个系列反应器在相同条件下运行一个月后，投加微量元素的Ⅳ系列反应器的容积负荷就已超过了Ⅲ系列反应器，负荷提升速度较快；Ⅳ系列反应器的 COD 去除率也稍高于Ⅲ系列反应器，且随着容积负荷的升高 COD 去除率下降的过程中，Ⅳ系列反应器的下降幅度也小。较高的 COD 去除率有利于厌氧反应器下一步容积负荷的提升。

在对比试验运行期间，2、4、6 月分别有意地同时提升了两个系列反应器的温度、进水 COD 浓度及循环水量，并持续 2～3 天，观察对比反应器的耐冲击能力及受冲击后的恢复能力。3 次受冲击的情况对比见表 5-24。

表 5-24　3 次受冲击情况对比

反应器		升温至 41℃	进水 COD 浓度 升至 6500mg/L	循环水量升至 150m³/h
Ⅲ系列	异常现象	出水 COD 变化不大， 出水 VFA 升至 350mg/L	出水 COD 升至 2800mg/L， 出水 VFA 升至 300mg/L	出水 COD 稍降， 出水悬浮物升至 155mg/L
	恢复时间	出水水质 8d 后恢复正常	出水水质 3d 后恢复正常	—
Ⅳ系列	异常现象	无明显异常现象	无明显异常现象	出水 COD 稍降， 出水悬浮物仅为 55mg/L
	恢复时间	—	—	—

从表 5-24 可以看出，投加微量元素的Ⅳ系列反应器的耐水力冲击负荷能力较强，说明其性能优于未加微量元素的Ⅲ系列厌氧反应器。

参　考　文　献

［1］ 曹邦威.2004. 国外废纸制浆造纸厂的废水循环回用和零排放［C］//中国造纸学会. 全国造纸行业节约用水与污水治理研讨会论文集：202-205.

［2］ 韩正昌，郑国洋，陈财建. 厌氧复合床处理 PTA 废水投加微量元素的对比［J］. 中国沼气，1999，（1）：24-28.

［3］ 贺延龄.1998. 废水的厌氧生物处理［M］. 北京：中国轻工业出版社.

［4］ 贺延龄，皇甫浩.1999. 造纸工业废水的厌氧处理技术（连载）——造纸工业废水与厌氧技术原理［J］. 西南造纸，（2）：16-18；（3）：7-9；（4）：9-11.

［5］ 王凯军，等.2001. 多级污泥厌氧消化工艺的开发［J］. 给水排水，27（10）：34-38.

［6］ 王凯军，左剑恶，等.2000. UASB 工艺的理论与工程实践［M］. 北京：中国环境科学出版社.

［7］ 周洪波，陈坚，任洪强，等.2001. 长链脂肪酸对厌氧颗粒污泥产甲烷活性的影响及其相互作用研究［J］. 中国沼气，（1）：3-5，36.

［8］ Alexander S D，Dobbins R J. The Buildup of Dissolved Electrolytes in a Closed Paper Mill System（Quality of Water Effluents）［J］. TAPPI（Technical Association of the Pulp and Paper Industry），1977.

［9］ Barnett D J，Grier L. 1996. Mill Closure Forces Focus on Fines Retention，Foam Control［J］. Pulp ＆ Paper，70（4）：89-94.

［10］ Borja R，Banks C J，Wang Z. 1995a. Effect of Organic Loading Rate on Anaerobic Treatment of Slaughterhouse Wastewater in a Fluidised-Bed Reactor［J］. Bioresource Technology，52（2）：157-162.

［11］ Borja R，Banks C J，Wang Z. 1995b. Performance of a Hybrid Anaerobic Reactor，Combining a Sludge Blanket and a Filter，Treating Slaughterhouse Wastewater［J］. Applied Microbiology and Biotechnology，43（2）：351-357.

［12］ Campos J R，Foresti E，Camacho R D. 1986. Anaerobic Wastewater Treatment in the Food Processing Industry：Two Case Studies［J］. Water Science and Technology，18（12）：87-97.

［13］ Chakradhar B，Kaul S N，Nageswar G D. 1995. Bio-energy Recovery from Pulp Processing Wastewater［J］. Environ Sci Health A，30（5）：971-979.

［14］ de Man A W A，van der Last A R M，Lettinga G. 1988. The Use of EGSB and UASB Anerobic Systems for Low Strength Soluble and Complex Wastewaters at Temperatures Ranging from 8℃ to 30℃［C］// Proc. 5th IAWRC Int. Symp. Anaerobic Digestion. Hal E R，Hobson P N，Eds. Bologna：197-211.

［15］ Driessen W J B M，Habets L H A，Groeneveld N. 1996. New Development in the Design of Upflow Anaerobic Sludge Bed Reactors［C］// 2nd Specialized IAWQ Conference on Pretreatment of Industrial Wastewaters. Athens，Greece.

［16］ Driessen W J B M，Habets L H A，Zumbragel M，et al. 1999. Anaerobic Treatment of Recycled Paper Mill Effluent with the Internal Circulation Reactor［C］//Proceedings of the 6th IWA Symposium on Forest Industry Wastewaters. Tampere，Finland：4.

［17］ Driessen W J B M，Wasenius C O. 1994. Combined Anaerobic/Aerobic Treatment of Bleached TMP Mill Effluent［J］. Wat Sci Tech，29（5-6）：381-389.

［18］ Folke J. 1989. Environmental Aspects of Bagasse and Cereal Straw for Bleached Pulp and Paper ［C］// The Conference on Environmental Aspects of Pulping Operations and Their Wastewater Implications. Edmonton, Canada.

［19］ Göttsching L. 1998. Totally Closed White Water System in the Paper Industry: a Case Study Fermeture Totale des Circuits dans L'industrie Papetière ［J］. ATIP. Association Technique de L'industrie Papetière (1989), 52 (3): 131-138.

［20］ Habets L H A, Knelissen J H. 1985. Application of the UASB Reactor for Anaerobic Treatment of Paper and Board Mill Effluents ［J］. Water Science and Technology, 17 (1): 61-75.

［21］ Habets L H A, Knelissen J H, Hooimeyer A. 1996. Improved Paper Quality and Run Ability by biological Process Water Recovery in Closed Water Circuits of Recycle Mills ［C］// TAPPI Environmental Conference. Orlando, Florida, USA.

［22］ Habets L H A, Tielbaard M H, Ferguson A M D, et al . 1985. On Site High Rate UASB Anaerobic Demonstration Plant Treatment of NSSC Wastewater ［J］. Wat Sci Tech, 20: 87-97.

［23］ Kugelman I J, Guida V G. 1989. Comparative Evaluation of Mesophilic and Thermophilic Anaerobic Digestion. USEPS/600/S2-89/001.

［24］ Kulkarni A G, Mohindru V K, Jain V K, et al. 1997. Bioenergy Recovery from Pulp and Paper Mill Waste - Options and Opportunity ［C］// Proceedings 3rd International Conference on Pulp and Paper Industry. New Delhi, India.

［25］ Langerak E P A, van Hamelers H V M, Lettinga G. 1997. Influent Calcium Removal by Crytallisation Reusing Anaerobic Effluent Alkalinity ［J］. Wat Sci Technol, 36 (6-7): 341-348.

［26］ Lee Jr J W, Peterson D L, Stickney A R. 1989. Anaerobic Treatment of Pulp and Paper Mill Wastewaters ［J］. Environmental Progress, 8 (2): 73-87 .

［27］ Nagase M, Matsuo T. 1982. Interactions between Amino-Acid-Degrading Bacteria and Methanogenic Bacteria in Anaerobic Digestion ［J］. Biotechnology and Bioengineering, 24 (10): 2227-2239.

［28］ Núñez L A, Martinez B. 1999. Anaerobic Treatment of Slaughterhouse Wastewater in an Expanded Granular Sludge Bed (EGSB) Reactor ［J］. Water Sci Technol, 40 (8): 99-106.

［29］ O'Rourke J T. 1968. Kinetics of Anaerobic Treatment at Reduced Temperatures ［D］. Stanford, California, USA: Stanford University.

［30］ Paasschens C W M, DeVegt A L, Habets L H A. 1991. Five Years Full Scale Experience with Anaerobic Treatment of Recycled Paper Mill Effluent at Industriewater Eerbeek in The Netherlands ［C］// Proceedings of the TAPPI Environmental Conference. San Antonio, USA: 879-884.

［31］ Priest C J. 1981. Inland Container Saves Money with Anaerobic-Aerobic Treatment Plant ［J］. TAPPI Journal, 64 (11): 56-60.

［32］ Rintala J A. 1992. Thermophilic and Mesophilic Anaerobic Treatment of Pulp and Paper Industry Wastewaters ［D］. Tampere, Finland: Tampere University of Technology, 157.

［33］ Rinzema A. 1988. Anaerobic Treatment of Wastewater with High Concentration of Lipids or Sulfate ［D］. Wageningen, The Netherlands:Wageningen Agricultural University.

［34］ Ruiz I, Veiga M C, De Santiago, et al. 1997. Treatment of Slaughterhouse Wastewater in a UASB Reactor and an Anaerobic Filter ［J］. Bioresource Technology, 60 (3): 251-258.

［35］ Sayed S, de Zeeuw W, Lettinga G. 1984. Anaerobic Treatment of Slaughterhouse Waste Using a Flocculant Sludge UASB Reactor ［J］. Agricultural Wastes, 11 (3): 197-226.

［36］ Sayed S, van Campen L, Lettinga G. 1987. Anaerobic Treatment of Slaughterhouse Waste Using a Granular Sludge UASB Reactor ［J］. Biological Wastes, 21 (1): 11-28.

［37］ Sayed S K I. 1987. Anaerobic Treatment of Slaughterhouse Wastewater Using UASB Process ［D］. Wageningen, The Netherlands: Wageningen Agricultural University.

［38］ Sayed S K I, Fergala M A A. 1995. Two-Stage UASB Concept for Treatment of Domestic Sewage including Sludge Stabilization Process ［J］. Wat Sci Tech, 32 (11): 55-63.

［39］ Sayed S K I, van der Spoel H, Truijen G J P. 1993. A Complete Treatment of Slaughterhouse Wastewater Combined with Sludge Stabilization Using Two Stage High Rate UASB Process ［J］. Water Science and Technology, 27 (9):

198

83-90.

[40] Schmidt J E, Ahring B K. 1993. Effects of Magnesium on Thermophilic Acetate-Degrading Granules in Up-flow Anaerobic Sludge Blanket (UASB) Reactors [J]. Enzyme Microbiol Technol, 15: 304.

[41] Scholler M, Sustermans L F J, van Weert G. 1999. Spheroidal Calcium Carbonate (CaCO$_3$) Production from Concentrated Solutions in a Pellet Reactor [C]// Proceedings of Solid/Liquid Separation including Hydrometallurgy and the Environment [C] // 29th Annual Hydrometallurgical Meeting. Quebec, Canada.

[42] Simon O, Ullman P. 1987. Present State of Anaerobic Treatment [J]. Paperi ja puu - papper och, Trä, (6): 510-514.

[43] Smith M, Fournier P, DeVegt A, et al. 1994. Operating Experience at Lake Utopia Paper Increases Confidence in UASB Process [C] // Proceedings of the 1994 TAPPI International Conference. USA, 153-156.

[44] Tritt W P. 1992. The Anaerobic Treatment of Slaughterhouse Wastewater in Fixed-Bed Reactors [J]. Bioresource Technology, 41 (3): 201-207.

[45] van Langerak E P A, Hamelers H V M, Lettinga G. 1997. Influent Calcium Removal by Crystallization Reusing Anaerobic Effluent Alkalinity [J]. Water Science and Technology, 36 (6-7): 341-348.

[46] van Lier J B, Boncz M A. 2002. Controlling Calcium Precipitation in an Integrated Anaerobic-Aerobic Treatment System of a "Zero-Discharge" Paper Mill [J]. Water Science and Technology, 45 (10): 341-347.

[47] van Weert G, van Dijk J C. 1993. The Production of Nickel Carbonate Spheroids from Dilute Suspensions in a Pellet Reactor [C] // Proceedings, the Paul E. Queneau International Symposium. Denver, USA: Vol I, 1133-1144.

[48] Velasco A A, Frostell B. 1985. Full Scale Anaerobic-Aerobic Biological Treatment of a Semi-Chemical Pulping Wastewater [C] // 40th Annual Purdue Industrial Waste Conference Proceedings. 297.

[49] Vellinga S H J, Hack P J F M, van der Vlugt A J. 1986. New Type "High Rate" Anaerobic Reactor - First Experiences on Semi-Technical Scale with a Revolutionary and High Loaded Anaerobic System. Amsterdam, The Netherlands: 15.

[50] Wang K J. 1994. Integrated Anaerobic and Aerobic Treatment of Sewage [D]. Wageningen, The Netherlands: Wageningen Agricultural University.

[51] Wiseman C, Tielbaard M, Biskovich V, et al. 1998. Anaerobic Treatment of Kraft Foul Condensates [C] // Proceedings of the 1998 TAPPI International Environmental Conference & Exhibition. USA: 539-546.

[52] Wiseman C, Wilson T, Tielbaard M. 2000. The Start-Up of an IC-UASB Reactor at Boise Cascade for MACT I Compliance [C] // Proceedings of the 2000 TAPPI International Environmental Conference. USA: 615-624.

[53] Zoutberg G R, de Been P. 1997. The Biobed® EGSB (Expanded Granular Sludge Bed) System Covers Shortcomings of the Upflow Anaerobic Sludge Blanket Reactor in the Chemical Industry [J]. Water Science and Technology, 35 (10): 183-187.

第6章　低温、低浓度废水的厌氧处理

事实上，在 20 世纪 70 年代末期 Lettinga 成功地开发了新型高效 UASB 反应器并应用于制糖等行业的废水后，在 80 年代初就开始了生活污水的厌氧处理研究，并在此后 30 多年进行了持续不断的研究。国内第一个成功引进 UASB 反应器技术于工业废水处理领域的郑元景先生，几乎与国外同步地开始了城市污水的厌氧处理的研究。低浓度生活污水一直是人们关心的新的厌氧应用领域，笔者有幸在 1982 年硕士论文期间师从郑元景先生，在国内开始城市污水厌氧处理研究，并且开发了城市污水厌氧（水解酸化）-好氧生物处理工艺。在将近 10 年之后（1991 年），笔者又师从 Lettinga 教授从事采用 EGSB 反应器处理城市污水博士论文研究工作。这一领域一直吸引着无数从事厌氧处理的研究者，Jewell 教授的话（开发具有经济效益和高效替代的厌氧城市污水处理是废水处理历史上最伟大的进步）和 Lettinga 教授的激励（高效厌氧处理系统成功地应用于城市生活污水代表着厌氧技术最大的成功）可能是动力之一。通过二十多年对这一领域的研究和工作的经验，笔者对人们为什么关注城市污水的厌氧处理的研究，以及这一领域的技术进展有了较深刻的了解和体会。

6.1　生活污水厌氧处理研究的重要性

6.1.1　城市污水污染量大面广

以我国为例，近 20 年来，全国水污染治理力度加大，城市污水处理设施的建设量大且快速开展，包括新建和改扩建。据相关统计，"十三五"期间城镇污水处理及再生利用设施建设共投资约 5644 亿元。截至 2019 年 2 月底，全国设市城市累计建成城市污水处理厂 5500 多座（不含乡镇污水处理厂和工业），污水处理能力达 2.04 亿 m^3/d，污水处理率接近 95%。以污水中含有 200mg/L COD 计，全国城市污水处理厂的进水 COD 总量高达 $4.08×10^4$ t/d。

污水处理厂的大规模建设与运行极大地改善了环境质量，但污水处理厂同时位居高耗能行业的前十位。美国城市供水和污水处理系统的能耗约占全年总电力生产的 3%。我国城市污水处理厂能耗约占全社会用电量的 0.3%。目前，国内外城市污水处理的主流工艺是好氧活性污泥工艺，好氧处理是通过耗能的方式去除水中的 COD，甚至稳定污水处理产生的污泥，这是一种高耗能的处理技术路线。因此，寻求低能耗的处理工艺是激发城市污水厌氧处理工艺研究和开发的主要动力之一。

6.1.2　城市生活污水研究是厌氧工艺发展的动力

（1）第一代污水厌氧消化工艺

采用厌氧技术处理污水，追溯其起源，甚至要比好氧处理的历史更长。第一篇有记载的报道发表于 1881 年 12 月法国的《宇宙》杂志，其中描述了从 1860 年开始由法国的莫拉斯（Mouras）将简易沉淀池加以改进而来的"自动净化器"。而对早期污水厌氧处理的发展最有影响的工艺，是英国卡麦隆（Cameron）在1895年获得专利权的腐化池。由于腐化池的主要结构比莫拉斯的自动净化器更简单，因此在欧洲迅速得到应用，直到现在还为世界各国广泛采用。

1899年美国的Clark提出应该从污水中迅速去除污泥，使污水保持新鲜，并将分离出的污泥在隔绝空气的条件下进行消化的想法。根据这一想法，英国的特拉维斯（Travis）1904年首先在英国汉普顿建成了双层沉淀池。此后直至今天，厌氧工艺设计的指导思想是先沉淀、后发酵这一原则，这样就促成了传统消化池的出现。

因为分离的消化池比腐化池优点显著，特别是带加温和搅拌的高速消化池的发展与污泥消化池在池型、搅拌方式和设备等方面的进一步发展，使厌氧消化工艺有了迅速的发展。但是，应该认识到，在消化池中，所谓的厌氧处理仅仅是针对污水中分离出的固体物质，而污水本身的溶解性有机物并没有去除或得到厌氧处理。这样的厌氧消化工艺与其说是用于污水处理，不如说是用于污泥处理更为确切。这种分离导致厌氧处理污水技术数十年停滞不前，不能不说这是污泥消化工艺带来的一个没有预料的副作用。

直到1955年，Schroppter仿照好氧活性污泥法，开发了厌氧接触工艺。消化池排出的混合液首先在沉淀池中进行固液分离（可采用沉淀或气浮），沉下来的污泥回流至消化池。这样做既可避免污泥流失，又可提高消化池内的污泥浓度，从而在一定程度上提高了设备的有机负荷率和处理效率。与普通消化池相比，它的水力停留时间可大大缩短。

这一时期由Coulter、Soneda和Ettinger所进行的研究是当时世界上最全面和最成功的厌氧处理污水的研究，他们在1956年以处理城市污水为目的，试图研制一种适用于小居民区的简单而处理费用低的工艺。他们采用厌氧接触工艺消化污泥接种，室温条件下的运行数据表明：该系统运行简便，出水洁净，几乎没有臭味，进水平均BOD_5为177mg/L，出水BOD_5为10～35mg/L，去除率80%～90%，平均82%。后来Coulter等试图将该装置放大，其第一级是一个4.7m³的锥底厌氧污泥接触池，第二级是一个1.2m高的2.6m³厌氧滤池。

Fall和Kraus对接触工艺进行了进一步的放大，在1961年采用12m×6m×5.2m的厌氧接触池进行了生产性实验。其停留时间为13.4～26.3h，实验平均SS去除率为77%，BOD去除率为34%。实验期间（6～11月）的物料平衡表明，去除悬浮物有37.6%发生水解，DSS的消化率达到62.5%。这套生产性装置的效果不是十分理想，原因在于反应器是在冬季没有接种的条件下启动的，而反应时间大大小于实验室规模的停留时间则可能是更为重要的原因。

（2）第二代厌氧处理工艺在城市生活污水方面的应用

1971年南非的Pretorius在实验室和2m³的中试厂分别对Coulter的接触-过滤结合系统进行了改进。其实验室装置为一个包含沉淀区的9L接触池，已初具升流式污泥床的雏形。这样改进的目的就是要减少出水中污泥和活细胞的流失。表6-1是水力停留时间分别为45h、33h、24h的运转结果。

表 6-1　不同水力停留时间的平均运转数据（进水总 COD 为 500mg/L）

稳定的时间/d	HRT/h	总 COD(溶解性)/(mg/L)			去除率
		进水	接触池	出水	
21	45	172	165	110	36%（78%）
20	33	111	121	53	52%（89%）
28	24	148	212	75	49%（85%）

注：（　）内的数字为总 COD 去除率。

Pretorius 的实验结果的意义并不在于实验本身，而在于它是低浓度污水厌氧处理工艺逐步完善的一个标志，其所用装置为初步成熟的升流式反应器和厌氧过滤器，特别是升流方式的使用已脱离了早期的厌氧接触工艺的痕迹，它表明了各种厌氧反应器功能分开的趋势。Pretorius 的实验不仅对低浓度污水厌氧处理的发展产生了影响，而且对高浓度污水的厌氧处理工艺也产生了巨大影响。

20 世纪 70 年代末期，人们成功开发了各种新型的厌氧工艺，例如，厌氧滤池（AF）、升流式厌氧污泥床（UASB）反应器、厌氧接触膜膨胀床反应器（AAFEB）和厌氧流化床（FB）等。这些反应器的共同特点是将固体停留时间与水力停留时间相分离，固体停留时间可以长达上百天，使厌氧处理高浓度污水的停留时间从过去的几天或几十天缩短到几天或几小时。

20 世纪 80 年代初，人们开始采用第二代厌氧反应器的代表——UASB 反应器等处理工艺进行城市污水厌氧处理，在热带地区这一技术也逐步成熟并逐渐应用于生产实践。例如，在巴西圣保罗州设计了处理能力为 24000m³/d 和 14500m³/d 的城市污水示范性厌氧处理厂，印度、哥伦比亚等国也兴建了城市污水厌氧处理厂。这一时期，各国的研究都显示出厌氧处理应用于城市污水的良好前景，厌氧处理城市污水正逐步走向生产规模。

（3）第三代厌氧处理工艺在城市生活污水方面的应用

低温条件下，厌氧处理中低浓度废水是一项富有挑战性的课题，众所周知，厌氧处理已成功地用于高温（或较高常温）高浓度的溶解性废水。对于低浓度、低温废水处理工艺的开发既具有科学意义，也具有现实意义。生活污水浓度一般为 300～600mg/L，包含相对复杂的化合物，属于复杂废水类，并且在温带气候地区冬季温度可能降到 5～10℃。同时，很多工业废水，例如啤酒生产厂的洗瓶和洗麦废水的温度也很低。这些废水的厌氧处理在很大程度上依赖于厌氧技术的发展。

为此，Lettinga 等开发了第三代厌氧反应器——颗粒污泥膨胀床（EGSB）反应器。在 10～12℃，有机负荷为 10～12kg COD/(m³·d)时，采用 EGSB 反应器可以取得 90% 的去除率；采用两级串联的 EGSB 系统可以进一步改善去除效果。在温度低至 4～5℃时，可以观察到稳定的甲烷化过程。包含 UASB 反应器和 EGSB 反应器或厌氧滤池（AF）和厌氧复合（AH）反应器的两级反应器可以在 13℃成功地厌氧处理生活污水。

6.1.3　城市污水厌氧处理的展望

（1）厌氧处理的优缺点

美国的 Jewell 教授认为"开发具有经济效益和高效替代的厌氧城市污水处理是废水处理历史上最伟大的进步"，Lettinga 教授非常赞同这一观点，他也认为"高效厌氧处理系统

202

成功地应用于城市生活污水代表着厌氧技术最大的成功"。采用高效厌氧反应器的处理技术正日益被认为是环境保护可持续发展技术的核心方法，结合其他适当的方法，可以成为发展中国家可持续发展的废水处理系统。

1) 厌氧处理的优点

① 高效率。系统即使在高负荷和低温下也可以取得较高的去除率。

② 简单性。反应器结构和运行相对简单。

③ 适应性。厌氧处理可以很容易地应用于非常大的规模或非常小的规模。

④ 占地面积小。当采用高负荷时，反应器需要的面积小。

⑤ 能量消耗低。厌氧反应器的能耗几乎可以忽略，另外，厌氧处理工艺产生甲烷能源。

⑥ 污泥产量低。与好氧方法相比，由于厌氧菌生长速率慢、污泥产量低，污泥可得到很好的稳定化，具有良好的脱水性能，可长期保持而不会显著降低活性，可作为接种物用于启动新的反应器。

⑦ 营养物和化学药剂需求量低。特别是城市污水，可保持适当和稳定的 pH 而不需添加化学药剂，营养元素（氮和磷）和微量营养物在污水中充足，且没有有毒物质。

2) 厌氧处理的缺点

① 病原菌和营养元素去除率低。病原菌仅部分被去除，营养元素去除不完全，需要后处理。

② 启动时间长。当没有好的接种物时，由于产甲烷菌生长速率低，与好氧工艺相比需要的启动时间长。一般厌氧出水需要后处理才可达到有机物、营养元素和病原体的排放标准。

③ 可能有臭味。厌氧处理产生硫化氢，特别是当进水中存在高浓度的硫酸盐时，沼气需适当处理以避免臭气。

（2）城市生活污水厌氧处理是发展方向

虽然厌氧处理已取得很大成果，但对非常低浓度（如 COD 为 100mg/L）的废水和在低温条件下的应用仍需要研究开发高效厌氧处理系统。同时，需要加强厌氧处理出水后处理工艺的开发和应用，在去除 BOD、SS 和降低色度的同时，解决去除和回收营养物（如 N、P 和 S 等元素）、去除病原菌的问题，并达到水回用（封闭的水循环）的目的。由此可以看出，寻求新的厌氧污水处理工艺是各国研究者的一致目标。

1996 年召开的东南亚地区厌氧处理研讨会的会议纪要中，曾对厌氧处理技术的发展进行了回顾和总结。其中提出了厌氧处理技术已经被证明是在热带地区处理城市污水的适宜的技术，当然，在热带地区这一技术在反应器的设计和运行方面仍然需要显著改善处理效率（涉及 COD、BOD、TSS 等）、较低常温条件下的运行情况和污泥的稳定性。该纪要同时提出，要达到可持续的环境保护和资源保护的目的，需大力推荐分散式生活污水厌氧处理系统的概念。这可以减少下水道费用，最大程度地回收和利用水，并且能有效地降低卫生方面的风险。在 1997 年召开的第八届国际厌氧会议上，Verstraete 等也提出，生活污水的厌氧处理是环境保护研究的新领域之一。

6.2 厌氧处理生活污水的研究与应用概况

（1）厌氧处理生活污水的实验研究概况

在众多厌氧反应器中，升流式厌氧污泥床（UASB）反应器被认为是最有希望在常温下用于低浓度、复杂废水的工艺。采用UASB工艺处理城市废水，在荷兰等国进行了大量的小规模的实验研究，表6-2是在温度大于20℃条件下的实验结果。采用絮状污泥或颗粒污泥的UASB反应器可以取得良好的效果。

表6-2 采用UASB反应器处理生活污水实验装置的结果

UASB反应器的体积/L	运行温度/℃	HRT/h	进水COD/(mg/L)	去除率/%	
				COD	SS
160	20	6	1076	64	88
120	20	18	550	55～75	—
118	20	8	500	75	—
106	20～23	4	424	60	69
106	21～25	4.7	265	50	73
106	35	4	300	65	61
8	20	10	350～500	60～75	—

（2）厌氧处理生活污水的生产应用概况

荷兰进行了较大规模的中试（6m³和20m³）研究，并且分别在哥伦比亚进行了64m³、在巴西进行了120m³、在中国进行了180m³和在意大利进行了336m³的示范工程。UASB技术在拉丁美洲的应用迅速增加，2012年调查发现，拉丁美洲的2734座生活污水处理厂中的17%采用UASB技术，其中，UASB技术在巴西的污水处理厂中的应用比例达32%。

采用生产性规模UASB反应器的城市污水处理厂正在建设中或已投入运行，例如：中国北京密云的1600m³改进UASB反应器、印度的1200m³ UASB反应器、哥伦比亚的1200m³和6600m³ UASB反应器、巴西的1600m³ UASB反应器。这些生产装置的成功运行充分证明，UASB反应器为主体的城市污水厌氧处理工艺已趋于成熟。UASB反应器是目前在生活污水厌氧处理领域中应用最广泛的高负荷厌氧系统。表6-3汇总了全世界范围内采用UASB反应器处理生活污水的运行情况。

表6-3 采用UASB反应器处理城市生活污水的生产性装置的结果汇总

地点	反应器体积/m³	温度/℃	进水浓度/(mg/L)			接种物	HRT/h	反应器的负荷率/%			启动时间/月
			COD	BOD (COD_s)	TSS			COD	BOD (COD_s)	TSS	
哥伦比亚	64	25	267	95	—	消化牛粪	6～8	75～82	75～93	70～80	6
意大利	336	7～27	205～326	55～153	100～250	无	12～42	31～56	40～70[①]	55～80[①]	—
印度	1200	20～30	563	214	418	无	6	74	75	75	2.5
荷兰	120	≥13	391	(291)	—	颗粒污泥	2～7	16～34	(20～51)	—	—
荷兰	205	16～19	391	(291)	—	砂培养污泥	1.5～5.8	≥30	(≥40)	—	—
哥伦比亚	35	—	—	—	—	无	5～19	66～72	79～80	69～70	—
巴西	120	18～28	188～459	104～255	67～236	颗粒污泥	5～15	60	70	70	＞2
哥伦比亚	3360	24	380	160	240	无	5.0	45～60	64～78	≥60	＞6
巴西	67.5	16～23[②]	402	515	379	消化污泥	7.0	74	80	87	—
印度	12000	18～32	1183	484	1000	无	8	51～63	53～69	46～64	5
印度	6000	18～32	404	205	362	无	8	62～72	65～71	70～78	5
巴西	477	—	600	—	303	未驯化污泥	13	68	—	76	2

① 在15～20℃获得，水力停留时间（HRT）为12h，上升流速（v_{up}）为0.58m/h。
② 空气温度。

6.3 在热带地区 UASB 反应器处理生活污水的应用

6.3.1 热带地区的应用实例

（1）哥伦比亚卡利市的 UASB 工程

在卡利（Cali）市由荷兰政府资助的合作研究项目对中试 UASB 工艺处理生活污水的技术及其经济可行性进行了研究，并形成设计准则，以进一步促进在发展中国家采用这一技术。在卡利市建立的 $64m^3$ UASB 反应器（见图 6-1），是全世界第一个处理生活污水的装置。其进水为未经沉淀的生活污水，全年的平均温度为 25℃；该 UASB 反应器用很少量（$1m^3$）的牛粪进行接种，可以认为几乎没有进行接种，主要靠污水中微生物的自身积累和细菌物质的增殖；反应器前设沉砂池去除沙砾；进水分别由 16 个进水管从 UASB 反应器底部进入，以使进水在底部平面分布均匀。

反应器水力停留时间（HRT）为 4～8h，COD 去除率为 80%～83%。在 HRT 为 6h 和 4h 时，均获得满意的运行结果。在 HRT 为 6.0h、上升流速为 0.67m/h 时，可以获得最佳的运行结果。

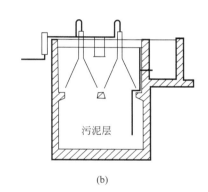

(a)   (b)

图 6-1 哥伦比亚卡利市 $64m^3$ 的 UASB 反应器

前期的实验是在固定流量条件下进行的，但是生产性规模的处理厂要承受白天/夜间流量变化的波动，特别是中小城市污水量的日夜变化幅度较大，对 UASB 反应器的运行不利。因此，采用白天 HRT 为 2.2h，而夜间 HRT 为 6h，全天平均 HRT 为 3.2h 的运行模式。如果以 2.3h 的 HRT 连续进水 9h，上升流速从 0.66m/s 上升到 1.75m/s，这时有可能发生污泥严重流失。为避免污泥在遇到水力冲击负荷时严重外流，在低负荷条件下，应保持反应器内污泥顶端至少低于出水槽 1.5～2.0m，以保证白天污泥面增高时不超过出水口。水质方面，白天进水平均 COD 为 391mg/L，溶解性 COD 为 122mg/L，而夜间平均 COD 为 183mg/L，溶解性 COD 为 78mg/L。白天的 COD 去除率为 82%，夜间由于污水浓度低，去除率仅为 60%。变负荷考察的结果是 COD 仍然可以得到满意的去除，COD 去除率为 78%～81%（出水过滤）。

（2）印度 Kanpur 和 Mirzapur 的 UASB 工程

1985 年，荷兰和印度双边合作，设计和建造了生产性规模的 UASB 反应器，处理 Kanpur（坎普尔）的城市污水。这个污水处理厂设计处理 $5000m^3/d$ 的原污水，从 1989 年 4 月开始运行，Draaijer 等报道过 12 个月的监测结果。

1200m³ 的 UASB 反应器被分为 600m³、300m³ 和 300m³ 的三格（见图 6-2）。反应器 2 的溢流堰前设置了防止浮渣流出的挡板，反应器 3 的布水口密度为反应器 1 和 2 的两倍。其目的是考察上述设计概念在应用中的问题，以优化今后的 UASB 设计。该处理厂投入运行时，利用污水中的菌种和污泥进行启动。启动时水力停留时间为 6h，已达设计负荷。启动时间为 10 周，分为污泥累积、改善污泥性能和污泥床形成三个阶段。

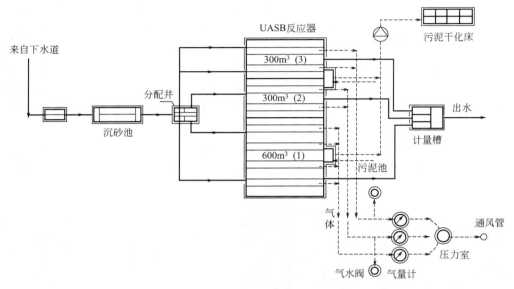

图 6-2　印度 Kanpur 市的 UASB 城市污水处理厂平面系统

运行中虽然曾出现由于大量制革废水的引入而使污水浓度大幅度增加、进水中塑料制品使污水泵堵塞、排泥过多引起出水浊度和色度增加等问题，但总体运行效果令人满意。表 6-4 为其平均进出水水质，其水力停留时间为 6h。

表 6-4　印度 Kanpur 市采用 UASB 处理城市污水的效果

温度/℃	反应器编号	COD			BOD$_5$			SS		
		进水/(mg/L)	出水/(mg/L)	去除率/%	进水/(mg/L)	出水/(mg/L)	去除率/%	进水/(mg/L)	出水/(mg/L)	去除率/%
20～30	1	563	178	68	214	66	69	418	130	69
20～30	2(设挡板)	563	149	74	214	54	75	418	107	74
20～30	3(设布水口)	563	169	70	214	61	71	418	134	68

由表 6-4 的数据可见，在溢流堰前设挡板使反应器 2 的出水水质较反应器 1 和 3 更好，特别是当反应器中污泥浓度很高时，挡板可防止污泥流失。布水口密度则无大的影响，可以认为每 3.7m² 设置 1 个布水口已经可以提供较均匀的布水，当温度从 30℃ 逐渐降至 20℃ 时，反应器的处理效率无大变化，只是气体产量有明显下降，温度上升时气体产量相应回升。

由于 Kanpur 成功地应用了 UASB 技术，印度政府在 Mirzapur 建立了更大的 UASB 处理厂（见图 6-3），处理能力为 14000m³/d，包括 2 个 3000m³ 的 UASB 反应器。最高流量系数为 2.25，最大流量为 1320m³/h，对应的水力停留时间大约为 4.5h。后处理设施包含一个水力停留时间为 1d 的塘，从 1995 年 4 月全面运转。温度与 Kanpur 的情况一样，在 18℃

(冬季)至32℃（夏季）之间变化，在报道期间的平均负荷为 0.95kg COD/(m³·d)。需要指出的是，这个厂用于处理生活污水和制革废水的混合污水（比例为 3∶1）。

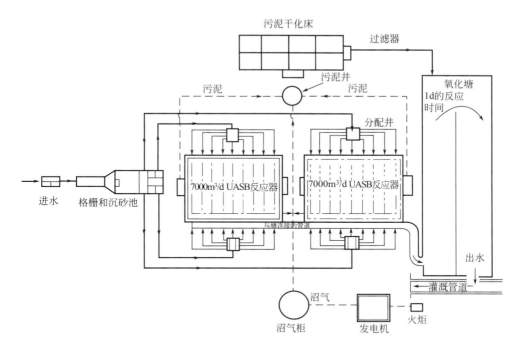

图 6-3　印度 Mirzapur 的 UASB 处理厂平面系统

（3）巴西圣保罗市的 UASB 示范工程

Vieira 报道了巴西在小试研究成果基础上，在圣保罗市建造了处理流量为 30m³/h 的示范性污水处理厂，原污水经过格栅和沉砂池预处理后进入 UASB 反应器处理。UASB 反应器容积为 120m³，污水温度在 21～25℃ 之间波动，污水流量和水质也在逐时逐日变化，运行结果见表 6-5。

表 6-5　巴西 UASB 反应器处理生活污水的生产性试验结果

项　目	水力停留时间				
	8.4h	9.0h	6.5h	7.4h	4.7h
进水 COD/(mg/L)	298	316	273	278	265
出水 COD/(mg/L)	118	96	113	115	132
COD 去除率/%	60	70	59	59	50
进水 BOD₅/(mg/L)	128	151	138	148	150
出水 BOD₅/(mg/L)	37	31	48	52	59
BOD₅ 去除率/%	71	79	65	65	61
进水 SS/(mg/L)	128	170	160	139	123
出水 SS/(mg/L)	37	35	39	61	33
SS 去除率/%	71	79	76	56	73
气体产量/(L/kg COD进水)	136	135	121	172	121
剩余污泥/(kg SS/d)	10.8	14.3	29.7	24.4	16.7

该 UASB 反应器生成的气体含 CH_4 70%、CO_2 8%、N_2 22%。值得注意的是，其中污泥不呈颗粒状而呈絮状，产甲烷活性和沉降性能均很好，污泥沉降指数一直小于 30mL/g。

207

（4）哥伦比亚 Bucaramanga 市的 UASB 工程

图 6-4　哥伦比亚 Bucaramanga 市采用
UASB 预处理和兼性塘后处理

位于 Bucaramanga（布卡拉曼加）市的 Rio Frio 污水处理厂于 1991 年建成，是当时世界上最大的采用 UASB 技术处理生活污水的水厂，设计处理规模为 31000m³/d 左右。该厂先后在 1993 年和 2001 年进行改扩建，设计处理规模提高至 46800m³/d，实际处理能力达到 62000m³/d 左右。该厂建有 3 座容积均为 3300m³ 的 UASB 反应器，HRT 为 3～5.2h。UASB 反应器出水进入 2 座占地均为 2.7hm² 的兼性塘得到进一步处理（见图 6-4）。

在进水平均 COD 为 365mg/L 的条件下，UASB 反应器出水 COD 降至 130mg/L，COD 去除率略高于 60%。经过 UASB 反应器的处理，进水中 BOD 能从 171mg/L 降至 40mg/L 左右，TSS 能从 225mg/L 降至 60mg/L。通过兼性塘的进一步处理，BOD 和 TSS 最终均可降至 30mg/L 以下。UASB 反应器的污泥产率非常低，仅为 0.01kg VSS/（kg COD$_{去除}$），如果考虑兼性塘，污泥产率约为 0.2kg VSS/（kg COD$_{去除}$）。UASB 反应器的沼气产率为 0.25L/（g COD$_{去除}$），沼气中 CH$_4$ 浓度约为 80%。

6.3.2　热带地区 UASB 处理生活污水的示范研究成果

前面介绍的大量厌氧处理生活污水实验研究和工程实践中，大部分的生产性装置虽然也有一些运行数据，但是由于大规模生产应用过程中干扰因素较多，因此很难得出规律性的结论。一些可以用来指导生产运行和工艺设计的结论，应该是在严格的监测计划并排除各种干扰因素下进行实验得到的。只有特别设计的实验，才可能得出 UASB 处理生活污水设计的一般性原则。哥伦比亚卡利示范工程的 64m³ 反应器的实验数据，是实验人员精心设计的实验结果；而墨西哥 Pedregal（佩德雷加尔）的数据充分显示了 UASB 反应器在运行方面的特性，这些结果也被应用于哥伦比亚 Bucaramanga 的 46800m³ 生产性处理厂。因此，下面重点介绍从哥伦比亚卡利的 64m³ UASB 示范工程和 Pedregal 等示范工程得出的一些结论。

（1）UASB 的启动方法

生活污水与其他大多数工业废水不同，是因为污水本身已经含有厌氧所需的合适细菌种群。厌氧处理生活污水的反应器的启动一般不需接种，可以直接通入原污水启动。同时，因为生活污水有足够高的缓冲能力，在启动期间酸化可能很小。但是，为了加速启动，需要使用接种污泥。污泥培养成熟的标志是在设计负荷下各项出水指标保持恒定值，同时反应器中污泥数量和质量也保持稳定值。不同项目的实践发现问题如下。

① 卡利示范厂启动采用很少的消化牛粪接种物。在前 2 个星期，采用了相当保守的 25h 的水力停留时间，然后减小到 16h，在 7 周后减小到 12h。第二次启动没有采用接种污泥，全负荷地启动。发现采用较短的水力停留时间启动（设计停留时间为 4h），污泥的积累比在较长水力停留时间下要快。

② Pedregal 生产性规模的 UASB 反应器启动也没有采用接种污泥。从启动开始便采用

污水全负荷运行，启动过程只要 12～20 星期。而 Kanpur 在 12 周达到稳定状态，Bucara-manga 在运转 4 个月后还没有达到稳定状态，是由于三相分离器泄漏的气泡引起了很强的扰动，冲走了污泥。

从目前获得的 UASB 处理生活污水的运行数据（特别是在热带地区的实验）可得出结论：处理生活污水的 UASB 反应器可不用接种污泥，在启动运转期间可采用满负荷流量运行；另外，采用的接种污泥越多，反应器的启动时间越短。

（2）启动期间反应器动态

Pedregal 的 160m³ 的反应器，从 1989 年 6 月开始用原生活污水启动。温度变化范围为 22～25℃，同期气温在 18～36℃ 之间变化。在启动初期，UASB 反应器的功能基本上是沉淀池。在运转初期，反应器内的污泥量很小，对于不可沉物质的截留可能性小；随着时间的推移，污泥量增加，增强了不可沉性悬浮固体的截留能力；在运行 20 周后，污泥浓度分布曲线和污泥保持恒定，表示建立了稳定状态（而卡利示范厂在运行 30 周后达到这种状态）。

在开始运转时，污泥量很少，VFA 浓度趋于增加，表明酸性发酵高于甲烷发酵。反应器内积累了一定量的污泥量后，进水 VFA 浓度低于出水 VFA 浓度，如在 Pedregal 的反应器中，进水 VFA 与出水 VFA 分别为 60mg/L 和 120mg/L。从化学计量学上来看，VFA 浓度减少 1mmol/L，碳酸盐碱度增加 1.0mmol/L（相当于 50mg $CaCO_3$/L）。实验中观察到碱度增加 1.7mmol/L，这表明发生了氨化作用。可以认为，生活污水厌氧处理没有酸化的问题，也不需要化学 pH 调节。

（3）UASB 反应器的稳定运行

1）水力停留时间和负荷的影响

反应器在建立稳定状态之后，主要的运行变量是水力停留时间（HRT）。在 Pedregal 的反应器中，采用不同的 HRT——17h、5.6h、3.0h、2.6h 和 2.1h，其中，HRT 小于 3.0h 的实验数据是在另一池深为 3.0m 的 4m³ 中试反应器中取得的。在卡利、圣保罗和坎普尔的 UASB 示范厂的实验中，对 HRT 的影响也进行过深入的研究。一些污水处理厂不同 HRT 条件下 COD 的去除效果汇总见图 6-5 和图 6-6。

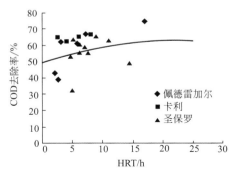

图 6-5　不同水力停留时间
条件下 COD 的去除率

对于不同类型的污水（或即使同一种污水，但处于不同运行条件），去除率存在相当程度的离散性，但总的趋势是停留时间减少去除率下降，特别是停留时间为4～6h。在 20～25℃ 范围，所采用的负荷、温度对于 UASB 运行没有任何显著的影响，在短的停留时间条件下可取得高的 COD 去除率，但是出水水质不能满足排放的水质标准。因此，必须经常采用某种形式的后处理。

当 UASB 反应器作为主要处理单元时，停留时间应该足够长，以保证高的去除率，这样平均停留时间一般超过 4～6h；当 UASB 反应器作为预处理单元时，可以采用短的停留时间，并且这样做在某种情况下更有优势，如本章 6.4.4 节提出的水解工艺。

城市污水有机物浓度低，厌氧处理沼气的净产量不高。在1atm[①]下甲烷溶解度大约为

---

　　①1atm＝101.325kPa。

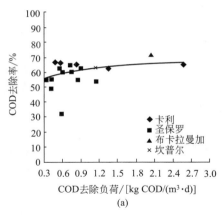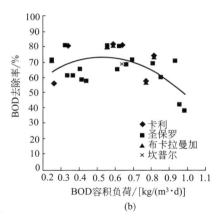

图 6-6　UASB 反应器 COD 去除负荷（a）和 BOD 容积负荷（b）与去除率的关系

20mg/L，因此污水中溶解性甲烷浓度（CH_4 分压为 0.8atm）大约为 16mg/L 或 1mmol/L，相当于 64mg COD/L。这一部分 COD 占生活污水进水中有机物的相当大比例。由于气体损失，收集的甲烷一般远少于由化学计量关系计算的量。实际上，出水沼气的损失一般为 20％～50％。

2）运行管理问题

Pedregal（佩德雷加尔）的装置在一年多的运行期间大部分时间存在 4～6cm 厚的浮渣，但是浮渣层在大雨时可以被打破。在卡利（Cali）和坎普尔（Kanpur），在三相分离器组件下面也观察到浮渣的形成。浮渣层变厚，可能阻碍沼气的释放。浮渣层的形成速率取决于进水的特性，在卡利的积累速率估计是 12.5cm/年，在坎普尔 6 个月内形成了 35cm 浮渣层。

设计中将去除浮渣层的三相分离器纳入考虑是十分重要的，建议 1～2 年清理一次。坎普尔在 3 个池子之一中安装了浮渣挡板，研究表明，在同样负荷条件（HRT＝6h）下，安装挡板的单元运行结果较好。

在卡利和坎普尔的实验中，进行了污水流量变化影响的研究。发现反应器运行在平均流量的 1.5 倍流量时的实际运行效果，比以恒定流量运行的反应器要好。这在实际中是相当重要的。在卡利也发现，污水流量一般的日变化没有影响到 UASB 反应器的去除率。

当反应器完全充满污泥时，可用两种方法处理系统中产生的污泥。第一种是定期排泥，从而保持尽可能低的出水悬浮物浓度。当 UASB 反应器作为唯一处理单元时，需要保持出水的 COD 和 TSS 浓度尽可能地低，可采用定期排泥。第二种是反应器运行在其最大的污泥保有量条件下，接受污泥的流失。这样在出水中存在相对高的悬浮固体浓度。如果采用稳定塘作后处理，可不采用定期排泥。污泥颗粒将沉淀累积在稳定塘的底部并稳定化，在一个非常长的运转期间（几年）内不需任何处理。在 Pedregal 的处理厂和在卡利的 $64m^3$ UASB 处理厂，反应器在完全充满污泥后以这种方式运行了几个月的时间。

（4）UASB 反应器中污泥的特性

1）污泥浓度和特性

从 Pedregal 获得的数据分析，在停留时间长（HRT＞5.6h）的情况下，反应器池底的污泥浓度高，且反应器内存在一个浓度迅速减小到非常低值的高度范围。如果在沉淀区污泥浓度非常高（如在卡利和坎普尔），污泥量应该包括反应器顶部的污泥。

不同系统在不同停留时间下计算的平均污泥浓度和污泥龄值汇总于表 6-6。在坎普尔和卡利的反应器中，VSS/TSS 值分别是 $60\%\sim70\%$ 和 $55\%\sim65\%$；由于污水中无机物（包括砾石和石灰）含量较高，含量较高的无机物具有较好的可沉淀性和较高的污泥浓度，Pedregal 的 VSS/TSS 值为 $30\%\sim40\%$。

表 6-6　不同 UASB 反应器在不同停留时间下的上升流速、平均污泥浓度和污泥龄

系统所在地	HRT/h	上升流速/(m/h)	平均污泥浓度/(TSS/L)	污泥成分/(g VSS/g TSS)	污泥龄/d^{-1}
卡利	$4\sim8$	$0.5\sim1$	$25\sim30$	0.39	118.2
坎普尔	6.0	0.83	$25\sim35$	$0.35\sim0.45$	$30\sim150$
佩德雷加尔	$4\sim14$	$0.4\sim1.5$	$2\sim8$	$0.30\sim0.40$	$50\sim70$

2）污泥产量

Pedregal 处理厂的实验表明污泥产量受停留时间的影响。当停留时间大于 3h 时，随着停留时间的增加，污泥产量缓慢减少；而在停留时间短时，污泥产量显著高于理论预计产量。后者剩余污泥产量高的原因，一是在停留时间短的条件下，可生物降解固体没有充分降解；二是污泥床截留污水中不可生物降解的固体或生物降解性能差的固体积累的结果。

根据处理生活污水的其他 UASB 反应器的报道（见表 6-7），污泥产率在研究的停留时间范围（全都大于 4h）内基本保持不变。在相同的停留时间，与 Pedregal 系统的 0.08g VSS/g COD 或 0.11g VSS/g COD$_{去除}$ 是一致的，这与厌氧污泥增长的理论值接近。因为在运行条件（HRT>4h）下，污泥中不可生物降解固体较小，但是不同生活污水中无机悬浮固体的含量是不同的。与此相对应，不同系统中污泥产量每单位 COD 产生的 TSS 量显著不同。

表 6-7　不同 UASB 反应器停留时间污泥产率

系统所在地	HRT/h	污泥/COD		污泥/COD$_{去除}$	
		/(g TSS/g COD)	/(g VSS/g COD)	/(g TSS/g COD$_{去除}$)	/(g VSS/g COD$_{去除}$)
卡利	$4\sim8$	0.20	0.07	0.30	0.11
佩德雷加尔	$5\sim14$	0.20	0.08	0.29	0.11
坎普尔	6	0.27	0.10	0.39	0.14

3）污泥活性和污泥稳定性

不同 UASB 反应器处理生活污水的污泥负荷见表 6-8。

表 6-8　不同 UASB 反应器处理生活污水的污泥负荷

系统所在地	HRT/h	污泥浓度/(g TSS/L)	容积负荷/[kg COD/(m³·d)]	污泥负荷/[g COD/(g TSS·d)]
卡利	$4\sim8$	$25\sim30$	$0.7\sim4.0$	$0.02\sim0.16$
佩德雷加尔	$5\sim14$	$2\sim8$	$0.9\sim2.2$	$0.11\sim1.10$
坎普尔	6	$25\sim35$	1.81	$0.05\sim0.07$

从 UASB 反应器中取出污泥样品，并在实验室内测得其最大比产甲烷活性为 $0.08\sim0.30$mg COD/(mg VSS·d)，均明显高于现场实际比产甲烷活性（见表 6-9），这说明反应器内存在基质限制。

表 6-9　不同 UASB 系统处理生活污水的比产甲烷活性和污泥稳定性

系统所在地	HRT/h	比产甲烷活性/[mg COD/(mg VSS·d)]		30d（100d）的污泥稳定性 /(mL CH$_4$/g VSS)
		现场	最大	
卡利	$4\sim8$	0.02	0.08	$20\sim50$
		0.10	0.30	
坎普尔	6	0.06	0.20	65
佩德雷加尔	$4\sim14$	0.07	0.19	—

可以通过从反应器中取出污泥样品，继续培养并测定甲烷产量来评价污泥的稳定性。从卡利的 UASB 反应器中取出污泥样品，在反应器运行的温度条件（25℃±2℃）下培养，一个月内监测甲烷产量。由监测数据可知，污泥在 UASB 反应器中停留的时间越短，单位挥发性悬浮固体产生的甲烷量越高。在卡利的 UASB 反应器停留时间为 4~8h 的污泥稳定性实验中，甲烷产量为 20~50mL CH_4/g VSS，相当于继续降低了 0.04~0.10g VSS/g VSS。因此，仅 4%~10% 的污泥是可以在厌氧环境下继续生物降解的。而 HRT 为 2.6h 的污泥样品，则包含较高的生物可降解组分，一个月后甲烷产量为 112mL CH_4/g VSS，对应降解了 23% 的挥发性固体，并且随着时间的推移，样品产气率仍在增加，显然，要获得可靠的结果，测试需要继续较长的时间（标准的稳定性实验时间是 100d）。

6.3.3 厌氧处理生活污水的技术经济分析

对于高浓度有机废水，厌氧处理在经济上无疑是有利的；然而，对于低浓度污水，厌氧处理的推广至今仍存在一些困难，其中除了技术上的限制外，也有经济上的原因。1988 年，Eckenfelder 在当时的厌氧技术基础上对其进行了经济分析，他的分析建立在以下几点基础假设之上。

① 不论采用厌氧处理，还是采用好氧处理或厌氧-好氧联合处理，均要求出水可溶性 BOD_5 和 TSS 分别达到低于 20mg/L 和 30mg/L 的排放标准。

② 所需调节、中和、征地及初沉等条件，对好氧处理和厌氧处理都相同，因此不加考虑。

③ 处理规模均为 3790m³/d，厌氧处理采用 UASB 反应器，BOD_5 去除率假设为 85%；好氧处理采用传统活性污泥法，负荷为 0.3kg BOD_5/(kg VSS·d)。

投资分析表明，对 UASB 反应器处理生活污水的投资比传统活性污泥法要低。在建筑工程方面，与其他废水处理技术相比，UASB 处理厂的技术相对简单，所需机械设备更少，如不需要混合器、曝气器，事实上，仅需要提升所需的水泵。而传统工艺需要设立污泥消化池，并需要相当数量的机械和电气设备，如沉淀池的刮泥机、污泥回流泵、曝气设备和污泥消化池的混合设备。传统工艺的这些附属设备的费用，比 UASB 反应器的管道和集气室的费用高得多。因此，UASB 处理厂的总投资与同等处理能力的传统活性污泥工艺相比要低得多。

如果考虑设备的运行和维护费用，UASB 的优势则更加明显。由于机械和电气设备很少，UASB 处理厂的维护可由很少的人员、以相对低的费用来完成。UASB 处理厂的能耗很低，可以通过产生沼气发电来平衡，这也意味着 UASB 处理厂不受停电的影响。剩余的沼气还可用作炊事或产电，用于照明或运行系统的水泵。

从投资比较来看，好氧系统的投资对废水浓度上升的敏感性比厌氧系统要高，厌氧处理浓度相对较低的废水时，水力停留时间的长短是影响投资的主要因素。从总的效果来看，厌氧处理和厌氧-好氧联合处理的投资费用要低于好氧处理。从运行和维持费用的对比来看，随着废水浓度的提高，好氧处理的费用迅速增加，增加的部分主要是能耗；而在厌氧处理中，运转费用在所研究的进水范围内基本恒定，当所处理的废水浓度高时，回收的沼气还可补偿其运行和维持费用。

综合上述投资、运行和维护费用及其与废水浓度的关系，Eckenfelder 认为，处理浓度约为 1000mg BOD_5/L（或 1500mg COD/L）的废水，好氧与厌氧两种处理方法的费用相当。这一界限值比早期 Anderson 所提出的数值有所降低，但仍未达到能够合理地处理城市污水的数值。

王凯军根据城市污水的特点，通过对厌氧-好氧工艺的技术经济分析，从整个系统的经济性出发，在厌氧反应中放弃了甲烷化阶段，将反应控制在水解-酸化阶段，厌氧停留时间缩短到 2～3h，开发了水解-好氧生物处理工艺，使得在 COD 浓度低于 500mg/L 的条件下，基建投资和运转费用分别比传统活性污泥工艺降低了 38%，取得了较好的经济和环境效益。

6.4 低温条件下城市污水厌氧处理工艺的开发

6.4.1 低温、低浓度生活污水处理的关键问题

过去厌氧处理一般被认为不适用于处理低浓度和温度低于 20℃的污水，究其原因主要是厌氧菌生长缓慢，世代周期长。在温带气候地区，废水温度在 4～20℃之间变化，也远远低于甲烷生成的最佳温度（35～55℃）。目前，温带地区的生活污水处理主要依靠好氧处理工艺，但是好氧处理工艺有处理和投资费用高的缺点。而在热带地区，采用厌氧处理可以使费用减少一半。在技术可选择的情况下，问题是如何将厌氧城市污水处理工艺在热带地区成功的经验，扩大到亚热带和温暖气候地区，目前这一问题仍然面临着巨大挑战。

厌氧反应器处理低温、低浓度污水的性能主要取决于环境条件和污水水质自身的特点。影响工艺过程的可能因素见表 6-10。

表 6-10 影响低温、低浓度污水厌氧处理工艺的可能因素

因 素	影 响
流量和浓度波动	出水质量低
浓度低	细菌的生长速率低
温度低	细菌的生长缓慢 甲烷活性低 水解率低 气体溶解性增加 高浓度乙酸抑制作用
SO_4^{2-} 高	抑制甲烷生成过程 甲烷产量低
SS 高	低水解率和高迁移动力学 比产甲烷活性的降低 颗粒污泥的降解

下面对前几个主要的影响因素进行重点讨论，对可能产生的影响进行定性定量的分析。

（1）有机物浓度的影响

根据 Monod 动力学方程，可以给出厌氧处理工艺可达到的最低出水水质：

$$S_{min} = \frac{bK_s}{YK - b} \qquad (6-1)$$

在推流系统中（如厌氧滤池），S_{min} 代表系统运行在稳定状态下能够达到的最低的基质浓度，同时也代表该系统对有机物的最大去除率。以上仅考虑了单一基质情况，事实上，对于像城市污水这样复杂的基质，要转变为甲烷与二氧化碳，参与处理所需的细菌数量将是一个很大的数目。

厌氧微生物与好氧微生物之间很大的不同是每种细菌都有各自的食料，遵循独立的反应速率式，因此每种微生物都有各自的 S_{min} 保留在出水中，以致出水的基质总浓度（S_{eff}）将等于或者大于所有中间产物所对应的 S_{min} 值的总和[式(6-2)]。这一结果将导致相当高的出水 BOD 浓度和较低的去除率。

$$S_{eff} = \sum S_{eff(j)} \geqslant \sum S_{min(j)} \qquad (6-2)$$

与此相反，参与好氧处理的每种微生物可不需要其他微生物的协作，就将各种复杂化合物完全氧化为水和二氧化碳，取得高的去除率和低浓度出水。由于很大部分

COD 在转化为甲烷气体前，先要经过乙酸这一阶段，而有资料报道，以乙酸为基质的恒化器中，温度为 25℃和 35℃的甲烷发酵过程的 S_{min} 值分别是 78mg/L 和 48 mg/L。这从理论上给出了厌氧处理低浓度污水可能的最佳处理效果，可见，这与二级排放标准还有很大距离。

一些研究者的研究结果表明，厌氧处理的出水浓度可以很低，有的学者认为不同种属产甲烷菌的生长动力学系数是不相同的。当处理低浓度污水时，K_s 值低的细菌，即 S_{min} 较小的细菌将占主导地位。因此，恒化器培养的结果与实际低浓度厌氧处理装置的数据可能相差很远。Rittmann 对在低负荷下处理溶解性基质的生物膜中的甲烷丝菌属（*Methanothrix*）研究表明，S_{min} 可低至 3.7mg COD/L。这表明降低 BOD 出水不是没有可能的，同时也表明了厌氧处理低浓度污水的巨大潜力，但在这一领域还需要进行更多的研究。

（2）悬浮性 COD 浓度比例高的问题

废水中 SS 的浓度是影响厌氧反应器运行的主要因素。废水中存在的悬浮物根据其特性和浓度可能以下列方式影响到厌氧处理：

① 吸附和截留的不可生物降解 SS 会降低比产甲烷活性；

② 形成浮渣层；

③ 对形成颗粒污泥有副作用；

④ 颗粒污泥床连续截留 SS 会造成污泥的突然流失。

由于在低温条件下，甚至在很长的污泥龄的情况下，颗粒物的水解是一个十分缓慢的过程，为了确保产甲烷化过程，应当采用非常低的负荷，这意味着反应器应当运行在长的水力停留时间（HRT）下。当 SRT 已知后，相应地 HRT 能够从 Zeeman 和 Lettinga 模型中计算。

$$HRT = \left(\frac{c \cdot SS}{X}\right) \cdot R(1-H) \cdot SRT \qquad (6-3)$$

式中，c 为进水 COD 浓度；SRT 为污泥龄；X 为污泥浓度；SS 为进水悬浮物；H 为水解 SS；R 为去除的 SS。

对上式的一个直观解释是采用下面数据，假定有浓度为 1g COD/L 的废水，其 65% 是悬浮状的；反应器污泥浓度 15g VSS/L，SRT 为 175d，是在 15℃时保证甲烷生成的最小值。为了得到 75% 的悬浮物固体 COD 去除率，其中 COD_{SS} 25% 发生水解。通过计算可以得出反应器应当在 4.2d 的 HRT 下运行。

Zeeman 和 Lettinga 的模型表明了进水中 SS 浓度增大或者降低将改变需要的 HRT。Rozzi 和 Verstraete 的研究表明 SS 浓度的降低（COD_S/VSS 值增大），生物活性将得到保持。Kalogo 和 Verstraete 观察到 COD_S/VSS 值增大允许 HRT 减小。

污水中高浓度的 SS 值是厌氧处理工艺最困难的问题之一。一般来说，城市污水中 SS 值为 0.3～0.6g/L（但是也能达到 2g/L），以至于溶解性 COD 与挥发性的悬浮物固体的比值在 1 左右。由于在低温条件下 SS 被水解得非常缓慢，它们在反应器中会逐渐累积，因此减小反应器容积有利于保持活性生物污泥，进而提高 COD 转化效率。保持高的 COD_S/VSS 值对于保持足够的厌氧污泥活性是十分必要的。否则，反应器容积易于充满非活性的 SS 而不是活性微生物。表 6-11 表明，随着溶解性有机物与悬浮有机物浓度之比的降低，活性生物污泥明显地成比例减少。

表 6-11　溶解性有机物与悬浮有机物在反应器运行过程中的污泥累积

（HRT＝1d，SRT＝50d，颗粒性有机物的生物降解性系数＝0.4，没有 SS 的流失）

进水中溶解性有机物的浓度/(kg/m³)	进水中悬浮有机物的浓度/(kg/m³)	进水中溶解性有机物的浓度/悬浮有机物的浓度	活性生物浓度/(kg/m³)	非活性 SS 的浓度/(kg/m³)
10	1	10/1	25	45
5	1	5/1	12	40
1	1	1/1	2.5	35

上述关系的另一个影响是在一个特定的生物絮体或生物膜的厌氧反应器中存在多种微生物。某一特定种属微生物的密度会因其他种属微生物的存在占据了其生存空间而限制了其生长，即所谓的"空间阻碍效应"。城市污水中悬浮性 COD，特别是不可降解性悬浮物与生物絮体或生物膜相结合，会使某一特定细菌浓度降低，生存空间变小，将对厌氧处理的影响变得更加明显。在厌氧发酵过程中，整个生物絮体或生物膜中产甲烷菌的数量只占一个很小的百分比。有资料报道，在消化污泥中只存在 2％左右的产甲烷菌。废水组分越复杂，污水中悬浮物浓度越高，某一特定菌属的组分就越低，对整个厌氧发酵的不利影响则越大。

Lettinga 和 Grin 等在厌氧消化生活污水中发现，在污泥颗粒上吸附了细小分散的 SS。这种现象可能阻碍污泥比活性，由于在活性生物颗粒周围覆盖非生物的物质增加了膜的厚度，因此将影响通过活性生物膜的传质。de Man 等观察到处理生活污水中截留的 SS 在颗粒污泥床 UASB 反应器中对活性生物质的稀释。Jewell 采用 AAFEB 反应器在 20℃、颗粒性 COD 负荷为 4.0kg COD/(m³·d)时，甲烷化过程仍能进行；而当颗粒性 COD 负荷在 6.0kg COD/(m³·d)以上时，固体将发生累积，因此，可以此作为颗粒性基质的最大负荷量。

王凯军发现在高悬浮物负荷下，HUSB 反应器在中等温度（9～20℃）条件下运行两个月后，污泥产甲烷活性几乎完全丧失。这是由于在高的 SS 负荷[2.1kg SS/(m³·d)]和水力负荷[1m³/(m²·h)]以及低的 HRT(3h)条件下非溶解性物质的积累造成低的 SRT 所致。并且，污泥稳定性由于固体停留时间缩短而破坏。

UASB 系统处理高含悬浮物复杂废水，常常由于悬浮性物质在污泥床（特别在低温）的累积而受到限制。这种累积减小了污泥停留时间和污泥产甲烷活性。Lettinga 和 Hulshoff Pol 认识到这一问题，认为处理部分溶解性复杂废水应对 SS 的去除率给予特殊注意，并且提出，处理工艺结合去除 SS 的污泥消化器对于降低处理工艺的投资有利。这样运行在低温下，累积的 SS 可以得到满意的稳定化。

一般认为，被截留悬浮固体的水解是总消化过程的速率限制阶段，且受到固体停留时间和工艺温度的强烈影响。采用 UASB 反应器，在低温条件下固体停留时间应该足以长到保持产甲烷条件，这样在低温下需采用长的 HRT（见表 6-12）。一级 UASB 反应器在低温（5～20℃）下的运行受到被截留 COD 的水解的限制。在 15℃下，厌氧消化要求固体停留时间长于 75d 才可能进行。

表 6-12　生活污水（15℃，COD＝1.0g/L，悬浮物为 65％）在不同悬浮性 COD 去除率条件下采用的 HRT

悬浮性 COD 的去除率/%	去除 SS 的水解率/%	HRT/d				
		SRT＝25d	SRT＝50d	SRT＝75d	SRT＝100d	SRT＝150d
50	25	0.28	0.56	0.84	1.12	1.68
75	25	0.42	0.84	1.26	1.68	2.52
50	50	0.19	0.38	0.57	0.76	1.14
75	50	0.28	0.56	0.84	1.12	1.68
50	75	0.09	0.18	0.27	0.36	0.54
75	75	0.14	0.28	0.42	0.56	0.84

6.4.2 在温和气候条件下厌氧处理生活污水和城市污水

随着厌氧技术的发展，生活污水厌氧处理不再局限于热带地区。1979 年荷兰 Wageningen 农业大学开展的大量实验研究表明，在温和气候条件下采用厌氧技术处理生活污水是可行的。但是，需要开发更加高效的反应器，例如两级和三级厌氧系统。

（1）UASB 反应器处理生活污水的可行性研究

Lettinga 从 1976 年在荷兰进行了低温条件下，采用 UASB 反应器处理城市污水的实验研究。以消化污泥和甜菜糖培养污泥接种的 UASB 反应器处理原污水的结果和一些其他结果汇总于表 6-13。同时，从 1980 年开始，全世界范围内的其他几个实验室对这一领域进行了研究（见表 6-13）。

表 6-13　采用 UASB 反应器处理城市污水的实验室研究

地点	体积/L	温度[1]/℃	进水中的浓度/(mg/L)			接种污泥类型	HRT/h	反应器去除率[3]			启动/月	期间/月
			COD	BOD (COD$_s$)	TSS[2]			COD	BOD (COD$_s$)	TSS[2]		
南非	8	20	500	(148)	—	活性污泥	24	90	(49)	60～65	1	1
荷兰	30	21	520～590	(73～75)	—	消化污泥	9	57～79	(50～60)	30～70	—	1
荷兰	120	12～18	420～920	(55～95)	—	消化污泥	32～40	48～70	(30～45)	90	—	3
荷兰	116	12～20	150～600	(70～250)	—	颗粒污泥	2～3	—	(20～60)	—	—	—
墨西哥	110	12～18	465	—	154	好氧污泥	12～18	65	—	—	—	>12
巴西	120	19～28	627	357	376	无	4	74	78	72	4	9
泰国	30	30	450～750	—	—	不同污泥	3～12	90	—	—	>2	4
荷兰	200	15.8	650	346	217	消化污泥	3.0	37～38	26.6	83	—	5
荷兰	120	15.8	397	254	33	颗粒污泥	2.0	27～48	(32～58)	—	—	3
波多黎各	59	≥20	782	352	393	消化污泥	6～24	57.8	—	76.9	≥4	16

① 空气温度。② 以 COD 计。③ 在 15～20℃获得，HRT 为 12h，v_{up} 为 0.58m/h。

采用 UASB 反应器的中试中，反应器体积为 0.03～20m³，采用絮状污泥和颗粒污泥接种。例如，荷兰的 de Man 等采用 6m³ 的 UASB 反应器接种消化污泥在 HRT 为 14～17h 条件下运行，在 20℃和 13～17℃时的 COD 去除率分别达 85%～65%和 70%～55%。其结论是对生活污水的处理，UASB 反应器即使在相对低的温度下也是简单、紧凑和经济的处理技术。在旱季条件下，HRT 为 8～12h 和常温（18～20℃）下，可以取得 70%～80%的 COD 去除率（基于过滤出水和原污水）；在雨季条件（气温也低）下，COD 去除率下降至 45%～65%，温度超过 16℃时在系统内可以取得充分的污泥稳定化。

de Man 等也曾采用颗粒污泥接种不同规模的 UASB 反应器（0.20m³、0.24m³、6m³ 和 20m³）进行了厌氧处理生活污水的研究。在 12～18℃处理原生活污水（500～700mg COD/L），HRT 为 7～12h，得到的 COD 和 BOD 去除率分别为 40%～60%和 50%～70%。不过，这一运行结果被认为在荷兰的环境条件下对处理生活污水并没有吸引力，应该从以下两方面进行改进：

① 采用相对浅的反应器和分级反应器可获得明显高的去除率；

② 应该采用尽可能均匀的进水配水系统（特别是在较低温度下）。

1987 年，意大利在 Senigallia 建造了 336m³ 的示范工程，在 7～27℃温度范围内处理生活污水，该区域不同季节人口波动非常大（冬季 2000 人，夏季 20000 人）。在葡萄牙的 Odemira，葡萄牙和荷兰合作建造了 20m³ 的 UASB 示范厂，设计平均 HRT 为 10h。这个厂设计处理小区内 320 户居民的全部生活污水和附近旅游地的生活污水。另外一项欧共体（现称欧盟）资助的项目研究了 UASB 反应器处理包括荷兰、西班牙、约旦、埃及和希伯仑（Hebron）在内的几个地方生活污水的可行性，主要实验研究结果见表 6-14。

实验中发现，污水和污泥的接触对处理效率的影响很大，特别是在低温条件下，混合差时，采用浅的反应器可以取得较好的 SS 去除率（详见表 6-14）。在 10～20℃，当采用分流制排水系统时，颗粒污泥床反应器处理生活污水可达到 80％的去除率。较高的上升流速（像 EGSB）可促成污泥与污水之间较好的接触，增加溶解性基质的去除率。

表 6-14　采用 UASB 反应器处理城市污水的中试结果汇总

| 体积/m³ | 温度/℃ | 进水浓度/(mg/L) | | | 接种 | HRT/h | 反应器的污染物去除率[2]/% | | | 期间/月 |
		COD	BOD (COD$_s$)	TSS			COD	BOD (COD$_s$)	TSS	
120	>13	391	(291)	—	颗粒污泥	2～7	16～34	(20～51)	—	35
205	16～19	391	(291)	—	砂土培养	1.5～5.8	≥30	(≥40)	—	33
1.2	13.8	976	454	641[1]	消化污泥	44.3	33	50	47.0[1]	28
1.2	12.9	821	467	468[1]	消化污泥	57.2	3.8	14.5	5.8[1]	24
1.2	11.7	1716	640	1201[1]	颗粒污泥	202.5	60	50	77.1[1]	13

① 以 COD 计。

② 在 15～20℃获得，HRT 为 12h，v_{up} 为 0.58m/h。

（2）UASB 等反应器的局限

对在厌氧废水处理领域工作的工程师来说，最大的挑战是证实厌氧处理生活污水的可行性，特别是在温带气候条件下。生活污水属于复杂废水类，原因如下：

① 其中包含高组分的颗粒 COD；

② 各种 COD 组分的可生物降解性中等；

③ 其浓度低并且变化；

④ 其温度一般相对较低，尤其在冬季时。

对絮状污泥和颗粒污泥 UASB 反应器的实验研究表明，需要开发更加高效的反应器。另外，对于处理生活污水，物化处理和生物处理工艺相结合也很重要。

很明显，在反应器内部低 COD 进水将导致低的基质水平（50～100mg COD/L）和低的沼气产率。对于传统厌氧污泥床反应器，这意味着反应器内的混合强度低，基质和微生物的接触差。另一个严重的问题是当处理非常低浓度的废水时，每立方米污水所允许的污泥流失量极低，因而对污泥在反应器内的停留能力设置了极高的要求。因此，在处理低温废水时，所需反应器的池容将一般由所允许的水力负荷（HRT）所确定，而不是由有机负荷（OLR）来确定。显然，对于 UASB 反应器，处理低浓度废水需要的反应器体积或水力停留时间将成为限制因素。

在 UASB 反应器处理中、高浓度废水的研究中，一般都发现中试的效果高于小试研究的结果，这是因为小试中由于壁效应，造成短流影响处理效果。但是，de Man 等在对生活污水厌氧处理从 120L 到 6m³ 的反应器放大过程中，发现去除效率下降。经过分析后认为，去除效率的下降是由于污水与污泥未得到足够的混合，相互间不能充分接触，因而影响了反应速率，最终导致反应器的处理效率很低。而究其原因是生活污水在低温和低浓度条件下，产气量非常低，造成 UASB 反应器内的混合不够。进一步的流态示踪试验证实了这一点。其后 de Man 等对 $20m^3$ 的颗粒污泥 UASB 反应器在低温条件下的研究也清楚地表明，系统需要更均匀的进水分配系统。

6.4.3　低温、低浓度污水厌氧处理的理论分析

（1）厌氧降解动力学

如果采用 Monod 公式描述甲烷动力学过程，则有

$$\frac{\mathrm{d}X}{\mathrm{d}t} = \mu X - bX \tag{6-4}$$

在处理系统中，微生物的净增长速率等于生长速率与死亡速率之差。令净增长速率为零对应的基质浓度（S）为系统在稳态条件下的最小基质浓度（S_{min}），即

$$\frac{\mathrm{d}X}{\mathrm{d}t} = (\mu - b)X = 0 = \left(\frac{\mu_{max} S_{min}}{K_s + S_{min}} - b\right)X$$

或

$$S_{min} = \frac{K_s b}{\mu_{max} - b} \tag{6-5}$$

一个重要的动力学参数是比基质利用速率常数。这个常数给出了单位生物量在单位时间内可以代谢的最大基质量，可以从最大比增长速率（μ_{max}）和产率常数（Y）计算：

$$K_m = \frac{\mu_{max}}{Y} \tag{6-6}$$

式中，K_m 为比基质利用速率常数，kg COD/(kg VSS·d)。

Henze 和 Harremoës（1983）根据诸多实验研究的结果汇总了产酸和甲烷发酵过程中重要的动力学常数（见表 6-15）。纯培养产酸菌或甲烷菌的最大比基质利用速率常数为 13mg COD/(mg VSS·d)。在厌氧工艺中，代谢 1kg COD，产酸菌增长 0.15kg VSS，而甲烷菌则增长 0.03kg VSS。因此，厌氧代谢 1kg 的复杂有机物质，将产生污泥 0.18kg VSS。也就是说，厌氧污水处理反应器中包含的产酸菌和甲烷菌分别为 5/6 和 1/6。

表 6-15　厌氧培养的动力学参数

培养对象	$\mu_{max}/\mathrm{d}^{-1}$	Y/(mg VSS/mg COD)	K_m/[mg COD/(mg VSS·d)]	K_s/(mg COD/L)
产酸菌	2.0	0.15	13	200
甲烷菌	0.4	0.03	13	50
产酸菌＋甲烷菌（混合培养）	0.4	0.18	2	—

不过，在这一估计中有两个因素没有考虑：①事实上，甲烷菌的增长将稍微少一些，因为进水基质组分由于产酸菌的合成代谢，并没有完全为甲烷菌所利用；② 没有考虑微生物细胞死亡。但是这些因素的影响很小。因此，混合培养的最大甲烷产率将仅仅是从甲烷菌纯培养中获得的 1/6，即 2mg COD/(mg VSS·d)。

当采用复杂污水作为基质时，一些因素会使情况变得更加复杂：

① 污泥将含有进水中的无机物和悬浮性固体或产生的不溶性盐（$CaCO_3$）。在很多情况

下，原污水中这些组分将超过 50%。

② 进水中不可生物降解有机物和颗粒有机物中含有的惰性有机物，甚至可生物降解颗粒有机物（取决于处理系统的运转条件）会在污泥中累积。

③ 细菌将在处理系统中保留一个相当长的时间。因此，衰减和内源代谢残余物将成为不可忽略的因素。特别是对于产酸菌，其衰减率高于甲烷菌。

结合上述 3 个因素，实际形成的污泥的最大比基质利用速率常数远低于纯甲烷培养的数值，一般为 0.1～0.25kg COD/(kg VSS·d)。

（2）高效厌氧工艺的开发

对 UASB 反应器处理生活污水，特别是对颗粒污泥 UASB 反应器处理生活污水的研究表明，系统效率的进一步提高，取决于反应器内的有效混合。为了改善污泥与废水的接触状况，Lettinga 等提出以下改进办法：

① 采用更为有效的布水系统；

② 增加每平方米的布水点数；

③ 提高液体的上升流速（v_{up}）。

UASB 系统由于采用较低的上升流速，废水中存在的生物降解缓慢的固体就会在污泥床中累积，并逐渐取代活性生物质，使反应器的总去除能力下降。当处理低温、低浓度的生活污水时，改进布水系统和增加布水点的方法结果并不理想，且在工程实施上也存在一定的技术困难。因此，Lettinga 等通过设计较大高径比的反应器，同时采用出水循环，来提高反应器内的液体上升流速，使颗粒污泥床层充分膨胀，这样就可以保证污泥与污水充分混合，减少反应器内的死角，同时也可以使颗粒污泥床中的絮状剩余污泥的累积减少。

（3）EGSB 工艺的开发

在 UASB 反应器中优化污泥与废水之间接触的实验，促使开发了先进反应器，即颗粒污泥膨胀床（EGSB）反应器。荷兰 Wageningen 农业大学进行了关于厌氧颗粒污泥膨胀床（EGSB）反应器的研究。EGSB 反应器实际上是（改进的）UASB 反应器，运行中维持高的上升流速（$v_{up}=6\sim12$m/h），使颗粒污泥处于悬浮状态。这样高的上升流速可以采用出水回流或高的反应器来取得。同时，出水回流或较高的反应器获得高的搅拌强度，从而保证了进水与污泥颗粒之间的充分接触。

van der Last 等开发了一种回流实验方法，不同上升流速代表不同反应器的运行方式，例如，6.0m/h 的上升流速代表 EGSB 反应器的运行模式，1.0m/h 的上升流速代表 UASB 反应器的运行模式。表 6-16 是 van der Last 等进行的回流实验结果。

表 6-16   原污水和预沉淀污水在代表不同反应器的流速下的回流实验结果

污水类型	上升流速/(m/h)	温度/℃	COD 去除率/%			
			E_s	E_c	E_d	E_t
预沉淀污水	6.0	8	0	60	33	31
预沉淀污水	6.0	12	9	61	56	38
预沉淀污水	6.0	20	0	70	53	42
预沉淀污水	1.0	20	86	72	45	68
原污水	1.0	20	98	67	72	85

注：6.0m/h 和 1.0m/h 分别代表 EGSB 反应器和 UASB 反应器。

从表 6-16 中可以看出，UASB 反应器对悬浮性 COD 的最高去除率为 98%，EGSB 基本上不去除悬浮性 COD；胶体性 COD 的去除基本不受上升流速的影响；溶解性 COD 的去除率在可比的条件下，EGSB 反应器要高于 UASB 反应器。

（4）采用 EGSB 系统处理预沉淀生活污水

van der Last 和 Lettinga 在荷兰的 Bennekom 分别采用 120L 和 205L 的 EGSB 反应器在常温（夏季 15～20℃，冬季 6～9℃）和 HRT 2～7h 条件下进行预沉淀生活污水的实验。实验采用的反应器高度为 2～5m，在旱季和雨季气候条件下观察到不同的去除率，在冬季低温下受到污泥产甲烷活性或预沉淀污水溶解性 COD 组分酸化的限制。在旱季条件下，温度大于 13℃，水力停留时间为 2h 时，可得 45% 的 COD 去除率；当 HRT 从 2h 增加到 7h 时，去除率仅增高很少；当从常温降至 9℃时，去除率降到 20%。

表 6-17 是笔者在荷兰采用 EGSB 反应器，在不同停留时间（HRT）、上升流速（v_{up}）和温度条件下进行实验得到的结果。从中可知，EGSB 反应器的去除效率在研究范围内几乎不受停留时间的影响。去除率不同主要与采用的上升流速密切相关，并主要反映在溶解性和悬浮性 COD 的去除率（E_m、E_s）上。在高的上升流速（$v_{up}=12.0$m/h）下，悬浮性 COD 组分的去除率很差。上升流速在 6.0m/h 以下时，处理效果良好。这表明对低浓度污水如城市污水来说，EGSB 反应器采用相对低的上升流速是适合的。虽然在低温条件（12℃）下去除率降低，但并没有进一步的证据表明系统在低温条件下已超负荷。事实上，即使在寒冷条件下，VFA 仍保持低的水平（2.0mg/L），采用的污泥负荷仅为 0.08kg COD/(kg VSS·d)，这表明系统仍处于低污泥负荷，并且很明显，仍然存在着对于溶解性有机物的去除潜力。

表 6-17　不同上升流速、HRT 和温度下 EGSB 反应器的实验结果

阶段/d	数据 N	平均温度/℃	v_{up}/(m/h)	HRT/h	LR/[g/(L·d)]	COD_t/(mg/L)	COD_f/(mg/L)	COD_m/(mg/L)	COD 去除率/%			
									E_t	E_m	E_c	E_s
1～22	14	19	12.0	4.0	2.4	419	338	222	36	60	25	19
23～44	14	20	6.0	2.0	5.0	407	316	213	48	58	25	43
45～115	34	20	2.0	2.0	5.0	378	280	191	41	49	25	39
116～202	32	12	6.0	2.0	3.7	301	203	128	27	32	16	39

注：LR 为 COD 负荷；COD_f 为经滤纸过滤后清液的 COD，简称滤纸过滤 COD；COD_m 为采用 0.45μm 的膜过滤后清液的 COD。

（5）各种高效工艺技术的对比

1）UASB 反应器和 EGSB 反应器的对比

实验室采用 UASB 系统或 EGSB 系统处理原生活污水和初沉淀污水的研究结果如下。

① 对原生活污水

a. UASB 反应器停留时间较长，在 20℃取得高达 80% 的最大总去除率。

b. 在 10～15℃，粗大悬浮固体可完全被去除，在颗粒污泥床上部累积为絮状污泥，这些固体在低温条件下降解特别缓慢。

c. 胶体和超胶体 SS 去除缓慢，最终将达到 80%～100% 的去除率。

d. 根据生活污水的类型，在 10～25℃可去除 55%～72% 的溶解性 COD，但是工艺在低温下需要较长时间，剩余的组分是不可厌氧生物降解的。

② 在旱季条件下，对初沉淀生活污水（研究污水包含 42% 溶解性、28% 胶体和 30% 粗大颗粒）

a. 在 15～20℃采用 UASB 系统或 EGSB 系统＋后沉淀，总去除率为 65%～84%。

b. EGSB 系统可以有效去除溶解性物质，但不能去除胶体物质。

c. EGSB 系统对溶解性 COD 的去除率高达 54%（剩余 COD 不可厌氧降解）。在较低温度和雨季条件下，这些数值较低。

d. UASB 系统或 EGSB 系统的出水采用好氧后处理，COD 去除率较低，大约 10%。

低温、低浓度条件下，UASB 反应器污泥床的行为或多或少像固定滤池，而 EGSB 反应器则被认为是完全混合池。与 UASB 反应器相比，EGSB 系统可以实现高有机负荷率，结果产气量也较高，改善了反应器内的混合。实际 EGSB 反应器的混合类型是不一致的，必须对每一个反应器分别进行水力学评价，高的反应器的气体负荷[$m^3/(m^2 \cdot h)$] 和池底的水静压力高于低的反应器，这些参数对于工艺运行的影响也要考虑。

EGSB 反应器的主要特性如下：①与 UASB 反应器相比，采用较高的上升流速（$v_{up} = 4 \sim 10m/h$）和有机负荷；②污泥床膨胀而不是静止；③比 UASB 反应器更适合低浓度废水处理；④颗粒污泥活性高、沉降性能好；⑤混合类型与 UASB 反应器不同，由于上升流速较高和产气量[$m^3/(m^2 \cdot d)$] 增加，促使污泥与废水接触良好，絮状污泥从反应器中流失；⑥缺点是对悬浮固体的胶体物质去除率差。

2）EGSB 反应器和流化床的对比实验

Last 等对流化床系统和 EGSB 反应器均进行了深入的研究（结果见表 6-18）。两系统的不同点在于：后者采用的是颗粒污泥，而前者是在惰性颗粒载体上形成生物膜；在流态上，EGSB 反应器与流化床不同的是反应器不采用完全的流化。

Last 等采用没有接种物的 205L 的流化床反应器，停留时间为 0.67～2.6h。在 1 年半的时间内，反应器仅作为预酸化器，而没有甲烷活性。1 年半以后，将停留时间增加到 6h 左右，上升流速减小到 EGSB 反应器的范围，即 7～8m/h，反应器内的产甲烷活性突然增加到（或超过）EGSB 反应器的水平，同时 COD 去除率也达到了 EGSB 反应器的水平，在 HRT 为 2.1h 时，溶解性 COD 平均去除率为 44%，HRT 减少到 1.5h 时，去除率下降到 40%。

表 6-18　一级 EGSB 反应器和流化床反应器处理生活污水的对比

反应器	接种物	温度/℃	HRT/h	COD 负荷 /[$kg/(m^3 \cdot d)$]	COD 去除率/%	
					溶解性 COD	总 COD
EGSB	颗粒污泥	≥13	≥3.5	≥2.7	51	34
			2.0	4.7	45	29
			1.5	6.3	42	23
		1.0	9.4	33	16	
		9	2.1	4.5	20	—
		11	2.1	4.5	48	—
流化床	惰性颗粒载体（石英砂）＋污水自带微生物	19	2.1	4.7	45	32
		16	1.5	5.5	40	33

3）其他高效厌氧工艺研究结果

世界各国的研究者对城市污水厌氧处理实验室规模的研究持续了近 30 年，获得结果众多。采用厌氧滤池（AF）、流化床（FB）反应器和颗粒污泥膨胀床（EGSB）反应器等不同的厌氧废水处理工艺，在低温下的研究结果列于表 6-19。

表 6-19 低温下处理生活污水的厌氧反应器性能

反应器类型	容积/L	温度/℃	进水浓度/(mg/L)			有机负荷/[kg COD/(m³·d)]	HRT/h	去除率/%		
			COD$_t$	COD$_s$	SS			COD$_t$	COD$_s$	SS
UASB	120	7~12	20~1200	100~400	—	—	8~12	65	—	—
UASB	120	12~16	688	—	—	—	24	55~75	—	55~80
AF	160	13~15	467	—	—	1.8	6	35~55	—	—
UASB	110	12~18	465	—	154	—	12~18	65	—	73
UASB	20	10~19	900	300	450	1.4~1.7	13~14	35~60	5~26	70~95
FB	—	10	760	—	—	8.9	1.7~2.3	53~85	—	—
EGSB	205	9~11	391	291	—	4.5	2.1	20~48	40	—
UASB	3.84	13	344	124	82	—	8	59	45	79①
UASB	3.84	13	456	112	229	—	8	65	39	88①

① COD 悬浮固体（COD$_{SS}$）。

注："—"为没有表示出。

6.4.4 低温、低浓度污水厌氧处理的进展

（1）HUSB＋EGSB 两级工艺处理低温、低浓度污水

1）HUSB＋EGSB 串联工艺的概念

王凯军从 20 世纪 80 年代初，就在中国开始了升流式水解污泥床（HUSB）反应器处理城市污水的研究和应用。在以往的研究中发现采用 HUSB 反应器（即水解池），可以在短的停留时间（HRT＝2.5h）和相对高的水力负荷[＞1.0m³/(m²·h)]下，获得高的悬浮物去除率（平均 85%）。但是，HUSB 工艺对溶解性 COD 的去除率很低，事实上仅能够起到预酸化作用。与此相反，在 20 世纪 90 年代初荷兰 Wageningen 农业大学的 Last 等发现 EGSB 反应器可以有效地去除生活污水中可生物降解的溶解性 COD 组分，但对于悬浮性 COD 的去除极差。两个不同的处理工艺的优点和缺点是互补的。因此，王凯军建议在常温下采用升流式水解污泥床（HUSB）反应器之后串联一个 EGSB 反应器的分级来处理生活污水，并在 90 年代初在荷兰与 Lettinga 教授进行了合作研究工作。图 6-7 表示带有好氧后处理和附属污泥消化池的两级厌氧处理系统处理生活污水的流程。

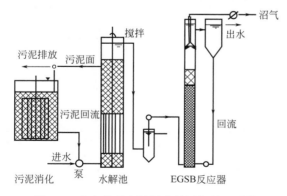

图 6-7 完全处理生活污水的厌氧处理系统
（水解池＋EGSB＋污泥稳定系统）

在处理像生活污水一样包含大量颗粒有机物的污水时，采用上述的两级厌氧工艺是有益的。第一级絮状污泥水解反应器在相对低的上升流速下运行，颗粒有机物被截留，并部分转化为溶解性化合物，重新进入到液相被排出反应器，在随后的第二个反应器内降解。在水解反应器中，因为环境和运行条件不适合，几乎没有甲烷化过程：首先，酸性发酵使反应器内的 pH 低于最优的 pH 范围；其次，悬浮性 COD 的去除造成反应器内固体物的累积，需要以相对高的频率从反应器中排除剩余污泥，结果污泥龄保持相对较低，从而使生长速率慢的产甲烷菌不能很好地发展。

剩余污泥在一个加热的单独污泥消化池中可以进一步水解和稳定，稳定的污泥可以在固

液分离阶段分离。该系统利用 HUSB 反应器本身作为分离装置，液相富含溶解性有机物，可与不加热的水解池的出水在第二个 UASB 反应器或 EGSB 反应器中进入产甲烷化阶段。

Catunda 和 van Haandel、Lettinga 对处理像生活污水一样包含大量颗粒有机物的污水，采用王凯军提出的两级厌氧工艺进行了理论分析。图 6-8 表明，进水有机物在两级厌氧反应器中被分成三部分：①转化为剩余污泥；②消化为甲烷；③没有被去除，而是保持在出水中。这三部分随温度的变化以定性方式表示在图中。

事实上，由于悬浮物（特别是可生物降解物质）部分被吸附在水解反应器内，因此悬浮固体的去除率往往要高于有机物的去除率。在第一阶段，颗粒有机物被截留，并部分水解为溶解性有机物在第二阶段被消化。第一阶段反应器的悬浮固体去除率高于有机物的去除率，剩余污泥需要定期排放，结果在这一反应器内污泥龄相对较低，阻碍了生长缓慢的产甲烷菌的生长，甲烷化过程降至最低。另外，形成酸性发酵可能使 pH 降至

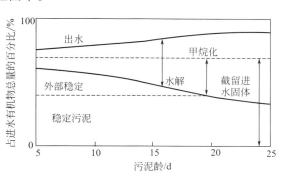

图 6-8 进水有机物在两级厌氧反应器中的分解情况

低于产甲烷菌的最佳范围。第一个反应器出水中的有机物以溶解性化合物形式存在，这种出水可以很容易地在 EGSB 反应器内得到处理。

2）HUSB＋EGSB 工艺的实验结果

表 6-20 为 HUSB 反应器和 EGSB 反应器串联系统在常温条件下（9～21℃）总停留时间为 5h 的运行结果。该系统在 HUSB 反应器和 EGSB 反应器中的停留时间分别为 3h 和 2h。从处理效率、产气量、污泥稳定化程度等方面来说，运行结果都是令人鼓舞的。在旱季温度大于 17℃ 条件下，总 COD 去除率和 SS 去除率是有吸引力的——总的工艺取得 71％ 的 COD 去除率和 83％ 的 SS 去除率；而在雨季 12℃ 的条件下，总 COD 去除率和 SS 去除率分别为 51％ 和 77％。可见，在雨季和寒冷（12℃）气候条件下，串联系统的总 COD 去除率有所下降（40％～60％）；但最终出水 COD 在整个实验期间维持在同一水平，即 200～250mg/L。在较高的温度（＞19℃）条件下，所去除的 SS 有 50％ 在 HUSB 反应器中得到水解。该实验虽然总的水力停留时间为 5h，不过以往的研究表明，采用更短的水力停留时间也是有可能的。

表 6-20 HUSB 反应器和 EGSB 反应器串联工艺的运行结果

反应器/参数	HUSB 反应器（平均）		EGSB 反应器（平均）		系统总结果（平均）	
温度/℃	17	11	17	12	17	12
HRT/h	3.0	3.0	2.0	2.0	5.0	5.0
负荷/[g COD/(L·d)]	5.3	4.0	4.2	3.7	—	—
E_t/%	38	37	48	27	69	51
E_m/%	−2.6	16	58	32	51	41
E_c/%	23	39	25	16	40	24
E_s/%	65	49	43	39	79	67

这种串联工艺是在较低的温度下，采用升流式水解污泥床（HUSB）反应器作为厌氧处理的第一级，其后采用 EGSB 反应器作为后处理阶段。在该工艺中，HUSB 反应器用于去

除粗大悬浮固体，并水解和酸化可生物降解的固体污染物，在合适的环境温度条件下，HUSB 反应器还可与消化池结合，在水解和产甲烷菌最优的生理条件下运行以稳定污泥。这一新的串联工艺对于生活污水的处理很有吸引力，特别是由于这类污水处理要求 HRT 短，且要求 COD 和 SS 的去除率高，还要求污泥稳定。HUSB 反应器的停留时间与初沉池采用的时间非常类似，但其 COD、BOD 和 SS 的去除率基本高于初沉池。Berends（1996）集中研究了 HUSB 反应器在 15℃和 25℃条件下的运行情况，HRT 均为 4h，结果表明，平均总 COD 去除率为 58%，显然不受温度的影响。

3）HUSB＋EGSB 串联工艺的理论研究

在低温条件下，反应器能够最终水解和甲烷化的量是关键因素。SRT 应该在所采用的条件下足够长，以提供充足的甲烷活性。而 SRT 受污泥负荷、进水中 SS 组分、污泥床 SS 的去除和 SS 本身的特性（如生物可降解性、组成等）等因素的影响。在温度低于 12～18℃时，由于水解速率非常慢，没有降解 SS 的显著累积可能会引起污泥甲烷活性的降低，从而导致反应器超负荷，迫使系统负荷降低。若需要很长的 SRT，只有低负荷才可以实现。在这种情况下，需要考虑两级厌氧附加污泥稳定的系统。尽管以往已对 SS 的去除和水解机理进行了大量的研究，但仍需要对两级厌氧处理的第一级的物理和生物过程作进一步研究。SS 的去除取决于 HRT、v_{up}、污泥床特性以及 SS 本身的特性（主要是尺寸和密度，另外也有电荷和形成胞外多聚物）。进水颗粒的粒径分布可能是截留颗粒下一步水解的重要影响因素。另外，水解速率取决于颗粒的组成（脂类、蛋白质和碳水化合物组成）。

为系统建立数学模型（包括物理和生物过程），可以帮助大家对工艺获得更多的了解，并且有助于对 UASB 反应器的 SRT 提供适当合理的管理。Rijsdijk 曾提出 HUSB 反应器的数学模型，而 Berends 和 Sander 等则对固体去除率和水解进行了研究。在两级系统中最优的 SRT，可能与一级系统中有很大不同，主要是进水 SS 存在很大差别。数学模型研究极有价值，可以作为厌氧技术开发、设计和推广至亚热带和温带国家直接应用于生活污水的一种重要工具。

Corstanje 研究了与此类似的结构，采用升流式厌氧固体去除（UASR）反应器与升流式污泥消化池结合，处理剩余活性污泥。与一般的沉淀池一样，在 UASR 反应器中仅去除了 SS，而在 HUSB 反应器中还发生水解，因此 UASR 反应器原则上要比 HUSB 反应器排放更多的污泥。Zeeman 等报道了用 UASR 反应器去除和预水解原污水中的悬浮 COD、剩余活性污泥和奶制品废水的情况。

（2）EGSB 反应器处理低温、低浓度污水

众所周知，因为温度严重影响厌氧转化工艺的速率，所以传统高效反应器的设计需要改进，以便应用于次优（或不利）温度范围和非常低浓度污水的处理。低温厌氧生物反应的成功应用在经济上十分重要，因为一般将污水温度加热到最优的中温范围（30～40℃）需要很大能量，而这对厌氧系统的经济性是一种沉重的负担。如果反应器系统的改进出现巨大的突破，使次优温度（或不利）条件下的生物工程成为可能，必将带来巨大的经济和社会效益。

Lettinga 等采用一级 EGSB 反应器处理温度为 10～12℃的混合挥发酸进水（VFA 为 800mg COD/L），在有机负荷率（OLR）高达 12kg COD/($m^3 \cdot d$)时，COD 去除率达到 95%，而 HRT 只有 1.6h。实验的大部分时间，反应器中 VFA 的浓度为 30～40mg COD/L，这表明温度为 10℃时颗粒污泥存在极高的基质亲和力。对乙酸、丙酸和丁酸基质估计米-门公式半饱和常数（K_m），分别为 40mg COD/L、10mg COD/L 和 140mg COD/L 左右，这表明了

厌氧系统采用适当的水力混合对于降低表观 K_m 值的重要性。

其他研究对不同基质条件下在温度低于 15℃ 时取得的最大有机负荷率列于表 6-21，其结果令人鼓舞。

表 6-21　在低温条件下（<15℃）厌氧处理低浓度污水的结果

反应器	进水	COD 浓度 /(g/L)	OLR /[kg COD/(m³·d)]	温度/℃	HRT/h	COD 去除率/%
AAFEB	葡萄糖	0.2~0.6	4~16	10	1~6	40~80
ASF①	蛋白胨	0.2（BOD）	0.64（BOD）	5~10	7.5	27~35
UASB	糖蜜	0.2~0.4	0.7~6.5	8	1.5~14	32~65
EGSB	VFA	2.6	2.0	12	32	50
UASB	牛排汤	1.4~7.0	2~10	10	16	49~80
EGSB	VFA	0.5~0.8	10~12	10~12	1.6~2.5	90
ASBR②	奶粉	0.6	0.6~2.4	5~10	6	65~85
UASB	酒糟	1.2~5.2	0.3~7.3	4~11	12~38	8~92

① 浸没式厌氧滤池。

② 厌氧序批式反应器。

不过，低温条件下仍然有些问题需要克服。例如，在低温条件下采用甲烷化反应器处理没有酸化的污水，在 EGSB 反应器或 UASB 反应器中的颗粒污泥周围会形成一层酸化污泥，这一层酸化污泥的形成会使沼气夹裹在颗粒污泥中而引起颗粒污泥上浮。又如，与中温条件相比，低温条件下酸化菌有较高的产率(0.22g VSS-COD/g COD去除)。再如，由于低温(<15℃)下 SS 的水解速率下降非常迅速，甚至接近于零，因此 SS 降解率很低。但值得注意的是，厌氧反应器系统已能在极低温度（4~5℃）下成功地运行，说明在这样极低的污水温度下可取得稳定的甲烷化过程。

上述实验表明，EGSB 反应器适用于低温和相对低浓度污水的处理。由于 EGSB 反应器的上升流速较高，进水动能和污泥床的膨胀保证了进水与污泥间的充分接触，可获得比"通常"的 UASB 反应器更好的运行结果。

（3）两级 EGSB 反应器处理低温、低浓度污水

采用两级 EGSB 反应器系统，在 90% VFA-COD 去除率的条件下，负荷较所报道的单级 EGSB 厌氧废水处理的负荷高 3~5 倍。适当设计和运行的多级反应器系统在不同反应器单元的污泥中形成了相对平衡的微生态系统，增强了生物降解过程。这些措施的结果使产物的抑制程度（例如转化丙酸中的 H_2）可降至最低。分格化的结果是在第二级反应器中形成了具有特别高比乙酸活性和比产甲烷活性的污泥，显著增强了系统的负荷能力。

采用两级 EGSB 反应器系统处理洗麦废水的长期中试，证实了 EGSB 反应器设计概念在处理低温、低浓度复杂废水（如洗麦工艺废水）方面的可行性（见表 6-22）。

表 6-22　在低温条件下（<15℃）采用两级厌氧处理低浓度废水的结果

反应器	进水	COD 浓度 /(g COD/L)	OLR /[kg COD/(m³·d)]	温度/℃	HRT/h	COD 去除率/%
EGSB-EGSB	洗麦废水	0.2~1.8	3~12	10~15	3.5	67~78
EGSB-EGSB	VFA 废水	0.5~0.9	5~12	4~8	2~4	90
UASB-UASB	酒糟废水	1.1~5.4	0.8~5.5	4~10	19~31	16~80

在低温（最低温度为 3℃）下处理包含乙酸、丙酸和丁酸混合 VFA 的两级 EGSB 反应器具有较高的处理效率，这是因为三方面的作用：在第一级反应器中基质浓度高；在第二级

反应器中取得尽可能低的基质浓度；产物抑制作用最低。在整个实验期间，乙酸去除率为90%～100%，丁酸去除率逐渐增加到100%并保持稳定。在8℃和4℃，采用的有机负荷分别为12kg COD/(m³·d)和5kg COD/(m³·d)，水力停留时间分别为2.8h和4.0h条件下，总COD去除率超过90%。相对于一级EGSB系统来说，两级EGSB系统的处理效率得到显著的改善，主要归功于第二级反应器中增强了丙酸的去除。

Rebac等在6～8℃两级0.14m³的EGSB反应器中成功地处理了部分酸化的洗麦废水。其中第一级反应器作为截留SS和高速酸化阶段。在部分酸化废水中，部分SS先于厌氧处理被去除，在温度为8～12℃时，OLR高达12kg COD/(m³·d)，HRT为3.5h。

6.4.5 采用分级厌氧工艺处理低温废水

在《厌氧生物技术（Ⅰ）——理论与应用》第7章中曾详细讨论过厌氧分级反应器的应用和结论，本节对厌氧分级反应器处理城市污水进行专门的探讨。当采用一级絮状污泥床反应器时，SRT应该足够长以提供甲烷化的条件，但在低温下SRT长会导致HRT长。

生活污水的颗粒有机COD一般分为两类：悬浮性COD（本书规定粒径>4.4μm）和胶体性COD（本书规定0.45μm<粒径<4.4μm）。很多研究表明，低温下在厌氧颗粒污泥床反应器之前需要预先去除悬浮性COD。因此，采用两级UASB系统代替一级UASB系统，可以改善颗粒物特别是悬浮性COD的去除效果。在多级反应器中，第一级反应器的主要作用是去除大部分悬浮性COD，例如UASB、EGSB或厌氧复合（AH）反应器均可用作去除溶解性和胶体性COD的一级反应器。

（1）两级厌氧反应器处理低温城市污水

因为SS水解速率在低温条件下迅速降低甚至接近于零，一般认为在低温下反应器内SS几乎不能得到有效降解。与单级反应器系统相比，两级反应器系统具有更好的性能，因此十分具有吸引力。目前，在城市污水厌氧处理中采用两级反应器的概念已被广泛接受：第一个具有短HRT的反应器用于SS的截留和部分水解，而第二个短HRT的反应器用于产甲烷过程。

很多研究提出，采用两级厌氧系统处理低温生活污水，第一个反应器主要是固体物的物理去除，以保证第二个反应器功能发挥所需的良好工艺条件；第二阶段是优化的VFA去除过程。王凯军比较了HUSB反应器与初沉池的运行结果，发现前者在去除悬浮物方面更有效。在HRT为2.5h时，HUSB反应器和初沉池的SS去除率分别为80%和40%。在HUSB反应器之后，采用EGSB反应器（HRT为2h）在13℃处理生活污水的实验表明，这是很有吸引力的工艺组合。另外，Elmitwalli等研究了AF＋AH系统在13℃下处理生活污水，特别是胶体性COD的去除，认为在低温下胶体性COD的去除受到限制。两级反应器的主要问题是第一个反应器必须有规律地排放剩余污泥。因此，第三个反应器就不得不连接入系统中，以稳定废弃的污泥。

Sayed和Fergala也研究了两级厌氧系统处理生活污水的可能性。他们采用的第一级反应器包括两个絮状污泥UASB反应器，间歇运行，用于去除和部分水解SS；第二级反应器也是UASB反应器，接种颗粒污泥，主要用于去除溶解性有机物。据称，间歇运行的第一级反应器提供了去除悬浮物的进一步稳定化，大部分SS的去除发生在第一级反应器中。实验在常温（18～20℃）下进行，第一级反应器平均HRT为8～16h（两个反应器一起考虑），第二级为2h，COD和BOD的去除率分别高达80%和90%。

两级 UASB 反应器也在西班牙应用于生活污水的处理，在反应器温度为 9～26℃，HRT 为 14h 的条件下，取得了 62％的 COD 去除率。波多黎各 1997 年进行了 UASB 反应器和填料床组合的中试，HRT 设为 6～24h，可以有效去除原污水中的总 COD 和 SS。在整个系统中，平均总 COD、BOD 和 SS 的去除率分别约为 80％、87％和 95％。在 UASB 反应器内，总 COD 去除率为 70％，总 SS 去除率为 80％。

在两级厌氧系统处理生活污水的研究中发现，总 COD 去除率超过 70％，类似于在热带国家恒定高温下的处理结果（见表 6-23）。在所采用的条件下，在两级处理系统中，胶体性 COD 的去除率可达到 60％。胶体性组分的去除率在投加絮凝剂后可以增大，因为生物和胶体颗粒带有负电荷，在第二级反应器之前投加少量的阳离子聚合物，可以观察到通过增大胶体颗粒的粒径而改善了胶体颗粒的去除效果。由于病原菌是胶体颗粒中很重要的一部分，因此，随着胶体颗粒的去除，对病原菌也有较高的去除率。

表 6-23　低温下一级厌氧反应器与两级厌氧反应器处理生活污水的结果

参　数	两级反应器			一级反应器（平均）
	Sayed 和 Fergala(1995)	王凯军等(1997)	Elmitwalli 等	Elmitwalli 等
工艺配置	UASB-UASB	HUSB-EGSB	AF＋AH	
容积/m³	0.042(0.0046)	200(120)		
温度/℃	18～20	17	13	13±3
HRT/h	8～4(2)	3(2)	12	10±7
进水 COD_t/(mg/L)	200～700	650	460～530	587±299
进水 COD_s/(mg/L)	—	—		211±126
进水 SS/(mg/L)	90～385	217		229±159
有机负荷/[kg COD/(m³·d)]	1.22～2.75(1.70～6.20)	5.3(4.0)	0.9～1.1	3.7±3.2
COD_t 去除率	74％～82％	69％	70％	(55±17)％
COD_s 去除率	73％～100％	79％	92％	(31±16)％
SS 去除率	86％～93％	83％		(77±13)％

注：括号内是第二个反应器的有关数据；"—"为数据没有表示出。

低温下处理生活污水的另一种反应器是厌氧复合（AH）反应器。该系统是 UASB 反应器或 EGSB 反应器和 AF 反应器在一个反应器中的联合，反应器底部是污泥床，顶部则是上面附着微生物的滤池。Elmitwalli 等（1999）研究的 AF 反应器在 8h 的 HRT 和 13℃条件下，能去除 92％的 COD_s 和 66％的总 COD。

Elmitwalli 等进一步研究了低温下悬浮性 COD 和胶体性 COD 的去除率，发现在两级厌氧工艺中引入过滤材料可以提高去除率。厌氧滤池（AF）作为第一级反应器，在温度为 13℃，HRT 为 4h 的条件下，采用竖向格子装填网状聚氨酯泡沫填料，悬浮性 COD 去除率高达 82％。另外，AF 比他们研究的其他系统运行更稳定（特别是在雨季）。由于 AF 运行在短的 HRT 和低温条件下，水解、酸化和甲烷化有限，因此产生的剩余污泥需要后处理稳定化。

（2）UASB＋消化池联合工艺处理生活污水

传统 UASB 系统的应用在亚热带地区受到温度条件（低温）和高浓度悬浮固体的严重限制，因此一级 UASB 反应器和两级 UASB 反应器均需适应并克服寒冷冬天的运行问题。为此，王凯军在 HUSB＋EGSB 联合工艺的研究过程中，提出了污泥再生池的概念；Nidal 则提出了"UASB＋消化池"的工艺系统，见图 6-9。

在 Nidal 提出的系统中，原悬浮固体部分被 UASB 反应器截留，而消化池运行在优化的

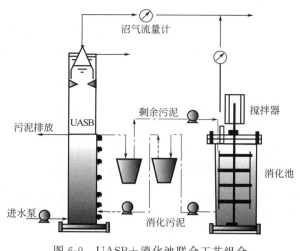

图 6-9　UASB＋消化池联合工艺组合

温度和 SRT 工艺条件下。附着在 UASB 反应器上的细小分散可生物降解固体可以在消化池中降解，污泥回流可以提供溶解性 COD 的完全转化。在消化池中，富含产甲烷菌的污泥回流到 UASB 反应器中，可改善 UASB 反应器的产甲烷能力。

Mahmoud 采用 UASB＋消化池联合系统，在低温条件下处理荷兰 Bennekom 村的生活污水，其中 UASB 反应器的 HRT 为 6h，温度为 15℃，消化池温度为 35℃。结果表明，UASB＋消化池联合系统的总 COD、悬浮性 COD、胶体性

COD 和溶解性 COD 的去除率分别为 66％、87％、44％和 30％，明显高于一级 UASB 反应器的相应去除率 44％、73％、3％和 5％。可见，在 UASB＋消化池联合系统中，UASB 反应器的转化效果显著优于一级 UASB 反应器，各组分的去除率均明显提高。并且，UASB＋消化池联合系统排出的污泥更加稳定，污泥脱水性能优于一级 UASB 反应器。

图 6-10 是一级 UASB 反应器和 UASB＋消化池联合系统的 COD 物料平衡。从中可见，UASB＋消化池联合系统甲烷产量提高了近 30 个百分点，出水 COD 减少了约 21 个百分点，而污泥产量相对减少了约 50％。一级 UASB 反应器出水中包含较高的溶解性 COD（162mg/L），其中大约有 80mg/L 是以 VFA 形式存在的 COD，显然，在一级 UASB 反应器中，甲烷化是总转化过程的限速阶段。而对于 UASB＋消化池联合系统，在 UASB 反应器的转化过程中，水解是限速阶段。

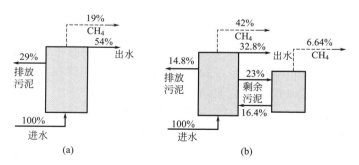

(a)　　　　　　　　　(b)

图 6-10　一级 UASB 反应器（a）和 UASB＋消化池联合系统（b）分别运行 40d 和 45d 的物料平衡

（运行条件：两个 UASB 反应器 HRT 均为 6h；消化池 SRT＝21d，T＝35℃）

（3）化学一级强化与厌氧联合工艺处理生活污水

1）化学一级强化去除效果

为确保低温条件下可以有效地处理生活污水，在废水进入 UASB 反应器之前，应当去除废水中的部分 SS。Kalogo 和 Verstraete（1999）提出用于生活污水处理的一个新的联合厌氧处理工艺，该系统中包括化学一级强化处理（CEPT），以去除 SS。他们在实验室进行了实验，结果表明，使用工业 $FeCl_3$ 或作为天然絮凝剂的水萃取物（WEMOS）能够有效地提高生活污水中的 COD_s/VSS 值（1.4～21.6），见表 6-24 和表 6-25。

228

表 6-24　原始废水和投加 WEMOS 后上清液的物理化学特性（Kalogo 和 Verstraete，2000）

投加剂量 /(mL/L)	SV_{60} /(mL/L)	pH	碱度 /(mg CaCO$_3$/L)	COD_t /(mg/L)	COD_s /(mg/L)	SS /(mg/L)	VSS /(mg/L)	COD_s /VSS
原始废水		7.6(0.3)	404(9)	269(10)	140(7)	130(10)	101(12)	1.4(0.6)
0	1.2(0.2)	7.6(0.1)	392(6)	195(12)	133(9)	93(11)	74(12)	1.8(0.6)
0.2	1.2(0.3)	7.6(0.2)	390(8)	194(10)	144(9)	90(8)	72(9)	2.0(1)
2	1.4(0.3)	7.4(0.1)	390(9)	199(10)	149(8)	48(5)	41(6)	3.6(1.3)
8	4.3(0.7)	7.5(0.3)	385(7)	209(13)	184(7)	28(5)	23(4)	8.0(2)
16	9.5(1.1)	7.6(0.1)	390(7)	238(11)	213(9)	25(4)	21(5)	10.2(1.8)
24	10(1)	7.6(0.4)	390(8)	342(10)	313(7)	24(6)	19(5)	16.5(1.4)
32	11(1)	7.5(0.2)	387(6)	427(12)	402(8)	24(5)	19(6)	21.6(1.3)

注：SV_{60} 为沉淀 1h 后的污泥体积；括号内数据为标准偏差。

表 6-25　原始废水和投加 FeCl$_3$ 后上清液的物理化学特性（Kalogo 和 Verstraete，2000）

投加剂量 /(mL/L)	SV_{60} /(mL/L)	pH	碱度 /(mg CaCO$_3$/L)	COD_t /(mg/L)	COD_s /(mg/L)	SS /(mg/L)	VSS /(mg/L)	COD_s /VSS
原始废水		7.6(0.3)	404(9)	269(10)	140(7)	130(10)	101(12)	1.4(0.6)
0	1.2(0.2)	7.6(0.1)	392(5)	196(12)	134(7)	94(11)	72(10)	1.8(0.7)
10	3(1)	7.6(0.1)	323(7)	184(10)	132(6)	54(9)	44(6)	3.0(1.0)
30	8(1)	7.3(0.2)	312(7)	160(11)	125(7)	39(4)	31(6)	4.0(1.0)
50	16(2)	7.1(0.3)	305(6)	145(10)	120(8)	25(5)	20(5)	6.0(1.0)
70	26(2)	7.1(0.3)	300(8)	130(9)	110(5)	15(4)	12(5)	9.2(1.1)
90	28(2)	7.1(0.4)	249(5)	120(10)	105(7)	14(4)	11(4)	9.5(1.2)
120	35(3)	6.9(0.2)	216(7)	118(11)	105(6)	14(5)	11(5)	8.5(1.2)

注：SV_{60} 为沉淀 1h 后的污泥体积；括号内数据为标准偏差。

在去除 SS 沉淀之后，上清液进入 UASB 反应器中处理。化学处理后的浓缩污泥是碱性的，在没有外部的碱性物质（如 NaHCO$_3$）供应消化池的情况下足以与城市固体废物（MSW）共同消化。图 6-11 描述了所有概念的流程。

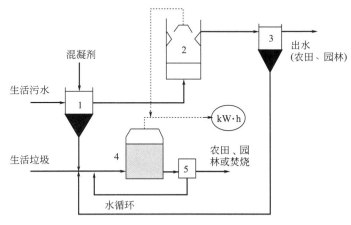

图 6-11　生活污水厌氧处理的联合工艺［为了回收能源和水并使生物固体（C 和营养）再生］

1—初级沉淀池；2—UASB 反应器；3—中间沉淀池；4—CSTR；5—分离器

图 6-12 描述的系统流程完全适合于小规模生活污水的处理。显然，为使整个系统完全符合欧洲关于 C、N、P 的去除新法规，采用 SHARON 和 ANAMMOX 系统联合能够去除 N，而 P 的去除由加入 FeCl$_3$ 的 CEPT 工艺确保，整个系统成为最佳的联合系统。当然，为确保最终出水的卫生质量，如果有必要，可采用臭氧或紫外消毒步骤（见图 6-12）。

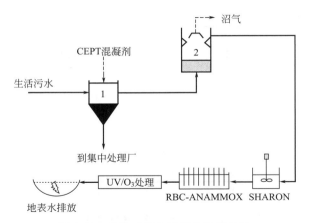

图 6-12 分散式综合系统的最佳示意

1—初级沉淀池；2—UASB 反应器；RBC—循环生物接触反应器；UV/O₃—紫外臭氧发生器

2）CEPT＋厌氧处理工艺与传统厌氧处理工艺的对比

Kalogo 和 Verstraete（1999）的研究表明，以 70mg FeCl₃/L 投加量对原始废水进行预处理（HRT＝1h），并且随后进入 UASB 反应器处理（HRT＝2h），可以去除 74％～80％的总 COD。为了得到相同的处理效果，传统的单级 UASB 反应器温度必须不低于 20℃，HRT 至 少 5h［根 据 Catunda 等（1996）的 模 型 COD％ ＝ 1 － 0.68 × $(HRT)^{-0.68}$］。因此，通过 CEPT 反应器预处理，能达到同样水质的厌氧反应器所必需的容积（V）减少。一个低技术含量 UASB 反应器的建造费用为 200～300 欧元/m³。按高的成本每立方米为 300 欧元。设 1.0kg FeCl₃ 价格为 0.46 欧元，按 70mg/L 剂量计，50 户居民一年花费 106 欧元。每户每年将为絮凝剂支付 2 欧元。表明与传统的厌氧处理工艺比较，CEPT＋厌氧处理工艺是一个经济上可接受的选择。根据上述数据，表 6-26 是 50 人口当量的厌氧污水处理费用评估。

表 6-26 生活污水传统厌氧处理工艺与 CEPT＋厌氧处理工艺（50 人口当量）的技术费用估计

项目	传统厌氧工艺	CEPT＋厌氧工艺	项目	传统厌氧工艺	CEPT＋厌氧工艺
COD 去除率/%	80	80	未处理体积费用/欧元	—	43
流量/(m³/h)	0.375	0.375	厌氧容积费用/欧元	563	221
预处理部分容积/m³	—	0.376	接种污泥质量/kg VSS	18.75	7.35
厌氧部分容积/m³	1.875	0.735	接种污泥的费用/欧元	28	11
总容积/m³	1.875	1.111	总投资/欧元	591	275

参 考 文 献

［1］ 王凯军，郑元景，徐冬利.1987. 水解-好氧生物处理工艺处理城市污水［J］. 环境工程，5（4-6）.

［2］ 王凯军.1992. 厌氧（水解）处理低浓度污水［M］. 北京：中国环境出版社.

［3］ 王凯军.1998a. 生活污水厌氧后处理工艺研究——微氧升流式污泥床反应器［J］. 中国给水排水，14（3）：20.

［4］ 王凯军.1998b. 厌氧（水解）-好氧处理工艺的理论与实践［J］. 中国环境科学，18（4）：337-340.

［5］ 王凯军，等.1999. 水解与颗粒污泥膨胀床串联工艺处理城市污水［J］. 中国给水排水，15（8）：19-23.

［6］ 王凯军，等.2001. 城市污水污泥稳定性问题和试验方法探讨［J］. 给水排水，28（5）：5-8.

［7］ 王凯军，等.2001. 厌氧处理中的污泥稳定化研究［J］. 中国给水排水，17（12）：69-72.

［8］ Alaerts G S，Veenstra S，Bentvelsen M，et al. 1993. Feasibility of Anaerobic Sewage Treatment in Sanitation Strategies in Developing Countries［J］. Water Sci Technol，27：179-186.

［9］ Anderson G K，Senaratne A U. 1985. Costs of Anaerobic Processes in the Pulp and Paper Industry ［J］. Water Science and Technology，17（1），241-254.

［10］ Berends D H J G. 1996. Anaerobic Waste Water Treatment：Pretreatment of Domestic Sewage in HUSB Reactors under Arid Climate Conditions ［MSc thesis］. Wageningen，The Netherlands：Wageningen Agricultural University.

［11］ Bogte J J，Breure A M，van Andel J G，et al. 1993. Anaerobic Treatment of Domestic Wastewater in Small Scale UASB Reactors ［J］. Water Sci Technol，27（9）：75-82.

［12］ Breure A M. 1994. Phase Separation in Anaerobic Digestion ［C］// Anaerobic Reactor Technology，International Course on Anaerobic Waste Water Treatment. Wageningen，The Netherlands：Wageningen Agricultural University，151-160.

［13］ Buswell A M，Neave S L. 1930. Laboratory Studies of Sludge Digestion ［R］. Bulletin（Illinois State Water Survey）No. 30.

［14］ Catunda P F C，van Haandel A C. 1996. Improved Performance and Increased Applicability of Waste Stabilisation Ponds by Pretreatment in a UASB Reactor ［J］. Water Science and Technology，33（7）：147-156.

［15］ Chernicharo C A L，van Lier J B，Noyola A，et al. 2015. Anaerobic Sewage Treatment in Latin America ［M］//Anaerobic Biotechnology：Environmental Protection and Resource Recovery. 263-296.

［16］ Collivignarelli C，et al. 1990. Anaerobic-Aerobic Treatment of Municipal Wastewater with Full-Scale Upflow Anaerobic Sludge Blanket and Attached Biofilm Reactor ［J］. Wat Sci Tech，22（1/2）：475-482.

［17］ Corstanje R. 1996. The Anaerobic Digestion of Waste Activated Sludge in an Anaerobic Upflow Solids Removal Reactor Coupled to an Upflow Sludge Digester ［MSc thesis］. Wageningen，The Netherlands：Wageningen Agricultural University.

［18］ Coulter J B，Soneda S，Ettinger M B. 1957. Anaerobic Contact Process for Sewage Disposal ［J］. Sewage and Industrial Wastes，29（4）：468-477.

［19］ de Man A W A，Grin P C，Roersema R，et al. 1986. Anaerobic Treatment of Sewage at Low Temperatures ［C］// Proc Anaerobic Treatment a Grown-Up Technology. Amsterdam，The Netherlands：451-466.

［20］ de Man A W A，Rijs G B J，Lettinga G，et al. 1988. Anaerobic Treatment of Sewage Using a Granular Sludge Bed UASB Reactor ［C］// Proc 5th Int Symp Anaerobic Digestion. Bologna，Italy：735-738.

［21］ Derycke D，Verstraete W. 1986. Anaerobic Treatment of Domestic Wastewater in a Lab and Pilot Scale Polyurethane Carrier Reactor ［C］// Proc Anaerobic Treatment a Grown-up Technology. Amsterdam，The Netherlands：437-450.

［22］ Draaijer H，Maas J A W，Schaapman J E，et al. 1991. Performance of the 5 MLD UASB Reactor for Sewage Treatment at Kanpur India ［J］// Proc Cong IAWPRC Anaerobic Digestion' 91.

［23］ Draaijer H，Maas J A W，Schaapman J E，et al. 1992. Performance of the 5 MLD UASB Reactor for Sewage Treatment in Kanpur India ［J］. Water Sci Technol，25（7）：123-133.

［24］ Eckenfelder W W，Patoczka J B，Pulliam G W. 1988. Anaerobic versus Aerobic Treatment in the USA. // Proceedings of the 5th International Symposium of Anaerobic Digestion. Monduzzi，Bologna，Italy. 105-114.

［25］ Elmitwalli T A，Zandvoort M H，Zeeman G，et al. 1999. Low Temperature Treatment of Domestic Sewage in Upflow Anaerobic Sludge Blanket and Anaerobic Hybrid Reactors ［J］. Water Science and Technology，39（5）：177.

［26］ Elmitwalli T A. 2000. Anaerobic Treatment of Domestic Sewage at Low Temperature ［D］. Wageningen，The Netherlands：Department of Environmental Technology，Wageningen University.

［27］ Fall E B，Kraus L S. 1961. Sampling Devices Used in the Anaerobic Contact Process ［J］. Journal（Water Pollution Control Federation），33（11）：1212-1214.

［28］ Florencio L，Takayuki Kato M，Cardoso De Morais J. 2001. Domestic Sewage Treatment in Full-Scale UASB Plant at Mangueira，Recife，Pernambuco ［J］. Water Sci Technol，44（4）：71-77.

［29］ Foresti E. 2001. Anaerobic Treatment of Domestic Sewage：Established Technologies and Perspectives ［C］// Proc 9th Int Symp Anaerobic Digestion. Antwerpen，Belgium：37-42.

［30］ Gijzen H J. 2001. Anaerobes，Aerobes and Phototrophs：a Winning Team for Wastewater Management ［J］. Water Sci Technol，44（8）：123-132.

［31］ Giraldo E，Pena M，Chernicharo C，et al. 2007. Anaerobic Sewage Treatment Technology in Latin-America：A Selection of 20 Years of Experiences [C] // Proceedings of the 80th Annual Conference & Exposition of the Water Environment Federation. San Diego, California.

[32] Grin P C, Roersma R, Lettinga G. 1983. Anaerobic Treatment of Raw Sewage at Lower Temperatures [C] // Proc European Symp Anaerobic Wastewater Treatment. Noordwijkerhout, The Netherlands: 335-347.

[33] Grin P C, Roersema R, Lettinga G. 1985. Anaerobic Treatment of Raw Domestic Sewage in UASB Reactor at Temperatures from 9 -20℃ [C] // Proc Seminar/Workshop: Anaerobic Treatment of Sewage. Amherst, Mass, USA: 109-124.

[34] Henze M, Harremoës P. 1983. Anaerobic Treatment of Wastewater in Fixed Film Reactors—a Literature Review [J]. Water Science and Technology, 15 (8-9), 1-101.

[35] Heukelekian H, Mueller P. 1958. Transformation of Some Lipids in Anaerobic Sludge Digestion [J]. Sewage and Industrial Wastes, 30 (9): 1108-1120.

[36] Jewell W J, Switzenbaum M S, Morris J W. 1981. Municipal Wastewater Treatment with the Anaerobic Attached Microbial Film Expanded Bed Process [J]. J Water Pollut Cont Fed, 53: 482-491.

[37] Kalogo Y, Verstraete W. 1999. Development of Anaerobic Sludge Bed (ASB) Reactor Technologies for Domestic Wastewater Treatment: Motives and Perspectives [J]. World J of Microbiol Biotechnol, 15: 523-534.

[38] Kalogo Y, Verstraete W. 2000. Technical Feasibility of the Treatment of Domestic Wastewater by a CEPT-UASB System [J]. Environmental Technology, 21 (1): 55-65.

[39] Knechtel J R. 1978. A More Economical Method for the Determination of Chemical Oxygen Demand [J]. Water and Pollution Control, 166: 25-29.

[40] Lettinga G, Velsen A F M V, Hobma S W, et al. 1980. Use of the Upflow Sludge Blanket (USB) Reactor Concept for Biological Wastewater Treatment [J]. Biotechnol Bioeng, 22: 699-734.

[41] Lettinga G, Roersema R, Grin P. 1983. Anaerobic Treatment of Raw Domestic Sewage at Ambient Temperatures Using Granular Bed UASB Reactor [J]. Biotechnol Bioeng, 25: 1701-1723.

[42] Lettinga G, van Knippenberg K, Veenstra S, et al. 1991. Upflow Anaerobic Sludge Blanket (UASB): Low Cost Sanitation Research Project in Bandung, Indonesia [R](Internal Report, Final Report). The Netherlands: Wageningen Agricultural University. February, 1991.

[43] Lettinga G, de Man A W A, van der Last A R M, et al. 1993. Anaerobic Treatment of Domestic Sewage and Wastewater [J]. Water Sci Technol, 27 (9): 67-73.

[44] Lettinga G. 2001. Digestion and Degradation, Air for Life [J]. Water Sci Technol, 44 (8): 157-176.

[45] Lettinga G, Rebac S, Zeeman G. 2001. Challenge of Psychrophilic Anaerobic Wastewater Treatment [J]. Trends in Biotechnol, 19 (9): 363-370.

[46] Lomans B. 1991. Post-treatment of Anaerobic Effluent by Microaerophilic Systems-an Experimental Study on Application: The Properties and Influencing Factors of Microaerophilic System Treating UASB-Effluent [R] (Internal Report). The Netherlands, Wageningen Agricultural University: 91-98.

[47] Mahmoud, Nidal. 2002. Anaerobic Pre-treatment of Sewage under Low Temperature (15℃) Conditions in an Integrated UASB-Digester System [D]. Wageningen, The Netherlands: Wageningen University.

[48] Mahmoud N, Zeeman G, Gijzen H, et al. 2004. Anaerobic Sewage Treatment in a One-Stage UASB Reactor and a Combined UASB-Digester System [J]. Water Research, 38 (9): 2348-2358.

[49] Miron Y, Zeeman G, van Lier J B, et al. 2000. The Role of Sludge Retention Time in the Hydrolysis and Acidification of Lipids, Carbohydrates and Proteins during Digestion of Primary Sludge in CSTR-Systems [J]. Water Res, 34 (5): 1705-1713.

[50] Nagase M, Matsuo T. 1982. Interactions between Amino-acid-degradation Bacteria and Methanogenic Bacteria in Anaerobic Digestion [J]. Biotechnology and Bioengineering, 24: 2227-2239.

[51] Neave S L, Busewll A M. 1982. Alkaline Digestion of Sewage Grease [J]. Industrial and Engineering Chemistry, 20: 1368-1383.

[52] O'Rourke J T. 1968. Kinetics of Anaerobic Treatment at Reduced Temperatures [D]. Stanford, California, USA: Stanford University.

232

［53］ Pretorius W A. 1971. Anaerobic Digestion of Raw Sewage ［J］. Water Research, 5 (9): 68-687.

［54］ Rebac S. 1998. Psychrophilic Anaerobic Treatment of Low Strength Wastewaters ［D］. Wageningen, The Netherlands: Wageningen University.

［55］ Rebac S, van Lier J B, Lens P, et al. 1998. Psychrophilic (6-15℃) High-Rate Anaerobic Treatment of Malting Wastewater in a Two-Module Expanded Granular Sludge Bed System ［J］. Biotechnology Progress, 14 (6): 856-864.

［56］ Rijsdijk J. 1995. Een model van een HUSB-reactor ［MSc thesis］ (in Dutch). Wageningen, The Netherlands : Wageningen Agricultural University.

［57］ Rittmann B E, Baskin D E. 1985. Theoretical and Modelling Aspect of Anaerobic Treatment of Sewage ［C］// Switzenbaum Ed. Proceedings of Seminar/Workshop: Anaerobic Treatment of Sewage. Amherst, Mass: 55-94.

［58］ Rozzi A, Verstraete W. 1981. Calculation of Active Biomass and Sludge Production vs. Waste Composition in Anaerobic Contact Processes ［J］. Trib Cebedeau, 455 (34): 421-427.

［59］ Sanders W T M. 2001. Anaerobic Hydrolysis during Digestion of Complex Substrates ［D］. Wageningen, The Netherlands: Department of Environmental Technology, Wageningen University.

［60］ Sayed S K I. 1987. Anaerobic Treatment of Slaughterhouse Wastewater Using the UASB Process ［D］. Wageningen, The Netherlands: Wageningen University.

［61］ Sayed S, van der Zanden J, Wijffels R, et al. 1988. Anaerobic Degradation of the Various Fractions of Slaughterhouse Wastewater ［J］. Biological Wastes, 23 (2): 117-142.

［62］ Sayed S K I, Fergala M A A. 1995. Two-Stage UASB Concept for Treatment of Domestic Sewage including Sludge Stabilization Process ［J］. Water Sci Technol, 32 (11): 55-63.

［63］ Schellinkout A, Lettinga G, van Velsen L, et al. 1985. The Application of UASB Reactor for the Direct Treatment of Domestic Wastewater under Tropical Condition. Proc Seminar/Workshop: Anaerobic Treatment of Sewage. Amherst, Mass, USA: 259-276.

［64］ Schellinkhout A, Collazos C J. 1992. Full-Scale Application of the UASB Technology for Sewage Treatment ［J］. Water Sci Technol, 25 (7): 159-166.

［65］ Schellinkhout A. 1993. UASB Technology for Sewage Treatment: Experience with a Fullscale Plant and Its Application in Egypt ［J］. Water Sci Technol, 27 (9): 173-180.

［66］ Schwitzenbaum M S, Jewell W J. 1980. Anaerobic Attached Film Expanded-Bed Reactor Treatment ［J］. J Water Pollut Control Fed, 52: 1953-1965.

［67］ Seghezzo L, Zeeman G, van Lier J B, et al. 1998. A Review: The Anaerobic Treatment of Sewage in UASB and EGSB Reactors ［J］. Biores Technol, 65: 175-190.

［68］ van der Last A R M, Lettinga G. 1991. Anaerobic Treatment of Domestic Sewage under Moderate Climatic (Dutch) Conditions Using Upflow Reactors at Increased Superficial Velocities ［C］// Proceedings Congress IAWPRC Anaerobic Digestion' 91. Sao Paul, Brazil.

［69］ van der Last A R M, Lettinga G. 1992. Anaerobic Treatment Domestic Sewage under Moderate Climatic (Dutch) Conditions Using Upflow Reactors at Increased Superficial Velocities ［J］. Water Sci Technol, 25 (7): 167-178.

［70］ van Lier J B, Lettinga G. 1999. Appropriate Technologies for Effective Management of Industrial and Domestic Waste Waters: the Decentralised Approach ［J］. Water Sci Technol, 44 (8): 157-176.

［71］ Verstraete W, et al. 1997. Broader and Newer Application of Anaerobic Digestion ［C］// Proceedings of the 8th International Conference on Anaerobic Digestion. Sendai, Janpan. May 25-29.

［72］ Vieira S. 1988. Anaerobic Treatment of Domestic Sewage in Brazil—Research Results and Full-Scale Experience ［C］// Proc 5th Int Symp Anaerobic Digestion. Bologna, Italy: 185-196.

［73］ Vieira S M M, Souza M E. 1986. Development of Technology for the Use of the UASB Reactor in Domestic Sewage Treatment ［J］. Water Sci Technol, 18 (12): 109-121.

［74］ Wang K J. 1994. Integrated Anaerobic and Aerobic Treatment of Sewage ［D］. Wageningen, The Netherlands: Wageningen Agricultural University.

［75］ Wang K J, et al. 1997. The Hydrolysis Upflow Sludge Bed (HUSB) and the Expanded Granular Sludge Blanket

(EGSB) Reactor Process for Sewage Treatment [C] // Proc 8th International Conf on Anaerobic Digestion. 3: 301-304.

[76] Wiegant W M. 2001. Experiences and Potential of Anaerobic Wastewater Treatment in Tropical Regions [J] . Water Sci Technol, 44 (8): 107-113.

[77] Yoda M, Hattori M, Miyaji Y. 1985. Treatment of Municipal Wastewater by Anaerobic Fluidized Bed: Behavior of Organic Suspended Solids in Anaerobic Treatment of Sewage [C] // Proc Seminar/Workshop: Anaerobic Treatment of Sewage. Amherst, Mass, USA: 161-197.

[78] Young J C, McCarty P L. 1969. The Anaerobic Filter for Waste Treatment [J] . J Water Pollut Control Fed, 41 (5): 160-173.

[79] Zeeman G. 1991. Mesophilic and Psychrophilic Digestion of Liquid Manure [D] . Wageningen, The Netherlands: Wageningen Agricultural University.

[80] Zeeman G, Sanders W T, Wang K Y, et al. 1997. Anaerobic Treatment of Complex Wastewater and Waste Activated Sludge-Application of an Upflow Anaerobic Solid Removal (UASR) Reactor for the Removal and pre-Hydrolysis of Suspended COD [J] . Water Science and Technology, 35 (10): 121-128.

第 7 章　高含硫废水的厌氧处理

7.1　高含硫酸盐废水的处理问题

在进行厌氧生物处理时，若有机废水中还含有硫酸盐，随着有机物的降解，往往还会伴随着硫酸盐还原作用的发生。在这个过程中，硫酸盐作为最终电子受体，参与有机物的分解代谢。小部分被还原的硫用于合成微生物细胞组分，称为同化硫酸盐还原作用。同化硫酸盐还原作用可由多种微生物引起。硫化氢（H_2S）是产甲烷菌的必需营养物，产甲烷菌对硫化氢存在专一的需求，Speece 指出产甲烷菌的最优生长需要 11.5mg S/L（以 H_2S 计）。厌氧系统中微生物细胞的硫含量显著高于好氧系统，含有硫的厌氧微生物细胞化学式是 $C_5H_7O_2NP_{0.06}S_{0.1}$。而异化硫酸盐还原作用则由专一性的硫酸盐还原菌（SRB）所引起，大部分以硫化氢的形式释放于细胞体外。在厌氧废物处理系统中，由硫酸盐还原所产生的 H_2S 一般可能引起以下几个问题。

① 沼气中的 H_2S 引起腐蚀（如发动机或锅炉等）。为避免腐蚀，需要增加投资或运行费用。

② 出水 H_2S 导致净化效率降低并引起恶臭。为去除水中的 H_2S，也需要附加处理设备。

③ H_2S 会抑制厌氧菌，引起系统负荷或净化效率降低，因此影响到废水处理工艺的经济性。

④ H_2S 会降低厌氧反应器的甲烷产量，对系统的能量平衡有负效应，从而减少与好氧系统相比的优点。

本章首先介绍硫酸盐还原作用对厌氧消化的影响，然后讨论影响硫酸盐还原作用的主要因素，最后重点介绍有关含硫化合物有机废水处理技术的进展。

7.1.1　高含硫酸盐废水的厌氧消化

（1）厌氧污泥消化

Aulenbach 和 Heukelekian 于 1955 年研究了硫化物对废水污泥消化的干扰问题，发现硫化物和亚硫酸盐会明显阻滞消化进程。1966 年，Lawrence 等首次进行了稳态条件连续系统中硫酸盐影响的研究。表 7-1 是由 Lawrence 等得出的结论，提出的限值应被看作是十分保守的值。

（2）制浆和造纸工业废水厌氧消化

早在 20 世纪 50 年代，就有人注意到制浆和造纸废水中硫化物和亚硫酸盐会引起厌氧处理问题，近年来才重新对厌氧处理这类废水产生兴趣，表 7-2 列出了一些生产性应用。在化学制浆中采用亚硫酸盐工艺或硫酸盐工艺制浆，产生多种含硫化合物废水。虽然游离的亚硫酸盐可在厌氧处理前通过吹脱部分去除，但在大多数情况下，亚硫酸盐不可能完全去除。造纸工业废水中含硫化合物的存在一般不影响厌氧（预）处理的作用。这是因为，虽然废水

COD/[SO_4^{2-}]值低，但是其进水 COD 也相对较低，在这种情况下 H_2S 不会阻碍高负荷厌氧系统。不过，也有再生纸废水因硫酸盐的影响处理不成功的报道。

表 7-1　富含硫酸盐的废水污泥[①]厌氧消化所得结果

进液浓度/(g/L)		处理系统[②]			硫化物[③]/(mg S/L)		备　注
COD	SO_4^{2-}	COD 负荷/[kg/(m³·d)]	温度/℃	HS⁻ + H_2S	H_2S		
20.0	0.6	1.0	35	32	11	当加 SO_4^{2-} 2.4g/L
20.0	1.2	1.0	35	78	27	时，作用不大；当加
20.0	2.4	1.0	35	200	49	SO_4^{2-} 3.6g/L 时，在 30~
20.0	3.6	1.0	35	390	176	40d 产气完全停止
20.0	4.0	1.0	35	500	150	

① 废水污泥中加入 Na_2SO_4。
② 半连续消化处理系统（DF），HRT＝SRT＝20d。
③ H_2S 数据通过所给的总溶解性硫化物、pH 和气体组成确定。

表 7-2　早期厌氧工艺处理造纸和相关工业废水的结果

进水浓度/(g/L)		处理系统[①]			去除率/%	备　注
COD	SO_4^{2-}	类型	COD 负荷/[kg/(m³·d)]	温度/℃		
25.8	1.01	CP	2	36	38	产甲烷率很差
18.0	1.2	CP	5.1	36	40~50	无硫化物抑制
14.0	0.2	AF	28	37	90	SO_4^{2-} 去除率低，无数据
4.7	0.96	AF	12	30~35	75~80	硫化物不能计量，SO_4^{2-} 去除 20%
5.2	2.0~2.7	DF	低	55		在 SO_4^{2-} 为 2~3g/L 时完全受抑制
5.3	6.7	DF	1.0	37		在 SO_4^{2-} 为 7g/L 时完全受抑制

① CP 表示接触工艺；AF 表示厌氧滤池；DF 表示每天投料半连续消化器。

（3）发酵工业厌氧消化

在 20 世纪 60~70 年代，含硫酸盐废水厌氧处理的大部分文献主要是关于发酵工业废水，特别是来自制糖工业废水的实验。当原料中硫酸盐浓度大于 5g/L，并且 COD/[SO_4^{2-}]值低时，H_2S 浓度接近甚至超过高负荷系统的极限值，这导致处理效率或负荷能力较低。表 7-3 给出了部分发酵工业有关含硫酸盐废水的汇总资料。

表 7-3　发酵工业厌氧处理废水得到的结果

进水浓度/(g/L)		处理系统		温度/℃	有机去除率/%	硫化物			备　注
COD	SO_4^{2-}	类型	负荷/[kg/(m³·d)]			去除率/%	HS⁻ + H_2S 浓度/(mg/L)	H_2S 浓度/(mg/L)	
30（BOD）		DF	1.5	37	88		240	45	
50~90(VSS)	2~10	DF	2.5	35	80~90				当 SO_4^{2-} 浓度为 5g/L 时抑制
54.6	1.3	CP	10	35	77~83				因稀释而无抑制
16.1	1.0	CP	5	30	60~70	50			COD 为 21g/L 时出问题
50.6	2.88	AF	8~12	18~29	57~67	50	400	70	用稀释投料驯化
32.5	1.74	AF	6	中温	86				
9.1	1.25	FB	22	30	52		202	26	运行问题，需要 Fe^{2+}
8.9	1.75	UASB	5.8	30	68	98	360	83	稳定运行
9.5~10.5	3.4~3.8	UASB	6.2~7.7	30	43~48	82	465~488		运行不稳效率逐渐下降

注：DF 为每天投料半连续消化器；CP 为接触工艺；AF 为厌氧滤池。

味精学名为 L-谷氨酸单钠一水合物，其生产废水是一种特殊的高硫酸盐废水。谷氨酸发酵主要以糖蜜和淀粉水解糖为原料。味精废水的主要污染负荷来自谷氨酸的提取和分离工艺，即离交尾液和离子交换树脂洗涤及再生废液，废水中包含高浓度的 COD、硫酸根和铵氮。国内不同味精厂废水水质和水量见表 7-4。

表 7-4　国内不同味精厂废水水质和水量

参数	武汉周东味精厂		青岛味精厂[1]	邹平发酵厂		沈阳味精厂[3]
	浓废水	淡废水	浓废水	浓废水[2]	淡废水	浓、淡混合
水量/（m³/d）	400	600	750	350	3000	10220
COD/（mg/L）	20000	1500	60000	50000	1500	2768
NH_4^+-N/（mg/L）	10000	200	10000	15000	200	
SO_4^{2-}/（mg/L）	20000		35000	70000		3000～3200
pH	1.5～1.6	5～6	3.0～3.2	1.5～1.6	5～6	3.0

① 仅仅给出浓废水。

② 未去除菌体蛋白的离交废水。

③ 混合废水。

（4）食用油工业厌氧消化

20 世纪 80 年代，许多研究报道了食用油精炼厂酸性废水的处理问题，称在处理酸性废水时会产生极高浓度的 H_2S。这种废水采用厌氧处理工艺仍然存在一定问题。表 7-5 给出了厌氧处理食用油精炼厂酸性废水所得到的结果。

表 7-5　厌氧处理食用油精炼厂酸性废水的结果

项目	进水浓度/（g/L）		处理系统		温度/℃	去除率/%	硫化物/（mg/L）		备注
	COD	SO_4^{2-}	类型	COD负荷/[kg/（m³·d）]		COD	HS^-+H_2S	H_2S[1]	
混合酸性水	2.0～2.9	9.6～11.5	CP	0.6～2.2	39	85	176～272	27～72	乙酸和氢完全转化为 CH_4
	2.62	5.1	AF	5	35	75～80			
菜籽油	10	18.0	UASB	8～10	30	74	500	170	
豆油	3.8	18.0	UASB	8～10	30	72	300	140	

① H_2S 数值根据总溶解硫化物、pH 和（或）产气组成的数据估算。

7.1.2　含硫化合物废水的抑制

在大多数情况下，H_2S 是厌氧处理中最重要的抑制剂，有些情况下也要考虑其他化合物的抑制性，如造纸、食用油和食品工业废水中的亚硫酸盐。另外，在高浓度硫酸盐污水中，还必须考虑到阳离子可能产生的作用。含硫化合物对产甲烷菌的毒害作用顺序如下：硫化物＞亚硫酸盐＞硫代硫酸盐＞硫酸盐。

（1）亚硫酸盐的抑制

在间歇试验中发现 SO_3^{2-} 会导致产甲烷过程滞后，滞后时间的长短取决于污泥的来源。Yang 等向嗜乙酸产甲烷菌系统中分别加入 SO_3^{2-} 25mg/L 和 75mg/L 时，滞后时间分别超过 60h 和几天；而 Eis 等的实验中加入 SO_3^{2-} 100mg/L 时没有发现任何的滞后期。

Maaskant 和 Hobma 以及 van Bellegem 等的实验在加入 SO_3^{2-} 150～200mg/L 时，产甲烷菌活性受到 50% 抑制。但同时也发现通过反复加入 SO_3^{2-}，抑制作用会变得相当弱，这很可能是由于污泥产生了适应性。

（2）阳离子的抑制

高浓度 SO_4^{2-} 废水中含有的大量 Ca^{2+}、Na^+ 之类的阳离子可能会抑制厌氧菌。尽管没发现 Ca^{2+} 有直接毒性，但 $CaCO_3$ 和 $Ca_3(PO_4)_2$ 沉积，会使基质传质和利用性受到限制。当 Ca^{2+} 浓度达 400mg/L 时，含 Ca^{2+} 的沉淀就会导致生物质表面发生沉积现象，最终导致颗粒污泥活性完全丧失。

人们早已详细研究过 Na^+ 对厌氧体系的影响，Na^+ 对产甲烷菌产生 50% 的抑制值为6～40g/L。上述数据范围较广，可能与污泥的生长情况、对抗和协同作用以及所用的实验方法有关。Rinzema 等发现当 Na^+ 浓度为 5g/L、10g/L 和 14g/L 时，Na^+ 对颗粒污泥中嗜乙酸产甲烷菌的活性的抑制分别为 10%、50% 和 100%。其他离子如 K^+ 存在时，也会导致对抗作用或协同作用，导致对 Na^+ 敏感性的巨大变化。

（3）硫化氢的直接抑制

H_2S 对人体有毒，在气体 H_2S 浓度仅为 800～1000mL/L 环境下待 30min 即可致命，在较高浓度下立即致死，其致死的速度甚至超过氰化物。H_2S 也可抑制呼吸系统与中枢神经系统，在高浓度下还会麻醉嗅觉神经，使臭鸡蛋气味的警告作用无效，增加了危险性。

硫化物的生物抑制作用是由未离解的硫化氢引起的，因为只有中性分子才能穿透细胞膜对细菌产生作用。Conn 等认为一旦 H_2S 穿透细胞壁，它就形成硫化物或二硫化物交联于多肽链，使蛋白质变性。因为硫酸盐还原菌（SRB）和产甲烷菌（MPB）都通过乙酰辅酶 A 固定 CO_2，Stouthamer 提出 H_2S 还可以通过形成硫链干扰代谢辅酶 A 和辅酶 M。H_2S 也可能以某种方式干扰硫的同化代谢，影响细胞内部的 pH。Parkin 和其合作者在 1980 年发现 H_2S 的抑制是可逆的，这与前面谈到的 H_2S 引起细胞内蛋白质变性的理论或与多肽键形成硫化氢或双硫化氢键的理论是不同的。

（4）硫化氢的化学和物理平衡

在厌氧反应器中，硫化氢的浓度可以通过化学和物理平衡计算。未离解的硫化氢的浓度受下列因素的影响：

$$H_2S\ (l) \rightleftharpoons HS^- + H^+ \qquad 离解平衡常数\ pK_a = 6.9\ （30℃）$$
$$H_2S\ (l) \rightleftharpoons H_2S\ (g) \qquad 气液分配系数\ \alpha = 2.27\ （30℃）$$

由于厌氧反应产生的甲烷气体对 H_2S 具有气提作用，H_2S 在液相中浓度相当低。显然，厌氧消化池中产生的甲烷可从液相中去除 H_2S。

反应器 pH 影响到硫化氢的电离度，因此亨利常数也强烈影响到分压。图 7-1 表示了 pH 对于 H_2S 电离程度的影响。可仅考虑 H_2S 和 HS^- 之间的平衡，因为在 pH 低于 10 时，S^{2-} 的作用很小。如果仅考虑硫化氢在水中的一步电离：

$$H_2S \rightleftharpoons HS^- + H^+ \tag{7-1}$$

$$K_1 = \frac{[HS^-][H^+]}{[H_2S]} = 10^{-7.0} \tag{7-2}$$

未电离的硫化氢（H_2S）的分数为：

$$[H_2S] = \frac{1}{1 + \dfrac{K_1}{10^{-pH}}} \tag{7-3}$$

图 7-1 清楚地表明在厌氧消化正常的 pH 范围内（6.5～8.0），pH 很小的变化将引起抑制组分（H_2S）浓度的显著变化。

如果考虑硫化氢在厌氧反应器中的两步电离，其浓度也可以通过化学和物理平衡计算。

$$H_2S(l) \rightleftharpoons H_2S(g) \tag{7-4}$$

$$H_2S(l) \rightleftharpoons HS^- + H^+ \tag{7-5}$$

$$HS^- \rightleftharpoons S^{2-} + H^+ \tag{7-6}$$

图 7-1 为以上反应中各个组分随 pH 的变化状况。液相中未电离的硫化氢（H_2S），很容易由系统平衡状态的气相 H_2S 所确定。因为未电离的 H_2S 与气相中的 H_2S 相平衡，所以，气相 H_2S 和液相 H_2S 存在直接的关系。在 35℃温度条件下，气相 1% 的 H_2S 浓度对应液相 H_2S 的浓度为 26mg/L。pH 对此关系没有影响，但是对液相中总的溶解性硫化氢（H_2S）有影响。pH 增大，总硫化物中溶解性硫化氢组分浓度降低，封闭系统平衡，气相中 H_2S 浓度较小。可见，通过控制硫酸盐还原体系的 pH，就可以很好地控制［H_2S］的大小。

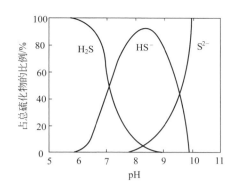

图 7-1　H_2S 的一步电离和两步电离情况下各种形式与 pH 的关系

7.1.3 硫化氢对厌氧微生物的抑制

在 20 世纪 50 年代，科研工作者就已开始研究硫化物对厌氧消化的抑制作用，但是，当时的实验在以下几方面存在严重的缺陷：首先，早期研究采用长时间的间歇实验，废水中硫化氢的浓度不可避免地会发生变化，因此在很多情况下不知道确切的溶解性硫化氢浓度；其次，没有充分注意到 pH 的影响（事实上，间歇实验不可避免地改变 pH）；再次，没有考虑产生的甲烷的气提作用。

例如，Aulenbach 和 Heukelekian 于 1955 年研究了硫化物对废水污泥消化的干扰问题。他们发现硫化物和亚硫酸盐会明显阻滞消化进程。遗憾的是，他们的对比实验不能说明硫化物的作用。Lawrence 等首次进行了在稳态条件下无回流的完全混合厌氧反应器系统的研究，给出了能承受的最大硫化物浓度与 pH 的关系。他们认为当污泥停留时间为 20d 时，污泥消化器最大允许硫化物浓度为 200mg/L。但是通过计算可知，在实验条件下，对应的［H_2S］大约为 50mg/L，这一实验没有给出［H_2S］在 50～150mg/L 浓度范围的资料。

（1）硫化氢对产甲烷菌的抑制

Speece 曾简要地汇总了关于硫化氢抑制的研究方面的报道。从汇总结果来看，硫化物会对产甲烷菌或产甲烷过程产生严重的抑制作用，但由于实验条件、反应器形式、污泥性状等的不同以及难以精确控制和测量反应器内的 pH 和 H_2S 浓度等原因，众多研究者得出的硫化物的抑制浓度相差较大。

Lettinga 等列出了众多研究者在不同条件下硫化物对厌氧菌产生抑制作用的数值，见表7-6。文献中的数值表明，不论在高 pH 还是低 pH 条件下，硫化氢对悬浮污泥体系中产甲烷菌的抑制作用与 H_2S 浓度的相关性都极好；H_2S 浓度为 100～130mg/L 时发生 50% 抑制；对于颗粒污泥中固定的产甲烷菌，硫化物毒性的相关性较为复杂。

嗜氢型产甲烷菌似乎对 H_2S 不太敏感，例如，Bryant 等报道产甲烷菌 MOH 可耐受的 H_2S 浓度为 380mg S/L。Heijnen 报道在 pH 为 6.2、H_2S 浓度为 136mg S/L 条件下的酸化反应器（流化床）中，甲烷污泥活性为 0.8kg COD/(kg VSS·d)，嗜氢型产甲烷菌似乎起主要作用。但是，采用 Heijnen 提供的数据估计流化床中产甲烷菌倍增时间大约为 70d，这表明存在着很大程度的抑制，因为一般嗜氢型产甲烷菌倍增时间为 0.35～2.0d。

表7-6　引起产甲烷活性、硫酸盐还原和特定基质降解50%抑制的H₂S浓度

微生物类型	生物质(或污泥类型)	基质	T/℃	pH	H_2S浓度/(mg/L)
产甲烷菌	悬浮污泥	乙酸			50
	悬浮污泥	酿酒废水	37	7.0~7.2	130
	悬浮污泥	乙酸	35	6.5~7.4	125
				7.7~7.9	100
	悬浮污泥	乳酸	35	7	100
				8	100
	颗粒污泥	乙酸	30	6.2~6.4	246
				7.0~7.2	252
				7.8~8.0	90
硫酸盐还原菌	*Desulfovibrio* sp.	乳酸	37	6.2~6.6	450
	Desulfovibrio desulfuricans	乳酸	35	7	250
	悬浮污泥	乳酸	35	7.2~7.6	80
	悬浮污泥	乳酸	35	7	>300
				8	185
特定基质	颗粒污泥	丙酸	30	7.0~7.5	140
	悬浮污泥	丙酸	35	6.5~7.4	100
				7.7~7.9	60
	悬浮污泥	丁酸	35	6.5~7.4	235
				7.7~7.9	>200
	悬浮污泥	乳酸	35	6.5~7.4	320
				7.7~7.9	390

初步研究结果表明，不同的产甲烷菌对H_2S毒性的反应是不一样的，由此可以理解不同文献对产甲烷菌报道的数值有很大不同，特定系统中对给定的H_2S抑制浓度的反应取决于占优势的产甲烷菌的种类。对颗粒污泥和絮状污泥抑制浓度的不同，可能是由于这两种污泥中占优势的产甲烷菌种群的不同，或者是由于颗粒污泥中存在pH和H_2S的浓度梯度。

Koster等采用乙酸为基质的间歇实验研究了硫化物对颗粒污泥产甲烷活性的影响。结果发现，当pH为6.4~7.2时，硫化物抑制作用与H_2S浓度成正比，引起50%抑制的H_2S浓度约为250mg/L；当pH为7.0~8.0时，则不再保持上述比例关系，抑制与总硫有关，在总硫浓度为825mg/L时引起50%抑制。他们认为，颗粒污泥表现出对硫化物毒性的较高耐受性，可能是由于颗粒污泥内部存在着pH梯度，使颗粒污泥内部的pH较高；而pH越高，H_2S浓度在总硫化物中所占比例就越小，又导致在颗粒污泥内部也存在H_2S梯度，从而提高颗粒污泥对硫化物的耐受能力。

Rinzema的实验也表明硫化氢对分散污泥和颗粒污泥的毒性是不同的：对两种污泥而言，引起50%抑制的H_2S浓度分别为50mg/L和250mg/L。

刘安波利用UASB反应器进行动态试验，考察了硫化物对反应器中颗粒污泥的影响，发现当总硫化物浓度超过400mg/L（相应的H_2S浓度为140mg/L）时，反应器的运行明显恶化。他同样认为颗粒污泥内部存在着pH梯度，这可能是颗粒污泥能抵抗较高硫化物浓度的原因。

比较不同研究者的研究结果可知，在低、中pH条件下，颗粒污泥较悬浮污泥不易被H_2S所抑制；而在高pH条件下，H_2S对两种污泥的抑制性相似。

（2）硫化氢对产酸菌的抑制

为预测厌氧处理过程中硫化物的最大允许浓度，同时也应知道硫化物对产酸菌和硫酸盐

还原菌的影响。Kroiss 和 Plahl-Wabnegg 提出 H_2S 浓度为 275mg S/L 时对产酸菌有一定抑制。Gunnarsson 和 Rönnow 提出 H_2S 浓度为 180mg S/L 对产酸菌没有抑制。但是，Boone 和 Bryant 报道硫化物浓度为 130～190mg S/L（假设 pH 为 7.0）时对产乙酸菌的抑制率为 51%。

Rinzema 和 Lettinga 在以 SO_4^{2-}/丙酸为基质的间歇式 UASB 反应器中，采用在低 SO_4^{2-} 浓度条件下培养的颗粒污泥，发现当 H_2S 浓度超过 100mg/L 时，丙酸转化率急剧下降；在 pH 为 7.0～7.4、H_2S 浓度为 140mg/L 时，发现产甲烷菌受到 50% 的抑制。对于低硫酸盐浓度培养的悬浮污泥，Oleskiewicz 等（1988）发现对不同电子供体，H_2S 抑制作用按下列顺序增强——乳酸、丁酸、乙酸、丙酸，表明 H_2S 对丙酸降解的抑制是最强的。

（3）硫化氢对硫酸盐还原菌的抑制浓度

Speece 汇总了关于硫化氢对硫酸盐还原菌（SRB）的抑制研究方面的报道，其他研究者的成果如下：

① H_2S 浓度不超过 100mg/L 时，对丙酸没有抑制；而当 H_2S 浓度超过 100mg/L 时，丙酸代谢迅速下降。

② 乙酸为基质的系统中，H_2S 对硫酸盐还原菌的毒性先于对产甲烷菌的毒性。

③ H_2S 对硫酸盐还原菌的抑制浓度为 83mg/L。

④ 当 H_2S 浓度超过 100mg/L 时，硫酸盐还原菌对丙酸的利用受到影响，丙酸积累。

Stucki 等采用固定床反应器处理含有乙酸和 SO_4^{2-} 的废水，在 H_2S 浓度超过 50mg/L 时实验失败，表明嗜乙酸硫酸盐还原菌对硫化物也具有高灵敏度。Widdel 报道了 H_2S 浓度为 85mg S/L 时，对嗜乙酸脱硫球菌的抑制作用。如果硫化物积累，嗜乙酸脱硫球菌和脱硫弧菌在间歇培养中不按指数生长。但是，其他研究者报道硫酸盐还原菌对 H_2S 并不敏感，Postgate 认为硫酸盐还原菌只间接受影响。

Reis 等发现在 pH 为 6.2～6.6、H_2S 浓度为 550mg/L 时，降解乳酸的脱硫弧菌的生长才被完全抑制。Okabe 等发现在 pH 为 7、H_2S 浓度为 250mg/L 时，脱硫弧菌在乙酸盐中的生长仅受到 50% 的抑制。Oleskiewicz 认为在乳酸降解过程中，对 SRB 的抑制与总硫浓度直接相关。

McCartney 和 Oleskiewicz 发现在降解乳酸时，H_2S 对 SRB 的抑制作用要比对产甲烷菌的高；在 COD/[SO_4^{2-}] 为 1.6 和 0.8 条件下培养的颗粒污泥，SRB 不如产甲烷菌对硫化物敏感。他们解释乳酸降解的途径取决于所采用 COD/[SO_4^{2-}] 的值，在 COD/[SO_4^{2-}]≤1.6 时，乳酸的降解是通过以乙酸作为最终产物的 SRB 来完成的，SRB 比产甲烷菌更不易被抑制；而当 COD/[SO_4^{2-}] 比值为 3.7 时，主要降解产物为丙酸，SO_4^{2-} 的还原与丙酸的降解联系在一起，SRB 比产甲烷菌更易被 H_2S 抑制。这里对 SRB 的抑制主要是通过对降解丙酸的产乙酸菌的抑制而发生作用。

7.1.4　厌氧工艺的影响

（1）不同工艺的比较

Maillacheruvu 和 Parkin 等研究了以乙酸和丙酸为进料的升流式厌氧滤池的工艺结构以及以乙酸、丁酸、乳糖和葡萄糖为进料的悬浮生长反应器，其重要发现之一是升流式厌氧滤池可以比悬浮生长反应器适应较高浓度的溶解性硫化氢和 H_2S 气体。他们注意到，在悬浮生长反应器中，在较长时间内存在着挥发酸 COD(VFA-COD)，VFA-COD 在溶解性硫化氢

和 H_2S 气体的作用下存在周期变化。

Speece 认为在生物膜和颗粒污泥中的情况是一样的，产甲烷菌可能更多地集中在生物膜的深处，而硫酸盐还原菌则趋于表面。内部甲烷的产生，可以阻止 H_2S 气体和溶解性硫化氢进入由产甲烷菌种群占据的区域与产甲烷菌相接触。

Zaid 等在高浓度乙酸的研究中证实，产甲烷菌比硫酸盐还原菌附着在介质上的能力更强，而在较低浓度时竞争情况相反。Isa 等也认为，硫酸盐还原菌似乎不像产甲烷菌那样容易附着在生物膜上，他们发现，在生物膜中的产甲烷菌是出水中携带的产甲烷菌的 200 倍，而在生物膜中的硫酸盐还原菌仅比出水中的硫酸盐还原菌多 30 倍。这些研究结果表明，产甲烷菌具有固定在生物膜上生长的潜在优势。因为产甲烷菌能较好地保持附着生长，比硫酸盐还原菌更有竞争优势。

（2）工艺控制

在厌氧消化处理中，嗜乙酸产甲烷菌比其他类型的产甲烷菌对 H_2S 更为敏感。这些古菌受到抑制会导致恶性循环：乙酸的积累使厌氧处理器中的 pH 值降低，从而导致高 H_2S 浓度，更增强了抑制作用，由此导致恶性循环。因此，应该依据嗜乙酸产甲烷菌的承受力来决定厌氧处理可接受的浓度范围。

在抑制实验结果基础上，Kroiss 和 Plahl-Wabnegg 提出以 30mg S/L 的 H_2S 作为上限。在这个浓度下，产甲烷菌和产酸菌的最大活性下降了 25%，这表明厌氧处理系统（如完全混合反应器和接触工艺）在低的停留时间条件下会产生严重的问题。当 H_2S 浓度为 30mg S/L 时，为得到满意的处理效率，污泥停留时间至少为 21d（假定非竞争性抑制）。

在目前的高负荷厌氧处理系统如 UASB 和厌氧过滤器中，污泥停留时间可以超过 50d。在这种情况下，H_2S 最大允许浓度升高了，Speece 曾提出 145mg S/L 的极限值。Lettinga 等关于酸性废水实验的结论表明，当 UASB 反应器中全部接种来自薯条厂的颗粒污泥，污泥负荷率为 0.16kg COD/(kg VSS·d)，对应的容积负荷率为 8~10kg COD/(kg VSS·d) 时，H_2S 浓度高达 150~180mg S/L，但 COD 去除率仍然超过 70%；在 H_2S 浓度超过 200mg S/L 的情况下，冲击负荷持续至少 1d 也可承受。在厌氧滤池实验中，冲击后的完全复原时间也很短。

上述实验结果除良好的污泥停留外，其他因素可归因于目前的高负荷厌氧处理系统对处理含硫化合物污水的适应性。在这些系统中，较短的水力停留时间可减小 H_2S 浓度增大的影响。另外，高负荷系统中污泥对 H_2S 承受力的提高，是由于污泥颗粒、絮体和生物膜中的传递限制。产甲烷菌在生物膜中产生的重碳酸盐会增大局部 pH 值，导致局部的 H_2S 浓度下降，抑制现象同时也会降低。

7.2 硫酸盐和硫化氢的去除及控制

在厌氧生物反应器中，硫化氢浓度增大会导致对厌氧菌（如产酸菌、产甲烷菌和硫酸盐还原菌）的抑制。到目前为止，仍缺乏到什么程度硫化物就不发生抑制作用的数据，不同人的报道结果也相去甚远。例如，已报道抑制产甲烷菌的 H_2S 浓度数据在 50~450mg/L 之间变化（见表 7-6）。Speece 估计，对于稳定的产甲烷过程，H_2S 浓度不宜超过 150mg/L。通过文献综合，Rinzema 和 Lettinga 总结出 COD/$[SO_4^{2-}]$ >10 的厌氧处理过程总能成功。他们利用物理化学平衡模型计算得出，对这种比例的废水，在厌氧反应器中 H_2S 的浓度不会超过 150mg/L。

另外，由于健康、安全方面的考虑以及消除腐败臭味等原因，需要从气体和水体中除去 H_2S。在美国，工人对 H_2S 的接触极限为 $10\mu L/L$(或 $14mg/m^3$)。当 H_2S 浓度超过 $70\mu L/L$ 的毒性极限时，人就会变得尤为危险，在 $600\mu L/L$ 时会导致死亡。Rinzema 和 Lettinga 建议可以采用下述方法控制硫化氢：

① 提高 pH；

② 稀释废水；

③ 从排气中吸收硫化氢并进行气体循环；

④ 用铁盐沉淀硫化氢；

⑤ 用钼酸盐选择性地抑制 SRB；

⑥ 采用 $Mg(OH)_2$ 沉淀硫化氢；

⑦ 采用高温发酵条件；

⑧ 采用两相运行方式（附加硫化物去除装置）。

如果硫化物对发酵过程的抑制不是主要的考虑因素，其去除步骤可放在厌氧操作之后。如果硫化物抑制严重，可以采用以上不同的方法来处理。在厌氧处理体系中，硫化物处理单元操作有多种选择，归纳起来，可分为物理化学法和生物法两类。

7.2.1 物理化学法

硫酸盐和硫化物的物理化学处理过程，包括直接气提吹脱、化学氧化和沉淀等。采用吹脱法处理，实际上是把液相中的硫化氢转移到气相中去，并没有消除硫化氢对环境的污染。化学氧化法和沉淀法需要外加氧化剂或沉淀剂，需要相对高的能耗、化学药品费用及后处理费用。

（1）提高 pH

从前面章节的讨论可知，H_2S 的离解平衡常数大约为 $6.8 \sim 7.0$，接近厌氧反应器运行的 pH 值，提高 pH 会显著改变 H_2S 到 HS^- 的电离。每提高 0.3pH 单位，$[HS^-]/[H_2S]$ 值增加一倍，从而会减少气体和液体中的 H_2S，即降低了未电离 H_2S 的浓度值，最终起到降低抑制性的作用。

（2）气体吹脱法

pH 值较低时，溶液中大部分的溶解性硫化物将以 H_2S 的形式存在。有研究者利用这一性质，在单相厌氧处理系统中安装循环气体吹脱装置，将硫化物吹脱，以减轻对产甲烷过程的抑制作用，改善反应器的运行性能。主要的吹脱工艺有如下两种：① 反应器内部吹脱法；② 反应器外部吹脱法。

Sarner 采用气体循环系统把硫化物从厌氧滤池中气提出来，同时把气体中的硫化氢通过一个净化装置除去。内部吹脱的单相厌氧工艺的最大缺点是吹脱气量不易控制，维持吹脱装置正常运转有一定困难。外部吹脱工艺操作比较简单，只对反应器出水进行吹脱，去除 H_2S 后将部分处理过的水回流，可对进水起到稀释的作用。

但是，以吹脱法去除硫化物的厌氧工艺并没有彻底消除硫酸盐还原对产甲烷菌的抑制作用，因为反应器中仍有相当量的 H_2S 存在，仍然对产甲烷菌产生抑制，会在一定程度上降低甲烷产量，增加沼气回收利用的困难。

目前，也有报道称在厌氧池出水中采用通氧气（相当于 10％的沼气产量的空气）的方法可以有效地去除沼气中 90％的硫化氢，所需费用很低，但是对设备和空气管的设计要求较高。

以华北制药厂青霉素废水处理为例。该厂青霉素废水 $COD/[SO_4^{2-}]＝7：1$，第一级厌氧反应器中硫酸盐还原菌和产酸菌的作用使废水中大部分的 SO_4^{2-} 转化为硫化物，有机物转化为乙酸、H_2 及 CO_2。当出水中 S^{2-} 的浓度增长至 $400～500mg/L$ 时，SO_4^{2-} 的去除效果开始明显下降，硫酸盐还原过程受到抑制。为了控制毒性的影响，分别采用 CO_2、空气及脱硫沼气作为气源气提分离出水中的硫化氢。试验结果表明，采用三种不同的气源对厌氧脱硫出水进行气提处理，经过气提去除硫化氢后，其 SO_4^{2-} 和 COD 的去除效果基本可稳定在一个较好的水平。

（3）投加化学药剂

硫酸盐对厌氧消化的影响，主要由硫酸盐还原菌的生长和代谢活动引起。由此，人们想到，可以寻找某种能抑制硫酸盐还原菌生长和代谢的化学药剂来消除硫酸盐还原菌的影响。现在已发现许多化学物质，对硫酸盐还原菌具有抑制作用，但其中绝大多数同时对厌氧消化过程中的其他厌氧菌，特别是产甲烷菌，也有抑制作用。

1）直接控制

除铬以外，金属元素锌、铜、钙、铁、锰等与硫化氢生成沉淀物，可有效去除硫化氢。采用 Fe^{2+} 和 Fe^{3+} 可以有效地沉淀溶解性硫化氢和 H_2S 气体，因此成为最通用的硫化氢控制方法。采用铁盐沉淀硫化氢的优点是其容易直接添加到反应器中，不需要另外的附加设备；主要缺点是加入金属盐后运行费用增加，沉积物在反应器中沉积，使污泥的 VSS/TSS 值降低，污泥产量增加。

Stover 等以 $Mg(OH)_2$ 代替 NaOH 控制碱度，发现在使用 NaOH 的反应器中，没有硫化物的沉淀，而在使用 $Mg(OH)_2$ 的反应器中，硫化氢的浓度降低了一半。他们认为，Mg^{2+} 可以沉淀硫化氢。采用 $Mg(OH)_2$ 控制硫化氢的好处之一是 $Mg(OH)_2$ 缓冲能力强，不会引起 pH 的剧烈变化。

2）间接控制

实验表明，钼酸盐对硫酸盐还原菌具有较强的抑制作用，而对产甲烷菌不但没有抑制作用反而有激活作用。但是，Gao 和 Anderson 在实验室实验和中试研究中证实，长期使用钼酸盐对产甲烷菌和其他厌氧细菌种群有抑制作用。Puhakka 等发现 2000mg/L 钼酸盐对含中性亚硫酸盐废水的甲烷化过程有抑制。对葡萄糖废水采用钼酸盐后发现乙酸有积累，表明产酸菌的活性没有像产甲烷菌那样被钼酸盐所削弱。人们对钼酸盐的抑制机理尚不十分清楚，但可推测为：MoO_4^{2-} 的化学结构与 SO_4^{2-} 类似，可通过竞争作用被硫酸盐还原菌吸收，抑制硫酸盐还原过程中所必需的某些酶的活性，从而抑制硫酸盐还原菌还原硫酸盐的能力。

实际上，即使钼酸盐对硫酸盐还原菌有很好的专一性抑制作用，这种方法也并不可取。这是因为：一方面，它对废水中的硫酸盐未加以控制，出水排入水体后，仍会引起一系列的环境问题；另一方面，钼酸盐价格昂贵、运行费用高，所以难以广泛应用。

7.2.2　生物法

（1）两相厌氧工艺

在两相厌氧工艺的启发下，有些研究者试图将硫酸盐还原作用控制在产酸阶段完成，然后设法将出水中的硫化物去除，再进入产甲烷反应器进行产甲烷反应。这一设想已由多位研究者的试验结果证实为可行。例如，Postgate曾通过试验提出，在酸性条件下，产酸作用和硫酸盐还原作用可同时进行；Czako和Reis等的研究结果也表明了这一点。将硫酸盐还原作用控制在产酸阶段完成具有如下几个优点：

① 发酵性细菌比产甲烷菌能忍耐较高的硫化物浓度，所以产酸作用可与硫酸盐还原作用同时进行，不会影响产酸过程。

② 硫酸盐还原菌特别是不完全氧化型硫酸盐还原菌本身就是一种产酸菌，可利用普通产酸菌的某些中间产物如乳酸、丙酮酸、丙酸等，将其进一步降解为乙酸，故将硫酸盐还原作用与产酸作用控制在一个反应器中进行，在一定程度上有利于提高产酸相的酸化率，使产酸类型向乙酸型发展，有利于后续的产甲烷反应。

③ 产酸相反应器处于弱酸性环境，生成的硫化物主要以H_2S形式存在，有利于硫化物的进一步去除。

④ 硫酸盐还原作用与产甲烷作用分别在两个反应器内进行，避免了硫酸盐还原菌和产甲烷菌之间的基质竞争，硫酸盐还原作用的终产物——硫化物，如设法去除后，可不与产甲烷菌直接接触，不会对产甲烷菌产生毒害作用，而且大部分硫酸盐已在产酸相中被去除，又有充分的甲烷前体物可产生甲烷，保证较高的甲烷产率，沼气中H_2S含量较少，回收利用方便等。

Gao和Anderson利用两相厌氧工艺（均采用完全混合反应器），以乳清和K_2SO_4配制合成废水进行了硫酸盐还原作用的研究。在进水COD为8500mg/L、SO_4^{2-}浓度为1000mg/L、产酸相反应器的水力停留时间为1.0d、产甲烷相反应器的水力停留时间为4.5d的条件下发现，当控制产酸相反应器内的pH值为6.1～6.2时，其SO_4^{2-}的还原率可达88%，整个流程的COD去除率可达90%以上。

Sarner用两相厌氧消化工艺处理纸浆废水时，利用厌氧滤池作为产酸相反应器，利用厌氧接触法系统作为产甲烷相反应器，结果表明，当进水COD为19300mg/L、BOD_5为5930mg/L、SO_4^{2-}浓度为5225mg/L、厌氧滤池中的pH值为6.1～6.2时，BOD_5的去除率达90%以上。丁琼、刘安波、康风先等也对两相厌氧工艺处理硫酸盐有机废水进行了研究，取得了一些有价值的成果。上述试验均采用了外部吹脱法去除产酸相出水中的硫化物。

（2）高温厌氧消化

Speece提出可以采用高温消化减少硫化氢的抑制作用。这种考虑基于两点：首先，在高温条件下，减小H_2S溶解度可以降低其毒性；其次，Parkin推测缺少高温的硫酸盐还原菌属。但是，这可能与高温条件下SO_4^{2-}得到还原的事实是不一致的。尽管如此，Speece等在高温厌氧条件下处理含高浓度硫酸盐的橄榄油废水时，观察到在气相中H_2S的浓度很低，且出水中很难检测到硫酸盐还原菌。同时，Grotenhuis等在高温条件下运行的反应器中也仅发生部分硫酸盐还原。

（3）厌氧硫酸盐还原和好氧单质硫回收工艺

该工艺的核心是生物氧化硫化物为单质硫，此处理工艺是近年来由Lettinga等开发的，详细的原理和进展在后面章节中介绍。通过控制适当的操作条件，例如控制供氧量和硫化物负荷，硫化物几乎能完全转化成单质硫。Buisman等在完全混合的连续搅拌反应器（CSTR）、生物转盘反应器和上流式生物反应器中利用无色硫细菌去除废水中的硫化物，结果见表 7-7。

表 7-7　三种硫化物氧化反应器处理结果比较

反应器类型	HRT/h	S^{2-} 负荷/[mg/(L·h)]	出水 S^{2-} 浓度/(mg/L)	S^{2-} 去除率/%
CSTR	0.37	375	39	71.9
生物转盘反应器	0.22	417	1	98.9
上流式生物反应器	0.22	454	2	98.0

　　左剑恶等也对此工艺进行了探索性的研究，提出以硫酸盐还原-生物脱硫-产甲烷三相串联的工艺来处理高浓度含硫酸盐废水。他们发现该工艺能有效地处理含硫酸盐的有机废水，在进水 COD/[SO_4^{2-}] 值为 5∶1、SO_4^{2-} 浓度为 1000mg/L 时，整个工艺的 COD 和 SO_4^{2-} 进水负荷可达 15.5kg/(m³·d)和 3.2kg/(m³·d)，去除率分别为 95% 和 98% 以上；如进水 SO_4^{2-} 浓度高于 1500mg/L，应将部分产甲烷相的出水回流以稀释进水。

7.2.3　硫酸盐和硫化氢的去除工艺小结

　　图 7-2 是硫酸盐还原和硫化物去除工艺汇总。如果硫化物的毒性不足以影响主要的甲烷化过程，硫化物去除可以根据后处理和排放的要求，放在厌氧操作之后；如果硫化物抑制影响严重，可以采用不同的流程来处理。

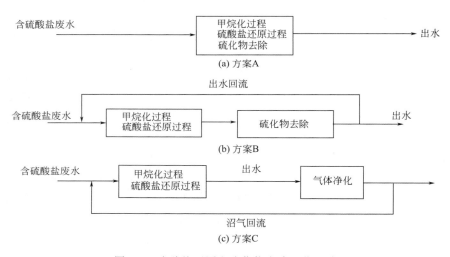

图 7-2　硫酸盐还原和硫化物去除工艺汇总

　　如图 7-2 所示，在单相单元中产生硫化物，硫化物的去除单元可以采用物理化学法，也可采用生物法[见图 7-2(a)]。两相厌氧消化法去除硫化氢：第一步是硫酸盐还原的预酸化；第二步是产甲烷过程。例如，硫化物可以在第一步或第一、二步之间被除去。由于酸化反应器的出水 pH 相对较低，采用气提法处理 H₂S 会更容易一些。关键是确保第一步中硫酸盐的完全还原，只有当足够的 H₂ 生成时，才有可能完全去除 SO_4^{2-}，这要求废水中有相对高的 COD/[SO_4^{2-}]值。

　　另外，在厌氧消化过程中综合考虑甲烷化、硫酸盐还原过程和硫化物生成沉淀[见图 7-2(a)]。用来沉淀硫离子最常见的金属元素是铁。Sarner 的研究表明，加入铁后可以使厌氧反应器中保持很低的 S^{2-} 浓度。我国很多单位采用的复合床——铁床，其依据即为此法。不过，此法的主要缺点是：加入铁后使费用增加；FeS 在反应器中的沉积，使污泥的 VSS/TSS 值降低，使污泥产量增加。

采用出水循环法去除厌氧反应器中的硫化物[见图 7-2(b)]，在理论上是目前已知的最为简单的硫化物去除技术。此方法可与其他各种流程结合使用。

采用气提净化及循环法，在厌氧反应器中可用沼气（甲烷）气提除去硫化物[见图 7-2(c)]。过去已有研究 H_2S 气提的报道。例如，Sarner 用厌氧滤池（用来还原 SO_4^{2-} 和 SO_3^{2-}）来作预处理，采用气体循环系统把硫化物从厌氧滤池中气提出来，同时再把气体中的硫化氢通过一个净化装置除去。

目前，许多硫化物去除技术，包括沉淀、气提和化学或生物氧化，都可用在含高浓度氧化态硫化合物的废水厌氧处理过程中，最佳方法的选择取决于此过程的操作和投资费用等因素。如果工艺中硫化物无须去除，可以用好氧后处理过程把硫化物转化成硫酸盐，排放时大多不要求硫酸盐浓度。

7.3 含硫酸盐废水的厌氧处理

7.3.1 COD/[SO_4^{2-}] 值的影响

Lettinga 等通过文献对含硫酸盐废水处理数据进行综合分析，发现当 COD/[SO_4^{2-}]小于 10g/g（30℃，pH＝7.0）时，厌氧消化器中 H_2S 浓度急剧增大。对于高浓度进水，当 COD/[SO_4^{2-}]较高时，H_2S 浓度几乎不可能超过 100mg/L。这个值可以被目前的厌氧处理系统所接受。这说明如果进水的 COD/[SO_4^{2-}]大于 10g/g，厌氧处理显然是没有问题的。只有对相对浓度很低的废水，如 COD 低于 15g/L，低的 COD/[SO_4^{2-}]值才会成功。Karhadkar 和 Yoda 也认为 COD/[SO_4^{2-}]是衡量硫酸盐抑制作用的重要指标。Karhadkar 认为，保持足够高的基质浓度，即保证足够大的基质浓度与 SO_4^{2-} 浓度的比值，可减弱 SO_4^{2-} 的抑制作用。

（1）数学模型分析

Lettinga 等通过文献中关于硫酸盐废水厌氧处理和抑制现象的资料分析，建立了在物料平衡和化学物理平衡基础上的简单模型，帮助了解文献中已发表的各种实验结果。该数学模型建立在以下假定和定义的基础上：

① H_2S 的化学和物理（气-液）平衡达到平衡状态；

② 硫酸盐还原菌（SRB）只氧化由部分进水 COD（f_{H_2}）转化成的氢气。如进水含过量的硫酸盐，氢气将全部被硫酸盐还原菌氧化，而所有的乙酸将为产甲烷菌所用。如进水 COD 过量，硫酸盐将完全被还原并且氢气被产甲烷菌氧化。

可分别给出在厌氧反应器（液相）中总溶解性硫化物、H_2S 的浓度公式，根据上述假定（推导过程略）：

$$S_1 = \frac{f_{SRB} \times COD_{in} \times (1/64)}{1 + (f_{H_2S}/\alpha_{H_2S}) \times (C_t/p_{CH_4}) \times (1 - f_{SRB}) \times COD_{in}} \quad (7\text{-}7)$$

$$[H_2S]_1 = f_{H_2S} \times S_1 \quad (7\text{-}8)$$

式中，S_1 为厌氧反应器（液相）中总溶解性硫化物的浓度；f_{SRB} 为被硫酸盐还原菌氧化的 COD 分数；COD_{in} 为进水化学需氧量，g O_2/L；f_{H_2S} 为总溶解硫化物分数（以硫化氢分子计）；α_{H_2S} 为 H_2S 气液分配系数；C_t 为依赖于温度的转换系数，L CH_4/g COD；p_{CH_4} 为甲烷分压；$[H_2S]_1$ 为溶解在水中的 H_2S 浓度。

通过上述简单的数学模型来解释厌氧处理含硫酸盐废水的结果和产生抑制的情况（见图 7-3）。但是，从理论上分析，SRB 比 MPB 在基质竞争方面具有动力学和热力学的优势，只需 0.67g COD 就可以还原 1.0g SO_4^{2-}。硫酸盐还原菌在污水处理系统中不会消耗大量的乙酸。对于主要含碳水化合物的污水，其中约 33% 的 COD 将被硫酸盐还原菌利用，因此 COD/[SO_4^{2-}] 至少为 2g/g 时才能完全还原硫酸盐。并且 COD/[SO_4^{2-}]＜0.67g/g（相当于 0.6g COD/g SO_3）的情况下，是不会有甲烷产生的。但在实际的厌氧反应器中，并不是所有的 COD 都能优先被硫酸盐还原菌利用作碳源。Karhadkar 在间歇实验中发现，即使 COD/[SO_4^{2-}] 仅为 0.45g/g 时，最终相对产甲烷率也只下降 20%。COD/[SO_4^{2-}] 为 0.25g/g 时，也有 CH_4 生成，最终相对产甲烷率仍为 45.2%。这些结果表明，实际厌氧反应器中，在不同的 COD/[SO_4^{2-}] 值下，硫酸盐还原菌和产甲烷菌之间存在着一种共生的状态。

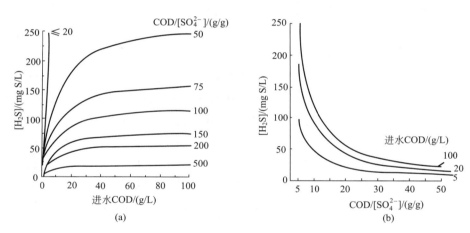

图 7-3 消化液中 H_2S 浓度是进水 COD(a) 和 COD/[SO_4^{2-}] 值（b）的函数

（30℃，pH＝7.0，p_{CH_4}＝0.65，f_{H_2}＝0.337）

厌氧处理系统能否处理高含量的硫酸盐，与系统中的 H_2S 浓度最大允许值有关。目前使用的高污泥停留时间系统可接受硫化氢的负荷范围为 150～200mg S/L。在这一范围，模型[见图 7-3(b)]表明，即使当 COD/[SO_4^{2-}] 值为 5g/g，当进水 COD 值高达 20g/L 时，因为 H_2S 浓度低于抑制值，所以可以成功地处理高 COD/[SO_4^{2-}] 值的污水。模型还表明，只要进水 COD 足够低，处理硫酸盐含量过高的废水也有可能。应认识到，对于含有过量硫酸盐（$f_{SRB}=f_{H_2}$）的污水，H_2S 的浓度就完全取决于进水 COD 和 pH[见式(7-8)]。

（2）静态实验过程和结果

丁琼等采用静态发酵实验（29d），在硫酸盐浓度保持 4500mg/L 条件下，以不同的 COD/[SO_4^{2-}] 值进行了实验。实验结果表明，随着 COD/[SO_4^{2-}] 值的降低，甲烷产量逐日下降，产甲烷高峰值下降，最终相对产甲烷率也随之下降。这是因为，随着 COD/[SO_4^{2-}] 值的下降，进水 SO_4^{2-} 浓度增大，SO_4^{2-} 还原产生的硫化物增多（见表 7-8），混合液中游离

H_2S 含量随之增高，对产甲烷菌的细胞毒性增大，使产甲烷性能受到抑制。$COD/[SO_4^{2-}]$ 值为 0.25 和 0.5，SO_4^{2-} 抑制作用很强。

表 7-8　实验操作参数和结果

$COD/[SO_4^{2-}]$		对照	15	10	8	5	2	1	0.5	0.25
最终相对产气率/%		100	97.6	94.0	90.3	85.1	82.9	81.5	75.1	56.2
CH_4	体积分数/%	60.2	59.0	56.8	55.4	54.2	53.0	51.4	49.2	47.5
	最终相对产甲烷率/%	100	94.7	89.9	85.5	79.2	75.4	70.9	61.6	45.2

由表 7-8 可看出，当 $COD/[SO_4^{2-}] \geqslant 10$ 时，最终相对产甲烷率接近 90%，SO_4^{2-} 还原作用对系统基本无抑制；当 $COD/[SO_4^{2-}] = 5 \sim 10$ 时，最终相对产甲烷率为 $80\% \sim 90\%$，反应器受到轻度抑制；当 $COD/[SO_4^{2-}] = 1.0 \sim 5.0$ 时，最终相对产甲烷率为 $70\% \sim 80\%$，反应器受中度抑制；当 $COD/[SO_4^{2-}] < 1$ 时，最终相对产甲烷率小于 70%，反应器受严重抑制。值得注意的是，丁琼等是在固定的硫酸盐浓度下进行实验的，实验也没有报道 pH 的变化情况。

（3）电子流比重

电子流比重是 Isa 提出的用以评价硫酸盐还原菌（SRB）和产甲烷菌（MPB）基质竞争关系的一个参数。用于 SRB 的电子流 $A = SO_4^{2-}$ 还原的物质的量（mol）× 64g COD，同理用于 MPB 的电子流 $B = $ 产生的 CH_4 物质的量（mol）× 64g COD，则

$$SRB 的电子流比重 = \frac{A}{A+B} \times 100\%$$

$$MPB 的电子流比重 = \frac{B}{A+B} \times 100\%$$

SRB 电子流比重越大，说明 SRB 基质竞争越占优势；同样，MPB 电子流比重越大，则 MPB 基质竞争越占优势。SRB 和 MPB 的基质竞争关系也可由电子流比重变化情况看出（见表 7-9），随着 $COD/[SO_4^{2-}]$ 值的减小，SRB 所占的电子流比重逐渐增大，表明 SRB 对 MPB 的竞争性抑制增强。

表 7-9　由电子流比重变化情况看 SRB 和 MPB 的基质竞争关系

$COD/[SO_4^{2-}]$		空白	15	10	8	5	2	1	0.5	0.25
COD	初始/（mg/L）	4500	4500	4500	4500	4500	4500	4500	4500	4500
	终止/（mg/L）	328	556	692	816	1074	1371	1618	1933	2015
	去除率/%	92.7	87.6	84.6	81.9	76.1	69.5	64.0	57.0	55.2
SO_4^{2-}	初始/（mg/L）	53.4	300	450	562	900	2250	4500	9000	18000
	终止/（mg/L）	0	0	0	10	25	490	2050	6240	15350
	$\Delta[SO_4^{2-}]$/（mg/L）	53.4	300	450	552	875	1760	2450	2760	2650
	去除率/%	100	100	100	98.2	97.2	78.2	54.4	30.7	14.7
基质产甲烷率/（m^3 CH_4/kg $COD_{去除}$）		0.329	0.320	0.309	0.298	0.286	0.276	0.263	0.258	0.183
SRB 电子流比重/%		0	5.0	7.6	10.3	15.5	25.2	33.1	43.4	48.8

Isa 的实验表明，随着 $COD/[SO_4^{2-}]$ 值的减小，进水 SO_4^{2-} 浓度增大，更多的不完全氧化型 SRB 取代产氢产乙酸菌的作用，将高级脂肪酸分解为乙酸、CO_2 和硫化物，减少了正常过程中 H_2 的产量，使嗜氢产甲烷菌的 CH_4 产量下降，沼气中 CH_4 的体积分数也随之下

降。另外，完全氧化型 SRB 和 MPB 对产甲烷前体物如 H_2 和乙酸等物质的基质性竞争，使基质产甲烷率随着 $COD/[SO_4^{2-}]$ 值的减小而下降。

7.3.2 低浓度硫酸盐废水处理系统的启动和污泥颗粒化

笔者采用 UASB 反应器对低 $COD/[SO_4^{2-}]$ 值的低浓度硫酸盐废水（$[SO_4^{2-}]=1000mg/L$）处理系统的启动和污泥颗粒化情况进行了较详细的考察。实验采用三个 UASB 反应器，主要实验条件见表 7-10。

表 7-10   实验采用 A、B、C 三个反应器的启动条件

启动条件	反应器 A	反应器 B	反应器 C
COD/(mg/L)	2000	2000	1000
$[SO_4^{2-}]/(mg/L)$	1000	1000	1000
$COD/[SO_4^{2-}]$	2	2	1
HRT	5～11d，HRT＝12h	5～11d，HRT＝6h	5～17d，HRT＝28h
	12～90d，HRT＝8h	12～90d，HRT＝4h	18～90d，HRT＝8h
COD 负荷/ [kg/(m³·d)]	6	12	3
SO_4^{2-} 负荷/ [kg/(m³·d)]	3	6	3

A、B、C 三个反应器的启动，运行了 90d（90d 以后进行其他实验）。其中，反应器 A 和 B 的进水浓度完全相同，仅水力停留时间（HRT）和负荷（COD、SO_4^{2-}）相差两倍，考察 HRT、负荷对启动的影响。对于反应器 A 和 C，前者 COD 浓度（$COD/[SO_4^{2-}]$ 值）是后者的 2 倍，水力停留时间相同（18d 后），主要研究低 $COD/[SO_4^{2-}]$ 值对反应器的影响。

用乙醇和硫酸盐作为 COD 和 SO_4^{2-} 的来源，按照 COD：N：P＝200：5：1，添加尿素和 NaH_2PO_4，投加适量微量元素。接种污泥为含水率 90.3%，VSS/SS＝0.65，最大比产甲烷活性为 0.124L CH_4/(g VSS·d)，最大比 COD 降解速率为 0.44g COD/(g VSS·d)。

在进行测定分析时发现，如果从反应器出水取样，硫化物分析结果偏低，比从反应器内部直接取样后马上分析低 50% 以上，所以实验数据均为反应器内部直接取样测得的。

（1）COD 和硫酸盐的去除

图 7-4（彩图见插页）反映了 A、B、C 三个反应器中硫酸盐去除率和出水硫化物浓度的变化情况。第 7 天时，A 和 B 两个反应器（$COD/[SO_4^{2-}]=2$）的 SO_4^{2-} 去除率已经达到 50%，两反应器硫酸盐去除率变化情况几乎相同，而 C 反应器（$COD/[SO_4^{2-}]=1$）的 SO_4^{2-} 去除率仅有 16%。到第 11 天时，A、B 两反应器 SO_4^{2-} 去除率均达到 70% 以上。C 反应器 SO_4^{2-} 去除率上升比较缓慢，直到第 60 天以后，其 SO_4^{2-} 去除率才达到 60% 左右。以后虽然又经过 30d 的运行，C 反应器中 SO_4^{2-} 去除率仍没有多大的变化。

从图 7-4 可以看出，A、B 两反应器出水硫化物浓度变化情况几乎相同。在第 7 天时，A、B 两反应器的出水硫化物浓度已经达到 100mg/L，第 15 天后，A、B 两反应器的出水硫化物浓度已经稳定在 230mg/L 左右。C 反应器从一开始，出水硫化物的浓度就较低（只有 20mg/L 左右），此后增加也很缓慢，70d 后才稳定在约 180mg/L。

A、B、C 三个反应器中，COD 的去除率在启动初期都在 70%～95%，并且与 HRT 的改变没有明显的关系。在整个实验运行阶段，三个反应器中 COD 的去除率基本保持在 80% 左右。

（2）污泥的颗粒化程度

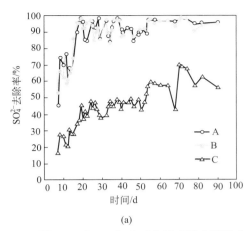
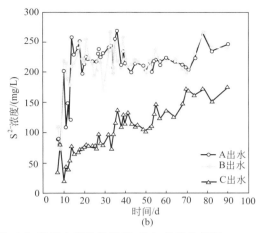

图 7-4 A、B 和 C 三个反应器中硫酸盐去除率（a）和出水硫化物浓度（b）的变化情况

反应器运行到 30d 时，从反应器底部取少量污泥观察，A、B 两个反应器中都出现了颗粒污泥，C 反应器中没有颗粒污泥。其中 B 反应器中污泥的颗粒大小及数量都明显地优于 A 反应器。污泥颗粒为黑色，直径大都为 2～3mm，少数直径超过 4mm。颜色也由黑色逐渐变为灰白色。随着颗粒的增大和增多，颗粒污泥的黏性也逐渐增加，到第 80 天左右，颗粒污泥聚集成大团，使产生的甲烷气体排出不畅，造成污泥上浮现象。大约两周以后，污泥不再上浮，反应器运行稳定。在第 60 天时，C 反应器中也出现颗粒污泥，但是其颗粒较小（约 2mm），数量也较少；此时，A、B 两反应器中的颗粒污泥已全部实现颗粒化（见图 7-5，彩图见插页）。

（3）COD/$[SO_4^{2-}]$ 值、SO_4^{2-} 负荷和 HRT 对启动和颗粒化速度的影响

从 UASB 反应器的启动速度来看，A、B 两反应器（COD/$[SO_4^{2-}]$＝2）的启动速度要比 C 反应器（COD/$[SO_4^{2-}]$＝1）的启动速度快得多。这说明，COD/$[SO_4^{2-}]$ 值对于 UASB 反应器的启动速度和硫酸盐的还原率来说是至关重要的。

A、B 两反应器进水相同，仅 HRT 不同，B 反应器中污泥的颗粒化程度也明显地优于 A 反应器。在相同进水 COD 和硫酸盐浓度条件下，负荷高和 HRT 低，有利于污泥的颗粒化。显然，

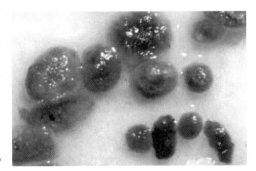

图 7-5 硫酸盐还原反应器形成灰白色、外表有大量黏膜的颗粒污泥

反应器 B 中从一开始就施加了较强的选择压是其污泥迅速颗粒化的原因，说明选择压对于污泥的颗粒化程度至关重要。

A、C 两反应器 SO_4^{2-} 负荷和 HRT 都相同（18d 后），A 反应器污泥的颗粒化程度优于 C 反应器。与 A 比较，反应器 C 在相同的硫酸盐负荷下运行，但 COD/$[SO_4^{2-}]$ 值低，硫酸盐的去除率低。主要原因是 UASB 反应器中除了硫酸盐还原菌（SRB）以外，还有大量的产甲烷菌（MPB），MPB 与 SRB 对 COD 产生竞争，使 SRB 实际消耗的 COD 减少，推测在低 COD 浓度下硫酸盐还原菌的竞争似乎受到碳源的限制。

在 A、B、C 三个反应器运行到 70d 时，从反应器底部取样，对反应器内污泥的产甲烷

活性和硫酸盐还原活性（即产硫化氢活性）进行了测定。测定结果列在表 7-11 中，污泥产甲烷活性用产甲烷速率来表示，污泥的产硫化氢活性用 SO_4^{2-} 的降解速率来表示。

表 7-11　不同污泥的产甲烷活性比较

污泥种类	原始污泥	A 污泥	B 污泥	C 污泥
最大比产甲烷活性/[mL CH₄/(g VSS·d)]	124.4	70.7	70.2	74.4
SO_4^{2-} 降解活性/[mg SO_4^{2-}/(g VSS·d)]	9.33	21.0	20.0	11.7
甲烷 COD 占总去除 COD 的比例/%		67	67	80

可以看出，原始污泥的最大比产甲烷活性为 124mL CH₄/(g VSS·d)，而不同条件下驯化培养的 3 种污泥的比产甲烷活性几乎相同，都比原始污泥小。由于反应器中硫化物浓度较高，H_2S 对产甲烷菌产生一定的抑制作用，其产甲烷活性必然要比原始污泥的产甲烷活性低。

A、B 两个反应器出水硫化物浓度在 230mg/L 左右，C 反应器的出水硫化物浓度约为 180mg/L。A、B、C 三个反应器的污泥的产甲烷活性相差不大，主要是由于抑制产甲烷菌活性的是 H_2S 分子，可以按照下式计算 [H_2S] 的大小：

$$f = \frac{1}{1 + \dfrac{K_1}{10^{-pH}}} \tag{7-9}$$

$$[H_2S] = [总硫] \times f \tag{7-10}$$

进水 pH 均在 7.8，但随着反应器的运行，其出水 pH 都稳定在 7.3 附近。按照式（7-9）计算，$f=0.25$。A、B 反应器中 [H_2S] 为 57.5mg/L，C 反应器中 [H_2S] 为 37.5mg/L。三个反应器中折合成 H_2S 浓度以后相差不大。由于系统内 pH 较高，尽管 COD/[SO_4^{2-}] 值低，但是，未离解的硫化氢浓度不高，不足以完全抑制产甲烷菌。

从产硫化氢活性（见表 7-11）对比可以看出，A、B 两个反应器内的污泥的产硫化氢活性比原始污泥和 C 反应器内的污泥的产硫化氢活性高出将近 1 倍，C 反应器内污泥的产硫化氢活性与原始污泥的基本一致，硫酸盐还原菌需要有充足的 COD 作为"食物"和还原硫酸盐的电子供体，才可以充分地将废水中的硫酸盐还原。

但出人意料的是，在低浓度 COD 条件下，即使 COD/[SO_4^{2-}]=1，对 COD 的去除也没有产生抑制作用。主要是在低浓度条件下，基质限制导致硫酸盐还原菌生长受到限制。

（4）pH 对 UASB 反应器运行的影响

在 C 反应器中通过加入稀盐酸使进水 pH 逐渐降低，调整 pH 使厌氧反应器 pH 稳定在 6.2～6.5。实验共持续了 22d，硫酸盐的还原率为 30%～40%，COD 的去除率为 40% 左右。出水硫化物的浓度为 100mg/L 左右。在实验过程的后期，产甲烷活动完全停止。硫酸盐的还原率降低 10%～15%，主要是由于出水 pH 低，硫化氢抑制作用增强造成的。在较低的 pH 条件下，产甲烷活性和硫酸盐的还原活性都会降低。实验中还发现，在低 pH 下运行一段时间后，如果将 pH 升高，污泥的硫酸盐还原活性很快就能恢复，并且产甲烷过程也开始。

（5）小结

硫化物对厌氧消化具有严重的抑制作用，甚至会导致整个工艺失败。因此，最初关于硫酸盐还原的研究主要集中在对厌氧废水处理中的副作用方面（Rinzema 和 Lettinga，1988），例如，H_2S 的毒性评价、产硫化氢微生物和产甲烷微生物之间竞争及对产硫化氢细菌的抑制等。保障厌氧处理系统稳定运行的措施汇总于表 7-12。

表 7-12　保障硫酸盐废水厌氧处理系统稳定运行的主要技术措施

措　施	程　序
稀释进水 H_2S 浓度	不含硫酸盐的工艺水或经过去除硫酸盐后的出水循环回流;硫化物气提;硫化物沉淀;在氧、硝酸盐或阳光作用下,硫化物生物氧化为单质硫;化学氧化为单质硫
减少未电离 H_2S 浓度	提高反应器的 pH 提高反应器的温度 硫化物沉淀,如加金属盐 利用下面方法对反应器进行气提吹脱:提高反应器内混合程度;经过洗涤后的沼气循环回流;其他气体气提(如 N_2 和空气)
产生的 H_2S 和 CH_4 分离	两级厌氧消化 升流式多级污泥床(USSB)反应器
加 SRB 选择性抑制剂	加与硫酸盐类似的盐类(如 MoO_4^{2-}) 加过渡单质(如 Cu、Co、Zn 或 Ni) 加抗体

7.4　硫酸盐还原反应器

7.4.1　硫酸盐还原反应器的开发思路

在产甲烷反应器中，硫酸盐还原过程的完全抑制和有机基质完全转化为甲烷，对产甲烷过程来说是最优的选择。遗憾的是，迄今为止，还没有发现可用于生产性厌氧反应器中成功抑制硫酸盐还原菌（SRB）作用的选择性抑制剂。这就意味着在硫酸盐含量比较高的废水的厌氧处理过程中，硫酸盐还原反应还不能够被消除，也没有非常有效的方法完全阻止 H_2S 的产生。通过对高含硫酸盐废水厌氧处理工艺的研究，人们已经逐渐摆脱单纯避免硫酸盐还原反应的思路，转而研究利用硫酸盐还原反应的可能性，因而研究的问题就从如何避免含硫酸盐废水形成硫化氢，转变为如何更经济、高效地产生硫化氢。

这与前面章节中讨论的出发点有很大不同。事实上，目前通过对硫酸盐还原反应的研究，控制硫酸盐完全还原为 H_2S 是有可能的。可以通过 SRB 与其他细菌对可利用的有机基质的有效竞争能力和其他细菌对 H_2S 的敏感性，来提高硫酸盐还原反应的效率。厌氧消化过程中，在以产生 H_2S 为目的的硫酸盐反应器中，SRB 完全可以比产甲烷菌更有效地利用氢和乙酸而发生硫酸盐还原反应。

7.4.2　硫酸盐还原反应器的运行

（1）电子供体的选择

对于不含电子供体和碳源的废水或含有不充足电子供体和碳源的废水来说，完成完全的硫酸盐还原反应需向废水中加入适当的电子供体。除了考虑硫酸盐还原速率外，电子供体的选择还决定于以下两方面因素：

① 每还原单位硫酸盐所需加入的电子供体的费用；

② 加入电子供体给废水带来的其他污染应该最低或很容易去除。

在硫酸盐还原反应过程中，需尽可能避免生成甲烷和乙酸等不希望的副产品。可能的电子供体包括有机废物（如初沉污泥、废酵母、乳清、酒糟）和化学品［如 H_2、合成气（H_2、CO 和 CO_2 混合气体）、乙醇和甲醇］，见表 7-13。

作为碳源，有机废物具有低成本的优点，但是其成分复杂，工艺控制可能很困难。例如，在降解有机废物过程中的中间产物可能会促进工艺不需要的产甲烷菌生长。另外，

表 7-13　生物脱硫工艺中不同电子供体条件下对硫酸盐和亚硫酸盐的去除速率

电子供体	$T/℃$	反应器类型	SO_4^{2-} 的去除速率 /[g/(L·d)]	SO_3^{2-} 的去除速率 /[g/(L·d)]	H_2S 的产率 /CH_4 的产率	研究者
酒糟	31	填充床	6.5	没投加	没报道	Maree 和 Strydom，1987
消化污泥	30	填充床	没投加	46	100%/0%	Selvaraj 等，1997
乳酸	室温	推流反应器	0.41	没投加	没报道	Hammack 等，1994
乙酸	35	填充床	65	没投加	100%/0%	Stucki 等，1993
乙酸	33	EGSB 反应器	9.4	没投加	没报道	Dries 等，1998
乙醇	35	UASB 反应器	6	没投加	没报道	Kalyuzhnyi 等，1997
合成气	30	气提反应器	10	没投加	100%/0%	van Houten 等，1995
H_2/CO_2	30	填充床	1.2	没投加	100%/0%	du Preez 和 Maree，1994
H_2/CO_2	30	气提反应器	30	没投加	100%/0%	van Houten 等，1994
H_2/CO_2	55	气提反应器	7.5	9.3	50%/50%	Kaufman 等，1996
CO	30	填充床	2.4	没投加	100%/0%	du Preez 和 Maree，1994

Janssen 等认为有机化合物的不完全降解可能降低后续工艺的运行效率。根据投加的电子供体最好不给废水带来新污染的原则，乙醇、甲醇等简单的有机化合物或合成气比复杂有机物（如酒糟废水）更适合作电子供体。

科研人员采用纯化学物质乳酸、乙醇和乙酸用于硫酸盐还原，在实验室规模的中温反应器中进行了大量实验，见表 7-13。但是，在工业生产规模的反应器中采用这样的化学品，价格可能非常昂贵。气态的 H_2/CO_2 是相对便宜的化学药剂。由表 7-13 可见，采用这些电子供体在中温气提反应器中可以取得较好的硫酸盐去除速率。

在高温条件下采用 H_2/CO_2，硫酸盐的去除速率较低，发现投加的氢气有一半用于甲烷化过程。van Houten 等认为这可能是高温条件对产甲烷菌动力学生长特性有利的原因。

甲醇也是相对便宜的重要化学药剂。一般化学合成的甲醇包含的杂质水平很低，对硫酸盐还原过程产生的副反应可以忽略。Weijma 通过利用甲醇作为电子供体的研究发现，在 pH 值为 7.5、温度为 65℃ 的条件下，SRB 在甲醇的利用上竞争不过产甲烷菌。

在中温条件下，在有硫酸盐存在的情况下，SRB 比 MPB 嗜氢产甲烷菌更能有效地竞争 H_2。基于以上特点，van Houten 等在以浮石为载体（用来固定 SRB）的气提反应器（具有较好的气液传质效果）中，考察 H_2/CO_2（80%：20%）基质条件下的硫酸盐还原效果。实验结果表明，浮石上的 SRB 生物膜很快适应高达 450mg/L 的游离态 H_2S，在 30℃ 条件下经过 10d 左右的运行，硫酸盐去除负荷达到 30g SO_4^{2-}/(L·d)，实验期间没有发现甲烷产生。对于大型的处理设施，H_2 因太贵而不可能被使用，加入合成气（H_2、CO 和 CO_2 的混合气）是一种经济的替代方法；对于小型的处理设施，乙醇或甲醇则是比较适合的。

van Houten 等发现使用合成气，CO 似乎不能作为 SRB 的电子供体，当气相中的 CO 浓度在 5%～10% 时，CO 对 SRB 具有毒性。因此，硫酸盐负荷限制在 10g SO_4^{2-}/(L·d) 以内，使用 CO 可以培养出成层的生物颗粒污泥。在颗粒污泥中，与产酸菌类似的乙酸杆菌（*Acetobacterium*）主要分布在颗粒污泥外围，而硫酸盐还原菌（脱硫弧菌属，*Desulfovibrio*）则分布在颗粒污泥内部。因此，当使用合成气作为基质时，可以让硫酸盐还原菌固定生长在载体材料或颗粒污泥中。

（2）低硫酸盐浓度下硫酸盐还原反应器的运行

考察硫酸盐还原反应器在不同硫酸盐浓度和 COD/[SO_4^{2-}] 值条件下稳定运行的情况，

对于工程设计和实际操作运行具有重要的指导意义。出水硫化物的浓度与 $COD/[SO_4^{2-}]$ 的值有关。

图 7-6 是前面章节描述的硫酸盐还原反应器在稳定条件下的运行结果，反映了 $COD/[SO_4^{2-}]$ 值对硫酸盐还原菌（SRB）降解 COD 比例的影响。从前面章节的讨论可知，在高浓度 COD 和硫酸盐进水条件下，$COD/[SO_4^{2-}]$ <5.0 时，系统中 SRB 将占优势。通过实验发现，在低硫酸盐进水浓度条件下，在 $COD/[SO_4^{2-}]>1.0$ 时，SRB 降解的 COD 仅占 $40\%\sim60\%$，系统中仍然是 SRB 和产甲烷菌（MPB）共存的情况。理论上 $COD/[SO_4^{2-}]$ 值越低，SRB 降解 COD 的比例应该越高。在 $COD/[SO_4^{2-}]=1$ 时，系统运行了 78d 后，SRB 降解 COD 的比例逐渐增加到 $60\%\sim70\%$。显然，在低硫酸盐进水浓度条件下，SRB 和 MPB 的竞争不同于高浓度的情况。

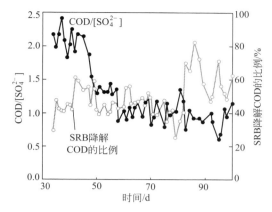

图 7-6 实验阶段 $COD/[SO_4^{2-}]$ 值对 SRB 降解 COD 的比例的影响

SRB 降解 COD 的比例是根据测量数据计算的，在计算 SRB 和 MPB 对 COD 的竞争情况时，要考虑 $S_2O_3^{2-}$ 对计算的影响。理论上 $1g$ SO_4^{2-} 还原成 $S_2O_3^{2-}$ 需要 $0.354g$ COD，还原成 S^{2-} 需要消耗 $0.67g$ COD。可以按照下式计算 SRB 降解 COD 的比例：

$$COD_{SRB} = \frac{([SO_4^{2-}]_i - [SO_4^{2-}]_e) \times 0.67 - \frac{96}{56}[S_2O_3^{2-}]_e \times (0.67 - 0.354)}{[COD]_i - [COD]_e} \times 100\% \quad (7-11)$$

式中，COD_{SRB} 为 SRB 降解 COD 的比例，%；$[SO_4^{2-}]_i$、$[SO_4^{2-}]_e$ 分别为进水、出水中硫酸盐的浓度；$[S_2O_3^{2-}]_e$ 为出水中硫代硫酸盐的浓度；$[COD]_i$、$[COD]_e$ 分别为进水、出水中 COD 的浓度。

实验中 $S_2O_3^{2-}$ 浓度较低（$20\sim60mg/L$），引起 COD 降低了 $10\sim40mg/L$。由于反应器中 COD 的去除率比较高，$S_2O_3^{2-}$ 引起的 COD 误差小于 5%，计算 COD 去除率时可以忽略 $S_2O_3^{2-}$ 的影响。如果体系中 $S_2O_3^{2-}$ 的浓度较高，在计算时还是应该考虑 $S_2O_3^{2-}$ 的影响。

在反应器运行到 90d 后，保持原先的配水不变，调整 HRT，将其从 4h 逐渐缩短，最终到 1.4h。发现在 $COD/[SO_4^{2-}]=2$、$[SO_4^{2-}]=1000mg/L$ 时，随着 HRT 的逐渐缩短，COD 的去除率降低不明显（见表 7-14）。当 HRT 缩短到 1.4h 时，SO_4^{2-} 负荷为 $19kg/(m^3 \cdot d)$，SO_4^{2-} 去除率仍能达到 90%。

表 7-14 UASB 反应器 HRT 实验部分结果

时间/d	HRT/h	SO_4^{2-} 去除率/%	COD 去除率/%	出水 $[S^{2-}]$/(mg/L)	pH	SO_4^{2-} 负荷/[kg/(m³·d)]	COD 负荷/[kg/(m³·d)]
90～104	2.3	98	55～60	230	7.1	10	22
105～111	2.0	90	55	280	6.9～7.1	14	28
112～132	1.7	98	45～50	260	6.88	15	33
133～138	1.4	>90	40	260	6.86	19	43

但是从 SRB 和 MPB 对 COD 的竞争情况（见图 7-7）来看，反应器在缩短 HRT 前（HRT=4h），SRB 降解 COD 的比例为 40%～50%，SRB 并没有占优势。随着 HRT 的缩短，SRB 降解 COD 的比例快速上升，在第 106 天时（pH=6.9），已经上升到 96% 以上，COD 的降解几乎完全是由 SRB 完成的。

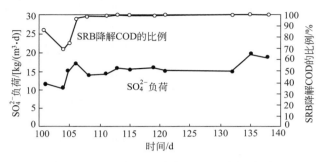

图 7-7 HRT 对 SRB 降解 COD 比例的影响

出水硫化物的浓度在 260mg/L 左右，HRT 的改变对出水硫化物的浓度影响不大。但是，由于 COD 负荷提高会产生有机酸的积累，使 pH 降低，体系中 $[H_2S]$ 增加，对 MPB 的活性抑制增大。当 pH 下降到 6.9 左右时，体系中游离 H_2S 的浓度为 120mg/L，产甲烷活性几乎完全抑制。

（3）甲醇进水高温反应器中的硫酸盐还原

1）COD/$[SO_4^{2-}]$值的影响

Lettinga 等研究了在 EGSB 反应器中 COD/$[SO_4^{2-}]$ 的变化对甲醇利用的影响，结果见表 7-15 和图 7-8。在 EGSB 反应器第 I 阶段（59～61d），硫化氢浓度从 0.5g/L 增加到 3.8g/L，平均形成硫化氢 2.2g COD/(L·d)，在第 II 阶段增加到 6.4g COD/(L·d)，而平均的甲烷产量从 8.4g COD/(L·d)减少到 5.4g COD/(L·d)。通过进一步降低 OLR 并将 COD/$[SO_4^{2-}]$值降低到 0.46，刺激了硫酸盐还原菌和产甲烷菌之间对电子供体的竞争（第 III 阶段），甲烷产量立即降低到 3.5g COD/(L·d)，而硫化氢的形成仅有很小的影响，仅当 OLR 减小到 6.6g COD/(L·d)（COD/$[SO_4^{2-}]$值为 0.34）的第 IV 阶段硫化氢的形成才受到影响，从 7.1g COD/(L·d)降到 5.0g COD/(L·d)。

表 7-15 在限制硫酸盐浓度和甲醇浓度情况下 EGSB-II 反应器的运行情况

阶段	时间/d	OLR/[g COD/(L·d)]	SLR/[g SO_4^{2-}/(L·d)]	COD/$[SO_4^{2-}]$	出水 MeOH/(g COD/L)	出水硫酸盐/(g/L)	VSC/[g COD/(L·d)]	VMC/[g COD/(L·d)]	VAC/[g COD/(L·d)]
I	59～61	15.4±0.1	2.6±0.0	5.9	0.37	0.05	2.2±0.0	8.4±0.1	0.7
II	62～67	15.4±0.0	19.8±0.0	0.78	0.40±0.01	2.2±0.1	6.4±0.7	5.4±0.3	0.6±0.0
III	67～71	9.2±0.1	19.8±0.0	0.46	0.13±0.01	—	7.1±0.2	3.5±0.2	0.5±0.0
IV	72～77	6.6±0.0	19.6±0.0	0.34	0.03±0.01	—	5.0±0.9	1.6±0.8	0.2±0.1
V	78～88	15.4±0.2	16.4±0.6	0.93	0.47±0.16	—	6.3±0.8	3.1±0.5	0.1±0.1

注：MeOH 为甲醇浓度；VSC 为以所测产硫化氢体积表示的 COD 转化率；VMC 为以所测产甲烷表示的 COD 转化率；VAC 为以所测产乙酸体积表示的 COD 转化率。

为了评价甲烷产量是否可恢复，在第 78 天将 OLR 增加到 15.4g COD/(L·d)（第 V 阶段）。此时甲烷产量恢复到 3.1g COD/(L·d)，与第 II 阶段相比减少了约 40%。相反，硫化氢的产生能力一直很高。将污泥暴露在甲醇限制条件下 10d 后（第Ⅲ、Ⅳ阶段），暂时较低的 COD/[SO_4^{2-}]值期间，甲烷化过程被部分不可逆地抑制。

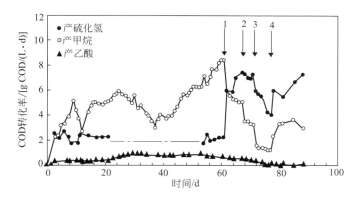

图 7-8　EGSB-Ⅱ反应器的运行条件[HRT=4h，OLR=15.4g COD/(L·d)，SLR=2.6g SO_4^{2-}/(L·d)]
1—SLR 在 62d 增加到 19.8g SO_4^{2-}/(L·d)；2—OLR 在 68d 减少到 9.2g COD/(L·d)；
3—OLR 在 72d 减少到 6.6g COD/(L·d)；4—OLR 在 78d 增加到 15.4g COD/(L·d)

　　在 EGSB 反应器中由硫酸盐限制条件（COD/[SO_4^{2-}]为 5.9）转变到非硫酸盐限制条件（COD/[SO_4^{2-}]为 0.34），发现甲烷产量减少了 80%。值得注意的是，COD/[SO_4^{2-}] 值第一次从 5.9 降低到 0.78,保持出水中的甲醇浓度为 0.4g COD/L。因此,降低 COD/[SO_4^{2-}]值引起的甲烷产量降低不能归因于嗜甲基产甲烷菌的动力学限制。根据 Weijma 的研究，在高温厌氧污泥培养中以甲醇为基质，H_2/CO_2 可能是产甲烷菌的主要前体。因此，第Ⅰ阶段降低 COD/[SO_4^{2-}]值造成甲烷产量降低，可能是由于嗜氢产甲烷菌的动力学限制。随后逐步降低 COD/[SO_4^{2-}]值到 0.46 和 0.34，引起出水甲醇和乙酸浓度的降低。此时甲烷产量降低可能是由嗜甲基产甲烷菌和嗜乙酸产甲烷菌的动力学限制所引起的。

　　2）pH 的影响

　　Lettinga 等研究了 pH 在 6.25～7.50 之间的变化对 SRB 和 MPB 转化甲醇的影响。pH从 7.50 降低到 7.15，通过测量总的硫化物浓度和 pH，可以计算出游离 H_2S 浓度从 24mg S/L 增加到 58mg S/L，甲烷产量在 1d 内降低了 25%。进一步调低 pH 为 6.75，游离 H_2S 浓度从 63mg S/L 增加到 104mg S/L，甲烷产量在 2d 时间内又减少了 38%。这一期间对甲烷产量的总抑制率为 76%，在这种情况下抑制原因是游离 H_2S 的增加。将 pH 调回到 7.50后，甲烷产量并没有恢复。在低 pH 期间，硫化氢逐渐从 0.9g COD/(L·d)增加到 2.0g COD/(L·d)，实验结束时进一步增加到 2.4g COD/(L·d)，对应的硫酸盐去除率为 90%。

　　结果表明，在高温条件下，将处理含甲醇和硫酸盐进水的 EGSB 反应器污泥短期暴露在微酸性条件下，并保持甲醇污泥负荷接近于硫酸盐还原菌污泥的最大比甲醇降解速率，将显著减少甲烷的生成，可以迅速培养低甲烷活性的硫酸盐还原污泥。采用同样的反应器和接种污泥，长期在甲醇中（直到 150d）在类似的高有机负荷和硫酸盐负荷条件下，SRB 几乎完全竞争过 MPB。另外，在甲醇限制的条件下，当 SRB 占优势时，甲烷产量很可能保持低水平。

　　3）硫化氢的影响

　　Lettinga 等采用间歇实验评价硫化氢对 EGSB 反应器中接种污泥的影响，实验结果表明，在硫化氢浓度为 200～1600mg/L、pH=7.5 的条件下，甲烷活性随硫化氢浓度线性下

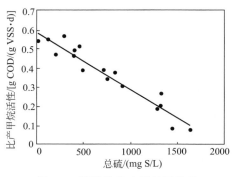

图 7-9 污泥的比产甲烷活性是
总硫化物浓度的函数
（污泥取自 EGSB 反应器）

降，在 980mg S/L 时发生 50% 的抑制（见图 7-9）。

在硫酸盐限制和 pH＝7.5 的条件下，EGSB 反应器中总硫化物浓度高达 1200～1700mg S/L 的 10d 内，甲烷产量仅降低了 35%。随后降低总硫化物的浓度为 800～1000mg S/L，在两周内甲烷产量逐渐完全恢复。在以甲醇为基质的高温反应器中，硫化氢的浓度高达 1000mg S/L 却并没有抑制甲烷化过程，而且这么高的硫化氢浓度不利于硫酸盐的还原；高的总硫化物浓度（1200～1700mg S/L）必须维持几个星期才会降低甲烷活性。如果在反应器中接种低硫酸盐还原活性的污泥，只有长期采用非常长的 HRT 才能获得这样高浓度的硫化物。因此，在连续反应器中，利用高浓度硫化物抑制产甲烷活性是不实用的。

7.4.3 硫酸盐还原和产酸反应器中的微生物群落

（1）实验条件和代谢类型

在硫酸盐还原过程中，$COD/[SO_4^{2-}]$ 值是（直接）可控的。王爱杰等在动态研究中，以 $COD/[SO_4^{2-}]$ 值为控制条件，考察了其变化引起的优势种群的变迁和定向性的群落生态演替，实验条件见表 7-16。

表 7-16　产酸脱硫反应器的运行条件

转化实验	操作条件				
	$COD/[SO_4^{2-}]$	COD/(mg/L)	SO_4^{2-}/(mg/L)	硫酸盐负荷/[kg SO_4^{2-}/(m³·d)]	HRT/h
快速启动	5.0	3000	600	1.0→3.0	14.4→4.8
降低 $COD/[SO_4^{2-}]$ 值	5.0→3.0	3000	600→1000	3.0→4.0	4.8→6.0
提高 $COD/[SO_4^{2-}]$ 值	3.0→4.2	3000→4200	1000	4.0	6.0
降低 $COD/[SO_4^{2-}]$ 值	4.2→2.0	4200	1000→2100	4.0→10.0	6.0→4.8

代谢类型是依据酸性末端产物中挥发性脂肪酸（VFA）的分布判断微生物的生理代谢途径。按 Cohen 等的划分，普通产酸相反应器中的代谢类型是典型的丁酸型发酵。产酸脱硫反应器在不同 $COD/[SO_4^{2-}]$ 值条件下，酸性末端产物中乙酸始终占据主导地位，占 50%～82%。表 7-17 是相同运行条件下，产酸脱硫反应器与普通产酸相反应器的酸性末端产物分布比较。因此，王爱杰等提出这种末端 VFA 中乙酸占绝对比例的硫酸盐还原过程为乙酸型代谢。

表 7-17　产酸脱硫反应器与普通产酸相反应器的酸性末端产物分布比较

反应器		液相末端产物中 VFA 的分布/(mmol/L)					酸化率[1]/%	乙酸的分布比例/%
		乙酸	丙酸	丁酸	乳酸	乙醇		
产酸脱硫反应器（乙酸型代谢）	启动期 $COD/[SO_4^{2-}]$＝5.0	16.42	6.84	7.11	2.88	0.58	55.2～70.5	50.3～53.9
	$COD/[SO_4^{2-}]$＝3.0	20.55	2.44	7.51	1.41	0.76	65.2～83.4	56.8～77.6
	$COD/[SO_4^{2-}]$＝4.2	23.93	1.47	4.92	1.84		62.4～90.6	58.5～82.0
	$COD/[SO_4^{2-}]$＝2.0	18.78	4.15	8.78	4.27	2.06	45.7～62.8	54.8～62.2
普通产酸相反应器（丁酸型发酵）		9.32	3.85	21.74	3.55	3.44	20.4～41.5	18.2～25.5

① 酸化率：末端产物中 VFA 浓度（以 COD 计）占进水 COD 浓度的百分比。

（2）群落演替规律和生态结构模型

王爱杰等发现 COD/[SO$_4^{2-}$]值从 5.0 降低为 3.0，群落的生态特征发生了一系列改变：HRT 的延长使 pH 提高为 6.1，氧化还原电位（ORP）降低为 −380mV，乙酸的分布比例高达 66%，碱度提高到 1500mg/L（见表 7-18）。在演替过程中，指示性种群发生定向改变，如链球菌属大量出现，代谢葡萄糖产生乳酸，为 SRB 提供底物，促使乙酸的比例大幅度提高，碱度也随之成倍增加。气单胞菌属、产气杆菌的出现使系统产气量提高，大量的梭状芽孢杆菌属为以丁酸作电子供体的脱硫肠状菌属提供了适宜的底物而使其迅速成为优势种群，而利用乙酸的脱硫丝菌属则退居次位。在低碳硫比（COD/[SO$_4^{2-}$]=3.0）条件下形成了优势种群分布稳定型群落。

表 7-18 COD/[SO$_4^{2-}$]值变化引起群落演替规律及其生态特征的变化

群落类型	群落的生态特征					SO$_4^{2-}$ 去除率/%
	优势种群	pH	ORP /mV	碱度 /(mg/L)	乙酸比例/%	
初始群落(COD/[SO$_4^{2-}$] =5.0)	微杆菌、消化球菌、拟杆菌、发酵单胞菌、脱硫弧菌、脱硫杆菌、脱硫丝菌等属	5.1	−280	625	42	70
低碳硫比稳定群落 (COD/[SO$_4^{2-}$]=3.0)	链球菌、拟杆菌、气单胞菌、梭杆菌、梭状芽孢杆菌、葡萄球菌、脱硫肠状菌、脱硫弧菌、脱硫杆菌、脱硫球菌、脱硫丝菌等菌属	6.1	−380	1500	66	88
高碳硫比稳定群落 (COD/[SO$_4^{2-}$]=4.2)	拟杆菌、气杆菌、纤毛杆菌、梭杆菌、气单胞菌、梭状芽孢杆菌、链球菌、脱硫球菌、脱硫肠状菌、脱硫杆菌等菌属	6.2	−430	1700	76	90
低碳硫比亚稳定型群落 (COD/[SO$_4^{2-}$]=2.0)	拟杆菌、微杆菌、气单胞菌、梭杆菌、发酵单胞菌、脱硫杆菌、脱硫球菌、脱硫丝菌等菌属	5.7	−320	2000	51	80

根据产酸脱硫反应器稳定期的群落生态特征和优势种群，王爱杰等建议建立如图 7-10 所示的乙酸型代谢群落的结构模式。污泥外层主要为产乙酸菌（AB）、嗜氢 SRB（HSRB）和嗜乙酸 SRB（ASRB），内层主要为 HPAB（产氢产乙酸菌）和利用 C$_3$ 以上挥发酸的 SRB（FSRB，包括利用丙酸的 p-SRB、利用乳酸的 l-SRB 和利用丁酸的 b-SRB）。这种群落结构实际上由 AB、HPAB 和 SRB 等种群形成一条完整的生物链。就生态层次而言，AB 为生物链的初级，是群落代谢能力的首要环节。AB 与 FSRB、HSRB、ASRB 间存在复杂的偏利共生关系，并通过空间分离生态位维持着代谢有序性。HPAB 和 FSRB 处于生物链的次级，两者通过竞争相同的底物（VFA）而产生分离的营养生态位，即 HPAB 和 FSRB 分别利用不同的 VFA 或在利用 VFA 的顺序上有先后。HSRB 作为生物链的最高级起着重要的作用，它维持着生态系统较低的氢分压，并能促进 HPAB 的产氢产乙酸代谢进程。在污泥絮体的内层应该有 MPB 的分布，但它的存在对群落

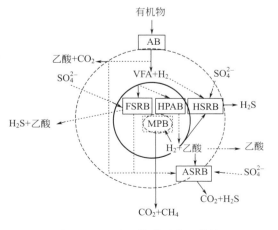

图 7-10 乙酸型代谢群落的结构
模式与种群间关系

结构与功能的贡献极小，可以忽略。

（3）讨论

在调节 $COD/[SO_4^{2-}]$ 值时引起的生态演替过程中，代谢类型始终是乙酸型，特别是在实验中条件变化幅度不大时。例如，$COD/[SO_4^{2-}]$ 值从 3.0 提高到 4.2（见表 7-18），负荷和停留时间没有改变。由 $COD/[SO_4^{2-}]$ 值从 4.2 降低为 2.0 的实验中观察到，由于反应器内负荷和停留时间发生很大变化，此时，尽管仍然属于乙酸型代谢（乙酸的分布比例为 51%），但生态因子的组合偏离了 3 个种群（AB、SRB 和 HPAB）合成代谢的最佳条件，群落的调节能力差，容易因生态因子的改变而破坏其内平衡（见表 7-18）。事实上，$COD/[SO_4^{2-}]$ 值固然是硫酸盐还原过程的关键因素，但是在 $COD/[SO_4^{2-}]$ 值固定的条件下，HRT 和 pH 等因素也是影响稳定群落形成的控制因素。

笔者采用硫酸盐还原反应器在 $COD/[SO_4^{2-}]=2$、$[SO_4^{2-}]=1000mg/L$ 的条件下运行 90d 后，调整 HRT，使之从 4h 逐渐缩短，最终到 1.4h，SO_4^{2-} 负荷提高为 $19kg/(m^3 \cdot d)$，去除率能达到 90%。HRT 的改变对出水硫化物的浓度影响不大，出水硫化物的浓度在 260mg/L 左右。但是，COD 负荷提高会产生有机酸的积累，使 pH 降低，体系中 H_2S 浓度增加，对 MPB 的活性抑制增大。当 pH 下降到 6.9 左右时，体系中游离 H_2S 的浓度为 120mg/L，产甲烷活性几乎完全抑制。

从 SRB 和 MPB 对于 COD 的竞争情况观察，在降低 HRT 以前（HRT=4h），SRB 降解 COD 的比例在 40%～50% 之间，可以说 SRB 并没有占优势。但是，随着 HRT 的降低，SRB 降解 COD 的比例快速上升，在第 106 天时（pH=6.9）已经上升到 96% 以上，COD 的降解几乎完全是由 SRB 完成的。

硫酸盐还原反应器中的生态系统，在其他因子相对稳定的前提下，最重要的影响因子之一 pH 主要取决于 $COD/[SO_4^{2-}]$ 值和硫酸盐负荷或有机负荷。王爱杰等发现 pH 的变化对反应器中 VFA 的分布影响较大。在实验提高负荷时，pH 呈下降趋势。当 pH 降至 5.5 时，反应系统有趋于"酸化"的趋势，VFA 中丁酸和戊酸的比例增加，同时硫酸盐去除率下降至 60% 左右，出水中携带大量 SRB。

参 考 文 献

[1] 崔高峰，王凯军 . 2000. COD/SO_4^{2-} 值对硫酸盐还原率的影响 [J]. 环境科学，21（4）：106-109.

[2] 丁琼，胡纪萃，顾夏声 . 1993. COD/SO_4^{2-} 值对硫酸盐废水厌氧消化的影响 [J]. 环境科学，14（1）：7-12.

[3] 康风先 . 1994. 硫酸盐还原-甲烷化两相厌氧法过程和机理的研究 [D]. 无锡：无锡轻工业学院 .

[4] 柯建明，王凯军 . 1998. 采用好氧气提反应器处理含硫化物废水 [J]. 环境科学，19（4）：62-64.

[5] 刘安波 . 1993. 硫酸盐还原作用对升流式厌氧污泥床工艺性能影响的研究 [D]. 北京：清华大学 .

[6] 刘燕 . 1992. 硫酸根对有机废水厌氧生物处理的影响 [J]. 环境科学，13（5）：50-52.

[7] 莫文英，闵航，等 . 1993. 硫酸盐对不同浓度有机废水厌氧消化的影响 [J]. 环境污染与防治，15（3）：5-8.

[8] 王爱杰，任南琪，黄志，等 . 2002. 产酸脱硫反应器中 COD/SO_4^{2-} 制约的群落生态演替规律 [J]. 环境科学，23（2）：34-38.

[9] 左剑恶，等 . 1991. 高浓度硫酸盐有机废水的厌氧生物处理 [J]. 环境科学，12（3）：61-64.

[10] 左剑恶 . 1995. 高浓度硫酸盐有机废水生物处理新工艺的研究 [D]. 北京：清华大学 .

[11] 左剑恶，等 . 1995. 利用无色硫细菌氧化去除废水中硫化物的研究 [J]. 环境科学，16（6）：7-10.

[12] Alphenaar P A, Visser A, Lettinga G. 1993. The Effect of Liquid Upward Velocity and Hydraulic Retention Time on Granulation in UASB Reactors Treating Waste Water with a High Sulfate Content [J]. Biores Technol, 43：249-258.

［13］ Anderson G K，Donnelly T，Sanderson J A，et al. 1987. Fate of COD in an Anaerobic System Treating High Sulphate Bearing Wastewater ［C］ // International Conference on Innovative Biological Treatment of Toxic Wastewaters. June 24-26，1986，Arlington，Virginia. April，1987：505-532.

［14］ Aulenbach D B，Heukelekian H. 1955. Transformation and Effects of Reduced Sulfur Compounds in Sludge Digestion ［J］. Sewage Ind. Wastes，27：1147-1159.

［15］ Boone D R，Bryant M P. 1980. Propionate-degrading Bacterium，Syntrophobacter wolinii sp. nov. gen. nov. ，from methanogenic ecosystems ［J］. Appl Environ Microbiol，40（3）：626-632.

［16］ Buisman C J N，et al. 1988. A New Biological Process of Sulphide Removal with Sulphur Production ［C］ // Proc of the 5th Int. Symp. of Anaerobic Digestion. Bologna，Italy：19-22.

［17］ Buisman C J N，Yspeert P，Geraats G ，et al. 1990. Optimization of Sulfur Production in a Biotechnological Sulfide-Removing Reactor ［J］. Biotechnology and Bioengineering，35：50-56.

［18］ Choi E，Rim J M. 1991. Competition and Inhibition of Sulfate Reducers and Methane Producers in Anaerobic Treatment ［J］. Wat Sci Tech，23：1259-1264.

［19］ Cohen A，et al. 1979. Anaerobic Digestion of Glucose with Separated Acid Production and Methane Formation ［J］. Wat Res，13：571-580.

［20］ Conn E E，Stumpf P I C，Bruening G，et al. 1987. Outlines of Biochemistry ［M］. 5th ed. New York：Wiley Press.

［21］ Czako L，et al. 1988. Biological Sulfate Removal in the Acidic Phase of Anaerobic Digestion ［C］ // Proc of the 5th Int. Symp. on Anaerobic Digestion（Poster Papers）. Bologna，Italy：833-837.

［22］ De Baere L A，Devocht M，van Assche F，et al. 1984. Influence of High NaCl and NH_4Cl Salt Levels on Methanogenic Association ［J］. Wat Res，18：543-548.

［23］ Dries J，De Smul A，Goethals L，et al. 1998. High Rate Biological Treatment of Sulfate-rich Wastewater in an Acetate-Fed EGSB Reactor ［J］. Biodegradation，9（2）：103-111.

［24］ Du Preez L A，Maree J P. 1994. Pilot-scale Biological Sulphate and Nitrate Removal Utilizing Producer Gas as Energy Source ［J］. Water Science and Technology，30（12）：275.

［25］ Eis B J，Ferguson J F ，Benjamin M M. 1983. The Fate and the Effect of Bisulfate in Anaerobic Treatment. JWPCF 55：1355-1365.

［26］ Gao Yan. 1989. Anaerobic Digestion of High Strength Wastewaters Containing High Levels of Sulphate ［D］. Univ. of Newcastle upon Tyne，England.

［27］ Goorissen. Thermophilic Methanol Utilization by Sulfate Reducing Bacteria ［D］. The Netherlands：Groningen University.

［28］ Grotenhuis JTC. 1992. Structure and Stability of Methanogenic Granular Sludge ［D］. Wageningen，The Netherlands：Wageningen Agricultural University.

［29］ Gunnarsson LÅ H，Rönnow P H. 1982. Interrelationships between Sulfate Reducing and Methane Producing Bacteria in Coastal Sediments with Intense Sulfide Production ［J］. Marine Biology，69（2）：121-128.

［30］ Habets L H A，Knelissen H J. 1999. In Line Biological Water Regeneration in a Zero Discharge Recycle Paper Mill ［C］ // Proceedings of the 5th IAWQ Symposium on Forest Industry Wastewaters. Vancouver，Canada：67-74.

［31］ Hammack R W，Edenborn H M，Dvorak D H. 1994. Treatment of Water from an Open-Pit Copper Mine Using Biogenic Sulfide and Limestone：a Feasibility Study ［J］. Water Research，28（11）：2321-2329.

［32］ Heijnen J J，et al. 1990. Large-scale Anaerobic/Aerobic Treatment of Complex Industrial Wastewater Using Immobilized Biomass in Fluidized Bed and Airlift Suspension Reactors ［J］. Chem Eng Technol，13：202-208.

［33］ Hulshoff Pol. 1989. The Phenomena of Granulation of Anaerobic Sludge ［D］. Wageningen，The Netherlands：Wageningen Agricultural University.

［34］ Isa Z，et al. 1986. Sulphate Reduction Relative to Methane Production in High-rate Anaerobic Digestion：Technical Aspects ［J］. Appl Environ Microbiol，51（3）：572-587.

［35］ Isa Z，Grusenmeyer S，Verstraete W. 1986. Sulfate Reduction Relative to Methane Production in High-rate Anaerobic Digestion：Microbiological Aspects ［J］. Appl Environ Microbiol，51（3）：580-587.

［36］ Janssen A J H，De Keizer A，Lettinga G. 1994. Colloidal Properties of a Microbiologically Produced Sulfur Suspension in Comparison to a LaMer Sulphur sol [J]. Colloids and Surfaces B: Biointerfaces, 3 (1-2): 111-117.

[37] Kalyuzhnyi S V, Fragoso C, Martinez J R. 1997. Biological Sulfate Reduction in an UASB Reactor Fed with Ethanol as Electron Donor [J]. Микробиология, 66 (5): 674-680.

[38] Karhadkar P P, Audic Jean-Marc, Faup G M, et al. 1987. Sulfide and Surfate Inhibition of Methanogensis [J]. Wat Res, 21: 1061-1066.

[39] Kaufman E N, Little M H, Selvaraj P T. 1996. Recycling of FGD Gypsum to Calcium Carbonate and Elemental Sulfur Using Mixed Sulfate-Reducing Bacteria with Sewage Digest as a Carbon Source [J]. Journal of Chemical Technology & Biotechnology: International Research in Process, Environmental and Clean Technology, 66 (4): 365-374.

[40] Koster I W, et al. 1986. Sulphide Inhibition of the Methanogenic Activity of Granular Sludge at Various pH-Levels [J]. Wat Res, 20 (12): 1561-1567.

[41] Kroiss H F, Plahl-Wabnegg. 1983. Sulphide Toxicity with Anaerobic Wastewater Treatment [C] // European Symposium on Anaerobic Wastewater Treatment. the Netherlands: 72-85.

[42] Kuenen J G, Robertson L A. 1992. The Use of Natural Bacterial Populations for the Treatment of Sulfur-Containing Wastewaters [J]. Biodegradation, (3): 239-254.

[43] Kugelmann I J, McCarty P L. 1964. Cation Toxicity and Stimulation in Anaerobic Wastewater Treatment [C] // Proc 19th Ind Waste Conf. Purdue University, West Lafayette, Ind., USA : 667-686.

[44] Laanbroek H J, Abee T, Voogd I L. 1982. Alcohol Conversion by Desulfobulbus Propionicus Lindhorst in the Presence and Absence of Sulfate and Hydrogen [J]. Archives Microbiology, 133 (3): 178-184.

[45] Lawrence A W, et al. 1966. The Effects of Sulfides on Anaerobic Treatment [J]. Air Water Pollut Int J, (10): 207.

[46] Lens P. 1994. Organic Matter Removal in Gradiented Biofilm Reactors [D]. Gent, Belgium: University of Gent.

[47] Lettinga G, Vinken J N. 1980. Feasability of the Upflow Anaerobic Sludge Blanket (UASB) Process for the Treatment of Low-Strength Wastes [C] // Proc 35th Ind Waste Conf. Purdue University, West Lafayette, Ind., USA: 625-634.

[48] Maaskant W, Hobma S W. 1981. The influence of Sulfite on Anaerobic Treatment. H_2O, 14 (25): 596-598.

[49] Maillacheruvu K Y, Parkin G F, Peng C Y, et al. 1993. Sulfide Toxicity in Anaerobic Systems Fed Sulfate and Various Organics [J]. Water Environment Research, 65 (2): 100-109.

[50] Maree J P, Strydom W F. 1987. Biological Sulphate Removal from Industrial Effluent in an Upflow Packed Bed Reactor. Water Research, 21 (2): 141-146.

[51] McCartney D M, Oleskiewicz J A. 1993. Competition between Methanogens and Sulfate Reducers: Effect of COD : Sulfate Ratio and Acclimation [J]. Water Environment Research, 65 (5): 655-664.

[52] Nielsen P H. 1987. Biofilm Dynamics and Kinetics during High-Rate Sulfate Reduction under Anaerobic Conditions. Appl Environ Microbiol, 53: 27-32.

[53] Okabe S, Nielsen P H, Jones W L, et al. 1995. Sulfide Product Inhibition of Desulfovibrio Desulfuricans in Batch and Continuous Cultures [J]. Water Research, 29 (2): 571-578.

[54] Oleskiewicz J A. 1988. Grannulation in Anaerobic Sludge Bed Reactors Treating Food Industry Wastes, Biological Waste.

[55] Parkin G F, Lynch H A, Kuo W C, et al. 1990. Interaction between Sulfate Reducers and Methanogens Fed Acetata and Propionate. Res J Water Pollut Control Fed, 62: 780-788.

[56] Postgate J R. 1984. The Sulphate Reducing Bacteria [M]. UK: Cambridge University Press.

[57] Puhakka Jaakko A, et al. 1990. Effect of Molybdate Ions on Methanation of Simulated and Natural Waste-waters. Applied Microbiology and Biotechnology, 32 (4): 494-498.

[58] Reis M A M, et al. 1992. Effect of Hydrogen Sulfide on Growth of Sulfate Reducing Bacteria [J]. Biotech Bioeng, 40: 593-600.

[59] Renze T, van Houten. 1996. Biological Sulfate Reduction with Synthesis Gas [D]. Wageningen, The Netherlands: Wageningen Agricultural University.

[60] Rintala J, Martin J L S, Lettinga G. 1991. Thermophilic Anaerobic Treatment of Sulfate Rich Pulp and Paper In-

tegrate Process Water. Wat Sci Tech, 24 (3/4): 149-160.

[61] Rinzema A. 1988. Anaerobic Treatment of Wastewater with High Concentrations of Lipid or Sulfate [D] . Wageningen, The Netherlands: Wageningen Agricultural University.

[62] Rudolfs W, Amberg H R. 1952. White-Water Treatment: Ⅱ. Effect of Sulfides on Digestion [J] . Sew Ind Wastes, 24 (10): 1278.

[63] Sarner E. 1990. Removal of Sulfate and Sulfite in an Anaerobic Trickling (Antrie) Filter [J] . Wat Sci Technol, 22: 395-404.

[64] Selvaraj P T, Little M H, Kaufman E N. 1997. Biodesulfurization of Flue Gases and Other Sulfate/Sulfite Waste Streams Using Immobilized Mixed Sulfate-Reducing Bacteria [J] . Biotechnology Progress, 13 (5): 583-589.

[65] Speece R E. 1996. Anaerobic Biotechnology for Industrial Wastewaters [M] . Nashville, Tenn., USA: Archae Press.

[66] Steudel R. 1989. On the Nature of the " Elemental Sulfur" (S^0) Produced by Sulfur-Oxidizing Bacteria— a Model for S^0 Globules [C] // Schlegel H G, Bowien B, Eds. Autotrophic Bacteria, Science Tech Publishers, Madison, W I: 289-303.

[67] Stouthamer A H. 1988. Bioenergetics and Yields with Electron Acceptors Other than Oxygen [M] // Handbook on Anaerobic Fermentations. New York: Marcel Dekker Inc., 345-437.

[68] Stover E L, Brooks, Munirathinam K. 1994. Control of Biogas H_2S Concentrations during Anaerobic Treatment [C] //AIChE Symposium Series, 90 (300) .

[69] Stucki G, Hanselmann K W, Hürzeler R A. 1993. Biological Sulphuric Acid Transformation: Reactor Design and Process Optimization [J] . Biotech Bioeng, 41 (3): 303-315.

[70] van Bellegem T H M, Veen A, Bos H, et al. 1979. Inhibition of Fatty Acid Degradation by Sulfate, Sulfite and Sulfide in Anaerobic Systems [R] . Report No. 2250, Proefstation voor aardappelverwerking, Groningen, The Netherlands.

[71] van Houten R T, et al. 1997. Thermophilic Sulphate and Sulphite Reduction in Lab-Scale Gas-Lift Reactors Using H_2 and CO_2 as an Energy and Carbon Source [J] . Biotechnol Bioeng, 55: 807-814.

[72] van Houten R T, Pol L W H, Lettinga G. 1994. Biological Sulphate Reduction Using Gas-Lift Reactors Fed with Hydrogen and Carbon Dioxide as Energy and Carbon Source [J] . Biotechnology and Bioengineering, 44 (5): 586-594.

[73] van Houten R T, van Aelst A C, Lettinga G. 1995. Aggregation of Sulphate-Reducing Bacteria and Homo-Acetogenic Bacteria in a Lab-scale Gas-Lift Reactor [J] . Water Science and Technology, 32 (8): 85-90.

[74] Velasco A A, Frostell B. 1985. Full Scale Anaerobic-Aerobic Biological Treatment of a Semi-Chemical Pulping Wastewate [C] // 40th Annual Purdue Industrial Waste Conference Proceedings, 297.

[75] Visser A. 1995. The Anaerobic Treatment of Sulfate Containing Wastewater [D] . Wageningen, The Netherlands: Wageningen Agricultural University .

[76] Weijma J, et al. 2002. Optimisation of Sulphate Reduction in a Methanol-Fed Thermophilic Bioreactor [J] . Water Research, 36: 1825-1833.

[77] Widdel F. 1988. Microbiology and Ecology of Sulfate- and sufur-Reducing Bacteria [M] //Zehnder A J B, Ed. Biology of Anaerobic Microorganisms. New York: John Wiley & Sons, 469-585.

[78] Widdel F. 1991. The Genus Desulfotomaculum [M] // Balons A, Truper H G, Duorkin M H, et al. The Prokaryotes. 2nd Ed. 1792-1799.

[79] Yang C H J, Parkin G F, Speece R E. 1979. Recovery of Anaerobic Digestion after Exposure to Toxicants [R] . Final Report Prepared for the US Dept. of Energy. Contract No. EC-77-S-02-4391.

[80] Yoda M, Kitagawa M, Miyaji Y. 1987. Long Term Competition between a Sulfate-Reducing and Methane-Producing Bacteria for Acetate in Anaerobic Biofilm [J] . Wat Res, 21: 1547-1556.

[81] Young J C, Tabak H. 1969. Anaerobic Filter for Waste Treatment [J] . Sew and Ind Wastes, 41: 5.

第8章 厌氧反应系统的设计

完整的厌氧废水处理系统一般包括预处理系统，厌氧处理系统，沼气的收集、储存、处理

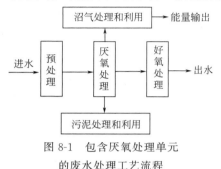

图 8-1　包含厌氧处理单元
的废水处理工艺流程

和利用系统，好氧后处理系统以及污泥处理系统（见图 8-1）。

本章试图根据前面章节的内容，提出并探讨厌氧系统相关设计问题。到目前为止，厌氧反应器的设计仍然是一个纯经验的过程，很难采用数学公式化的方法进行。本节通过国内外工程实践中总结的一些规律，提出在厌氧系统设计应用中值得注意的一些问题，同时根据厌氧反应器的构成和运行规律加以系统化。

本章将依次对厌氧预处理系统、厌氧处理反应器系统以及沼气处理和利用系统有关设计和设备等内容进行重点描述，而好氧处理和污泥处理等内容可以在其他教科书和手册中获得，本章不再详细论述。

8.1 厌氧预处理系统的设计

与其他废水处理系统一样，厌氧处理系统也需要必要的预处理系统。从功能方面考虑，厌氧处理的预处理系统除了有与一般处理系统相似的水质和水量调节系统以外，pH 调控系统、热平衡系统、适当的水解酸化和投加营养元素等，对保证厌氧反应器的正常运行也至关重要。因此，还需要有生物酸化功能、水温调节功能和 pH 控制功能等不同的特殊要求。这使厌氧预处理系统更加复杂，功能要求更多更高。

另外，还需通过预处理去除和抑制对厌氧过程有抑制性的物质，从而达到改善厌氧生物反应条件的目的。也就是说，改善厌氧可生化性也是厌氧预处理最重要的目的之一。

厌氧预处理系统的硬件主要包括集水井、泵房、格栅间、除油池、调节池、中和池、初沉池（或溶气气浮池）和酸化池等构筑物，粗细格栅、中和加药设备、废水加温和热交换设备等设备，以及 pH 控制和仪表等系统。

8.1.1 机械预处理系统

机械预处理主要包括以格栅为主体的集水井、泵房、格栅间和沉砂池等构筑物及相关的机械设备。机械预处理的目的之一是去除粗大固体物以及无机的可沉固体，这对易于发生堵塞的厌氧滤池（AF）尤为重要，也是保护其他类型厌氧反应器的布水系统免于堵塞所必需的。无机固体物质在厌氧反应器内积累会占据大量的池容，而反应器池容的减小最终将导致系统完全失效，因此，恰当的机械预处理系统要求有效地去除大的固体、砂和砾石。

（1）格栅间

格栅主要去除废水中的粗大悬浮物和漂浮物，主要是为防止后续处理阶段的机械部件特

别是厌氧反应器配水管的堵塞。当废水中含有粗大杂物时,除用细格栅外,还要设置粗格栅,见图8-2。一般格栅间具有下列设备:① 粗、细格栅或水力筛;② 栅渣料斗;③ 清洗装置;④ 皮带输送和压榨机。

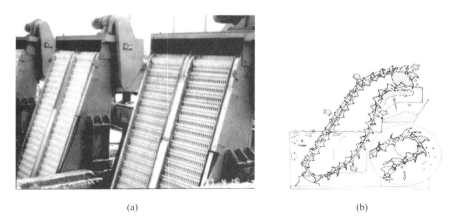

(a)　　　　　　　　　　　(b)

图 8-2　国产回转格栅实例(a)和格栅工作原理(b)

格栅的设计在一般的污水处理设计手册中都有描述,本章不作进一步介绍。去除后的栅渣可采用皮带输送机或带有压榨功能的螺旋输送机(见图8-3)输送到栅渣料斗,以备外运。

(a)　　　　　　　　　　　(b)

图 8-3　带有压榨功能的螺旋输送机

由于工业污水中往往包含有细小固体杂质,如碎布、果壳、禽羽等,一般格栅不能截留,如不去除会给后续处理构筑物和设备带来运行上的麻烦,因此往往采用细格筛作补充处理。细格筛有固定筛和回转筛两种常用的形式,已有系列产品。

1)固定筛

固定筛也称为水力筛,水流沿筛面向下流动,在水流的带动下固体杂质向下不断推移直至积渣槽,从而达到自动清渣的目的。固定筛因为筛条槽断面为楔形,所以不容易发生堵塞,并且可以自动清渣,工作十分方便;但是水头损失较大,一般在1.5~2.5m之间。

2)回转筛

回转筛的原理和筛条结构与固定筛是一致的,但它采用机械驱动装置,进水从转筒回转鼓中心(或外侧)进入(出)筒内(外)。回转筛的水头损失较小,一般为0.5~1.5m。

以上两种装置的筛片也可采用其他材料制成,例如,造纸废水回收纤维的滤网就采用尼龙网制成。不过，当废水中含有大量长纤维状杂物时，不宜采用网状过滤装置。

（2）沉砂池

当污水中含有砂和沙砾（例如以薯干为原料的酿酒废水和禽类加工废水等）时，去除砂和沙砾特别重要。实际上，预处理系统的反应器体积被无机固体部分或全部占据的例子很多。以一般的生活污水为例，假设反应器的停留时间是 6h，如果城市污水沙砾含量以 $30 \times 10^{-6} m^3/m^3$ 计，在 1 年中沙砾积累 $365 \times 4 \times 30 \times 10^{-6} = 0.044 m^3/m^3$ 池容，占池容的 5%，4～5 年内将造成 20%～30% 的池容损失。

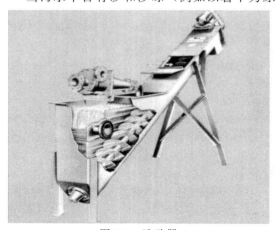

图 8-4　洗砂器

工业废水流量变化较大，沉砂池的设计难点是在水量变化的条件下，保持沉砂池中液体的流速相对不变。考虑到水中溶解氧的存在对产甲烷菌有毒害作用，一般不宜采用曝气沉砂池作为预处理装置。有一定规模的污水处理厂，可以考虑采用改进的平流式沉砂池。在有较多的砂和有机物共同沉淀的情况下，适宜采用体外洗砂装置，比如螺旋洗砂器或水力固定螺旋洗砂器（见图 8-4）。

8.1.2　调节系统

与城市污水相比，工业废水的水质和水量波动比较大，特别是有些工业生产方式是批式排水或一天工作数小时，因此一般工业废水处理装置设有调节池。调节池除了具有均衡水量和水质的功能外，还有酸化废水中的有机物使之部分转化为有机酸的功能。另外，有时 pH 的粗调、营养物的投加和废水的加温也会在调节池内进行。根据以上功能，调节池通常会包含以下部件及设备：①调节池池体；②搅拌装置（水下搅拌器或空气搅拌器）；③初沉池；④pH 一次调整装置和蒸汽加温等其他装置。

（1）调节池池容的设计

调节池过去也称为均化池，其作用是均衡废水的水质、水量（简称均质和均量），使后续处理设施能稳定连续地工作。调节池一般也兼具沉淀和中和功能。调节池容积的设计和选取主要应考虑的因素是水质和水量的调节，当在调节池中设有沉淀池时，需扣除沉淀区的体积（不能误认为沉淀池也有调节水量的功能）。

计算调节池的调节容量时，首先要取得污水流量的变化数据，然后根据数据绘制流量变化曲线，计算确定池容。若没有流量变化曲线，需根据生产的特点；对水质、水量变化较大的情况，需设置较大的调节池。一般调节池设计停留时间为 6～12h。

如果调节池中设置酸化操作，则还要考虑酸化部分必要的容积，参见下式：

$$酸化容积 = \frac{进入调节池的 COD(kg/d)}{酸化负荷 [kg\ COD/(m^3 \cdot d)]} \tag{8-1}$$

原水达到部分酸化时的负荷一般为 10～20kg COD/(m³·d)。调节池的容积需选取考虑流量调整的容量和考虑酸化容积的容量两者之间较大的那个，前者需要考虑废水回流流量与废水流入和流出的时间，即

$$流量调整容量 = \frac{24h - 原水流出时间(h)}{24h} \times \frac{原水流量(m^3/d)}{原水流出时间(h)} \tag{8-2}$$

（2）搅拌设备及其布置方式

调节池一般采用矩形或圆形两种形式，其均质作用通过对池型的设计造成水流的充分接触和机械（或空气）搅拌（见图 8-5）来实现。为使污水中的 SS 不致沉降，在调节池内需设置以 $0.2 \sim 0.4 m/s$ 流速为基准的搅拌装置（机械搅拌或空气搅拌）。矩形和方形调节池采用水下曝气搅拌装置，如图 8-5（a）所示，水下机械搅拌机可以采用如图 8-5(b) 和 (c) 所示的布置形式，而圆形调节池可以采用桨式搅拌机。搅拌选取的参数如下。

机械搅拌：（水中搅拌机的）必要动力为 $0.007 \sim 0.01 kW/m^3$。

空气搅拌：空气搅拌强度为 $0.5 \sim 1.0 m^3/(m^3 \cdot h)$。

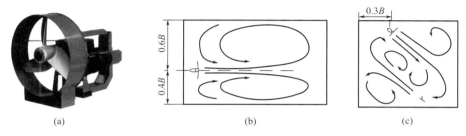

图 8-5　水下曝气搅拌装置（a）和搅拌器的布置[(b),(c)]

B—调节池宽度

（3）合建初沉池

一些废水中的悬浮物浓度非常高，在工艺中需要考虑设置初沉池。初沉池的主要目的是通过沉淀去除（或回收）废水中的悬浮物。设置初沉池不仅能防止随着有机性 SS 流入反应器内的有机物负荷的增加，同时还可防止无机性 SS 在反应器内的积累。例如，造纸废水中再生纸的制浆工艺中有细小的纤维流失，淀粉废水的黄浆废水中含有大量的蛋白质，酒精糟液中含有大量的悬浮物，这些 SS 都可以通过初沉池去除和回收。

一般对于规模较小的废水预处理工艺，可以将调节池与初沉池合建。初沉池的设计在一般的手册和规范中均有详细的规定，在此不作赘述。

（4）其他装置

有些废水可以不单设中和池和加温装置，选择在调节池中进行 pH 粗调和加温，通过调节池的水力或机械搅拌达到均匀混合药剂和升温的目的。pH 粗调装置包括酸碱投加设备（硫酸的使用与硫化氢的产生有关，因此在厌氧系统中要尽量避免）。

8.1.3　pH 控制系统

（1）pH 控制系统有关设备

在很多情况下，厌氧处理需要在中和池或调节池中投加酸、碱、营养源（氮、磷等）等药品进行 pH 控制。pH 控制系统采用的主要设备如下。

1）酸、碱储存槽

由于厌氧处理的大部分废水呈酸性，为了维持反应器内的 pH 接近中性，在实际运行中需要加碱。常用的碱性物质主要有 Na_2CO_3、$NaHCO_3$、$NaOH$ 以及 $Ca(OH)_2$ 等。药剂需要有一定的储存量，并需要采用专门的设备储存一定时间，例如，盐酸储存槽的储留时间大约要求 7d 以上，氢氧化钠储存槽的储留时间大约要求 2d 以上。

2）药剂溶解池和中和池

废水中含有的有机物在流经管路、调节池及初沉池过程中经酸化后 pH 会有所降低。对于高浓度有机废水，pH 有时可能降低到 3.5～4。流入废水的 pH，很多情况下经一次调整是不充分的。为了维持反应器内的 pH 总保持在中性附近，有必要采取包括二次调整在内的对应措施。需要在调节池或初沉池中将 pH 初步调整到 4.5～6.5，然后在中和池中进行 pH 的最后微调。

原水如果偏碱性，需要设置酸液的投加设备，同时也需要设置碱液的投加设备。事实上，即使完全是酸性废水，为了防止过调，也有必要设置酸液的投加设备。另外，相应的药剂除了需要储存罐之外，有时还需要在现场进行溶药（包括营养元素）。

3）溶药罐和搅拌设备

溶药可以采用专门的溶药罐和搅拌设备（见图 8-6）进行，投加也需定量（采用计量泵）。

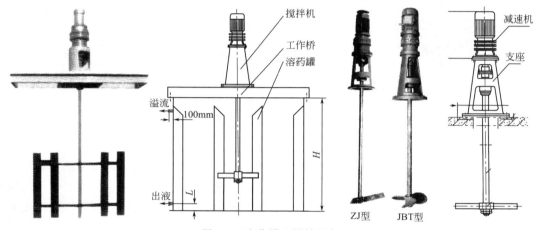

图 8-6　溶药罐和搅拌设备

为使酸、碱混合均匀，除在调节池和中和池内采用搅拌设备外，也可以采用在线管道混合器（见图 8-7）。

（2）pH 控制的费用分析

在进水中或直接在反应器中加入致碱或致酸物质，是调控厌氧反应器内 pH 最直接的方法。进行废水 pH 的监控是保持反应器 pH 正常的必要措施，通过这一环节来调节初调阶段和微调阶段的 pH 设定值。pH 初调阶段利用调节池进行粗调整，微调阶段则在进入反应器前的中和池或回流管道内注入酸、碱。在一定范围内调整 pH，要消耗化学药品，从而增加了运行费用。为了节减药剂添加量，可以进行出水回流调节。

图 8-7　管道混合器

酸、碱的实际投加量要根据原水的 pH、乙酸、COD 和原水的 pH 缓冲能力以及碱性药剂的种类和回流比等诸多影响因素来确定。一般需要通过实验确定加碱量，然后选择加碱设备。实际运行中所使用的致碱物质主要有 Na_2CO_3、$NaHCO_3$、$NaOH$ 以及 $Ca(OH)_2$ 等。

石灰是一种费用最低的碱度来源，但因为难以去除沉淀的碳酸钙，致使碳酸钙逐渐占据反应器的有效体积，对反应器运行存在潜在危害，因此石灰是一种容易产生问题的碱度来

268

源，应该只在必要的情况下使用。

Na$_2$CO$_3$、NaOH 和 NaHCO$_3$ 是常用的碱度药剂。投加 MgO、NaOH 和 Na$_2$CO$_3$ 时要小心，避免过量消耗掉所有的 CO$_2$，要控制 pH 的增加。NaHCO$_3$ 是碱度平衡中最昂贵的化学药剂，1mol NaHCO$_3$ 只能提供 1mol 的碱度，而 Na$_2$CO$_3$ 则能提供 2mol 的碱度。NaOH 相对较贵但经常选用，这是因为工厂其他工艺过程可能也会采用 NaOH，便于调剂和在现场储存使用。

如果向废水中补充碱度的费用超过废水产生甲烷的价值，就会造成运行费用的正投入。因此，对中低浓度废水而言，补充碱度，尤其是以价格较贵的 NaOH 作为碱度药剂，会给运行费用带来巨大负担。

（3）处理出水回流

出水回流是将反应器的进水和反应器处理后的出水在反应器的入口处混合之后进入反应器。当然，有时可以将出水回流至调节池或中和池。因为反应器处理出水中含有大量的 HCO$_3^-$，HCO$_3^-$ 碱度对 pH 有缓冲作用。因此，反应器出水和原废水混合时，可以降低碱的添加量。本节强调出水回流的主要目的是调整 pH，但实际上出水回流还可以起到以下作用。

① 稀释原水：在反应器底部，防止高的挥发酸浓度引起的抑制作用，特别是原水中含有毒性物质时，出水稀释作用十分重要。

② 反应器的加温和保温：若反应器内溶液的温度较低，需将溶液进行加温。可以利用给回流的出水提供蒸汽进行加温，来提高和保持反应器温度。

③ 长期运转停止时的出水回流：长期停止反应的情况下，为了防止絮状污泥或颗粒污泥结块并防止再启动时的污泥流失，可以采取出水回流。

如果设置循环水池，循环水池的停留时间一般为 5～10min。图 8-8 为某造纸厂厌氧-好氧串联处理工艺流程，可以看出在厌氧 IC 反应器前设置了循环水池。

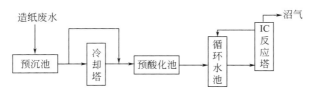

图 8-8 某造纸厂厌氧-好氧串联处理工艺流程图（局部）

8.1.4 厌氧反应器加热系统

（1）废水的加温和保温

废水进入反应器的温度最好在 30℃以上。废水温度较低（低于 15℃）时，必须利用工厂的蒸汽或者沼气锅炉的蒸汽进行加温。加温可以采用向调节池内直接吹入蒸汽的方式进行。提供给厌氧反应器的热量应包括将新投入的物料加热到要求达到的温度所消耗的热量（Q_h）、补给消化池和管路的热消耗以及热源输送过程的热耗等（Q_d）。为了减少厌氧反应器、热交换器及热力管道外表面的热量散发，必须采取保温措施。保温材料常用的有泡沫混凝土、膨胀珍珠岩等，近年来已大量采用聚苯乙烯泡沫塑料和聚氨酯泡沫塑料等。大型厌氧反应器需要进行热平衡计算。

1）进水加温热量（Q_h）的计算

$$Q_h = \frac{\lambda_f C_f (35 - t) Q}{0.85} \qquad (8-3)$$

式中，Q 为废水流量，m^3/h；λ_f 为相对密度，对于水，$\lambda_f = 1$；C_f 为比热容，对于水，$C_f = 4.18kJ/(kg \cdot K)$；$t$ 为废水温度；0.85 指热效率为 85%。

2）反应器保温热量（Q_d）的计算

$$Q_d = \frac{FK(35 - t)}{0.202} \qquad (8-4)$$

式中，F 为反应器的外表面积，m^2；t 为气温，℃；K 为总传热系数，$kJ/(m^2 \cdot h \cdot ℃)$，$1/K = 1/\alpha_1 + d_1/\lambda_1 + d_2/\lambda_2 + 1/\alpha_o$，其中 α_1、α_o 为对流传热系数，$kJ/(m^2 \cdot h \cdot ℃)$，d_1、d_2 分别为第一、二保温层的厚度，m，λ_1、λ_2 分别为第一、二保温层的热导率，$kJ/(m \cdot h \cdot ℃)$。

3）热交换器面积的计算

热交换器面积可用下式计算：

$$P = C_w \rho_w Q_w \Delta T_w = C_m \rho_m Q_m \Delta T_m \qquad (8-5)$$

$$P = UA(T_w - T_m)_{in} \qquad (8-6)$$

$$(T_w - T_m)_{in} = \frac{(T_{w,in} - T_{m,out}) - (T_{w,out} - T_{m,in})}{\ln \dfrac{T_{w,in} - T_{m,out}}{T_{w,out} - T_{m,in}}} \qquad (8-7)$$

式中，P 为总的传热量；U 为热交换器的总传热系数，采用水作为热介质时，其值约为 $1500W/(m^2 \cdot ℃)$；A 为热交换器的面积；$(T_w - T_m)_{in}$ 为对数平均温度率差；C_w、C_m 分别为水和介质的比热容，$C_w = 4.18kJ/(kg \cdot K)$；$\rho_w$、$\rho_m$ 分别为水和介质的密度，$\rho_w = 1000kg/m^3$；Q_w、Q_m 分别为被加热水和介质的流量。

（2）加热和热交换设备

常用的介质加热有池外加热和池内加热两种方法，热源一般是自备锅炉或其他余热，如发电余热等。

① 池外加热法：可以用蒸汽直接加热，或用热交换器进行热量补充。前者比较简单，一般采用预加热池的方法；后者采用热交换器换热，热交换器属于常用化工设备，读者可参考有关的设备手册进行选型。采用热交换器传热效率高，设备运行、管理、维修方便，但设备费用相对高。采用池外热交换器加热时，常采用套管式热交换器和螺旋板式热交换器。套管式热交换器的总传热系数为 $700 \sim 930W/(m^2 \cdot K)$；螺旋板式热交换器的热导率为 $1147W/(m^2 \cdot K)$ [相当于 $990kcal/(m^2 \cdot h \cdot ℃)$]，高于套管式换热器。螺旋板式热交换器还具有占地面积小、清理和检修方便等特点。

② 池内加热法：同样有蒸汽直接加热和热水盘管加热两种方法。一般采用蒸汽直接加热法热效率高、设备简单、投资省、操作简易，但加热过程中消耗蒸汽锅炉的软化水，不便控制。

需要说明的是，池内加热通常与蒸汽搅拌相结合，而池外加热通常与水泵循环回流相配合。

（3）沼气发电余热利用

厌氧反应器在消化过程中需要加热，而厌氧反应过程中产生的沼气发电后又有余热可以用来加热反应器。所以，考虑系统的热平衡，既要满足不同情况下向反应器供热的需要，又要尽可能地充分利用余热节能（见表 8-1）。

表 8-1　某公司热电联产发动机的电效率和热效率数据

电功率 /kW	热功率 /kW	沼气用量 /(kW/h)	电效率 /%	热效率 /%	总效率 /%
21	42	77	27.3	54.5	81.8
40	73	129	31.0	56.6	87.6
44	79	140	31.4	56.4	87.8
76	121	241	31.5	50.2	81.7
95	139	288	33.0	48.3	81.3
142	207	424	33.5	48.8	82.3
150	218	442	33.9	49.3	83.2
230	347	659	34.9	52.6	87.5
311	447	878	35.4	50.9	86.3
305	440	885	34.5	49.7	84.2
365	522	1055	34.6	49.5	84.1
469	635	1282	36.6	49.5	86.1
536	622	1341	40.0	46.4	86.4
717	826	1777	40.3	46.5	86.8
1100	1449	3001	36.7	48.3	85.0

对于大型厌氧反应器，热平衡系统需要考虑以下几种情况（见图 8-9）。

① 有沼气发电机时，以沼气发电机余热为热源，经过热交换器加热反应器。

② 当沼气发电机不能提供全部热量时，由蒸汽锅炉提供补充热源加热反应器。

③ 当沼气发电机余热热水经热交换器，温度不满足发电机要求或反应器污泥系统未运行时，需用发电机系统本身配套的热交换器，通过紧急风冷器冷却。

无论采用发电机余热加热反应器、补充系统加热，还是发电机自身热平衡系统，从热平衡角度看均为独立系统，各独立系统又在不同条件下互为补充（见图 8-9）。因此，在设计上都需要全面考虑，统筹安排。

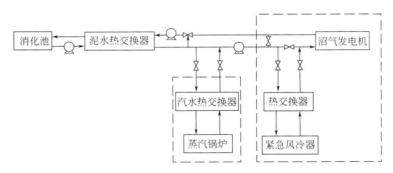

图 8-9　厌氧反应器的热平衡系统

8.1.5　酸化池或两相系统

厌氧处理有时需要对废水进行酸化。有机物浓度（COD）较高时，需设置酸化池；浓度较低时，酸化池可用初沉池或调节池代替。酸化率表示原废水中有机物的酸化程度，用下式表示：

$$酸化率 = \frac{有机酸的\ COD\ 浓度(mg/L)}{原废水的\ COD\ 浓度(mg/L)} \times 100\%　\tag{8-8}$$

计算上式中所使用的各种有机酸变换成 COD 的系数，可得表 8-2。

表 8-2　各种有机酸的 COD 换算系数

有机酸	换算系数 /(g COD/g 有机酸)	有机酸	换算系数 /(g COD/g 有机酸)
甲酸	0.34	丁酸	1.78
乙酸	1.01	戊酸	1.90
丙酸	1.46	乳酸	1.06

对于溶解性废水，一般不需要考虑酸化作用。对于复杂废水，在调节池中取得一定程度的酸化有益于后续的厌氧处理，但是完全的酸化没有必要，甚至是有害的。因为达到完全酸化后，污水 pH 会下降，需要采用化学药剂调整系统 pH。另外，有证据表明，完全酸化对 UASB 反应器的颗粒化过程有不利的影响。通常希望流入反应器之前废水的酸化率在 30%~75% 之间。酸化速率受 COD 负荷、温度、停留时间及酸化菌浓度等因素的影响，负荷一般为 $10~20$kg COD/($m^3 \cdot d$) 即可。对于以下情况，酸化或相分离可能是一种有吸引力的方法：

① 当废水中存在对产甲烷菌具有毒性或抑制性的化合物时，采用预酸化可以去除或改变有毒或抑制性化合物的结构。

② 当废水中存在较高浓度的 Ca^{2+} 时，部分酸化保持偏酸性进水，可以避免在颗粒污泥表面和内部产生 $CaCO_3$ 结垢。

③ 当厌氧处理系统采用高负荷时，对非溶解性组分的去除效果有限（例如，FB 或 EGSB 反应器要求提高上升流速，颗粒物会从系统中冲出），这时酸化池或两相系统有利于对颗粒物的降解。

另外，通过调节池的合理设计可以取得部分酸化效果。例如，采用底部布水上向流方式，在反应器的底部形成一定的污泥层（1.0m）。底部布水无需太讲究，一般孔口设计为 $5~10$ 孔/m^2 即可。

8.2　厌氧处理反应器系统的设计

8.2.1　厌氧反应器的池体外形和材质选择

（1）厌氧反应器的池体外形

一般实验室规模的厌氧反应器，其上部沉淀区的截面积大于下部反应区的截面积。早期的 UASB 反应器（200m^3，Lettinga）和巴西圣保罗州环保公司（CETESB）处理生活污水的中试厂的 UASB 反应器（120m^3，Vieira 等）也有类似特殊的形状。

较大表面积的沉淀池水力负荷较低，有利于保持反应器内的污泥，这对于具有较高高径比的反应器（如流化床等）是非常重要的；同样，对于高负荷的高效厌氧反应器（如 EGSB 或 IC 反应器），由于总的停留时间短，因此可能也是必要的。从目前来看，上述反应器的沉淀区也没有采用较大的表面积。

对于高浓度污水，有机负荷比水力负荷更重要，因此沉淀池设计时没必要设置较大的表面积。厌氧滤池对结构上的形状没有特殊要求。大部分生产规模的 UASB 反应器，不论是在建的还是已投入运转的，反应器的反应部分和沉淀部分都是等面积的。

虽然斜壁厌氧反应器的沉淀区一般具有较大表面积，但直壁反应器在结构上更加有利。因此，以下仅讨论直壁的厌氧反应器。

厌氧反应器的基本几何形状有两种，即矩形和圆形。这两种形状的反应器都已大量应用于实际中。圆形反应器具有结构较稳定的优点，同时，在同样的面积条件下，圆形反应器的周长比正方形反应器的周长少 12%，可以采用较少的材料。所以，圆形反应器的建造费用比具有相同面积的矩形反应器至少要低 12% 以上。不过，圆形反应器的这一优点仅在采用单个池子时才能体现，单个反应器或池容相对较小的反应器可以建造成圆形的。另外，从结构上考虑，圆形反应器受力情况较好。厌氧 FB、EGSB 和 IC 等高效反应器，往往采用细高形式的塔式圆形反应器结构。

大池容的反应器常建成矩形或方形的，如 UASB 反应器、厌氧滤池（AF）和折流式反应器（ABR）等。从节省材料上考虑，当建造两个或两个以上反应器时，矩形反应器可以采用公共壁，所以有其优越性。对于采用公共壁的矩形反应器，池型的长宽比对造价也有较大的影响。因此，如果不考虑地形和其他因素，长宽比是设计中需要优化的一个参数。

（2）厌氧反应器的材质选择

反应器材质的选择需要从多方面考虑。从尺寸、容积和耐久性等方面考虑，反应器一般宜采用钢筋混凝土构筑物，如大型的厌氧消化池和 UASB 反应器等；而从设备化角度考虑，大部分工程项目均可采用钢、塑料和玻璃钢等材质的结构。FB、EGSB 和 IC 等反应器的塔型结构，一般采用的是非混凝土材料。

从反应器的设计方面考虑，矩形反应器要比圆形反应器简单得多。另外，不同企业在不同时期的做法和策略也不相同。例如，世界著名公司 Paques 在 20 世纪 80 年代初期大量采用钢结构的 UASB 反应器，后来认为钢结构在厌氧环境中的抗腐蚀性差，所以自 90 年代后，该公司的反应器都建成了混凝土结构的。典型的一个事例是，Paques 在某造纸厂扩建时，将钢结构的反应器废弃不用，而采用混凝土结构的 UASB 反应器（见图 8-10）。

事实上，不仅选择厌氧反应器的主要材料种类很重要，其相关部件的关键防腐要求也十分重要。只要防腐处理按照技术要求做，即使是碳钢结构，也可以达到长期使用且防腐的要求。而如果误认为混凝土反应器就不用防腐，就不做防腐处理，那么混凝土反应器也很快会发生腐蚀。

此外，反应器的设计达到技术先进、配置合理、性能优良、耐腐蚀、便维修等要求的情况下，外表美观也是需要考虑的因素之一。

8.2.2 厌氧反应器池体的设计

（1）进水有机负荷法

厌氧反应器的有效容积（包括沉淀区和反应区）均可采用进水有机负荷法进行确定。有机负荷 q［也称容积负荷，kg COD/$(m^3 \cdot d)$］的

图 8-10　某造纸厂扩建时废弃钢结构反应器
而采用混凝土结构的 UASB 反应器

定义式如下：

$$q = \frac{QC_\circ}{V} \tag{8-9}$$

式中，V 为反应器的有效容积，m^3；Q 为废水平均流量，m^3/d；$C_\circ$ 为进水有机物浓度，$g\ COD/L$ 或 $g\ BOD_5/L$。

对特定废水，反应器的容积负荷一般应通过试验确定，容积负荷值与反应器的温度、废水的性质和浓度有关。应该注意：厌氧反应中采用的"负荷"概念是指进水有机负荷，而好氧反应中采用的是去除负荷。如果有同类型的废水处理资料，可以参考选用。

1）反应器的容积

厌氧反应器的一个重要设计参数是有机负荷或水力停留时间（HRT）。这个参数不能从理论上推导得到，而往往需通过实验取得。一旦所需的有机负荷确定，反应器的容积便可很容易算出：

$$V = \frac{QC_\circ}{q} \tag{8-10}$$

一旦确定了反应器的容积，就可以计算出污水的水力停留时间；反之亦然。

$$HRT = \frac{V}{Q} \tag{8-11}$$

2）反应器的高度

反应器的容积确定后，需要选择反应器的高度（深度）。反应器高度的设计原则是从运行和经济两方面综合考虑的。

从运行上考虑，反应器的高度对有机物的去除效率有以下影响：

① 高的液体流速会引起污泥层的扰动，由此增加污泥与进水的接触；但是过高的液体流速会引起污泥床，甚至厌氧滤床或流化床反应器的冲刷。为了保持足够多的污泥，液体上升流速不能超过一定的限值，从而使污泥床反应器的高度受到限制。

② 深度的选择也与 CO_2 溶解度有关。反应器越深，溶解的 CO_2 浓度越高，因此 pH 越低。如果 pH 低于最优值，会降低厌氧消化的效率。

从经济上来说，反应器高度的选择要考虑如下影响因素：

① 土石方工程费用随着反应器高度的增加而增加，但占地面积则会随之减小。

② 设计合理的反应器高程，应该使污水（或出水）可以不用提升或少用提升。

③ 考虑当地的气候和地形条件，反应器建造在半地下可减少建筑和保温费用。

最经济的反应器高度（深度）一般为 4～8m，在大多数情况下，这也是系统最优的运行范围。

3）反应器的长和宽

高度确定后，可以计算出反应器的截面积，见下式：

$$A = \frac{V}{H} \tag{8-12}$$

式中，A 为反应器的截面积；H 为反应器的高度。

在确定反应器的容积和高度之后，矩形反应器还必须确定长和宽。在同样的面积条件下，正方形反应器的周长比矩形反应器的周长要小，因而矩形反应器需要更多的建筑材料。矩形反应器长宽比在 1：1 以上时，随着长宽比的增大，费用增加十分显著。以截面积为 $600m^2$ 的反应器为例，长×宽＝30m×20m 的反应器与 15m×40m 的反应器相比，周长相差 10%，这意味着后者建筑费用要增加 10%。

但是从布水均匀性考虑，矩形反应器在长宽比较大时较为合适。对于采用公共壁的矩形反应器，池型的长宽比对造价也有较大的影响。

4）单元反应器的最大体积和分格化的反应器

在厌氧反应器的设计中，采用分格化的单元系统对于运行操作是有益的。因为分格化的反应器其单元尺寸不会过大，可避免因反应器体积过大而带来的布水均匀性等问题。同时，多个反应器对于厌氧系统的启动也是有益的。可以首先启动一个反应器，再用这个反应器的污泥去接种其他反应器。另外，多个反应器有利于维护和检修，可以放空多个反应器之一进行检修，而不影响整个污水处理厂的运行。

对于 UASB 反应器，建议最大的反应器单体（不是最优的）可以为 $4000m^3$；而对于 EGSB 系统，最大体积大约为 $1000m^3$；对于 AF 系统，最大的单池大约为 $1000m^3$。

（2）经验公式设计法

美国学者 Young 和 McCarty 在试验基础上建立了以下表示厌氧生物滤池水力停留时间（HRT）与其 COD 去除率之间关系的经验公式：

$$E = 100[1 - S_k (\text{HRT})^{-m}] \tag{8-13}$$

式中，E 为溶解性 COD 的去除率，%；HRT 为按填料所占空池体积且没有回流计算的水力停留时间，h；S_k、m 为效率系数，取决于滤池构造及填料特性，对鲍尔环填料，$S_k = 1.0$，$m = 0.4$。

上式也可以表示为如下关系式：

$$\text{HRT} = [(1-E)/C_1]^{C_2} \tag{8-14}$$

式中，C_1、C_2 为反应参数，与 S_k、m 有关。

根据上式，对所要求的去除率，可以计算出所需的停留时间。停留时间确定后，可以根据上面的计算原则依次计算出反应器的高度、长度和宽度等参数。

（3）其他设计方法

厌氧反应器池体的设计还有根据动力学公式的计算方法。但是到目前为止，动力学公式对预测废水处理系统中有机物的去除率或在设计一个处理系统的作用时还是有限的。现有厌氧动力学理论的发展，还没有使动力学公式在选择和设计厌氧处理系统时成为有力的工具。通过实验结果的经验方法现在仍然是设计和优化厌氧消化系统的唯一选择。

（4）反应器的各种升流速度

反应器的高度 H 与上升流速之间的关系表达如下：

$$v_r = \frac{Q}{A} = \frac{V}{\text{HRT} \cdot A} = \frac{H}{\text{HRT}} \tag{8-15}$$

式中，v_r 为反应器内液体的上升流速（对于 AF，对应为空池流速），m/h；A 为厌氧反应器的截面积，m^2。

厌氧反应器还有其他流速，例如：v_s 为沉淀器表面流速，m/h；v_g 为气体的上升流速，m/h；v_o 为沉淀器缝隙处的流速，m/h。

常见厌氧反应器日均上升流速的推荐值见表 8-3。

表 8-3　UASB、EGSB 和升流式 AF 允许上升流速

反应器类型	允许上升流速[①]/(m/h)		其他要求
UASB 反应器	v_r	0.25～3.0 0.75～1.0	颗粒污泥 絮状污泥
	v_s	≤1.5 ≤8	絮状污泥 颗粒污泥
	v_o	≤12 ≤3.0	颗粒污泥 絮状污泥
	v_g	1	建议最小值
EGSB 反应器	v_r	≤12	包括回流
升流式 AF	v_r	1.0～3.0	空床流速,对于高孔隙的反应器取较高值,对于低孔隙滤床取较低值

① 指平均日流量。暂时的（如 2～6h）高峰流量是可接受的。

8.2.3　各种类型废水的设计参数

通过实验结果获得不同类型废水的负荷的经验方法，目前仍是设计厌氧反应器的唯一选择。对不同类型废水设计相应的厌氧反应器，需要尽可能多地参考同类废水的设计经验。前面各个章节中给出了对不同类型废水国内外采用各种厌氧反应器处理取得的负荷数据，可供设计人员在设计时参考。负荷的选择至关重要，所以真正选用前必须进行必要的实验和进一步查询有关技术资料。

下面一系列设计表格中的数据均为荷兰 Wageningen 农业大学对欧洲 UASB 反应器（也包括部分厌氧滤池和流化床）实验的总结，仅供设计时参考选用。

（1）对低浓度溶解性非复杂废水（COD＜1000mg/L）

对低浓度废水处理的设计，水力负荷往往比有机负荷更为重要。不同高度反应器的允许水力停留时间（HRT）取决于日平均允许的最大表面负荷。

UASB、EGSB 和 AF 等反应器的最大允许负荷列于表 8-4。表 8-4 的数据可以用来指导不同温度下处理低浓度溶解性废水的设计。在上述情况下，限制性因素是水力负荷，而不是有机负荷。

表 8-4　不同温度下采用不同高度的反应器处理低浓度溶解性废水的最大允许负荷

温度/℃	HRT/h			
	8m 高反应器		4m 高反应器	
	日平均	峰值(2～6h)	日平均	峰值(2～6h)
16～19	4～6	3～4	4～5	2.5～4
22～26	3～4	2～3	2.5～4	1.5～3
＞26	2～3	1.5～2	1.5～3	1.25～2

注：对 AF 反应器应该注意，孔隙率低的反应器的体积要比孔隙率高的反应器大得多。

（2）对低浓度复杂废水（COD＜1000mg/L）

Lettinga 等采用经验公式[式(8-14)]描述了不同厌氧系统处理生活污水的 HRT 与去除率之间的关系，并对不同反应器处理生活污水的数据进行了统计，得出了表 8-5 的参数值。

表 8-5 不同厌氧系统的经验公式参数值和取得 80％COD 去除率所需停留时间（$T>20℃$）

系　　统	C_1	C_2	HRT($E=80\%$)/h
UASB 反应器	0.68	0.68	5.5
流化床或膨胀床	0.56	0.60	5.5
厌氧滤池	0.87	0.50	20
厌氧塘[①]	2.4	0.50	144

① BOD 去除率。

（3）对中高浓度溶解性废水

对中高浓度溶解性废水的设计负荷取决于活性污泥的量、产甲烷活性、接触程度和有机物的可生化性。污泥的产甲烷活性取决于温度。表 8-6 分别给出了 UASB、AF 和接触工艺的设计（有机）负荷，表中的数值远远低于系统的最高负荷能力。

表 8-6 不同温度下颗粒污泥 UASB、AF 和接触工艺处理溶解性
VFA 和非 VFA（稍酸化）废水的设计（有机）负荷

单位：kg COD/（m^3·d）

温度/℃	UASB 系统		AF 系统		接触工艺	
	VFA	非 VFA	VFA	非 VFA	VFA	非 VFA
15～20	2～4	1.5～3	1～3	1～2	0.5～2	0.5～2
20～30	6～15	4～10	3～10	2～6	2～6	2～6
30～40	15～30	10～20	10～20	6～10	6～8	5～8

（4）对中高浓度复杂废水

如前所述，处理复杂废水时会遇到比处理溶解性废水更复杂的问题。采用颗粒污泥和絮状污泥厌氧反应器的设计负荷以及负荷与温度的关系列于表 8-7。由于废水中存在 SS 和/或限制性化合物，可采用的有机负荷显著低于溶解性废水。

表 8-7 不同不溶性 COD 条件下厌氧反应器可采用的容积负荷

废水浓度/（mg COD/L）	不溶性 COD 组分/%	在 30℃采用的负荷/[kg COD/(m^3·d)]		
		絮状污泥	颗粒污泥	
			低 TSS 去除	高 TSS 去除
2000	10～30	2～4	8～12	2～4
	30～60	2～4	8～14	2～4
	60～100	—	—	—
2000～6000	10～30	3～5	12～18	3～5
	30～60	4～6	12～24	2～6
	60～100	4～8	—	2～6
6000～9000	10～30	4～6	15～20	4～6
	30～60	5～7	15～24	3～7
	60～100	6～8	—	3～8
9000～18000	10～30	5～8	15～24	4～6
	30～60	TSS>6～8g/L	TSS>6～8g/L	3～7
	60～100	有问题	有问题	3～7

注："—"表示在这些条件下采用 UASB 反应器没有意义。

当进水中含有 30％～40％可沉性 SS-COD 时，接触工艺允许负荷一般只有絮状污泥床反应器的一半，是颗粒污泥床反应器的 30％～50％。AF 系统由于易在床内发生堵塞问题，不能处理 SS 超过 1000mg/L 的废水。很明显，与溶解性废水相比，中高浓度复杂废水由于含有大量需要处理的 SS，可以采用的表面负荷显著较低。

8.2.4 反应器的配水设计

（1）进水管设计要点

① 避免堵塞和清通堵塞　污水中存在的大物体（如木屑、塑料等）可能堵塞进水管，设计良好的进水系统应该可以及时发现并疏通堵塞，因此，进水立管正上方应设有可打开的三通。

② 避免吸入和携带空气　采用重力布水方式，当污水通过三角堰进入反应器时可能吸入空气泡。气泡太多可能还会影响沉淀功能，并且存在溶解氧，会引起对产甲烷菌的抑制。大于 2.0mm 直径的气泡在水中以 0.2～0.3m/s 速度上升，在管道垂直部分流速低于这一数值，可适当避免超过 2.0mm 直径的空气泡进入反应器，采用较大的管径还可避免气阻。

③ 促进搅拌和接触作用　顶部低流速可使吸入的气泡逸出，而在底部，高流速会增加扰动。在反应器底部采用较小直径的管道会形成高的流速，从而产生较强的扰动，造成进水与污泥之间密切的接触。为了增强污泥和废水之间的接触，建议进水点距反应器池底 100～200mm。

④ 避免管道与其他部件交叉　因为分配系统水位高于反应器水位，进水管将不得不弯曲绕过分离器或穿过三相分离器到达反应器的底部。如果管道在气液界面之下穿过三相分离器，所进行的穿孔不会引起任何问题；如果管道在气液分离器气水界面的上部穿过分离器，则发生的泄漏不易发现。如有可能，应该避免在三相分离器气液界面之上穿孔。同样，采用弯曲管道也不太好。弯曲管道的缺点是难于清理堵塞。

（2）配水孔口负荷

实现厌氧反应器良好运行的重要条件之一是取得污泥和废水之间的充分接触。一般来讲，除消化池和流化床反应器外，其他类型的反应器都存在均匀配水问题。对 UASB 系统来说，进水管的数量是一个关键的设计参数。在 AF 系统填料下面的空间中，进水管需要均匀地分配。因此，在 UASB 和 AF 系统底部的布水系统应该尽可能地均匀。为了在反应器底部获得进水的均匀分布，有必要采用将进水分配到多个进水点的分配装置。一个进水点的最大服务面积可以参考表 8-8 的数据。

表 8-8　主要处理溶解性废水时 UASB 反应器和厌氧滤池进水管口的负荷

污泥类型	每个进水口的负荷面积/m²	负荷/[kg COD/(m³·d)]
颗粒污泥	0.5～1	2.0
	1～2	2～4
	>2	>4
絮状污泥 （>40kg DS/m³）	0.5～1	<1.0
	1～2	1～2
	2～3	>2
中等浓度絮状污泥 （20～40kg/m³）	1～2	1～2
	2～5	>2

（3）配水方式

适当设计的进水分配系统对于一个污水处理厂的良好运转至关重要。在生产规模的各类厌氧反应器中已成功地采用了各式各样的进水形式。这些系统布水管上的孔口数不同，每个孔口的流向不同，采用的流速不同。厌氧反应器进配水系统有多种形式，兼有配水和水力搅拌的功能，为了保证有效地获得均匀的进水分布，进水装置的设计应该满足以下条件：

① 保证与应该分配到该点的流量相同，以确保各单位面积的进水量基本相同，防止短路等现象发生。

② 很容易观察到进水管的堵塞，且当堵塞被发现后，必须很容易被清除。

③ 应尽可能地（虽然不是必需的）满足污泥床水力搅拌的需要，保证进水有机物与污泥迅速混合，防止局部发生酸化现象。

配水系统的形式有以下几种。

1）一管一孔配水方式

为确保进水可以等量地分布在反应器中，每个进水管线仅与一个进水点相连接是最为理想的情况（见图 8-11）。一根配水管只服务一个配水点可以保证每根配水管流量相等，即可取得等流量的要求。为了保证每一个进水点达到其应得的进水流量，建议采用高于反应器水箱式（或渠道式）进水分配系统。这种设计的一个好处是容易用肉眼观察堵塞情况。

这类配水方式很容易通过在集水井或渠道与分配箱之间的三角堰来保证等量的进水，在恰当地调整每箱中三角堰的水位后将获得均匀的流量分配。配水系统的形式确定后，就可进行管道布置、计算管径和水头损失，根据水头损失和反应器（或配水渠）水面至调节池（或集水池）水面高程差计算进水水泵所需的扬程，进而选择合适的水泵。

在长的进水布水渠道分配到很多堰的情况下，由于水位差问题，沿池长可能出现分配不均匀的现象。这可以通过适当地配置进水分布渠道的尺寸来避免。这在水和废水处理厂的设计中是一般性的问题，因而此处不作进一步的讨论。

2）一管多孔配水方式

这种配水方式采用在反应器池底的配水横管上开孔的方式布水，其中几个进水孔由一个进水管负担（见图 8-12）。为了配水均匀，要求出水流速较大，使出水孔的阻力损失大于无孔管的沿程阻力损失；为了增大出水孔的流速，还可采用脉冲间歇进水。配水管的直径最好不小于 100mm，配水管中心距池底一般为 20～25cm。

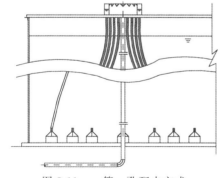

图 8-11　一管一孔配水方式

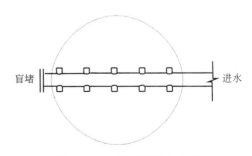

图 8-12　一管多孔配水方式

在一根管上均匀布水虽然在理论上是可行的，但实际上是不可实现的，因为这种系统随着时间的推移有些孔口将不可避免地发生堵塞，而进水将从没有堵塞的其他孔口重新分配，从而导致在反应器池底的进水不均匀分布。因此，应该尽可能避免在一个管上有过多的孔口。这种配水装置在矩形反应器单管距离较长时应该避免采用。

但是，流化床、EGSB 和 IC 反应器由于反应器直径较小（一般小于 9m），所以一管多孔是一种首选的配水方式。图 8-12 是一管多孔典型的一种配置方式，另外一端的盲堵在必要时可以进行管道的疏通。

3）分支式配水方式

分支式配水系统为均匀配水，一般采用对称布置，各支管出水口向下距池底约 20cm，位于所服务面积的中心，管口对准的池底所设的反射锥体，使射流向四周散开，均布于池底。这种配水系统的特点是采用较长的配水支管增加沿程阻力，以达到均匀布水的目的。只要施工安装正确，这种配水方式基本能够达到均匀分布的要求。

4）间歇式布水方式

有些研究者认为，采用间歇式的脉冲方式进水，使底层污泥交替进行收缩和膨胀，有助于底层污泥的混合。一般来说，一定的布水强度能促进反应区污泥床层底部颗粒污泥的混合，促进污染物与污泥的充分接触，强化反应速率；同时，也有利于底层颗粒污泥上黏附的微小气泡脱离，防止其浮升于悬浮层，减小污泥固体的流失量。

间歇式配水方式也有两种：一种是间歇进水，利用进水流量积累到一定体积后，高强度地进水；另一种是连续进水间歇回流造成脉冲。

（4）配水系统的设备化

图 8-13 为北京市环境保护科学研究院采用的一种虹吸式脉冲进水的布水器的原理示意图和应用现场照片。该设备水泵连续进水，布水器储存一定水量后利用虹吸自动进水。

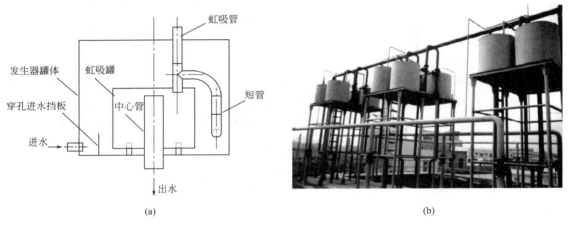

(a)   (b)

图 8-13 脉冲布水系统的原理和应用

图 8-14 应用于大型城市污水处理厂厌氧水解池中的圆形布水器

布水器设计得成功与否是能否解决厌氧反应器放大问题的关键。笔者在比较了厌氧反应器的配水系统各种技术的优缺点之后，采用一管一孔配水方式开发了布水器，取得国家专利（厌氧布水分配器，专利号：ZL 97248906.1），并将其成功应用于新疆 6 万吨/天和北京密云 3 万吨/天的大型城市污水处理厂的厌氧水解反应器中（采用的圆形布水器如图 8-14 所示）。

8.2.5 厌氧反应器三相分离装置的设计

（1）三相分离器的设计

到目前为止，流化床和污泥床反应器设置了三相分离装置，这种装置也适用于 AF 系统，但是还没有实践过。一般而言，三相分离器主要是指就 UASB 反应器而言的特殊装置。对于 UASB 反应器，三相分离器的设计要点汇总如下。

① 间隙和出水面的截面积比：这一比值影响进入沉淀区和保持在污泥相中的絮体的量。集气室的缝隙部分的面积应该占反应器全部面积的 15％～20％；同时，反射板与缝隙之间的遮盖应该在 100～200mm 之间，以避免上升的气体进入沉淀室。

② 分离器相对于出水液面的位置和高度：在反应器高度为 5～7m 时，集气室的高度应该为 1.5～2m；分离器的位置确定反应区（下部）和沉淀区（上部）的比例。在多数 UASB 反应器中，内部沉淀区是总体积的 15％～20％。

③ 三相分离器的倾角：这个角度要使固体可滑回到反应器的反应区，在 45°～60°之间。这个角度也决定了三相分离器的高度，从而确定了所需的材料。

④ 在集气室内应保持足够的气液界面：分离器下气液界面的面积，确定了沼气单位界面面积的释放速率。适当的气体释放速率为 $1～3m^3/(m^2 \cdot h)$（低浓度污水达不到）；当速率变低时有形成浮渣层的趋势，而非常高的产气率将导致在界面形成气沫层，这两种情况都可能导致堵塞气体的释放。

对于易产生浮渣、泡沫或污泥上浮的污水，需要考虑防范措施。例如，在出水堰之间应该设置浮渣挡板；出气管的直径应足以保证从集气室引出沼气；特别是在有泡沫的情况下，在集气室的上部应该设置消泡喷嘴。

采用厌氧接触工艺必须配合适当的污泥分离装置，例如沉淀池、气浮系统或带有刮渣器的沉淀池。在这种情况下，如果污泥的沉降性好，只要在厌氧反应器内避免强烈的机械搅拌，大多数情况下可以满足气体分离要求。

（2）三相分离器与管道安排

配水系统水位高于反应器水位时，进水管将不得不弯曲绕过分离器或穿过三相分离器到达反应器的底部。采用管道穿过三相分离器边壁的方案一般不好。

① 弯曲管道的缺点是难于清理堵塞。

② 如果管道从气液界面之下穿过三相分离器，所进行的穿孔不会引起严重问题，相反有一个孔倒是一个优点，可以作为气体管道堵塞时的紧急出气孔。

③ 如果管道在气液分离器气水界面的上部穿过三相分离器，那么需要安装如图 8-15 所示的引至气液界面下面的密封空气导管。如有可能，应该避免在三相分离器气液界面之上穿孔。

生产性装置三相分离器，需要考虑三相分离器的型式和一些水力学问题，以及一些工程放大、安装固定和结构还有与其他设备的关系问题。大型的 UASB 反应器合理地安排上述各个因素是较为复杂的（见图 8-15）。

三相分离器的设计原理非常简单，因此在实验室出现了各种类型的三相分离器，而在生产实践中与实验室的三相分离器相比形式有趋于一致的倾向。国外生产性规模的多种不同类型三相分离器形式并存的现象，也说明不同三相分离器之间并没有优劣之分。只要遵循三相分离器的基本原理，就可设计出合理实用的三相分离器。

（3）三相分离器设备

矩形三相分离器设备化的具体思路是采用箱式结构和多层结构构造三相分离器。三相分离器设备化中，采用多于两层的箱式三相分离器是较好的选择。多层结构的三相分离器可做成箱式结构，可以在现场以外加工成型。在制作过程中，一改以往采用钢板现场制作三相分离器的方法，代之以模块拼装的制作方式，可提高生产效率。

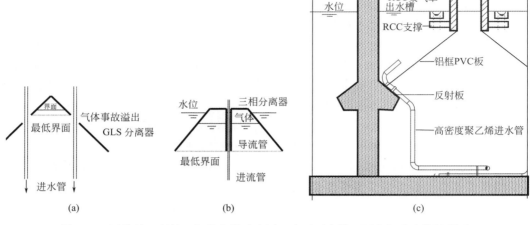

图 8-15　国外某工程的三相分离器示意图（表现了支撑、固定与进水管的关系）

采用设备化的三相分离器，优点除了可实现高效的气固液分离外，还使 UASB 反应器的设计得到了最大程度的简化，并使 UASB 反应器的设计标准化、规范化和简单化，使运转人员和设计人员可将主要精力放在反应器的运行上，而不是设备等其他问题上。

图 8-16 为 Paques 等三个主要公司在早期工程中应用的三相分离器的基本原理基础上，对三相分离器的进一步改进和发展。近年来，从事 UASB 工艺开发和设备生产的厂家所生产的三相分离器都逐步走向设备化，并以箱式的三相分离器为主（见图 8-17）。

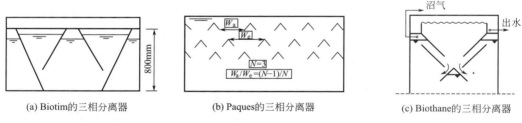

图 8-16　Paques、Biothane 和 Biotim 在工程上采用的不同三相分离器

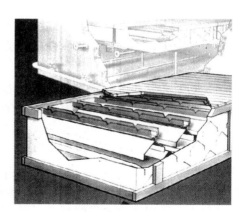

图 8-17　Biothane 和 Paques 公司设备化的三相分离器

282

不同专利的思路和形式是很相似的，均为箱式、多层三相分离器结构；但从结构和应用的对象上，各个专利又各有特点。

（4）圆形 UASB 池的三相分离器

笔者开发的组合式三相分离器（专利号：97248907. X；见图 8-18）将三相分离器的单元预制成型后在现场组合成型，运输时所占体积小、费用低。

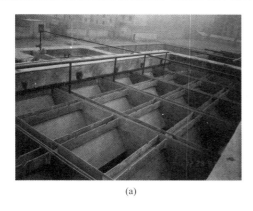
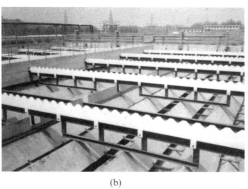

(a) (b)

图 8-18 用玻璃钢制成的设备化三相分离器（a）和非设备化三相分离器（b）

玻璃钢制品价格较高，并且不太适合在高温条件下运行，这对处理酒精糟液不是很有利。圆形 UASB 池的三相分离器大部分模块采用的是矩形三相分离器的形式，仅在边角上进行了特殊处理（见图 8-19）。

(a) (b)

图 8-19 圆形反应器采用单个三相分离器（a）和组合式三相分离器（b）

8.2.6 厌氧反应器其他材料及装置

（1）厌氧滤池填料

1）填料选用标准

填料是厌氧生物滤池的主体（又称滤料），其主要作用是提供微生物附着生长的表面及悬浮生长的空间。Bonastre 和 Paris（1989）认为，厌氧生物滤池选用的理想填料应着重注意具有以下特性：

①保持高的体积面积比；②提供细菌附着的粗糙表面结构；③保证生物惰性；④保证机械强度；⑤价格低廉；⑥选择合适的形状、孔隙度和颗粒尺寸；⑦质轻，使厌氧生物滤池的

结构荷载较小。

Young 等认为在设计上应考虑的重要因素有：水力停留时间、填料形状、水质负荷。虽然他们在研究中发现反应器的高度对于运行并没有显著影响，但他们仍然推荐反应器应该保证最小 2m 的高度。

2）常用的填料

很多种材料可以作为厌氧生物滤池的填料，例如卵石、碎石、砖块、陶瓷、塑料（如网状泡沫塑料）、玻璃、炉渣、贝壳、珊瑚、海绵等。厌氧生物滤池最常用的填料与好氧接触氧化工艺基本相同，有以下几类。

① 实心块状填料：如碎石、砾石等。采用实心块状填料的厌氧生物滤池生物固体浓度低，使其有机负荷受到限制；运行易发生局部滤层堵塞以及随之而产生的短流，运行效果受到不利影响。

② 空心填料：多由塑料制成，呈圆柱形或球形，内部有不同形状、不同大小孔隙，可减少填料层堵塞现象。

③ 蜂窝或波纹板填料：包括塑料波纹板和蜂窝填料，其比表面积可达 $100\sim200m^2/m^3$，厌氧生物滤池的有机负荷达 $5\sim15kg\ COD/(m^3\cdot d)$。此类填料质轻、稳定，滤池运行时不易被堵塞（见图 8-20）。

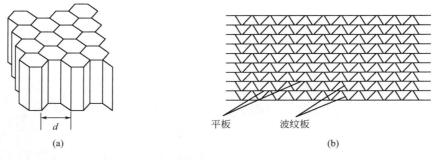

图 8-20　蜂窝管状蜂窝填料（a）和立体波纹板填料（b）

④ 软性或半软性填料：包括软性尼龙纤维填料、半软性聚乙烯填料、弹性聚苯乙烯填料等（见图 8-21）。此类填料的主要特性是纤维细而长，因此比表面积和孔隙率均大。

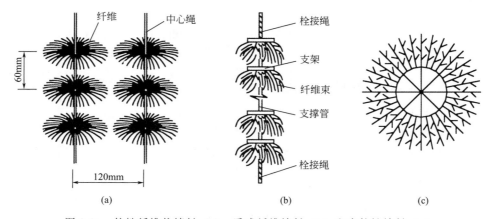

图 8-21　软性纤维状填料（a）、盾式纤维填料（b）和半软性填料（c）

（2）出水收集设备

出水收集设备应该设置在厌氧反应器的顶部以尽可能均匀地收集处理过的废水。大部分厌氧反应器的出水堰与传统沉淀池的出水装置相同，即水平汇水槽在一定距离间隔设三角堰。一些研究者建议出水槽设置浮渣挡板，以截留漂浮的固体。印度 Kanpur 的生产性装置，对设有浮渣挡板和没有浮渣挡板的出水效果进行了比较，证实在水面设有挡板可使出水水质得到持续改善。但是设有出水挡板容易引起形成污渣层，所以是否设挡板需视后处理的情况而定。

出水设施经常出现的问题是，一部分出水槽即使存在浮渣挡板也会被漂浮的固体堵塞，从而引起出水不均匀。为了减少或最终消除这些问题，堰上水头应当是充分的，要求不小于25mm。

出水堰不完全水平或漂浮的固体堵塞堰口，较小的水头就会引起相对较大的误差。例如，沿三角堰长度方向仅 5mm 小的水位差（这在实际上是很可能发生的）会导致出水 75% 的误差。因此，三角堰的设计要便于调整其高度。

（3）排泥设备

对于升流式反应器，一般来讲，随着反应器内污泥浓度的增大，由于污泥层截留作用，出水水质会得到改善，但是污泥超过一定高度时将随出水一起流出反应器。因此，当反应器内的污泥达到某一预设高度之后，就需要排泥。一般污泥排放遵循事先建立的规程，在一定的时间间隔（如每周）排放一定体积的污泥，排放量应等于这一期间所积累的量。

污泥排放高度的设置很重要，应排出低活性的污泥而将高活性的污泥保留在反应器中。反应器底部的浓污泥可能由于积累了颗粒和小沙砾而使污泥活性变低，需要定期从反应器的底部排泥，这样可减少或避免在反应器内积累沙砾。在污泥床的底层将形成浓污泥，而在上层形成的则是稀的絮状污泥，考虑到污泥排放的可控性，剩余污泥应该从污泥床的上部排出。

（4）气体收集和保护装置

气体收集装置应该能够有效地收集产生的沼气，同时保持正常的气液界面。气体收集管的管径应该足够大，以避免气体夹带的固体（或泡沫）产生堵塞。设计上可以考虑设置一个在气体堵塞情况下仍能使气体释放的保护装置，以避免对反应器结构形成过大的压力。UASB 反应器在出气管堵塞的情况下，三相分离器中水面会不断降低直至从反射板逸出，从而避免对反应器结构的破坏。而厌氧滤池由于反应器结构是封闭的，集气室一般在反应器顶部，因此必须设置使气体释放的保护装置。

避免误操作引起反应器产生真空十分重要，因为产生的真空导致外压过大，造成反应器结构受到损坏。例如，厌氧反应器在排放剩余污泥时若排泥量大于进水流量，反应器内的水位将降低，结果集气室中的压力将减小，形成真空，同样需要装备一个气体释放装置。

8.3 沼气输送、储存、处理和利用系统的设计

厌氧反应器产生的沼气需要容器储存并输送至适当场所加以利用。沼气利用方式主要包括热电联产和制取生物天然气两种。大多数沼气利用工程采用热电联产利用方式，但是近年来生物天然气行业迅速兴起，逐步成为沼气高值利用的重要途径之一。沼气利用前，一般涉及沼气脱硫、沼气提纯（脱除二氧化碳）等处理过程。

8.3.1 沼气的产生和储存

（1）沼气的产生

根据 Buswell 公式，1.0kg COD 经厌氧分解后，如全部为气体，理论上可生成 0.35m³ 的甲烷气体。实际上，不同类型的有机物每去除 1.0kg COD 的甲烷产量是不同的，一般产生甲烷气体 0.32～0.37m³。

一般天然气的热值为 35.3MJ/m³，而甲烷的热值为 39.3MJ/m³。不过，一般厌氧反应器产生的气体包含二氧化碳等其他气体，称为沼气。沼气气体中二氧化碳的体积分数通常为 25%～45%。

在反应器内 pH 降低的情况下，由于酸性环境下二氧化碳的溶解度会减小，因此沼气气体中的二氧化碳浓度会随之上升。反应器在超负荷的情况下，由于酸发酵的进行，甲烷发酵被抑制，因此甲烷气体的浓度降低，二氧化碳的浓度也随之上升。

如果原水中含有 SO_4^{2-}，沼气中会含有硫化氢；如果原水中含有蛋白质，沼气中会含有氨。沼气中硫化氢浓度一般很低，但是会随废水中含有硫化物的量的多少而变化。即使沼气中硫化氢的含量很低，在气体利用时也会产生问题，因此，必须正确估计其浓度。实际的设计中，有必要利用实验等方法确认沼气中硫化氢的浓度；没有实验时可参考计算公式，通过物料衡算根据下面的公式计算出沼气中硫化氢的浓度。

$$[H_2S] = \frac{22.4}{24} \times \frac{10^6 S_o \beta}{C_o \eta g [1 + C_{CO_2}/100 + \alpha\ (1 + K_1/[H^+])]} \tag{8-16}$$

式中，C_o 为原水 COD，g COD/L；S_o 为原水中硫酸盐的浓度，g S/L；η 为 COD 去除率，%；g 为沼气气体产生率，L 气体/g COD_{rem}；β 为原水中的硫酸盐转换成 H_2S 的比例；K_1 为 H_2S 的解离常数，$K_1 = [H^-][HS^-]/[H_2S]_{aq}$，$K_1 = 14.9 \times 10^{-8}(35℃)$；$\alpha$ 为气液平衡常数，$\alpha = 1.83(35℃)$；C_{CO_2} 为沼气中 CO_2 的体积分数，%；$[H^+]$ 为氢离子浓度，g/L。

（2）沼气储存设备

由于产气量和用气量之间存在着一个平衡，因此必须设置贮气柜进行调节。贮气柜体积应按最大调节容量决定，或按平均日产气量的 25%～40%，即 6～10h 平均产气量计算。对于存在连续用户的情况，如锅炉和发电，可以适当减小贮气柜尺寸。但是，为了确保锅炉和发电装置的连续运转，也需设置停留时间大于 30min 的贮气柜。贮气柜有多种形式，目前常用的是浮罩式贮气柜 [见图 8-22（a）]。浮罩式贮气柜有低压柜和中压柜两种，其中低压贮气柜在国内应用最广，由水封池和浮动罩组成。浮动罩下的水室，在冬季时应有防冻措施，应设置热水盘管或吹入蒸汽。

（3）水封罐

应在沼气管道上的适当位置设水封罐，以便调整和稳定压力，在消化池、贮气柜、压缩机、锅炉房等构筑物之间起到隔绝作用。水封罐也可兼作排除冷凝水之用。由于沼气中含有水分，贮气柜下沼气管道上的两个水封罐中经常积存过多的水分，导致贮气柜与消化池内的压力异常，因此应定时从贮气柜下的水封罐放水，使之保持合适的水位。同样，由于蒸发等原因，水封罐中的水将不断减少，因此应定时补充到所需要的水位。冬天水封罐还应有切实可行的防冻措施。

（4）安全装置

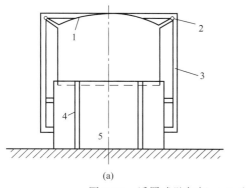

图 8-22 浮罩式贮气柜 (a) 和阻火器 (b)

1—浮盖帽；2—滑轮；3—外轨；4—导气管；5—贮气柜

贮气柜应设置安全阀，进出气管上应装阻火器 [见图 8-22（b）]。阻火器的作用是防止明火沿沼气管道流窜，引起贮气柜、集气室及其他重要附属设施爆炸。一般在贮气柜的进出气管上以及压缩机或鼓风机前后，均应设置阻火器，有时为了安全，可串联设置干式和湿式阻火器。由于贮气柜的频繁升降，钢柜壁经常长时间与水封罐接触，因而造成比较严重的锈蚀。因此，应根据实际运行情况，定期对贮气柜的表面进行除锈、上漆的工作。

8.3.2 沼气物化脱硫和生物脱硫

（1）物化脱硫

1）干式脱硫

如用地面积小，可采用干式脱硫装置。一般采用常压氧化铁法脱硫，选用经过氧化处理的铸铁屑作脱硫剂，疏松剂一般为木屑，放在脱硫箱中。气体以 0.4～0.6m/min 的速度通过。当沼气中硫化氢含量较低时，气速可适当提高，接触时间一般为 2～3min。脱硫塔最少应设两组，以便轮换使用。脱硫装置设计温度为 25～35℃，且应有保温措施，脱硫装置前应有凝结水疏水器。

当沼气作为燃气机等的燃料时，为了避免沼气喷嘴或燃气机的运转发生故障，沼气还应进一步净化，进行过滤，以去除气体中的固体微粒。过滤装置有沙砾过滤器、气体过滤器等。

脱硫塔的设计应以远期处理能力为基准，可采用圆筒立型（干式脱硫）。脱硫塔的设计参数如下：

$$塔断面积(m^2) = \frac{沼气气体产生量(m^3/h)}{气体上升速率(m/h)} \tag{8-17}$$

脱硫剂填充量根据硫化氢去除率、脱硫剂的吸附效率、交换量等来计算。一般采用脱硫剂的吸附效率为 7%～15%（质量分数）。脱硫塔的设计原则是脱硫剂不宜更换太频繁，一般更换时间为 60～90d。

$$脱硫剂填充量(kg) = \frac{沼气量(m^3/d) \times [H_2S](g/m^3) \times 更换时间(d)}{1000 \times 吸附效率}$$

可以根据以上数据，求出脱硫塔的尺寸。

2）湿式脱硫

图 8-23　沼气脱硫塔应用实例

一般当沼气中硫化氢含量高且沼气量较大时，适合用湿式脱硫法，该法同时还可去除部分二氧化碳，提高沼气中甲烷的含量。湿式脱硫装置由两部分组成：一为吸收塔，二为再生塔（见图 8-23）。含 2%～3% 的碳酸钠溶液，由吸收塔塔顶向下喷淋，沼气由下而上逆流接触，除去硫化氢。碳酸钠溶液吸收硫化氢后，经再生塔，通过催化剂使其再生，可以反复使用。此外，还可利用处理厂的出水，对沼气进行喷淋水洗，以去除硫化氢。在温度为 20℃、压力为 1atm 时，每立方米水能溶解 2.3m³ 硫化氢。

（2）生物脱硫

为从废水中除去硫化物，现在普遍使用物理-化学处理过程。化学氧化法和化学沉淀法的最大缺点是需要外加氧化剂或沉淀剂，这要消耗大量能量、化学药品费用及后处理费用。生物法处理硫化物是一种比较理想的方法，国内外都对生物脱硫进行了深入研究。

生物脱硫是利用无色细菌将硫化物氧化成单质硫，硫化物的氯化可以在好氧、厌氧或兼氧条件下完成。在反应器中发生如下反应：

$$H_2O + S^{2-} + \frac{1}{2}O_2 \Longrightarrow S\downarrow + 2OH^-$$

反应形成单质硫，包含少量杂质，回收硫可以用于硫酸工业。与传统的其他脱硫工艺相比，生物脱硫工艺具有以下优点：

① 替代传统的化学技术（氧化），化学药剂的消耗量最小，操作简单；

② 硫化氢的去除率可以达到 99.99% 以上，在废气处理的同时又可回收硫，其中单质硫的回收率也可达到 95%～98%；

③ 适用范围广，适用的 H_2S 浓度可以从 $100\mu L/L$ 到 100%（体积分数），同时适用于大规模的废气处理设施。

第一个用于从沼气中去除 H_2S 的 Thiopaq 装置，成功地从沼气 [80% 的 CH_4、18% 的 CO_2 和 2% 的 H_2S 的混合气体（以上均为体积分数）]中去除 2% 的 H_2S，可使沼气中 H_2S 的含量从 2.0%（体积分数）降低到 $10\sim100\mu L/L$，事实上降到几微升/升也是可能的。仅 Paques 公司就有几十个类似的装置在德国、英国、丹麦、法国、西班牙、意大利、智利和美国应用。

生物脱硫工艺在市场上非常有吸引力，如 Biothane 公司开发的 Biopuric 工艺。该工艺结合传统的化学洗涤器和生物滤池，固定在生物膜上的硫氧化微生物代谢硫化物为单质硫和硫酸，从而净化沼气。图 8-24 是 Biothane 公司用于沼气脱硫的 Biopuric 设施。这一技术目前在全世界范围已有十余套装置用于城市污水处理厂和工业废水沼气脱硫。当沼气中硫化氢的浓度为 $1000\sim15000\mu L/L$ 时，去除率为 90%～98%。

Sulfothane 工艺是 Biothane 公司开发的另一个脱硫工艺（见图 8-25，彩图见插页）。该工艺包括三个相互关联的环路：①水的循环（通过厌氧反应器）；②气体的环路（通过洗涤器去除硫化氢）；③离子的循环（硫被吸收在洗涤器液体中）。该工艺的原理为：

图 8-24 美国东北部工业基地运行的 Biopuric 设施

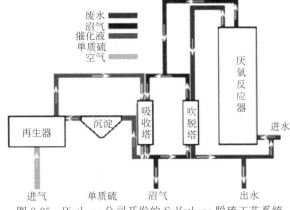

图 8-25 Biothane 公司开发的 Sulfothane 脱硫工艺系统

① 硫化氢通过沼气循环气提作用从废水中吹脱，吹脱的气体（和沼气）中的硫化氢被氧化为单质硫；② 单质硫通过沉淀去除；③ 催化剂被空气再生。

（3）非生物脱硫

其他公司也开发了一些从气体中脱除 H_2S 的非生物脱硫新技术。例如，ADI 公司的 SULFA-BIND 工艺可以经济有效地将高达 $30000\mu L/L$ 的 H_2S 降低到小于 $1.0\mu L/L$，将消化池的沼气中 H_2S 的含量从 $60\sim100\mu L/L$ 降低到 $0.2\mu L/L$ 的水平。SULFA-BIND 工艺采用包含在表面和多孔结构上镀有铁的无机氧化物和天然物质的固定床填料吸附去除 H_2S。这一工艺通过多个大学、研究结构和公司的不断努力，目前已经商业化应用于制浆和造纸、化工和冶炼等多个工业领域。

8.3.3 沼气提纯

沼气经过脱硫、脱水等预处理后，即可用于发电，实现热电联产。此外，可利用沼气制取生物天然气。沼气提纯则是整个生物天然气生产工艺中最核心的单元，通过去除沼气中的 CO_2 来提高沼气中 CH_4 的含量（>90%），提高热值和能量密度，以满足天然气沃泊指数要求，成为高品质燃气。当前成熟且被广泛应用的沼气提纯技术包括吸收法、变压吸附、膜分离等。

（1）吸收法

吸收法的基本原理是：由于 CO_2 比 CH_4 更易溶于某些液态溶剂，当原沼气在吸收塔内与这些液态溶剂逆流接触后，绝大部分的 CO_2 和极少量的 CH_4 被液态溶剂吸收并随液态溶剂一起被带出吸收塔，使原沼气中的 CH_4 得以富集，最终达到沼气提纯的目的。根据所用液态溶剂的不同，常用的吸收法具体分为水洗、有机溶剂吸收、胺吸收等三种。

① 水洗　根据亨利定律可知，CO_2 在水中的溶解度是 CH_4 的 20 倍左右，而且随着各自分压的升高，两者溶解度的差异将进一步增大。因此，实际工程应用中通常采用高压水洗方式，即将原沼气加压后再进行水洗。图 8-26 给出了高压水洗工艺流程示意图。如图 8-26 所示，原沼气通过沼气压缩机加压至 $6\sim10$bar❶后进入吸收塔底部，同时水从吸收塔顶部喷洒下来，以便于气、液逆流充分接触，降低能耗、减少 CH_4 损失和强化 CO_2 吸收。由于溶解度差异，绝大部分 CO_2 和少量的 CH_4 被水吸收，因此可以从吸收塔顶部收集到 CH_4 含量较高的沼气。吸收塔出水首先降压至 $2.5\sim3.5$bar 进入闪蒸塔，此时大部分被水吸收的

---

❶ 1bar＝10^5Pa。

CH$_4$ 和少量的 CO$_2$ 会重新释放出来并回流到前端与原沼气混合，以达到最大化回收 CH$_4$ 的目的。闪蒸塔出水再进入吹脱塔，通过从吹脱塔底部曝入空气完成 CO$_2$ 吹脱过程，尾气从塔顶部排出，而吹脱后的再生水通常回流至前端进行回用。水洗是最简单也是最常用的一种沼气提纯工艺，不仅能有效去除 CO$_2$，还能去除 H$_2$S，提纯后沼气中 CH$_4$ 的含量能达到 97％左右。

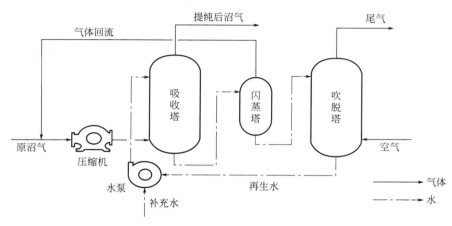

图 8-26　高压水洗工艺流程示意图

②　有机溶剂吸收　某些有机溶剂，如甲醇、N-甲基吡咯烷酮（NMP）、selexol 和 Genosorb 等，也可以用来吸收 CO$_2$，其基本原理与水洗类似，然而，与水相比，CO$_2$ 在这些有机溶剂中具有更高的溶解度。例如，CO$_2$ 在 selexol 中的溶解度约为 0.18M/atm，比其在水中的溶解度高出 5 倍左右。有机溶剂吸收工艺流程图如图 8-27 所示。通过与图 8-26 比较可知，虽然有机溶剂吸收和水洗工艺设计上具有一定的相似性，但是两者之间仍存在以下不同点：首先，由于有机溶剂对 CO$_2$ 具有更强的吸收能力，其所需流量相应地得到降低，因此，吸收塔、闪蒸塔和吹脱塔的内径比水洗时的小。其次，有机溶剂吸收工艺中有冷却、加热和热交换单元。具体来说，气体和有机溶剂进入吸收塔前需要进行冷却以保证塔内温度在 20℃左右；从吸附塔排出的低温有机溶剂需要和再生的高温有机溶剂进行热交换；为了对从闪蒸塔排出的有机溶剂进行再生，需要在进入吹脱塔前将其加热至 40℃左右。在实际工艺应用过程中，所用热量基本来自压缩机和尾气燃烧产生的废热。此外，由于有机溶剂具有防腐性和较低的凝固点，整套工艺可采用非不锈钢管材，并能在低温条件下正常运行。实际工程经验表明，该工艺提纯后沼气中 CH$_4$ 的含量能达到 97％左右。

③　胺吸收　根据 CO$_2$ 在被吸收过程中是否与溶剂发生化学反应，可以将吸收法分为物理吸收法和化学吸收法。前面所述的水洗和有机溶剂吸收基本属于物理吸收法，而化学吸收法采用的溶剂通常为胺溶液，包括甲基二乙醇胺（MDEA）、二乙醇胺（DEA）、单乙醇胺（MEA）等。目前实际工程应用通常采用的胺溶液是活化甲基二乙醇胺（aMDEA），即 MDEA 和哌嗪（PZ）的混合物。如图 8-28 所示，胺吸收工艺主要包含吸收塔（胺吸收 CO$_2$）和吹脱塔（胺再生）两部分。首先，原沼气在常压条件下从吸收塔底部进入，与胺溶液逆流接触后，沼气中的 CO$_2$ 通过与胺发生放热性化学反应从气相转移到液相，实际工艺中通常加入过量的胺以克服化学反应平衡限制，强化 CO$_2$ 吸收，吸收塔内的压力一般维持

290

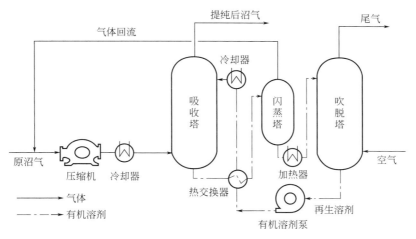

图 8-27　有机溶剂吸收工艺流程示意图

在 1～2bar。提纯后沼气从吸收塔顶部排出收集。吸收塔排出的胺溶液首先通过与再生胺溶液热交换的方式进行预加热，然后进入吹脱塔顶部。吹脱塔底部配备有重沸器，对胺溶液进行加热至部分胺溶液沸腾。一方面，可以加速胺溶液中 CO_2 的释放，完成胺溶液再生；另一方面，产生的大量蒸气可以降低 CO_2 分压，起到吹脱作用，进一步促进 CO_2 的释放。吹脱塔内的压力稍微高于吸收塔，为 1.5～3bar。被释放的 CO_2 和蒸气从吹脱塔顶部进入冷凝器冷却，最后冷凝物（主要包含蒸气和微量胺）返回至吹脱塔，冷却气体（主要包含 CO_2）则从工艺系统排出。虽然与水相比，单位体积的胺溶液能溶解更多的 CO_2，CH_4 损失率低（<0.1%），效率高，但是胺再生需要高温条件，耗能较大。实际工程经验表明，该工艺提纯后沼气中 CH_4 的含量能达到 99% 左右。

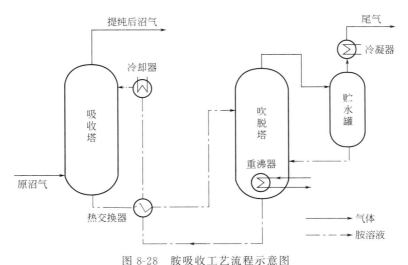

图 8-28　胺吸收工艺流程示意图

（2）变压吸附

变压吸附的基本原理是利用吸附剂对不同组分气体吸附能力的不同来实现混合气体中某种组分的分离或富集。一般情况下，吸附剂能够根据气体分子尺寸大小选择性截留混合气体中的某种组分。就沼气而言，其中 CO_2 分子尺寸要小于 CH_4 分子，因此通过选择合适的吸附剂可以选择性截留 CO_2，同时实现 CH_4 的富集。吸附剂对气体的吸附性能主要取决于温度、压力和吸附剂本身。变压吸附工艺中温度是恒定的，压力却是变化的，在高压和低压条件下分别完成吸附和解吸过程；目前使用比较多的吸附剂为分子筛、沸石和活性炭等。典型的变压吸附工艺一般由 4 个吸附塔并联而成，每个吸附塔在同一时间段内分别处于吸附、降压、解吸和升压阶段，并在每个运行周期内依次经历这四个阶段。如图 8-29 所示，原沼气进入吸附塔前需要去除其中的 H_2S，因为吸附剂对 H_2S 的吸附是不可逆的，吸附剂"中毒"后很难再生。在吸附阶段，沼气压力为 4~10bar，此时 CO_2 被吸附剂吸附截留，并在随后的降压、解吸阶段作为尾气排放到大气中，而 CH_4 顺利穿过吸附床，从吸附塔顶部排出并被收集。吸附剂完成解吸后，吸附塔内不断通入原沼气开始升压，以备进入下一轮的吸附阶段。与吸收法相比，变压吸附属于一种干法 CO_2 去除技术，整套工艺更加紧凑。实际工程经验表明，变压吸附工艺的平均 CH_4 损失率约为 1%，提纯后沼气中 CH_4 的含量能达到 95%~98%。

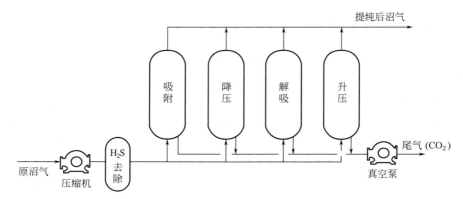

图 8-29　变压吸附工艺流程示意图

（3）膜分离

膜相当于一种密实过滤器，在压力驱动下，根据不同气体组分在膜材料中渗透速率的不同，可以在分子水平上实现它们的分离。就沼气而言，大多数情况下 CO_2 的渗透速率要高于 CH_4，沼气经过膜分离后，分成渗透气（含大量 CO_2 和少量 CH_4）和渗余气（含大量 CH_4 和少量 CO_2）两部分。常用的膜由聚酰亚胺和醋酸纤维素等高分子聚合物制成，常用的膜组件为中空纤维和卷式膜组件。实际工程应用中，为进一步提高 CH_4 的回收率和纯度，通常采用多段多级膜工艺，此处仅给出一级一段循环式膜分离工艺示意图（如图 8-30 所示）。原沼气需要经过水分、H_2S 等成分的去除才能进入膜组件。在某些情况下，沼气中含量过高的氨氮、硅氧烷和挥发性有机物会对膜组件的正常运行产生不利影响，也需要被去除。沼气经过预处理净化后，通常被压缩至压力为 6~20bar 范围进入膜组件，实现 CH_4 和 CO_2 的有效分离，部分渗透气会回流至前端，以减少 CH_4 的损失。与吸收法和变压吸附相比，膜分离工艺构造及运行简单，便于模块化设计，具有较高的可靠性，实际工程经验表

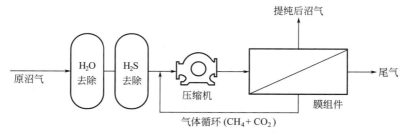

图 8-30　膜分离工艺流程示意图

292

明，膜分离工艺提纯后沼气中 CH_4 的含量能达到 98% 左右，在多级多段条件下 CH_4 回收率最高能达到 99.5% 以上。

膜分离、有机溶剂吸收、胺吸收、变压吸附和水洗目前发展都比较成熟，在国内外沼气工程项目中应用很广泛，并积累了比较多的基础数据和工程经验。下面从技术单位投资成本、单位运行电耗两方面进行比较。

① 单位投资成本 从图 8-31（见彩图）可以看出，无论采用何种沼气提纯技术，沼气提纯工程的单位投资成本具有很强的规模经济效应，也就是说，随着沼气规模的扩大，单位投资成本逐渐降低。对于小规模的沼气工程（$<500\text{m}^3/\text{h}$）而言，膜分离技术的单位投资成本相对较低，当沼气工程规模大于 $1500\text{m}^3/\text{h}$ 时，水洗、变压吸附、胺吸收、有机溶剂吸收和膜分离的单位投资成本比较接近，没有明显差异。

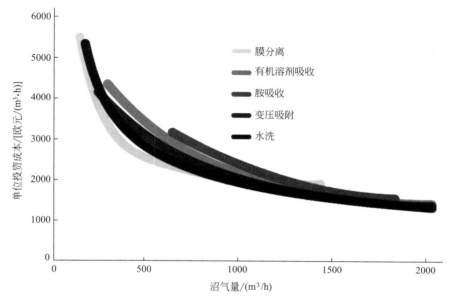

图 8-31 典型物化类沼气提纯技术单位投资成本对比

② 单位运行电耗 从图 8-32 可以看出，水洗、变压吸附、有机溶剂吸收和膜分离四种沼气提纯技术的单位运行电耗都在 $0.2 \sim 0.3\text{kW} \cdot \text{h}/\text{m}^3$ 范围内波动，产生波动的主要原因跟沼气提纯工程规模有关。与单位投资成本一样，规模越大，单位运行电耗就越低。对于胺吸收技术而言，其本身的单位运行电耗为 $0.12 \sim 0.14\text{kW} \cdot \text{h}/\text{m}^3$ 左右，明显低于其他几种沼气提纯技术，但是如图 8-28 所示，胺吸收工艺需要依靠外部热源（约 $0.55\text{kW} \cdot \text{h}/\text{m}^3$）实现

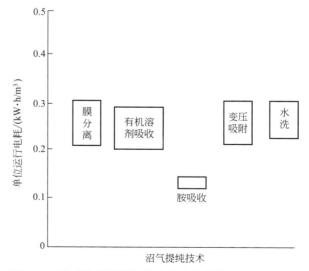

图 8-32 典型物化类沼气提纯技术的单位运行电耗对比

胺溶液的再生，这部分热源一般由原沼气燃烧提供，因此，单纯从电耗角度来说，胺吸收技术具有较强的优势，这也是其近些年来逐渐盛行的另一个重要原因。

8.3.4 沼气利用实例

我国的酿酒企业众多，山东某酒厂年产酒精 10t，采用全糟发酵，日产沼气 10 万立方米。该厂生产生物天然气成本低廉，能大规模工业化生产，采用酒精沼气制造天然气是一个节能环保与经济效益兼具的项目（见图 8-33）。山东十方环保能源股份有限公司负责建设了该酒厂的沼气制生物天然气（BNG）工程，沼气规模为 $30000m^3/d$，生物天然气规模 $15000m^3/d$，所采用的生物天然气生产工艺流程如图 8-34 所示。

图 8-33 山东某酒厂生物天然气项目外景

图 8-34 生物天然气生产工艺流程图

沼气进入压缩机增压，依次经脱硫、提纯（脱除 CO_2）、干燥脱水处理后，通过分离缓冲装置进入 BNG 压缩机增压至 25MPa，进入储气井储存。储气井按高、中、低不同压力编组，并通过 PLC 控制系统经售气机给天然气汽车加气。

储气井按高、中、低不同压力编组，并通过顺序程控系统经售气机给天然气汽车（CNG 汽车）加气，通过加气柱给运罐车加气。

8.4 厌氧反应器的标准化设计

工业废水处理相关的处理设备专业化程度较高，特别是小型工业废水项目中采用的专用或通用设备有其特殊性，与所采用的工艺密切相关，例如，UASB 反应器三相分离器和布水器等产品。同时，随着自动化水平的提高，废水处理设备的自控水平、机电一体化水平逐渐提高。工业废水处理设施实现设备化、系列化、成套化、标准化，从而提高环保设备制造业的集约化程度，使环境产业能够上水平、上规模，是当前工业废水处理的发展趋势。而对工业废水工艺中所涉及的处理设施进行单元设备化，是厌氧处理工艺研究的重点问题。

8.4.1 钢筋混凝土结构厌氧反应器

（1）建筑材料

到目前为止，世界上各个公司和设计单位设计的反应器形式各异。从反应器的高度到平面尺寸，没有统一标准。选择适当的建筑材料对于厌氧反应器的持久性是非常重要的。早期钢制结构的 UASB 反应器在使用 5～6 年后都出现了严重腐蚀。最严重的腐蚀部位出现在反应器上部，主要是气液交界面。此处 H_2S 可能造成直接腐蚀，同时 H_2S 被空气氧化为硫酸或硫酸盐，使局部 pH 下降造成间接腐蚀。硫化氢或者酸造成的腐蚀属于化学腐蚀，更严重的是在气液接触面还存在电化学腐蚀。由于厌氧环境下的氧化还原电位为 $-300mV$，而在气水界面的氧化还原电位为 $100mV$，这就在气水界面构成了微电池，形成电化学腐蚀。无论普通钢材还是一般不锈钢在此处都会被损害。

混凝土结构是厌氧反应器最为常见的结构材料形式，一般反应器池壁合适的建筑材料是钢筋混凝土，也可采用经过防腐处理或非腐蚀性的其他材料。但是，即使混凝土也可能受到化学侵蚀，其受侵蚀的程度取决于碳酸盐和 Ca^{2+} 的浓度。如果这两种离子产物的乘积低于碳酸钙的溶解度，Ca^{2+} 将从混凝土中溶出，造成混凝土结构的剥蚀。

对于特殊的部件，可采用非腐蚀性材料（如 PVC）用作进出水管道、三相分离器的一部分或浮渣挡板，也可采用玻璃钢或不锈钢做布水箱。混凝土结构需要在气水界面上下 1m 采用环氧树脂防腐。

厌氧消化工艺产生腐蚀的环境，应该尽可能避免直接采用金属材料。即使是一些昂贵的材料，如不锈钢，在厌氧反应器中也受会到严重的腐蚀，而油漆或其他涂料仅能起到部分保护。

（2）标准化的原则

厌氧反应器是否有必要进行标准化是存在争议的一个话题。比如，对于反应器的高度范围，在学术上没有定论之前，采用标准化的高度显然是没有科学根据的。事实上，厌氧反应器的高度，既要考虑上升流速与 CO_2 溶解度（pH）等生物和化学反应关系，也要考虑土石方工程费、高程合理设计以及减少建筑和保温费用等经济因素。综合考虑的结果是反应器一般高度为 $4～8m$，在大多数情况下，这也是系统最优的运行范围。又如，平面的形状和尺寸大小，与采用的配水方式和可达到的均匀化程度有关，同时，与污水处理厂的地形条件也是紧密相关的。

本书所说的标准化从以下几个方面考虑：

① 对于 UASB 反应器，平面布置主要从三相分离器的标准尺寸考虑（非 UASB 反应器可以参考 UASB 反应器的设计）；

② 反应器一般高度为 $4～8m$；

③ 采用标准化和系列化的设计的前提是结构通用性和简单性，在此基础上形成系列化设计。

（3）UASB 反应器结构系列化

UASB 反应器池体的标准化主要是根据三相分离器的尺寸进行布置的。假设目前生产的三相分离器的平面尺寸是 $2m \times 5m$，根据这一形式布置池体有以下几种方式，见图 8-35 和图 8-36。图 8-35（a）为整个池表面均采用三相分离器的形式，而图 8-35（b）是池顶一部分采用池体本身结构构成气室。由于混凝土结构投资远低于三相分离器的材料和加工费用，因此后者可以节省一部分三相分离器的投资。

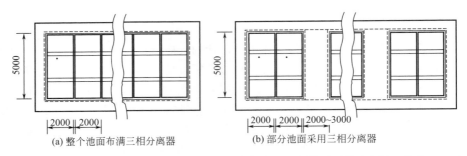

(a) 整个池面布满三相分离器　　　　(b) 部分池面采用三相分离器

图 8-35　矩形单池 UASB 反应器装配式三相分离器和反应器平面尺寸布置（单位：mm）

整个池子可采用单池单个分离器，也可采用双池其中每池单个分离器的公共墙的形式（见图 8-36）和单池两个分离器的扩展形式。很明显，如果需要，也可以构成双池其中每池两组分离器的形式。以上形式同样也可以采用混凝土结构，一部分作为集气室。

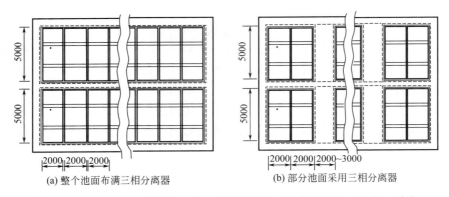

(a) 整个池面布满三相分离器　　　　(b) 部分池面采用三相分离器

图 8-36　矩形双池 UASB 反应器装配式三相分离器和反应器平面尺寸布置（单位：mm）

在标准化的过程中，如果采用管道或渠道布水，池子的长度不受限制。但是如前所述，反应器的长宽比的范围涉及建筑物的经济性，所以在上述范围内选择要结合池子组数来考虑适当的长宽比。另外，如果三相分离器的模数不同，可以采用类似的原则考虑标准化。

鉴于反应器的高度推荐范围为 4～8m，表 8-9 给出了 5m 高反应器的尺寸选择的系列。笔者在国家"九五"攻关课题中，承担了 UASB 反应器标准化和设备化的研究工作。根据表 8-9 对其中的大部分反应器进行了标准化的设计。采用标准化的设计对设计单位或环保公司的好处是可以简化设计的工作和投入，将主要的力量投入到设备开发和市场的开拓上。

原则上讲，安排 2m×5m 的三相分离器的平面布置还可以有其他多种平面配合形式。例如，宽度可以 2m 为模数，而长度以 10m 为模数，构成 4m×5m、4m×10m、6m×5m、6m×10m、6m×15m 的系列，甚至可以采用三相分离器横竖混合布置的形式。但是考虑通用性和简单性的原则，本书推荐表 8-9 的组合方式，其池容范围可以在 150～3000m³ 之间选择，这些池容已能满足大部分实际生产的需求。以上的标准化模式虽然是通过 UASB 反应器获得的，但对其他反应器在主体结构上的设计也可以借鉴这个基本思路。

表 8-9　矩形反应器的平面尺寸和有效体积的选用　　　　　　　　单位：m³

池型	宽/m	长/m										
		6	8	10	12	14	16	18	20	22	24	26
单池	5	150	200	250	300	350	400	450	500	550	600	650
双池	5	300	400	500	600	700	800	900	1000	1100	1200	1300
池型	宽/m	长/m										
		10	12	14	16	18	20	22	24	26	28	30
单池	10	500	600	700	800	900	1000	1100	1200	1300	1400	1500
双池	10	1000	1200	1400	1600	1800	2000	2200	2400	2600	2800	3000

注：反应器的有效高度为5m。

8.4.2　厌氧反应器的新型结构材料及制罐技术

（1）新型反应器材料的特点

国外发达国家的工业废水处理工程大多已采用新设备、新材料和新工艺来设计和建造，如德国利浦（Lipp）公司的双折边咬口技术就是其中之一。这些技术应用金属塑性加工中的加工硬化原理和薄壳结构原理，通过专用技术和设备将 $2\sim4mm$ 镀锌钢板建造成体积为 $100\sim2000m^3$ 的反应器，具有施工周期短、造价较低、质量高等优点。其施工周期比同样规模的混凝土罐缩短 60%，罐体自重仅为混凝土罐的 10%，比普通钢板罐节

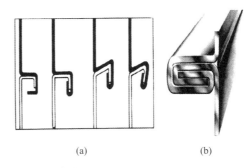

图 8-37　咬合筋成型过程（a）及截面形状示意（b）

省材料达 50% 以上，而且耐腐蚀，无需保养维修，使用寿命达 20 年以上。这些技术的创新点为将处理工艺积累的技术融于设备中，形成技术含量高的一体化设备。

高质量的自动化建造安装、技术上的先进性和经济性，表明这些制罐技术是一种理想的、符合中国国情的现代化的制造技术。

（2）Lipp 制罐技术

Lipp 制罐技术就是薄钢板通过上下层之间的咬合形式螺旋上升形成连续的咬合筋，而内部为平面的圆形池罐（见图 8-37）。已成型的圆柱体在支架上螺旋上升，当达到所需要的高度时，将上下两端面切平即完成了 Lipp 罐的制作。

废水处理中被处理废水具有腐蚀性（如酸碱废水），或处理工艺过程中产生腐蚀性（如厌氧处理）的情况，若全部用不锈钢卷板来制作罐体，其制作成本相当高，因而不锈钢-镀锌钢板复合板的使用显得非常适宜（见图 8-38）。

Lipp 制罐技术是具有世界先进水平的一种制罐工艺与技术，但是需要特殊机械。20 世纪 80 年代，国内粮食系统引进了多套加工机械，并在粮仓上大量应用，目前已逐步应用于污水处理。

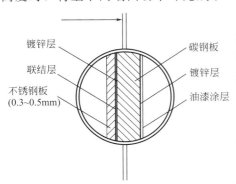

图 8-38　不锈钢-镀锌钢板复合板截面示意

（3）拼装反应器技术

拼装反应器技术采用高新技术制成的罐体材料，以快速低耗的现场拼装方式最终成型，组成成套化的单元反应器设备，使污水处理设备的全套装置达到技术先进、配置合理、性能优良、耐腐性好、维修便利、外表美观的效果。

该技术的关键点在于合理的罐体结构的整体设计、特殊防腐涂层的开发，以及采用拼装式的安装方式。

（4）结构计算

钢制反应器结构为薄壁结构，Lipp 罐由于多层咬合而具有相当大的环向抗拉强度，对于圆形池体，满足了环向受拉的要求也就是满足了池体的强度要求。对不同材料、不同介质以及不同池容的 Lipp 反应器，其环向拉力的强度需要进行特别的计算与分析。例如，对于 $500m^3$ Lipp 反应器，其直径为 10m，总高度为 6.5m，水力高度为 6m，可选用两种不同壁厚的材料用于不同水力高度的罐体加工，罐体下部壁厚为 3mm，而罐体上部均选用 2mm 厚的材料。

需要说明的是，从理论上来说，Lipp 反应器的壁厚可以比 2mm 薄一些。但是，考虑到材料质量、性能和结构稳定性等因素，一般选取不小于 2mm。同样，对于直径更大、高度更高的罐体，理论上可以选用厚的钢板来制作，但是由于 Lipp 反应器制罐机械在机械压紧强度、咬口紧密度等方面的限制，Lipp 罐体选用材料壁厚一般不大于 4mm。

8.4.3 圆形反应器的标准化

从结构设计角度讲，罐体的设计是设备化的一部分工作，对于不同高度和直径的圆形反应器结构，可以预先设计好。表 8-10 是圆形反应器规格的几何尺寸和容积。由于圆形反应器可用材料较少，在基础承载力计算中几乎可以不考虑罐体自重对基础的承压要求。

表 8-10 圆形反应器拼装罐体尺寸和容积 单位：m^3

直径/m	高度/m						
	3.5	5	6	7	8	9	10
5	69	98	118	137	157	177	196
6	99	141	170	198	226	254	283
7	135	192	231	269	308	346	385
8	176	251	301	352	402	452	502
9	223	318	382	445	509	572	636
10	275	393	471	550	628	707	785
11	332	475	570	665	760	855	950
12	396	565	678	791	904	1017	1130
13	464	663	796	929	1061	1194	1327
14	539	769	923	1077	1231	1385	1539
15	618	883	1060	1236	1413	1590	1766
16	703	1005	1206	1407	1608	1809	2010
17	794	1134	1361	1588	1815	2042	2269
18	890	1272	1526	1780	2035	2289	2543

直径 /m	高 度/m						
	3.5	5	6	7	8	9	10
19	992	1417	1700	1984	2267	2550	2834
20	1099	1570	1884	2198	2512	2826	3140
21	1212	1731	2077	2423	2769		
22	1330	1900	2280	2660	3040		
23	1453	2076	2492	2907	3322		
24	1583	2261	2713	3165	3617		
25	1717	2453	2944	3434	3925		
26	1857	2653	3184				
27	2003	2861	3434				
28	2154	3077	3693				
29	2311	3301	3961				
30	2473	3533	4239				

整个反应器的设计仅是基础的结构设计，比较简单。实际应用中需要根据地基承载力进行计算。圆形基础的结构很容易进行系列设计，因而反应器池体和基础就形成了系列化。

8.5 厌氧处理系统设计实例

8.5.1 设计条件

（1）水量和水质

某啤酒厂综合废水水量：一期 3500m³/d；二期 4500m³/d。

系统回流水（包括浓缩池、脱水机房上清液等）：350m³/d。

变化系数：2.5。

设计流量按最大流量：一期 （3500＋350）×（1/24）×2.5≈401 （m³/h）

二期 （4500＋350）×（1/24）×2.5≈505 （m³/h）

原水水质和排放水质要求分别见表 8-11 和表 8-12。

表 8-11 原水水质

参 数	一 期	二 期	参 数	一 期	二 期
pH	4～10	4～10	BOD/(mg/L)	1440	1670
COD/(mg/L)	2086	2422	SS/(mg/L)	600	600

表 8-12 排放水质要求

参 数	一 期	二 期	参 数	一 期	二 期
pH	6.8～8.6	6.8～8.6	BOD/(mg/L)	20	20
COD/(mg/L)	—	—	SS/(mg/L)	20	20

（2）处理工艺

采用厌氧处理（UASB法）＋活性污泥法处理工艺。消化气体处理采用锅炉燃烧，非常时期经稀释后排放到大气中。脱臭处理采用生物脱臭（利用活性污泥的曝气池）。污泥处理采用带式脱水机。

8.5.2 预处理系统

（1）集水井和格栅

一般集水井和格栅等固定投资应该以二期最大流量为基础计算，并且一次建成。

集水井停留时间按 5.0min 计，容积为 $505 \times 1/60 \times 5 \approx 42$（$m^3$）。

粗格栅计算流量为 505m^3/h，格栅宽取 1000mm，格栅间距取 5mm。

细格栅以一期最大流量为基础，流量 401m^3/h，格栅间距 0.75mm。

以一期最大流量为基础选取泵，流量为 $401 \times 1/60 \times 1/2 \approx 3.3$（$m^3$/min），能力为 3.7$m^3$/min$\times$13m$H_2O$，进水潜水泵 3 台（两用一备）。

（2）沉淀池

以一期水量为基准计算，水力负荷为 1.0m^3/（$m^2 \cdot d$）。

沉淀面积为 $(3500+350) \times 1.0/24 \approx 160$（$m^2$）

选取直径为 12.5m 的圆形沉淀池，有效水深为 3.5m，有效水面积为 122m^2。

沉淀池排泥泵以一期沉淀污泥产量为基础，每 1h 排泥 4min，流量为 $26.3 \times 1/4.0 \times 1/24 \approx 0.27$（$m^3$/min），泵的能力为 0.30$m^3$/min$\times$10m$H_2O$。

（3）调节池

沉淀池对 COD 的去除率约为 10%，故一期进入调节池的 COD 浓度为 1877mg/L，二期为 2180mg/L。

以一期水量计算调节池的容积，同时考虑酸化容积〔COD 容积负荷按 10kg/（$m^3 \cdot d$）计算〕及水量调整时必要的容积（停留时间按 19h 计），取其大者。

酸化容积：$3500 \times 1877 \times 1/1000 \times 1/10 \approx 657$（$m^3$）

水量调整容积：$3500 \times 1/24 \times 19 \approx 2771$（$m^3$）

取调节池容积：2771m^3

尺寸：20m（长）$\times$17.5m（宽）$\times$8.0m（深）

容积：2800m^3

调节池搅拌机的设置以每立方米调节池容积 2W 的搅拌功率进行搅拌。搅拌动力为 $2800 \times 0.002 = 5.6$（kW），选取搅拌电机动力为 7.5kW。

（4）药剂用量

1）盐酸

盐酸浓度按 35% 计算，投加量为 30mg/L。

一期 35% 盐酸使用量：$3500 \times 30/1000 \times 100/35 = 300$（kg/d）

二期 35% 盐酸使用量：$4500 \times 30/1000 \times 100/35 \approx 386$（kg/d）

2）氢氧化钠

氢氧化钠浓度按 28% 计算，投加量为 0.08kg NaOH/kg COD（经验值）。

一期 28% 氢氧化钠的用量：$3500 \times 2086 \times 0.9 \times 0.08/1000 \times 100/28 \approx 1877$（kg/d）

二期 28% 氢氧化钠的用量：$4500 \times 2422 \times 0.9 \times 0.08/1000 \times 100/28 \approx 2803$（kg/d）

3）储存池和加药泵

氢氧化钠储存池以二期为基准，贮留期为 2d 以上。储存池容积为：

$2803 \times 1/1.2$（相对密度）$\times 2 \times 1/1000 \approx 4.67$（$m^3$/d），取储存池容积为 5$m^3$。

氢氧化钠加药泵的能力（一期）为：$1877 \times 1/1.2$（相对密度）$\times 1/24 \times 1/60 \approx 1.09$（L/min）。

盐酸储存装置以二期为基准，储存池的贮留期为 7d 以上，泵的系数为 1.5 倍。

储存池必要容积：$386 \times 1/1.3$（相对密度）$\times 7 \approx 2078$（L），取储存池容积为 2000L。

投加泵的能力为：386×1/1.3（相对密度）× 1.5×1/24×1/60≈0.3（L/min）

8.5.3 UASB反应器系统

（1）UASB体积（以一期水量为基础）

COD容积负荷采用7.5kg/(m^3·d)，必要容积为3500×1877×1/1000×1/2×1/7.5≈438（m^3）。

采用矩形反应器，尺寸为5.0m(宽)×15.0m(长)×6.0m(深)，容积为450m^3。

停留时间：450×2×1/3500×24≈6.2（h）。

上升流速：3500×1/2×1/6×1/15×1/24≈0.81（m/h）。

（2）循环水池（主要考虑启动期间和减少加药量）

循环倍数为0.5，停留时间为10min，则容积为3500×1/2×1/6×1/24≈12.15m^3。

尺寸为1.5m(宽)×5.0m(长)×2.0m(深)，容积为15m^3。

（3）进水和回流泵

进水（含系统回流水），pH调整用循环水为原水的30%。

必要出水量：（3500＋350）×1.3×1/24×1/60＝3.48(m^3/min)

泵的能力：3.5m^3/min×13mH_2O

（4）沼气产量与锅炉

1）沼气气体

经过处理后一期出水COD为413mg/L，二期为480mg/L。

甲烷气体产生率按0.35m^3/kg COD计算，甲烷为85%：

一期甲烷产量为3500×（1.877－0.413）×0.35≈1793(m^3/d)，沼气量为2110m^3/d（按85%计）；

二期甲烷产量为4500×（2.18－0.480）×0.35≈2678(m^3/d)，沼气量为3150m^3/d（按85%计）。

2）蒸汽和锅炉

按甲烷发热量为8550kcal/m^3（1cal＝4.1840J），锅炉综合效率为80%，产生蒸汽为8.0kg/cm^2（饱和温度为170℃，热焓为662kcal/kg），给水温度为25℃计算。

一期产生蒸汽量：1793×8550×80%×1/(662－25)≈19253（kg/d）

二期产生蒸汽量：2678×8550×80%×1/(662－25)≈28756（kg/d）

以二期为基准选取锅炉能力，锅炉蒸汽产生量为28756×1/2×1/24≈599（kg/h），选取锅炉能力为1000kg/h（蒸发量）。

8.5.4 沼气利用系统

（1）脱硫塔

以二期产气量为基准计算，沼气中的硫化氢浓度为1000μL/L，去除率为98%。去除硫化氢为3150×1000×10^{-6}×34/22.4×98/100≈4.7（kg/d）。

吸附率为10%，相对密度为0.8，取150d，填充量为4.7/10%×0.8×150×1/2×1/1000≈2.82（m^3/台）。

脱硫塔内线速度为55m/h，脱硫塔的断面积为3150×1/24×1/55≈2.4（m^2）。选取尺

寸为 $\phi1.8m\times3.0m$（2.0m 填充高）的干式脱硫塔两台。

（2）沼气柜

以二期沼气产量为基准，考虑锅炉连续利用沼气，沼气柜停留时间为 15min。容积为 $3150\times1/24\times1/60\times15\approx32.8(m^3)$，选取 $50m^3$ 的标准沼气柜。

（3）事故排放

同样以二期沼气产量为基准，考虑事故排放的燃烧火炬能烧掉所产生的全部甲烷气体，计算焚烧能力为 $3150/24\approx131(m^3)$，取 $150m^3/h$。

同时，考虑事故稀释排放风机选取，向大气排放气体的甲烷气体浓度为 4.5%。必要稀释空气量为 $3150\times(85/4.5-1)\times1/24\times1/60\approx39.1(m^3/min)$，选取风机排放量为 $50m^3/min$。

排放圆筒型烟囱 1 座，线速度为 6m/s。烟筒断面积为 $(150/60+50)\times1/60\times1/6\approx0.146(m^2)$。烟筒尺寸为 $\phi385mm\times5m$。

8.5.5 活性污泥后处理

（1）曝气池（以一期水量为基准）

反应器按 BOD 负荷为 $1.0kg/(m^3\cdot d)$（实验数据）计算。曝气池容积为 $600m^3$，尺寸为 8.0m(宽)×16.0m(长)×5.0m(深)，计算过程省略。

（2）鼓风机（两用一备）

计算过程省略。

（3）沉淀池

以一期为基准，表面负荷为 $1.0m^3/(m^3\cdot d)$，沉淀面积为 $401\times1.0\times1/2\approx200$（$m^2$）。

二沉池尺寸为 $\phi16.0m\times4.0m$，实际水面积为 $200m^2$。

回流泵采用两用一备，回流比为 100%。回流量为 $400\times1/2\times1/24\approx8.3$（$m^3/h$）

8.5.6 污泥处理系统

（1）污泥产量

1）预沉污泥

按在预沉池中 SS 去除率为 50% 计，排泥浓度为 4.0%。

仅计算一期污泥量，为 $3500\times(600-300)\times1/1000=1050$（kg/d），折合 4.0%污泥 26.3$m^3$/d。

2）剩余厌氧污泥

按厌氧污泥的产量为反应器中去除 COD 的 5.0% 计，排泥浓度为 3.5%。

一期污泥量为 $3500\times(1877-413)\times1/1000\times5.0/100\approx256$（kg/d），折合 3.5%污泥为 7.3$m^3$/d。同理，计算二期污泥量为 383kg/d，折合 3.5%污泥为 10.9m^3/d。

3）剩余活性污泥

按剩余活性污泥的产率为去除 COD 的 35%，排泥浓度为 1.5% 计，一期剩余活性污泥量为 $3500\times(194-20)\times1/1000\times35/100\approx213$（kg/d），折合 1.5%污泥为 $213\times100/1.5\times1/1000=14.2$（$m^3$/d）。

4）污泥总产量

一期污泥产量为 1525kg/d；污泥固体含量为 3.19%的污泥为 47.8m^3/d。

（2）污泥处理设备

1）颗粒污泥储存池

以二期颗粒污泥产量计，储存池容积为 $100m^3$，尺寸为 $2.0m$（宽）×$7.0m$（长）×$8.0m$（深）。

2）污泥脱水设备

厌氧处理过程中产生的污泥量，采用储存销售办法处理。污泥脱水设备仅计算一期预沉污泥和好氧剩余污泥量，共计 $1260kg/d$，混合污泥浓度为 3.1%，折合成污泥 $40.5m^3/d$。需要采用螺杆式污泥计量泵 1 台，脱水设备运转按一天 8h 计，处理流量为 $40.5/8×1/60×1000≈84.4$（L/min）。

污泥脱水采用带式脱水机，脱水滤饼的水分按 80% 计，产生 $6.3m^3$ 脱水滤饼。污泥脱水机处理能力按 $200kg/(m·h)$ 计算，工作时间 8h，需要带宽为 $0.79m$，选取 $1.0m$ 带宽的带式脱水机 1 台。

脱水滤饼的容重按 0.9 计算，设计成能贮留 2d 的。必要容积为 $6.3×1/0.9×2.0＝14$（m^3），因此，需要根据这一数据选取储存场地和运输工具。

（3）脱臭设备

脱臭淋洗器采用碱性溶液除臭，为使脱臭水池内成为弱负压，以线速度 $2.0m/h$ 气流进行抽吸。

水池水平断面积按原水池 $18m^2$、调节池 $121m^2$、颗粒污泥储存池 $10m^2$、厌氧反应器 $7m^2$ 以及滤饼料斗 $4m^2$ 计算，合计为 $160m^2$。脱臭风量为 $160×2.0＝320$（m^3/h）。

参 考 文 献

[1] 宫徽，徐恒，左剑恶，等. 2013. 沼气精制技术的发展与应用 [J]. 可再生能源，31 (5)：103-108.

[2] 贺延龄. 1998. 废水的厌氧生物处理 [M]. 北京：中国轻工业出版社.

[3] 申立贤. 1992. 高浓度有机废水厌氧处理技术 [M]. 北京：中国环境科学出版社.

[4] 王凯军. 1998. 厌氧工艺的发展和新型厌氧反应器 [J]. 环境科学，19 (1)：94-96.

[5] 王凯军. 2002. UASB 工艺系统设计方法探讨 [J]. 中国沼气，20 (2)：18-23.

[6] 王凯军，等. 1998. 广义升流式污泥床反应器与相分离反应器的开发与应用 [J]. 中国给水排水，14 (6)：5-7.

[7] 王凯军，等. 2001. 多级污泥厌氧消化工艺的开发 [J]. 给水排水，27 (10)：34-38.

[8] 王凯军，等. 2001. 城市污水污泥稳定性问题和试验方法探讨 [J]. 给水排水，28 (5)：5-8.

[9] 王凯军，等. 2006. 新型高效生物反应器类型和应用 [J]. 环境污染治理技术与设备，7 (3)：120-123.

[10] 王凯军，左剑恶，等. 2000. UASB 工艺的理论与工程实践 [M]. 北京：中国环境科学出版社.

[11] 张希衡，等. 1996. 废水厌氧生物处理工程 [M]. 北京：中国环境科学出版社.

[12] 郑元景，等. 1988. 污水厌氧生物处理 [M]. 北京：中国建筑工业出版社.

[13] Andriani D，Wresta A，Atmaja T D，et al. 2014. A Review on Optimization Production and Upgrading Biogas through CO_2 Removal Using Various Techniques [J]. Applied Biochemistry and Biotechnology，172 (4)：1909-1928.

[14] Bauer F，Hulteberg C，Persson T，et al. 2013. Biogas Upgrading-Review of Commercial Technologies [R]. SGC Rapport.

[15] Bauer F，Persson T，Hulteberg C，et al. 2013. Biogas Upgrading-Technology Overview，Comparison and Perspectives for the Future [J]. Biofuels Bioprod Biorefining，7 (5)：499-511.

[16] Bonastre N，Paris J M. 1989. Survey of Laboratory，Pilot，and Industrial Anaerobic Filter Installations [J]. Process Biochemistry，24 (1)：15-20.

[17] Ghosh S，Henry M P，Sajjad A，et al. 2000. Pilot-scale Gasification of Municipal Solid Wastes by High-rate and Two-phase Anaerobic Digestion (TPAD) [J]. Water Science and Technology，41 (3)：101-110.

[18] Jewell W J, Switzenbaum M S, Morris J W. 1981. Municipal Wastewater Treatment with the Anaerobic Attached Microbial Film Expanded Bed Process [J]. J Water Pollut Cont Fed, 53: 482-491.

[19] Lettinga G. 2001. Digestion and Degradation, Air for Life [J]. Water Sci Technol, 44 (8): 157-176.

[20] Lettinga G, Man A W A De, van der Last A R M, et al. 1993. Anaerobic Treatment of Domestic Sewage and Wastewater [J]. Water Sci Technol, 27 (9): 67-73.

[21] Lettinga G, Rebac S, Zeeman G. 2001. Challenge of Psychrophilic Anaerobic Wastewater Treatment [J]. Trends in Biotechnol, 19 (9): 363-370.

[22] Lettinga G, Roersema R, Grin P. 1983. Anaerobic Treatment of Raw Domestic Sewage at Ambient Temperatures Using Granular Bed UASB Reactor [J]. Biotechnol Bioeng, 25: 1701-1723.

[23] Lettinga G, van Knippenberg K, Veenstra S, et al. 1991b. Upflow Anaerobic Sludge Blanket (UASB): Low Cost Sanitation Research Project in Bandung, Indonesia [Internal Report, Final Report]. Wageningen Agricultural University, February.

[24] Lettinga G, Velsen A F M V, Hobma S W, et al. 1980. Use of the Upflow Sludge Blanket (USB) Reactor Concept for Biological Wastewater Treatment [J]. Biotechnol Bioeng, 22: 699-734.

[25] Liu T, Ghosh S. 1997. Phase Separation during Anaerobic Fermentation of Solid Substrates in an Innovative Plug-flow Reactor [J]. Water Science and Technology, 36 (6-7): 303-310.

[26] Ryckebosch E, Drouillon M, Vervaeren H. 2011. Techniques for Transformation of Biogas to Biomethane [J]. Biomass and Bioenergy, 35 (5): 1633-1645.

[27] Scholz M, Melin T, Wessling M. 2013. Transforming Biogas into Biomethane Using Membrane Technology [J]. Renewable and Sustainable Energy Reviews, 17: 199-212.

[28] Speece R E. 1996. Anaerobic Biotechnology for Industrial Wastewaters [M]. Nashville, Tenn, USA: Archae Press.

[29] Tock L, Gassner M, Mar Chal F. 2010. Thermochemical Production of Liquid Fuels from Biomass: Thermo-Economic Modeling, Process Design and Process Integration Analysis [J]. Biomass and Bioenergy, 34 (12): 1838-1854.

[30] Wang L K, Chen G J, Han G H, et al. 2003. Experimental Study on the Solubility of Natural Gas Components in Water with or without Hydrate Inhibitor [J]. Fluid Phase Equilibria, 207 (1-2): 143-154.

[31] Vieira S M M, Souza M E. 1986. Development of Technology for the Use of the UASB Reactor in Domestic Sewage Treatment [J]. Water Sci Technol, 18 (12): 109-121.

[32] Young H W, Young J C. 1988. Hydraulic Characteristics of Upflow Anaerobic Filters [J]. J Environ Eng Div ASCE, 114: 3, 621.

[33] Young J C, McCarty P L. 1969. The Anaerobic Filter for Waste Treatment [J]. J Water Pollut Control Fed, 41 (5): 160-173.

第9章　厌氧处理相关应用领域和问题

9.1　其他厌氧系统中的颗粒污泥现象

9.1.1　其他厌氧反应系统中的污泥颗粒化

许多研究表明，颗粒污泥并非 UASB 反应器独有的特征，在其他的一些厌氧高效反应器中不同程度地观察到颗粒污泥的形成，这些反应器包括厌氧流化床反应器、上流式厌氧滤器、厌氧气提反应器（anaerobic gas-lift reactor）等。

（1）厌氧流化床反应器中的颗粒化过程

Iza 等在厌氧流化床反应器中进行了颗粒化的研究，生物的载体采用直径小于 0.6mm 的 PVC 颗粒，相对密度为 1.19。床体的空隙率为 0.43，反应器的膨胀率为 20%。反应器采用甜菜糖废水，其 COD 值为 4000～10000mg/L（平均 6500mg/L），属酸化废水。实验温度维持在（33±1）℃，上升流速为 0.1cm/s（3.6m/h）。经过 3 年的连续运行，反应器负荷达到 100kg COD/(m^3·d)。在这一稳定条件下，COD 的去除率为 90%。在运行的后期，有机负荷达到 150kg COD/(m^3·d)（水力停留时间为 10h）。

在高的有机负荷下生物量迅速增加，在流化床内可观察到两种颗粒类型。流化床顶部是椭圆形的生物颗粒污泥，直径为 2～3mm。与初始固体颗粒在尺寸和形状上都不相同，经过检验，这些颗粒污泥的 40% 核心中没有 PVC 颗粒，并且其中的一部分有 $CaCO_3$ 核心（在硝酸中可以溶解）。颗粒污泥挥发性固体浓度高达 100g/L。实验结束后，对上部颗粒污泥和下部颗粒污泥中的 PVC 颗粒进行了检查，发现 PVC 颗粒分别占总量的 40% 和 60%。

在高的有机负荷条件下，生物增长很重要的一部分发生在小 PVC 颗粒或钙形成的颗粒上。由于颗粒污泥密度较低，因此处于流化床顶部，高浓度的颗粒污泥可以取得非常高的有机负荷。

（2）厌氧气提反应器中的产酸颗粒污泥

Beeftink 和 Staugaard 采用厌氧气提反应器作为二级厌氧处理的第一级，砂子作为微生物的初始载体，细菌将附着在砂子上生长，从而使生物保持在系统中。不过，Beeftink 和 Staugaard 发现经过一段时间后砂子从反应器中逐渐消失（即流失），但是颗粒仍然保持在反应器中。因此，这些颗粒完全由微生物组成，即颗粒污泥，这一观察表明砂子作为初始的载体是必要的。

Beeftink 和 Staugaard 等观察到仅在高稀释率下形成颗粒污泥。阿姆斯特丹大学的 Zoutberg 等在更一般的情况下探讨了这种系统中形成颗粒污泥的机理，以及不同系统和不同类型微生物取得自固定化的可能性。Zoutberg 等重复了 Beeftink 和 Staugaard 的实验，所用厌氧气提反应器与原设计的不同之处是采用了外循环方式，载气用 90% 氮气和 10% 二氧化碳。反应器用阿姆斯特丹北部城市污水处理厂的活性污泥接种，并且以砂作为载体。当培养处于稳定状态时，特别是在高稀释率（>0.4h^{-1}）下，形成了颗粒污泥。通过上清液分析，发酵产物类型与 Beeftink 和 Staugaard 的实验结果一致（见表 9-1）。形成颗粒污泥的直径大约为 2mm，非常密实（不像絮体），不易破碎。通过光电显微镜观察主要的微生物是杆菌，也存在链球菌、双球菌和梭菌，但它们的数量均少于杆菌的数量。

表 9-1　厌氧酸化气提反应器发酵产物浓度[①]

稀释率 D/h^{-1}	发酵产物的浓度/(mmol/L)				
	乙酸	乳酸	丙酸	丁酸	戊酸
0.2	23(18)	0(—)	6(4)	28(23)	2(0)
6.6	22(17)	5(—)	30(29)	9(9)	6(9)

① $0.6h^{-1}$ 的稀释率下形成 20g/L 的颗粒污泥。

注：括号内数据为 Beeftink 和 Staugaard 的实验结果。

（3）厌氧折流反应器中污泥的颗粒化

许多研究结果表明，在厌氧折流反应器（ABR）中，只要条件合适，就可以培养出颗粒污泥。Boopathy 和 Tilche 研究了 ABR 处理高浓度糖浆废水时的颗粒化现象。在 30d 内启动负荷从 0.97kg COD/(m³·d) 逐步上升到 4.3kg COD/(m³·d)。ABR 的三格反应室中均出现了平均粒径约为 0.55mm 的灰色球形颗粒污泥。随着实验的进行，颗粒污泥不断长大，在第 90 天粒径最大可达 3~3.5mm。进一步观察发现，在 ABR 的前两格反应室中，主要有两种不同形态的颗粒污泥：一种表面带有白色，主要由长丝状菌构成，结构相对松散；另一种表面呈深绿色，也主要由丝状菌构成，但密实程度比前一种好。在第三格反应室中，只发现了第二种形态的颗粒污泥。大多数颗粒污泥的粒径在 0.5~1mm 之间，颗粒污泥的表面粗糙不平，有很多气孔。

电镜观察各格反应室中占优势的菌种并不一样。第一格反应室中占优势的是甲烷八叠球菌，第三格反应室及后面的沉淀室中占优势的是甲烷丝菌，中间一格反应室中没有明显占优势的菌属，由甲烷球菌、甲烷短杆菌、硫酸盐还原菌等多种菌属组成。

Holt 等也研究了 ABR 反应器处理含酚废水时污泥的颗粒化问题。实验过程中发现，ABR 前面几格反应室中分别出现了粒径在 1~4mm 范围内的颗粒污泥，并且颗粒污泥的粒径沿程递减。Holt 通过电镜观察发现颗粒污泥中包括甲烷丝菌、甲烷螺菌和甲烷短杆菌等不同菌群，但没有明显占优势的菌属。沈耀良等用四格的 ABR 反应器处理垃圾渗滤混合废水，研究发现，当容积负荷达到 4.7kg COD/(m³·d) 时，各格反应室中均形成了白色或灰色的棒状和球状颗粒污泥，粒径范围为 0.5~5mm；研究还发现不同反应室中颗粒污泥浓度和粒径差异较大，在一定程度上表现出中间高（二、三格）、两头低的趋势（一、四格）。

9.1.2　硫酸盐还原菌的颗粒化

迄今为止，大多数关于厌氧细菌固定化和颗粒化的研究主要集中在产甲烷体系和产甲烷菌（MPB）的作用方面。相对于产甲烷颗粒污泥过程的研究而言，人们对厌氧反应器中硫酸盐还原菌（SRB）固定化问题的了解几乎是空白。在实验中培养的硫酸盐还原菌时常聚集成团或在载体表面黏附，但在厌氧反应器中 SRB 形成生物膜或颗粒污泥的能力还没有系统介绍。

SRB 和 MPB 固定化的能力可能会影响到两种菌之间的竞争。根据 Iza 等的观点，MPB 有较好的附着能力，将导致 SRB 选择性地被淘汰，使 MPB 可以成功地与 SRB 竞争。不过，也有其他研究人员认为 SRB 可以很好地附着或以颗粒污泥形式生长，在摄取氢及乙酸的过程中均优于 MPB。

（1）SRB 在填料上的固定化

Alphenaar 等对 SRB 的固定化问题进行了研究，采用无产甲烷活性而具有产硫化氢活性的悬浮接种污泥（产硫化氢反应器），反应器采用浮石作为惰性载体，实验初期采用较高的回流量，使浮石充分膨胀。在经过 100d 连续运行后的实验后期，覆盖生物膜的浮石平均粒径由初始的 0.26mm 增大为 0.44mm，研究结果清楚地表明，SRB 能在浮石表面形成稳定的 SRB 生物膜。

生物膜的形成机理与脱硫弧菌在浮石孔隙和表面的附着有关，这与生物膜在载体表面的形成是一致的。采用扫描电镜观察到纤细的（0.2μm）丝状菌在整个浮石表面的附着和生长，最终形成了包含丝状菌框架的产硫化氢生物膜，并附着或网捕了其他细菌。

（2）SRB 在颗粒污泥上的固定化

SRB 在颗粒污泥上的固定化实验采用两种颗粒污泥混合接种，其中大约有 20% 污泥已适应乙酸、丙酸、丁酸和硫酸盐，而其他污泥取自处理酿酒废水的 UASB 反应器（Nedalco，荷兰）。在前 5 天进水中加入 5mg/L 的氯仿以终止产甲烷活性的反应器为硫酸盐还原 UASB 反应器，同时发生产甲烷和硫酸盐还原过程的为产甲烷/硫酸盐还原 UASB 反应器。

投加氯仿的 UASB 反应器中 MPB 被杀死，死亡的 MPB 可能对污泥颗粒结构和稳定性有负面影响。很多研究者认为 MPB 的存在是颗粒污泥稳定的最重要因素，尤其是甲烷丝菌形成的特殊结构对颗粒的稳定性十分重要。因此，有理由认为硫酸盐还原 UASB 反应器中接种的颗粒污泥稳定性降低了，但没有观察到颗粒污泥的解体，颗粒污泥强度没有受到直接影响。

硫酸盐还原 UASB 反应器中 COD 去除率和污泥活性（产硫化氢）随着运行而增大，表明 SRB 在纯硫酸盐还原条件下，能够很好地利用污泥颗粒作为基底，用来附着和固定化生长。在产甲烷/硫酸盐还原 UASB 反应器中发现颗粒污泥粒径增大（见表 9-2）。硫酸盐还原 UASB 反应器中颗粒污泥的强度比产甲烷/硫酸盐还原 UASB 反应器中颗粒污泥的强度低，但这不意味着硫酸盐还原颗粒污泥在 UASB 反应器内不稳定。

表 9-2 反应器内颗粒污泥的平均粒径 单位：mm

运行时间 t/d	硫酸盐还原 UASB 反应器	产甲烷/硫酸盐还原 UASB 反应器
0	1.24	1.26
50	1.28	1.36
70	1.50	1.91
100	1.90	—

在产甲烷 UASB 反应器或产甲烷/硫酸盐还原 UASB 反应器中，产生的沼气被认为是作用于颗粒污泥剪切力的主要原因。此外，在颗粒内部产生的沼气积累形成一种内力，会导致颗粒污泥的破坏。因此，为了维持颗粒污泥的稳定，要求颗粒污泥必须具有足够的强度。而在纯硫酸盐还原系统中没有充足沼气的产生，结果是硫酸盐还原颗粒污泥在很低的强度下就可保持稳定的聚集体。这与硫酸盐还原 UASB 反应器中颗粒污泥的强度比纯产甲烷菌条件下形成的颗粒污泥强度明显降低的现象相吻合。

在产甲烷/硫酸盐还原 UASB 反应器的颗粒污泥中，特别是在颗粒污泥表面观察到甲烷丝菌转化为弧形细菌；在颗粒污泥表面也观察到硫酸盐还原生物膜特征丝状菌的生长，但在颗粒污泥内部丝状菌生长的程度要低得多，污泥颗粒中没有观察到浮石表面所发现的典型的丝状菌生物膜结构。

(3) 固定化 SRB 和 MPB 的竞争关系

SRB 和 MPB 都主要利用氢和乙酸，在所有的反应器中乙酸都能被 MPB 和 SRB 利用。虽然从理论上讲嗜乙酸 SRB 在对乙酸的竞争上趋于主导地位，但是一般的实验都没建立 SRB 和 MPB 对于乙酸竞争完全稳定的状态，所以在短期运行条件下，SRB 在对乙酸的利用上能否完全竞争过 MPB 是一个问题。关于氢的利用，在所有运行的反应器中，厌氧降解过程产生的氢完全被 SRB 氧化。可以确认，对于基质氢，SRB 完全能竞争过嗜氢 MPB。

Alphenaar 等进一步对 SRB 和 MPB 在产甲烷系统（1）、硫酸盐还原系统（2）和产甲烷/硫酸盐还原系统（3）中，形成颗粒污泥的能力、固定化过程中的作用和竞争进行了研究（见表 9-3）。对于取自硫酸盐还原系统（2）的污泥而言，在不添加硫酸盐的情况下，未发现有机基质降解现象；对于取自产甲烷系统（1）的污泥而言，添加硫酸盐，会降低产甲烷污泥活性。

表 9-3　实验结束时不同系统中污泥样品的污泥活性

单位：g COD$_{有机}$/(g VSS·d)

系　　统		总污泥活性	产甲烷污泥活性	硫酸盐还原污泥活性
产甲烷系统(1)	添加硫酸盐	1.15	0.85	0.35
	未添加硫酸盐	1.35	1.15	
硫酸盐还原系统(2)	添加硫酸盐	0.95	0	0.85
	未添加硫酸盐	0	0	
产甲烷/硫酸盐还原系统(3)	添加硫酸盐	1.05	0.25	0.85
	未添加硫酸盐	0.40	0.32	

对于取自产甲烷/硫酸盐还原系统（3）的污泥而言，添加硫酸盐时的总污泥活性明显比不添加时高（见表 9-3）。这主要是由于不含硫酸盐时，缺乏对丙酸和丁酸的降解。对存在硫酸盐时污泥活性的测试发现，被 SRB 降解的 COD 百分数会升高，这表明 SRB 变成优势菌种。

实验结束后，三个系统中的污泥经淘洗分成颗粒污泥和絮状污泥两部分。对取自不同系统的污泥的不同组分样品的污泥活性测试表明，就污泥活性和 SRB、MPB 利用基质的比例而言，颗粒污泥和絮状污泥没有明显区别（见表 9-4），也没有区别出 MPB 和 SRB 的固定化能力明显的差别。这表明颗粒污泥的成分与絮状部分的成分是相似的。这与 Iza 等认为厌氧反应器中的 SRB 和 MPB 对乙酸的竞争，可能由细菌的固定化特性及生长动力学两者同时控制存在不一致。并且，这与在一些研究中观察到的相对于 SRB 而言 MPB 有良好的固定化能力，导致 SRB 的选择性流失，从而在实验中嗜乙酸 MPB 明显成功地竞争过 SRB 的结论是存在差异的。

表 9-4　实验结束时不同系统中 SRB 和 MPB 利用 COD 的分数

污泥类型的级别		有机 COD 利用分数/%	
		SRB	MPB
产甲烷系统	<0.5mm 级别污泥	25	75
	≥0.5mm 级别污泥	20	80
	总污泥	28	72
产甲烷/硫酸盐还原系统	<0.5mm 级别污泥	86	14
	≥0.5mm 级别污泥	84	16
	总污泥	80	20

在 Alphenaar 等的研究中观察到，SRB 和 MPB 在颗粒污泥和絮状污泥中的数量没有明显差别，说明嗜乙酸 SRB 和 MPB 具有可比的聚集生长能力，而不是存在很大差别。因此，SRB 和 MPB 的动力生长特性对于乙酸竞争可能是关键因素。

除了污泥活性检测外，对系统中的污泥通过扫描电镜观察，在所有反应器的絮状污泥部分（经淘洗分离很小颗粒）发现，细丝状菌（直径是甲烷丝菌的 1/4）相对占优势。令人惊讶的是对 UASB 反应器，这些细丝状菌位于颗粒污泥中心，而甲烷丝菌经常存在于其表面。因此，有理由推测具有细丝状菌的颗粒可能作为甲烷丝菌依附的初级核心开始颗粒化过程，这些细菌可能是 SRB。

实验初期，污泥中存在降解乙酸和氢的两种 SRB 细菌。实验结束时，通过污泥活性测试和物料平衡计算出所有的乙酸都被转化成甲烷，而所有的氢都被 SRB 利用。很明显，在甲烷化条件下，降解乙酸的 SRB 被排除，而降解氢的 SRB 仍保留在污泥中。

实验结束时，采用污泥粒径分布和污泥强度等指标来评价颗粒化过程。产甲烷系统（1）和产甲烷/硫酸盐还原系统（3）污泥的颗粒化进展较好，颗粒污泥的粒径从开始的 0.5mm 增加到结束时的 1.5mm，并且，两个系统在污泥粒径方面没有明显的差别。在硫酸盐还原系统（2）中，没有发现污泥粒径的明显增加，实验结束时污泥平均粒径有稍微增加的趋势。实验结束时，产甲烷系统（1）和产甲烷/硫酸盐还原系统（3）的颗粒污泥强度分别是 $6.5 \times 10^4 N/m^2$ 和 $2.5 \times 10^4 N/m^2$。很明显，纯甲烷化条件下形成的颗粒污泥，比硫酸盐还原条件下形成的颗粒污泥更稳定。

综上所述，MPB 能在短期内形成很好的颗粒污泥。如果 SRB 与 MPB 同时培养，也能在颗粒污泥中附着和生长；但是没有 MPB 时，SRB 缺乏在短期内形成颗粒污泥的能力。很明显，需要有活的 MPB 聚集体来促进 SRB 污泥颗粒的快速形成。一些研究者提出，甲烷丝菌的特殊形态或其特殊的疏水性可能是促进 SRB 颗粒初始化的关键因素。由于甲烷产生形成的水力负荷（或上升流速）和负荷率在工艺中起重要作用，短的 HRT，特别是结合较高上升流速，能够引起分散细菌的流失并促进颗粒化过程，在含硫酸盐的废水中也是如此。但是，在单纯的硫酸盐还原系统中缺乏这样的气体负荷率，会导致不利于迅速颗粒化的条件。

9.2 好氧颗粒污泥现象

如前所述，颗粒污泥的现象并不是 UASB 反应器独有的特征，把颗粒污泥同 UASB 反应器联系在一起的习惯具有其局限性。首先，在一些其他的厌氧高速反应器中，不同程度地观察到颗粒污泥的形成。其次，需要特别说明的是，并非只有厌氧条件下才产生颗粒污泥现象，好氧条件下一样会产生颗粒污泥。同样，可形成颗粒污泥的微生物不仅仅局限于产甲烷菌，人们观察到酸化菌、硝化菌、反硝化菌及好氧异养菌也能形成颗粒污泥。

对好氧颗粒污泥早期的研究主要局限于反硝化脱氮和采用纯氧体外充氧方式的研究，近年来转向在序批式反应器（SBR）和升流式污泥床反应器（USBR）中培养好氧颗粒污泥方面。利用好氧处理系统中形成颗粒污泥来进行污水生物处理，是好氧处理工艺的革新，也开辟了好氧生物处理的一个新领域。与传统的生物絮体相比，好氧颗粒污泥的优点是具有良好的沉降性能，可以保持高的生物浓度和耐受高的有机负荷率，可以提高反应器的表面负荷率，传质效果也比较好。

9.2.1 脱氮反应器中的颗粒污泥

（1）脱氮反应器中的污泥颗粒化现象

Klapwijk 和 Lettinga 等 1975 年曾开发采用生物脱氮反应器再生离子交换树脂工艺，生物脱氮采用升流式污泥床（USB）反应器，添加甲醇作脱氮细菌的碳源和能源。在这种反应器内都形成了浓度高达 175～200g TSS/L 的颗粒状污泥（颗粒直径为 0.5～2mm）。

Klapwijk 在脱氮反应器中处理包含 61%（质量分数）甲醇的杂醇进水，开始接种时采用了活性污泥，实验过程中污泥形成颗粒（2mm），污泥浓度高达 61g TSS/L，非挥发性固体为 30%。Lettinga 等报道用 USB 脱氮反应器处理废水，在运行 6～8 星期之后，污泥浓度达到 31～60g TSS/L。最终在这种反应器内所形成的颗粒（颗粒直径为 0.5～2mm）中，颗粒污泥浓度高达 175～200g TSS/L。同时，污泥中不可挥发的组分非常高（质量分数为 53%～63%），并且大部分颗粒污泥包含有钙的沉淀物。

采用 USB 脱氮反应器添加甲醇脱氮，也有形成颗粒污泥的其他报道。Miyaji 和 Kato 采用传统活性污泥工艺中的活性污泥接种升流式反应器，启动 3d 后就部分形成颗粒污泥，一周之后形成直径为 1～2mm 的颗粒污泥，污泥浓度从 11g TSS/L 最终增加到 25g TSS/L。

（2）基质对脱氮颗粒污泥的影响

Hoek 对 USB 脱氮反应器的机理进行了研究。该研究包括三个步骤：以甲醇为基质形成颗粒污泥的实验、改变甲醇为葡萄糖的对比实验、改变甲醇为乙醇的对比实验。

1）脱氮颗粒污泥的形成

采用的脱氮反应器为升流式污泥床（USB）反应器，进水的甲醇添加量与硝酸盐-氮的比例为 3:1。USB 脱氮反应器采用工业废水处理厂的活性污泥接种，污泥的特性列于表 9-5。以甲醇为碳源时，污泥脱氮的活性为 1.8mg NO_3^--N/(g VSS·h)，以乙醇为碳源时为 15.6mg NO_3^--N/(gVSS·h)。虽然以乙醇为碳源的活性比以甲醇为碳源的活性要高得多，但仍决定以甲醇为碳源。

表 9-5　用于 USB 脱氮反应器的活性污泥的特性

特性	数值
总悬浮固体/(g/L)	13.1
VSS/(g/L)	9.4
非挥发性固体组分/(g/L)	28.2
钙含量/(mg Ca^{2+}/g TSS)	16.2
SVI/(mL/g)	>2

反应器开始启动的表面水力负荷很低，为 0.036m/h（HRT=9.43h），分成 6 步增加到 0.81m/h（HRT=0.42h）。部分实验阶段的硝酸盐浓度如表 9-6 所示，第 103 天进水因同时增加了水力表面负荷，减小了硝酸盐浓度。

表 9-6　USB 启动实验进水硝酸盐浓度

运行时间/d	进水 NO_3^--N/(mg/L)
1～12	367.2±6.6
13～102	494.3±27.4
103～116	344.5±20.2

在运行 60d 后可观察到污泥颗粒（0.5～2mm），污泥颜色从深棕色变成黄棕色，污泥浓度从 15.9g TSS/L 增加到 35.8g TSS/L，在此期间污泥中不可挥发组分和钙含量增加。

最终的污泥中含有 80% 不可挥发碳酸钙组分，而在开始时这一组分仅为 16%。

2）改变甲醇为葡萄糖的对比实验

在改变甲醇为葡萄糖期间，进水中硝酸盐浓度为 (116.1 ± 7.8)mg NO_3^--N/L，COD 与 NO_3^--N 浓度之比保持在 5.5 ± 0.6，表面水力负荷为 0.39m/h。实验采用了以添加甲醇的进水培养 6 个月的脱氮颗粒污泥。在进水总 COD 不变的情况下，葡萄糖比例从 0、25%、75% 递增到 100%。在这一过程中，污泥总固体和挥发性固体浓度逐渐减小，Ca^{2+} 浓度也从 216mg Ca^{2+}/g TSS 降低到 176mg Ca^{2+}/g TSS；污泥的结构从颗粒污泥改变为丝状污泥，导致其沉降性能被破坏。

3）改变甲醇为乙醇的对比实验

实验采用的脱氮颗粒污泥是以甲醇为碳源运行 1.5 年的污泥。进水中硝酸盐浓度为 (316.3 ± 31.9)mg NO_3^--N/L，甲醇和乙醇与 NO_3^--N 的浓度之比分别是 3：1 和 2.2：1，COD 与 NO_3^--N 浓度之比为 4.5：1，水力表面负荷为 0.54m/h。

将甲醇改变为乙醇后，在最初一个星期没有观察到污泥性质的变化，但是总固体和挥发性固体浓度在随后的 8d 降低非常快，非挥发性组分从 68% 下降到 21%，钙浓度从 278mg Ca^{2+}/g TSS 下降到 77mg Ca^{2+}/g TSS。在甲醇基质中培养的密实颗粒污泥（0.5～1.0mm）变为絮状、丝状颗粒污泥（3～5mm），同时，污泥床膨胀。结果，反应器的容积负荷能力严重下降，但是挥发性污泥浓度几乎没有减小。

虽然 Hoek 的实验采用乙醇作碳源时颗粒污泥结构消失，但是，Green 等采用乙醇作碳源的反应器处理却培养出颗粒污泥。

（3）脱氮颗粒污泥的产生机理

pH、Ca^{2+} 沉淀和污泥结构之间的关系可能有助于解释污泥特性的破坏。以进水中添加甲醇为基质培养的脱氮污泥，其颗粒化受到脱氮溶液中高 pH 水平钙盐沉淀的影响（见表 9-7）。进水中含有 Ca^{2+} 29mg/L，在高 pH 条件下 $CaCO_3$ 的沉积结果引起污泥中钙浓度的增加，这可能构成了颗粒污泥的框架。

表 9-7　不同碳源条件下脱氮过程（25℃、pH＝6.4）对 pH 的影响

碳源	反　应	pH
甲醇	$5CH_3OH+6NO_3^- \longrightarrow 3N_2\uparrow+4HCO_3^-+CO_3^{2-}+8H_2O$	9.7
乙醇	$5C_2H_5OH+12NO_3^- \longrightarrow 6N_2\uparrow+8HCO_3^-+2CO_3^{2-}+11H_2O$	9.7
葡萄糖	$5C_6H_{12}O_6+24NO_3^- \longrightarrow 12N_2\uparrow+24HCO_3^-+6H_2CO_3+12H_2O$	7.0

注：H_2CO_3 的 $pK_2=10.32$，在此条件下 H_2CO_3-HCO_3^--CO_3^{2-} 达到平衡。

以葡萄糖为基质的脱氮过程与以甲醇为基质的脱氮过程相比，pH 要低（见表 9-7）。在相对低的 pH 条件下，钙盐会发生溶解，钙沉淀形成的颗粒污泥结构因此消失。

当碳源由甲醇改变为乙醇时，人们根据以上的理论分析，预计到颗粒污泥结构应该可以维持，因为甲醇和乙醇的脱氮过程都将导致高的 pH（见表 9-7）。但实际上污泥变得相当蓬松，并且非挥发性组分和钙含量减小。可能的一种解释是随着碳源的改变，脱氮种群也相应改变。采用甲醇为基质，导致选择生丝微菌种群的富集培养；将甲醇改为乙醇，可能引起其他细菌的发展，结果生丝微菌消失。在这种情况下，是微生物学因素而不是物理化学因素决定了颗粒污泥是否出现。从颗粒污泥形成的理论可知，有一类颗粒污泥的形成与某些霉菌的分枝生长相类似，将不可避免导致颗粒化过程，细菌中的生丝微菌就以这种方式生长。事实上，以甲醇为碳源的脱氮工艺发生的就是以生丝微菌为主的颗粒化过程。

Klapwijk 等也观察到 USB 脱氮反应器的污泥中钙浓度的增加现象。污泥中 Ca^{2+} 浓度从 12mg Ca^{2+}/g TSS 上升到 170mg Ca^{2+}/g TSS，在 96d 观察到颗粒污泥；而减少 Ca^{2+} 的投加，则导致污泥破坏并变成以丝状菌为主。

管运涛等研究生物钙法好氧污泥颗粒化条件，实验原水采用清华大学学生宿舍区生活污水，COD 为 200mg/L 左右，实验时投加葡萄糖将污水 COD 值调节至 500mg/L 和 1000mg/L，并添加 100mg/L $Ca(OH)_2$。运行 3 周后，通过镜检观察到好氧微生物以晶核为核心，聚集成外缘较光滑的颗粒。根据观测，这是以微生物新陈代谢产生的 CO_2 与 $Ca(OH)_2$ 作用产生的微小 $CaCO_3$ 晶核，晶核成为微生物的附着场所，形成颗粒污泥。同时还观察到好氧颗粒污泥以丝状微生物为主形成。丝状微生物的部分菌丝相互缠绕在一起或缠绕于一晶核上，形成颗粒污泥。这种形态兼有无机晶核附着和菌丝缠绕两种机理，因而更为理想。但由于时间和实验条件的限制，管运涛等观察到的这两种形态的颗粒数量很少，形成的好氧颗粒污泥其作用更集中于改善污泥的沉降性能。

9.2.2　好氧 SBR 反应器中的好氧颗粒污泥

（1）SBR 反应器中好氧颗粒污泥的性质

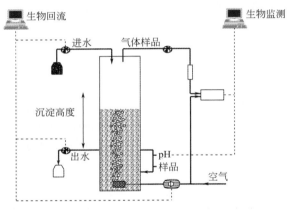

图 9-1　用于实验的典型 USBR 工艺流程

研究结果表明，在好氧反应器中创造一定条件也可培养出具有高活性、良好沉降性能、较高有机物浓度和脱氮速率的颗粒污泥。Peng 等在 SBR 反应器中，在有机物和脱氮负荷分别为 2.16kg TOC/(kg SS·d) 和 0.24kg NH_3-N/(kg SS·d) 的条件下，获得了好氧颗粒污泥。Beun 等同样在 SBR 反应器中培养出好氧颗粒污泥，有机负荷达到 7.5kg COD/(m^3·d)。

好氧颗粒污泥大多采用升流式污泥床反应器（USBR），其工艺流程见图 9-1。

与传统的生物絮体相比，好氧颗粒污泥具有沉降性能良好的优点，可保持高生物浓度和耐受高负荷率。在 SBR 或好氧升流式污泥床（AUSB）反应器中培养的好氧颗粒污泥的一些特点总结在表 9-8 中。

表 9-8　好氧颗粒污泥的特点

SVI/(mL/g)	沉速/(m/h)	直径/mm	SOUR/[mg O_2/(g·h)]	密度/(g/mL)	反应器类型	研究者
40.8～143		2.0～8.0			AUSB	Mishima 等,1991
	80.6	0.5～2.5			AUSB	Shin 等,1992
	30～40	2.35	96.3		SBR	Morgenroth 等,1997
80～100		0.3～0.5			SBR	D. Peng 等,1999
20～45		0.5～1.6	76.2	1.0068～1.0072	SBR	Zhu 等,1999
		1.9～4.6			SBR	Beun 等,1999
	>16.2	大约 1.0			SBR	Beun 等,2000
50～85	30～35	1.1～2.4	55.9～69.4		SBR	Tay 等,2001
	72	3.0		1.040～1.054	SBR	Etterer 等,2001

注：SOUR（Specific Oxygen Uptake Rate）指比耗氧速率。

（2）DO对好氧颗粒污泥的影响

以往的活性污泥絮体理论认为，在曝气池中由于水流紊动剧烈、剪切力较大，污泥颗粒粒径在达到$100\mu m$后就很难增大了。采用微氧电极对溶解氧（DO）在颗粒内部扩散的研究结果表明，当DO浓度为1～2mg/L时，DO在污泥颗粒内的扩散深度约为$100\mu m$，曝气池中的污泥粒径若再增大，内部将进入厌氧状态。Beun等报道在SBR系统中采用缩短沉降时间的方式，淘汰絮状污泥，截留具有较高沉速的生物颗粒，培养出的颗粒污泥可达3.3mm（也有仅为0.3～0.5mm的），其中几乎不含丝状菌，全部由细菌组成。他们后来获得的好氧颗粒污泥（包括脱氮颗粒污泥）的粒径大大高于此数值。不过，对较大直径的好氧颗粒污泥如何在曝气池中保持其粒径和解决DO限制的研究报道还较少。Peng等在SBR反应器中DO浓度仅保持在0.7～1.0mg/L，运行一个月即可基本完成颗粒化，获得的好氧颗粒污泥的粒径为2～3mm，其活性即使在DO浓度低于1mg/L时也很高，有机物和铵氮负荷可分别达1.5kg COD/($m^3 \cdot d$)和0.18kg NH_4^+-N/($m^3 \cdot d$)。

Morgenroth借鉴厌氧颗粒污泥培养中的水力选择方法，在以碳源为基质的SBR内，培养出好氧颗粒污泥，其颗粒粒径可达1～3mm，最大达到7mm，并具有优良的沉降性能。曝气池中DO浓度大于2.0mg/L，Morgenroth认为颗粒污泥的中心由于溶解氧传质限制处于厌氧状态，但是，厌氧状态似乎并不影响颗粒污泥的强度，他将颗粒污泥样品取出反应器，在厌氧条件下保存数星期，好氧颗粒污泥并没有解体。不过，他发现随着运行时间的增加，好氧颗粒污泥的活性和结构会发生退化。Morgenroth等的实验进行130d后，去除效率（COD去除率）从87%降低到56%，同时，颗粒污泥含量减小，开始形成絮状污泥。

9.2.3 纯氧升流式反应器中的好氧颗粒污泥

（1）体外充氧系统中的颗粒化现象

采用体外纯氧充氧方式的好氧升流式污泥床（AUSB）反应器中能培养出好氧颗粒污泥。周律等总结了体外充氧处理系统流程中出现的好氧颗粒污泥的特性，见表9-9。

表9-9 几种不同基质中好氧颗粒污泥的特性

基质种类	供氧方式	溶解氧的状态	出现颗粒时间/d	成熟颗粒大小/mm	体系内污泥量/(g MLSS/L)
生活污水[①]	体外曝气，空气	好氧，缺氧	10	2～10	13.6
淀粉废水	体外纯氧	好氧	16	0.3～12.1	10.5
人工合成基质（葡萄糖、乙酸、酵母膏）	体外纯氧	好氧	5	2.5～5	18
生活污水	体外纯氧	好氧	9	8～12	8.2

① 在以生活污水为基质时，采用多级氧化工艺，即共设立几个不同单元，前面的单元主要为好氧过程，后面的单元则为缺氧反硝化过程。

Mishima采用活性污泥接种，在AUSB反应器（见图9-2）中启动近3个星期后观察到颗粒污泥的形成。两个月后颗粒污泥的粒径大小为1～4mm，在颗粒污泥表面观察到纤毛虫，纤毛虫之间相互缠绕，形成颗粒污泥的框架，使颗粒变得密实。5个月后颗粒增大到2～8mm，这时没有观察到纤毛虫，而是生长有大量的丝状菌，丝状菌相互缠绕加速了颗粒污泥的形成。该反应器内污泥浓度高（8.2g/L），在冬季有机负荷为1.57kg BOD/m^3的情况下，出水水质BOD为20mg/L，SS为10mg/L。

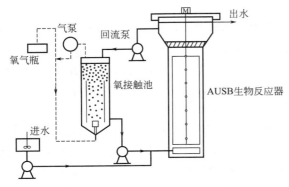

图 9-2　体外充氧升流式污泥床实验反应器图示

Shin 在 AUSB 反应器中处理生活污水，启动后连续培养 5～15d 便可观察到有咖啡色的颗粒污泥形成，颗粒污泥粒径为 0.5～2.5mm，颗粒数目较少。15d 的培养后便增加至 2～4mm。3 周左右培养的最大颗粒污泥的粒径达 8mm，数量也有明显增加，粒径范围为 0.5～2.5mm，颗粒污泥主要由丝状菌组成，不同杆菌嵌入其中。反应器的有机负荷去除率达到 7kg COD/（$m^3 \cdot d$）。

电镜观察好氧颗粒污泥为层状结构，表面有丝状菌交织成的网状结构，与厌氧颗粒污泥类似。好氧颗粒污泥中丝状菌发挥着骨架作用，细菌和其他一些微生物被包裹和吸附在这个骨架结构中；颗粒外部为好氧区，内部为缺氧或厌氧区；颗粒表面光滑。与厌氧颗粒污泥相比，好氧颗粒污泥的强度小于厌氧颗粒污泥，这可能是两种不同环境中的微生物活性和代谢性能的差异导致的结果。

（2）好氧颗粒污泥产生的条件

Mishima 认为 AUSB 反应器中颗粒污泥的形成是污泥的自凝聚现象，与其有关的因素如下。

1）适当的水流剪切作用

在传统活性污泥法中，由于剧烈的曝气以及污泥的回流对凝聚污泥产生扰动作用，因而不利于颗粒污泥的形成。在 AUSB 反应器内，一定的速度梯度对好氧颗粒污泥的产生起着重要的作用。一般要求比较缓和的水流剪切作用，适当的速度梯度创造了一个选择压力，使细菌相互聚合，并通过物理、化学、生物的作用力结合。Shin 发现较高的水流剪切力有利于颗粒污泥的形成，能使污泥颗粒表面光滑、结构更密实。

2）高浓度的溶解氧

在纯氧条件下，可成功地培养出颗粒污泥，高浓度的溶解氧使微生物生态系统的变化和代谢途径的改变，影响着污泥的凝聚性能。据报道，在纯氧曝气条件下，污泥具有更好的凝聚性能和更低的 SVI，因此易形成絮体密度比较大的活性污泥。采用纯氧供气的颗粒污泥粒径相对较大，好氧微生物在单个污泥颗粒中所占的比重也较大。

为保证反应器内水力环境有利于颗粒污泥的形成，防止因气泡而造成大的扰动，一般采用体外充氧。也可采用体系内的微孔曝气，为提高溶解氧浓度，可采用加压充氧的方式供气。

3）丝状菌与纤毛虫的作用

由于丝状菌与纤毛虫都有丝状器官，能在颗粒污泥表面生长并覆盖其上面，因此为颗粒污泥提供了骨架。另外，丝状菌的相互缠绕也会形成颗粒污泥。

但是，好氧颗粒污泥形成的机理并不是描述的这么简单，很可能是以上三种因素或者更多因素共同作用的结果。

（3）体外充氧反应器的特点

好氧颗粒污泥生物处理系统由两部分构成：氧溶解系统和生物反应器系统。与传统好氧活性污泥法相比，该系统具有以下特点。

① 对于曝气和生物反应分别在不同的装置内进行的系统，对污泥本身并不进行曝气，有利于维持好氧颗粒污泥的形态。

② 生物反应器系统采用升流式反应器，反应器上部为沉淀区，并设置固、液、气三相分离器，反应器同时进行生物氧化和固液分离。反应器创造良好的接触环境、适当的剪切力和选择压。

③ 氧溶解系统可根据污水浓度采用部分充氧和进水全部充氧的方式。此外，为保证反应器内有一定的水流强度，维持颗粒污泥所需的速度梯度，应把出水的一部分回流至氧溶解系统内。

9.2.4 好氧颗粒污泥的形成机理

（1）悬浮微生物形成颗粒污泥的机理

Beun 等采用如图 9-1 所示的典型的 SBR 反应器进行实验，采用悬浮细胞物质接种，在启动几天后，反应器内形成丝状的颗粒污泥。通过观察发现，这个阶段的颗粒污泥由真菌形成。这种颗粒污泥不稳定，几天后发生分解，大部分污泥从反应器流失，然后反应器内出现新的颗粒污泥，在这个阶段形成的污泥几乎不含有丝状菌，主要由细菌组成。

根据整个好氧颗粒污泥培养过程中的观察，Beun 等提出没有载体物质时好氧颗粒污泥的形成机理（如图 9-3 所示）：在以去除 COD 为主要目的的 SBR 反应器中，接种细菌为主的污泥后一段时间内，真菌很容易形成沉降速率快并保持在反应器内的菌胶团颗粒。不具备这一特性的细菌，在启动阶段很容易被完全冲出反应器。在启动期间，反应器内的生物质主要是丝状菌（真菌）的颗粒。由于反应器内的剪切力，颗粒表面的丝状菌将脱落，颗粒将变得更加密实。颗粒粒径将继续增长到 5～6mm，然后可能由于颗粒内部氧的限制而发生溶解。此时由于细菌菌落已经足够大，因此，分裂后的菌落可以沉降下来并保持在反应器内，这些小的细菌菌落将继续生长成颗粒污泥，最终在反应器内形成细菌占主导的种群。

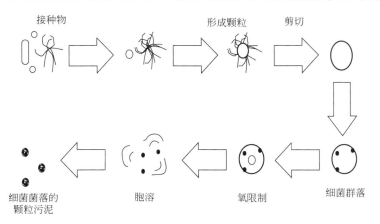

图 9-3　较短沉降时间的 SBR 反应器中颗粒污泥的形成机理

以上发现似乎表明了 DO 传质过程的重要性，Beun 等认为丝状菌颗粒似乎起到固定聚集生长的框架的作用。但上述机理仅适用于采用少量悬浮的、不可沉降的细胞物质作为接种物的情况。应该强调的是，上述过程的发生与接种物的性质密切相关。

Peng 等根据实验结果认为，好氧颗粒污泥的形成和活性污泥絮体的形成过程类似，前两个阶段和活性污泥絮体的形成过程一样，而第三阶段是大量微生物在胞外聚合物的作用下形成颗粒污泥。

第一阶段：一些简单微小的个体（例如细胞、衰亡细胞、细胞残骸、进水中的微小固体）附着生长，颗粒大小为 $0.5 \sim 5\mu m$。

第二阶段：形成微小颗粒的絮体。主要是由于胞外聚合物的黏结作用，使细菌固定下来，并在上面生长出大量 $5 \sim 50\mu m$ 的菌落。

第三阶段：大量的细菌菌落在胞外聚合物的作用下形成颗粒污泥。

SBR 类型的反应器能够培养出颗粒污泥的原因如下。

① 与采用间歇进水操作有关，间歇式运行可以使沉降性能更好的污泥得到保留。

② 采用缩短沉降的时间进行水力选择。例如，Morgenroth 采用很短的沉降时间，运行 40d 后出现颗粒污泥，70d 后颗粒污泥占优势，平均粒径大小为 2.35mm，最大达 7mm。

SBR 反应器内颗粒污泥的形成机理和气提反应器内生物膜的形成机理类似。Beun 在序批式气提反应器内培养出了颗粒污泥，颗粒污泥的平均大小为 2.5mm。

事实上，从有利于基质利用的角度，微生物在本质上更愿意选择以悬浮状态生长，而不是呈絮状、生物膜和颗粒状污泥生长状态。只有当悬浮状的污泥被冲走时，絮状、生物膜和颗粒状污泥才会出现。因此，应该控制传质条件，使悬浮污泥能够向絮状污泥、膜状污泥、颗粒污泥转化。例如，可以通过缩短 HRT 来抑制悬浮污泥的生长，以及通过提高沉速来淘汰絮状污泥，以便培养出颗粒污泥。

开始是细小颗粒污泥、丝状菌和污泥絮体在反应器内相互混合生长。由于沉降时间控制很短，在沉降过程中，密度大、沉速大的颗粒污泥沉降下来，而丝状菌和污泥絮体以及密度小的颗粒污泥在出水阶段被排出反应器；保留下来的颗粒污泥长大，破碎了的颗粒污泥也长大，因而颗粒污泥越来越多（沉降时间的选择是使沉速大于 10m/h 的颗粒能保留在反应器内），见图 9-4。Beun 采用仅包括悬浮污泥和污泥絮体的污泥接种，在运行 6d 后出现了小的污泥颗粒；在第 37 天出现比较稳定的颗粒污泥状态，平均粒径为 2.5mm；然后颗粒污泥没有发生很大的变化，第 63 天仅发现有少量的丝状菌在颗粒污泥表面，但在其后的几天又消失了。

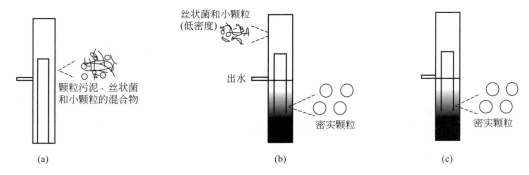

图 9-4　气提式 SBR 反应器中颗粒污泥的产生和演变过程

（2）颗粒载体对好氧颗粒污泥形成的作用

1）无机颗粒载体的作用

Heijnen 提出一个假设：在一个理想混合的反应器中，仅当水力停留时间 HRT 小于最大比增长速率 μ_{max} 的倒数时，或换言之，当生物反应器中稀释速率 $D (D = 1/HRT = Q/V)$ 大于最大比增长速率时，才可能形成覆盖载体的生物膜。Tijhuis 等在悬浮生物膜气提

（BAS）反应器内，在小的悬浮颗粒（玄武岩）上培养出有载体的异养好氧颗粒污泥（生物膜平均厚度为0.39mm）的实验证实了Heijnen的上述假设。在某些情况下，在稀释速率低于最大比增长速率时已经观察到生物膜的形成。根据对系统的观察分析可知，尽管形成生物膜，但是大部分的生物转化仍然在悬浮状态的污泥中发生。

在有载体的系统中，颗粒污泥的形成大致可分为三个阶段（见图9-5）：首先是只有单个的细菌才能吸附在空的载体上；然后单个细菌在载体上生长形成菌落和不连续的片状的生物膜；最终生物膜在载体上不断生长并将载体完全覆盖形成载体的生物膜颗粒。

(a) 载体   (b) 单位附着   (c) 生物膜覆盖

图9-5　有载体系统中生物膜颗粒的形成过程

Tijhuis等对颗粒污泥的形成条件进行了探讨，认为HRT是决定颗粒污泥形成至关重要的因素，只有当HRT比悬浮态微生物的μ_{max}的倒数小时，才能培养出颗粒污泥。原因是短的HRT能将悬浮态微生物从反应器中洗出，使得大部分有机底物能够被膜状的微生物利用。在这种情况下，若生物膜的生长率比脱落率大，生物膜就会完全地覆盖在载体表面，并继续生长成颗粒污泥。而当HRT比悬浮态微生物的μ_{max}的倒数大时，悬浮态微生物就会在反应器内积累，与附着生长的微生物竞争基质。由于附着生长的微生物膜容易受到底物扩散的限制，因而悬浮态微生物比膜状微生物更具有优势，在这种情况下，附着生长微生物的生长必然受到抑制，不容易形成颗粒污泥。

2）颗粒污泥作为载体的作用

卢然超等采用SBR除磷工艺进行实验，以北京啤酒厂的厌氧颗粒污泥作为接种污泥。采用如下调控方法，在每周期厌氧段结束污泥沉降后，把反应器中的剩余碳源配水全部排走，替换为无碳源配水。调控后观察到反应器中的絮状污泥逐渐减少，一星期后只剩下好氧颗粒污泥，污泥的沉降性很好。颗粒形成后出水中的游离细菌数目减少，出水水质提高，特别是脱氮除磷效果提高。此后正常配水，颗粒污泥迅速生长，反应器中的污泥颗粒化极好，还具有较强的去除有机物、脱氮和除磷能力。颗粒表面附着各种各样的细菌、真菌以及原/后生动物，形成的微生物群落的有效生物量及活性大大高于传统好氧活性污泥。

卢然超等认为好氧颗粒开始形成时，必须先有微生物附着的介质，而厌氧颗粒污泥为好氧污泥的形成提供了核心，厌氧颗粒内的微生物逐步培养和转化，新生的微生物在核心周围互相交错缠绕，从而聚合成颗粒污泥。

Jenicek等在纵向分格的USSB反应器中采用厌氧颗粒污泥，实现了多种污染物的同时去除。他们通过改变厌氧环境为缺氧环境获得反硝化过程，在这一反应器内成功地利用厌氧污泥培养出反硝化的缺氧颗粒污泥。通过显微镜对颗粒污泥进行形态观察，原始厌氧颗粒污泥直径为0.5~2mm，形成的缺氧颗粒污泥与其外表类似，但是直径下降到0.3~1mm，这可能是在缺氧格内不同的水力条件造成的。此外，大粒径颗粒污泥的数量明显增加后，沉到反应器的底部。

Jenicek等在同时产甲烷/反硝化反应器内接种厌氧颗粒污泥，接种污泥均为黑色且表面具有光泽，基本为球形，粒径为 2～3mm，表面呈浅黑色，较光滑，见图 9-6（a）（彩图见插页），接种量为 15.7g VSS/L，其污泥的 VSS/TSS 为 0.68，比产甲烷活性为 0.42g COD/(g VSS·d)。在实验过程中发现，当在反应器的进水中开始加入硝酸盐后，反应器内污泥量的分布规律发生了改变。在同时具有产甲烷和反硝化功能的颗粒污泥形成以前，深黑色的颗粒污泥几乎充满了整个反应器。但经过两个月加入硝酸盐后的稳定运行，反应器内颗粒污泥颜色逐渐由黑色变为浅棕色/浅黄色，并逐渐扩展到整个反应器。经过长时间运行后同时产甲烷/反硝化颗粒粒径明显增大到 3～4mm，不过仔细观察后发现，每个颗粒的中间是一个黑色的核，表面附着一层膜状物，呈浅黄色，见图 9-6（b）（彩图见插页）。

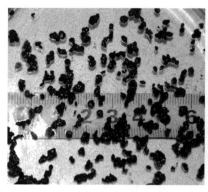

(a) 接种的产甲烷颗粒污泥　　　　　　(b) 产甲烷/反硝化颗粒污泥

图 9-6　厌氧产甲烷颗粒污泥与产甲烷/反硝化颗粒污泥的外观形态

9.2.5　水流剪切力对好氧颗粒污泥的影响

（1）好氧颗粒污泥的形成和结构

Tay 等（2001）在序批式好氧反应器内，采用上向流曝气方式改变水流剪切力的大小，证明剪切力在颗粒污泥形成中起着重要的作用。Tay 等报道了当 USBR 在一个比较低的表面空气上升流速（0.008m/s 或 28.8m/h）下运行时，在系统中观察不到颗粒污泥，只有蓬松的生物絮体［见图 9-7(a)］；相反，在高的表面空气上升流速（0.025m/s 或 90m/h）条件下，系统中成功地培养出形状规则的颗粒污泥［见图 9-7(b)］。

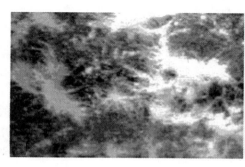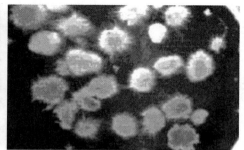

(a) 生物絮体　　　　　　　　　　　　(b) 颗粒污泥

图 9-7　在 USBR 中于不同气体上升流速条件下培养的生物絮体(a)
和颗粒污泥(b)

Tay 等采用平均粒径为 0.12mm 的絮状污泥接种,观察气速在 0.3~3.6cm/s 之间变化的 4 个反应器中好氧颗粒污泥的形成情况,发现高气速的反应器在第 11 天有圆形的颗粒污泥产生,而在低气速的反应器内没有观察到颗粒污泥产生。可见,剪切力对好氧颗粒污泥的形成至关重要,且高的水流剪切力对形成更规则、更密实的颗粒污泥有利。

Beun 等也发现在 USBR 中,在低的空气上升流速条件下不能形成稳定的好氧颗粒污泥,而在相对比较高的空气上升流速条件下,会发生污泥颗粒化,并且高的剪切力促进更光滑、更密实和更稳定的好氧颗粒污泥的形成。在有关体外充氧升流污泥床的好氧污泥颗粒化的研究中,Shin 等提出污泥颗粒化进程由施加在颗粒污泥上的选择压所控制。这些结果表明,好氧颗粒污泥化与反应器中的水力学条件密切相关。

(2)水流剪切力对好氧颗粒污泥构成组分的影响

Tay 等发现在 USBR 中,水流剪切力对好氧颗粒污泥的结构存在影响,好氧颗粒污泥的密度随着水流剪切力的增长而增加,而 SVI 则从 180mL/g 下降到 40mL/g。他们随后的研究表明,在 USBR 中,空气上升流速对细胞多聚糖的产生有很大的影响——污泥中多聚糖成分(PS)和蛋白质(PN)的比例随着水流剪切力的增大有显著增加。在生物膜系统中也有相同的现象。值得指出的是,在颗粒污泥中多聚糖成分比蛋白质成分要高得多。Vandevivere 和 Kirchman 也发现附着细胞中的胞外多聚糖成分与蛋白质之比至少是游离活细胞的 5 倍,由此表明,胞外多聚糖对细菌附着和自固定化过程起了很大的作用,而细胞蛋白质对颗粒污泥的结构和稳定性并不那么重要。

高的水流剪切力促使生物膜和颗粒污泥分泌更多的细胞多聚糖物质,在给定的水力条件下,有利于在好氧生物膜和颗粒污泥中产生平衡的微生物结构,也就是说,在维持好氧生物膜和颗粒污泥的稳定性方面,细胞多聚糖物质具有非常重要的作用。

9.2.6　好氧颗粒污泥技术的应用

在好氧气提反应器中,载体上形成的生物膜相当密实,结构与颗粒污泥相同。如图 9-8 所示,为 CIRCOX 反应器中形成的好氧颗粒污泥形态。由于好氧气提反应器具有高的污泥浓度(可达 30g VSS/L)和良好的混合特性,可获得高的负荷[5kg COD/(m³·d)是相当普通的],目前已成功地应用于多种工业废水的处理(如 CIRCOX 反应器)。

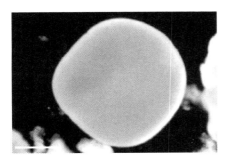

图 9-8　CIRCOX 反应器中形成
的好氧颗粒污泥

图 9-9　巴西 Brahma 洗麦废水处理装置
(IC 反应器＋CIRCOX 反应器＋气浮池)

图 9-9 是巴西 Brahma 洗麦废水的处理装置。由于土地有限,且排放限制严格(要求出水 COD 和 NH_4^+-N 浓度分别低于 100mg/L 和 5mg/L),该系统采用 IC 反应器与 CIRCOX 反应器和气浮池结合使用的处理方式:COD 主要在 IC 反应器($385m^3$)中去除,剩余的 COD 和 NH_4^+-N 在 CIRCOX 反应器($140m^3$)中氧化,悬浮固体和磷在气浮池中去除。

9.3 多功能颗粒污泥床反应器的研究和开发

9.3.1 生物膜和颗粒污泥

Schmidt 和 Ahring 注意到,解体的颗粒污泥其丙酸和丁酸降解速率分别降低了 20% 和 34%;在完整的颗粒污泥内,细胞的平均距离为 $2\sim3\mu m$,而颗粒污泥解体后细胞的平均距离为 $10\mu m$。Smith 指出,当细胞的平均距离超过 $5\mu m$ 时,活性将显著降低。Morvai 等比较了分散生物和颗粒生物对基质抑制的敏感性,发现颗粒生物(主要是甲烷丝菌)在高基质浓度抑制下不太敏感。

根据 Smith 的研究,对于给定的 H_2 分压,生物膜工艺比悬浮生长工艺具有更高的 H_2 转化速率;生物膜工艺处理产生 H_2 的基质比分散生长系统有更高的工艺稳定性,在稳定状态下,H_2 利用率仅是其最大能力的 1%~10%,所以工艺构造如果适当的话,会有很大潜力可以利用。Smith 估计在有利于生物生长的反应器中,稳定状态下 H_2 的利用率大约是 CSTR 中的 10 倍。

Pipyn 和 Verstraete 的研究表明,在酸性条件下,从葡萄糖形成乳酸和乙醇比形成挥发酸更有利,因为前者厌氧降解为甲烷的自由能变化更大;由于两种代谢途径自由能变化的不同,乙酸和丙酸在单相的比降解速率要比在两相时分别高 2.08 倍和 1.96 倍。Bull 等比较单相和相分离工艺条件下处理葡萄糖废水的运行效果,发现相分离工艺条件下效果更好;在改变工艺冲击负荷的条件下,相分离系统在本质上更加稳定。

9.3.2 同时厌氧和好氧工艺处理偶氮染料

(1) 同时厌氧和好氧工艺的原理

Kato 等发现产甲烷颗粒污泥暴露在有氧条件下,耐受能力相当强,并且长时间暴露在氧气条件下仍可保持产甲烷活性,这提供了建立同时厌氧和好氧工艺的可能性。研究结果表明,好氧过程可以在生物膜的外层发生,而生物膜内部发生厌氧过程,从而厌氧-好氧条件可以在单一的环境中共存。这一结果的原理是由于氧在微生物生物膜中发生限制扩散。

Field 等提出在单一的生物膜反应器中同时实现厌氧-好氧条件,并证实这对偶氮染料的矿化是一种很好的方法。当厌氧颗粒污泥暴露在有限量的氧中时,偶氮染料从共同基质中接收电子,在颗粒污泥内部发生厌氧还原,产生芳香胺。只要在生物膜的外缘存在适当的微生物,芳香胺在共同基质的条件下,外层就很容易发生生物氧化反应而被矿化(见图9-10)。

(2) 同时厌氧和好氧工艺用于偶氮染料的矿化

许多种偶氮染料完全矿化(生物降解)的前提条件是具有还原和氧化两个步骤。在厌氧颗粒污泥和好氧富集培养物的共同培养物中,供给氧会形成同时厌氧-好氧的环境。通过将颗粒污泥暴露在氧的条件下,可形成同时厌氧和好氧条件。Tan 等对 4-苯基偶氮苯酚(4-PAP)和酸性媒介黄 10(MY-10)两种偶氮染料开展间歇降解实验,偶氮染料还原引起了芳香胺的暂时累积,4-PAP 还原产生 4-氨基苯酚(4-AP)和苯胺,MY-10 还原产生 5-氨基水杨酸(5-ASA)和 4-氨基苯磺酸(4-ABS)。在氧存在的条件下,苯胺被存在于厌氧颗粒污泥中的兼性好氧菌进一步降解。如果在间歇实验中投加好氧富集物,5-ASA 和 4-ABS 也会被降解,而 4-AP 由于发生自氧化而无法对生物降解部分进行统计。

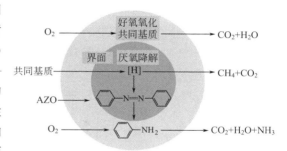

图 9-10　对偶氮染料矿化的厌氧-好氧复合处理原理示意

MY-10 在同时厌氧-好氧生物降解实验中,产生 4-ABS 和 5-ASA 两种芳香胺的积累。在空白对比实验中[见图 9-11(a)],没有芳香胺的降解。由于乙醇共同基质降解迅速,在初始顶空含氧百分比(IHOP)为 10% 和 20% 的实验中没有可利用的氧存在。在第 6 天重新添加氧之后,才有氧用于芳香胺的降解,5-ASA 迅速降解,而 SA 只有在高氧条件下才降解。

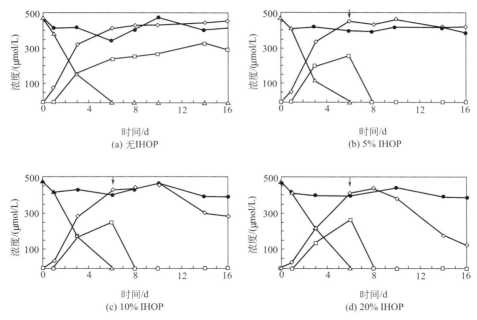

图 9-11　在不同的 IHOP 条件下同时厌氧-好氧降解 MY-10 的实验结果
(箭头为第 6 天第二次添加氧)
△—MY-10;●—无菌对照实验中 MY-10;
□—5-ASA;◇—磺胺酸(SA)

9.3.3　同时产甲烷和反硝化反应

(1)纵向分格的 USSB 反应器同时产甲烷/反硝化

Jenicek 等采用纵向分格的升流式多级污泥床(USSB)反应器实现了多种污染物的同时去除,并可在同一紧凑的反应器内培养厌氧和反硝化缺氧颗粒污泥。通过将 USSB 上部格室内的厌氧环境改变为缺氧环境,厌氧颗粒污泥转化为缺氧颗粒污泥,进行反硝化。

Jenicek 等采用的实验室规模的 USSB 反应器具有 5 个格,采用葡萄糖人工配水并在中温 35℃条件下运行。USSB 反应器首先在完全厌氧模式下运行,然后在厌氧-好氧模式下运行,其工艺流程如图 9-12 所示,运行参数见表 9-10。

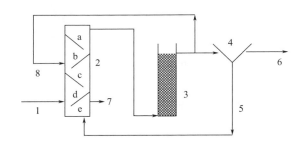

图 9-12 厌氧-好氧系统示意
1—进水;2—USSB 反应器;3—好氧生物膜反应器;4—沉淀池;5—剩余好氧污泥;
6—出水;7—剩余厌氧污泥;8—好氧出水回流;a,b,c,d,e—污泥床

表 9-10 厌氧-好氧 USSB 反应器的技术参数

参　　数	相应数值	参　　数	相应数值
厌氧污泥 e 区的相对体积/%	22	温度/℃	35
厌氧污水处理(c +d)区的相对体积/%	40	回流好氧污泥/%	2
缺氧污水处理(a +b)区的相对体积/%	38	硝化出水回流/%	800

在厌氧启动初期,厌氧污泥的硝态氮吸收速率(NUR)很低且很稳定,变化范围为 0.5～2mg/(g·h)。在 USSB 反应器运行模式转变为厌氧-缺氧模式后,污泥的反硝化活性迅速上升。a 区和 b 区缺氧污泥的反硝化活性与 c、d 和 e 区厌氧污泥相比有明显的增高。以葡萄糖作为基质,在 35℃下,a 区污泥的最大比 NUR(硝态氮吸收速率)为 47mg $NO_3^- $-N/(g VSS·h),最大比 NUR(硝态氮吸收速率)和 NNUR(最大比硝态氮和亚硝态氮吸收速率之和)的比较见图 9-13。

在 USSB 反应器内,反硝化因厌氧预处理后缺乏易生物降解的基质而受到影响;不过,即使在 COD 受到限制的条件下,由于反应是在较高温度条件(35℃)和缺氧格内较高的污泥浓度(高达 10g/L)条件下发生的,因此反硝化效率依然很高,最大 $NO_3^- $-N 容积去除率为 62mg/(L·d)。

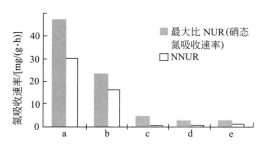

图 9-13 35℃下厌氧-缺氧 USSB
反应器 a、b、c、d、e 格内
最大比 NUR 和 NNUR 的比较

对颗粒污泥进行形态观察,证实厌氧颗粒污泥是直径为 0.5～2mm 的不规则聚合体;缺氧颗粒污泥与厌氧颗粒污泥外表类似,但是直径下降到 0.3～1mm,这可能是在缺氧格内不同的水力条件造成的。此外,大粒径颗粒污泥的数量明显增加,并沉到反应器的底部,甚至在最底下的 e 区也能观察到。发生这种现象的主要原因是较大和较重的颗粒向下沉到下面的格,而水向上流。这一特点也是纵向分格反应器和横向分格反应器的主要区别。

厌氧污泥(接种物)初期的比产甲烷活性是 2.4mL/(g·h)。在厌氧模式运行的末期,各格室内污泥的产甲烷活性近似相等,与初期相比,

322

厌氧颗粒污泥的产甲烷活性提高了 4 倍。厌氧-缺氧模式运行几周后，在上部的格内也出现了密实的污泥床；缺氧颗粒污泥和原来的厌氧颗粒污泥在形态上是相似的，只是在颜色上有所差别，缺氧颗粒污泥是灰褐色的；厌氧污泥的比产甲烷活性有所下降，不过，与厌氧颗粒污泥相比，缺氧颗粒污泥表现出惊人的高比产甲烷活性，这主要是因为颗粒污泥最初是厌氧污泥，并且在缺氧格室内颗粒污泥的内部仍保持着厌氧条件。

（2）UASB 反应器同时反硝化/产甲烷

迟文涛、王凯军采用葡萄糖和硝酸盐配水 UASB 反应器进行同时反硝化/产甲烷实验研究，实验装置如图 9-14 所示。反应器系有机玻璃制成，体积为 3.5L，连续实验保持恒温 30℃。实验用水按 $COD : P = 200 : 1$ 投加葡萄糖和 KH_2PO_4 分别作为碳源和磷源，此外还投加适量微量元素。实验接种的颗粒污泥取自处理淀粉废水的工业 UASB 反应器内，接种污泥量为 16g VSS/L。实验共分为如下 3 个阶段（见图 9-15）。

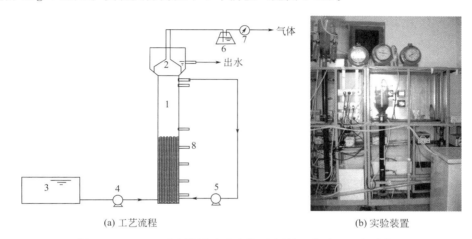

(a) 工艺流程   (b) 实验装置

图 9-14 UASB 反应器同时反硝化/产甲烷工艺流程和实验装置

1—UASB 反应器；2—三相分离器；3—水箱；4—进水泵；5—循环泵；6—水封；7—湿式流量计；8—取样口

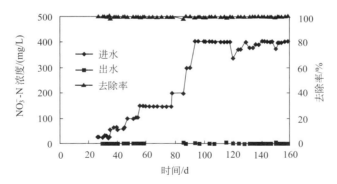

图 9-15 进水、出水 NO_3^--N 浓度及其去除率变化曲线

第 I 阶段：厌氧启动阶段（第 1～25 天）（$COD = 2000 \sim 3000$mg/L，不含硝酸盐）。UASB 反应器启动负荷为 3.5kg COD/($m^3 \cdot d$)，水力停留时间（HRT）为 14h。第 7 天，HRT 从 14h 降到 9.3h，COD 容积负荷达到 5.1kg COD/($m^3 \cdot d$)，COD 去除率达到 94.5%，出水 COD 为 110mg/L。

第 II 阶段：氮负荷提高阶段（第 26～96 天）（$COD = 2000$mg/L，NO_3^--N 浓度为 25～

400mg/L）。如图 9-15 和图 9-16 所示，这一阶段维持进水 COD 为 2000mg/L 和 HRT 为 14h 不变，逐渐将进水 NO_3^--N 浓度由 25mg/L 提高到 400mg/L，NO_3^--N 负荷从 0.04kg/ ($m^3 \cdot d$) 上升到 0.69kg/($m^3 \cdot d$)。

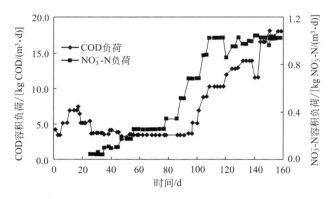

图 9-16　COD 和 NO_3^--N 容积负荷变化曲线

反应器的运行趋于稳定，COD 和 NO_3^--N 的去除率分别保持在 91% 和 99% 以上。到第 88 天，进水中 NO_3^--N 浓度提高到 300mg/L，硝态氮负荷为 0.51kg NO_3^--N/($m^3 \cdot d$)，此时产生大量泡沫，发生了柱塞、颗粒污泥漂浮和污泥偶尔流失的现象，进行出水回流以增加反应器内的混合强度，可解决反应器柱塞和漂泥的问题。

第Ⅲ阶段：有机负荷提高阶段（第 97～158 天）（COD＝2000～7000mg/L，NO_3^--N 浓度为 400mg/L）。第 97～158 天，维持反应器进水 NO_3^--N 浓度为 400mg/L 左右，进水中 COD 逐渐由 2130mg/L 提高到 7052mg/L，HRT 由 14h 缩短至 9.3h，相应的反应器有机负荷提高到 18.1kg COD/($m^3 \cdot d$)。反应器有机负荷提高初期，COD 去除率由 92.1% 降到 88.5%，出现短暂的下降，但几天后，COD 去除率就回升到 93.4%。反硝化/产甲烷反应器的容积产气率约为 6.4m^3/($m^3 \cdot d$)，气体中含有 16% N_2、34% CH_4 和 50% 的 CO_2。

（3）固定化混合菌群同时反硝化和产甲烷

Lin 和 Chen 研究了在反硝化和产甲烷混合污泥悬浮生长系统中，可以同时进行反硝化和产甲烷。不过，如果混合系统中存在硝酸盐或亚硝酸盐，则会抑制产甲烷过程，并且产甲烷菌容易流失。因此，他们认为，悬浮混合生长系统难以应用，但利用颗粒污泥或联合固定化混合菌群系统可以克服上述问题。

1）固定化混合菌群的特性

采用甲醇作为反硝化的碳源，在 PVA 凝胶固定化混合颗粒系统中，反硝化菌和产甲烷菌的量均为 15mg VSS/mL 凝胶，PVA 凝胶颗粒的直径为 3～4mm。在反应初期系统中存在硝酸盐和亚硝酸盐时，微生物的产甲烷活性受到完全抑制；当反硝化过程完成后，开始有甲烷生成，这表明产甲烷菌可以将过剩的甲醇转化为甲烷。Chen 等认为在反硝化过程中，产甲烷菌不会与反硝化菌竞争甲醇，并且产甲烷过程也不会影响反硝化过程。通过定量控制联合固定化系统中反硝化菌和产甲烷菌的量，可以控制该系统的反硝化过程和产甲烷过程。

实验发现，随着 PVA 凝胶颗粒内反硝化菌密度的增加，产甲烷速率也增加。当反硝化菌污泥浓度增加 1 倍（从 10mg VSS/mL 凝胶增加到 20mg VSS/mL 凝胶）时，硝酸盐还原速率增加 3.3 倍，产甲烷速率增加 3.5 倍。这可能是因为随着反硝化菌密度的增加，反硝化速率增加，从而导致颗粒内部处于高度厌氧状态，提高了联合固定化系统中产甲烷微生物的

324

活性。

改变固定化颗粒的直径会影响系统内的扩散条件，从而限制反硝化活性或产甲烷活性，结果如表 9-11 所示。可以看出，当 PVA 凝胶颗粒的直径增加时，固定化系统的反硝化活性和产甲烷活性均降低。这说明在该联合固定化系统中，底物扩散限制起着重要作用。

表 9-11　PVA 凝胶颗粒直径对反硝化活性和产甲烷活性的影响

参　数	固定化颗粒的直径/mm		
	4.4	3.4	2.4
反硝化活性/[mg N/(mL 凝胶·h)]	0.089	0.094	0.118
产甲烷活性/[μL/(mL 凝胶·h)]	7.6	11.8	12.2

2）氧化还原电位变化

在悬浮培养系统中，只有在 E_h 低于 $-330mV$ 的严格厌氧条件下，才发生甲烷化过程；而在联合固定化颗粒中，当 E_h 值在 $-115\sim-330mV$ 时，就会发生甲烷化过程。这是因为，PVA 凝胶颗粒内部的 E_h 要比溶液中的 E_h 低。

当固定化颗粒运行一段时间后，反硝化菌在颗粒表面硝酸盐浓度较高的区域（缺氧区）生长。硝酸盐在颗粒表面层扩散过程中会被完全消耗。反硝化菌还原硝酸盐导致凝胶颗粒表面的 E_h 降低。凝胶介质和颗粒表面生长的反硝化菌存在扩散阻力，阻止硝酸盐向凝胶颗粒内部穿透。因此，在凝胶颗粒内部 E_h 显著降低，颗粒内部严格的厌氧区有利于产甲烷菌的生长。上述联合固定化系统可以允许反硝化菌和产甲烷菌的共同存在，从而使反硝化作用和产甲烷作用同时发生。

Lin 和 Chen 在反应器连续运行过程中监测了产气速率和系统的氧化还原电位，结果表明，当系统中存在硝酸盐时，产甲烷作用受到抑制。直到硝酸盐被完全还原后，才观察到甲烷的形成。随着反应的进行，产甲烷速率逐渐增加。观察到氮气和甲烷气体同时产生，这表明联合固定化系统中反硝化菌和产甲烷菌可以同时进行反硝化作用和产甲烷作用。

利用扫描电镜观察联合固定化细菌颗粒，发现随着反应时间的延续，明显地观察到兼性的反硝化菌和厌氧的产甲烷菌出现明显的分区生长现象。Lin 和 Chen 基于上述观察提出 PVA 凝胶联合固定化细菌颗粒的模型。

3）固定化混合菌群分层结构模型

在固定化混合菌群分层结构模型中，由于氧扩散的限制，存在着好氧区和缺氧区或厌氧区。在利用固定化微生物进行硝化反应时，人们观察到在固定化硝化菌颗粒中，好氧性的硝化菌趋向于生长在颗粒的表层，颗粒的中央部位由于处于缺氧状态，好氧微生物不能生长。这部分空间没有充分利用，如果有合适的反硝化菌和有机底物（碳源）存在，可以在颗粒中央的缺氧部位发生反硝化作用。这样，硝化菌的产物可作为反硝化菌的底物，硝化与反硝化两阶段反应即可在同一反应器中完成，即同时实现硝化与反硝化。

将硝化菌与反硝化菌混合后加以固定化用于生物脱氮试验，国外已进行过探索，但实际效果很差。王建龙认为这是因为硝化菌与反硝化菌混合固定，在有机碳源存在下，快速生长的反硝化菌将大量繁殖，而慢速生长的硝化菌数量将减少，致使整个系统的反应效率降低。王建龙提出采用将反硝化菌限制在颗粒的中央部位，而硝化菌生长在颗粒表层，可以避免硝化菌与反硝化菌之间的竞争，将可能提高脱氮效率。

9.4 生物脱硫脱氮工艺的潜在应用领域

9.4.1 制革废水处理

荷兰 Lichtenvoorde 公司之前采用化学方法处理制革废水，不仅会产生气味问题，而且消耗大量化学药品（氯化铁），产生大量污泥。处理后的废水通过下水道排到地区公共污水处理厂进一步处理，最终出水排放到 Baakse Beek 地区的地表水体中。由于 Baakse Beek 被划分为生态保护区，要求尽量降低制革废水处理后的出水中氯和硫酸盐的浓度，因此，对制革废水处理工艺系统提出了新的技术要求，具体如下：

① 在厌氧条件下去除 COD 和还原硫酸盐；

② 产生热和电力；

③ 硫化氢生物氧化为单质硫；

④ 实现部分硝化和厌氧氨氧化脱氮。

上述新要求此前从来没有在制革废水处理中应用过，因此，Waterstromen 公司和 Paques 公司共同负责该新工艺研发，并着力进一步降低运行费用。此外，他们还重视绿色能源的产生与利用、其他废物共处理、水和硫在制革工艺中的回用。

9.4.2 原油生物脱硫

由 Wageningen 农业大学开发的生物脱硫工艺，在气体生物脱硫领域首先应用于沼气脱硫。曾有几家公司先后开发了沼气脱硫工艺，其后 Paques 公司将这一工艺技术应用于化工工业中含硫化氢的气体的净化，同时，结合硫酸盐生物还原产生硫化氢的技术，用于含硫酸盐废水的脱硫，甚至烟气脱硫，使生物脱硫技术成为一种环境友好和经济有效的替代技术，并很快取得了商业化的应用。目前，UOP 和 Shell 公司已经在此基础上开发出原油生物脱硫工艺，将原油中的含硫化合物转化为可以回用的硫。原油生物脱硫工艺比传统工艺更加安全和经济，是更加环境友好的工艺，可以满足对含硫化合物更加严格的环境要求，扩大生物脱硫工艺在石化领域的应用。

9.4.3 气提反应器用于矿物生物氧化

（1）金属氧化池的类型

20 世纪八九十年代，科研人员对将生物氧化工艺应用于预处理难处理的含金硫化物浓缩液的兴趣不断增加。图 9-17 给出了当时预处理含金硫化物浓缩液氧化能力的发展情况（Brierley 和 Briggs，1997）。当时，在矿物氧化方面多采用曝气的完全混合反应器（CSTR）作为氧化工艺的生物池。研究表明，这种系统的费用主要由曝气的能量费用和反应器的投资所构成（Boon，1996）。如果能降低这些费用，氧化工艺的生物池对回收贵重金属和碱金属来说将更具吸引力。

Schultz 和 Buisman 对气提反应器的投资成本进行了理论研究，发现气提反应器的投资成本显著低于搅拌池反应器，且气提反应器的运行费用与传统的机械搅拌反应器相同或更低，因此认为气提反应器可作为生物氧化更有竞争力的池型（气提反应器的具体结构和技术原理参见本书其他相关章节）。

（2）规模经济性研究

气提反应器的体积可达几千立方米，而搅拌池反应器的体积最大可以放大到 $800 \sim 1500 m^3$，大型搅拌池反应器因为桨叶需要的动力大，将带来很大机械问题，因此相同体积的气提反应器与搅拌池反应器相比投资明显更低。Schultz 和 Buisman 对气提反应器进行了系列分析，对比了不同池容的气提反应器和搅拌池反应器的投资成本，结果如图 9-18 所示。

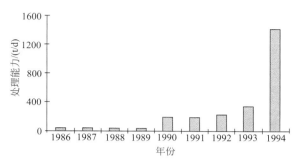

图 9-17　生物池氧化能力的发展

与搅拌池反应器相比，气提反应器的另一个优点是氧的动力效率相同或更高。Dew 和 Lawson 等报道，在将 5 个生产规模氧化工艺的生物池全采用搅拌池反应器的条件下，氧的动力效率（对于预处理含金硫化物的浓缩液）在 $1.1 \sim 1.5 kg\ O_2/(kW \cdot h)$ 之间变化；而 Paques 公司进行中试规模的实验并采用生产规模的气提反应器装置，表明氧的动力效率在 $1.5 \sim 2.0 kg\ O_2/(kW \cdot h)$ 之间。由于气提反应器中没有转动的部件，其维护费用与搅拌池反应器相比较低。而较高的氧的动力效率和较低的维护费用产生的相应运行费用也较低。

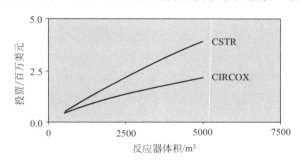

图 9-18　CSTR 和气提反应器的投资费用比较（大型的 CSTR 是根据文献数据外推估算的，气提反应器是根据 Paques 公司生产规模气提反应器的经验数据估算的）

总的来说，气提反应器与搅拌池反应器相比，具有以下主要优点：①较低的投资费用；②较低的运行成本；③较低的剪切速率；④较高的固体停留。

目前，Paques 公司已建立并运行着大量的空气气提（CIRCOX®）反应器和沼气气提（IC®）反应器。其中，无论是在 CIRCOX® 反应器中进行的氧化反应，还是在厌氧反应器中利用氢作为电子供体的自养菌进行的硫酸盐还原反应，均采用气提反应器。

9.4.4　含铅电解液的生物处理

在捷克 Kovohute Pribram 公司通过处理加工含铅废物和汽车切削液以生产制造铅和铅合金，其主要产品是精炼铅和阳极银板、铅和铅合金的铸造和卷材制品，生产排放的废水是碱性的含有碳酸缓冲液的硫酸钠，其中包含铅、锌、锡及高浓度的砷和锑。对于废水中的大多数金属，采用石灰法处理并不能满足环保排放标准，因此需要采用新的废水处理方法。另外，要求去除硫酸盐，但不希望因此产生大量石膏。

该公司采用了两级处理系统，用废电池的酸液来中和强碱性出水。采用生物反应器产生的硫化氢作为第一级沉淀阶段的沉淀剂，在 pH 大约为 3.0 时，砷和锑作为硫化物而沉淀；在第二级沉淀阶段，剩余的金属在 pH 约为 7 的条件下从溶液中沉淀（见图 9-19）。因为金属硫化物的溶解度比氢氧化物低，所以这一技术比传统的石灰处理技术效果要好得多。另外，该工艺综合利用的另一特点是废电池的酸液中和。

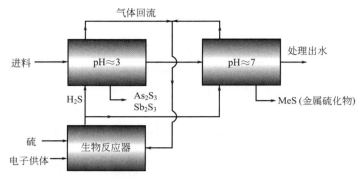

图 9-19　含铅电解液的生物处理工艺流程

该技术对处理单元的设计提供了较大的适应能力，硫化物产生量为 $10 \sim 75\text{kg H}_2\text{S/d}$（硫化氢的生产能力可达 20t/d，这一规模属于小规模的应用）。硫化物可以通过单质硫产生，也可以通过废酸液产生。该技术中生物反应器等设备采用设备化预制 H_2S，考虑到 H_2S 的腐蚀性，所有设备均采用塑料材料加工而成。

9.4.5　贵金属废液的处理和回收

（1）贵重金属厂废水的两种处理方式

比利时 Umicore 公司是世界范围内回收利用贵重金属的主要厂家，2000 年左右，其水处理仍采用石灰中和和 $FeCl_3$ 精处理的传统工艺，这是处理重金属废水最为有效的处理工艺之一。在该工艺中，废水被氢氧化钙中和，大部分硫酸盐形成石膏而被去除，大部分金属形成相应的氢氧化物沉淀，大部分砷形成了亚砷酸钙和砷酸钙而被去除，剩余的砷则被 $FeCl_3$ 去除，调节 pH 后，处理后的水质可达到当时的排放标准。研究表明，采用生物脱硫技术为重金属的去除提供了新的方法。因此，该厂建立了处理 $1.0\text{m}^3/\text{d}$ 含重金属废水的示范工程，去除的主要污染物是回收废弃胶片、电子产品和石油化工催化剂中的贵金属。表 9-12 是该示范工程中试期间 A 和 B 两股工艺废水的主要成分测定数据。

表 9-12　工艺废水的主要成分测定数据　　　　　　　　　　　单位：mg/L

成　分	A 股废水中的浓度	B 股废水中的浓度	成　分	A 股废水中的浓度	B 股废水中的浓度
Cl^-	5087	30252	Ca	265	1689
SO_4^{2-}	15865	6413	Tl	1	6
NO_3^-	62	39	Cu	131	357
NH_4^+	11	1710	Zn	182	318
As	992	1	Ni	11	4
Sb	3	1	Cd	859	1
Cr	0	2	F	273	0
Se	5	0	Fe	122	70
Pb	9	80	TSS	>100	14
Te	12	1			

注：A 股废水的流量为 $35\text{m}^3/\text{h}$，B 股废水的流量为 $5\text{m}^3/\text{h}$，二者的 pH 均小于 2。

生物脱硫工艺排放的废水（pH 约为 8）与工艺水一起处理（以前采用氢氧化钙处理），处理水量为 $75\text{m}^3/\text{h}$，其中包含硝酸盐和一些金属。这股废水所含成分多变，其平均数值见表 9-13。

表 9-13　废水中所含主要成分的平均数值

成　分	浓度/(mg/L)	成　分	浓度/(mg/L)
Cl^-	660	As	3
NH_4^+	12	Se	3
NO_3^-	105	Ca	133
SO_4^{2-}	852	TSS	68

（2）废水处理示范工程的步骤和优点

上述示范工程采用了 3 个生物处理单元和 1 个金属硫化物的沉淀单元：

① 硝酸盐生物反硝化为氮气；

② 硫酸盐生物还原为硫化氢；

③ 生物氧化硫化物为单质硫；

④ 金属通过硫化物沉淀去除。

这些工艺单独利用实际上都已工业化，但将它们组合在一起利用是一个创新（其工艺流程见图 9-20）。

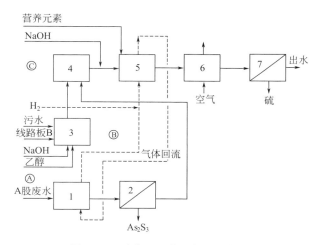

图 9-20　示范工程的工艺流程框图

1—As-H_2S 接触器；2—As_2S_3 的去除单元；3—脱氮反应器；

4—混合池；5—硫酸盐还原反应器；6—硫化氢氧化单元；7—硫分离单元（沉淀池）

该示范工程分为预处理、脱氮、硫酸盐还原三个步骤。

① 预处理：A 股废水中砷和一些金属（用 Me 表示，如铜）用生物产生的 H_2S 在反应器 1 和 2 中接触沉淀去除。

$$2As^{3+}+3S^{2-}\longrightarrow As_2S_3\downarrow \tag{9-1}$$

$$Me^{2+}+S^{2-}\longrightarrow MeS\downarrow \tag{9-2}$$

② 脱氮：采用乙醇作为电子供体将现场废水和 B 股废水中的硝酸盐在反应器 3 中生物反硝化为氮气。

$$5C_2H_5OH+12NO_3^-\longrightarrow 6N_2\uparrow +10HCO_3^-+9H_2O+2OH^- \tag{9-3}$$

③ 硫酸盐还原：在供氢条件下，硫酸盐被微生物还原为硫化物。

$$SO_4^{2-}+4H_2+H^+\longrightarrow HS^-+4H_2O \tag{9-4}$$

一部分 H_2S 被吹脱并进入 A 级预处理；过量的硫化物在反应器 6 中被生物氧化为固体

单质硫（S），并在沉淀池 7 中被分离。

$$HS^- + \frac{1}{2}O_2 \longrightarrow S\downarrow + OH^- \tag{9-5}$$

该示范工程的流量为 1.0m³/h（为 1‰ 的处理水量）。示范厂包括装备有泵、沼气和空气压缩机、流量控制器、pH 调节系统、氧化还原和温度控制系统的生物反应器（体积为 2～12m³），混合池，斜板沉淀池三个主要的单元。图 9-21 是实际的处理厂照片。

图 9-21　实际的处理厂照片

新方法的主要优点如下：

① 采用硫化物沉淀法比氢氧化物沉淀法更有效，残留的金属浓度更低；

② 可以取得非常低的硫酸盐浓度（＜300mg/L）；

③ 可以去除硝酸盐和硒（Se）到非常低的浓度；

④ 产生单质硫作为固体废物，体积是石膏体积的 1/5～1/10；

⑤ 避免了产生被重金属污染的石膏；

⑥ 可以回用金属硫化物和单质硫。

（3）处理结果

1）砷的去除

在第一步沉淀之后，由于 pH 低，锌、镍、铁和部分硒仍保留在溶液中，从而形成了对于金属的选择性去除。砷通过形成 As_2S_3 沉淀被有效地去除，去除率可达 99.5%，出水的砷浓度低于 1.0mg/L。除了砷以外，一些金属形成相应的金属硫化物沉淀，其中铅和镉的浓度也被降低到低于 1.0mg/L，锑和铜则被完全去除。通过将铅和镉从锌和镍中分离出来，可以保证锌和镍的回收利用。

2）污泥的特性

污泥中的砷含量非常稳定，占污泥干重的 20%～25%。因为砷以 As_2S_3 的形式存在，As_2S_3 占污泥干重的 40%～45%。除了砷之外，形成的铅、铜和镉的沉淀占污泥的相当大部分。斜板沉淀池沉淀出水清澈，有时因为低的 pH 和在污泥分离阶段顶部通风造成的低压，H_2S 从溶液中释放，气泡携带着小块污泥上浮流失（TSS＜5mg/L）或表面形成泡沫层，不过通过精心设计的脱气室可以避免这样的问题。

3）脱氮

添加生物产生的硫化物去除金属，可以免除对脱氮过程的抑制。所有金属完全沉淀。有时由于进水的波动，脱氮工艺承受 pH 的峰值高达 12、低至 4，这样系统自动停止进水，先采用酸或碱中和。出水对硝酸盐浓度的要求低于 5mg/L，示范工程实验中可以满足这一要求。

4）硫酸盐还原

对于硫酸盐还原，最重要的参数是 pH、温度、投加的营养、还原剂、CO_2 浓度和硫化物浓度。pH 决定硫化物的吹脱能力和毒性。在低 pH 条件下，H_2S 容易被吹脱，但对细菌的毒性增加；在高 pH 条件下，H_2S 不易被吹脱。为了防止抑制并确保吹脱，pH 定在中性范围，实验表明效果很好。

由于废水 pH 的波动，系统最好采用碳酸氢盐（HCO_3^-）作为缓冲液，可投加氢氧化钠和 CO_2 获得。而在生产中，可采用高温蒸汽裂解甲烷为 H_2 和 CO_2，H_2 作为电子供体，而无须额外地投加 CO_2。

硫化物在一定的浓度范围内会对产甲烷菌产生抑制，这防止了产甲烷菌对基质竞争所消耗的电子供体。同时，硫化物的浓度需足够高，以确保吹脱和立即沉淀所有进入生物反应器的溶解性金属（可防止金属的抑制作用）。实验证明，硫化物浓度在 500～1000mg/L 的范围内不会对硫酸盐还原菌产生抑制，因此 500～1000mg/L 是硫化物合适的浓度范围。

5）金属元素和非金属元素的去除

废水中镍、锌和铁的浓度最高，被有效去除后对细菌就不会产生抑制了。砷的浓度大部分时间低于 1.0mg/L。硒的浓度连续低于 1.0mg/L，但这并不满足排放标准。由于亚硒酸盐和硒酸盐可以生物去除，在脱氮反应器和硫酸盐还原反应器中均发生硒的去除，可以使出水中硒的浓度降至 1.0mg/L 以下。该示范工程在两个星期的稳定运转期间各成分的平均出水浓度（溶解浓度）列于表 9-14。

表 9-14　在两个星期的稳定运转期间各成分的平均出水浓度　　　单位：mg/L

成 分	排放限值	中试厂排放浓度	成 分	排放限值	中试厂排放浓度
Cu	3	<0.1	Fe	2	<2.0
Zn	5	<0.1	Te	5	<0.2
Cd	0.2	<0.1	Cr	2	<0.1
As	1	0.2～1.8	Ca^{2+}	—	28～318
Sb	5	0.1	Tl	5	<0.05
Se	5	0.2	Hg	0.05	<0.01
Pb	1	0.3	Cl^-	—	3329
Ni	3	0.3	NO_3^-	125	<5
Co	3	<0.1	SO_4^{2-}	3000	764
Sn	2	0.2			

表 9-14 的数据表明所有溶解性金属的排放浓度均可满足要求，总的来说，通过硫化物沉淀法去除金属是成功的。在 pH＝2 的条件下不控制进水 pH，从 A 股废液中可去除砷和镉、锑、铜、铅等主要的金属。在现场污水和 B 股废水中的所有金属，沉淀至低的残余浓度再进行脱氮反应，其他残余的金属在硫酸盐还原反应器中充分去除。从第一级斜板沉淀池溢流的硫化砷，在高 pH 的条件下重新溶解，所以砷在所有的运行过程中均没有满足排放标准，因此，需要在硫化物沉淀池通过较好的设计脱气来防止 As_2S_3 的流失。另外，由于在

现场污水和 B 股废水中的砷直接进入脱氮反应器，不经过砷沉淀池，这些废水中的砷在生物反应器中性 pH 条件下不能以硫化物形式很好地沉淀也是一个原因。为进一步去除砷，需要在最终出水中投加 $FeCl_3$，并需在排放前增加砂滤单元。

9.4.6 含氮化合物的生物转化

生物去除含氮化合物（即生物脱氮）工艺已有几十年的历史了，采用的大部分是传统的硝化/反硝化工艺，用于去除氨氮和亚硝酸盐。氮循环新的发现使生物脱氮工艺的工业应用范围扩大。

（1）NH_4^+ 的去除

部分硝化和厌氧氨氧化（ANAMMOX）工艺是从工业废水和气体中生物去除氨氮全新的概念，可以节省 70% 的用于硝化的能量和 100% 的反硝化的电子供体。根据这一概念的脱氮工艺包括两部分：部分硝化和随后的厌氧氨氧化。

第一阶段是氨氮的部分硝化。在这一阶段，50% 的氨氮被生物转化为亚硝酸盐：

$$2NH_3 + \frac{3}{2}O_2 \longrightarrow NH_4^+ + NO_2^- + H_2O \tag{9-6}$$

第二阶段是厌氧氨氧化。在这一阶段，氨氮和亚硝酸盐被生物转化为氮气：

$$NH_4^+ + NO_2^- \longrightarrow N_2\uparrow + 2H_2O \tag{9-7}$$

部分硝化和厌氧氨氧化工艺是从不包含或很少包含有机物的中浓度到高浓度氨氮废水中去除氮的最经济有效的方法（与传统技术相比，可减少运行成本 90%），例如处理厌氧工艺的出水、石化油气工业的酸性废水和包含 NH_3 的气体，都可以采用这一工艺有效地去除氮。

（2）NO_3^- 的去除

对于仅包含硝酸盐的废水，反硝化工艺仍然是最有效的工艺技术：

$$14NO_3^- + 12CH_3OH \longrightarrow 7N_2\uparrow + 12HCO_3^- + 18H_2O \tag{9-8}$$

对于采矿和冶金工业废水，应用反硝化工艺有以下主要缺点：一般总是存在氰化物，可能抑制细菌的活性；通过方程（9-8）产生的碱度可能引起碳酸盐结垢和 pH 的增加。为解决这些问题，可以采用下列生物处理方法替代：

$$6NO_3^- + 5S + 2H_2O \longrightarrow 3N_2\uparrow + 5SO_4^{2-} + 4H^+ \tag{9-9}$$

存在于废水中的氰化物会立即与硫反应，生成毒性比氰化物小得多的硫氰酸盐，所以该工艺可以应对氰化物的冲击负荷。另外，从方程（9-9）可知 pH 降低，这是处理这类废水所希望获得的结果，因为 pH 降低不仅可以防止结垢，而且符合排放标准。

（3）NO_x 的去除

为了满足从烟气中去除 NO_x 的需要，Biostar 公司开发了新的独特的 NO_x 去除工艺，并称之为 $BioDeNO_x$ 工艺。在这一工艺中，NO_x 被去除并被生物转化为氮气。吸收剂 Fe^{2+}[EDTA]$^{2-}$ 溶液可被生物连续再生，并回流到洗涤塔。在常温常压条件下，$BioDeNO_x$ 工艺发生的总反应为：

$$6NO + C_2H_5OH \longrightarrow 3N_2\uparrow + 2CO_2 + 3H_2O \tag{9-10}$$

NO_x 被转化为无害的氮气。该系统包括两部分：吸收阶段和生物转化阶段。NO_x 是在烟气中存在的 NO 和 NO_2。其中，NO_2 很易溶解在水中并容易被去除，而 NO 一般占 NO_x 的 95% 并且难溶于水。在 $BioDeNO_x$ 工艺中，铁的配位剂用来与 NO 反应生成亚硝酰基配合物，使 NO 可以溶解于水相。

$$NO + Fe^{2+}[EDTA]^{2-} \longrightarrow Fe^{2+}[EDTA]NO^{2-} \tag{9-11}$$

在 BioDeNO$_x$ 工艺中，从亚硝酰基配合物再生为活性 Fe^{2+}[EDTA]$^{2-}$，采用便宜的、简单的生物再生过程。亚硝酰基配合物的还原过程具有与废水生物脱氮系统相类似的工艺，在 BioDeNO$_x$ 工艺中的反应如下，其中乙醇被作为还原剂：

$$6Fe^{2+}[EDTA]NO^{2-} + C_2H_5OH \longrightarrow 6Fe^{2+}[EDTA]^{2-} + 3N_2\uparrow + 2CO_2\uparrow + 3H_2O \tag{9-12}$$

再生的 Fe^{2+}[EDTA]$^{2-}$ 可以循环用于洗涤塔吸收 NO$_x$。BioDeNO$_x$ 工艺的主要优点在于：总费用可节省 50%；去除率高（80%）；易与现有的 FCC（流化催化裂化）烟气脱硫单元相结合。

在美国某炼油厂，去除 NO$_x$ 的示范工程运行了 4 个月。其中，烟尘和 SO$_x$ 采用脱硫技术去除 99%；脱硫后的气体采用上述的 BioDeNO$_x$ 工艺进行处理，NO$_x$ 的去除率达到 90%，排气中的 NO$_x$ 低于 10μL/L；从烟气中吸收 NO$_x$ 采用了传统的喷淋洗涤塔；氮生物转化和配位剂的再生在特殊设计的生物反应器中进行。

（4）烟气同时脱硫脱氮工艺

Paques 公司还开发了一套生物法同时脱硫脱氮的工艺路线，特别适合于存在湿式石灰石/石膏烟气脱硫（FGD）处理设施的改造工程（见图 9-22）。BioDeNO$_x$/FGD 工艺是湿式石灰石/石膏烟气净化和 BioDeNO$_x$ 的组合。即烟气首先在洗涤器中与含有配位剂的石灰浆接触反应，去除废气中的二氧化硫，实现烟气脱硫的目的；同时，转入废水中的 NO$_x$ 在反硝化菌的作用下，以加入的乙醇作为电子供体而被转化为氮气，能够有效去除废气中 70% 以上的 NO$_x$。此过程可以将加入的配位剂再生而使之得以重新利用，并产生大量的副产物。

图 9-22　Paques 公司开发的同时脱硫脱氮设备工程

BioDeNO$_x$/FGD 工艺的优点有：投资成本低，改造费用低，整体投资与传统的 SCR（选择性催化还原）相比，只有其 10% 左右；对石膏的质量没有影响；NO$_x$ 的去除效率在 70% 以上。

9.5　颗粒结晶反应器

对于某些无机物，尤其是重金属等污染物，采用生物处理法具有一定的局限性，一般通过化学沉淀法将之去除。由于这些污染物具有一定的经济价值，若仅将其从废水中去除而不考虑回收，显然不符合循环经济的理念，且化学污泥仍存在后续处理的问题，因此，针对这一类问题，国内外开始研究相应的结晶处理工艺。结晶法具有反应快、不产生污泥、占地少等优点，结晶所获高纯度产品还可回收利用。利用结晶法进行磷的去除和回收已成为近些年来的研究热点之一，该法在重金属的去除和回收、防止结垢等方面也具有广泛的应用前景。

9.5.1　结晶反应器的工作原理

结晶反应器（CR；Crystalactor®）是 20 世纪 80 年代初由荷兰 DHV 公司开发研制的一种

用于水处理降低硬度及废水处理除磷的流化床反应器。该工艺的技术原理是在柱状反应器内填充适当数量的砂砾或矿物颗粒；水或废水、药剂和回流液通过底部泵入反应器内，使反应器处于流化状态；通过调节药剂浓度、pH条件并适当混合，造成超饱和条件，使目标化学组分在砂砾上结晶析出。其工艺原理见图9-23（a）。

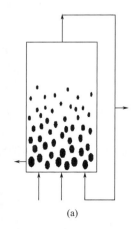
(a)

(b)

图9-23　结晶反应器的工艺原理（a）和产生的碳酸镍颗粒（b）（颗粒直径0.8～1mm）

选择并控制最佳工艺条件，最大限度地减少杂质的共结晶析出，保证生成高纯度的晶体是结晶工艺控制需要考虑的关键因素。随着结晶的不断析出，颗粒越来越重，并渐渐沉到反应器底部。因此，需要在不影响运行的情况下定期地排放出一定量的大颗粒，同时加入新的接种材料。排放出的颗粒是易于处理的近乎无水的颗粒，见图9-23（b）。

9.5.2　结晶反应器的应用领域

（1）结晶反应器的传统应用领域

最初开发结晶反应器的目的是用于饮用水的软化。在过去近40年里，DHV公司在全世界范围内建立了70座结晶反应器。结晶反应器最初主要应用于饮用水软化，目前世界上最大的软化水厂处理能力达到450000m³/d。后来，DHV又致力于结晶反应器在除磷领域的应用，在污水需要除磷脱氮的情况下，生成磷酸盐是一种极具吸引力的方法。例如，磷酸盐通过生成NH_4MgPO_4而除去，同时也降低了废水中的氮含量。荷兰某厂用于去除磷酸盐的装置（250m³/h，70kg PO_4^{3-}/h）见图9-24。

图9-24　荷兰某厂用于去除
磷酸盐的结晶反应器

（2）结晶反应器的新应用

虽然结晶反应器的最初研发目的是用于水的净化和处理，而不是用于获得结晶物，但是结晶反应器的应用范围也在不断扩大。原则上，结晶反应器有潜力将所有能够以结晶盐形式析出的污染物从废水中除去。其中，重金属通常通过生成金属的氢氧化物、碳酸盐或硫化物而被去除，阴离子则通常生成钙盐而被去除；某些条件下，生成配位复盐效果更佳。因此，结晶反应器可以用于产生重金属的碳酸盐、硫酸盐、卤化物、硫化物等，还可以通过结晶物回收有价值的物质（见表9-15）。

表9-15　结晶反应器的应用领域及技术特点

应　用　领　域	优　　　点	产品参数
回收工业废水中的重金属（Zn、Ni、Pb、Cu、Co、Cd、Hg等） 回收电子工业废水中的氟化物 去除各种废水及液肥中的磷酸盐 去除各种工业废水中的硫酸盐 食品、金属、印刷、酿造等行业生产用水（冷却水或锅炉用水等）的软化	结构紧凑的工业反应器设备，所需空间很小 工艺过程高效、稳定、可靠 投资低，运行费用少 不产生污泥 生成高纯度无水结晶颗粒，可回用 原料可回收及循环利用 不需机械脱水设备，颗粒易处理 使用标准组件安装	现场组装的散件或预组装整件 标准反应器直径：0.4m、0.6m、0.8m、1.0m、1.25m、1.5m、…、3.5m 流量：0.1～10000m³/h 去除能力：每单元高达100kg/h金属阳离子

　　结晶工艺结合硫酸盐还原和其他的生物过程，可以进一步扩大应用领域，去除很广泛的阴离子、阳离子（见表9-16和表9-17）。这一进展不仅需要利用高效生物转化工艺，高效结晶工艺和其他物化分离工艺在整个工艺过程中也起到重要的作用。

表9-16　去除无机污染物可以利用的生物转化过程

去除成分	主要反应物	最终产物	去除成分	主要反应物	最终产物
H_2S	空气	单质硫	NH_4^+	空气	N_2
SO_2	乙醇/氢气和空气	单质硫或H_2S	NO	乙醇	N_2
SO_4^{2-}	乙醇/氢气和空气	单质硫或H_2S	UO_4^{2-}/UO_2^{2+}	乙醇/氢气	UO_2
硫	乙醇/氢气	H_2S	SeO_4^{2-}	乙醇/氢气	Se
$MeSO_4$	乙醇/氢气	MeS	MoO_4^{2-}	乙醇/氢气和H_2S	Mo_2O_3/MoS_2
NO_3^-	（甲）乙醇	N_2	$CrO_4^{2-}/Cr_2O_7^{2-}$	乙醇/氢气	$Cr_2O_3/Cr(OH)_3$

表9-17　结晶反应器可以起作用的范围（采用周期表的形式表示）

1 H																	2 He
3 Li	4 Be		可很好去除			没有反应					5 B	6 CO_3^{2-}	7 NH_4^+	8 O	9 F		10 Ne
11 Na	12 Mg										13 Al	14 Si	15 PO_4^{3-}	16 SO_4^{2-}	17 Cl		18 Ar
19 K	20 Ca	21 Sc	22 Ti	23 V	24 Cr	25 Mn	26 Fe	27 Co	28 Ni	29 Cu	30 Zn	31 Ga	32 Ge	33 As	34 Se	35 Br	36 Kr
37 Rb	38 Sr	39 Y	40 Zr	41 Nb	42 Mo	43 Tc	44 Ru	45 Rh	46 Pd	47 Ag	48 Cd	49 In	50 Sn	51 Sb	52 Te	53 I	54 Xe
55 Cs	56 Ba	57~71 La-Lu	72 Hf	73 Ta	74 W	75 Re	76 Os	77 Ir	78 Pt	79 Au	80 Hg	81 Ti	82 Pb	83 Bi	84 Po	85 At	86 Rn
87 Fr	88 Ra	89~103 Ac-Lr	104 Rf	105 Db	106 Sg	107 Bh	108 Hs	109 Mt	110 Ds	111 Rg	112 Cn	113 Nh	114 Fl	115 Mc	116 Lv	117 Ts	118 Og

9.5.3　结晶反应器的设计

（1）结晶反应器的工艺流程

　　结晶反应器的一个主要特点是，产生结晶的球形颗粒一般粒径大于1.0mm，比传统沉淀过程中形成的絮状、细小、体积庞大的沉淀物易于固液分离。结晶反应器还有以下几个优点。

① 可使传统废水处理技术包括的 4 个步骤——混合、絮凝、泥水分离和脱水（见图 9-25）在结晶反应器中一并进行。

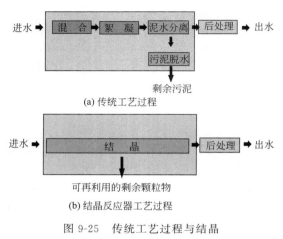

(a) 传统工艺过程

(b) 结晶反应器工艺过程

图 9-25 传统工艺过程与结晶
反应器工艺过程的比较

② 设备具有较高的水力负荷（40～120m³/h），结构紧凑，占地面积大大减小，适合在狭小的工厂车间内安装。可显著节省设备、占地、控制和人力的费用。

③ 由于生成无水颗粒，避免了非常麻烦的污泥脱水步骤，改善了处理厂的卫生条件。

④ 能生成高纯度接近干燥的结晶颗粒。因其产品纯度高，颗粒通常可以直接回用，或者作为其他工厂的原料。即使结晶颗粒不能回收利用，需采用其他途径处理，使之生成较小体积的无水颗粒而不是大量的污泥，也可以大大节省处置费用。

（2）结晶反应器的运行操作

结晶反应器的形式是流化床，一般高度为 6m，取样口沿池壁在不同高度设置。

1）接种和产生颗粒

随着颗粒的生长，流化床的体积膨胀度和颗粒的比表面积减小，因此颗粒产品需要定期地从结晶反应器的底部去除。颗粒排出—准备接种物—接种物的装填是一个循环过程，可以用人工或自动地进行，而不间断连续的结晶工艺。

排出的颗粒被排入底部穿孔的容器中脱水，不需过滤或其他的机械脱水设备。一般需要对颗粒进行洗涤，收集洗涤液，并返回到工艺中。在许多情况下，由此产生的颗粒能够出售，例如，$CaCO_3$ 颗粒作为家禽饲料添加剂或矿渣水泥的原料，$2NiCO_3 \cdot 3Ni(OH)_2$ 颗粒可在生产工艺中作为原料进行加工。

新鲜的接种物被从漏斗或筒仓卸下，为了去除细小颗粒，需要进行冲洗。以沙子作为接种物，颗粒粒径为 0.2～0.6mm。

2）自动控制

结晶反应器的可靠性很高，因为反应器的回流量与进水量相比经常要大得多，所以流量和组分的波动可被有效地消除。结晶反应器装置需要的仪表非常少，膨胀的高度可采用红外线或超声波指示器，或采用压差测量。加药的控制取决于反应器内的 pH 和氧化还原电位。唯一重要的控制闭环是颗粒结晶物的去除—晶种的添加程序。实际上，"晶体的排出"和给反应器装填上新的接种物质仅需几天或几周操作一到两次，不会影响结晶反应器的运行。

结晶反应器主要的投资费用是结晶反应器和有时需采用的用于精处理的过滤器，运行费用主要由药剂费用决定。

（3）结晶反应器的设计参数

以除磷的颗粒反应器为例，反应器的效率取决于三个工艺参数：①过量的试剂与 pH；②过饱和量；③反应器的水力负荷。

1）过量的试剂与 pH

除磷颗粒反应器的出水包含溶解性磷酸盐或由晶核形成的悬浮微晶体。通过特殊结晶反应器的结构和选择适当的过饱和程度，可以使微晶体的形成最小化。控制溶度积、药剂的离子浓度和工艺 pH，可固定溶解性磷酸盐的浓度。这意味着通过控制 pH 和试剂投加量，可获得所需要的出水磷酸盐浓度。实际上，在最优的 pH 条件下，一般采用的过量药剂投加量为 $0.5\sim5mol/m^3$。

2）过饱和量

在给定的 pH 和过量投药情况下，过饱和程度只与废水中磷酸盐的浓度有关。为了防止次生晶核的产生，反应器底部的磷酸盐浓度要保持在临界值以下，而且晶体的机械强度随过饱和量的增加而减小。事实上，磷酸盐浓度为 $25\sim125mg\ P/L$ 时，可以忽略晶核的产生。只要正确地选择循环比，不需考虑废水中磷酸盐的浓度，即可获得以上浓度。

为了保证维修方便，要求在不干扰反应器正常运转的情况下，实现投药系统的检查与维护。还要根据一定方式设置回流液、进水与药剂的喷嘴，使混合效率最高并能控制结晶的过程。

3）反应器的水力负荷

反应器的水力负荷是液体在结晶反应器中的流速。选择水力负荷必须使颗粒床流化。水力负荷的增加会导致次生晶核的形成。事实上，在水力负荷为 $40\sim75m/h$ 时，磷酸盐的结晶过程可取得良好的效果。

9.5.4　结晶反应器的应用范围和应用实例

原则上，任何具有晶体结构的不饱和盐都可以在结晶反应器中发生结晶过程。事实上，只有当不溶性盐能够迅速形成稳定的晶体结构时，才能在结晶工艺中发挥作用。研究表明，结晶反应器可以应用于多种金属化合物，如 $MnTeO_3$、$SrCO_3$ 和 ZnS；而有些化合物由于缺乏明确的晶相，如 $Fe(OH)_3$，结晶反应器的结晶能力太低，以致无法与常温条件下的沉淀工艺竞争。在冶金工业高酸性、高浓度的溶液环境条件下，结晶反应器技术应用存在限制。另外，结晶反应器的有些应用可能存在"末端"治理的问题，例如选矿或冶炼废水中金属回收或杂质去除，但是，近年来结晶反应器也应用于源头的清洁生产工艺。

（1）磷的去除与回收

20 世纪 60 年代，美国洛杉矶的 Hyperion 污水厂首先发现其消化污泥管道的内径由 14in❶减小到 4in，随后，很多污水处理厂也相继发现由于磷结晶导致的管道堵塞问题，人们开始关注磷的结晶。进入 70 年代，对于污水除磷的要求日益高涨，带动了包括磷结晶在内的各种除磷工艺的发展。磷酸盐可以多种形式形成结晶，实现对磷酸盐的去除与回收，其中最重要的结晶形式是磷酸铵镁（MAP）、磷酸钙（CP）、磷酸镁（MP）、磷酸钾镁（KMP）等，尤以 MAP 和 CP 的研究最多。

结晶工艺是对传统沉淀工艺的改进。已经开发的结晶反应器，即流化床式结晶器，可用于去除和回收磷。这种工艺不产生大量的污泥，而产生可回收利用的高纯磷酸盐晶体颗粒，可以解决磷资源可持续利用的问题以及天然磷开采和加工所引起的环境问题，磷酸盐的回收越来越受到重视。

1988 年荷兰 Westerbork 污水处理厂建成全世界首个生产规模的结晶除磷装置（见图 9-26），磷酸盐可从 $10mg\ P/L$（生物处理出水）降至 $0.5mg\ P/L$ 以下。这座污水处理厂在荷

---

❶　$1in=2.54cm$。

兰城市污水中含有大约 20mg P/L 的时期建成，但随着无磷清洗剂的使用，废水中的磷含量急剧减小，常规生物处理出水只剩余 3～4mg P/L，直接从城市废水中去除磷在经济上就失去了吸引力，因此，Westerbork 的结晶除磷装置就被关闭了。

图 9-26 Westerbork 污水处理厂的
结晶除磷装置

图 9-27 在 Geestmerambacht 建成的
磷回收装置

针对磷含量低的问题，研究人员开发了旁路结晶除磷工艺。该工艺将部分剩余污泥回流入厌氧池释磷后，产生的富磷液进入结晶反应器中以结晶体形式回收。1993 年，荷兰在 Geestmerambacht（23 万人口当量）和 Heemstede 两个城市分别建成了处理城市污水的旁路结晶除磷工艺（见图 9-27），当结晶反应器进水浓度为 60～80mg P/L 时，磷的去除率达 70%～80%，所产生的磷酸钙晶体在磷酸盐工业中得到利用。这种方法大大降低了磷负荷，在一定程度上缓解了生物处理过程中脱氮除磷工艺在污泥龄上的矛盾以及在碳源上的竞争问题。在污水需要脱氮除磷的情况下，污水处理厂一般都含有厌氧-好氧生物处理过程，旁路结晶除磷工艺可以方便地与污水处理厂现有的生化处理设施相结合。

因此，结晶除磷工艺是一种极具吸引力的方法。欧美国家对磷结晶工艺进行了大量的理论研究和工程应用，并将结晶产品推向市场。例如，加拿大 Gold Bar 废水处理厂在 2007 年采用 Ostara 公司开发的磷结晶工艺，可从废水中回收 80% 以上的磷、10%～15% 的氨，每天可生产约 500kg 的磷酸铵镁（MAP），并命名为 "Crystal Green"，作为一种良好的缓释肥施用于公园、高尔夫球场和农田等。日本 Ube Industries 公司利用结晶工艺回收 "Green MAP II"，作为一种环境友好肥料，该产品在日本极受欢迎。

磷结晶工艺中 pH 一般通过投加 NaOH、Ca(OH)$_2$ 等进行调节，但这些药剂成本高，不宜规模化应用。近年来，有研究者提出通过曝气吹脱 CO_2 提升 pH。对消化污泥上清液，通过曝气可使 pH 升高到 8.3～8.6，具体值与污水的碱度（HCO_3^-）及曝气时间有关。这种方法在意大利、日本等国的某些工厂已有实际应用，不过一般局限于用于消化上清液这类含高浓度 CO_2 的废水处理。在离子浓度调节方面，采用石灰浆和氢氧化镁泥浆较为理想，它们既能提升 pH，又是廉价的钙/镁源。Kumashiro 和 Lee 等分别利用海水和制盐工业中的废盐卤作为镁源，降低了处理成本。日本 Hiagari 污水处理厂的 MAP 结晶工艺以海水作为镁源，约 70% 的溶解性磷可以通过曝气实现结晶。Battistoni 等采用流化床处理厌氧上清液，以 0.21～0.35mm 的石英砂为晶种，通过曝气调节 pH 达 8.0～8.5，在不加任何化学药剂的情况下即可使磷酸盐去除率达到 61.7%～89.6%。

研究表明，污泥处置中实现 MAP 的回收还可使污泥减量 49%。若污泥处理成本增加，磷结晶有可能成为降低污泥处置成本的手段之一。除生活污水以外，垃圾渗滤液、养猪废水、屠宰废水等均可采用磷结晶工艺进行处理。因此，结晶工艺在磷的去除和资源回收领域都具有重要的现实意义。

（2）重金属的去除与回收

重金属废水大多成分复杂，处理要求严格，而常用的沉淀法、离子交换法、吸附法等具有成本高或产泥量大等缺点。近些年来，一些新的重金属废水处理技术得到不断研究与开发，结晶工艺即是其中颇受关注的一种。采用结晶工艺处理重金属废水，只需适当地加入较少的沉淀剂，就能有效地使水中的重金属浓度降低到极低水平。大多数重金属离子可在一个很大 pH 区间内生成微晶体，可减少调节 pH 产生的费用，同时能回收重金属。这些特点使结晶工艺处理重金属废水具有一定的经济性和可行性。

结晶法处理重金属废水，所选用的诱晶载体一般是粒径为 0.1～0.5mm 的石英砂类物质，沉淀剂一般选择氢氧化物、硫化物或碳酸盐。Janssen 认为，废水中 Ni、Sr、Zn、Cu、Fe、Ag、Pb、Cd、Hg、Mn、Te、Sn、In、Bi 的离子均可被 Na_2S、NaHS 等硫化物作为沉淀剂去除，反应 pH 为 4～10，最佳 pH 为 4～5；其中 Ni、Zn、Cu、Fe、Ag、Pb、Cd、Hg 的离子也可以 Na_2CO_3 等碱金属碳酸盐、碳酸氢盐为沉淀剂得到较好的去除，反应体系的 pH 一般为 7.5～9。Lee 分别以 Na_2S、Na_2CO_3 和 NaOH 作为沉淀剂处理 10mg/L 的含铜废水，结果显示，Na_2CO_3 与 Na_2S 的效果最好，选择硫化物作为外加沉淀剂，出水会产生恶臭，因此还需增加除硫设施。

荷兰 Chroomwerk 公司的电镀厂采用直径为 0.6m 的结晶反应器回收镍，以沙砾为诱晶载体，处理流量为 $1.0m^3/h$、pH 为 4.5、镍的浓度约为 1.0g/L 的废液。反应器在 pH 为 10 和总碳酸盐浓度为 20mmol/L 的条件下运行，镍的总回收率超过 99%。回收的碳酸氢氧化镍颗粒［$2NiCO_3 \cdot 3Ni(OH)_2$］包含 45% Ni^{2+}、痕量碱（金属化合物）以及铁，这些物质在强酸中重新溶解，产生的 $NiCl_2$-$NiSO_4$ 溶液被重新返回到工艺镀液中，补充电镀液中重金属的损失。而沙砾返回结晶反应器中作为接种物，从而成功实现从电镀尾液中回收碳酸氢氧化镍的目的。

研究人员对其他金属碳酸盐（或氢氧化物），包括 Ag_2CO_3、$CdCO_3$、$CoCO_3$、$CuCO_3$、$FeCO_3$、$MnCO_3$、$PbCO_3$ 和 $ZnCO_3$ 等也进行过研究。例如，法国 Berre 的 Shell Chimie 公司弹胶厂采用直径为 3m 的结晶反应器（见图 9-28）处理含饱和有机物、镍和铝浓度分别为 50mg/L 和 400mg/L 的催化剂废水，在温度约为 75℃ 和 pH 为 8 的条件下，以沙砾为诱晶载体，镍和铝浓度分别降到 1mg/L 以下和 20mg/L。

图 9-28 Shell Chimie 公司的结晶反应器

结晶工艺结合硫酸盐还原或其他的生物过程，可去除很广泛的阴离子、阳离子。Sierra-Alvarez 等将厌氧生物反应器与结晶反应器结合，厌氧反应器中主要进行有机污染物的降解和硫化氢的产生，结晶反应器的主要作用在于去除和回收硫化铜，以废水处理系统内产生的硫化氢沉淀去除废水中的铜。整个系统既能回收有价值的物质，又能使出水的硫化氢和重金属离子的浓度保持在较低水平，可避免微生物中毒，铜的去除率能达到 99%。

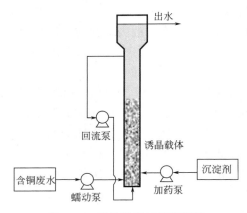

图 9-29　诱导结晶工艺处理某
含铜废水的实验装置示意

以诱导结晶工艺处理某含铜废水的实验研究为例,实验装置如图 9-29 所示。结晶反应器以有机玻璃制成,下部反应区内径为 3cm,高 50cm,上部沉淀区内径为 9cm,高 10cm。反应器内填充 0.2~0.3mm 的沙砾作为晶种。模拟废水和外加药剂分别采用 $CuCl_2 \cdot 2H_2O$ 和无水 Na_2CO_3 配制而成,分别从反应器下端两侧入口以蠕动泵注入,回流液通过底部布水器均匀进入反应器,使柱内沙砾呈流化状态。

实验以 Na_2CO_3 为沉淀剂,进药比为 2:1(物质的量浓度比),水力负荷为 13m/h,分三个阶段连续运行,分别处理浓度为 20mg/L、50mg/L 和 100mg/L 的含铜废水。由图 9-30 可见,第Ⅰ、Ⅱ阶段废水中铜的去除率分别达到 95%、90%,运行效果稳定;第Ⅲ阶段初期运行效果差,去除率仅 60% 左右,随着运行时间的延长,去除率逐渐增加至 90%。

研究过程中定期取出结晶反应器中的结晶产物进行测试。根据沙砾在实验前后的扫描电镜图像,未经使用的沙砾表面较为粗糙[见图 9-31(a)],在反应器中连续运行 90d 后,沙砾表面被结晶物所覆盖而逐渐变得平滑整齐[见图 9-31(b)],并且结构致密,含水率低,具有一定的强度;沙砾之间也未见有细小颗粒物出现,由此说明绝大部分被去除的铜皆通过非均相成核反应去除。

该研究还采用能谱仪（EDS）分析了沙砾上铜附着层的元素构成 [见图 9-31（c）]。

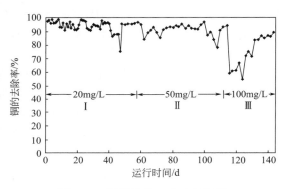

图 9-30　诱导结晶工艺运行效果

未使用的沙砾以 Ca、Mg、O 为主要元素,而反应器运行 90d 后取出的沙砾表面的主要元素是 Cu 和 O,其中 Cu 约占总量的 50%。根据颗粒物表面元素的质量分数、原子百分比以及颗粒物颜色,推测结晶产物为碱式碳酸铜,分子式为 $CuCO_3 \cdot Cu(OH)_2 \cdot xH_2O$。可认为诱导结晶反应具有一定的选择性,溶液中大部分的杂质会留在母液中,得到了纯度较高的晶体,适于回收。

（3）硫化物和氟化物的去除

在开发金属硫化物结晶方面也进行了大量研究工作（参见前面章节）,特别是对硫化锌和硫化汞。在金属硫化物回收领域,结晶式的处理方式可避免产生体积庞大的、沉淀和过滤性能差和产生臭味的沉淀工艺。此外,（闪锌矿）颗粒在熔炉中的再加工工艺比处理泥浆要容易得多。

利用结晶反应器去除氟化物的技术可行性和经济可行性均得到广泛证实。一般地,结晶反应器内投加最小程度过量的钙离子,可控制（总）氟化物浓度减小到 5~50mg/L,采用过滤甚至可以进一步降低去除悬浮细小颗粒。根据萤石（CaF_2）颗粒的纯度,产物可回用

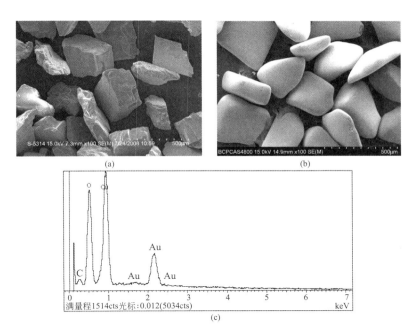

图 9-31　未使用沙砾的扫描电镜图像（a）和反应器运行 90d 后取出的沙砾
的扫描电镜图像（b）及能谱图（c）

于氢氟酸生产，或作为炼钢的助熔剂或水泥的填料。氟化钙沉淀对碱度和钙的需求，可采用稀释石灰泥浆形式满足，另一种选择是分别投加碱（NaOH）和钙（$CaCl_2$）。

9.5.5　结晶工艺在防止结垢方面的应用

（1）结晶工艺早期的应用

荷兰早在 20 世纪 70 年代就已成功地将结晶工艺应用于城市供水的集中软化处理，图 9-32 即为阿姆斯特丹市政供水公司的软化结晶反应器。结晶软化工艺可分为流化床结晶法、结晶沉淀-膜滤法以及载体诱导结垢沉积法。其中流化床结晶法又以诱导结晶居多，即根据结晶学中的诱导成核原理，在反应器中装填适量的晶种，投加某些化学药剂使溶液中的碳酸平衡向生成 CO_3^{2-} 的方向移动，水中 CO_3^{2-} 和 Mg^{2+}、Ca^{2+} 在晶种表面结晶析出，最后形成 $MgCO_3$、$CaCO_3$ 晶粒，从而达到软化水的目的。

图 9-32　饮用水软化结晶反应器
（处理能力 8500m^3/h）

结晶软化工艺的广泛应用催生了多种类型的结晶反应器，如 Spiractor、Blackpool、Amsterdam 和 Woerden 型，后来所出现的反应器基本是这四种的变形或升级。

（2）结晶工艺在造纸废水闭路循环中的应用

厌氧出水回流可提供充足的碳酸氢盐碱度，因而不需附加化学药品（如 Na_2CO_3 或 NaOH）即可从进水中去除钙离子。Langerak 等研究了利用厌氧出水碱度去除水中钙的结晶工艺，结晶反应器采用沙砾作载体，$CaCO_3$ 在沙砾表面上形成结晶，沙砾在流化床中可自由运动，从而可以防止黏结。

1）实验研究和结果

Langerak 等的实验采用 UASB 反应器和结晶反应器在 30℃ 条件下进行，UASB 反应器采用 Eerbeek 造纸工业废水处理厂的颗粒污泥启动。实验的第一阶段在有机负荷 11kg COD/（m³·d）和水力停留时间 20h 的条件下运行；第二阶段研究缩短进水停留时间的影响，有机负荷为 13kg COD/（m³·d）；其他实验条件见表 9-18。

表 9-18　一、二阶段实验条件

参　　数	第一阶段	第二阶段
	0～24d（$n=6$）	24～31d（$n=3$）
进水流量/（L/d）	5.3±0.3	10.7±0.1
回流流量/（L/d）	279±9	292±9
回流比	53±1	27±1
进水中乙酸浓度/（mg COD/L）	9100±360	5386±144
进水中 Ca^{2+} 浓度/（mg/L）	1828±63	1129±60
进水中 Na^+ 浓度/（mg/L）	1058±66	570±37
UASB 有机负荷/[kg COD/（m³·d）]	11±1	13±1
系统的 Ca^{2+} 负荷/[kg Ca^{2+}/（m³·d）]	1.828±0.100	2.279±0.105
生物反应器 HRT/h	20±1	10±1
结晶反应器 HRT/h	0.9±0.1	0.45±0.05
生物反应器上升流速/（m/h）	1.5±0.1	1.6±0.1
结晶反应器上升流速/（m/h）	38±1	40±0.1

在第一阶段，两个反应器的 pH 均为 7.1；第二阶段稍低，为 7.0。UASB 反应器的 COD 去除率达到 98%，结晶反应器内没有 COD 的去除。系统内钙的去除率在第一、二阶段分别为 96% 和 91%。在第二阶段，悬浮状态 $CaCO_3$ 的浓度显著增加，在液体中呈肉眼可见的雾状，导致悬浮状态 $CaCO_3$ 平衡无法准确进行，悬浮物积累在沉淀器内或 UASB 反应器内，在取样过程中部分沉淀颗粒被扰动，在出水中被检测出，因而造成在生物反应器出水中钙浓度高于进水的情形（特别是在第二阶段）。

在第二阶段，整个系统总的 Ca^{2+} 去除率稍微减小（见表 9-19），这不是由于采用低的水力停留时间，而是由于碱度相对较低。通过热力学平衡计算表明（见表 9-19），碱度降低，钙的最大去除率下降，可能是由于采用较高的钙负荷。第二阶段与第一阶段相比，具有较高的沉淀速率，分别为 103mg Ca^{2+}/（L·h）和 88mg Ca^{2+}/（L·h）。较高的沉淀速率可能也促使主体溶液中悬浮 $CaCO_3$ 的形成。

2）$CaCO_3$ 沉淀动力学

比较实际测量结果和理论计算值，发现一些测量结果显著高于计算值。通过调整模型中 $CaCO_3$ 溶度积（pK_{sp}）值到 7.6～7.9，测量值才能与计算值相吻合。而在结晶反应器中采用高 0.2 单位的 pK_{sp} 值，可与模型计算的 Ca^{2+} 浓度和去除率较好地相吻合（见表 9-19）。在这种情况下，对于 pH 和 CO_2 的测量值和计算值也吻合得十分好。而在模型中采用较低 pK_{sp} 值时，结晶反应器内 CR 去除率的计算值低于实际值（见表 9-19）。

表 9-19　采用不同 $CaCO_3$ 溶度积（pK_{sp}）在不同位置钙的去除率测量值和计算值

项　目		第一阶段				第二阶段			
		测量值	不同 pK_{sp} 模型计算值			测量值	不同 pK_{sp} 模型计算值		
			UASB 8.4 CR 8.4	UASB 7.6 CR 7.6	UASB 7.6 CR 7.8		UASB 8.4 CR 8.4	UASB 7.9 CR 7.9	UASB 7.9 CR 8.1
CR 进水钙浓度 /(mg/L)	溶解性	110	54	110	110	133	65	120	114
	悬浮状	18				153			
UASB 进水钙浓度 /(mg/L)	溶解性	78	23	89	76	100	52	113	95
	悬浮状	9				109			
UASB 出水钙浓度 /(mg/L)	溶解性	77	19	76	76	100	45	102	95
	悬浮状	19				165			
钙去除率	系统钙去除率①/%	96	99	96	96	91	96	91	92
	CR 去除率占比②/%	97	89	62	100	100	65	39	100
	UASB 去除率占比③/%	3	11	38	0	0	35	61	0

① 系统钙去除率＝(1－出水钙浓度/进水钙浓度)×100%。

② 钙在结晶反应器（CR）中占整个系统去除率的百分比。

③ 钙在生物反应器（UASB）中占整个系统去除率的百分比。

在模型中需要引入较低的 pK_{sp} 值，表明在系统中并没有达到热力学平衡，系统处于发生沉淀和结晶的动力学过程之间。事实上，$CaCO_3$ 在超饱和溶液中，首先形成含水不定形态，不定形态一般形成细小无规则的晶体沉淀物，再通过重结晶转化为亚稳态多晶体，而这些亚稳态的多晶体需要很慢地转化为最稳定的方解石形态。其中，最后一步重结晶为方解石被认为是限速步骤。在实验中测量的可能是处于不定形 $CaCO_3$ 的混合态的溶度积（$pK_{sp}=6.5$，方解石的 pK_{sp} 值是 8.4），很可能在实验中没有完成从多晶体向方解石的转化，这一点为沙砾的电镜照片所证实。因为立即在沙砾上形成方解石，将形成针状结晶，但是在所有沙砾上观察到的是典型的"菜花状结构"，而在饮用水的软化中也观察到这种结构，这是沉淀、结晶和絮凝综合作用的结果。方解石结晶速率取决于 3 个因素：

① 超饱和溶液；

② 生物速率参数（可能受某种微量抑制性化合物的影响而显著减小）；

③ 结晶生长所需的表面积。

为进一步评价在结晶反应器（CR）中去除钙的作用，考虑厌氧出水动力学是至关重要的，可以引入不同准稳态溶度积（pK_{sp}）应用于模型。在两个反应器处于热力学平衡（$pK_{sp}=8.4$）时，在结晶反应器中最大 Ca^{2+} 去除率仅为 80%；两个反应器均采用较低 pK_{sp} 值时，去除率显著降低；但是，仅在结晶反应器中引入较高的 pK_{sp} 值（反映高结晶速率），反应器内的最大钙去除率相对较高，且在较低回流比条件下有较好的钙去除效果。实际上，$CaCO_3$ 的部分沉淀也可以在 UASB 反应器中进行。在结晶反应器去除 90% 的钙，保证了在第一阶段污泥灰分在 40% 以下。pK_{sp} 值在结晶反应器中为 8.0，在 UASB 反应器中为 7.6，回流比为 8，就足以保持厌氧污泥的灰分低于 40%。

化学平衡模型是计算最优回流比的有效工具，如果对两个反应器的 pK_{sp} 值有较好的估计值，可以对结晶反应器内的结晶动力学进行优化，获得运行所需最优回流比。同时，为了优化在结晶反应器中钙的去除效果，优化结晶反应器结晶动力学是非常重要的，这可以通过提供结晶生长充足的表面积来取得。由于在结晶反应器中有大量结晶生长的表面积，在结晶反应器中方解石的生长速率可能高于 UASB 反应器。

9.6 生物脱硫工艺和硫的回收方法

9.6.1 生物脱硫工艺

（1）气体中硫化氢的生物去除原理

生物脱除硫化氢的简化工艺流程如图 9-33 所示（以 THIOPAQ™ 为例）。

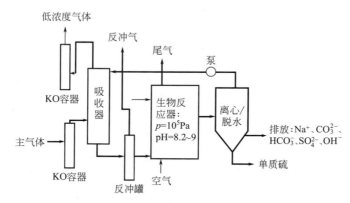

图 9-33　生物脱除硫化氢的简化工艺流程

1）吸收器中发生的反应

包含 H_2S 的气体在常压或加压（可高达 75atm）条件下，通过装有填料的气液接触柱，用中等浓度的碱液吸收气体中的 H_2S。在吸收器中，主要反应（进气存在压力）如下：

① H_2S 的吸收	$H_2S + OH^- \longrightarrow HS^- + H_2O$	消耗 OH^-
② H_2S 的吸收	$H_2S + CO_3^{2-} \longrightarrow HS^- + HCO_3^-$	
③ CO_2 吸收碱	$CO_2 + OH^- \longrightarrow HCO_3^-$	消耗 OH^-
④ 形成碳酸盐	$HCO_3^- + OH^- \longrightarrow CO_3^{2-} + H_2O$	消耗 OH^-

2）生物反应器中发生的反应

① 产生硫	$HS^- + \frac{1}{2}O_2 \longrightarrow S \downarrow + OH^-$	产生 OH^-
② 产生硫酸盐	$HS^- + 2O_2 + OH^- \longrightarrow SO_4^{2-} + H_2O$	消耗 OH^-
③ 碳酸盐的水解	$CO_3^{2-} + H_2O \longrightarrow HCO_3^- + OH^-$	产生 OH^-
④ 碳酸氢根的分解	$HCO_3^- \longrightarrow CO_2 \uparrow + OH^-$	产生 OH^-

在产生单质硫的过程中，消耗于吸收 H_2S 气体的碱得到再生。一般只有少于 3.5% 的硫化物被完全氧化为硫酸盐。为了避免硫酸根的积累，需要从生物反应器中连续排出液体，并需要补充一些含碱液的水。对硫酸盐液体出水，可采用膜过滤浓缩，出水可以回流到生物反应器的还原阶段重新生成 H_2S。

（2）生物脱硫反应器的研究

Buisman 等采用完全混合反应器（CSTR）、生物转盘和升流式反应器三种形式的反应器，进行了以无色硫细菌去除废水中硫化物的实验。在控制氧量、pH 及负荷的情况下，反应器逐渐形成硫杆菌属（*Thiobacillus*）的优势生长，硫化物被硫杆菌属在氧气限制的情况下氧化为单质硫。

为使硫化物氧化产物中尽量含有较少的硫酸盐，必须在操作条件上对硫化物的氧化加以控制。Buisman等证实降低氧浓度使硫酸盐的形成减少，硫化物浓度对硫酸盐或硫的形成影响很大。在CSTR中使用悬浮细菌时，发现当硫化物浓度在5mg/L以上时，几乎没有硫酸盐形式；在以聚氨基甲酸乙酯（PUR）材料为载体的CSTR中，硫化物超过20mg/L才不再有硫酸盐产生。

污泥负荷也对硫化物的氧化结果有重要影响。当硫化物的污泥负荷低于0.24kg S/(kg·d)时，反应器中只有硫酸盐生成；当负荷高于1.2kg S/(kg·d)时，反应器中只有硫生成；而在这两个负荷之间，既有硫生成，又有硫酸盐生成。

在去除硫化物的生物反应器中，硫杆菌属一般能形成优势生长。这个属的细菌能使硫化物转变为硫，并在细胞外积累。但是反应器中也可能有杂菌生长，例如，在细胞内积累硫的丝硫菌属（$Thiothrix$）。丝硫菌属的存在引起两个问题：一是丝硫菌属在细菌细胞体内积累硫，使生物形成的硫的回收分离变得困难；二是丝硫菌属呈丝状生长，能引起污泥膨胀。防止丝硫菌属生长的方法是提高硫化物的容积负荷，Buisman等认为在高负荷下丝硫菌属在与产硫的硫杆菌属的竞争中处于劣势。

表9-20是三种不同类型硫化物氧化反应器处理结果的比较。

表9-20　三种硫化物氧化反应器处理结果的比较

反应器类型	HRT/h	S^{2-}负荷/[mg/(L·h)]	出水S^{2-}浓度/(mg/L)	S^{2-}去除率/%
CSTR	0.37	375	39	70
生物转盘	0.22	417	1	99.5
升流式反应器	0.22	454	2	98

由表9-20可见，由于CSTR出水硫化物浓度较高，在应用上不如生物转盘和升流式反应器。在反应器中应当采用相对高的负荷，这样才能取得较高的硫化物-硫转化率并防止丝硫菌属生长。当负荷较高时，CSTR出水硫化物浓度达不到废水排放标准（荷兰要求在2mg/L以下）。

（3）气提反应器生物脱硫工艺的研究

1）气提反应器用于脱硫的优点

微生物产生的硫颗粒在水中呈胶体状态。大多数的胶体或胶体分散相是疏水性胶体，但硫颗粒是亲水性颗粒。硫化物去除的小试结果表明，形成的硫胶体沉积过程非常缓慢，只有存在合适的絮凝剂时，硫微粒才能快速沉降。不过，应尽量少使用絮凝剂，因此，如何提高生物硫颗粒的分离效率就成为工程上需要解决的一个问题。

在氧气限量的条件下将S^{2-}氧化为S，生成的硫颗粒在沉淀器上分离，清液回流到硫酸盐还原反应器中循环使用。如果硫去除不彻底，部分硫参与循环，就会影响厌氧反应系统的运行，例如，加倍消耗甲醇、乙醇或H_2等电子供体，使厌氧反应器中硫化物浓度增大，从而抑制微生物的代谢。所以，在此操作过程中，硫的高效分离很关键。

为提高硫的聚集和沉淀能力，反应器的运行特性十分重要。Houten等的研究表明，生物产生的硫微粒，在S^{2-}负荷较高时能形成聚集体，且随着S^{2-}负荷的增加发现形成较大的硫聚集颗粒。为此，Houten等研制了污泥膨胀床反应器。在反应器中形成的污泥颗粒平均粒径为3mm，平均沉降速率超过25m/h，污泥含硫达92%。

气提反应器用于硫化物氧化的设计具有下列优点。

① 极佳的混合：气提运行确保极佳的混合。

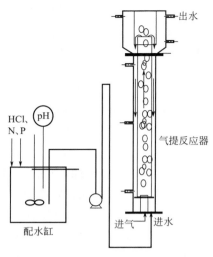

图 9-34 处理硫化物废水的气提反应器

② 高效的相分离：生物污泥可以得到高效分离，生物质几乎完全保持在反应器内。因此，生物污泥的污泥龄长，产生的剩余污泥量少（大约5%～10%）。

③ 占地面积小：反应器占地面积小，当企业空间非常紧张时，这一设计有很大的优点。

④ 运行稳定：可克服反应器中微生物种群的不稳定性，可适应系统工艺的变化或进水的波动。

2）气提反应器生物脱硫的实验结果

柯建明和王凯军曾采用如图 9-34 所示的气提反应器进行生物脱硫实验，实验在室温（18～20℃）下进行。实验所用碳源为乙醇、乙酸、乙酸钠的混合物（按 COD 计为 0.5∶1∶1），硫化物采用硫化钠。实验的 S^{2-} 废水浓度保持在 150～250mg/L。添加一定量的氮、磷、微量元素和酵母膏等微生物生长所需的营养物质。反应液的进水 pH 用盐酸调节为 7.5。

接种污泥取自北京市环境保护科学研究院长期培养的好氧活性污泥，污泥浓度为 3g/L，污泥接种量为 1L。在气提反应器中加入 90g 60～80 目的陶粒，作为微生物生长繁殖的载体。启动初期采用间歇投料闷曝，3 天以后，开始连续运行。该生物脱硫实验共进行了 75d，划分为 3 个阶段，各阶段的运行情况见表 9-21 和图 9-35。

表 9-21　不同实验阶段的运行结果

时间	HRT/h	COD 负荷 /[kg/(m³·d)]	硫化物负荷 /[kg/(m³·d)]	进水 COD /(mg/L)	出水 COD /(mg/L)	COD 去除率/%	进水 pH	出水 pH
第一阶段	1.4～2.7 (2.0)[①]	7.9～19.7 (14.0)	1.3～5.1 (2.8)	847～1160 (1010)	157～742	44.9～82.3 (65)	7.6	7.1～8.8
第二阶段	(1.2)	10～15 (12.4)	(2.8)	519～760 (635)	181～378	41.6～67.8 (52)	7.5	8.1～8.4
第三阶段	(1.2)	9～11 (10)	2.2～3.1 (2.6)	484～574 (540)	217～342	30.0～63.0 (45)	7.6	8.0～8.6

① 括号内为平均值。

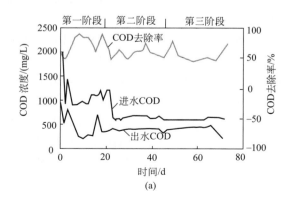

(a)

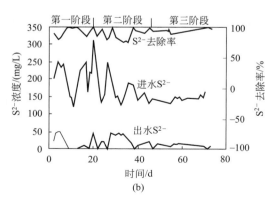

(b)

图 9-35　进出水 COD、硫化物及去除率变化曲线

第一阶段为启动阶段，共计 20d，启动在一个星期内即可迅速完成。这一阶段 COD 负荷平均为 $14.0kg/(m^3 \cdot d)$，硫化物平均负荷为 $2.8kg/(m^3 \cdot d)$，启动接种后深褐色的活性污泥转变成为浅黄色的颗粒污泥，由于接种污泥中存在着脱硫细菌，在启动初期硫化氢即可达到很好的去除率（90％以上）。

在气提反应器运行到 15d 时，采用间歇实验对比了培养成熟的脱硫颗粒污泥和普通活性污泥对硫化物的降解情况。未经培养的普通活性污泥，在曝气 2h 后，S^{2-} 可以达到 40％左右的去除率；用培养成熟的脱硫颗粒污泥在相同条件下进行实验，曝气 2h 后，S^{2-} 的去除率达到 98％。由此可见，尽管活性污泥中存在着一定数量的脱硫细菌，但是其数量显然比培养成熟的颗粒污泥要少得多，并且活性也低得多。在启动后期，反应器出水 pH 逐渐上升，标志着污泥培养成熟。

在第二阶段，逐步降低有机物浓度，将 COD：S^{2-} 的值从 4∶1 降至 2∶1。这一阶段与第一阶段相比较的一个显著特点是，由于无色硫细菌的脱硫反应使 pH 上升较高，从进水 pH＝7.5 上升到出水 pH＝8.1～8.4。COD 的去除率降至 50％左右，但这一数值高于左剑恶报道的生物脱硫时 COD 去除率为 10％左右的数据（这与左剑恶采用的进水浓度较高有关）。

第三阶段与第二阶段不同的是，由于反应器设计较小，在实验后期污泥增长迅速，以致堵塞了气提反应器与导流管之间的循环通道。为此排放了一大部分污泥，污泥的含硫量为 37％，其他成分主要是陶粒。保留和重新产生的污泥的颗粒较少，为粉末状灰白色细小颗粒。但从运行结果来看，这并未影响到脱硫效率，并且这些颗粒仍有较好的沉淀性能。从整个实验期间的运行结果来看，脱硫效率可以稳定地达到 90％以上，出水硫化物平均数值低于 20.0mg/L。

（4）硫酸盐还原反应器出水实验

好氧反应器的启动仍采用本节 "（3）气提反应器生物脱硫工艺的研究" 的设备和材料，以硫酸盐还原反应器的出水代替人工配制的硫化物废水进行实验。直接以硫酸盐还原反应器的出水通入气提反应器的循环区，在 HRT＝2.5h，S^{2-} 负荷为 $2kg/(m^3 \cdot d)$ 的条件下启动。两天以后，反应器内的溶液由无色变为乳白色，出现白色絮状沉淀（单质硫）。到第 15 天时，好氧反应器内的陶粒上全部长满了白色的物质，实际上是无色硫细菌及其产生的硫附着在陶粒上形成的生物硫颗粒。实验结束时，HRT＝0.9h，S^{2-} 负荷达到 $7kg/(m^3 \cdot d)$。

上述好氧气提反应器稳定运行时的测定结果见表 9-22。图 9-36 反映了气提反应器中硫化物的去除率和硫化物向单质硫的转化率曲线。从图中可以看出，硫化物的去除率从一开始就在 80％以上，20d 以后其去除率都在 90％以上；但是硫化物向单质硫的转化率在反应器运行初期低于 60％，在 13d 以后其转化率维持在 80％～90％。气提反应器在起初硫化物去除率高，主要是由于发生了过度氧化，将 S^{2-} 氧化成 SO_4^{2-}。出水 S^{2-} 浓度在第 20 天以后就都在 18mg/L 以下了（第 21 天曝气装置出现故障）。

表 9-22 好氧气提反应器稳定运行时的测定结果

参　　数	S^{2-} 浓度/(mg/L)	SO_4^{2-} 浓度/(mg/L)	COD/(mg/L)	pH
进水	230～300	7.1～180	330～1500	6.7～7.2
出水	0～18	180～250	120～760	8.0～8.5
去除率/%	92～100		50～70	

与人工配水一致，到运行后期，出水 pH 能增加 1.6 个 pH 单位，达到 8.5。图 9-37 给出了气提反应器中 COD 的变化情况，厌氧反应器 HRT 不断降低，进水中 COD 的浓度逐渐升高到 1500mg/L，相对应的 COD 去除率从开始时的 70% 逐步下降到 50%。

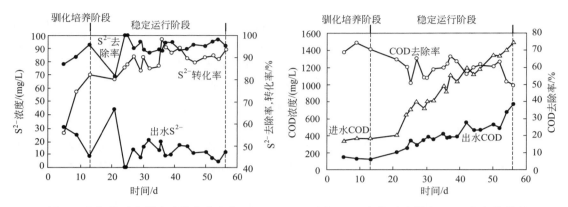

图 9-36　气提反应器中硫化物的变化　　　　图 9-37　气提反应器中 COD 的变化情况

对反应器内产生的生物硫颗粒进行分析，其含硫量大于 60%，其他主要为陶粒，其出水碱度为 500～800mg CaCO₃/L。

（5）对硫酸盐还原反应器出水实验的问题讨论

1）溶解氧浓度

溶解氧（DO）是影响好氧反应器运行的关键因素。如果溶液中 DO 浓度过高，虽然可以提高硫化物的去除率，但是硫化物向单质硫转化的效率降低；如果 DO 不足，会使硫化物的去除率降低，出水硫化物浓度增大。上述实验采用好氧气提反应器进行生物脱硫，发现只要能保持 DO 浓度小于 0.1mg/L，硫化物的去除率就大于 90%，它向单质硫的转化率为 80%～95%。

2）COD 消耗量

从实验结果来看，进水 COD 浓度为 330～1500mg/L，气提反应器中硫化物的去除率和向单质硫的转化率都能达到 90%。COD 的去除率比较高，与气提反应器的进水 COD 浓度以及水力停留时间有关。左剑恶等的实验中，进水 COD 为 4000～5000mg/L，HRT 为 18min，COD 降解的绝对量为 400～500mg/L；在上述实验中进水 COD 浓度为 330～1500mg/L，HRT 为 0.9h，COD 降解的绝对量为 200～750mg/L。可见二者 COD 降解的绝对量差不多。对于实际工程装置的气提反应器，可以在较低的 HRT 或更高负荷条件下运行，可以进一步降低 COD 的去除率，减少 COD 的消耗。

3）硫化物向单质硫转化率的计算

在气提反应器中，硫化物的去除率和硫化物向单质硫的转化率是不同的。在气提反应器中，忽略由于吹脱作用引起的 H₂S 的损失，硫存在下列平衡：

$$[SO_4^{2-}]_i + 3 \times [S^{2-}]_i = [SO_4^{2-}]_e + 3 \times [S^{2-}]_e + 3 \times [S]_e \tag{9-13}$$

式中，$[SO_4^{2-}]_i$、$[SO_4^{2-}]_e$ 分别为气提反应器进水、出水的硫酸盐浓度，mg/L；$[S^{2-}]_i$、$[S^{2-}]_e$ 分别为气提反应器进水、出水的硫化物浓度，mg/L；$[S]_e$ 为无色硫细菌氧化生成的单质硫的量，mg/L。

硫化物的去除率（%）及其向单质硫的转化率（%）分别按照下式计算：

$$去除率 = 100 - 100 \times \frac{[S^{2-}]_e}{[S^{2-}]_i} \qquad (9-14)$$

$$转化率 = 100 - 100 \times \frac{[SO_4^{2-}]_e - [SO_4^{2-}]_i}{3 \times ([S^{2-}]_i - [S^{2-}]_e)} \qquad (9-15)$$

有些体系中会存在大量的 $S_2O_3^{2-}$，此时计算气提反应器中硫化物向单质硫的转化率时，还要考虑 $S_2O_3^{2-}$ 被氧化时引起的硫酸盐浓度的增大，否则会使计算结果偏低。含有 $S_2O_3^{2-}$ 时应作如下处理：

$$[SO_4^{2-}]_i + 3 \times [S^{2-}]_i + \frac{96}{56} \times [S_2O_3^{2-}]_i = [SO_4^{2-}]_e + 3 \times [S^{2-}]_e + 3 \times [S]_e + \frac{96}{56} \times [S_2O_3^{2-}]_e$$
$$(9-16)$$

式中，$[S_2O_3^{2-}]_i$、$[S_2O_3^{2-}]_e$ 分别为进水、出水的 $S_2O_3^{2-}$ 浓度，mg/L。气提反应器出水中几乎检测不出 $S_2O_3^{2-}$ 的存在，可以将出水 $S_2O_3^{2-}$ 浓度忽略。此时硫化物向单质硫的转化率（%）按下式计算：

$$转化率 = 100 - 100 \times \frac{[SO_4^{2-}]_e - [SO_4^{2-}]_i - \frac{96}{56} \times [S_2O_3^{2-}]_i}{3 \times ([S^{2-}]_i - [S^{2-}]_e)} \qquad (9-17)$$

9.6.2 生物硫的利用和处置

在好氧生物反应器中产生的生物硫可以通过反应器内的沉淀器浓缩到 10% 的固含量。一般有以下三种处理这种浓缩硫泥的选择方案。

① 硫泥采用连续离心脱水机脱水，形成 60%～65% 固含量的含硫泥饼。离心液回到生物反应器中作为工艺的补充水。脱水泥饼中固体硫的纯度为 95%～98%，剩余的 2%～5% 是有机物和微量的盐类，主要是碳酸氢钠和硫酸钠。这种含硫的泥饼可以作为无害废物安全填埋或用于硫酸厂作为原料。

② 采用与①相同的离心脱水阶段，用另外的硫泥罐解吸去除吸附在硫颗粒上的溶解盐。经第二级离心，分离获得 60%～65% 固含量的污泥，形成纯度为 99% 的含硫泥饼。冲洗水可以回流到生物脱硫反应器中作为补充水。获得的泥饼可以添加到炼油厂的硫泥池中，或者用作硫酸厂的原料，只是硫酸厂需要干燥的硫粉。

③ 作为浓缩硫泥方法①和②的替代方案，通过熔融将硫泥提炼到纯度为 99.9%，从而可以直接销售。水回流到生物脱硫反应器中作为补充水，固体杂质填埋。

另外，经过方法①和②后再通过干燥阶段的产物可以用作杀真菌剂或杀蛆药。加拿大阿尔伯塔农业研究所以生物硫作为肥料应用。

下面对硫泥利用和处置过程中涉及的洗涤、干燥和熔融液化过程作进一步介绍。

（1）硫泥洗涤

在硫泥洗涤中最值得注意的问题是，硫泥样品中含有大量的钠盐（3.5%）、硫酸盐（1.5%）、硫代硫酸盐（0.9%）。其中钠盐由工艺中添加的氢氧化钠产生，硫酸盐和硫代硫酸盐则由 H_2S 过氧化产生。硫泥样品经滤纸过滤后的灰分含量为 7.5%，但是通过水洗很容易降低到 0.09%，水洗工艺包含冲洗水，其水量为污泥体积的两倍。水洗后的干燥硫泥中碳含量为 1.37%～0.72%，经傅里叶红外光谱仪对样品进行测量，表明样品中存在脂肪族碳氢化合物，这很可能是细胞壁脂类碎片。只有一半的碳水化合物可以用水洗去除，另一部分脂类似乎与硫紧密结合在一起。

（2）硫泥饼的干燥

Janssen 等采用生产规模干燥器对产生的干燥硫产品进行了研究。将从离心脱水机排出的含水率为 40% 的生物硫泥饼连续投入到桨叶式干燥机中。湿泥饼随桨叶轴的旋转呈螺旋轨迹向出料口方向输送，干燥机以蒸汽、热水作为加热介质，以传导加热的方式对湿泥饼进行加热干燥，产生的水蒸气由热氮气带到冷凝器。能够产生含水率为 10% 的硫产品。测量 40% 固含量的硫泥饼，其颗粒粒径低于 $400\mu m$，而 60% 固含量的硫泥饼，其颗粒粒径为 $400\sim 1000\ \mu m$。

（3）硫液化的熔溶方法

加拿大阿尔伯塔农业研究所对生物硫熔炼过程进行了研究，结果如下：在压热器中硫泥被加热至 130℃，在 120℃ 时产生了一个清晰的液体硫层，沉淀在压热器的底部。通过压热器的阀门很容易排出液态硫，获得黄色的固态硫，其颜色与优质的商品硫没有什么区别。在压热器上部的水相中包含原溶液中存在的溶解性钠盐。最后获得的产品硫中灰分浓度为 70mg/L，碳含量为 $250\sim 300$mg/L。

9.6.3 采用生物处理产生的硫作为土壤肥料

硫是植物生长吸收所需的主要营养物，植物通过叶子可从大气中吸收从非还原态硫化合物（COS、CS_2 和 H_2S）到高氧化态的硫化合物（SO_2），但是大部分的硫是植物通过根系从硫酸盐水溶液中吸收的。

由于工业化国家采取了污染控制措施，20 世纪 60 年代末期，很多国家的工业从烧煤转变为燃气。这大大地改善了空气质量，但是从 80 年代以来，硫的削减引起了全球范围一些高硫需求的作物（特别是丹麦、英国、德国和苏格兰的油料和谷物作物）土壤中硫的缺乏，显然这些情况下需要投加硫肥。

生物硫的亲水性和小的颗粒粒径（小于 $100\mu m$）使之可以用作缺硫土壤的农业肥料。加拿大阿尔伯塔农业研究所在温室内对生物脱硫产生的硫作为土壤肥料的可利用性进行了评价，并对生物脱硫产生的硫与其他多种商业肥料对植物产量的影响在温室和大田中进行了对比测试。发现第一年生物硫的效果非常好，与参照测试（没有投加硫）相比，植物产量增加 50%，可见添加生物硫对植物生长的刺激效果是非常显著的。这一结果使生物硫居于目前各种硫肥前列。在温室中对植物进行成功实验后，在阿尔伯塔农业研究所的监督下，加拿大西部进行了扩大大田实验，并将生物硫（采用泥浆和粉末两种形式）与其他多种商业肥料、K_2SO_4、烟气脱硫等不同来源的硫相比，表 9-23 列出了典型的植物种植实验结果。

表 9-23　植物种植测试（4 个重复）结果

硫的来源	谷物产量/(kg/ha)	硫的来源	谷物产量/(kg/ha)
没有	1460	烟气脱硫	1710
K_2SO_4	1590	生物硫泥浆	2230
商业肥料 1	1740	生物硫粉末	1980
商业肥料 2	1800		

注：每公顷采用 15kg 硫产品。

这些结果清楚地表明，采用生物硫作为肥料的谷物产量比没加硫肥料（作为参照）的谷物产量高约 50%。另外，在温室测试中，生物硫的运行效果明显优于商业肥料。

参 考 文 献

[1] 迟文涛 . 2005. 厌氧同时反硝化/产甲烷工艺与微生物学特性研究［硕士论文］. 北京：北京市环境保护科学研究院 .

[2] 崔高峰，王凯军 . 2000. COD/SO$_4^{2-}$值对硫酸盐还原率的影响［J］. 环境科学，21（4）：106-109.

[3] 管运涛，吴晓磊，钱易，等 . 1996. 生物钙法好氧污泥颗粒化条件研究［J］. 给水排水，（11）：27-29，4.

[4] 郝晓地，汪慧贞，等 . 2002. 欧洲城市污水处理技术新概念——可持续生物除磷脱氮工艺［J］. 给水排水，28（6）：6-11；28（7）：5-7.

[5] 柯建明，王凯军 . 1998. 采用好氧气提反应器处理含硫化物废水［J］. 环境科学，19（4）：62-64.

[6] 卢然超，张晓健，张悦，等 . 2001a. SBR 工艺污泥颗粒化对生物脱氮除磷特性的研究［J］. 环境科学学报，21（5）：577-581.

[7] 卢然超，张晓健，张悦，等 . 2001b. SBR 工艺运行条件对好氧颗粒污泥颗粒化和除磷效果的影响［J］. 环境科学，22（2）：87-90.

[8] 沈耀良，黄勇，赵丹，等 . 2002. 固定化微生物污水处理技术［M］. 北京：化学工业出版社 .

[9] 王建龙，张子健，吴伟伟 . 2009. 好氧颗粒污泥的研究进展［J］. 环境科学学报，29（3）：449-473.

[10] 周律，钱易 . 1995. 好氧颗粒污泥的形成和技术条件［J］. 给水排水，（04）：11-13，3.

[11] 周少奇，周吉林 . 2000. 生物脱氮新技术研究进展［J］. 环境污染治理技术与设备，1（6）：11-19.

[12] 竺建荣，刘纯新 . 1999. 好氧颗粒活性污泥的培养及理化特性研究［J］. 环境科学，20（2）：38-41.

[13] 左剑恶，袁琳 . 1995. 利用无色硫细菌氧化废水中硫化物的研究［J］. 环境科学，16（6）：7-10.

[14] Battistoni P，Fava G，Pavan P，et al. 1997. Phosphate Removal in Anaerobic Liquors by Struvite Crystallization without Addition of Chemicals：Preliminary Results. Water Research，31（11）：2925-2929.

[15] Beeftink H H，Staugaard P. 1986. Structure and Dynamics of Anaerobic Bacterial Aggregates in a Gas-lift Reactor ［J］. Appl Environ Microbiol，52（5）：1139-1146.

[16] Beun J J，et al. 1999. Aerobic Granulation in a Sequencing Batch Reactor［J］. Wat Res，33（10）：2283-2290.

[17] Beun J J，et al. 2002. Aerobic Granulation in a Sequencing Batch Airlift Reactor［J］. Wat Res，36（3）：702-712.

[18] Beun J J，van Loosdrecht M C，Heijnen J J. 2000. Aerobic Granulation［J］. Water Science and Technology，41（4-5）：41-48.

[19] Boon M. 1996. Theoretical and Experimental Methods in the Modeling of Bio-oxidation Kinetics of Sulphide Minerals ［D］. Delft，The Netherlands：Delft University of Technology.

[20] Boonstra J，Dijkman H，Buisman C J N. 2001. Novel Technology for the Selective Recovery of Base Metals［C］// Rao S R，et al，Eds. Waste Processing and Recycling in Mineral and Metallurgical Industries Ⅳ，MetSoc. 317-323.

[21] Boopathy R，Tilche A. 1991. Anaerobic Digestion of High Strength Molasses Wastewater Using Hybrid Anaerobic Baffled Reactor［J］. Water Research，25（7）：785-790.

[22] Brierley C L，Briggs A P W. 1997. Minerals Biooxidation/Bioleaching：Guide to Developing an Economically Viable Process［C］// Randol Gold and Silver Forum 1997，Golden，CO：Randol International，Ltd. 99-104.

[23] Buisman C，Post R，Yspeert P，et al. 1989. Biotechnological Process for Sulfide Removal with Sulfur Reclamation ［J］. Acta Biotechnol，9：255-267.

[24] Buisman C，Yspeert P，Geraats G，et al. 1990. Optimization of Sulfur Production in a Biotechnological Sulfide-Removing Reactor［J］. Biotech & Bioeng，35：50-56.

[25] Bull，Michael A，Robert M Sterritt，et al. 1984. An Evaluation of Single- and Separated-Phase Anaerobic Industrial Wastewater Treatment in Fluidized Bed Reactors［J］. Biotechnology and Bioengineering，26（9）：1054-1065.

[26] Chen K C，Lin Y F. 1993. The Relationship between Denitrification Bacteria and Methanogenic Bacteria in a Mixed Culture System of Acclimated Sludge［J］. Wat Res，27：1749-1759.

[27] Copini C F M，et al. 2000. Recovery of Sulfides from Sulfate Containing Bleed Streams Using a Biological Process ［C］// Dutrizac J E，et al. Eds. Lead-Zinc 2000. 891-901.

[28] Demopoulos G P. 1997. Aqueous Precipitation by Crystallization［C］//Lecture Notes，Workshop on Aqueous Processing of Inorganic Materials. 9th Canadian Materials Science Conference，Montréal，Canada.

[29] Dew，David W，Ellen N Lawson，et al. 1997. The BIOX® Process for Biooxidation of Gold-bearing Ores or Concen-

351

trates [M]. Berlin, Heidelberg: Biomining, Springer, 45-80.

[30] Dijkman H, et al. 2002. Optimization of Metallurgical Processes Using High Rate Biotechnology. //Stephens R L, Sohn H Y, Eds. Sulfide Smelting 2002, 113-123.

[31] Etterer T, Wilderer P A. 2001. Generation and Properties of Aerobic Granular Sludge [J]. Water Science and Technology, 43 (3): 19-26.

[32] Field J A, Lettinga G. 1991. Treatment and Detoxification of Aqueous Spruce Bark Extracts by Aspergillus Niger [J]. Water Science and Technology, 24 (3-4): 127-137.

[33] Field J A, Leyendeckers M J H, Sierra-Alvarez R, et al. 1991. Continuous Anaerobic Treatment of Autoxidized Bark Extracts in Laboratory-scale Columns [J]. Biotech & Bioeng, 37: 247-255.

[34] Green M, Tarre S, Schnizer M, et al. 1994. Groundwater Denitrification Using an Upflow Sludge Blanket Reactor [J]. Water Research, 28 (3): 631-637.

[35] Heijnen J J, et al. 1993. Development and Scale up of an Aerobic Biofilm Airlift Suspension Reactor [J]. Wat Sci Tech, 27: 253-261.

[36] Holt C J, Matthew R G S, Terzis E. 1997. A Comparative Study Using the Anaerobic Baffled Reactor to Treat a Phenolic Wastewater [C] //Proceedings of the 8th International Conference on Anaerobic Digestion. Sendai, Japan, Vol. 2: 40-47.

[37] Imai T. 1997. Advanced Start up of UASB Reactors by Adding of Water Absorbing Polymer [J]. Wat Sci Tech, 36: 399-406.

[38] Iza J, Garcia P A, Sanz I, et al. 1987. Granulation Results in Anaerobic Fluidized Bed Reactors [C] //Proceedings of the GASMAT Workshop, Lunteren. Pudoc, Wageningen, The Netherlands. 25-27.

[39] Janssen A J H, Buisman C J N, Kijlstra W S, et al. 1999. New Commercial Process for H_2S Removal from High Pressure Natural Gas: The Shell-THIOPAQ™ Gas Desulfurization Process [C] //9th GRI Conference.

[40] Jenicek P, Zabranska J, Dohanyos M. 2002. Adaptation of the Methanogenic Granules to Denitrification in Anaerobic-anoxic USSB Reactor [J]. Wat Sci Tech, 45 (10): 335-340.

[41] Kato M, Field J A, Versteeg P, et al. 1994. Feasibility of the Expanded Granular Sludge Bed (EGSB) Reactors for the Anaerobic Treatment of Low Strength Soluble Wastewaters [J]. Biotech & Bioeng, 44: 469-479.

[42] Kijlstra S W, Janssen A, Arena B. 2001. Biological Process for H_2S Removal from (High Pressure) Gas: the Shell-Paques/THIOPAQ Gas Desulfurization Process [C] //Proceedings of the Laurance Reid Gas Conditioning Conference. 169-182.

[43] Klapwijk A, et al. 1981. Biological Denitrification in Upflow Sludge Blanket Reactor [J]. Wat Res, 15: 1-6.

[44] Kuai L, Verstraete W. 1998. Ammonium Removal by The Oxygen-Limited Autotrophic Nitrification-Denitrification System [J]. Appl Environ Microbiol, 64: 4500-4506.

[45] Kuenen J G, Jetten M S M. 2001. Extraordinary Anaerobic Ammonium Oxidizing Bacteria. ASM News, 67: 456-463.

[46] Kuenen J G, Robertson L A. 1987. Ecology of Nitrification and Denitrification [M] //Cole J A, Ferguson S J, Eds. The Nitrogen and Sulphur Cycles. Cambridge: Cambridge University Press.

[47] Kumashiro K, Ishiwatari H, Nawamura Y. 2001. A Pilot Plant Study on Using Seawater as a Magnesium Source for Struvite Precipitation [C] //Second International Conference on Recovery of Phosphates from Sewage and Animal Wastes. Noordwijkerhout, Holland.

[48] Lee S I, Weon S Y, Lee C W, et al. 2003. Removal of Nitrogen and Phosphate from Wastewater by Addition of Bittern [J]. Chemosphere, 51 (4): 265-271.

[49] Lettinga G, van Velsen A F M, Hobma S W, et al. 1980. Use of the Upflow Sludge Blanket (USB) Reactor Concept for Biological Wastewater Treatment [J]. Biotech & Bioeng, 22: 699-734.

[50] Lin Y F, Chen K C. 1995. Denitrification and Methanogenesis in a co-Immobilized Mixed Culture System [J]. Water Research, 29 (1): 35-43.

[51] Mishima K, Nakamura M. 1991. Self-Immobilization of Aerobic Activated Sludge Blanket Process—A Pilot Study of the Aerobic Upflow Sludge Blanket Process in Municipal Sewage Treatment [J]. Wat Sci Tech, 23: 981-990.

[52] Miyaji Y, Kato K. 1975. Biological Treatment of Industrial Wastes Water by Using Nitrate as an Oxygen Source [J].

Water Research，9（1）：95-101.

［53］ Morgenroth，et al. 1997. Aerobic Granular Sludge in a Sequencing Batch Reactor ［J］. Wat Res，31（12）：3191-3194.

［54］ Morvai L，Mihaltz P，Czako L. 1992. The Kinetic Basis of a New Start-up Method to Ensure the Rapid Granulation of Anaerobic Sludge ［J］. Water Science and Technology，25（7）：113-122.

［55］ Peng Dangcong，et al. 1999. Aerobic Granular Sludge — a Case Report ［J］. Wat Res，33（3）：890-893.

［56］ Pereboom J H F，Vereijken T L F M. 1994. Methanogenic Granule Development in Full-Scale Internal Circulation Reactors ［J］. Wat Sci Tech，30：9-21.

［57］ Petersen A S. 1999. The Selective Removal of Copper and Arsenic from Electrolyte Bleed—Development and Design of a Sulfide Precipitation Process（confidential）. nr. PM88. 02. 005.

［58］ Pipyn P，Verstraete W. 1981. Lactate and Ethanol as Intermediates in Two-Phase Anaerobic Digestion ［J］. Biotech Bioeng，23：1145-1154.

［59］ Pol L H，van de Worp J J M，Lettinga G，et al. 1986. Physical Characterization of Anaerobic Granular Sludge ［C］ //Proc. EWPCA Water Treatment Conf. Anaerobic Treatment，a Grown-up Technology. Amsterdam，The Netherlands. 89-101.

［60］ Ruitenberg R，et al. 2001. Copper Electrolyte Purification with Biogenic Sulfide. //Electrometallurgy 2001. Gonzales J A，et al. Eds. MetSoc，33-43.

［61］ Scheeren P J H，Koch R O，Buisman C J N. 1993. Geohydrological Containment System and Microbial Water Treatment Plant for Metal-Contaminated Groundwater at Budelco ［C］ //World Zinc'93. Hobart，Tasmania，October 10-13，373-384.

［62］ Schmidt J E，Ahring B K. 1995. Granulation in Thermophilic Upflow Anaerobic Sludge Blanket（UASB）Reactors ［J］. Antonie Leeuwenhoek，68：339-344.

［63］ Schultz C E，Buisman C J N. 2002. Bio-oxidation of Minerals in Air-lift Loop Bioreactors. http：//www. paques. nl.

［64］ Schöller M，Sijstermans L F J，van Weert G. 1999. Spheroidal Calcium Carbonate（CaCO₃）Production from Concentrated Solutions in a Pellet Reactor. Solid/Liquid Separation including Hydrometallurgy and the Environment.

［65］ Shin H S，et al. 1992. Effect of Shear Stress on Granulation in Oxygen Aerobic Upflow Sludge Bed Reactors ［J］. Wat Sci Tech，26（3-4）：601-605.

［66］ Sierra-Alvarez R，Hollingsworth J，Zhou M S. 2007. Removal of Copper in an Integrated Sulfate Reducing Bioreactor-Crystallization Reactor System ［J］. Environmental Science & Technology，41（4）：1426-1431.

［67］ Smith D P. 1986. H₂ in Anaerobic Processes ［D］. Stanford：Stanford University.

［68］ Söhnel O，Garside J. 1992. Precipitation：Basic Principles and Industrial Applications. Oxford ［England］；Boston：Butterworth-Heinemann，282-285.

［69］ Tay J H，Liu Q S，Liu Y. 2000. The Effect of Shear Force on the Formation，Structure and Metabolism of Aerobic Granules ［J］. Appl Microbiol Biotechnol，57：227-233.

［70］ Tay J H，Liu Q S，Liu Y. 2001. Microscopic Observation of Aerobic Granulation in Sequential Aerobic Sludge Blanket Reactor ［J］. Journal of Applied Microbiology，91（1）：168-175.

［71］ Tijhuis L. 1994. The Biofilm Airlift Suspension Reactor ［D］. Delft，The Netherlands：Delft University of Technology.

［72］ van der Hoek J P. 1988. Granulation of Denitrifying Sludge ［M］ // Lettinga G，Zehnder A J B，Grotenhuis J T C，Eds. Granular Aerobic Sludge. Pudoc. Wageningen，The Netherlands：203-210.

［73］ Vandevivere P，Kirchman D L. 1993. Attachment Stimulates Exopolysaccharide Synthesis by a Bacteria ［J］. Appl Environ Microbiol，59：3280-3286.

［74］ van Houten R T. 1994. Biological Sulfate Reduction Using Gas-lift Reactors Fed with Hydrogen and Carbon Dioxide as Energy and Carbon Source ［J］. Biotech & Bioengi，44：586-594 .

［75］ van Langerak E P A，Hamelers H V M，Lettinga G. 1997. Influent Calcium Removal by Crystallization Reusing Anaerobic Effluent Alkalinity ［J］. Water Science and Technology，36（6-7）：341-348.

［76］ van Weert G，Van Dijk J C. 1993. The Production of Nickel Carbonate Spheroids from Dilute Suspensions in a Pellet Reactor ［C］ // The Paul E. Queneau International Symposium. Denver，Colorado，USA，Vol. I：1133-1144.

[77] vegt de A L, Bayer H G, Buisman C J. 1997. Biological Sulfate Removal and Metal Recovery from Mine Waters [C] // SME Annual Meeting. Denver, Colorado, USA: 97-93.

[78] Wilms D, Rai P B, van Dijk J, et al. 1988. Recovery of Nickel by Crystallization of Nickel Carbonate in a Fluidized Bed Reactor [C] //VTT Symposium on Non-Waste Technology. Espoo, Finland.

[79] Yu Liu, Tay Joo Hwa. 2002. The Essential Role of Hydrodynamic Shear Force in the Formation of Biofilm and Granular Sludge [J]. Wat Res, 36: 1653-1665.

[80] Zhu J, Liu C. 1999. Cultivation and Physic-Chemical Characteristics of Granular Activated Sludge in Alternation of Anaerobic/Aerobic Process [J]. Chinese Journal of Environmental Science, 20, 38-41.

附录　本书常见术语缩写及中英文对照

缩写	英文全称	中文名称
AAFEB	Anaerobic Attached Film Expanded Bed	厌氧接触膜膨胀床
ABR	Anaerobic Baffled Reactor	厌氧折流反应器
ACP	Anaerobic Contact Process	厌氧接触法
AF	Anaerobic Filter	厌氧滤池
AH	Anaerobic Hybrid（reactor）	厌氧复合（反应器）
ALK	Alkalinity	碱度
ANAMMOX	Anaerobic Ammonia Oxidation	厌氧氨氧化
APMP	Alkaline Peroxide Mechanical Pulp	碱性过氧化氢机械浆
ASBR	Anaerobic Sequencing Batch Reactor	厌氧序批式反应器
ASF	Anaerobic Submerged Filter	浸没式厌氧滤池
AUSB	Aerobic Upflow Sludge Blanket	好氧升流式污泥床
BKP	Bleached Kraft Pulp	漂白硫酸盐浆
BOD	Biochemical Oxygen Demand	生化需氧量
CEPT	Chemically Enhanced Primary Treatment	化学一级强化处理
COD	Chemical Oxygen Demand	化学需氧量
COD_t	Total Chemical Oxygen Demand	总化学需氧量
COD_d	Dissolved Chemical Oxygen Demand	溶解性化学需氧量
CSTR	Completely Stirred Tank Reactor	完全混合反应器
CTMP	Chemi-Thermo-Mechanical Pulp	化学热磨机械浆
DAF	Dissolved Air Flotation	气浮单元
DIP	DeInked Pulp	脱墨浆
DO	Dissolved Oxygen	溶解氧
DSFF	Downflow Stationary Fixed Film	下流式(厌氧)固定膜(反应器)
DSS	Dissolved Suspended Solids	溶解性悬浮物
EDTA	Ethylene Diamine Tetraacetic Acid	乙二胺四乙酸
EGSB	Expanded Granular Sludge Bed	(厌氧)颗粒污泥膨胀床
FB	Fluidized Bed	流化床
FCC	Fluidized-bed Catalytic Cracking	流化催化裂化
FGD	Flue Gas Desulfurization	烟气脱硫
GAC	Granular Activated Carbon	颗粒活性炭
GLS	Gas-Liquid-Solid	三相分离器
GP	Ground Pulp	磨石磨木浆
HRT	Hydraulic Retention Time	水力停留时间
HSRB	Hydrogen-utilizing Sulphate Reducing Bacteria	嗜氢硫酸盐还原菌
HUSB	Hydrolysis Upflow Sludge Bed	升流式水解污泥床
IC	Internal Circulation	内循环
LCFA	Long-Chain Fatty Acid	长链脂肪酸
MIC	Multistage Internal Circulation	多级内循环(厌氧反应器)

缩　写	英　文　全　称	中　文　名　称
MLSS	Mixed Liquor Suspended Solids	混合液悬浮固体颗粒
MLVSS	Mixed Liquor Volatile Suspended Solids	混合液挥发性悬浮固体
MPB	Methane-Producing Bacteria	产甲烷菌
MSW	Municipal Solid Waste	城市固体废物
NNUR	Nitrate and Nitrite Utilization Rate	硝酸盐和亚硝酸盐吸收率
NSSC	Neutral Sulphite Semi-Chemical Pulping	中性亚硫酸盐半化学浆
NUR	Nitrate Utilization Rate	反硝化活性
OLR	Organic Loading Rate	有机负荷（率）
RBC	Rotating Biological Contactor	生物转盘
SBR	Sequencing Batch Reactor	序批式反应器
SCR	Selective Catalytic Reduction	选择性催化还原
SHARON	Single Reactor for High Activity Ammonia Removal Over Nitrite	单级生物脱氮（工艺）
SLR	Sludge Loading Rate	污泥负荷（率）
SOUR	Specific Oxygen Uptake Rate	比耗氧速率
SP	Suspended Particle	悬浮颗粒
SRB	Sulfate-Reducing Bacteria	硫酸盐还原菌
SRT	Sludge Retention Time	污泥龄，污泥停留时间，固体停留时间
SS	Suspended Solids	悬浮固体
SVI	Sludge Volume Index	污泥体积指数
TDS	Total Dissolved Solids	总溶解固体
TKN	Total Kjeldahl Nitrogen	总凯氏氮
TMP	Thermo-Mechanical Pulp	热磨机械浆
TOC	Total Organic Carbon	总有机碳
TPAB	Temperature-Phased Anaerobic Biofilter	温度分级厌氧生物反应器
TS	Total Solid	总固体
TSS	Total Suspended Solid	总悬浮物
UASB	Upflow Anaerobic Sludge Blanket	升流式厌氧污泥床
UASR	Upflow Anaerobic Sludge Removal	升流厌氧固体去除（反应器）
UBF	Upflow Blanket Filter	厌氧复合床
UFB	Upflow Fluidized Bed	升流式流化床
USB	Upflow Sludge Bed	升流式污泥床
USBR	Upflow Sludge Bed Reactor	升流式污泥床反应器
USSB	Upflow Staged Sludge Bed	升流式多级污泥床
VFA	Volatile Fatty Acid	挥发性脂肪酸
VLR	Volume Loading Rate	容积负荷
VSS	Volatile Suspended Solids	挥发性悬浮固体
WAS	Waste Activated Sludge	剩余活性污泥
WEMOS	Water Extract of Moringa Oleifera Seeds	水萃取物

索　引

358